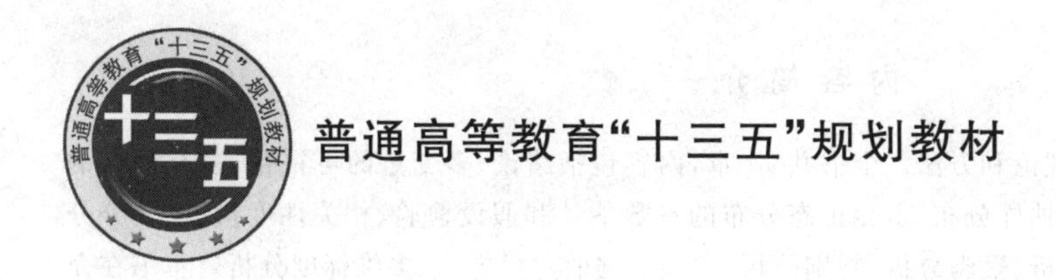

多元统计分析

主编 李亚杰

北京邮电大学出版社
www.buptpress.com

内容简介

本书主要介绍多元统计分析的理论和方法。全书共14章，内容包括绪论、多变量的可视化、多元分布的基本概念及数字特征、多元统计量及抽样分布、多元正态分布的参数估计和假设检验、相关性度量、主成分分析、因子分析、典型相关分析、对应分析、聚类分析、判别分析、定性数据的建模方法、多维标度分析。本书在介绍各种多元统计分析理论和方法时，由浅入深，注重理论联系实际，通过通俗易懂的案例进行从数据到结论的分析，以适合不同层次读者的需求。

本书可作为高等院校数学、计算机、管理等专业的本科生教材，也可作为非数学专业的研究生和广大工作者的参考书。

图书在版编目(CIP)数据

多元统计分析 / 李亚杰主编. -- 北京：北京邮电大学出版社，2018.9
ISBN 978-7-5635-5399-0

Ⅰ. ①多… Ⅱ. ①李… Ⅲ. ①多元分析—统计分析—教材 Ⅳ. ①O212.4

中国版本图书馆 CIP 数据核字(2018)第 036971 号

书　　　名：多元统计分析
著作责任者：李亚杰　主编
责 任 编 辑：徐振华　孙宏颖
出 版 发 行：北京邮电大学出版社
社　　　址：北京市海淀区西土城路10号(邮编：100876)
发　行　部：电话：010-62282185　传真：010-62283578
E-mail：publish@bupt.edu.cn
经　　　销：各地新华书店
印　　　刷：北京玺诚印务有限公司
开　　　本：787 mm×1 092 mm　1/16
印　　　张：22.75
字　　　数：596 千字
版　　　次：2018年9月第1版　2018年9月第1次印刷

ISBN 978-7-5635-5399-0　　定价：54.00元

前　言

作为教授多元统计分析课程的老师，笔者希望能够撰写一本书，帮助学生和普通公众去理解多元统计分析对生活带来的影响。多元统计分析主要对多维数据进行处理，包括简化多维数据和数据结构、对案例进行假设检验、分类和组合、综合评价、预测、控制等。多元统计分析的方法广泛应用于经济学、医学、教育学、心理学、社会学、考古学、环境科学、文学等领域，已经成为解决实际问题非常有效的方法。

统计理论研究为统计学的应用奠定了基础，理论研究和应用研究从总体上说是“源”和“流”的关系。如果理论不成熟，方法不完善，统计应用研究很难达到较高的水平，因此，笔者在编写本书时，注重了每个方法理论思想的介绍和理论知识的推导。虽然多元统计方法多种多样，但几乎所有方法都要求简化问题的复杂性，对那些重要的、后面仍会反复使用的理论知识，本书从多角度详细进行介绍。当然，本书也注重把理论知识与实际应用紧密结合，兼顾两类不同的读者：技术科技人员及一般性的对科学感兴趣的读者。

多元统计分析是利用统计学和数学方法，对多维复杂数据进行科学分析的理论和方法，主要内容包括多元正态总体的参数估计和假设检验，以及常用的多元统计方法。常用的多元统计方法有多元数据图表示法、多元回归分析、聚类分析、判别分析、主成分分析、因子分析、对应分析、典型相关分析、定性数据分析、多维标度分析等。由于很多院校把回归分析的内容单独授课，所以本书没有讨论多元回归分析这一方法。

本书的特色之一是章节的安排，经过教学实践发现“过山车”式的章节安排比较吸引学生：首先让学生总览课程，然后介绍有趣的多元图形让学生开拓思路，激发其学习兴趣；其次复习一元经典统计推断学的理论和方法，将之推广到多元，让学生体会到数学推理的逻辑性和继承性；最后进行案例方法的逐一介绍，在案例方法的章节安排上，我们考虑各个方法之间的联系和循序渐进。本书的特色之二是案例的软件操作，从统计学发展的历史可以看到，在统计数据的收集、整理、加工、分析过程中，起决定性作用的是高速计算工具——计算机，培养计算机统计软件的使用能力对统计教学很重要，我们在每个方法的理论介绍之后，都给出了应用案例的统计软件操作步骤，使学生学会每个方法后，可以自己动手进行类似的案例分析，让学生体会到从数据到结论的乐趣和成就感。本书的特色之三是案例的选择，本书挑选了经典案例或者通俗易懂的案例。例如，在 Fisher 判别分析中的鸢尾花案例是经典案例，能帮助我们了解一个方法最初产生时的实证分析情况；再如，在多元图形可视化章节中，我们对一个易懂的经济学例子进行多个方法的分析，展示各种不同的观点怎样导出各自的处理方法，其目的是帮助读者了解这些观点的特点，使其在讨论更复杂的问题时能把握基本的思想，不致被烦琐的推导和形式复杂的公式所迷惑。

本书可以作为高等院校多元统计分析课程的教材使用,建议采用授课与实际案例相结合的教学方式。学习本课程的先修课程有高等数学、线性代数、概率论和数理统计,这些先修课程可以帮助读者理解统计方法的原理。建议读者将各种方法与统计软件紧密结合,领悟各种方法的实际背景、基本思想、理论依据、应用场合,从而会用各种方法解决实际问题。

本书的出版要感谢北京邮电大学教务处的支持和各位数学系同人的帮助,感谢理学院数学系孙洪祥、闵祥伟、胡细宝、莫骄、刘吉佑、丁金扣、李鹤等老师提出的宝贵意见,感谢理学院数学系 2014212101 班的吕正东、邵亚男、孔祥钊、骆雪婷等同学在课堂上的积极反馈,感谢家人和朋友们的鼓励。

由于编者水平有限,书中难免有不足之处,请读者批评指正。

编　者

目　　录

第1章 绪论:爱上多元统计学

“在终极的分析中,一切知识都是历史;在抽象的意义下,一切科学都是数学;在理性的基础上,所有的判断都是统计学。”

——C. R. Rao,《统计与真理——怎样运用偶然性》

很多现实问题需要同时研究多个指标。例如,经济学中研究企业划分,可以考虑指标:从业人数、销售额和资产总额等;医学上研究病情诊断,可以考虑指标:血压、脉搏、白细胞、体温等。上述案例都是对多个(多维)变量进行研究,寻找背后的规律,这就是多元统计分析要解决的问题。

1.1 什么是多元统计分析

一元统计分析是研究一个随机变量统计规律的学科,有其理论和现实的局限性。多元统计分析,顾名思义,是对多维随机变量进行分析和研究,研究它们之间的相互依赖关系以及内在统计规律性的统计学科。

如何同时对多个随机变量的观测数据进行有效的分析和研究?假如把多个随机变量分开分析,每个随机变量用一元统计分析方法研究,就不会清楚多个变量之间的相关性,会丢失信息,不易获得好的研究结果。科学的方法是对多个变量同时进行分析研究,采用多元统计分析方法,通过同时对多个随机变量观测数据的分析,来研究变量之间的相互关系以及揭示这些变量内在的变化规律。

法国著名数学家庞加来(J. H. Poincaré,1854—1912年)说过,“如果我们想预测数学的未来,那么正确的途径是研究其历史与现状”。史学研究是任何学科永恒的研究主题,多元统计学自然不能例外,统计学史上曾涌现多位杰出的多元统计学家。

首先涉足多元分析方法的是英国统计学家高尔顿(F. Galton),他于1889年把双变量的正态分布方法运用于传统的统计学,他于六年中测量了近万人的“身高、体重、阔度、呼吸力、拉力和压力、手击的速率、听力、视力、色觉及个人的其他资料”,在探究这些数据内在联系的过程中提出了今天在自然科学和社会科学领域中广泛应用的“相关”思想,创立了线性回归,他的学生皮尔逊(K. Pearson)受其影响,给出积矩相关系数、复相关等研究多个变量之间关系的概念和方法。其后,斯皮尔曼(C. E. Spearman)提出对多维变量进行降维的因子分析法,费希尔(R. A. Fisher)提出方差分析和判别分析,美国的威尔克斯(S. S. Wilks)发展了多元方差分析,美国的霍特林(H. Hotelling)确定了主成分分析和典型相关分析。到20世纪前半叶,多元分析理论基础基本确立,1928年英国的维希特(J. Wishart)发表论文《多元正态总体样本协方差阵的精确分布》,是学术界公认的多元统计分析理论研究的开端。R. A. Fisher、H. Hotelling、S. N. Roy、M. A. Girshick、许宝騄等人做了一系列奠基的工作,使多元统计分析在理论上得到迅速的发展,在许多领域中有了实际应用。21世纪初,人们获得的数据正以前所未有的速度急剧增加,产生了很多超大型数据库,遍及超级市场销售、银行存款、天文学、粒子物理、化学、医学以及政府统计等领域,多元统计与人工智能、数据库技术相结合,已在经济、商业、金融、天文等行业得到成功应用。

为了更清楚地了解多元统计分析史的发展脉络,我们给出图1.1.1,图的横轴表示时间。

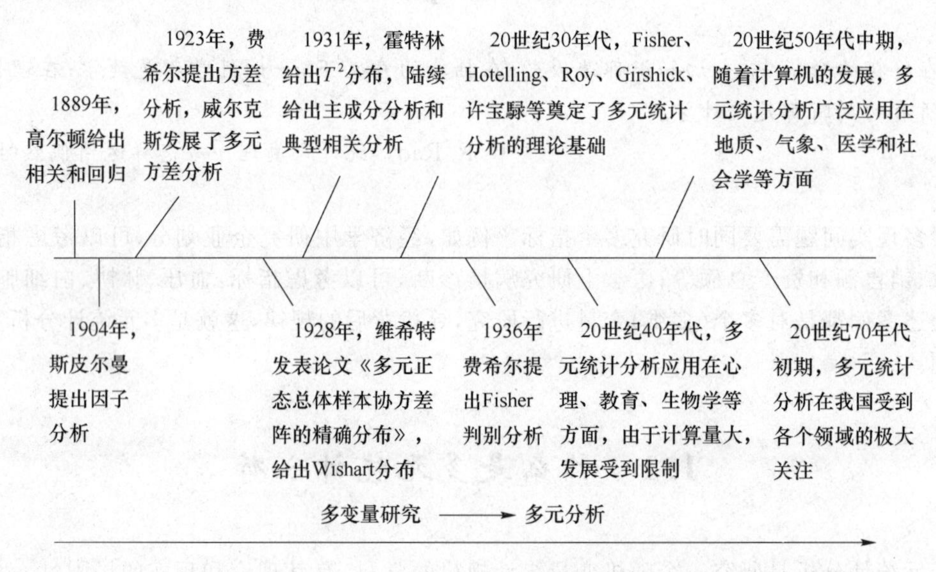

图1.1.1 多元统计分析史的发展脉络

1.2 多元统计分析的主要内容和方法

多元统计分析是应用数理统计学来研究多变量(多指标)问题的理论和方法,是统计学的一个重要分支。它是一元统计学的推广和发展,是一门具有很强应用性的课程,在自然科学和社会科学等领域中得到广泛的应用,包括了很多非常有用的数据处理方法。

英国著名统计学家肯德尔(M. G. Kendall)先后出版了《多元分析》《统计理论入门》《高等统计学理论》《等级相关方法》《时间序列》《几何概率》《统计学和概率史研究》等著作。

Kendall在*Multivariate Analysis*(1983年)一书中把多元分析所研究的内容和方法概括为以下几个方面。

1. 多元统计分析的理论基础

多元统计分析的理论基础包括多维随机向量及多维正态随机向量,以及由此定义的各种多元统计量,推导它们的分布并研究其性质,研究它们的抽样分布理论。这些是统计估计和假设检验的基础,也是多元统计分析的理论基础。

2. 多元数据的统计推断

多元数据的统计推断主要研究多元正态分布的均值向量和协差阵的估计和假设检验等问题。

3. 简化数据结构

简化数据结构主要研究降维问题。例如，通过变量变换等方法使相互依赖的变量变成互不相关的变量；或把高维空间的数据投影到低维空间，使问题得到简化而损失的信息又不太多。主成分分析、因子分析、对应分析等多元统计方法就是这样的一类方法。

4. 变量间的相互联系

① 相互依赖关系：分析一个或几个变量的变化是否依赖于另一些变量的变化。如果是，建立变量间的定量关系式，并用于预测或控制——回归分析。

② 变量间的相互关系：分析两组变量间的相互关系——典型相关分析等。

③ 定性变量间的相互关系：对应分析等。

5. 分类与判别

对所考察的对象（样品点或变量）按相似程度进行分类（或归类）。聚类分析和判别分析等方法是解决这类问题的统计方法。

上述内容可由表1.2.1概括，要注意一种方法有时会解决多个问题。

表1.2.1　多元统计分析的内容和方法

问　题	研究内容	可采用的方法名称
数据或结构性化简	尽可能简单地表示所研究的现象，但不损失很多有用的信息，并希望这种表示能够很容易地解释	多元回归分析、聚类分析、主成分分析、因子分析、对应分析、多维标度法、可视化分析
分类和组合	基于所测量的一些特征，给出好的分组方法，对相似的对象或变量进行分组	判别分析、聚类分析、主成分分析、可视化分析
变量之间的相关关系	变量之间是否存在相关关系，相关关系如何体现	多元回归、典型相关、主成分分析、因子分析、对应分析、多维标度法、可视化分析
预测与决策	通过统计模型或最优准则，对未来进行预见或判断	多元回归、判别分析、聚类分析、可视化分析
假设的提出及检验	检验由多元总体参数表示的某种统计假设，能够证实某种假设条件的合理性	多元总体参数估计、假设检验

例如，在考查大学生的学习情况时，需了解学生的几个主要课程的考试成绩。表1.2.2给出从某大学某学院随机抽取的100名学生中6门主要课程的期末考试成绩。

表1.2.2　某大学学生的主要课程成绩

序　号	概率与统计	高等数学	大学英语	通信原理	线性代数	信号与系统
1	73	78	75	81	88	83
2	78	83	65	80	73	81
3	61	63	59	64	72	76
4	84	84	78	88	80	85
5	60	65	57	54	77	61
⋮	⋮	⋮	⋮	⋮	⋮	⋮
100	66	85	59	47	75	63

如果使用一元统计方法，就要把多门课程分开分析，每次分析处理一门课的成绩，这样处理，忽视了课程之间可能存在的相关性，丢失信息太多，使得分析的结果不能客观全面地反映学生的学习情况。

如果使用多元分析方法，可以同时对多门课程成绩进行分析。例如：可以运用典型相关、对应分析、图形可视化了解这些课程之间的相互关系、相互依赖性等；可以运用主成分分析、因子分析研究影响成绩的主要因素，用主要因素（综合指标）来比较学生学习成绩的好坏；可以运用聚类分析对学生进行分类，从而对不同类别的学生分析成绩构成，制订相应学习计划；可以运用多元回归分析根据一些课程成绩预测其他课程成绩；可以运用判别分析根据一些课程成绩判别学生类别。上面提到的典型相关、对应分析、图形可视化、主成分分析、因子分析、聚类分析、判别分析等都属于多元统计分析的研究内容。

1.3 多元统计分析的主要应用

多元统计分析是解决实际问题有效的数据处理方法。随着计算机使用的日益普及，多元统计方法已广泛地应用于自然科学、社会科学的各个方面。以下我们列举多元统计分析的一些应用领域，如教育学、医学、气象学、环境科学、地质学、考古学、经济学、农业、社会科学、文学，从中可看到多元统计分析应用的广度和深度。

1. 教育学

若有 n 个高中考生高考成绩和高中学习期间的课程成绩数据，对其做多元统计分析，我们能够得出：

① 预测高考情况。由学生高考成绩和高中学习期间成绩的历史数据，研究高考成绩与学习过程成绩两组变量的关系，从而可由考生在高中期间的学习成绩来预测高考的综合成绩或某科目的成绩。

② 由考生成绩进行招生排队的最佳方案。虽然加和总分可以体现考生总的成绩好坏，但对报考数学系的学生，按加和的总分从高到低的顺序录取并不是最合适的，对于数学系的招生，数学、物理、外语的权数相对高些是比较合理的，应适当加权求和。

③ 奖学金的合理发放。利用 n 个学生在高中学习期间 m 门主科的考试成绩，可对学生进行分类，如按文科、理科成绩分类，按总成绩分类等。若准备给优秀学生发奖，那么一等奖、二等奖的比例应该是多少？应用多元统计分析的方法可以对其给出公平合理的解决方案。

感兴趣的读者可以参考书籍：《教育心理多元统计学与 SPSS 软件》，梁荣辉等；《多元描述统计方法》，李伟明。

2. 医学

运用多元统计的方法可以在医学研究中进行比较、判断关系、患病预测、病情分类、综合评价等。

通常医生对病人的诊断是通过观测病人的若干指标来综合评定的。例如，研究患糖尿病情况，根据医理确定研究指标，采集病人和正常人的年龄、家族史、工作性质、BMI、腰臀比等指标的样本数据，可以对正常人和糖尿病患者进行数据比较；利用历史病例资料，运用多元统计方法建立计算机辅助诊断系统（专家系统），进行分类及预测。对来就诊的病人，观测若干项指标后，可作出健康状况评价。可以对主要指标给出参考范围，预测哪些人更容易患糖尿病，并对其进行生活健康指导。例如，比较不同地区儿童生长发育情况，对口腔牙病进行分类，预防牙病。再如，根据年龄、家族史、并发症、复发、化疗等预测乳腺癌患者手术后的生存时间等。以上问题都可以采用多元统计分析方法进行研究。

感兴趣的读者可以参考书籍：《医用多元统计分析方法》，陈峰；《医用多元统计方法》，张家放；《应用多变量统计分析》，孙尚拱。

3. 气象学

俗话说“天上钩钩云，地上雨淋淋。天有城堡云，地上雷雨临。天上扫帚云，三天雨降淋……”，看云识天气，就是通过历史资料做天气预测，要想更准确地预报天气情况，离不开多元数据分析。国内外各地建立了很多气象站，在不同时间各气象站都记录了降雨量、气温、气压、湿度、风速、风向等气象指标。对这些指标做多元统计分析，可以得出：

① 指标间的关系。如降雨与前一天的气温、气压、湿度等的关系，利用该关系可对降雨的可能性作出预报。

② 不同地点气象指标的关系。例如，计划建大型化工厂，我们关心化工厂区气象的精准情况。如果气象台站较远，可以先在厂区建个临时观测站，与气象台站同时测定气象指标。然后分析临时观测站和气象台站这两站气象指标的关系，以达到今后可由气象台站的气象资料来预报厂区的气象情况的目的。

感兴趣的读者可以参考书籍：《气象科研与预报中的多元分析方法》，施能；《气象统计分析与预报方法》，黄嘉佑。

4. 环境科学

① 研究大气环境污染的评估，以及环境污染与职工健康的关系。

② 国外学者研究了洛杉矶地区大气中污染物质的浓度。在较长的一段时间内，每天定时测定与污染有关的几个指标值。用多元统计检验的方法首先判断洛杉矶地区空气污染程度，在一周内是固定不变，还是周末与平时有显著差异。其次对这庞杂的观测数据用一种易解释的方法加以归纳化简。

③ 研究多种污染气体（CO，CO_2，SO_2）的浓度与污染源的排放量、气象因子（风向、风速、温度、湿度等）之间的相互关系。

感兴趣的读者可以参考书籍：《基于多元统计和 GIS 的环境质量评价研究》，王晓鹏和曹广超。

5. 地质学

随着地质科学向定量化发展，地质学和数学（主要是多元统计方法）结合起来产生了交叉学科——数学地质，多元地质分析是其主要内容之一。

例如，可以应用多元统计方法处理各种地质观测数据，对成矿规律进行评价，对矿产资源进行预测，对矿物构造进行推断和进行勘探工程部署等。

感兴趣的读者可以参考书籍：《地质数据的多变量统计分析》，王学仁；《实用地质统计学：空间信息统计学》，侯景儒；《数学地质的方法与应用：地质与化探工作中的多元分析》，於崇文。

6. 考古学

① 考古学家利用坟墓中的陪葬品（特别是陶瓷和珠宝）在式样和装饰上的差别，把它们按时间顺序排列起来。

② 考古学家对挖掘出来的人头盖骨可测得多种数据（如高、宽等），利用头盖骨的数据来

判断所属的种族,或判别性别,并研究最佳的测量法以及最少的测量数目。

③ 考古学家根据挖掘出的动物牙齿的有关测试指标,判别它属于哪类动物牙齿,是哪一个时代的。

感兴趣的读者可以参考书籍:《简明考古统计学》,陈铁梅和陈建立;*Statistics for Archaeologists:A Common Sense Approach*,Robert D. Drennan;《定量考古学》,陈铁梅。

7. 经济学

经济学是研究人类经济活动规律的学科。

① 城镇居民消费水平通常用以下指标来描述,如人均粮食支出、人均副食支出、人均烟酒茶支出、人均衣着商品支出、人均日用品支出、人均燃料支出、人均非商品支出。这些指标存在一定的关系,需要将相关的指标归并到一起,这实际上就是对指标进行聚类分析。根据分类结果还可进一步研究各类地区农民的生活水平、富裕程度,以便进一步研究城镇居民的消费结构和经济发展对策。

② 构造中国国民收入的生产、分配与最终使用的计量经济模型。例如,根据我国 1952—2017 年财政收入与国民收入、工农业总产值、人口、就业人口、固定投资等数据,用回归方法建立预测模型,对今后的财政收入作预测。

③ 在商业经济中,常常需要将很复杂的数据综合成商业指数形式,如物价指数、货币工资比、生活费用指数、商业活动指数等,用主成分分析可以从多个变量中构造出所需的商业指数。

④ 服装公司希望生产足够多的成衣以适应大多数顾客的要求,为此目的,首先在各地做抽样调查,对被调查人测量身体几十个部位的尺寸,然后对庞大的调查资料用多元统计方法进行分析和处理,确定一种服装究竟要有几种型号,每种型号服装的比例是多少,由身体的哪几个主要部位的尺寸决定。

感兴趣的读者可以参考书籍:《经济管理多元统计分析》,雷钦礼;《金融市场中的统计模型和方法》,黎子良和邢海鹏。

8. 农业

① 有 n 个不同地区,每个地区记录多种农作物的收获量,用多元统计方法对各个地区的总生产效率进行比较,并对不同的农业区域进行分类。

② 为了节省能源,对某地农用的手扶拖拉机的能源消耗进行抽样调查。调查的内容为拖拉机在田间进行运输、排灌、加工等作业时的燃油耗,再测月数、年平均更变零件数及平均燃油耗。通过对调查资料作多元统计分析,达到对拖拉机的平均燃油耗作预测,并对拖拉机进行分类(划分淘汰类、大修类、小修类和继续使用类)的目的。

感兴趣的读者可以参考书籍:《农业气象统计》,魏淑秋;《田间试验与统计分析》,明道绪;《土壤和环境研究中的数学方法与建模》,刘多森和曾志远。

9. 社会科学

青少年犯罪问题是一个很大的社会问题。对待青少年犯罪,我们采取"以防为主"的原则。可以研究目前犯罪的青少年的指标数据,进行聚类分析和判别分析,从而进行预测和防治。

感兴趣的读者可以参考书籍:《社会研究方法》,艾尔·巴比。

10. 文学

英国统计学家 Yule 把统计方法引入到文学词汇的研究,俄国著名数学家马尔可夫(1865—1922 年),在对俄语字母序列的研究中,提出了马尔可夫随机过程,语言结构中所蕴藏着的统计规律,成了思想的源泉。这种统计学的新分支称为文献计量学、数理语言学、计算风格学、文字 DNA 等，即通过文献来搜寻信息。

例如，对美国立国三大历史文献之一的《联邦主义者》文集的研究。由于历史原因，文集 85 篇文章中，有 73 篇文章的作者身份较为明确，其余 12 篇署名都为 Federalist 的文章的真正作者身份曾引起长期争议。1955 年，哈佛大学统计学家 Fredrick Mosteller 和芝加哥大学的统计学家 David Wallance，通过研究“in”“an”“of”“upon”“while”“whilst” “enough” “there” “on”等多个词汇的使用规律，花了十多年的时间，甄别了 12 篇文章的作者，引起了统计学界极大的轰动。

例如，中国古典名著《红楼梦》作者的研究。前 80 回的作者为曹雪芹，后 40 回的作者有争议。1985 年复旦大学统计运筹系的李贤平教授对著作权进行研究，选定数十个与情节无关的虚词(如了、吗、嘛、喱、呢、么……)作为变量，把全书中的 120 回作为 120 个样品，统计每一回这些虚词(即变量)出现的规律。在研究中主要使用聚类分析、主成分分析、典型相关分析等多元统计分析方法，结合历史考证，主要得出如下结果：

① 前 80 回和后 40 回不是出自同一个人的手笔；

② 前 80 回是否为曹雪芹所写？通过用曹雪芹的另一著作，做类似的分析，结果证实了用词手法完全相同，断定为曹雪芹一人手笔；

③ 后 40 回是否为高鹗所写？结论推翻了后 40 回是高鹗一人所写。后 40 回的成书比较复杂，既有残稿也有外人笔墨，不是高鹗一人所续。

感兴趣的读者可以参考文章：《〈红楼梦〉成书新说》，复旦学报(社会科学版)，1987 年，第 5 期，李贤平。

本书主要介绍多元统计分析的理论及常用的方法，同时，利用 SPSS、S-Plus 等统计软件进行实证分析，做到在应用中体会理论。本书的章节结构如图 1.3.1 所示。

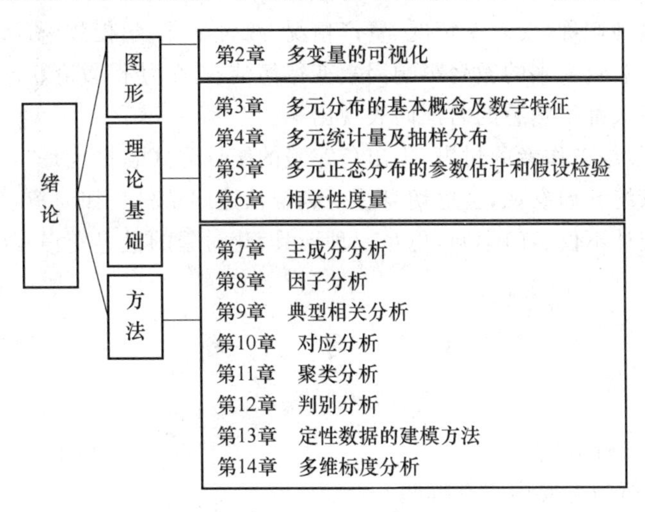

图 1.3.1　本书的章节结构

1.4　小贴士

俗话说“读万卷书，行万里路”，读者有机会可以去中国统计资料馆参观一下。1952 年，为了适应社会主义经济建设的需要，中央政府决定成立国家统计局。国家统计局是国务院直属机构，主管全国统计和国民经济核算工作，定期公布居民所熟知的GDP和CPI等经济指标。

中国统计资料馆于2006年6月13日正式对外开放，社会公众可持单位介绍信或个人有效身份证件在规定的时间来馆查阅。中国统计资料馆的主要职责是收存和管理国内外统计资料、统计图书及国家统计局的档案文献，并进行开发利用。馆内设有图书资料阅览室、电子阅览室、专家咨询室、电话咨询室以及录像厅、演示厅、陈列厅和视频点播室等。

在图书资料阅览室中，存放着社会各行各业、生活各方各面的数据资料。这些资料主要分为社会科学总论，法律政治，经济，文化、教育、科学、体育，综合性图书这五大类。

① 社会科学总论中，主要有统计调查、统计资料的分析与整理、世界各国统计工作、中国统计资料、全国各地区年鉴、人口与计划生育、世界各国人口调查和研究、人口调查等。

② 法律政治分类中，主要是工会工作、农民生活状况、知识产权等方向的资料。

③ 经济这一类涵盖的内容较多且繁杂，包括中国经济、地方经济、特区经济、经济技术开发区经济、经济报算、经济统计学、投入产出分析、劳资经济、物资经济、企业经济、城市与市政经济、中国农业经济、农业计划管理、地方农业经济、工业、中国工业经济、中国国内贸易经济、中国对外贸易、中国保险业。

④ 文化、教育、科学、体育以及综合性图书方面，有文化文物、信息、广播电视、出版、科技、教育、气象、海洋、地质矿石、卫生、医药、机械电子、城市建设。

例如，在《中国教育年鉴2008》中，把教育分为全面而精细的小项目。按时间段来分，教育分为高等教育、中等教育、初等教育、特殊教育、幼儿教育、工读教育。就高等教育而言，可分为成人本科、成人专科、普通本科、普通专科、网络专科、网络本科、民办教育等体制。教育年鉴对任一体制下的教育进行了调查统计，包括学生数、女学生数、专任教师学历、专任教师职称、聘请教师学历、聘请教师职称、女教工情况、资产情况、校舍情况、学校数、班级数。通过教育年鉴的分类和整理，使得名目繁多的教育影响因素变得简洁有序，使得教育状况这个既重要又抽象的大问题，通过每个人都很熟悉的名词而表现出来。

如果没有收集数据工作者的付出，再出色完美的统计方式恐怕也是"巧妇难为无米之炊"。总之，亲身去趟国家统计局参观，会更切身感受到统计这门学科是如何覆盖和服务于人们的生活的，并会体会到统计不仅是门学问，更是一种工具，让纷繁的世界变得有序、可控、可预测。

1.5 习　　题

1. 什么是多元统计分析？

2. 多元统计分析的主要内容有哪些？

3. 多元统计分析的数据结构是什么？

4. 数据是为了表述和解释现实问题所收集的事实依据。请问如何获得数据？并且思考，按测量尺度、收集方法、时间状况来看，数据的类型有哪些？

第2章　多变量的可视化

"图形的最大价值就是使我们注意到我们从来没有料到过的信息。"

——约翰·图克(John Tukey)

"一图胜千言",众所周知,图形是帮助人们思维和判断的重要工具,有助于对所研究的数据进行直观了解。如果能将所研究的数据直接显示在一个平面图上,便可以一目了然地看出分析变量间的数量关系。当样本只有2个变量(或指标)时,可以用通常的平面直角坐标系绘图;当样本有3个变量时,虽然可以在三维的直角坐标系里绘图,但是预想通过图形寻找样本特点,就不太方便;当变量数大于3时,用通常的方法已不能绘图了。在多元统计分析的案例中,样本的变量数一般都大于3,探讨多变量的绘图法是长期以来人们所关注的研究课题,许多统计学家给出了多变量(多维数据)的图示方法,称为多变量的可视化。

多变量的可视化方法主要分为两类:一类是使高维空间的点与平面上的某种图形对应,这种图形能反映高维数据的某些特点或数据间的某些关系,如本章将要介绍的几种方法;另一类是对多变量数据进行降维处理,在尽可能多地保留原始信息的原则下,将数据的维数降为2维或1维,然后再在平面上表示,如后面章节将介绍的主成分分析方法、因子分析方法等,均属于此类方法。

2.1　轮廓图

轮廓图是将多个样品观测数据以折线的方式表示在平面中的一种多变量可视化图形。

轮廓图从折线线段的升降来看变量大小的变化,常用于表示样品在时间上的变化趋势、样品的聚集情况和变量的特点等。由轮廓图可直观看出,哪几个样品的变量指标相似,得到的图形在聚类分析中颇有帮助。

轮廓图的作图步骤如下。

① 作平面直角坐标系,横坐标取 p 个点,表示 p 个变量,纵坐标表示变量取值。

② 对给定的样品观测值,在 p 个点的纵坐标(即高度)上标出相应的变量取值,也可以把 p 个点的纵坐标取成与它对应的变量值成正比的数值。

③ 将表示 p 个变量取值的点(p 个高度的顶点)连接成一条折线,即得到了表示一个样品观测数据的折线,一次观测值的轮廓为一条多角折线。n 次观测可绘出 n 条折线,构成多变量轮廓图。

例 2.1 钢铁工业是国民经济的重要基础产业，是国家经济水平和综合国力的重要标志。韩国浦项钢铁公司入选 2015 年全球可持续发展 100 强企业，位列全球第 40 位，为世界著名的钢铁企业。为了比较国内钢铁公司与韩国浦项钢铁公司的差距，表 2.1.1 是某年度反映五大钢铁公司经营状况的 10 个指标数据。请绘制轮廓图。

表 2.1.1 五大钢铁公司经营状况的指标

指　标	宝　钢	鞍　钢	武　钢	首　钢	浦　项
负债保障率/(%)	2.89	2.95	2.34	1.85	3.12
长期负债倍数	5.16	9.15	6.07	2.63	6.96
流动比率/(%)	1.31	1.83	1.16	2.22	2.10
资产利润率/(%)	21.71	17.34	24.77	11.89	25.34
收入利润率/(%)	23.17	11.33	19.55	7.60	22.28
成本费用利润率/(%)	30.23	12.76	24.81	8.05	28.52
净利润现金比率/(%)	1.79	0.90	1.70	1.09	1.30
三年资产平均增长率/(%)	1.48	7.28	63.30	11.76	13.18
三年销售平均增长率/(%)	20.07	29.19	52.88	18.77	24.16
三年平均资本增长率/(%)	11.04	10.50	48.95	7.63	17.51

注：本表的数据来源于《多元统计分析》，何晓群著。

解：可以使用 SPSS 软件绘制轮廓图，首先要导入数据，这里需要注意，根据要研究的内容绘制不同的图形时，数据导入情况会有所不同。

对例 2.1 绘制轮廓图，见图 2.1.1，zb 表示 10 个反映经营情况的指标，分别为：1——负债保障率，…，10——三年平均资本增长率。bg 表示宝钢，其余类推，取拼音的首字母，便于识别，并在"Variable View"里添加变量标签。

(1) SPSS 软件操作方法

选择菜单项"Graphs"→"Line"，打开"Line Charts"对话框，对话框上方的 3 个选项用于选择轮廓图的形式，由于是对多样品作图，所以选择"Multiple"。在对话框下面的 3 个选项中选择"Values of individual cases"，见图 2.1.2。

Untitled - SPSS Data Editor

File Edit View Data Transform Analyze Graphs Utilities Window Help

17 : ag

	zb	bg	ag	wg	sg	px
1	1	2.89	2.95	2.34	1.85	3.12
2	2	5.16	9.15	6.07	2.63	6.96
3	3	1.31	1.83	1.16	2.22	2.10
4	4	21.71	17.34	24.77	11.89	25.34
5	5	23.17	11.33	19.55	7.60	22.28
6	6	30.23	12.76	24.81	8.05	28.52
7	7	1.79	.90	1.70	1.09	1.30
8	8	1.48	7.28	63.30	11.76	13.18
9	9	20.07	29.19	52.88	18.77	24.16
10	10	11.04	10.50	48.95	7.63	17.51

图 2.1.1 轮廓图数据导入

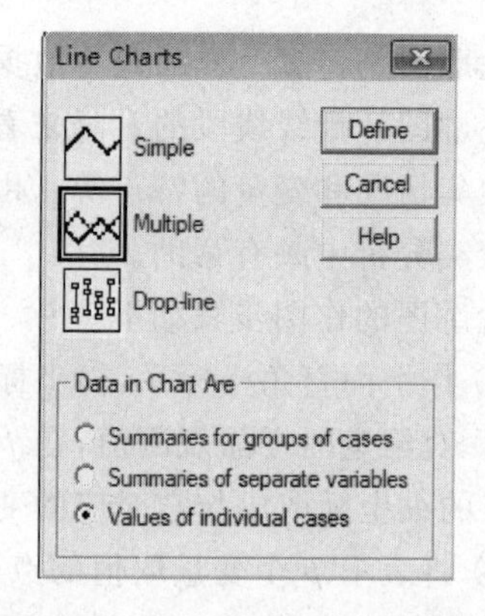

图 2.1.2 "Line Charts"对话框

单击"Define"按钮，在"Define Multiple Line"对话框中，以例 2.1 为例，将 5 个代表不同钢铁公司的变量(bg，…，px)移入"Lines Represent"列表框中，将代表经营状况的指标变量(zb)移入"Variable"框中。在图编辑状态下适当调整，即可作出轮廓图，见图 2.1.3。

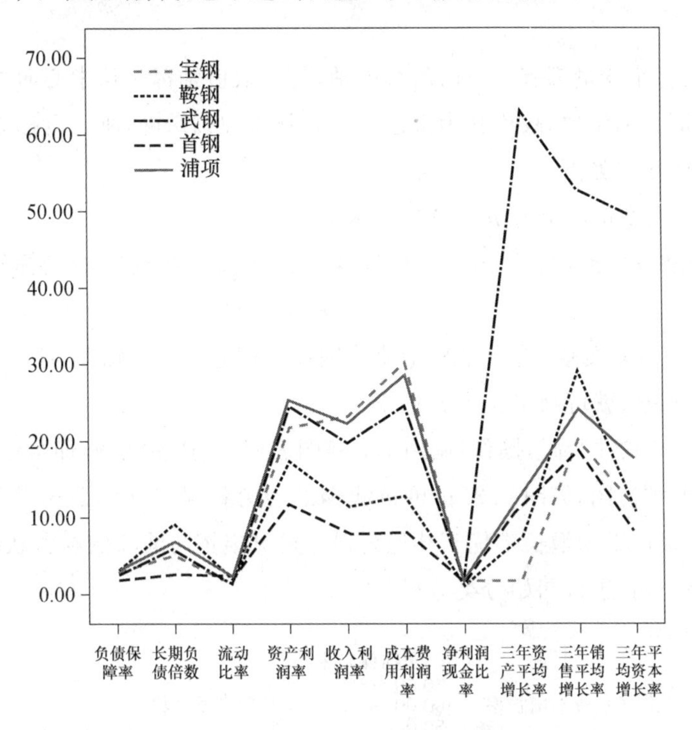

图 2.1.3　轮廓图

(2) 结论

由图 2.1.3 可以看出，该年度的鞍钢和首钢的轮廓图靠得更近，它们的经营状况接近；宝钢和浦项比较接近。第八个指标(三年资产平均增长率)各个钢铁公司的差别较大，武钢的第八个指标远远超过其他钢铁公司。

另外，还有学者(杜子芳，2002)将折线图旋转 90°，得到形如闪电的闪电图。例如，关于地铁、公交服务优劣比较的闪电图，见图 2.1.4，为了便于显示轮廓间的差异，把折线纵向展开而非横向展开。通常纸张是纵长横短的长方形，这样闪电图所容纳的指标可以更多。

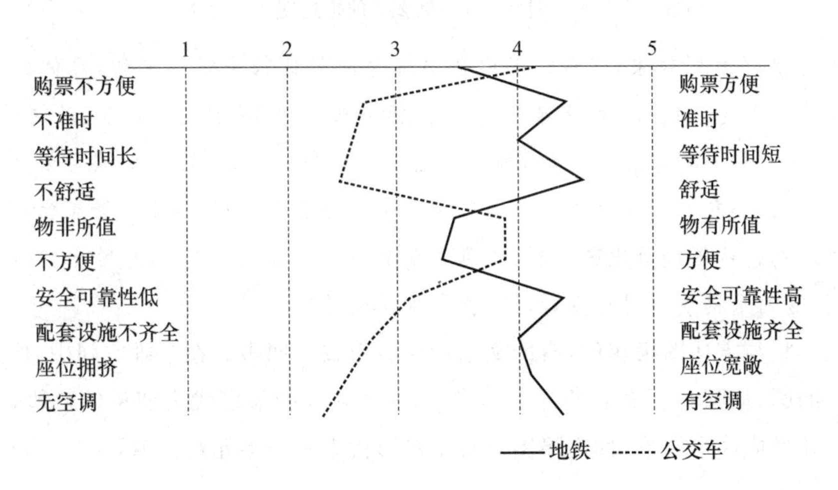

图 2.1.4　闪电图

2.2 雷达图

绘制的图中,每个变量都有它自己的数值轴,每个数值轴都是从中心向外辐射的。由于图形好像雷达荧光屏上的图像,故称其为雷达图。其外观像蜘蛛网,所以也称蛛网图、蜘蛛图。

雷达图的作图步骤如下。

① 作一圆,并按变量的个数 p 将圆周分为 p 等份。

② 连接圆心和各分点,将这 p 条半径连线依次定义为各变量的坐标轴,并标以适当的刻度。

③ 对给定的一次观测值,将 p 个变量值分别标在相应的坐标轴上,把 p 个点相连,形成一个 p 边形。n 次观测值就可画出 n 个 p 边形。

可以使用 Excel 软件绘制,操作:调用 Excel 图表向导,选雷达图,即可绘出图形。

绘制例 2.1 的雷达图,见图 2.2.1,可得武钢的经营状况与其他公司差距较大,经营状况较好,尤其是三年资产平均增长率优于其他公司。可见宝钢与浦项的经营状况非常接近,这就可以对样品(钢铁公司)进行初始分类分析。

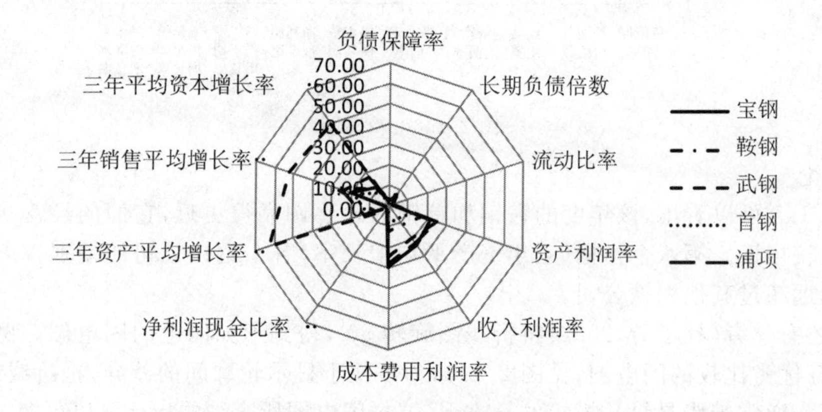

图 2.2.1 例 2.1 的雷达图

注意: ① 为了加强效果,在雷达图中适当地分配坐标轴是很重要的,具体的分配办法要结合分析的问题而定。例如,可将要对比的指标分布在左、右或上、下方,以便于对比分析。② 当观测次数 n 较大和指标较多时,画出的雷达图线段太多,图形的效果会很差。为了获得较好的可视化效果,在一张雷达图上可以只画几个样品观测数据,甚至一张雷达图只画一个样品观测数据。对这些图进行比较分析,也可了解其特点。如图 2.2.2,只给出宝钢和浦项公司的绘图,可见这两个钢铁公司经营状况的指标值比较接近。

星图的形状与雷达图很相似,有的文献把两者看成一回事。在二维空间中,构造具有固定(参照)半径的圆,从圆心引出 p 条等距的射线,这些射线的长度代表变量的数值,以直线连接射线的端点即形成一个星形,称为星图。每个星形代表一个多元观测值,这些星形可以根据它们的相似性分类。

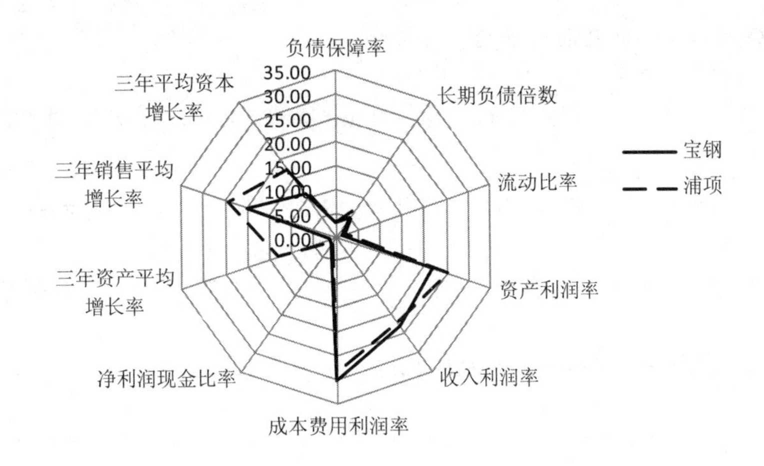

图 2.2.2　只绘出宝钢和浦项公司的雷达图

可以利用 S-Plus 软件调用 stars 函数生成星图，将数据输入 S-Plus，令文件名为 data. sdd，stars 函数命令如下：

```
stars(data.matrix(data),full = T,scale = T,radius = T,head = "Stars",ncol = 4)
```

简要说明 stars 函数的子选项：full＝T 指每一个星图都包括一个整圆，若此项选为 F，则每一个星图仅包括上边半圆；scale＝T 指对每一个变量都转换到范围[0,1]，即最大取值为 1，最小取值为 0；radius＝T 指画出每一变量取值的半径，取 F 时将不画出；type＝"l"指对每一星图仅画出线(半径)，而不画出各点，若要仅画出点，或线与点都画出，则应分别将 type 设为"p"和"b"；head 与 labels 分别指定图的标题及各样品星图的标签；ncol 指定输出时每一行输出的星图个数。

S-Plus 所做的星图各个半径与原始指标的对应关系为：从右边起，水平半径为第一指标，逆时针旋转，星图的各半径分别对应第二、第三等各个指标，根据星图各条半径的长短，可以很容易地判断对应指标的相对水平，对样品进行归类分析。此处图形省略。

2.3　调和曲线图

调和曲线图是 D. F. Andrews 在 1972 年提出的三角多项式作图法，所以又称为三角多项式图。其思想是把多维空间中的一个点对应于二维平面上的一条曲线。

设 p 维数据 $\boldsymbol{X}=(x_1,x_2,\cdots,x_p)^{\mathrm{T}}$ 对应的调和曲线函数是

$$f_X(t)=\frac{x_1}{\sqrt{2}}+x_2\sin t+x_3\cos t+x_4\sin(2t)+x_5\cos(2t)+\cdots,-\pi\leqslant t\leqslant\pi$$

上式当 t 在区间$(-\pi,\pi)$上变化时，其轨迹是一条曲线，称为调和曲线，其图形称为调和曲线图。

若两个点很接近，对应的两条调和曲线也很接近。这个方法可以看成是用一个游动着的矢量(其方向是 t 的函数)来探索空间。

续例 2.1　请对宝钢、鞍钢、武钢、首钢、浦项的数据绘制调和曲线图。

解：它们分别对应的调和曲线函数公式为

$$f_1(t)=\frac{2.89}{\sqrt{2}}+5.16\sin t+1.31\cos t+21.71\sin(2t)+23.17\cos(2t)+30.23\sin(3t)+$$

$$1.79\cos(3t)+1.48\sin(4t)+20.07\cos(4t)+11.04\sin(5t),-\pi\leqslant t\leqslant\pi$$

$$f_2(t)=\frac{2.95}{\sqrt{2}}+9.15\sin t+1.83\cos t+17.34\sin(2t)+11.33\cos(2t)+12.76\sin(3t)+$$

$$0.9\cos(3t)+7.28\sin(4t)+29.19\cos(4t)+10.5\sin(5t),-\pi\leqslant t\leqslant\pi$$

$$f_3(t)=\frac{2.34}{\sqrt{2}}+6.07\sin t+1.16\cos t+24.77\sin(2t)+19.55\cos(2t)+24.81\sin(3t)+$$

$$1.7\cos(3t)+63.3\sin(4t)+52.88\cos(4t)+48.95\sin(5t),-\pi\leqslant t\leqslant\pi$$

$$f_4(t)=\frac{1.85}{\sqrt{2}}+2.63\sin t+2.22\cos t+11.89\sin(2t)+7.6\cos(2t)+8.05\sin(3t)+$$

$$1.09\cos(3t)+11.76\sin(4t)+18.77\cos(4t)+7.63\sin(5t),-\pi\leqslant t\leqslant\pi$$

$$f_5(t)=\frac{3.12}{\sqrt{2}}+6.96\sin t+2.1\cos t+25.34\sin(2t)+22.28\cos(2t)+28.52\sin(3t)+$$

$$1.3\cos(3t)+13.18\sin(4t)+24.16\cos(4t)+17.51\sin(5t),-\pi\leqslant t\leqslant\pi$$

将上面 5 个曲线公式在平面上作图，n 次观测对应 n 条曲线，画在同一平面上就是一张调和曲线图。在多项式的图表示中，当各变量的数值太悬殊时，最好先标准化后再作图。对例 2.1 得到的调和曲线图，如图 2.3.1 所示。

作调和曲线图时一般要借助计算机，图 2.3.1 是借助 Matlab 软件绘制的图。这种图对聚类分析有帮助，同类的曲线拧在一起，不同类的曲线拧成不同的束，非常直观。

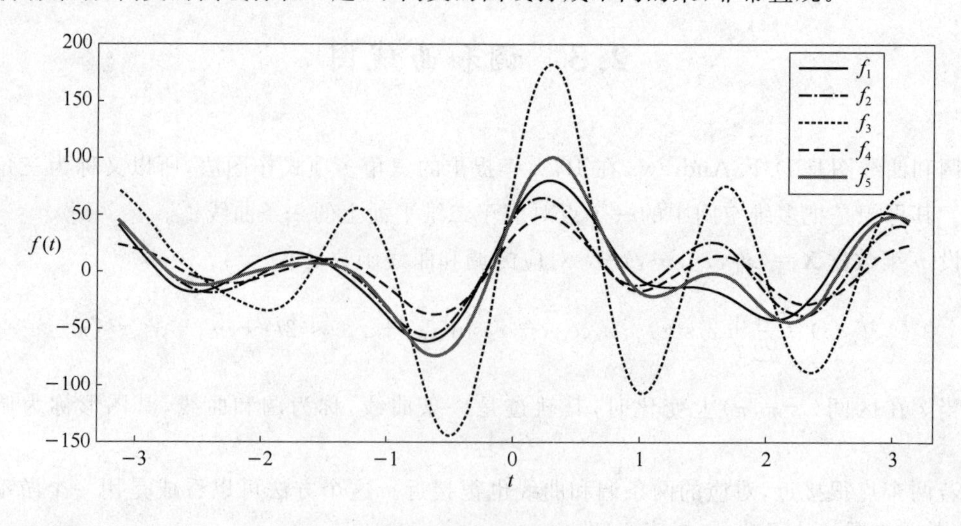

图 2.3.1　调和曲线图

Andrews 证明了调和曲线图有许多良好性质，调和曲线函数的性质如下。

(1) 保线性关系

设 $\boldsymbol{X},\boldsymbol{Y},\boldsymbol{Z}$ 均为 p 维向量，a,b 为常数，若 $\boldsymbol{Z}=a\boldsymbol{X}+b\boldsymbol{Y}$，则 $f_Z(t)=af_X(t)+bf_Y(t)(-\pi\leqslant t\leqslant\pi)$。特别地，若有 n 个 p 维样品 $\boldsymbol{X}_{(1)},\cdots,\boldsymbol{X}_{(n)}$，$\overline{\boldsymbol{X}}$ 是它们的均值向量，则 $f_{\overline{X}}(t)=\frac{1}{n}\sum_{i=1}^{n}f_{X_{(i)}}(t)$，即均值的曲线正好是样品曲线的均值。

(2) 保欧式距离

由于 $f_X(t)$ 和 $f_Y(t)$ 都是 $[-\pi,\pi]$ 上的平方可积函数，定义它们之间的欧式距离：$d^2_{f_Xf_Y}=\int_{-\pi}^{\pi}|f_X(t)-f_Y(t)|^2\mathrm{d}t$。则它与 $\boldsymbol{X},\boldsymbol{Y}$ 的欧式距离 $d^2_{XY}=(\boldsymbol{X}-\boldsymbol{Y})^{\mathrm{T}}(\boldsymbol{X}-\boldsymbol{Y})$ 有关系：$d^2_{XY}=\frac{1}{\pi}d^2_{f_Xf_Y}$。这说明原来的欧式距离与变换后的 f 欧式距离只差一个倍数。这保证了变换后进行聚类分析的准确性。

感兴趣的读者可以参见文章：Andrews D F. Plots of High-Dimensional Data[J]. Biometrics, 1972, 28, 125-136.

2.4　散点图

散点图是以点的分布反映变量之间相关关系的可视化方法。以两个变量为例，散点图是把两个变量 X 与 Y 的每对观测数据 (x,y)，看成平面上点的横纵坐标，依次描点，可得散点图，也称为散布图。由散点图可直观地看出变量 X 与 Y 间的相关关系及相关程度。1885 年，英国生物统计学家高尔顿在研究成年子女与中年父母的身高关系时，首次给出散点图。

矩阵散点图则是一种反映多个变量两两之间相关关系的二维散点图。当 $p>2$ 时，对 p 个变量两两配对生成一张散点图矩阵，通过这张图，可以了解到每两个变量间的相关情况，在用 SAS 软件绘制散点图时，也可通过“刷亮”方法来找出异常点。

可以使用 SPSS 软件绘制散点图：选择菜单项“Graphs”→“Scatter”，打开“Scatterplot”对话框，如图 2.4.1 所示。该对话框用于选择散点图的形式，选定“Matrix”，即矩阵散点图 ，单击“Define”按钮，打开“Scatter plot Matrix”对话框。

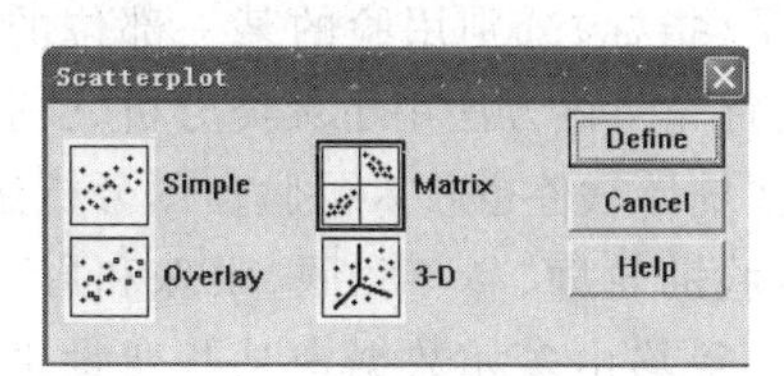

图 2.4.1　“Scatterplot”对话框

当研究问题不同时，可以绘制不同的散点图。对于例 2.1，可以研究 8 个经营指标的关系，也可以研究 5 个钢铁公司的关系。一般情况下，主要研究前者的散点图矩阵，从中可以直观了解不同经营指标的关系。从图 2.4.2 可以看出，收入利润率与成本费用利润率这两个指标变量之间存在一定的正向线性关系。

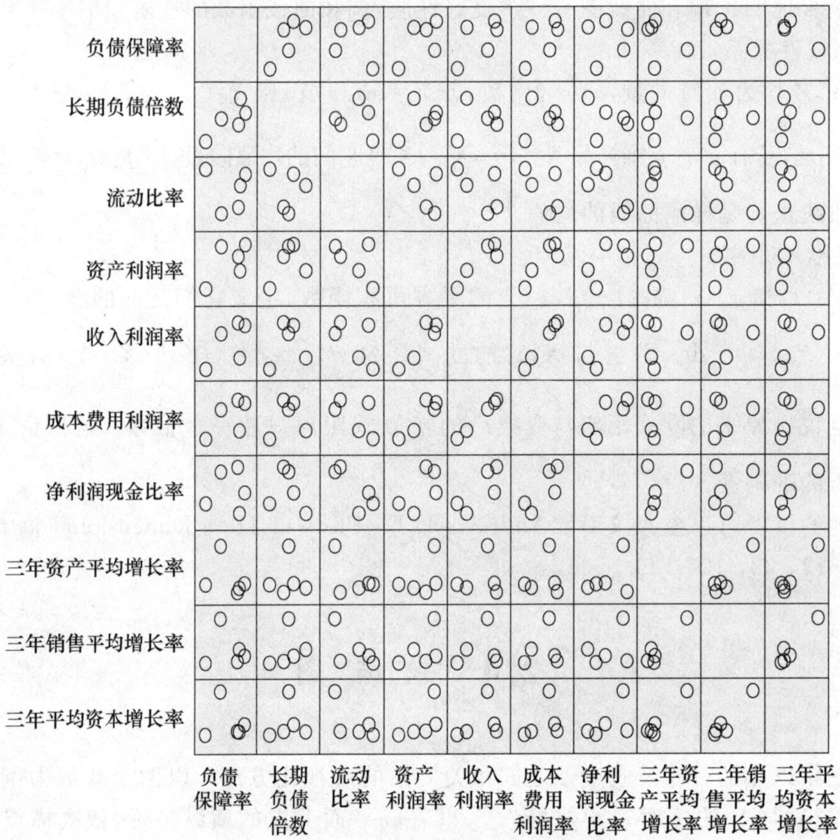

图 2.4.2　矩阵散点图

2.5　脸 谱 图

脸谱是一个非常形象的东西，脸的胖瘦、喜怒哀乐给人留下深刻印象，京剧就在脸谱的设计上下了很大功夫。用脸谱来表达样本，最先是由美国统计学家 H. Chernoff 于 1973 年提出的，该方法是将观测的多个变量（指标）分别用脸的某一部位的形状或大小来表示，一个样品（观测）可以画成一张脸谱。他首先将该方法用于聚类分析，引起了各国统计学家的极大兴趣，并对他的画法作出了改进，一些统计软件也收入了脸谱图分析法。

通常，脸谱由六部分构成：脸的轮廓、鼻、嘴、眼、眼珠和眉。脸的轮廓由上下两个椭圆构成，这些椭圆的长短轴及离心率等均由多元数据中某些变量来刻画；另一些变量决定鼻子长度；其他变量表示嘴的位置（嘴圆弧的弧长及嘴弧向上还是向下弯曲）、眼睛的大小、眼珠的位置、眉毛的角度等。如果变量很多，脸谱可以刻画得细致些，如果变量不多，则把一部分脸部器官的形态固定，只让另一部分器官变化。

按照 H. Chernoff 提出的画法，最初的脸谱图采用 15 个指标，各变量（用“1～15”表示）代表的脸部特征为：“1”表示脸的范围，“2”表示脸的形状，“3”表示鼻子的长度，“4”表示嘴的位置，“5”表示笑容曲线，“6”表示嘴的宽度，“7～11”分别表示眼睛的位置、分开程度、角度、形状和宽度，“12”表示瞳孔的位置，“13～15”分别表示眼眉的位置、角度及宽度。这样按照各变量的取值，根据一定的数学函数关系，就可以确定脸的轮廓、形状及五官的部位、形状，每一个样品都用一张脸谱来表示。

脸谱容易给人们留下较为深刻的印象，通过对脸谱的分析，就可以直观地对原始资料进行归类或比较研究。还要注意，对于同一种脸谱图的画法，若将变量次序重新排列，得到的脸谱的形状也会有很大不同。此处，我们不对脸谱的各个部位与原始变量的数学关系作过多探讨，而只说明其作图的思想及软件实现方法。

可以利用在 S-Plus 软件中调用 faces 函数的方法实现脸谱图。以例 2.1 为例，令文件名为 data. sdd，在命令窗口调用如下的 faces 函数，回车运行就可以生成脸谱图：

```
faces(data.matrix(data), fill = T, which = 1:10, head = "Faces",ncol = 2,scale = T,
byrow = T)
```

简要说明 faces 函数的子选项，完整的脸谱图共需 15 个变量，此处只有 10 个变量。fill＝T 是指将前 10 个变量代入数据，后 5 个脸的部位变量画在相应的中央位置（固定）。which＝1:10 是指用资料集 data 的前 10 列画脸谱图。head 指定图的标题。ncol＝2 是指输出时每行显示脸谱图的个数为 2。scale＝T 是指在画脸谱图时将各变量都变换到[0,1]之间。byrow＝T 是指输出时，脸谱图按行排列，这有助于我们将脸谱图与相应的公司名对应起来。

此时生成的脸谱图没有公司名，为了对应公司名，可将 5 个公司名放入一个向量 a 中，然后在上面的命令中加入选项 labels＝a，就可生成带公司名字的脸谱图。

例 2.1 可生成的脸谱图如图 2.5.1 所示。

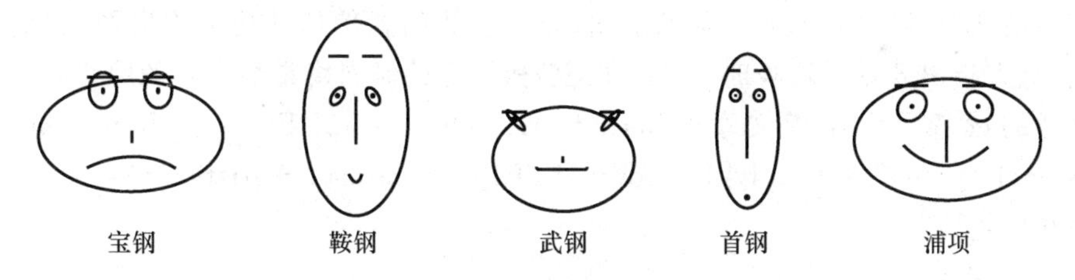

图 2.5.1　例 2.1 的脸谱图

可见这些脸谱中的笑容、脸型、鼻子长度的差异较大，第五个变量（收入利润率）代表笑容曲线，由于脸谱变量在设定时，笑得越开心，代表变量的值越大，脸谱图说明宝钢和浦项的收入利润处于较高水平，这与所给的原始数据吻合。第三个变量（流动比率）代表鼻子长度，脸谱图说明浦项和首钢的资产流动比率较高。

在利用脸谱图工具对观测对象进行比较分析时，值得注意的一点是脸谱的形状受各变量次序的影响很大，若把例 2.1 中 8 个变量的次序换一下，得到的脸谱图就会有很大不同，见图 2.5.2。

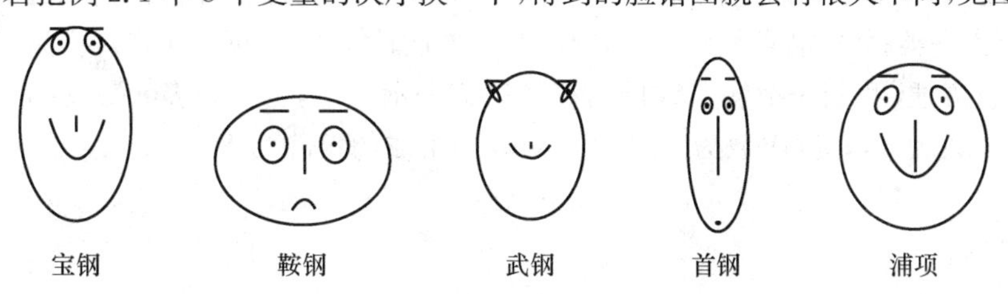

图 2.5.2　改变变量顺序后的脸谱图

根据脸谱图，还可以对各公司进行归类，但是有很大的主观性，因为不同的人所关注的脸的部位有很大不同，如有的人对脸的胖瘦比较在意，而有的人对五官的印象特别深，因此对同样的脸谱图,不同的人可能得到不同的结论,在实际分析中,该方法须与聚类、相关等定量分析相结合才能得到比较合理可信的结论。

在实际应用中,脸谱图也有发展,如在脸谱上加眼泪以表示很坏情况的出现;还可以在脸谱的基础上加上体型,用一些变量来决定体型的胖瘦、高矮等;还有新的脸谱画图方法取消了脸的对称性并引入更多脸部特征来画脸谱。图 2.5.3 是用 R 软件绘制的脸谱图,添加了头型、耳朵、脸色、瞳孔等。

图 2.5.3 用 R 软件绘制的脸谱图

R 软件画法的步骤如下。

① 安装 aplpack 包:在 R Console 界面单击"程序包"→"安装程序包"→"选择镜像地址"→"选择程序包"。

② 数据导入方法:在 Excel 中将要导入的数据复制→mydata=read. delim("clipboard", header=F)→faces(mydata,face. type=1)。

脸谱图的深入研究主要集中在各样品的原始特征对应的脸谱特征的评价、脸谱特征的改进和脸谱表情研究等方面,如非对称脸谱图、通过参数的置信估计构造脸谱图、脸谱特征有效性的问题,有人指出若观看较长时间,眼的大小和眉毛的倾斜度是最有效的脸谱特征。

感兴趣的读者可以阅读文章:Chernoff H. The Use of Faces to Represent Points in *k*-Dimensional Space Graphically[J]. Journal of the American Statistical Association, 1973, 68(342):361-368.

2.6 星座图

星座图最初是由 Wakimoto 和 Taguri 于 1978 年提出的,就是将所有样品点(高维空间)投影到平面上的一个半圆内,用投影点表示样品点,由于直观上像天文学中的星座图像,故称为星座图。

通过星座图,可以根据图中样品点的位置直观地对相关性进行分析。较靠近的样品点比较相似,可以分为一类;如样品点相距较远,则说明差异性较大,从而可以实现对样品点的分类。

为了分析方便,我们先把多元数据用符号语言表示一下,也称为多元数据结构。

设变量个数为 p,观测次数为 n,n 次观测数据组成的矩阵为 $\boldsymbol{X}=(x_{ij})_{n\times p}$。

$$\boldsymbol{X}=\begin{pmatrix} x_{11} & x_{12} & \cdots & x_{1j} & \cdots & x_{1p} \\ x_{21} & x_{22} & \cdots & x_{2j} & \cdots & x_{2p} \\ \vdots & \vdots & & \vdots & & \vdots \\ x_{i1} & x_{i2} & \cdots & x_{ij} & \cdots & x_{ip} \\ \vdots & \vdots & & \vdots & & \vdots \\ x_{n1} & x_{n2} & \cdots & x_{nj} & \cdots & x_{np} \end{pmatrix}$$

第 k 次观测记为 $\boldsymbol{X}_{(k)}=(x_{k1},\cdots,x_{kp})^{\mathrm{T}}$，$k=1,\cdots,n$，第 i 个变量观测记为 $\boldsymbol{X}_i$，$i=1,\cdots,p$，则

$$\boldsymbol{X}=\begin{pmatrix}\boldsymbol{X}_{(1)}^{\mathrm{T}}\\ \boldsymbol{X}_{(2)}^{\mathrm{T}}\\ \vdots\\ \boldsymbol{X}_{(n)}^{\mathrm{T}}\end{pmatrix}=(\boldsymbol{X}_1\ \boldsymbol{X}_2\cdots\ \boldsymbol{X}_p)$$

注意：由于样本具有两重性，在没有观测之前，可以把 $\boldsymbol{X}$ 看成是随机变量矩阵，符号一般是大写，便于理论分析。在观测以后，可以把它看成是观测数据的数值矩阵，符号一般是小写。从具体的上下文，容易区分是何种情况，为了方便，以后符号就不区分了。

星座图的作图步骤如下。

由于要把 p 维的点投射到 2 维平面，就要设定平面上的横纵坐标。星座图采用角度和半径来确定其在 2 维上的位置，具体如下。

① 将数据 $\{x_{ij}\}$ 变换为角度 $\{\theta_{ij}\}$，使 $0\leqslant\theta_{ij}\leqslant\pi$，可以借助极差标准化方法，变换如下

$$\theta_{ij}=\frac{x_{ij}-\min\limits_{k=1,\cdots,n}x_{kj}}{\max\limits_{k=1,\cdots,n}x_{kj}-\min\limits_{k=1,\cdots,n}x_{kj}}\times\pi,\quad i=1,\cdots,n;\ j=1,\cdots,p$$

② 适当地选一组权系数 $\omega_1,\cdots,\omega_p$，其中 $\omega_j\geqslant 0$ 且 $\sum\limits_{j=1}^{p}\omega_j=1$。重要的变量相应的权数可取大一点。若无侧重，最简单的取法为 $\omega_j=\dfrac{1}{p}$，$j=1,\cdots,p$。

③ 给定的第 i 个样品的观测值 $\boldsymbol{X}_{(i)}=(x_{i1},\cdots,x_{ip})^{\mathrm{T}}$ 对应着一条由折线表示的路径和一个"星星"(☆)。第 i 个样品路径的第 k 个折点 O_k 的坐标 $(U_i^{(k)},V_i^{(k)})$ 是

$$\begin{cases}U_i^{(k)}=\sum\limits_{j=1}^{k}\omega_j\cos\theta_{ij}\\ V_i^{(k)}=\sum\limits_{j=1}^{k}\omega_j\sin\theta_{ij}\end{cases}\quad k=1,\cdots,p;i=1,\cdots,n \tag{2.6.1}$$

第 i 个样品的"星星"位于路径的终点 O_p，其坐标为 $(U_i^{(p)},V_i^{(p)})$，记为 Z_i。由欧拉公式 $\mathrm{e}^{\mathrm{i}\theta}=\cos\theta+\mathrm{i}\sin\theta$ 可得，第 i 个样品的星座为 $Z_i=\sum\limits_{j=1}^{p}\omega_j\mathrm{e}^{\mathrm{i}\theta_{ij}}$。对每个观测 $\boldsymbol{X}_{(i)}=(x_{i1},\cdots,x_{ip})^{\mathrm{T}}$ 都是从平面坐标原点出发的，根据步骤③的坐标值〔由式(2.6.1)计算〕依次画出路径，终点为"星星"。

④ 画出一个半径为 1 的上半圆及半圆底边的直径。星座示意图请见图 2.6.1。

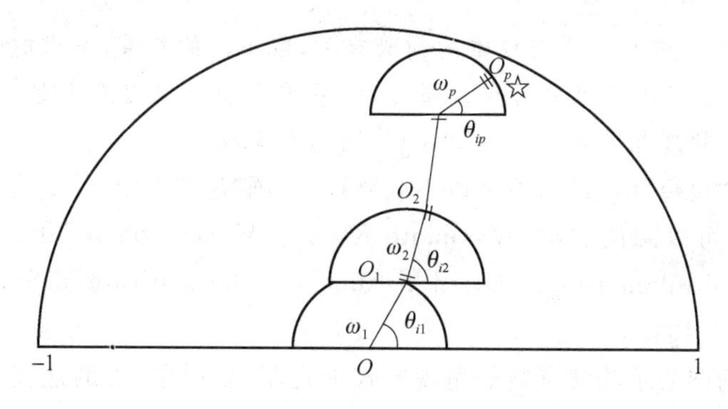

图 2.6.1　星座示意图

绘制完星座图,可以根据图上"星星"的位置及路径,判断各样品点之间的接近程度,进而可以对样品点进行归类分析。如果这些样品点来自不同的类,会有不同类的样品点对应的"星星"集中在不同区域,说明星座图可以用于多变量数据的分类研究。

常用的统计软件中没有直接生成星座图的模块,按照上面的绘图步骤,对数据进行极差标准化,对每一个变量赋予适当权重,然后计算各点的路径坐标,根据坐标画出各点的散点图,就得到星座图。可以用 Matlab 软件编程得到例 2.1 的星座图。

图 2.6.2 是对各个变量赋予同等的权值时的星座图,可以看到首钢和鞍钢靠得比较接近。

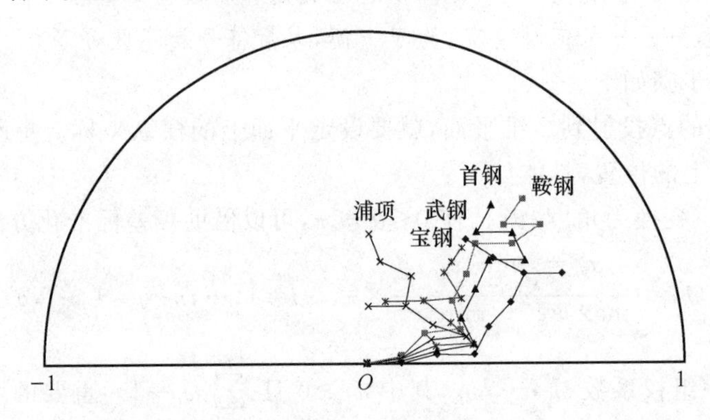

图 2.6.2　星座图(1)

图 2.6.3 是对变量取不同权重时的星座图,如取权重$(\omega_1,\cdots,\omega_p)=(0.1,0.5,0.05,0.05,0.05,0.05,0.05,0.05,0.02,0.08)$,可见图形结果有所不同。

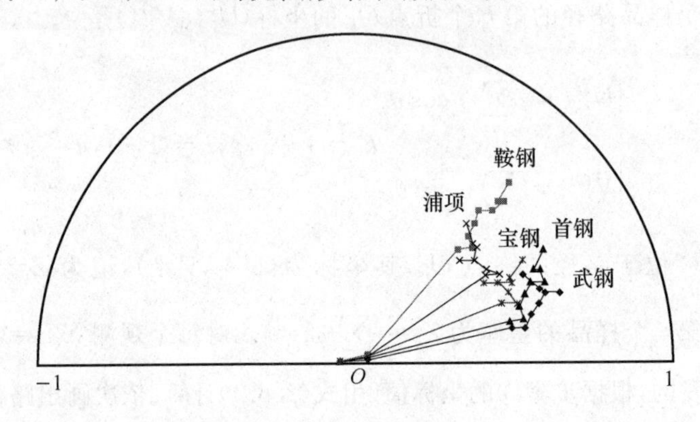

图 2.6.3　星座图(2)

说明:"星星"的位置和路径与权重的选取有关,取不同的权重,画出的星座图也不同。权重选取的原则以实际问题的需要而定。通常,对较重要指标取权重大些,次要指标取权重小些,如果指标的重要程度相差不大或难以区分,则选取等权。

有时为了突出"星星"的位置,也可以不画路径,只画"星星"。

感兴趣的读者可以阅读文章:Wakimoto K, Taguri M. Constellation graphical method for representing multi-dimensional data[J]. Annals of the Institute of Statistical Mathematics, 1978, 30(1):97-104.

总之,多变量的图表示法使资料的呈现方式更直观、更形象,借助这些工具可以使研究者对资料有较深的印象,同时利用这些作图方法,可以帮助研究者对资料进行探索性分析,有助于后续的定量分析,相互印证,形成合理结论。每种多变量的图表示法都有其优缺点,当变量过多或者观测样品过多时，图形会很乱，不易识别。实证分析时要针对具体问题，选择合适的多变量图表示法，才能得到较为合理可信的结论。

2.7　小贴士

多变量的统计图形主要是研究多维随机变量(或观测样品)的关系的图形。通常，统计图形又称为统计图、统计学图形、图解方法、图解技术、图解分析方法、图解分析技术、可视化技术，是指统计学领域中通过数据可视化展示数据信息的图形。统计图是根据统计数据，利用点、线、面、体等绘制成几何图形，以表现统计数据大小和变动的各种图形的总称。它可使复杂的统计数据简单化、通俗化、形象化，使人一目了然，便于理解和比较。

现有的统计图形主要有饼图、直方图、条形图、茎叶图、箱线图、散点图、雷达图、玫瑰图、气泡图、QQ 图、脸谱图、冰状图、树状图、等高图、三维透视图、因素效应图、平滑散点图、调和曲线图、棘状图、Cleveland 点图、星状图、四瓣图、颜色图、马赛克图、符号图、热图、生存函数图、小提琴图、地图等。

《现代统计图形》(谢益辉)一书中给出了很多统计图形，我们从中挑选几个历史上著名的统计图形，加以介绍。若想了解更多的统计图形，请阅读该书。

① 苏格兰工程师兼政治经济学家 William Playfair 被称为"统计图形奠基人"，他首次给出线图、饼图、条形图和圆环图。

Playfair 在 *The Commercial and Political Atlas*(1786 年)一书中，用线图(图 2.7.1)展示了英格兰自 1700 年至 1780 年间的进出口时序数据，图中反映了初期对外贸易对英格兰不利，而随着时间发展，大约 1752 年后(图 2.7.1 中的交叉点)，对外贸易逐渐变得有利。

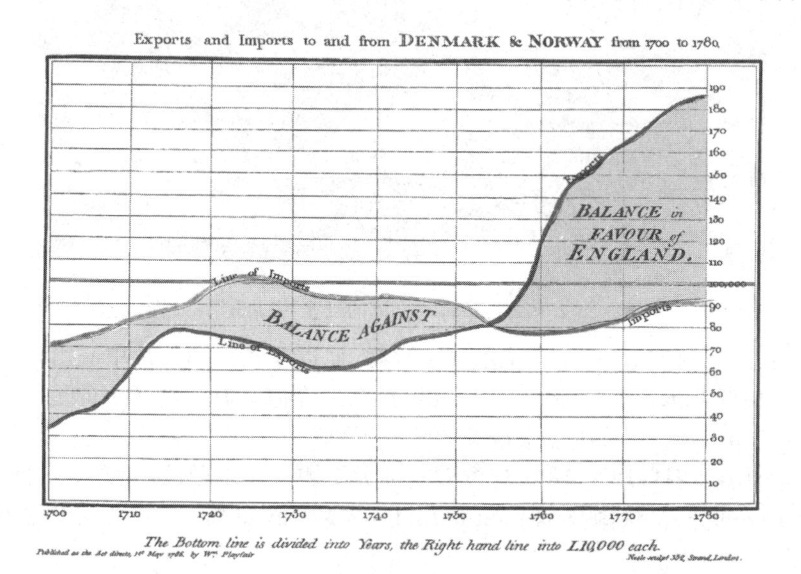

图 2.7.1　历史上的第一个线图(Playfair 1786 年绘制)

Playfair 在 *The Statistical Breviary*(1801 年)一书中，用饼图(图 2.7.2)来展示一些欧洲国家的领土比例。从饼图中我们可以看出当时的土耳其帝国分别在亚洲、欧洲和非洲的领土面积的比例。

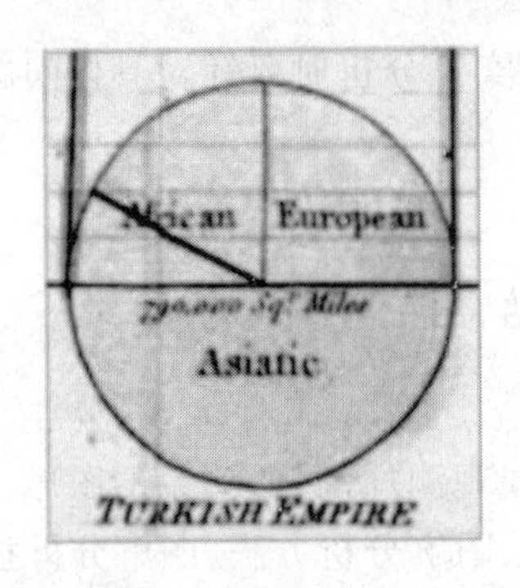

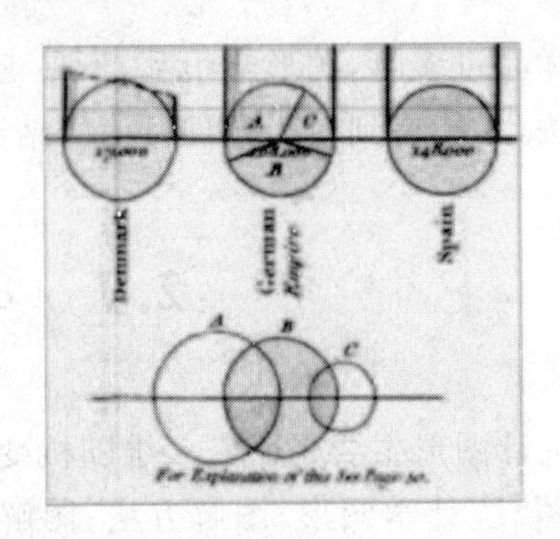

图 2.7.2　历史上的第一个饼图(Playfair 1801 年绘制)

② Florence Nightingale 是现代护理的鼻祖及现代护理专业的创始人,也是历史上使用极坐标面积图的先驱,该图形形如玫瑰,也称为玫瑰图。它可以看成是一种圆形的直方图。Nightingale 常昵称该图为鸡冠花(coxcomb)图。

极坐标面积图(图 2.7.3)里的左右两幅图分别是 1854 年和 1855 年的军队伤亡人数,一年 12 个月恰好可以将极坐标分为 12 等份,每一瓣代表一个月。图中用 3 种不同颜色标记出了 3 种死亡原因。该图反映导致士兵死亡的主要原因是军队缺乏有效的医疗护理,在她的推动下,英国皇家陆军卫生委员会、军医学校相继成立。

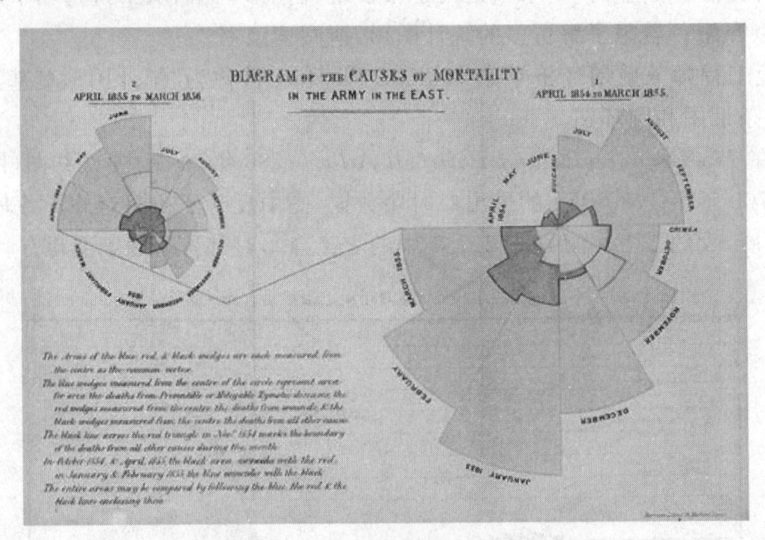

图 2.7.3　Nightingale 的极坐标面积图

③ Charles Joseph Minard 是一位法国工程师,他以在工程和统计中应用图形而闻名。他绘制的"拿破仑俄罗斯远征图"(图 2.7.4)在统计图形界内享有至高无上的地位,被"数据达·芬奇"Edward Tuftel 称为"有史以来最好的统计图形"。

Minard 绘制的地图展现了 1812 年拿破仑的大军团进军俄国的路线(上半部分)和撤退时的气温变化(下半部分)。法国科学家 Etienne Jules Marey 称"该图所展现出的雄辩对历史学家的笔是一种极大的挑战"。

④ Francis Galton 是英国人类学家、心理学家、生物统计学家,在其表兄达尔文出版《物种起源》一书时,Galton 受到影响,对进化论产生浓厚兴趣。1885 年,高尔顿获得 205 对夫妇及其 928 个成年子女的遗传特征数据,包括身高、眼睛颜色、脾气、艺术才能、疾病等,他认为最有价值的数据是身高。他将母亲身高乘以 1.08,折算成男性身高,用父母平均身高(中亲身高)

和子女身高数据，撰写了论文，论文数据如图 2.7.5 所示。他绘制了历史上第一个散点图，见图 2.7.6，该论文标志着高尔顿的相关分析思想已基本成熟。

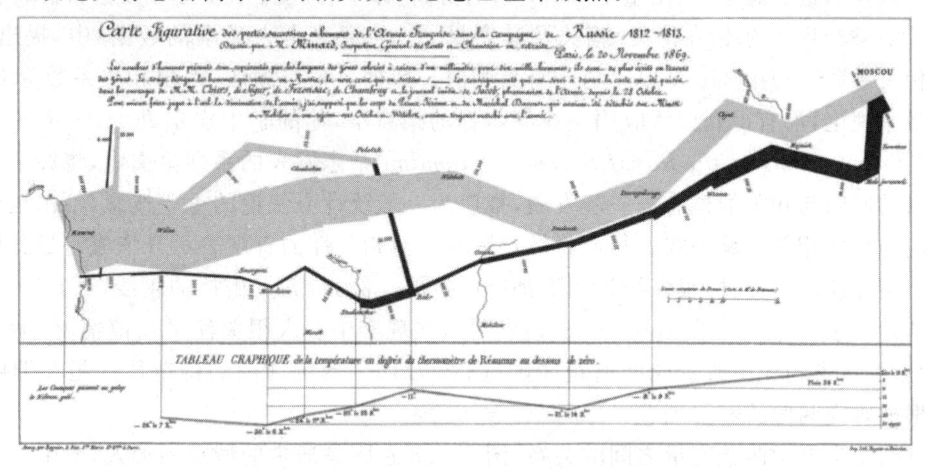

图 2.7.4　Minard 的“拿破仑俄罗斯远征图”

TABLE I.

NUMBER OF ADULT CHILDREN OF VARIOUS STATURES BORN OF 205 MID-PARENTS OF VARIOUS STATURES.
(All Female heights have been multiplied by 1·08).

Heights of the Mid-parents in inches.	Heights of the Adult Children.														Total Number of		Medians.
	Below	62·2	63·2	64·2	65·2	66·2	67·2	68·2	69·2	70·2	71·2	72·2	73·2	Above	Adult Children.	Mid-parents.	
Above ..	..	..	..	..	..	..	..	..	..	..	..	1	3	..	4	5	..
72·5	..	..	..	..	..	..	..	1	2	1	2	7	2	4	19	6	72·2
71·5	..	..	..	..	1	3	4	3	5	10	4	9	2	2	43	11	69·9
70·5	1	..	1	..	1	1	3	12	18	14	7	4	3	3	68	22	69·5
69·5	..	..	1	16	4	17	27	20	33	25	20	11	4	5	183	41	68·9
68·5	1	..	7	11	16	25	31	34	48	21	18	4	3	..	219	49	68·2
67·5	..	3	5	14	15	36	38	28	38	19	11	4	..	..	211	33	67·6
66·5	..	3	3	5	2	17	17	14	13	4	..	..	..	..	78	20	67·2
65·5	1	..	9	5	7	11	11	7	7	5	2	1	..	..	66	12	66·7
64·5	1	1	4	4	1	5	5	..	2	..	..	..	..	..	23	5	65·8
Below ..	1	..	2	4	1	2	2	1	1	..	..	..	..	..	14	1	..
Totals ..	5	7	32	59	48	117	138	120	167	99	64	41	17	14	928	205	..
Medians ..	..	..	66·3	67·8	67·9	67·7	67·9	68·3	68·5	69·0	69·0	70·0	..	..	..	..	..

图 2.7.5　高尔顿论文数据表

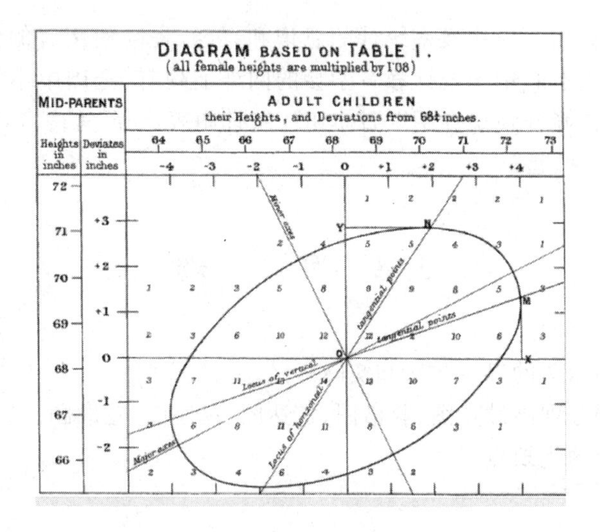

图 2.7.6　历史上第一个散点图

为了更多地采样，1884年，高尔顿在伦敦国际博览会上设立了“人体测量实验室”。连续六年中，“人体测量实验室”共测量了9 337人的身高、体重、阔度、呼吸力等数据，得出“祖先遗传法则”。1888年，高尔顿在论文《相关及其度量——主要来自人类学的数据》中，提出了“相关”和“相关系数”，利用348个成年男子身高和肘长数据，用“目测法”得出相关系数为0.8，由于缺乏数学理论，没有得到广泛应用。在高尔顿的指点下，他的学生皮尔逊1895年在 *Philosophical Transactions of the Royal Society of London* 杂志发表的系列论文中，将源于生物统计学领域的回归与相关的概念进一步发展，推广为一般统计方法论的重要概念，给出至今仍被广泛使用的线性相关计算公式。从而将散点图这种对相关性的直观表示升华成定量分析。

随着实际使用的促进，很多统计图形都有所扩展。例如，五点概括的箱线图〔1977年由美国著名统计学家约翰·图基(John Tukey)发明〕，在现实中有人很关注平均值情况，为了突出它，有学者把常见箱线图改造成凹槽箱线图(图2.7.7)。新统计图的构造往往是在旧图形的基础上根据研究问题的需要创造。

散点图用来展示两个变量之间的关系，图2.7.8左图是通常的散点图形式，图中几乎看不出数据在量上的特点，看不出数据有任何异常特征，因为数据庞大时，数据经常会重叠，这使得看到的是散点图中间的一大团，分不清主要数据集中在哪里。所以有人提出，用某方法做出平滑散点图(图2.7.8的右图)，能清晰地看到，团状物越往中心处，颜色越深，说明更多的数据集中在那里。

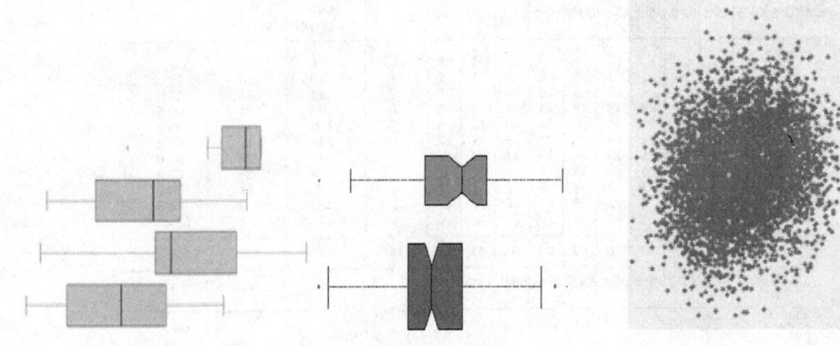

图2.7.7　常见箱线图与凹槽箱线图

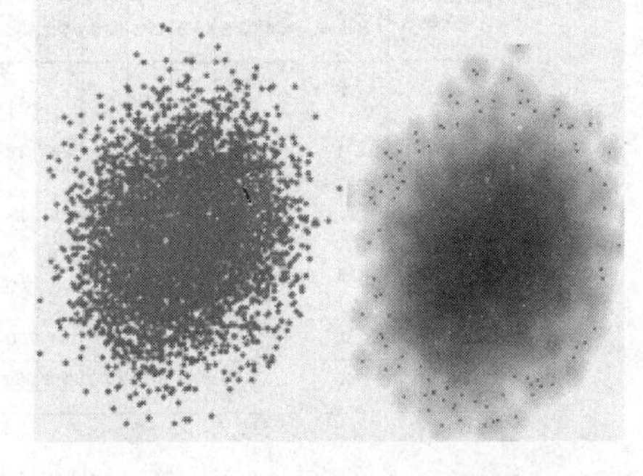

图2.7.8　常见散点图与平滑散点图

统计图的构造可以增强应用概率统计的意识和兴趣，提高使用者的应用能力。国内统计教育界也对此很重视，例如，中国统计教育学会的网址上列有“全国中小学生统计图表设计邀请赛”“台湾地区统计图竞赛情况介绍”“日本组织统计图表比赛”等内容，统计教育学家建议统计学图形教育“从娃娃抓起”。

2.8　习　　题

1. 试述多变量图示法的思想方法和实际意义。
2. 对某实际问题分别画散点图、脸谱图、雷达图、星座图、轮廓图。
3. 比较不同图形的优缺点。

第3章　多元分布的基本概念及数字特征

"统计方法及其计算公式正如同其他数学科目一样，这里同一公式适用于一切问题的研究，统计学是应用数学的最重要部分，并可以视为对观察得来的材料进行加工的数学。"

——费歇尔(Fisher)

在多元统计分析的理论研究中涉及的都是随机向量或多个随机向量组成的随机矩阵，显然，如果我们只研究一个分量或是将这些向量割裂开研究，是不能从整体上把握研究问题的实质的，这就需要学习多元统计分析方法。所有的科学研究都有一个基础平台，也就是基本概念和性质，下面我们先复习一元统计分析中的有关概念和性质，然后推广出多元统计分析中相应的基本概念和性质。

3.1　多维随机向量及概率分布

"温故而知新"，我们先回顾一下一元统计中分布函数和密度函数的定义。

设 X 是一个随机变量，$F(x)=P(X\leqslant x)$ 称为 X 的概率分布函数，简称**分布函数**，记为 $X\sim F(x)$。

一元统计中，主要讨论离散型和连续型两类随机向量。

若随机变量在有限或可列个值 $\{x_k\}$ 上取值，记 $P(X=x_k)=p_k(k=1,2,\cdots)$，且 $\sum\limits_k p_k=1$，则称 X 为**离散型随机变量**，并称 $P(X=x_k)=p_k(k=1,2,\cdots)$ 为 X 的概率分布。

设 $X\sim F(x)$，若存在一个非负函数 $f(x)$，使得对一切实数 x 有

$$F(x)=\int_{-\infty}^{x} f(t)\mathrm{d}t$$

则称 X 为**连续型随机变量**，称 $f(x)$ 为 X 的分布密度函数，简称为密度函数。

一个函数 $f(x)$ 能作为某个连续型随机变量 X 的密度函数的充要条件是：

① $f(x)\geqslant 0$，对一切实数 x；

② $\int_{-\infty}^{+\infty} f(x)\mathrm{d}x=1$。

3.1.1　多维随机向量

在多元统计分析中，仍将所研究对象的全体称为总体，它是由许多个体构成的集合，如果

构成总体中的个体是有 p 个观测指标的个体，称这样的总体为 p 维总体（或 p 元总体）。这里的维（或元）表示共有几个分量。

由于从 p 维总体中随机抽取一个个体，其 p 个指标观测值不能事先精确知道，因此，p 维总体可用 p 维随机向量来表示。

多维随机向量：设有 p 个随机变量 $X_1, X_2, \cdots, X_p$ 来自同一个概率空间，这些随机变量组成的整体就是 p 维随机向量，记为 $\boldsymbol{X}=(X_1, X_2, \cdots, X_p)^{\mathrm{T}}$。

3.1.2 多维随机向量的概率分布

定义 3.1.1 设 $\boldsymbol{X}=(X_1, X_2, \cdots, X_p)^{\mathrm{T}}$ 是 p 维随机向量，它的多元概率分布函数定义为

$$F(\boldsymbol{x})=F(x_1, x_2, \cdots, x_p)=P(X_1 \leqslant x_1, X_2 \leqslant x_2, \cdots, X_p \leqslant x_p)$$

记为 $\boldsymbol{X} \sim F(\boldsymbol{x})$，其中 $\boldsymbol{x}=(x_1, x_2, \cdots, x_p)^{\mathrm{T}} \in \boldsymbol{R}^p$，$\boldsymbol{R}^p$ 表示 p 维欧氏空间。

多维随机向量的统计特性可用它的分布函数完整地描述。

定义 3.1.2 设 $\boldsymbol{X}=(X_1, X_2, \cdots, X_p)^{\mathrm{T}}$ 是 p 维随机向量，若存在有限个或可列个 p 维向量值 $\boldsymbol{x}_1, \boldsymbol{x}_2, \cdots$，记 $P(\boldsymbol{X}=\boldsymbol{x}_k)=p_k\ (k=1,2,\cdots)$，且满足 $\sum_k p_k=1$，则称 $\boldsymbol{X}$ 为**离散型随机向量**，称 $P(\boldsymbol{X}=\boldsymbol{x}_k)=p_k\ (k=1,2,\cdots)$ 为 $\boldsymbol{X}$ 的概率分布。

设 $\boldsymbol{X} \sim F(\boldsymbol{x})$，$F(\boldsymbol{x})=F(x_1, x_2, \cdots, x_p)$，若存在一个非负函数 $f(x_1, x_2, \cdots, x_p)$，使得对一切 $\boldsymbol{x}=(x_1, x_2, \cdots, x_p)^{\mathrm{T}} \in \boldsymbol{R}^p$ 有

$$F(\boldsymbol{x})=F(x_1, x_2, \cdots, x_p)=\int_{-\infty}^{x_1} \cdots \int_{-\infty}^{x_p} f(t_1, \cdots, t_p) \mathrm{d} t_1 \cdots \mathrm{d} t_p$$

则称 $\boldsymbol{X}$ 为**连续型随机向量**，称 $f(x_1, x_2, \cdots, x_p)$ 为分布密度函数，简称为密度函数或分布密度。

一个 p 元函数 $f(x_1, x_2, \cdots, x_p)$ 能作为某个连续型随机向量的密度函数的充要条件是：

① $f(x_1, x_2, \cdots, x_p) \geqslant 0,\ \forall (x_1, x_2, \cdots, x_p)^{\mathrm{T}} \in \boldsymbol{R}^p$；

② $\int_{-\infty}^{+\infty} \cdots \int_{-\infty}^{+\infty} f(x_1, x_2, \cdots, x_p) \mathrm{d} x_1 \mathrm{d} x_2 \cdots \mathrm{d} x_p=1$。

离散型随机向量的统计性质可由它的概率分布完全确定，连续型随机向量的统计性质可由它的分布密度完全确定。

例 3.1 试证函数

$$f(x_1, x_2)=\begin{cases} \mathrm{e}^{-(x_1+x_2)}, & x_1 \geqslant 0,\ x_2 \geqslant 0 \\ 0, & \text{其他} \end{cases}$$

为随机向量 $\boldsymbol{X}=(X_1, X_2)^{\mathrm{T}}$ 的密度函数。

证明：只要验证满足密度函数的两个条件即可。

① 显然，有 $f(x_1, x_2) \geqslant 0$。

② $\int_{-\infty}^{+\infty} \int_{-\infty}^{+\infty} f(x_1, x_2) \mathrm{d} x_1 \mathrm{d} x_2=\int_0^{+\infty} \int_0^{+\infty} \mathrm{e}^{-(x_1+x_2)} \mathrm{d} x_1 \mathrm{d} x_2=\int_0^{+\infty}\left[\int_0^{+\infty} \mathrm{e}^{-(x_1+x_2)} \mathrm{d} x_1\right] \mathrm{d} x_2=$ $\int_0^{+\infty} \mathrm{e}^{-x_2} \mathrm{d} x_2=-\mathrm{e}^{-x_2}\big|_0^{+\infty}=1$。

定义 3.1.3 设 $\boldsymbol{X}=(X_1, X_2, \cdots, X_p)^{\mathrm{T}}$ 是 p 维随机向量，由它的 $q\,(q<p)$ 个分量组成的子向量 $\boldsymbol{X}^{(i)}=(X_{i_1}, X_{i_2}, \cdots, X_{i_q})^{\mathrm{T}}$ 的分布称为 $\boldsymbol{X}$ 的**边缘(或边际)分布**，相对地把 $\boldsymbol{X}$ 的分布称为联合分布。

通过交换 $\boldsymbol{X}$ 中各分量的次序，可假定 $\boldsymbol{X}^{(1)}$ 正好是 $\boldsymbol{X}$ 的前 q 个分量，其余 $p-q$ 个分量为 $\boldsymbol{X}^{(2)}$，即 $\boldsymbol{X}=\begin{pmatrix}\boldsymbol{X}^{(1)}\\ \boldsymbol{X}^{(2)}\end{pmatrix}\begin{matrix}q\\ p-q\end{matrix}$，相应的取值也可分为两部分 $\boldsymbol{x}=\begin{pmatrix}\boldsymbol{x}^{(1)}\\ \boldsymbol{x}^{(2)}\end{pmatrix}$，这种做法也称为对 $\boldsymbol{X}$ 作剖分。

当 $\boldsymbol{X}$ 的分布函数是 $F(x_1,x_2,\cdots,x_p)$ 时，$\boldsymbol{X}^{(1)}$ 的分布函数（即边缘分布函数）为

$$\begin{aligned}F(x_1,x_2,\cdots,x_q)&=P(X_1\leqslant x_1,\cdots,X_q\leqslant x_q)\\&=P(X_1\leqslant x_1,\cdots,X_q\leqslant x_q,X_{q+1}\leqslant +\infty,\cdots,X_p\leqslant +\infty)\\&=F(x_1,x_2,\cdots,x_q,+\infty,\cdots,+\infty)\end{aligned}$$

当 $\boldsymbol{X}$ 有分布密度 $f(x_1,x_2,\cdots,x_p)$（亦称联合分布密度函数）时，则 $\boldsymbol{X}^{(1)}$ 也有分布密度，即边缘密度函数为

$$f_1(x_1,x_2,\cdots,x_p)=\int_{-\infty}^{+\infty}\cdots\int_{-\infty}^{+\infty}f(x_1,\cdots,x_p)\mathrm{d}x_{q+1}\cdots\mathrm{d}x_p$$

例 3.2　对例 3.1 中的 $\boldsymbol{X}=(X_1,X_2)^{\mathrm{T}}$，求它的两个边缘密度函数。

解：

$$f(x_1)=\int_{-\infty}^{+\infty}f(x_1,x_2)\mathrm{d}x_2=\begin{cases}\int_0^{+\infty}\mathrm{e}^{-(x_1+x_2)}\mathrm{d}x_2=\mathrm{e}^{-x_1}, & x_1\geqslant 0\\ 0, & \text{其他}\end{cases}$$

同理

$$f(x_2)=\begin{cases}\mathrm{e}^{-x_2}, & x_2\geqslant 0\\ 0, & \text{其他}\end{cases}$$

3.1.3　条件分布和独立性

若 A 和 B 是任意两个事件，且 $P(B)>0$，则称 $P(A|B)=P(AB)/P(B)$ 为在事件 B 发生的条件下，事件 A 发生的**条件概率**。由此可以引出条件分布这一概念。

1. 条件分布

定义 3.1.4　设 $\boldsymbol{X}=(X_1,\cdots,X_p)^{\mathrm{T}}$，$p\geqslant 2$，对 $\boldsymbol{X}$ 做剖分，得到 $\boldsymbol{X}=\begin{pmatrix}\boldsymbol{X}^{(1)}\\ \boldsymbol{X}^{(2)}\end{pmatrix}\begin{matrix}q\\ p-q\end{matrix}$，即 $\boldsymbol{X}^{(1)}$ 为 q 维随机向量，$\boldsymbol{X}^{(2)}$ 为 $p-q$ 维随机向量，则当给定 $\boldsymbol{X}^{(2)}$ 时，称 $\boldsymbol{X}^{(1)}$ 的分布为**条件分布**。

当 $\boldsymbol{X}$ 的密度函数为 $f(\boldsymbol{x}^{(1)},\boldsymbol{x}^{(2)})$ 时，给定 $\boldsymbol{X}^{(2)}$ 时 $\boldsymbol{X}^{(1)}$ 的条件密度为

$$f(\boldsymbol{x}^{(1)}\mid\boldsymbol{x}^{(2)})=f(\boldsymbol{x}^{(1)},\boldsymbol{x}^{(2)})/f(\boldsymbol{x}^{(2)})$$

其中 $f(\boldsymbol{x}^{(2)})$ 是 $\boldsymbol{X}^{(2)}$ 的密度函数。

2. 独立性

定义 3.1.5　若 p 个随机变量 $X_1,\cdots,X_p$ 的联合分布等于各自的边缘分布的乘积，则称 p 个随机变量 $X_1,\cdots,X_p$ 是相互独立的。

注意：由 $X_1,\cdots,X_p$ 相互独立，可推知 X_i 与 $X_j(i\neq j)$ 两两独立，反之不真。

例 3.3　请问例 3.1 中的 X_1 和 X_2 是否相互独立？

解：

$$f(x_1,x_2)=\begin{cases}\mathrm{e}^{-(x_1+x_2)}, & x_1\geqslant 0,x_2\geqslant 0\\ 0, & \text{其他}\end{cases}$$

$$f_{X_1}(x_1)=\int_{-\infty}^{\infty}f(x_1,x_2)\mathrm{d}x_2=\begin{cases}\mathrm{e}^{-x_1}, & x_1\geqslant 0\\ 0, & \text{其他}\end{cases}$$

$$f_{X_2}(x_2)=\int_{-\infty}^{\infty}f(x_1,x_2)\mathrm{d}x_1=\begin{cases}\mathrm{e}^{-x_2}, & x_2\geqslant 0\\ 0, & 其他\end{cases}$$

所以 $f(x_1,x_2)=f_{X_1}(x_1)f_{X_2}(x_2)$，故 X_1 和 X_2 相互独立。

3.2 随机向量的数字特征

3.2.1 随机向量的数学期望

定义 3.2.1 设 $\boldsymbol{X}=(X_1,X_2,\cdots,X_p)^{\mathrm{T}}$，若 $E(X_i)(i=1,2,\cdots,p)$ 存在且有限，则称 $E(\boldsymbol{X})=(E(X_1),E(X_2),\cdots,E(X_p))^{\mathrm{T}}$ 为 $\boldsymbol{X}$ 的均值向量或数学期望。

通常用 $\boldsymbol{\mu}$ 表示 $E(\boldsymbol{X})$，用 μ_i 表示 $E(X_i)$。

性质 1 $\boldsymbol{X},\boldsymbol{Y}$ 为随机向量，$\boldsymbol{A},\boldsymbol{B}$ 为适合运算的常数矩阵，均值向量有以下性质：

① $E(\boldsymbol{AX})=\boldsymbol{A}E(\boldsymbol{X})$；

② $E(\boldsymbol{AXB})=\boldsymbol{A}E(\boldsymbol{X})\boldsymbol{B}$；

③ $E(\boldsymbol{AX}+\boldsymbol{BY})=\boldsymbol{A}E(\boldsymbol{X})+\boldsymbol{B}E(\boldsymbol{Y})$。

3.2.2 随机向量的协方差阵

定义 3.2.2 设 $\boldsymbol{X}=(X_1,X_2,\cdots,X_p)^{\mathrm{T}}$，称

$$\begin{aligned}\mathrm{Var}(\boldsymbol{X})&\triangleq D(\boldsymbol{X})\triangleq \mathrm{Cov}(\boldsymbol{X},\boldsymbol{X})=E[(\boldsymbol{X}-E(\boldsymbol{X}))(\boldsymbol{X}-E(\boldsymbol{X}))^{\mathrm{T}}]\\&=\begin{pmatrix}\mathrm{Cov}(X_1,X_1) & \mathrm{Cov}(X_1,X_2) & \cdots & \mathrm{Cov}(X_1,X_p)\\ \mathrm{Cov}(X_2,X_1) & \mathrm{Cov}(X_2,X_2) & \cdots & \mathrm{Cov}(X_2,X_p)\\ \vdots & \vdots & & \vdots\\ \mathrm{Cov}(X_p,X_1) & \mathrm{Cov}(X_p,X_2) & \cdots & \mathrm{Cov}(X_p,X_p)\end{pmatrix}\end{aligned}$$

为 $\boldsymbol{X}$ 的协方差阵。通常简记为 $\boldsymbol{\Sigma}$，$\mathrm{Cov}(X_i,X_j)$ 简记为 σ_{ij}，从而有 $\boldsymbol{\Sigma}=(\sigma_{ij})_{p\times p}$。

3.2.3 随机向量 X 和 Y 的协方差阵

定义 3.2.3 设 $\boldsymbol{X}=(X_1,X_2,\cdots,X_p)^{\mathrm{T}}$，$\boldsymbol{Y}=(Y_1,Y_2,\cdots,Y_q)^{\mathrm{T}}$，称

$$\mathrm{Cov}(\boldsymbol{X},\boldsymbol{Y})=E[(\boldsymbol{X}-E(\boldsymbol{X}))(\boldsymbol{Y}-E(\boldsymbol{Y}))^{\mathrm{T}}]=\begin{pmatrix}\mathrm{Cov}(X_1,Y_1) & \mathrm{Cov}(X_1,Y_2) & \cdots & \mathrm{Cov}(X_1,Y_q)\\ \mathrm{Cov}(X_2,Y_1) & \mathrm{Cov}(X_2,Y_2) & \cdots & \mathrm{Cov}(X_2,Y_q)\\ \vdots & \vdots & & \vdots\\ \mathrm{Cov}(X_p,Y_1) & \mathrm{Cov}(X_p,Y_2) & \cdots & \mathrm{Cov}(X_p,Y_q)\end{pmatrix}$$

为 $\boldsymbol{X}$ 和 $\boldsymbol{Y}$ 的协方差阵。

性质 2 $\boldsymbol{X}$ 和 $\boldsymbol{Y}$ 为随机向量，$\boldsymbol{a},\boldsymbol{A},\boldsymbol{B}$ 为适合运算的常数向量和矩阵，协方差阵有如下性质。

① $D(\boldsymbol{X})\geqslant 0$，即 $\boldsymbol{X}$ 的协方差阵为非负定阵。

② 对于常数向量 $\boldsymbol{a}$，有 $D(\boldsymbol{X}+\boldsymbol{a})=D(\boldsymbol{X})$。

③ 设 $\boldsymbol{A}$ 为常数矩阵，则 $D(\boldsymbol{AX})=\boldsymbol{A}D(\boldsymbol{X})\boldsymbol{A}^{\mathrm{T}}$。

④ $\mathrm{Cov}(\boldsymbol{AX},\boldsymbol{BY})=\boldsymbol{A}\mathrm{Cov}(\boldsymbol{X},\boldsymbol{Y})\boldsymbol{B}^{\mathrm{T}}$。

3.2.4　随机向量 X 的相关系数矩阵

定义 3.2.4　若随机向量 $\boldsymbol{X}=(X_1,X_2,\cdots,X_p)^{\mathrm{T}}$ 的协方差阵存在，且每个分量的方差都大于零，则随机向量 $\boldsymbol{X}$ 的相关阵为

$$\boldsymbol{R}=(\mathrm{corr}(X_i,X_j))_{p\times p}=(r_{ij})_{p\times p}$$

其中

$$r_{ij}\doteq\frac{\mathrm{Cov}(X_i,X_j)}{\sqrt{D(X_i)}\sqrt{D(X_j)}}=\frac{\sigma_{ij}}{\sqrt{\sigma_{ii}}\sqrt{\sigma_{jj}}}\quad,i,j=1,2,\cdots,p$$

r_{ij} 为 X_i 与 X_j 之间的相关系数。

性质 3　若 $\mathrm{Cov}(X_i,X_j)=0$，则 X_i 与 X_j 不相关。

注意：若 $\boldsymbol{X},\boldsymbol{\Sigma}$ 作剖分，$\boldsymbol{X}=\begin{pmatrix}\boldsymbol{X}^{(1)}\\ \boldsymbol{X}^{(2)}\end{pmatrix}\begin{matrix}q\\ p-q\end{matrix}$，$\boldsymbol{\Sigma}=\begin{pmatrix}\boldsymbol{\Sigma}_{11} & \boldsymbol{\Sigma}_{12}\\ \boldsymbol{\Sigma}_{21} & \boldsymbol{\Sigma}_{22}\end{pmatrix}\begin{matrix}q\\ p-q\end{matrix}$。由于 $\boldsymbol{\Sigma}_{12}=\mathrm{Cov}(\boldsymbol{X}^{(1)},\boldsymbol{X}^{(2)})$，故 $\boldsymbol{\Sigma}_{12}=\boldsymbol{0}$ 表示 $\boldsymbol{X}^{(1)}$ 与 $\boldsymbol{X}^{(2)}$ 不相关。

3.2.5　协方差阵和相关系数矩阵的关系

定义 3.2.5　设随机向量 $\boldsymbol{X}=(X_1,\cdots,X_p)^{\mathrm{T}}$ 的协方差阵为 $\boldsymbol{\Sigma}=(\sigma_{ij})_{p\times p}$，则标准离差阵为

$$\boldsymbol{V}^{\frac{1}{2}}=\begin{pmatrix}\sqrt{\sigma_{11}} & & 0\\ & \ddots & \\ 0 & & \sqrt{\sigma_{pp}}\end{pmatrix}=\mathrm{diag}(\sqrt{\sigma_{11}},\sqrt{\sigma_{22}},\cdots,\sqrt{\sigma_{pp}})$$

性质 4　$\boldsymbol{\Sigma}=\boldsymbol{V}^{\frac{1}{2}}\boldsymbol{R}\boldsymbol{V}^{\frac{1}{2}}$ 或 $\boldsymbol{R}=(\boldsymbol{V}^{\frac{1}{2}})^{-1}\boldsymbol{\Sigma}(\boldsymbol{V}^{\frac{1}{2}})^{-1}$。

由定义可知，从 $\boldsymbol{\Sigma}$ 可得到 $\boldsymbol{V}^{\frac{1}{2}}$，也可从 $\boldsymbol{V}^{\frac{1}{2}}$ 和 $\boldsymbol{R}$ 得到 $\boldsymbol{\Sigma}$，且由 $\boldsymbol{\Sigma}\geqslant 0$，可知 $\boldsymbol{R}\geqslant 0$。

注意：在进行数据处理时，为了克服变量的量纲不同对统计分析结果带来的影响，常需要将每个变量"标准化"，即进行如下变换

$$X_i^*=\frac{X_i-E(X_i)}{\sqrt{D(X_i)}},\quad i=1,\cdots,p$$

由上式构成的随机向量记为 $\boldsymbol{X}^*=(X_1^*,X_2^*,\cdots,X_p^*)^{\mathrm{T}}$。

令 $\boldsymbol{C}=\mathrm{diag}(\sqrt{\sigma_{11}},\sqrt{\sigma_{22}},\cdots,\sqrt{\sigma_{pp}})$，也就是上面的标准离差阵，则有

$$\boldsymbol{X}^*=\boldsymbol{C}^{-1}(\boldsymbol{X}-E(\boldsymbol{X}))$$

可计算，标准化后的随机向量 $\boldsymbol{X}^*$ 的均值和协方差阵分别为

$$E(\boldsymbol{X}^*)=E[\boldsymbol{C}^{-1}(\boldsymbol{X}-E(\boldsymbol{X}))]=\boldsymbol{C}^{-1}E[(\boldsymbol{X}-E(\boldsymbol{X}))]=\boldsymbol{0}$$

$$D(\boldsymbol{X}^*)=D[\boldsymbol{C}^{-1}(\boldsymbol{X}-E(\boldsymbol{X}))]=\boldsymbol{C}^{-1}D[(\boldsymbol{X}-E(\boldsymbol{X}))]\boldsymbol{C}^{-1}=\boldsymbol{C}^{-1}D(\boldsymbol{X})\boldsymbol{C}^{-1}=\boldsymbol{C}^{-1}\boldsymbol{\Sigma}\boldsymbol{C}^{-1}=\boldsymbol{R}$$

即标准化变量的协方差阵正好是原变量的相关阵。

例 3.4　设某随机变量的协方差阵为

$$\boldsymbol{\Sigma}=\begin{pmatrix}\sigma_{11} & \sigma_{12} & \sigma_{13}\\ \sigma_{21} & \sigma_{22} & \sigma_{23}\\ \sigma_{31} & \sigma_{32} & \sigma_{33}\end{pmatrix}=\begin{pmatrix}4 & 1 & 2\\ 1 & 9 & -1\\ 2 & -1 & 16\end{pmatrix}$$

请计算 $\boldsymbol{V}^{\frac{1}{2}}$ 和 $\boldsymbol{R}$。

解：可得

$$\boldsymbol{V}^{\frac{1}{2}}=\begin{pmatrix}\sqrt{\sigma_{11}} & 0 & 0\\ 0 & \sqrt{\sigma_{22}} & 0\\ 0 & 0 & \sqrt{\sigma_{33}}\end{pmatrix}=\begin{pmatrix}2 & 0 & 0\\ 0 & 3 & 0\\ 0 & 0 & 4\end{pmatrix},(\boldsymbol{V}^{\frac{1}{2}})^{-1}=\begin{pmatrix}\frac{1}{2} & 0 & 0\\ 0 & \frac{1}{3} & 0\\ 0 & 0 & \frac{1}{4}\end{pmatrix}$$

从而可得相关阵为

$$\boldsymbol{R}=(\boldsymbol{V}^{\frac{1}{2}})^{-1}\boldsymbol{\Sigma}(\boldsymbol{V}^{\frac{1}{2}})^{-1}=\begin{pmatrix}\frac{1}{2} & 0 & 0\\ 0 & \frac{1}{3} & 0\\ 0 & 0 & \frac{1}{4}\end{pmatrix}\begin{pmatrix}4 & 1 & 2\\ 1 & 9 & -1\\ 2 & -1 & 16\end{pmatrix}\begin{pmatrix}\frac{1}{2} & 0 & 0\\ 0 & \frac{1}{3} & 0\\ 0 & 0 & \frac{1}{4}\end{pmatrix}=\begin{pmatrix}1 & \frac{1}{6} & \frac{1}{4}\\ \frac{1}{6} & 1 & -\frac{1}{12}\\ \frac{1}{4} & -\frac{1}{12} & 1\end{pmatrix}$$

例 3.5 已知 2003 年河南省 31 家上市公司年报数据中的相应资料如表 3.2.1 所示，考虑的变量有 4 个，请计算该 4 维变量的数字特征：样本均值向量、协方差矩阵、相关系数矩阵。并且验证协方差矩阵和相关系数矩阵的关系。

表 3.2.1 2003 年河南省 31 家上市公司的有关数据

31 家上市公司	主营业务利润/万元	营业利润/万元	利润总额/万元	净利润/万元
中原高速	48 457.83	41 614.75	42 088.04	27 126.34
中原油气	84 061.07	69 453.22	60 599.00	52 165.27
安阳钢铁	175 514.79	128 972.69	126 422.21	82 439.22
神火股份	31 436.57	23 968.02	23 842.24	16 289.60
新乡化纤	31 121.23	22 463.69	22 408.36	19 310.49
安彩高科	69 994.75	39 903.35	39 315.66	23 036.17
许继电气	53 048.45	25 881.19	26 769.42	16 877.17
羚锐股份	15 639.45	892.91	1 842.92	1 417.61
华兰生物	9 001.81	4 241.09	4 175.64	3 549.03
瑞贝卡	11 480.39	7 222.46	7 168.26	4 723.31
双汇发展	95 295.78	40 315.52	42 493.99	26 368.50
竹林众生	8 379.92	921.84	1 661.32	1 477.24
焦作万方	34 086.94	20 451.51	22 562.66	14 290.03
思达高科	12 769.17	3 820.98	4 308.77	3 195.90
郑州煤电	27 296.36	13 007.43	12 863.37	8 512.59
天方药业	21 449.06	8 187.44	8 068.43	5 424.50
白鸽股份	13 546.85	456.40	4 185.11	3 960.40

续表

31 家上市公司	主营业务利润/万元	营业利润/万元	利润总额/万元	净利润/万元
豫能控股	12 678.02	5 721.65	6 932.12	5 749.71
中孚实业	13 716.89	10 393.55	10 327.71	7 434.20
宇通客车	58 220.51	18 669.56	18 442.52	12 825.46
黄河旋风	10 656.58	4 819.59	4 848.07	3 240.43
风神股份	40 970.24	12 149.15	11 948.34	6 370.63
ST 春都	1 428.16	813.04	2 490.76	2 508.56
豫光金铅	15 356.32	9 227.71	8 843.46	5 835.39
银鸽投资	7 685.47	3 030.53	3 098.09	3 061.48
焦作鑫安	4 246.31	1 288.34	1 306.64	932.07
平高电气	14 101.74	2 816.36	2 933.08	2 310.34
神马实业	13 159.93	2 776.03	2 262.73	890.49
ST 冰熊	1 460.10	−878.86	−814.49	−814.49
莲花味精	13 856.23	−10 310.32	−13 494.73	−14 537.71
ST 洛玻	14 014.60	−27 015.00	−34 021.80	−34 251.30

资料来源:《金融界》数据中心,网址为 http://www.jrj.com.cn。

解:均值向量为

$$\boldsymbol{\mu}=(31\,101.017\quad 15\,654.059\quad 15\,350.900\quad 10\,055.440)^{\mathrm{T}}$$

协方差矩阵为

$$\boldsymbol{\Sigma}=\begin{pmatrix}1.25\mathrm{E}+09 & 8.99\mathrm{E}+08 & 8.77\mathrm{E}+08 & 5.92\mathrm{E}+08\\ 8.99\mathrm{E}+08 & 7.39\mathrm{E}+08 & 7.25\mathrm{E}+08 & 5.11\mathrm{E}+08\\ 8.77\mathrm{E}+08 & 7.25\mathrm{E}+08 & 7.17\mathrm{E}+08 & 5.06\mathrm{E}+08\\ 5.92\mathrm{E}+08 & 5.11\mathrm{E}+08 & 5.06\mathrm{E}+08 & 3.67\mathrm{E}+08\end{pmatrix}$$

相关系数矩阵为

$$\boldsymbol{R}=\begin{pmatrix}1 & 0.934 & 0.925 & 0.873\\ 0.934 & 1 & 0.996 & 0.982\\ 0.925 & 0.996 & 1 & 0.986\\ 0.873 & 0.982 & 0.986 & 1\end{pmatrix}$$

标准离差阵为

$$\boldsymbol{V}^{\frac{1}{2}}=\begin{pmatrix}35\,394.25 & & & \\ & 27\,185.1 & & \\ & & 26\,773.37 & \\ & & & 19\,163.75\end{pmatrix}$$

因此

$$\boldsymbol{R}=(\boldsymbol{V}^{\frac{1}{2}})^{-1}\boldsymbol{\Sigma}(\boldsymbol{V}^{\frac{1}{2}})^{-1}=\begin{pmatrix}1 & 0.934 & 0.925 & 0.873\\ 0.934 & 1 & 0.996 & 0.982\\ 0.925 & 0.996 & 1 & 0.986\\ 0.873 & 0.982 & 0.986 & 1\end{pmatrix}$$

3.2.6 随机向量的二次型

定义 3.2.6 设 $\boldsymbol{X}_p=(X_1,\cdots,X_p)^{\mathrm{T}}$ 为 p 维随机向量，$\boldsymbol{A}=(a_{ij})_{p\times p}$ 为 $p\times p$ 阶对称矩阵，则称随机变量 $\boldsymbol{X}^{\mathrm{T}}\boldsymbol{A}\boldsymbol{X}=\sum_{i=1}^{p}\sum_{i=1}^{p}a_{ij}X_iX_j$ 为 $\boldsymbol{X}$ 的二次型。

性质 5 设 $E(\boldsymbol{X})=\boldsymbol{\mu}$，$\mathrm{Cov}(\boldsymbol{X},\boldsymbol{X})=\boldsymbol{\Sigma}$，则 $E(\boldsymbol{X}^{\mathrm{T}}\boldsymbol{A}\boldsymbol{X})=\boldsymbol{\mu}^{\mathrm{T}}\boldsymbol{A}\boldsymbol{\mu}+\mathrm{tr}(\boldsymbol{A}\boldsymbol{\Sigma})$，其中 $\mathrm{tr}(\boldsymbol{A})$ 表示矩阵 $\boldsymbol{A}$ 的主对角线上的元素之和。特别地：①若 $\boldsymbol{\mu}=\boldsymbol{0}$，则 $E(\boldsymbol{X}^{\mathrm{T}}\boldsymbol{A}\boldsymbol{X})=\mathrm{tr}(\boldsymbol{A}\boldsymbol{\Sigma})$；②若 $\boldsymbol{\Sigma}=\sigma^2\boldsymbol{I}$，则 $E(\boldsymbol{X}^{\mathrm{T}}\boldsymbol{A}\boldsymbol{X})=\boldsymbol{\mu}^{\mathrm{T}}\boldsymbol{A}\boldsymbol{\mu}+\sigma^2\mathrm{tr}(\boldsymbol{A})$；③若 $\boldsymbol{\mu}=\boldsymbol{0}$，$\boldsymbol{\Sigma}=\sigma^2\boldsymbol{I}$，则 $E(\boldsymbol{X}^{\mathrm{T}}\boldsymbol{A}\boldsymbol{X})=\sigma^2\mathrm{tr}(\boldsymbol{A})$。

3.3 多元正态分布及其性质

常假设在实用中遇到的随机向量服从正态分布或近似服从正态分布，或者虽然本身不是正态分布，但变换后近似服从正态分布。因此统计学的许多理论都是以总体服从正态分布或近似正态分布为前提的。在多元统计分析中，主要理论都是直接或间接建立在多元正态总体基础上的，它是多元分析的基础。下面将要介绍多元正态分布的定义和有关性质。

3.3.1 多元正态分布的定义

多元正态分布是一元正态分布的推广，我们先回顾一元正态分布的有关概念。

一元正态分布的概率密度函数为

$$f(x)=\frac{1}{\sqrt{2\pi}\sigma}\exp\left\{-\frac{(x-\mu)^2}{2\sigma^2}\right\},-\infty<x<+\infty$$

记为 $X\sim N(\mu,\sigma^2)$。由于 x,μ 均为一维，转置与其相同，则一元正态分布密度函数可改写为

$$f(x)=\frac{1}{\sqrt{2\pi}\,|\sigma^2|^{\frac{1}{2}}}\exp\left[-\frac{1}{2}(x-\mu)^{\mathrm{T}}(\sigma^2)^{-1}(x-\mu)\right]$$

很多概率统计教材中给出二元正态分布的密度函数为

$$f(x_1,x_2)=\frac{1}{2\pi\sqrt{\sigma_{11}\sigma_{22}(1-\rho_{12}^2)}}\exp\left\{-\frac{1}{2(1-\rho_{12}^2)}\left[\left(\frac{x_1-\mu_1}{\sqrt{\sigma_{11}}}\right)^2-\right.\right.$$
$$\left.\left.2\rho_{12}\left(\frac{x_1-\mu_1}{\sqrt{\sigma_{11}}}\right)\left(\frac{x_2-\mu_2}{\sqrt{\sigma_{22}}}\right)+\left(\frac{x_2-\mu_2}{\sqrt{\sigma_{22}}}\right)^2\right]\right\}$$

由于

$$\boldsymbol{\Sigma}=\begin{pmatrix}\sigma_{11} & \sigma_{12}\\ \sigma_{21} & \sigma_{22}\end{pmatrix},|\boldsymbol{\Sigma}|=\sigma_{11}\sigma_{22}-\sigma_{12}^2=\sigma_{11}\sigma_{22}(1-\rho_{12}^2)$$

$$\boldsymbol{\Sigma}^{-1}=\frac{1}{\sigma_{11}\sigma_{22}-\sigma_{12}^2}\begin{pmatrix}\sigma_{22} & -\sigma_{12}\\ -\sigma_{21} & \sigma_{11}\end{pmatrix}=\frac{1}{\sigma_{11}\sigma_{22}(1-\rho_{12}^2)}\begin{pmatrix}\sigma_{22} & -\rho_{12}\sqrt{\sigma_{11}}\sqrt{\sigma_{22}}\\ -\rho_{12}\sqrt{\sigma_{11}}\sqrt{\sigma_{22}} & \sigma_{11}\end{pmatrix}$$

而

$$(\boldsymbol{x}-\boldsymbol{\mu})^{\mathrm{T}}\boldsymbol{\Sigma}^{-1}(\boldsymbol{x}-\boldsymbol{\mu})=\frac{1}{\sigma_{11}\sigma_{22}(1-\rho_{12}^2)}(x_1-\mu_1\quad x_2-\mu_2)\begin{pmatrix}\sigma_{22} & -\rho_{12}\sqrt{\sigma_{11}}\sqrt{\sigma_{22}}\\ -\rho_{12}\sqrt{\sigma_{11}}\sqrt{\sigma_{22}} & \sigma_{11}\end{pmatrix}\begin{pmatrix}x_1-\mu_1\\ x_2-\mu_2\end{pmatrix}$$

$$=\frac{1}{1-\rho_{12}^2}\left[\left(\frac{x_1-\mu_1}{\sqrt{\sigma_{11}}}\right)^2-2\rho_{12}\left(\frac{x_1-\mu_1}{\sqrt{\sigma_{11}}}\right)\left(\frac{x_2-\mu_2}{\sqrt{\sigma_{22}}}\right)+\left(\frac{x_2-\mu_2}{\sqrt{\sigma_{22}}}\right)^2\right]$$

则二元正态分布的密度函数可改写为

$$f(x_1,x_2)=\frac{1}{(\sqrt{2\pi})^2\ |\boldsymbol{\Sigma}|^{1/2}}\exp\left\{-\frac{1}{2}(\boldsymbol{x}-\boldsymbol{\mu})^{\mathrm{T}}\boldsymbol{\Sigma}^{-1}(\boldsymbol{x}-\boldsymbol{\mu})\right\}$$

根据上面的表述形式,我们可以将一元、二元正态分布的概率密度函数推广,给出多元正态分布的定义。

定义 3.3.1 若 p 维随机向量 $\boldsymbol{X}=(X_1,X_2,\cdots,X_p)^{\mathrm{T}}$ 的密度函数为

$$f(\boldsymbol{x})=f(x_1,\cdots,x_p)=\frac{1}{(\sqrt{2\pi})^p\ |\boldsymbol{\Sigma}|^{1/2}}\exp\left\{-\frac{1}{2}(\boldsymbol{x}-\boldsymbol{\mu})^{\mathrm{T}}\boldsymbol{\Sigma}^{-1}(\boldsymbol{x}-\boldsymbol{\mu})\right\},\boldsymbol{x}\in\boldsymbol{R}^p$$

其中,$\boldsymbol{x}=(x_1,x_2,\cdots,x_p)^{\mathrm{T}}$,$\boldsymbol{\mu}=(\mu_1,\cdots,\mu_p)^{\mathrm{T}}$,$\boldsymbol{\Sigma}$ 是正定矩阵($\boldsymbol{\Sigma}>0$),则称 $\boldsymbol{X}=(X_1,X_2,\cdots,X_p)^{\mathrm{T}}$ 服从 p 元正态分布,记为 $\boldsymbol{X}\sim N_p(\boldsymbol{\mu},\boldsymbol{\Sigma})$。

注意:①当 $p=1$ 时,即为一元正态分布密度函数;②上述定义是在 $|\boldsymbol{\Sigma}|\neq 0$ 时给出的,当 $|\boldsymbol{\Sigma}|=0$ 时,$\boldsymbol{X}=(X_1,X_2,\cdots,X_p)^{\mathrm{T}}$ 不存在通常意义下的概率密度。

一元统计中,若 $X\sim N(0,1)$,则 X 的任意线性变换 $Y=\sigma X+\mu\sim N(\mu,\sigma^2)$。这样的定义,不要求 $\sigma>0$,当 σ 退化为 0 时仍有意义,所以可从标准正态分布来定义一般正态分布。则推广出第二种定义方式。

定义 3.3.2 记 $\boldsymbol{X}=(X_1,\cdots,X_q)^{\mathrm{T}}$,$X_1,\cdots,X_q$ 独立且都服从标准正态分布 $N(0,1)$,$X_1,\cdots,X_q$ 的线性组合为

$$\boldsymbol{Y}=\begin{pmatrix}Y_1\\ \vdots\\ Y_p\end{pmatrix}=\boldsymbol{A}_{p\times q}\begin{pmatrix}X_1\\ \vdots\\ X_q\end{pmatrix}+\boldsymbol{\mu}_{p\times 1}$$

$\boldsymbol{\mu}$ 为 p 维常数向量,$\boldsymbol{A}$ 为 $p\times q$ 常数矩阵,称为 p 维正态随机向量,记为 $\boldsymbol{Y}\sim N_p(\boldsymbol{\mu},\boldsymbol{\Sigma})$,其中 $\boldsymbol{\Sigma}=\boldsymbol{A}\boldsymbol{A}^{\mathrm{T}}$。

注意:$\boldsymbol{\Sigma}=\boldsymbol{A}\boldsymbol{A}^{\mathrm{T}}$ 的分解一般不是唯一的。

除此之外,还有特征函数的定义方式。随机变量 $\boldsymbol{X}$ 的特征函数为 $\phi(\boldsymbol{t})=E(\mathrm{e}^{\mathrm{i}\boldsymbol{t}^{\mathrm{T}}\boldsymbol{X}})$,i 为虚数单位。一元统计中,若 $X\sim N(\mu,\sigma^2)$,则特征函数 $\phi(t)=E(\mathrm{e}^{\mathrm{i}t^{\mathrm{T}}X})=\exp\left[\mathrm{i}t\mu-\frac{1}{2}t^2\sigma^2\right]$,则推广出第三种定义方式。

定义 3.3.3 若 p 维随机向量 $\boldsymbol{X}$ 的特征函数为

$$\phi(\boldsymbol{t})=\exp\left[\mathrm{i}\boldsymbol{t}^{\mathrm{T}}\boldsymbol{\mu}-\frac{\boldsymbol{t}^{\mathrm{T}}\boldsymbol{\Sigma}\boldsymbol{t}}{2}\right],\boldsymbol{\Sigma}\geqslant 0$$

则称 $\boldsymbol{X}$ 服从 p 维正态分布,记为 $\boldsymbol{X}\sim N_p(\boldsymbol{\mu},\boldsymbol{\Sigma})$。

3.3.2 多元正态分布的基本性质

多元正态分布变量的常见性质如下。

性质 6 若 $\boldsymbol{X}\sim N_p(\boldsymbol{\mu},\boldsymbol{\Sigma})$,则 $E(\boldsymbol{X})=\boldsymbol{\mu}$,$D(\boldsymbol{X})=\boldsymbol{\Sigma}$。

证明:因 $\boldsymbol{\Sigma}\geqslant 0$,$\boldsymbol{\Sigma}$ 可分解为:$\boldsymbol{\Sigma}=\boldsymbol{A}\boldsymbol{A}^{\mathrm{T}}$。则由定义 3.3.2 可知 $\boldsymbol{X}=\boldsymbol{A}\boldsymbol{U}+\boldsymbol{\mu}$($\boldsymbol{A}$ 为 $p\times q$ 实矩阵),其中 $\boldsymbol{U}=(U_1,\cdots,U_q)^{\mathrm{T}}$,且 $U_1,\cdots,U_q$ 相互独立服从 $N(0,1)$ 分布,故有 $E(\boldsymbol{U})=\boldsymbol{0}$,$D(\boldsymbol{U})=\boldsymbol{I}_q$。

利用均值向量和协差阵的性质可得：$E(\boldsymbol{X})=E(\boldsymbol{AU}+\boldsymbol{\mu})=\boldsymbol{A}E(\boldsymbol{U})+\boldsymbol{\mu}=\boldsymbol{\mu}$，$D(\boldsymbol{X})=D(\boldsymbol{AU}+\boldsymbol{\mu})=D(\boldsymbol{AU})=\boldsymbol{AI}_q\boldsymbol{A}^{\mathrm{T}}=\boldsymbol{\Sigma}$。

此性质给出参数 $\boldsymbol{\mu}$ 和 $\boldsymbol{\Sigma}$ 的统计意义。$\boldsymbol{\mu}$ 是 $\boldsymbol{X}$ 的均值向量，$\boldsymbol{\Sigma}$ 是 $\boldsymbol{X}$ 的协差阵。

性质 7 若 $\boldsymbol{X}_p=(X_1,\cdots,X_p)^{\mathrm{T}}\sim N_p(\boldsymbol{\mu},\boldsymbol{\Sigma})$，$X_1,\cdots,X_p$ 两两不相关$\Leftrightarrow X_1,\cdots,X_p$ 相互独立。

设 $\boldsymbol{X}_p=(X_1,\cdots,X_p)^{\mathrm{T}}\sim N_p(\boldsymbol{\mu},\boldsymbol{\Sigma})$，$\boldsymbol{\Sigma}>0$，若 $\boldsymbol{X}=\begin{bmatrix}\boldsymbol{X}^{(1)}\\ \vdots\\ \boldsymbol{X}^{(k)}\end{bmatrix}$，$\boldsymbol{\mu}=\begin{bmatrix}\boldsymbol{\mu}^{(1)}\\ \vdots\\ \boldsymbol{\mu}^{(k)}\end{bmatrix}$，$\boldsymbol{\Sigma}=\begin{bmatrix}\boldsymbol{\Sigma}_{11} & \cdots & \boldsymbol{\Sigma}_{1k}\\ \vdots & & \vdots\\ \boldsymbol{\Sigma}_{k1} & \cdots & \boldsymbol{\Sigma}_{kk}\end{bmatrix}$，则 $\boldsymbol{X}^{(1)},\cdots,\boldsymbol{X}^{(k)}$ 相互独立$\Leftrightarrow\boldsymbol{\Sigma}_{ij}=\boldsymbol{0}$，$i\neq j$。

性质 8 若 $\boldsymbol{X}\sim N_p(\boldsymbol{\mu},\boldsymbol{\Sigma})$，则对于任意 p 维向量 $\boldsymbol{\alpha}$，有 $\boldsymbol{\alpha}^{\mathrm{T}}\boldsymbol{X}\sim N_p(\boldsymbol{\alpha}^{\mathrm{T}}\boldsymbol{\mu},\boldsymbol{\alpha}^{\mathrm{T}}\boldsymbol{\Sigma\alpha})$；反之，若对于任意 p 维向量 $\boldsymbol{\alpha}$，有 $\boldsymbol{\alpha}^{\mathrm{T}}\boldsymbol{X}\sim N_1(\boldsymbol{\alpha}^{\mathrm{T}}\boldsymbol{\mu},\boldsymbol{\alpha}^{\mathrm{T}}\boldsymbol{\Sigma\alpha})$，则 $\boldsymbol{X}\sim N_p(\boldsymbol{\mu},\boldsymbol{\Sigma})$。

证明略，性质 8 可以作为多元正态分布的定义，则有第四种定义。

定义 3.3.4 若 p 维随机向量 $\boldsymbol{X}$ 的 p 个分量的任意线性组合服从一元正态分布，即 $\forall\boldsymbol{\alpha}\in\boldsymbol{R}^p$，有 $\boldsymbol{\alpha}^{\mathrm{T}}\boldsymbol{X}$ 为一元正态随机变量，则称 $\boldsymbol{X}$ 为 p 维正态随机向量。

推论 1 若 $\boldsymbol{X}\sim N_p(\boldsymbol{\mu},\boldsymbol{\Sigma})$，则对于任意的 i，有 $X_i\sim N(\mu_i,\sigma_{ii})$，$i=1,\cdots,p$ 且 $X_i\pm X_j\sim N(\mu_i\pm\mu_j,\sigma_{ii}+\sigma_{jj}\pm 2\sigma_{ij})$成立。即正态变量的任何一个分量仍是正态变量，任何两个分量的和与差均为正态变量。

性质 9 若 $\boldsymbol{X}\sim N_p(\boldsymbol{\mu},\boldsymbol{\Sigma})$，$\boldsymbol{A}_{m\times p}$ 为常数矩阵，$\boldsymbol{d}_m$ 为 m 维常数向量，则 $\boldsymbol{Y}_1=\boldsymbol{A}_{m\times p}\boldsymbol{X}_{p\times 1}\sim N_m(\boldsymbol{A\mu},\boldsymbol{A\Sigma A}^{\mathrm{T}})$，且 $\boldsymbol{Y}_2=\boldsymbol{A}_{m\times p}\boldsymbol{X}_{p\times 1}+\boldsymbol{d}_m\sim N_m(\boldsymbol{A\mu}+\boldsymbol{d},\boldsymbol{A\Sigma A}^{\mathrm{T}})$。即多元正态随机向量的任意线性变换仍然服从多元正态分布。

推论 2 若 $\boldsymbol{X}\sim N_p(\boldsymbol{\mu},\boldsymbol{\Sigma})$，则 $\boldsymbol{Y}=\boldsymbol{\Sigma}^{-1/2}(\boldsymbol{X}-\boldsymbol{\mu})\sim N_p(\boldsymbol{0},\boldsymbol{I})$。

推论 3 若 $\boldsymbol{X}\sim N_p(\boldsymbol{\mu},\boldsymbol{\Sigma})$，则$(\boldsymbol{X}-\boldsymbol{\mu})^{\mathrm{T}}\boldsymbol{\Sigma}^{-1}(\boldsymbol{X}-\boldsymbol{\mu})\sim\chi^2(p)$。

性质 10 若 $\boldsymbol{X}\sim N_p(\boldsymbol{\mu},\boldsymbol{\Sigma})$，将 $\boldsymbol{X},\boldsymbol{\mu},\boldsymbol{\Sigma}$ 可以作如下剖分

$$\boldsymbol{X}=\begin{bmatrix}\boldsymbol{X}^{(1)}\\ \boldsymbol{X}^{(2)}\end{bmatrix}\begin{matrix}q\\ p-q\end{matrix},\quad\boldsymbol{\mu}=\begin{bmatrix}\boldsymbol{\mu}^{(1)}\\ \boldsymbol{\mu}^{(2)}\end{bmatrix}\begin{matrix}q\\ p-q\end{matrix},\quad\boldsymbol{\Sigma}=\begin{bmatrix}\boldsymbol{\Sigma}_{11} & \boldsymbol{\Sigma}_{12}\\ \boldsymbol{\Sigma}_{21} & \boldsymbol{\Sigma}_{22}\end{bmatrix}\begin{matrix}q\\ p-q\end{matrix}$$

则 $\boldsymbol{X}^{(1)}\sim N_q(\boldsymbol{\mu}^{(1)},\boldsymbol{\Sigma}_{11})$，$\boldsymbol{X}^{(2)}\sim N_{p-q}(\boldsymbol{\mu}^{(2)},\boldsymbol{\Sigma}_{22})$。即多元正态分布随机向量 $\boldsymbol{X}$ 的任何一个分量子集的分布(边际分布)仍然服从正态分布。但是，若随机向量的任何边际分布均为正态分布，并不能推出该随机向量是多元正态分布。

性质 11 设 $\boldsymbol{X}^{(1)}\sim N_q(\boldsymbol{\mu}^{(1)},\boldsymbol{\Sigma}_{11})$，$\boldsymbol{X}^{(2)}\sim N_{p-q}(\boldsymbol{\mu}^{(2)},\boldsymbol{\Sigma}_{22})$，且 $\boldsymbol{X}^{(1)}$ 与 $\boldsymbol{X}^{(2)}$ 相互独立，则

$$\begin{bmatrix}\boldsymbol{X}^{(1)}\\ \boldsymbol{X}^{(2)}\end{bmatrix}\sim N_{q+p-q}\left(\begin{bmatrix}\boldsymbol{\mu}^{(1)}\\ \boldsymbol{\mu}^{(2)}\end{bmatrix},\begin{bmatrix}\boldsymbol{\Sigma}_{11} & \boldsymbol{0}\\ \boldsymbol{0} & \boldsymbol{\Sigma}_{22}\end{bmatrix}\right)$$

根据前面的条件分布定义，有下面的性质。

假设 $\boldsymbol{X}=(X_1,\cdots,X_p)^{\mathrm{T}}\sim N_p(\boldsymbol{\mu},\boldsymbol{\Sigma})$，$p\geqslant 2$，将 $\boldsymbol{X},\boldsymbol{\mu},\boldsymbol{\Sigma}$ 做如下剖分

$$\boldsymbol{X}=\begin{bmatrix}\boldsymbol{X}^{(1)}\\ \boldsymbol{X}^{(2)}\end{bmatrix}\begin{matrix}q\\ p-q\end{matrix},\quad\boldsymbol{\mu}=\begin{bmatrix}\boldsymbol{\mu}^{(1)}\\ \boldsymbol{\mu}^{(2)}\end{bmatrix}\begin{matrix}q\\ p-q\end{matrix},\quad\boldsymbol{\Sigma}=\begin{bmatrix}\boldsymbol{\Sigma}_{11} & \boldsymbol{\Sigma}_{12}\\ \boldsymbol{\Sigma}_{21} & \boldsymbol{\Sigma}_{22}\end{bmatrix}\begin{matrix}q\\ p-q\end{matrix}$$

讨论给定 $\boldsymbol{X}^{(2)}$ 时 $\boldsymbol{X}^{(1)}$ 的条件分布。

性质 12 设 $\boldsymbol{X}=(X_1,\cdots,X_p)^{\mathrm{T}}\sim N_p(\boldsymbol{\mu},\boldsymbol{\Sigma})$，$\boldsymbol{\Sigma}>0$，则

$$\boldsymbol{X}^{(1)}\mid\boldsymbol{X}^{(2)}\sim N_p(\boldsymbol{\mu}_{1.2},\boldsymbol{\Sigma}_{11.2})$$

其中，$\boldsymbol{\mu}_{1.2}=\boldsymbol{\mu}^{(1)}+\boldsymbol{\Sigma}_{12}\boldsymbol{\Sigma}_{22}^{-1}(\boldsymbol{X}^{(2)}-\boldsymbol{\mu}^{(2)})$，$\boldsymbol{\Sigma}_{11.2}=\boldsymbol{\Sigma}_{11}-\boldsymbol{\Sigma}_{12}\boldsymbol{\Sigma}_{22}^{-1}\boldsymbol{\Sigma}_{21}$，称 $\boldsymbol{\mu}_{1.2}$ 为条件期望，$\boldsymbol{\Sigma}_{11.2}$ 为条件协方差阵。该性质说明，$\boldsymbol{X}^{(1)}\mid\boldsymbol{X}^{(2)}$ 的分布仍为正态分布。

协方差阵是用来描述变量关系及散布程度的，由于 $\boldsymbol{\Sigma}_{12}\boldsymbol{\Sigma}_{22}^{-1}\boldsymbol{\Sigma}_{21}\geqslant 0$，故 $\boldsymbol{\Sigma}_{11}\geqslant\boldsymbol{\Sigma}_{11.2}$，说明条件协方差阵比无条件协方差阵缩小了。这在直观上是显然的，在已知 $\boldsymbol{X}^{(2)}$ 的条件下，$\boldsymbol{X}^{(1)}$ 的散布程度比不知道 $\boldsymbol{X}^{(2)}$ 的情况要小。当 $\boldsymbol{\Sigma}_{12}=\boldsymbol{0}$ 时，$\boldsymbol{X}^{(1)}$ 与 $\boldsymbol{X}^{(2)}$ 不相关，$\boldsymbol{X}^{(2)}$ 已知，对 $\boldsymbol{X}^{(1)}$ 起不到作用，所以两者相同，还可以证明多元正态分布下，$\boldsymbol{\Sigma}_{12}=\boldsymbol{0}\Leftrightarrow\boldsymbol{X}^{(1)}$ 和 $\boldsymbol{X}^{(2)}$ 相互独立。

性质 13　设 $\boldsymbol{X}=(X_1,\cdots,X_p)^{\mathrm{T}}\sim N_p(\boldsymbol{\mu},\boldsymbol{\Sigma})$，$\boldsymbol{\Sigma}>0$，将 $\boldsymbol{X},\boldsymbol{\mu},\boldsymbol{\Sigma}$ 做如下剖分

$$\boldsymbol{X}=\begin{pmatrix}\boldsymbol{X}^{(1)}\\ \boldsymbol{X}^{(2)}\\ \boldsymbol{X}^{(3)}\end{pmatrix}\begin{matrix}r\\ s\\ t\end{matrix},\ \boldsymbol{\mu}=\begin{pmatrix}\boldsymbol{\mu}^{(1)}\\ \boldsymbol{\mu}^{(2)}\\ \boldsymbol{\mu}^{(3)}\end{pmatrix}\begin{matrix}r\\ s\\ t\end{matrix},\ \boldsymbol{\Sigma}=\begin{pmatrix}\boldsymbol{\Sigma}_{11}&\boldsymbol{\Sigma}_{12}&\boldsymbol{\Sigma}_{13}\\ \boldsymbol{\Sigma}_{21}&\boldsymbol{\Sigma}_{22}&\boldsymbol{\Sigma}_{23}\\ \boldsymbol{\Sigma}_{31}&\boldsymbol{\Sigma}_{32}&\boldsymbol{\Sigma}_{33}\end{pmatrix}\begin{matrix}r\\ s\\ t\end{matrix}$$

则 $E(\boldsymbol{X}^{(1)}\mid\boldsymbol{X}^{(2)},\boldsymbol{X}^{(3)})=\boldsymbol{\mu}_{1.3}+\boldsymbol{\Sigma}_{12.3}\boldsymbol{\Sigma}_{22.3}^{-1}(\boldsymbol{X}^{(2)}-\boldsymbol{\mu}_{2.3})$，$D(\boldsymbol{X}^{(1)}\mid\boldsymbol{X}^{(2)},\boldsymbol{X}^{(3)})=\boldsymbol{\Sigma}_{11.3}-\boldsymbol{\Sigma}_{12.3}\boldsymbol{\Sigma}_{22.3}^{-1}\boldsymbol{\Sigma}_{21.3}$，其中 $\boldsymbol{\mu}_{i.3}=E(\boldsymbol{X}^{(i)}\mid\boldsymbol{X}^{(3)})$，$i=1,2$；$\boldsymbol{\Sigma}_{ij.k}=\boldsymbol{\Sigma}_{ij}-\boldsymbol{\Sigma}_{ik}\boldsymbol{\Sigma}_{kk}^{-1}\boldsymbol{\Sigma}_{kj}$，$i,j,k=1,2,3$。

以上给出了多元正态分布的 4 种定义。定义 3.3.1 用密度函数给出定义，它可看成一元正态密度的推广，要求 $\boldsymbol{\Sigma}$ 是正定阵(非退化)。另 3 种定义中把 $\boldsymbol{\Sigma}$ 阵推广到非负定的情形，这 3 种定义是等价的。

例 3.6　关于服装标准的制定有很多研究，例如，ISO 在 1991 年发布了技术报告 ISO TR10652《服装标准尺寸系统》，美国商业部主持修订了标准 PS42-70，中国修订了 GB/T 1335—1997《服装号型》标准。从统计学来看，服装标准就是运用条件分布的理论制定的，在制定服装标准时需要进行人体测量，如对某年龄段女子的身体测量 5 个指标：X_1 为身高，X_2 为胸围，X_3 为腰围，X_4 为上体长，X_5 为臀围。请制定服装标准。假设 $\boldsymbol{X}=(X_1,\cdots,X_5)^{\mathrm{T}}\sim N_5(\boldsymbol{\mu},\boldsymbol{\Sigma})$，测量结果如下

$$\boldsymbol{\mu}=\begin{pmatrix}154.98\\ 83.39\\ 70.26\\ 61.32\\ 91.52\end{pmatrix},\ \boldsymbol{\Sigma}=\begin{pmatrix}29.66&6.51&1.85&9.36&10.34\\ 6.51&30.53&25.54&3.54&19.53\\ 1.85&25.54&39.86&2.23&20.70\\ 9.36&3.54&2.23&7.03&5.21\\ 10.34&19.53&20.70&5.21&27.36\end{pmatrix}$$

解：我们做如下条件方差和条件期望的计算，其他类似。

为了方便，设 $\boldsymbol{X}^{(1)}=(X_1,X_2,X_3)^{\mathrm{T}}$，$\boldsymbol{X}^{(2)}=(X_4)$，$\boldsymbol{X}^{(3)}=(X_5)$，由性质 12 与性质 13 可得

$$D\left(\begin{matrix}X_1\\ X_2\\ X_3\\ X_4\end{matrix}\middle|\,X_5\right)=\begin{pmatrix}29.66&6.51&1.85&9.36\\ 6.51&30.53&25.54&3.54\\ 1.85&25.54&39.86&2.23\\ 9.36&3.54&2.23&7.03\end{pmatrix}-\begin{pmatrix}10.34\\ 19.53\\ 20.70\\ 5.21\end{pmatrix}(27.36)^{-1}(10.34,19.53,20.70,5.21)$$

$$=\begin{pmatrix}25.76&-0.86&-5.97&7.39\\ -0.86&16.59&10.76&-0.18\\ -5.97&10.76&24.19&-1.72\\ 7.39&-0.18&-1.72&6.04\end{pmatrix}$$

说明，若已知臀围(X_5)，身高、胸围、腰围、上体长的条件方差比原来的方差小。而

$$D\left(\begin{matrix}X_1\\ X_2\\ X_3\end{matrix}\middle|\,\begin{matrix}X_4\\ X_5\end{matrix}\right)=\begin{pmatrix}25.76&-0.86&-5.97\\ -0.86&16.59&10.76\\ -5.97&10.76&24.19\end{pmatrix}-\begin{pmatrix}7.39\\ -0.18\\ -1.72\end{pmatrix}(6.04)^{-1}(7.39,-0.18,-1.72)$$

$$=\begin{pmatrix}16.72&-0.64&-3.87\\ -0.64&16.58&10.71\\ -3.87&10.71&23.71\end{pmatrix}$$

可见

$$D(X_1|X_4,X_5)=16.72<29.66,D(X_1)=29.66$$

$$D(X_2|X_4,X_5)=16.58<30.53,D(X_2)=30.53$$

$$D(X_3|X_4,X_5)=23.71<39.86,D(X_3)=39.86$$

说明，若已知一个人的上体长和臀围，则身高、胸围、腰围的条件方差比原来的方差大大缩小。

$$E\left(\begin{pmatrix}X_1\\X_2\\X_3\\X_4\end{pmatrix}\middle|X_5\right)=\begin{pmatrix}154.98\\83.39\\70.26\\61.32\end{pmatrix}+\begin{pmatrix}10.34\\19.53\\20.70\\5.21\end{pmatrix}(27.36)^{-1}(X_5-91.52)=\begin{pmatrix}154.98+0.38(X_5-91.52)\\83.39+0.71(X_5-91.52)\\70.26+0.76(X_5-91.52)\\61.32+0.19(X_5-91.52)\end{pmatrix}$$

这么多的指标(5个或者更多个)，不可能用所有的指标一起来制定服装标准，所以可以先通过条件方差找重要指标，然后再通过条件期望确定型号标准。

若指标方差大，说明这个部位的尺寸在人群中的变化很大，可取方差最大的人体部位作为制定服装首选部位，上面数据显示某年龄段女子的腰围方差最大(腰围方差为39.86)。有了首选部位后，选第二基本部位的方法是看条件方差，选相对最大的。依次类推，若某一步，所有的条件方差都不太大，则没必要选了。确定了重要部位后，还不能制定服装标准，如确定了两个重要部位，还需要根据这2个尺寸计算其余6个尺寸，实际上就是在第一部位、第二部位给定的条件下，计算其余6个部位的条件期望，这样就可以进行分类，制定服装规格型号。

下面利用条件协方差阵，给出偏相关系数。

定义 3.3.5 若 $\boldsymbol{X}=\begin{pmatrix}\boldsymbol{X}^{(1)}\\\boldsymbol{X}^{(2)}\end{pmatrix}\begin{matrix}q\\p-q\end{matrix}$，其条件协方差阵为 $\boldsymbol{\Sigma}_{11.2}=\boldsymbol{\Sigma}_{11}-\boldsymbol{\Sigma}_{12}\boldsymbol{\Sigma}_{22}^{-1}\boldsymbol{\Sigma}_{21}$，若记 $\boldsymbol{\Sigma}_{11.2}=(\sigma_{ij.q+1,\cdots,p})_{q\times q}$，$i,j=1,\cdots,q$，则下式为 $\boldsymbol{X}^{(2)}$ 给定时，X_i 和 X_j 的偏相关系数

$$\boldsymbol{r}_{ij.q+1,\cdots,p}=\frac{\sigma_{ij.q+1,\cdots,p}}{\sqrt{\sigma_{ii.q+1,\cdots,p}}\sqrt{\sigma_{jj.q+1,\cdots,p}}}$$

续例 3.6 若设 $\boldsymbol{X}^{(2)}=(X_4,X_5)^{\mathrm{T}}$，则 $\boldsymbol{X}^{(2)}$ 给定时，X_i 和 X_j 的偏相关系数

$$r_{12.45}=\frac{-0.64}{\sqrt{16.72}\sqrt{16.58}}=-0.038,r_{13.45}=\frac{-3.87}{\sqrt{16.72}\sqrt{23.71}}=-0.194$$

$$r_{23.45}=\frac{10.71}{\sqrt{16.58}\sqrt{23.71}}=0.540$$

例 3.7 若(X_1,X_2)的联合密度函数为 $f(x_1,x_2)=\frac{1}{2\pi}\mathrm{e}^{-\frac{1}{2}(x_1^2+x_2^2)}\left[1+x_1x_2\mathrm{e}^{-\frac{1}{2}(x_1^2+x_2^2)}\right]$，求边缘分布。

解： 由推论1，计算边缘分布可得：$X_1\sim N(0,1)$，$X_2\sim N(0,1)$。

由多元正态密度函数的形式可知，例3.7的(X_1,X_2)不是二元正态随机向量。此例说明若随机向量的边缘分布均为正态分布，不一定能导出该随机向量服从多元正态分布。

例 3.8 若 $\boldsymbol{X}=(X_1,X_2,X_3)^{\mathrm{T}}\sim N_3(\boldsymbol{\mu},\boldsymbol{\Sigma})$，其中，$\boldsymbol{\mu}=\begin{pmatrix}\mu_1\\\mu_2\\\mu_3\end{pmatrix}$，$\boldsymbol{\Sigma}=\begin{pmatrix}\sigma_{11}&\sigma_{12}&\sigma_{13}\\\sigma_{21}&\sigma_{22}&\sigma_{23}\\\sigma_{31}&\sigma_{32}&\sigma_{33}\end{pmatrix}$，设 $\boldsymbol{A}=\begin{pmatrix}1&0&0\\0&0&-1\end{pmatrix}$。①求 $\boldsymbol{AX}$ 的分布。②若 $\boldsymbol{X}=\begin{pmatrix}X_1\\X_2\\\hdashline X_3\end{pmatrix}=\begin{pmatrix}\boldsymbol{X}^{(1)}\\\boldsymbol{X}^{(2)}\end{pmatrix}$，求 $\boldsymbol{X}^{(1)}$，$\boldsymbol{X}^{(2)}$ 的分布。

解：①由性质 9，正态随机向量的线性函数还是正态的，所以

$$\boldsymbol{AX}=\begin{pmatrix}1 & 0 & 0\\0 & 0 & -1\end{pmatrix}\begin{pmatrix}X_1\\X_2\\X_3\end{pmatrix}=\begin{pmatrix}X_1\\-X_3\end{pmatrix}\sim N(\boldsymbol{A\mu},\boldsymbol{A\Sigma A}^{\mathrm{T}})$$

其中

$$\boldsymbol{A\mu}=\begin{pmatrix}1 & 0 & 0\\0 & 0 & -1\end{pmatrix}\begin{pmatrix}\mu_1\\\mu_2\\\mu_3\end{pmatrix}=\begin{pmatrix}\mu_1\\-\mu_3\end{pmatrix}$$

$$\boldsymbol{A\Sigma A}^{\mathrm{T}}=\begin{pmatrix}1 & 0 & 0\\0 & 0 & -1\end{pmatrix}\begin{pmatrix}\sigma_{11} & \sigma_{12} & \sigma_{13}\\\sigma_{21} & \sigma_{22} & \sigma_{23}\\\sigma_{31} & \sigma_{32} & \sigma_{33}\end{pmatrix}\begin{pmatrix}1 & 0\\0 & 0\\0 & -1\end{pmatrix}=\begin{pmatrix}\sigma_{11} & -\sigma_{13}\\-\sigma_{31} & \sigma_{33}\end{pmatrix}$$

② 由性质 10，多元正态分布随机向量 $\boldsymbol{X}$ 的任一个分量的分布仍服从正态分布。若记

$$\boldsymbol{X}=\begin{pmatrix}X_1\\X_2\\\hdashline X_3\end{pmatrix}=\begin{pmatrix}\boldsymbol{X}^{(1)}\\\hdashline\boldsymbol{X}^{(2)}\end{pmatrix},\boldsymbol{\mu}=\begin{pmatrix}\mu_1\\\mu_2\\\hdashline\mu_3\end{pmatrix}=\begin{pmatrix}\boldsymbol{\mu}^{(1)}\\\hdashline\boldsymbol{\mu}^{(2)}\end{pmatrix},\boldsymbol{\Sigma}=\left(\begin{array}{cc:c}\sigma_{11} & \sigma_{12} & \sigma_{13}\\\sigma_{21} & \sigma_{22} & \sigma_{23}\\\hdashline\sigma_{31} & \sigma_{32} & \sigma_{33}\end{array}\right)=\left(\begin{array}{c:c}\boldsymbol{\Sigma}_{11} & \boldsymbol{\Sigma}_{12}\\\hdashline\boldsymbol{\Sigma}_{21} & \boldsymbol{\Sigma}_{22}\end{array}\right)$$

则 $\boldsymbol{X}^{(1)}=\begin{pmatrix}X_1\\X_2\end{pmatrix}\sim N_2(\boldsymbol{\mu}^{(1)},\boldsymbol{\Sigma}_{11})$，其中 $\boldsymbol{\mu}^{(1)}=\begin{pmatrix}\mu_1\\\mu_2\end{pmatrix}$，$\boldsymbol{\Sigma}_{11}=\begin{pmatrix}\sigma_{11} & \sigma_{12}\\\sigma_{21} & \sigma_{22}\end{pmatrix}$，$\boldsymbol{X}^{(2)}=X_3\sim N_1(\boldsymbol{\mu}^{(2)},\boldsymbol{\Sigma}_{22})=N(\mu_3,\sigma_{33})$。

多元分析中的许多方法，通常假定数据来自多元正态总体。在实证分析时，直接判断一批数据是否来自多元正态总体较困难，但反过来思考却有简易的方法：判断数据不来自多元正态总体。如果 $\boldsymbol{X}$ 服从多元正态分布，则它的每个分量必服从一元正态分布，因此可以对每个分量进行判定，如果判定不服从一元正态分布①，就可以判定随机向量 $\boldsymbol{X}$ 不服从多元正态分布。若实在判断不出，或者疑似非正态，为了便于研究，对于非正态数据，还可以通过幂指数变换、Box-Cox 变换等，将数据变换成近似正态。

3.3.3　多元正态的几何直观

具有等密度的点的轨迹称为等高线(面)。为了直观了解多维正态密度函数，以二维为例，我们给出几组参数下二元正态密度函数的图形及等高线的图形 。

1. 二元正态密度函数的图形及等高线

二维正态等高线(具有等密度的点)满足下式

$$f(x_1,x_2)=C,C>0\Leftrightarrow\left(\frac{x_1-\mu_1}{\sigma_1}\right)^2-2\rho\left(\frac{x_1-\mu_1}{\sigma_1}\right)\left(\frac{x_2-\mu_2}{\sigma_2}\right)+\left(\frac{x_2-\mu_2}{\sigma_2}\right)^2=a^2$$

① 一元正态分布的检验方法比较成熟，常用的有直方图、P-P 图、Q-Q 图、正态概率纸、K-S 检验、卡方拟合优度检验等，由于涉及假设检验，所以会在第 5 章详细介绍。

它是一族中心在$(\mu_1,\mu_2)^T$处的椭圆,如图 3.3.1 所示。

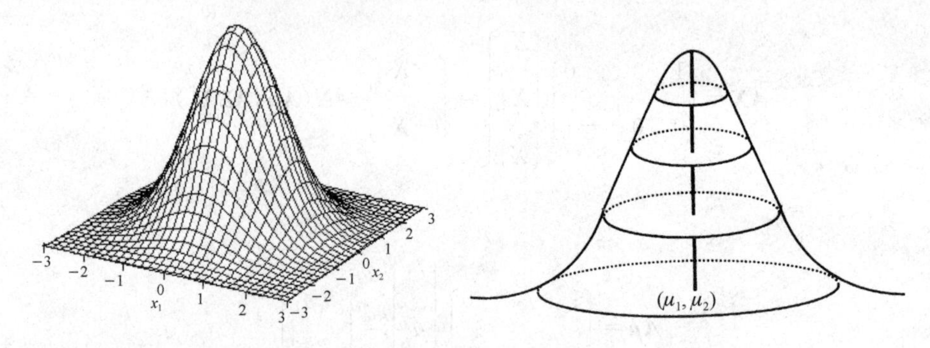

图 3.3.1 二元正态密度函数的图形及等高线图形

例 3.9 已知二维随机向量服从二元正态分布,不妨取 $\mu_1=0,\mu_2=0$,请绘制 3 组参数下二元正态密度函数及密度等高线图形。

解: ①当 $\sigma_1^2=1,\sigma_2^2=1,\rho=0$ 时,二元正态密度函数的图形及等高线图形如图 3.3.2 所示。

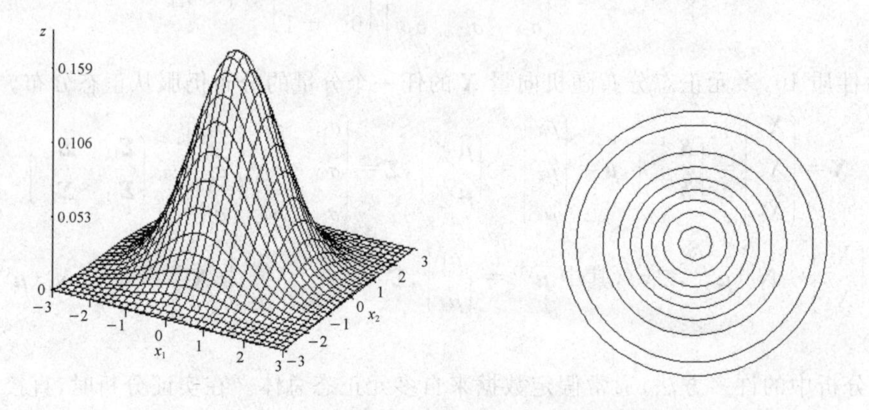

图 3.3.2 当 $\sigma_1^2=1,\sigma_2^2=1,\rho=0$ 时,二元正态密度函数的图形及等高线图形

② 当 $\sigma_1^2=1,\sigma_2^2=1,\rho=0.75$ 时,二元正态密度函数的图形及等高线如图 3.3.3 所示。

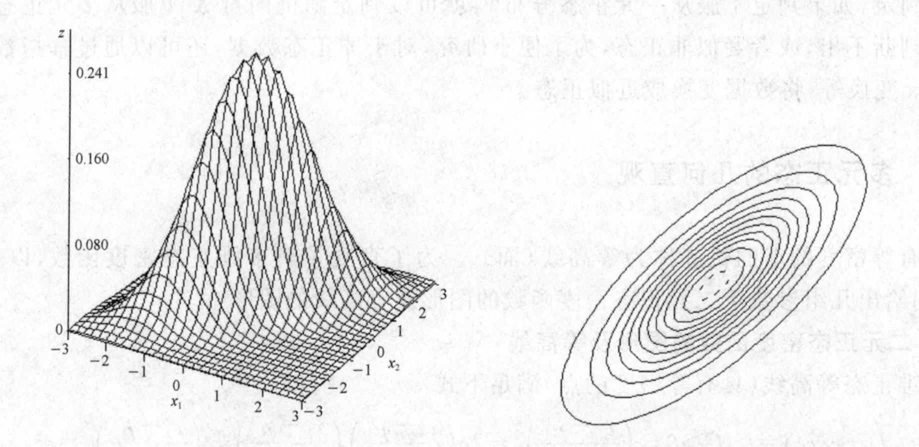

图 3.3.3 当 $\sigma_1^2=1,\sigma_2^2=1,\rho=0.75$ 时,二元正态密度函数的图形及等高线图形

③ 当 $\sigma_1^2=4,\sigma_2^2=1,\rho=-0.75$ 时,二元正态密度函数的图形及等高线如图 3.3.4 所示。

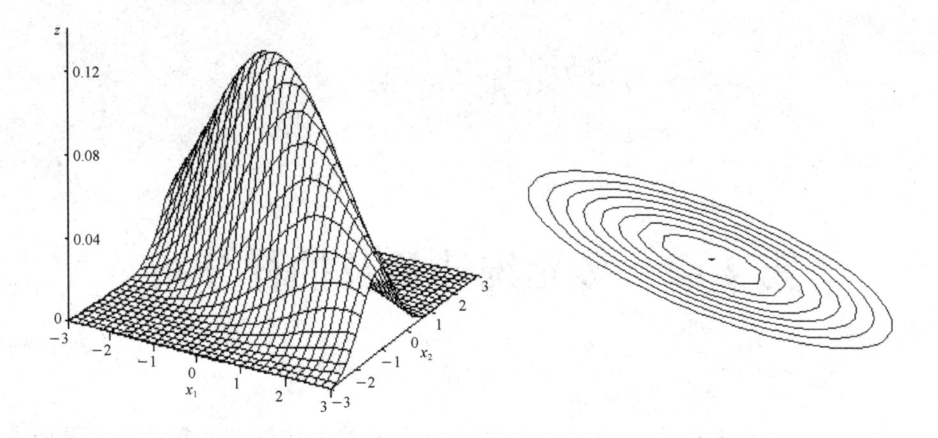

图 3.3.4　当 $\sigma_1^2=4,\sigma_2^2=1,\rho=-0.75$ 时，二元正态密度函数的图形及等高线图形

2. p 维正态密度函数的等高面

若 $\boldsymbol{X}\sim N_p(\boldsymbol{\mu},\boldsymbol{\Sigma})$，$p$ 维正态分布等高面（具有等密度的点）满足下式

$$f(\boldsymbol{x};\boldsymbol{\mu},\boldsymbol{\Sigma})=\frac{1}{(2\pi)^{p/2}|\boldsymbol{\Sigma}|^{1/2}}\exp\left\{-\frac{1}{2}(\boldsymbol{x}-\boldsymbol{\mu})^{\mathrm{T}}\boldsymbol{\Sigma}^{-1}(\boldsymbol{x}-\boldsymbol{\mu})\right\}=c\Leftrightarrow$$
$$(\boldsymbol{x}-\boldsymbol{\mu})^{\mathrm{T}}\boldsymbol{\Sigma}^{-1}(\boldsymbol{x}-\boldsymbol{\mu})=a^2,a\geqslant 0$$

可见 p 元正态分布密度函数的等高面为椭球面，椭球面的中心在 $\boldsymbol{\mu}$ 处，且轴在 $\boldsymbol{\Sigma}^{-1}$ 的特征向量的方向上，可以计算出椭球面的轴长度与 $\boldsymbol{\Sigma}^{-1}$ 的特征值的平方根的倒数成比例。

3.4　习　　题

1. 设三维随机向量 $\boldsymbol{X}=(X_1,X_2,X_3)^{\mathrm{T}}$，且 $\boldsymbol{X}=\begin{pmatrix}X_1\\X_2\\X_3\end{pmatrix}\sim N(\begin{pmatrix}2\\0\\0\end{pmatrix},\begin{pmatrix}1&1&0\\1&2&0\\0&0&3\end{pmatrix})$。①求 X_1，$\begin{pmatrix}X_2\\X_3\end{pmatrix}$ 的分布。②求 $\boldsymbol{Y}=\begin{pmatrix}X_2\\X_3\\X_1\end{pmatrix}$ 的分布。③设 $Z=2X_1-X_2+3X_3$，求 Z 的分布。

2. 性质 7 是关于独立性的重要结论，请证明。

3. 设三维随机向量 $\boldsymbol{X}=(X_1,X_2,X_3)^{\mathrm{T}}$，且 $\boldsymbol{X}=\begin{pmatrix}X_1\\X_2\\X_3\end{pmatrix}\sim N(\begin{pmatrix}2\\0\\0\end{pmatrix},\begin{pmatrix}1&1&0\\1&2&0\\0&0&3\end{pmatrix})$。①判断 $\begin{pmatrix}X_1\\X_2\end{pmatrix}$ 与 X_3 是否相互独立。②判断 aX_1+bX_2 与 X_3 是否相互独立。③令 $Y=\frac{1}{2}X_1-\frac{1}{2}X_2$，$\boldsymbol{Z}=\begin{pmatrix}Y\\X_3\end{pmatrix}$，求它们的概率密度函数。

4. 设 $E(\boldsymbol{X})=\boldsymbol{\mu}$，$\mathrm{Cov}(\boldsymbol{X},\boldsymbol{X})=\boldsymbol{\Sigma}$，证明 $E(\boldsymbol{X}^{\mathrm{T}}\boldsymbol{A}\boldsymbol{X})=\boldsymbol{\mu}^{\mathrm{T}}\boldsymbol{A}\boldsymbol{\mu}+\mathrm{tr}(\boldsymbol{A}\boldsymbol{\Sigma})$。提示：$\mathrm{tr}(\boldsymbol{AB})=\mathrm{tr}(\boldsymbol{BA})$。

第4章　多元统计量及抽样分布

“无论是一元统计或多元统计,统计分析的中心内容都是数据变异程度的度量和分解,从而解释变异的来源与影响它的因素是否重要、重要程度如何。”

——张尧庭

样本是总体的代表和反映,统计推断是利用样本去推断总体。为了便于对总体的推断,需要对样本进行加工处理,即针对研究问题构造样本的函数,这种不含未知参数的样本的函数称为统计量,统计量的分布称为抽样分布。统计量及抽样分布是统计推断(参数估计和假设检验等)的基础。

4.1　多元样本和常见统计量

4.1.1　多元样本

定义 4.1.1　设从 p 元总体中随机抽取 n 个个体 $\boldsymbol{X}_{(1)},\boldsymbol{X}_{(2)},\cdots,\boldsymbol{X}_{(n)}$,若 $\boldsymbol{X}_{(1)},\boldsymbol{X}_{(2)},\cdots,\boldsymbol{X}_{(n)}$ 相互独立,且与总体同分布,则称 $\boldsymbol{X}_{(1)},\boldsymbol{X}_{(2)},\cdots,\boldsymbol{X}_{(n)}$ 为该总体的一个**多元随机样本(或称简单随机抽样样本)**。每个 $\boldsymbol{X}_{(\alpha)}=(X_{\alpha1},X_{\alpha2},\cdots,X_{\alpha p})^{\mathrm{T}}(\alpha=1,2,\cdots,n)$称为样品。

每个样品都是 p 维向量,得到如下样本资料阵

$$\boldsymbol{X}=\begin{pmatrix} X_{11} & X_{12} & \cdots & X_{1p} \\ X_{21} & X_{22} & \cdots & X_{2p} \\ \vdots & \vdots & & \vdots \\ X_{n1} & X_{n2} & \cdots & X_{np} \end{pmatrix}=\begin{pmatrix} \boldsymbol{X}_{(1)}^{\mathrm{T}} \\ \boldsymbol{X}_{(2)}^{\mathrm{T}} \\ \vdots \\ \boldsymbol{X}_{(n)}^{\mathrm{T}} \end{pmatrix}$$

若抽取了样本的观测值,上面的矩阵就是一个数据矩阵,可以用小写字母表示,$x_{\alpha j}$ 为第 α 个样品第 j 个指标的观测值($j=1,2,\cdots,p$)。此时样本资料阵可称为样本观测矩阵。

在没抽取观测值之前,上面矩阵的元素要看成随机变量,可以用大写字母表示,$X_{\alpha j}$ 为第 α 个样品第 j 个指标的随机变量($j=1,2,\cdots,p$)。此时样本资料阵可称为样本随机矩阵。这是样本的两重性。通常在理论分析时,指的是样本随机矩阵;在实证分析时,指的是样本观测矩阵。

4.1.2 常见统计量

定义 4.1.2 设 $\boldsymbol{X}_{(1)},\boldsymbol{X}_{(2)},\cdots,\boldsymbol{X}_{(n)}$ 为来自 p 元总体的样本,不含未知参数的样本的函数称为统计量,统计量的分布称为抽样分布。常见的统计量如下。

1. 样本均值向量

$$\overline{\boldsymbol{X}} = \frac{1}{n}\sum_{\alpha=1}^{n}\boldsymbol{X}_{(\alpha)} = (\overline{X}_1,\overline{X}_2,\cdots,\overline{X}_p)^{\mathrm{T}} = \begin{pmatrix}\overline{X}_1\\ \vdots \\ \overline{X}_p\end{pmatrix}$$

其中,$\overline{X}_j = \frac{1}{n}\sum_{\alpha=1}^{n}X_{\alpha j},j=1,\cdots,p$。其等价写法为

$$\underset{p\times 1}{\overline{\boldsymbol{X}}} = \frac{1}{n}\begin{pmatrix}X_{11} & X_{21} & \cdots & X_{n1}\\ X_{12} & X_{22} & \cdots & X_{n2}\\ \vdots & \vdots & & \vdots\\ X_{1p} & X_{2p} & \cdots & X_{np}\end{pmatrix}\begin{pmatrix}1\\1\\ \vdots\\1\end{pmatrix} = \frac{1}{n}\boldsymbol{X}^{\mathrm{T}}\boldsymbol{1}_n$$

中心化样本阵为

$$\underset{n\times p}{\widetilde{\boldsymbol{X}}} = \begin{pmatrix}X_{11}-\overline{X}_1 & X_{12}-\overline{X}_2 & \cdots & X_{1p}-\overline{X}_p\\ X_{21}-\overline{X}_1 & X_{22}-\overline{X}_2 & \cdots & X_{2p}-\overline{X}_p\\ \vdots & \vdots & & \vdots\\ X_{n1}-\overline{X}_1 & X_{n2}-\overline{X}_2 & \cdots & X_{np}-\overline{X}_p\end{pmatrix} = \boldsymbol{X}-\boldsymbol{1}_n\overline{\boldsymbol{X}}^{\mathrm{T}} = \boldsymbol{X}-\boldsymbol{1}_n(\frac{1}{n}\boldsymbol{X}^{\mathrm{T}}\boldsymbol{1}_n)^{\mathrm{T}} = (\boldsymbol{I}_n-\frac{1}{n}\boldsymbol{1}_n\boldsymbol{1}_n^{\mathrm{T}})\boldsymbol{X}$$

记 $\boldsymbol{G}=\boldsymbol{I}_n-\frac{1}{n}\boldsymbol{1}_n\boldsymbol{1}_n^{\mathrm{T}}$,则 $\boldsymbol{G}=\boldsymbol{G}^2,\boldsymbol{G}^{\mathrm{T}}=\boldsymbol{G}$。

2. 样本离差阵 $\boldsymbol{A}$(交叉乘积阵)

$$\underset{p\times p}{\boldsymbol{A}} = \sum_{\alpha=1}^{n}(\boldsymbol{X}_{(\alpha)}-\overline{\boldsymbol{X}})(\boldsymbol{X}_{(\alpha)}-\overline{\boldsymbol{X}})^{\mathrm{T}} = \sum_{\alpha=1}^{n}\begin{pmatrix}X_{\alpha1}-\overline{X}_1\\ \vdots\\ X_{\alpha p}-\overline{X}_p\end{pmatrix}(X_{\alpha1}-\overline{X}_1,\cdots,X_{\alpha p}-\overline{X}_p) = (a_{ij})_{p\times p}$$

其中,$a_{ij} = \sum_{\alpha=1}^{n}(X_{\alpha i}-\overline{X}_i)(X_{\alpha j}-\overline{X}_j),i,j=1,2,\cdots,p$。或者表示为

$$\underset{p\times p}{\boldsymbol{A}} = \sum_{\alpha=1}^{n}\begin{pmatrix}(X_{\alpha1}-\overline{X}_1)^2 & (X_{\alpha1}-\overline{X}_1)(X_{\alpha2}-\overline{X}_2) & \cdots & (X_{\alpha1}-\overline{X}_1)(X_{\alpha p}-\overline{X}_p)\\ (X_{\alpha2}-\overline{X}_2)(X_{\alpha1}-\overline{X}_1) & (X_{\alpha2}-\overline{X}_2)^2 & \cdots & (X_{\alpha2}-\overline{X}_2)(X_{\alpha p}-\overline{X}_p)\\ \vdots & \vdots & & \vdots\\ (X_{\alpha p}-\overline{X}_p)(X_{\alpha1}-\overline{X}_1) & (X_{\alpha p}-\overline{X}_p)(X_{\alpha2}-\overline{X}_2) & \cdots & (X_{\alpha p}-\overline{X}_p)^2\end{pmatrix}$$

或者表示为

$$\begin{aligned}\underset{p\times p}{\boldsymbol{A}} &= \sum_{\alpha=1}^{n}(\boldsymbol{X}_{(\alpha)}-\overline{\boldsymbol{X}})(\boldsymbol{X}_{(\alpha)}-\overline{\boldsymbol{X}})^{\mathrm{T}} = (\boldsymbol{X}_{(1)}-\overline{\boldsymbol{X}},\cdots,\boldsymbol{X}_{(n)}-\overline{\boldsymbol{X}})\begin{pmatrix}(\boldsymbol{X}_{(1)}-\overline{\boldsymbol{X}})^{\mathrm{T}}\\ \vdots\\ (\boldsymbol{X}_{(n)}-\overline{\boldsymbol{X}})^{\mathrm{T}}\end{pmatrix}\\ &= \widetilde{\boldsymbol{X}}^{\mathrm{T}}\widetilde{\boldsymbol{X}} = \boldsymbol{X}^{\mathrm{T}}\left(\boldsymbol{I}_n-\frac{1}{n}\boldsymbol{1}_n\boldsymbol{1}_n^{\mathrm{T}}\right)\boldsymbol{X} = \boldsymbol{X}^{\mathrm{T}}\boldsymbol{G}\boldsymbol{X}\end{aligned}$$

或者表示为

$$\underset{p\times p}{\boldsymbol{A}} = \sum_{\alpha=1}^{n}(\boldsymbol{X}_{(\alpha)}-\overline{\boldsymbol{X}})(\boldsymbol{X}_{(\alpha)}-\overline{\boldsymbol{X}})^{\mathrm{T}} = \sum_{\alpha=1}^{n}\boldsymbol{X}_{(\alpha)}\boldsymbol{X}_{(\alpha)}^{\mathrm{T}} - \sum_{\alpha=1}^{n}\boldsymbol{X}_{(\alpha)}\overline{\boldsymbol{X}}^{\mathrm{T}} - \sum_{\alpha=1}^{n}\overline{\boldsymbol{X}}\boldsymbol{X}_{(\alpha)}^{\mathrm{T}} + \sum_{\alpha=1}^{n}\overline{\boldsymbol{X}}(\overline{\boldsymbol{X}}^{\mathrm{T}})$$

$$= (\boldsymbol{X}_{(1)},\cdots,\boldsymbol{X}_{(n)})\begin{pmatrix}\boldsymbol{X}_{(1)}^{\mathrm{T}}\\ \vdots \\ \boldsymbol{X}_{(n)}^{\mathrm{T}}\end{pmatrix} - n\overline{\boldsymbol{X}}(\overline{\boldsymbol{X}}^{\mathrm{T}}) = \boldsymbol{X}^{\mathrm{T}}\boldsymbol{X} - n\overline{\boldsymbol{X}}\,\overline{\boldsymbol{X}}^{\mathrm{T}}$$

3. 样本协方差 $\boldsymbol{S}$

$$\underset{p\times p}{\boldsymbol{S}} = \frac{1}{n-1}\boldsymbol{A} = \frac{1}{n-1}\sum_{\alpha=1}^{n}(\boldsymbol{X}_{(\alpha)}-\overline{\boldsymbol{X}})(\boldsymbol{X}_{(\alpha)}-\overline{\boldsymbol{X}})^{\mathrm{T}} = (s_{ij})_{p\times p}\left(\underset{p\times p}{\boldsymbol{S}^{*}} \triangleq \frac{1}{n}\boldsymbol{A}\right)$$

4. 样本相关阵 $\boldsymbol{R}$

$\boldsymbol{R}=(r_{ij})_{p\times p}$,其中 $r_{ij}=\dfrac{s_{ij}}{\sqrt{s_{ii}}\sqrt{s_{jj}}}\overset{\text{或}}{=}\dfrac{a_{ij}}{\sqrt{a_{ii}}\sqrt{a_{jj}}}$。

例 4.1 欲了解图书的销售情况,从某书店随机抽取 4 张收据。每张收据记录售书总金额 X_1 及售书数量 X_2,试计算样本均值、样本离差阵、样本协差阵和样本相关阵。数据如下

$$\underset{4\times 2}{\boldsymbol{X}}=\begin{pmatrix}42 & 4\\ 52 & 5\\ 48 & 4\\ 58 & 3\end{pmatrix}, n=4, p=2$$

解: 可计算出样本均值

$$\overline{\boldsymbol{X}}=\frac{1}{n}\boldsymbol{X}^{\mathrm{T}}\boldsymbol{1}_n=\frac{1}{4}\begin{pmatrix}42 & 52 & 48 & 58\\ 4 & 5 & 4 & 3\end{pmatrix}\begin{pmatrix}1\\1\\1\\1\end{pmatrix}=\begin{pmatrix}50\\4\end{pmatrix}$$

样本离差阵 $\boldsymbol{A}$ 的计算公式为

$$\boldsymbol{A} = \sum_{i=1}^{n}(\boldsymbol{X}_{(i)}-\overline{\boldsymbol{X}})(\boldsymbol{X}_{(i)}-\overline{\boldsymbol{X}})^{\mathrm{T}} = \boldsymbol{X}^{\mathrm{T}}\boldsymbol{X}-n\overline{\boldsymbol{X}}\,\overline{\boldsymbol{X}}^{\mathrm{T}}$$

或

$$\boldsymbol{A}=(\boldsymbol{X}_{(1)}-\overline{\boldsymbol{X}},\cdots,\boldsymbol{X}_{(4)}-\overline{\boldsymbol{X}})\begin{pmatrix}(\boldsymbol{X}_{(1)}-\overline{\boldsymbol{X}})^{\mathrm{T}}\\ \vdots \\ (\boldsymbol{X}_{(4)}-\overline{\boldsymbol{X}})^{\mathrm{T}}\end{pmatrix}\triangleq\widetilde{\boldsymbol{X}}^{\mathrm{T}}\widetilde{\boldsymbol{X}}$$

此例中

$$\widetilde{\boldsymbol{X}}=\begin{pmatrix}42-50 & 4-4\\ 52-50 & 5-4\\ 48-50 & 4-4\\ 58-50 & 3-4\end{pmatrix}=\begin{pmatrix}-8 & 0\\ 2 & 1\\ -2 & 0\\ 8 & -1\end{pmatrix}$$

故

$$\boldsymbol{A}=\widetilde{\boldsymbol{X}}^{\mathrm{T}}\widetilde{\boldsymbol{X}}=\begin{pmatrix}-8 & 2 & -2 & 8\\ 0 & 1 & 0 & -1\end{pmatrix}\begin{pmatrix}-8 & 0\\ 2 & 1\\ -2 & 0\\ 8 & -1\end{pmatrix}=\begin{pmatrix}136 & -6\\ -6 & 2\end{pmatrix}$$

样本协差阵 $\boldsymbol{S}$ 为

$$S=\frac{1}{n-1}A=\frac{1}{3}\begin{pmatrix}136 & -6\\ -6 & 2\end{pmatrix}=\begin{bmatrix}45\times\frac{1}{3} & -2\\ -2 & \frac{2}{3}\end{bmatrix}$$

样本相关阵 $\boldsymbol{R}$ 为

$$\boldsymbol{R}=\begin{bmatrix}1 & \frac{-6}{\sqrt{136\times 2}}\\ \frac{-6}{\sqrt{136\times 2}} & 1\end{bmatrix}=\begin{bmatrix}1 & \frac{-3}{\sqrt{68}}\\ \frac{-3}{\sqrt{68}} & 1\end{bmatrix}=\begin{pmatrix}1 & -0.3638\\ -0.3638 & 1\end{pmatrix}$$

4.2　抽样分布和相关定理

4.2.1　随机矩阵 X 的分布

多元总体抽样后的样本可以看成样本随机变量矩阵(简称随机矩阵),所以我们还有必要说明一下什么是随机矩阵 $\boldsymbol{X}$ 的分布。随机矩阵的分布在不同的书中有不同的定义,一般情况下,利用随机向量分布的定义给出随机矩阵分布的定义。

1. 拉直运算

定义 4.2.1　设来自 p 元总体的容量为 n 的随机样本排成一个随机矩阵 $\boldsymbol{X}$,矩阵中的每一个元素均为随机变量。

$$\boldsymbol{X}=\begin{bmatrix}X_{11} & X_{12} & \cdots & X_{1p}\\ X_{21} & X_{22} & \cdots & X_{2p}\\ \vdots & \vdots & & \vdots\\ X_{n1} & X_{n2} & \cdots & X_{np}\end{bmatrix}=\begin{bmatrix}\boldsymbol{X}_{(1)}^{\mathrm{T}}\\ \boldsymbol{X}_{(2)}^{\mathrm{T}}\\ \vdots\\ \boldsymbol{X}_{(n)}^{\mathrm{T}}\end{bmatrix}=(\boldsymbol{X}_1,\cdots,\boldsymbol{X}_p)$$

矩阵的列拉直:将该矩阵的列向量一个接一个地连接起来,组成一个 np 维列向量,称为列拉直运算(或称为列展开)。得到的拉直向量记为 $\mathrm{Vec}(\boldsymbol{X})$。

$$\mathrm{Vec}(\boldsymbol{X})=\begin{bmatrix}\boldsymbol{X}_1\\ \boldsymbol{X}_2\\ \vdots\\ \boldsymbol{X}_n\end{bmatrix}=(X_{11},\cdots,X_{n1},X_{12},\cdots,X_{n2},\cdots,X_{1p},\cdots,X_{np})^{\mathrm{T}}$$

矩阵的行拉直:将该矩阵的行向量拉直成一个 np 维向量(或称为行展开)。得到的拉直向量记为 $\mathrm{Vec}(\boldsymbol{X}^{\mathrm{T}})$ 或者 $\overline{\mathrm{Vec}}(\boldsymbol{X})$。

$$\mathrm{Vec}(\boldsymbol{X}^{\mathrm{T}})=\begin{bmatrix}\boldsymbol{X}_{(1)}\\ \boldsymbol{X}_{(2)}\\ \vdots\\ \boldsymbol{X}_{(n)}\end{bmatrix}=(X_{11},\cdots,X_{1p},X_{21},\cdots,X_{2p},\cdots,X_{n1},\cdots,X_{np})^{\mathrm{T}}$$

通常称行拉直得到的向量的分布为该随机矩阵的分布。

若 $\boldsymbol{X}$ 为 p 阶对称阵($X_{ij}=X_{ji}$),拉直成 p^2 维向量不合适,通常取其下三角部分组成的拉直向量,即$(X_{11},X_{21},\cdots,X_{n1},X_{22},\cdots,X_{n2},\cdots,X_{np})^{\mathrm{T}}$,称为对称矩阵的拉直运算,记为SVec($\boldsymbol{X}$)。

2. 克罗内克积

定义 4.2.2 设$\boldsymbol{A}=(a_{ij})\in\boldsymbol{C}^{m\times n}$, $\boldsymbol{B}=(b_{ij})\in\boldsymbol{C}^{p\times q}$,则称分块矩阵

$$\boldsymbol{A}\otimes\boldsymbol{B}=\begin{pmatrix} a_{11}\boldsymbol{B} & a_{12}\boldsymbol{B} & \cdots & a_{1n}\boldsymbol{B} \\ a_{21}\boldsymbol{B} & a_{22}\boldsymbol{B} & \cdots & a_{2n}\boldsymbol{B} \\ \vdots & \vdots & & \vdots \\ a_{m1}\boldsymbol{B} & a_{m2}\boldsymbol{B} & \cdots & a_{mn}\boldsymbol{B} \end{pmatrix}\in\boldsymbol{C}^{mp\times nq}$$

为$\boldsymbol{A}$与$\boldsymbol{B}$的Kronecker(克罗内克)积(也称为直积或张量积),$\boldsymbol{A}\otimes\boldsymbol{B}$是一个$m\times n$块的分块矩阵,简记为$\boldsymbol{A}\otimes\boldsymbol{B}=(a_{ij}\boldsymbol{B})$。

例 4.2 设$\boldsymbol{A}=(a_1,a_2,a_3)^{\mathrm{T}}$, $\boldsymbol{B}=(b_1,b_2)^{\mathrm{T}}$,求$\boldsymbol{A}\otimes\boldsymbol{B}$和$\boldsymbol{B}\otimes\boldsymbol{A}$。

解:

$$\boldsymbol{A}\otimes\boldsymbol{B}=\begin{pmatrix} a_1\boldsymbol{B} \\ a_2\boldsymbol{B} \\ a_3\boldsymbol{B} \end{pmatrix}=(a_1b_1,a_1b_2,a_2b_1,a_2b_2,a_3b_1,a_3b_2)^{\mathrm{T}}$$

$$\boldsymbol{B}\otimes\boldsymbol{A}=\begin{pmatrix} b_1\boldsymbol{A} \\ b_2\boldsymbol{A} \end{pmatrix}=(b_1a_1,b_1a_2,b_1a_3,b_2a_1,b_2a_2,b_2a_3)^{\mathrm{T}}$$

3. 多元正态总体的样本随机阵

多元正态总体下的样本随机阵服从什么分布呢?怎么表示?接下来,我们就将矩阵Kronecker积和拉直概念相结合,以此进行讨论。

设从p元总体$N_p(\boldsymbol{\mu},\boldsymbol{\Sigma})$中随机抽取$n$个个体$\boldsymbol{X}_{(1)},\boldsymbol{X}_{(2)},\cdots,\boldsymbol{X}_{(n)}$,它们构成的样本是随机矩阵$\boldsymbol{X}$

$$\boldsymbol{X}=\begin{pmatrix} X_{11} & X_{12} & \cdots & X_{1p} \\ X_{21} & X_{22} & \cdots & X_{2p} \\ \vdots & \vdots & & \vdots \\ X_{n1} & X_{n2} & \cdots & X_{np} \end{pmatrix}=\begin{pmatrix} \boldsymbol{X}_{(1)}^{\mathrm{T}} \\ \boldsymbol{X}_{(2)}^{\mathrm{T}} \\ \vdots \\ \boldsymbol{X}_{(n)}^{\mathrm{T}} \end{pmatrix}$$

因为np维随机变量Vec($\boldsymbol{X}^{\mathrm{T}}$)的密度函数为

$$\begin{aligned} f(\boldsymbol{x}_{(1)},\cdots,\boldsymbol{x}_{(n)}) &= \prod_{\alpha=1}^{n}\frac{1}{(\sqrt{2\pi})^{p}\ |\boldsymbol{\Sigma}|^{1/2}}\exp\left\{-\frac{1}{2}(\boldsymbol{x}_{(\alpha)}-\boldsymbol{\mu})^{\mathrm{T}}\boldsymbol{\Sigma}^{-1}(\boldsymbol{x}_{(\alpha)}-\boldsymbol{\mu})\right\} \\ &= \frac{1}{(\sqrt{2\pi})^{p}\ |\boldsymbol{\Sigma}|^{1/2}}\exp\left\{-\frac{1}{2}\sum_{\alpha=1}^{n}(\boldsymbol{x}_{(\alpha)}-\boldsymbol{\mu})^{\mathrm{T}}\boldsymbol{\Sigma}^{-1}(\boldsymbol{x}_{(\alpha)}-\boldsymbol{\mu})\right\} \\ &= \frac{1}{(\sqrt{2\pi})^{p}\ |\boldsymbol{\Sigma}|^{1/2}}\exp\left\{-\frac{1}{2}\begin{pmatrix} \boldsymbol{x}_{(1)}-\boldsymbol{\mu} \\ \vdots \\ \boldsymbol{x}_{(n)}-\boldsymbol{\mu} \end{pmatrix}^{\mathrm{T}}\begin{pmatrix} \boldsymbol{\Sigma} & \cdots & \boldsymbol{0} \\ \vdots & & \vdots \\ \boldsymbol{0} & \cdots & \boldsymbol{\Sigma} \end{pmatrix}^{-1}\begin{pmatrix} \boldsymbol{x}_{(1)}-\boldsymbol{\mu} \\ \vdots \\ \boldsymbol{x}_{(n)}-\boldsymbol{\mu} \end{pmatrix}\right\} \end{aligned}$$

可见Vec($\boldsymbol{X}^{\mathrm{T}}$)的均值向量和协方差阵分别为$\begin{pmatrix} \boldsymbol{\mu} \\ \vdots \\ \boldsymbol{\mu} \end{pmatrix}=\boldsymbol{1}_n\otimes\boldsymbol{\mu}$, $\begin{pmatrix} \boldsymbol{\Sigma} & \cdots & \boldsymbol{0} \\ \vdots & & \vdots \\ \boldsymbol{0} & \cdots & \boldsymbol{\Sigma} \end{pmatrix}=\boldsymbol{I}_n\otimes\boldsymbol{\Sigma}$。此时称随机矩阵$\boldsymbol{X}$服从矩阵正态分布,可记为$\boldsymbol{X}\sim N_{np}(\boldsymbol{M},\boldsymbol{I}_n\otimes\boldsymbol{\Sigma})$,其中

$$\boldsymbol{M}=\begin{pmatrix} \mu_1 & \cdots & \mu_p \\ \vdots & & \vdots \\ \mu_1 & \cdots & \mu_p \end{pmatrix},\mathrm{Vec}(\boldsymbol{M}^{\mathrm{T}})=\boldsymbol{1}_n\otimes\boldsymbol{\mu}$$

或记为 $\text{Vec}(\boldsymbol{X}^{\mathrm{T}}) \sim N_{np}(\boldsymbol{1}_n \otimes \boldsymbol{\mu}, \boldsymbol{I}_n \otimes \boldsymbol{\Sigma})$，其中 $\boldsymbol{1}_n = \begin{pmatrix} 1 \\ 1 \\ \vdots \\ 1 \end{pmatrix}$。

其实，在统计中，很多时候不关心总体的分布是什么，而关心数字特征，如关心正态总体的均值 μ 和方差 σ^2，这时就需要知道它们的样本估计统计量 $\overline{\boldsymbol{X}}$ 和 $\boldsymbol{S}$ 的抽样分布。

设 $\boldsymbol{X}_{(1)}, \boldsymbol{X}_{(2)}, \cdots, \boldsymbol{X}_{(n)}$ 是来自 p 维正态总体 $N_p(\boldsymbol{\mu}, \boldsymbol{\Sigma})$ 的样本，样本均值和样本协方差阵分别为 $\overline{\boldsymbol{X}} = \frac{1}{n}\sum_{\alpha=1}^{n} \boldsymbol{X}_{(\alpha)}, \boldsymbol{S} = \frac{1}{n-1}\sum_{\alpha=1}^{n}(\boldsymbol{X}_{(\alpha)} - \overline{\boldsymbol{X}})(\boldsymbol{X}_{(\alpha)} - \overline{\boldsymbol{X}})^{\mathrm{T}}$，易得 $\overline{\boldsymbol{X}} \sim N_p(\boldsymbol{\mu}, \frac{1}{n}\boldsymbol{\Sigma})$。

可见统计量 $\overline{\boldsymbol{X}}$ 的抽样分布为正态分布，那么样本协方差阵 $\boldsymbol{S}$ 的分布又是什么呢？这个问题不太好解决，稍后再说。

我们先“温故”，一元统计中，在正态总体下，常见统计量的抽样分布有χ^2分布、t 分布、F 分布等。推广到多元统计，也有相应的抽样分布：Wishart，Hotelling T^2，Wilks Λ 统计量的分布。这些统计量的分布是多元统计分析参数估计和假设检验的基础。

4.2.2　χ^2分布与 Wishart 分布

1. χ^2分布

χ^2分布由别奈梅(Benayme)、阿贝(Abbe)、赫尔默特(Helmert)、皮尔逊(Pearson)分别于 1858 年、1863 年、1876 年、1900 年推导出来。

一元统计中χ^2 分布的定义：如果 $X_i (i = 1,2,\cdots,n)$ 独立同分布于 $N(0,1)$，则 $\sum_{i=1}^{n} X_i^2 \sim \chi^2(n)$。

χ^2分布的作用：主要用于对总体方差 σ^2 的估计和检验、拟合优度检验、独立性检验、定性数据的列联表分析等。

运用矩阵代数中的知识，从统计量的形式上，χ^2分布可以看成是正态变量二次型的分布。下面讨论常用情况。

(1) 分量独立的正态变量二次型

设 $X_i \sim N_1(\mu_i, \sigma^2)(i=1,2,\cdots,n)$，且相互独立，记 $\boldsymbol{X} = \begin{pmatrix} X_1 \\ \vdots \\ X_n \end{pmatrix}$，则 $\boldsymbol{X} \sim N_n(\boldsymbol{\mu}, \sigma^2 \boldsymbol{I}_n)$，其中 $\boldsymbol{\mu} = (\mu_1, \cdots, \mu_n)^{\mathrm{T}}$。

结论 1　当 $\mu_i = 0(i = 1,\cdots,n), \sigma^2 = 1$ 时，则 $\boldsymbol{\xi} = \boldsymbol{X}^{\mathrm{T}}\boldsymbol{X} = \sum_{i=1}^{n} X_i^2 \sim \chi^2(n)$。

一般情况(当 $\mu_i = 0, \sigma^2 \neq 1$ 时)，$\frac{1}{\sigma^2}\boldsymbol{X}^{\mathrm{T}}\boldsymbol{X} \sim \chi^2(n)$，或记为 $\boldsymbol{X}^{\mathrm{T}}\boldsymbol{X} \sim \sigma^2\chi^2(n)$。

结论 2　当 $\mu_i \neq 0(i=1,\cdots,n), \sigma^2 = 1$ 时，$\boldsymbol{X}^{\mathrm{T}}\boldsymbol{X}$ 的分布常称为非中心χ^2 分布。

定义 4.2.3　设 n 维随机向量 $\boldsymbol{X} \sim N_n(\boldsymbol{\mu}, \boldsymbol{I}_n)(\boldsymbol{\mu} \neq \boldsymbol{0})$，则称随机变量 $\boldsymbol{\xi} = \boldsymbol{X}^{\mathrm{T}}\boldsymbol{X}$ 为服从 n 个自由度，非中心参数为 δ 的χ^2分布，记为 $\boldsymbol{X}^{\mathrm{T}}\boldsymbol{X} \sim \chi^2(n,\delta)$，或 $\boldsymbol{X}^{\mathrm{T}}\boldsymbol{X} \sim \chi_n^2(\delta)$。

一般情况（当 $\boldsymbol{X}\sim N_n(\boldsymbol{\mu},\sigma^2\boldsymbol{I}_n)$，$\boldsymbol{\mu}\neq\boldsymbol{0}$，且 $\sigma^2\neq1$ 时），令 $Y_i=\frac{1}{\sigma}X_i$，显然 $Y_i\sim N(\frac{\mu_i}{\sigma},1)(i=1,\cdots,n)$，则 $\boldsymbol{Y}^{\mathrm{T}}\boldsymbol{Y}=\frac{1}{\sigma^2}\boldsymbol{X}^{\mathrm{T}}\boldsymbol{X}\sim\chi^2(n,\delta)$，其中 $\delta=\frac{1}{\sigma^2}\boldsymbol{\mu}^{\mathrm{T}}\boldsymbol{\mu}$。

结论 3 设 $\boldsymbol{X}\sim N_n(\boldsymbol{0},\sigma^2\boldsymbol{I}_n)$，$\boldsymbol{A}$ 为 n 阶对称矩阵，$\mathrm{rank}(\boldsymbol{A})=r$，则二次型 $\boldsymbol{X}^{\mathrm{T}}\boldsymbol{A}\boldsymbol{X}/\sigma^2\sim\chi^2(r)\Leftrightarrow\boldsymbol{A}^2=\boldsymbol{A}$（$\boldsymbol{A}$ 为对称幂等阵）。

特例：当 $\boldsymbol{A}=\boldsymbol{I}_n$ 时，$\boldsymbol{X}^{\mathrm{T}}\boldsymbol{I}_n\boldsymbol{X}/\sigma^2=\boldsymbol{X}^{\mathrm{T}}\boldsymbol{X}/\sigma^2\sim\chi^2(n)$。

结论 4 设 $\boldsymbol{X}\sim N_n(\boldsymbol{\mu},\sigma^2\boldsymbol{I}_n)$，$\boldsymbol{A}$ 为对称矩阵，且 $\mathrm{rank}(\boldsymbol{A})=r$，则二次型 $\frac{1}{\sigma^2}\boldsymbol{X}^{\mathrm{T}}\boldsymbol{A}\boldsymbol{X}\sim\chi^2(r,\delta)$，其中 $\delta=\frac{1}{\sigma^2}\boldsymbol{\mu}^{\mathrm{T}}\boldsymbol{A}\boldsymbol{\mu}\Leftrightarrow\boldsymbol{A}^2=\boldsymbol{A}$（$\boldsymbol{A}$ 为对称幂等阵）。

(2) 一般的正态变量二次型

结论 5 设 $\boldsymbol{X}\sim N_p(\boldsymbol{\mu},\boldsymbol{\Sigma})$，$\boldsymbol{\Sigma}>0$，则 $\boldsymbol{X}^{\mathrm{T}}\boldsymbol{\Sigma}^{-1}\boldsymbol{X}\sim\chi^2(p,\delta)$，其中 $\delta=\boldsymbol{\mu}^{\mathrm{T}}\boldsymbol{\Sigma}^{-1}\boldsymbol{\mu}$。

结论 6 设 $\boldsymbol{X}\sim N_p(\boldsymbol{\mu},\boldsymbol{\Sigma})$，$\boldsymbol{\Sigma}>0$，$\boldsymbol{A}$ 为对称矩阵，$\mathrm{rank}(\boldsymbol{A})=r$，则 $(\boldsymbol{X}-\boldsymbol{\mu})^{\mathrm{T}}\boldsymbol{A}(\boldsymbol{X}-\boldsymbol{\mu})\sim\chi^2(r)\Leftrightarrow\boldsymbol{\Sigma A\Sigma A\Sigma}=\boldsymbol{\Sigma A\Sigma}$。

2. Wishart 分布及其性质

一元统计中，χ^2 分布解决了统计量 $\boldsymbol{S}$ 的抽样分布问题，所以它很重要。Wishart 在 1928 年推导出 Wishart 分布，它是 χ^2 分布在多元统计上的推广，有人把这个时间作为多元统计分析理论诞生的时间，可见该分布的重要性。

(1) Wishart 分布

定义 4.2.4 设 $\boldsymbol{X}_{(\alpha)}=(X_{\alpha1},X_{\alpha2},\cdots,X_{\alpha p})^{\mathrm{T}}\sim N_p(\boldsymbol{\mu}_\alpha,\boldsymbol{\Sigma})$，$\alpha=1,2,\cdots,n$，$\boldsymbol{X}_{(\alpha)}$ 相互独立，$\boldsymbol{\Sigma}>0$，$n>p$，则由 $\boldsymbol{X}_{(\alpha)}$ 组成的随机矩阵 $\boldsymbol{W}_{p\times p}=\sum_{\alpha=1}^{n}\boldsymbol{X}_{(\alpha)}\boldsymbol{X}_{(\alpha)}^{\mathrm{T}}$ 的分布称为非中心 Wishart 分布，记为 $\boldsymbol{W}\sim W_p(n,\boldsymbol{\Sigma},\boldsymbol{Z})$，其中，$\boldsymbol{Z}=\sum_{\alpha=1}^{n}\boldsymbol{\mu}_\alpha\boldsymbol{\mu}_\alpha^{\mathrm{T}}$，$\boldsymbol{Z}$ 称为非中心参数。当 $\boldsymbol{Z}=\boldsymbol{0}$ 时称为中心 Wishart 分布，记为 $W_p(n,\boldsymbol{\Sigma})$。

注意：因为 $\boldsymbol{X}=\begin{pmatrix}\boldsymbol{X}_{(1)}^{\mathrm{T}}\\\boldsymbol{X}_{(2)}^{\mathrm{T}}\\\vdots\\\boldsymbol{X}_{(n)}^{\mathrm{T}}\end{pmatrix}$，上面的 $\boldsymbol{W}=\sum_{\alpha=1}^{n}\boldsymbol{X}_{(\alpha)}\boldsymbol{X}_{(\alpha)}^{\mathrm{T}}=(\boldsymbol{X}_{(1)},\cdots,\boldsymbol{X}_{(n)})\begin{pmatrix}\boldsymbol{X}_{(1)}^{\mathrm{T}}\\\vdots\\\boldsymbol{X}_{(n)}^{\mathrm{T}}\end{pmatrix}=\underset{p\times n}{\boldsymbol{X}^{\mathrm{T}}}\underset{n\times p}{\boldsymbol{X}}$，可见，Wishart 分布是 χ^2 分布在 p 维正态情况下的推广，当 $p=1$ 时，$W_1(n,\sigma^2,\boldsymbol{Z})$ 就是 $\sigma^2\chi^2{}_n(\boldsymbol{Z})$，其中非中心参数 $\boldsymbol{Z}=\boldsymbol{\mu}^{\mathrm{T}}\boldsymbol{\mu}$。

关于 Wishart 分布的概率密度函数，这里只给出中心分布的密度形式（《多元统计分析引论》第 9 章有详细推导过程），非中心分布的密度比它复杂。

定义 4.2.5 $\boldsymbol{W}\sim W_p(n,\boldsymbol{\Sigma})$，若 $n>p$，则其密度函数为

$$f(\boldsymbol{w})=\frac{|\boldsymbol{W}|^{\frac{1}{2}(n-p-1)}\exp\left\{-\frac{1}{2}\mathrm{tr}(\boldsymbol{\Sigma}^{-1}\boldsymbol{W})\right\}}{2^{np/2}\pi^{p(p-1)/4}\ |\boldsymbol{\Sigma}|^{n/2}\prod_{i=1}^{p}\Gamma\left(\frac{1}{2}(n-i+1)\right)},\quad \boldsymbol{W}>0$$

(2) Wishart 分布的性质

性质 1　设 $\boldsymbol{X}_{(\alpha)} \sim N_p(\boldsymbol{\mu},\boldsymbol{\Sigma})(\alpha=1,\cdots,n)$ 且相互独立，则样本离差阵 $\boldsymbol{A}$ 服从 Wishart 分布，即 $\boldsymbol{A}=\sum_{\alpha=1}^{n}(\boldsymbol{X}_{(\alpha)}-\overline{\boldsymbol{X}})(\boldsymbol{X}_{(\alpha)}-\overline{\boldsymbol{X}})^{\mathrm{T}} \sim W_p(n-1,\boldsymbol{\Sigma})$。

证明：可以构造 $\boldsymbol{A}=\sum_{\alpha=1}^{n-1}\boldsymbol{Z}_\alpha\boldsymbol{Z}_\alpha^{\mathrm{T}}$，其中的 $\boldsymbol{Z}_\alpha \sim N_p(\boldsymbol{0},\boldsymbol{\Sigma})(\alpha=1,\cdots,n-1)$ 且相互独立，由 Wishart 分布的定义，可知 $\boldsymbol{A} \sim W_p(n-1,\boldsymbol{\Sigma})$。

由于 Wishart 分布是 χ^2 分布的推广，所以它具有 χ^2 分布的一些性质。

性质 2　关于自由度 n 具有可加性。设 $\boldsymbol{W}_i \sim W_p(n_i,\boldsymbol{\Sigma})(i=1,\cdots,k)$ 且相互独立，则 $\sum_{i=1}^{k}\boldsymbol{W}_i \sim W_p(n,\boldsymbol{\Sigma})$，其中 $n=n_1+\cdots+n_k$。

性质 3　设 p 阶随机阵 $\boldsymbol{W} \sim W_p(n,\boldsymbol{\Sigma})$，$\boldsymbol{C}$ 是 $m\times p$ 常数阵，则 m 阶随机阵 $\boldsymbol{CWC}^{\mathrm{T}}$ 也服从 Wishart 分布，即 $\boldsymbol{CWC}^{\mathrm{T}} \sim W_m(n,\boldsymbol{C\Sigma C}^{\mathrm{T}})$。

证明：因 $\boldsymbol{W}=\sum_{\alpha=1}^{n}\boldsymbol{Z}_\alpha\boldsymbol{Z}_\alpha^{\mathrm{T}} \sim W_p(n,\boldsymbol{\Sigma})$，其中，$\boldsymbol{Z}_\alpha \sim N_P(\boldsymbol{0},\boldsymbol{\Sigma})(\alpha=1,\cdots,n)$ 且相互独立。令 $\boldsymbol{Y}_\alpha=\boldsymbol{CZ}_\alpha$，则 $\boldsymbol{Y}_\alpha \sim N_m(\boldsymbol{0},\boldsymbol{C\Sigma C}^{\mathrm{T}})$，故 $\sum_{\alpha=1}^{n}\boldsymbol{Y}_\alpha\boldsymbol{Y}_\alpha^{\mathrm{T}}=\sum_{\alpha=1}^{n}\boldsymbol{CZ}_\alpha\cdot\boldsymbol{Z}_\alpha^{\mathrm{T}}\boldsymbol{C}^{\mathrm{T}} \triangleq \boldsymbol{CWC}^{\mathrm{T}}$，由定义 4.2.4 有 $\sum_{\alpha=1}^{n}\boldsymbol{Y}_\alpha\boldsymbol{Y}_\alpha^{\mathrm{T}} \sim W_m(n,\boldsymbol{C\Sigma C}^{\mathrm{T}})$，故 $\boldsymbol{CWC}^{\mathrm{T}} \sim W_m(n,\boldsymbol{C\Sigma C}^{\mathrm{T}})$。

特例：① $a\boldsymbol{W} \sim W_p(n,a\boldsymbol{\Sigma})(a>0$，为常数$)$，在性质 3 中取 $\boldsymbol{C}=a^{1/2}\boldsymbol{I}_p$，即证；② 设 $\boldsymbol{l}^{\mathrm{T}}=(l_1,\cdots,l_p)$，则 $\boldsymbol{l}^{\mathrm{T}}\boldsymbol{Wl}=\boldsymbol{\xi} \sim W_1(n,\boldsymbol{l}^{\mathrm{T}}\boldsymbol{\Sigma l})$，即 $\boldsymbol{\xi} \sim \boldsymbol{\sigma}^2\chi^2(n)$（其中 $\boldsymbol{\sigma}^2=\boldsymbol{l}^{\mathrm{T}}\boldsymbol{\Sigma l}$），在性质 3 中取 $\boldsymbol{C}=\boldsymbol{l}^{\mathrm{T}}$，即证。

性质 4　分块 Wishart 矩阵的分布。设 $\boldsymbol{X}_{(\alpha)} \sim N_p(\boldsymbol{0},\boldsymbol{\Sigma})(\alpha=1,\cdots,n)$ 且相互独立，其中

$$\boldsymbol{\Sigma}=\begin{pmatrix}\boldsymbol{\Sigma}_{11} & \boldsymbol{\Sigma}_{12}\\ \boldsymbol{\Sigma}_{21} & \boldsymbol{\Sigma}_{22}\end{pmatrix}\begin{matrix}r\\ p-r\end{matrix}，已知\ \boldsymbol{W}=\sum_{\alpha=1}^{n}\boldsymbol{X}_{(\alpha)}\boldsymbol{X}_{(\alpha)}^{\mathrm{T}}=\begin{pmatrix}\boldsymbol{W}_{11} & \boldsymbol{W}_{12}\\ \boldsymbol{W}_{21} & \boldsymbol{W}_{22}\end{pmatrix}\begin{matrix}r\\ p-r\end{matrix} \sim W_p(n,\boldsymbol{\Sigma})，则：$$

① $\boldsymbol{W}_{11} \sim W_r(n,\boldsymbol{\Sigma}_{11})$，$\boldsymbol{W}_{22} \sim W_{p-r}(n,\boldsymbol{\Sigma}_{22})$；

② 当 $\boldsymbol{\Sigma}_{12}=\boldsymbol{0}$ 时，$\boldsymbol{W}_{11}$ 与 $\boldsymbol{W}_{22}$ 相互独立。

性质 5　设随机矩阵 $\boldsymbol{W} \sim W_p(n,\boldsymbol{\Sigma})$，记 $\boldsymbol{W}_{22\cdot1}=\boldsymbol{W}_{22}-\boldsymbol{W}_{21}\boldsymbol{W}_{11}^{-1}\boldsymbol{W}_{12}$，则 $\boldsymbol{W}_{22\cdot1} \sim \boldsymbol{W}_{p-r}(n-r,\boldsymbol{\Sigma}_{22\cdot1})$，且 $\boldsymbol{W}_{22\cdot1}$ 与 $\boldsymbol{W}_{11}$ 相互独立，其中 $\boldsymbol{\Sigma}_{22\cdot1}=\boldsymbol{\Sigma}_{22}-\boldsymbol{\Sigma}_{21}\boldsymbol{\Sigma}_{11}^{-1}\boldsymbol{\Sigma}_{12}$。

性质 6　设随机矩阵 $\boldsymbol{W} \sim W_p(n,\boldsymbol{\Sigma})$，则 $E(\boldsymbol{W})=n\boldsymbol{\Sigma}$。

证明：由定义 4.2.4 可知 $\boldsymbol{W}=\sum_{\alpha=1}^{n}\boldsymbol{Z}_\alpha\boldsymbol{Z}_\alpha^{\mathrm{T}} \sim W_p(n,\boldsymbol{\Sigma})$，其中，$\boldsymbol{Z}_\alpha \sim N_p(\boldsymbol{0},\boldsymbol{\Sigma})(\alpha=1,\cdots,n)$ 且相互独立，则 $E(\boldsymbol{W})=\sum_{\alpha=1}^{n}E(\boldsymbol{Z}_\alpha\boldsymbol{Z}_\alpha^{\mathrm{T}})=\sum_{\alpha=1}^{n}D(\boldsymbol{Z}_\alpha)=n\boldsymbol{\Sigma}$。

4.2.3　t 分布与霍特林 T^2 分布

1. t 分布

t 分布于 1908 年由英国统计学家戈赛特（Goset）以“student”笔名首次提出，故也称为学生分布，一元统计中 t 分布定义如下。

若 $X \sim N(0,1)$，$\xi \sim \chi^2(n)$，X 与 ξ 相互独立，则随机变量 $t=\dfrac{X}{\sqrt{\xi/n}} \sim t(n)$。上式有根式，

为了方便，变形为 $t^2=\frac{nX^2}{\xi}$，或者 $t^2=\frac{nX^2}{\xi}=nX^{\mathrm{T}}\xi^{-1}X$。将变形后的形式推广到多元，就得到 Hotelling T^2 分布。

一元统计中，t 分布的主要作用：在单正态总体分布（σ^2 未知）时，用统计量 $t=\frac{(\overline{X}-\mu_0)}{S/\sqrt{n}}$ 来做总体参数 μ 的区间估计和假设检验。Hotelling T^2 分布的作用与之类似。

2. 霍特林(Hotelling) T^2 分布及其性质

(1) 霍特林 T^2 分布

定义 4.2.6 设 $\boldsymbol{X}\sim N_p(\boldsymbol{\mu},\boldsymbol{\Sigma})$，$\boldsymbol{S}\sim W_p(n,\boldsymbol{\Sigma})$，且 $\boldsymbol{X}$ 与 $\boldsymbol{S}$ 相互独立，$n\geqslant p$，则称统计量 $T^2=n\boldsymbol{X}^{\mathrm{T}}\boldsymbol{S}^{-1}\boldsymbol{X}$ 的分布为非中心 Hotelling T^2 分布，记为 $T^2\sim T^2(p,n,\boldsymbol{\mu})$。当 $\boldsymbol{\mu}=\boldsymbol{0}$ 时，称 T^2 服从中心 Hotelling T^2 分布，记为 $T^2(p,n)$。

它的密度函数首先由 Harold Hotelling 于 1931 年提出，故称为 Hotelling T^2 分布，我国著名统计学家许宝騄先生在 1938 年用不同方法也导出 T^2 分布的密度函数，因表达式很复杂，此处略去。

(2) 霍特林 T^2 分布的性质

性质 7 设 $\boldsymbol{X}_{(\alpha)}\sim N_p(\boldsymbol{\mu},\boldsymbol{\Sigma})(\alpha=1,\cdots,n)$ 是来自 p 元总体 $N_p(\boldsymbol{\mu},\boldsymbol{\Sigma})$ 的随机样本，$\overline{\boldsymbol{X}}$ 和 $\boldsymbol{A}$ 分别为总体 $N_p(\boldsymbol{\mu},\boldsymbol{\Sigma})$ 的样本均值向量和离差阵，则统计量

$$T^2=n(n-1)(\overline{\boldsymbol{X}}-\boldsymbol{\mu})^{\mathrm{T}}\boldsymbol{A}^{-1}(\overline{\boldsymbol{X}}-\boldsymbol{\mu})=n(\overline{\boldsymbol{X}}-\boldsymbol{\mu})^{\mathrm{T}}\boldsymbol{S}^{-1}(\overline{\boldsymbol{X}}-\boldsymbol{\mu})\sim T^2(p,n-1)$$

证明： 因 $\overline{\boldsymbol{X}}\sim N_p(\boldsymbol{\mu},\frac{1}{n}\boldsymbol{\Sigma})$，则 $\sqrt{n}(\overline{\boldsymbol{X}}-\boldsymbol{\mu})\sim N_p(\boldsymbol{0},\boldsymbol{\Sigma})$，而 $\boldsymbol{A}\sim W_p(n-1,\boldsymbol{\Sigma})$，且 $\boldsymbol{A}$ 与 $\boldsymbol{X}$ 相互独立，由定义 4.2.6 知

$$\begin{aligned}T^2&=(n-1)\left[\sqrt{n}(\overline{\boldsymbol{X}}-\boldsymbol{\mu})\right]^{\mathrm{T}}\boldsymbol{A}^{-1}\left[\sqrt{n}(\overline{\boldsymbol{X}}-\boldsymbol{\mu})\right]=(n-1)n(\overline{\boldsymbol{X}}-\boldsymbol{\mu})^{\mathrm{T}}\boldsymbol{A}^{-1}(\overline{\boldsymbol{X}}-\boldsymbol{\mu})\\&=n(\overline{\boldsymbol{X}}-\boldsymbol{\mu})^{\mathrm{T}}\boldsymbol{S}^{-1}(\overline{\boldsymbol{X}}-\boldsymbol{\mu})\sim T^2(p,n-1)\end{aligned}$$

在一元统计分析中，若统计量 $t\sim t(n-1)$ 分布，则 $t^2\sim F(1,n-1)$ 分布，即转化为 F 统计量来处理，在多元统计分析中 T^2 统计量也具有类似的性质。

性质 8 T^2 与 F 分布的关系。设 $T^2\sim T^2(p,n)$，则 $\frac{n-p+1}{np}T^2\sim F(p,n-p+1)$。

注意： 此处不给性质 8 严格的证明，仅从形式上看

$$\begin{aligned}\frac{n-p+1}{p}\cdot\frac{T^2}{n}&=\frac{n-p+1}{p}\boldsymbol{X}^{\mathrm{T}}\boldsymbol{W}^{-1}\boldsymbol{X}=\frac{n-p+1}{p}\boldsymbol{X}^{\mathrm{T}}\boldsymbol{\Sigma}^{-1}\boldsymbol{X}/\frac{\boldsymbol{X}^{\mathrm{T}}\boldsymbol{\Sigma}^{-1}\boldsymbol{X}}{\boldsymbol{X}^{\mathrm{T}}\boldsymbol{W}^{-1}\boldsymbol{X}}=\frac{n-p+1}{p}\xi/\eta\\&=\frac{\xi/p}{\eta/n-p+1}\sim F(p,n-p+1)\end{aligned}$$

其中，$\xi=\boldsymbol{X}^{\mathrm{T}}\boldsymbol{\Sigma}^{-1}\boldsymbol{X}\sim\chi^2(p)$，$\eta=\frac{\boldsymbol{X}^{\mathrm{T}}\boldsymbol{\Sigma}^{-1}\boldsymbol{X}}{\boldsymbol{X}^{\mathrm{T}}\boldsymbol{W}^{-1}\boldsymbol{X}}\sim\chi^2(n-p+1)$，且 ξ 与 η 独立。

性质 9 设 $\boldsymbol{X}\sim N_p(\boldsymbol{\mu},\boldsymbol{\Sigma})$，$\boldsymbol{W}\sim W_p(n,\boldsymbol{\Sigma})(\boldsymbol{\Sigma}>0,n\geqslant p)$，且 $\boldsymbol{X}$ 与 $\boldsymbol{W}$ 相互独立，$T^2=n\boldsymbol{X}^{\mathrm{T}}\boldsymbol{W}^{-1}\boldsymbol{X}$ 为非中心 Hotelling T^2 统计量（$T^2\sim T^2(p,n,\boldsymbol{\mu})$），则 $F=\frac{n-p+1}{np}T^2\sim F(p,n-p+1,\delta)$，其中非中心参数 $\delta=\boldsymbol{\mu}^{\mathrm{T}}\boldsymbol{\Sigma}^{-1}\boldsymbol{\mu}$。

性质 10 设 $\boldsymbol{U}\sim N_p(\boldsymbol{0},\boldsymbol{I}_p)$，$\boldsymbol{W}_0\sim W_p(n,\boldsymbol{I}_p)$，$\boldsymbol{U}$ 和 $\boldsymbol{W}_0$ 相互独立，又设 $\boldsymbol{X}\sim N_p(\boldsymbol{0},\boldsymbol{\Sigma})$，$\boldsymbol{W}\sim W_p(n,\boldsymbol{\Sigma})$，$\boldsymbol{X}$ 与 $\boldsymbol{W}$ 相互独立，则

$$n\boldsymbol{U}^{\mathrm{T}}\boldsymbol{W}_0^{-1}\boldsymbol{U}=n\boldsymbol{X}^{\mathrm{T}}\boldsymbol{W}^{-1}\boldsymbol{X}\sim T^2(p,n)$$

即 T^2 统计量的分布只与 p,n 有关。

性质 11　设 $\boldsymbol{X}_{(\alpha)}(\alpha=1,\cdots,n)$ 是来自 p 元总体 $N_p(\boldsymbol{\mu},\boldsymbol{\Sigma})$ 的样本，$\overline{\boldsymbol{X}}_x$ 和 $\boldsymbol{A}_x$ 分别表示正态总体 X 的样本均值向量和样本离差阵

$$\boldsymbol{T}_x^2=n(n-1)(\overline{\boldsymbol{X}}_x-\boldsymbol{\mu})^{\mathrm{T}}\boldsymbol{A}_x^{-1}(\overline{\boldsymbol{X}}_x-\boldsymbol{\mu})\sim T^2(p,n-1)$$

令 $\boldsymbol{Y}_{(i)}=\boldsymbol{C}\boldsymbol{X}_{(i)}+\boldsymbol{d},i=1,\cdots,n$，其中 $\boldsymbol{C}$ 是 $p\times p$ 非退化常数矩阵，$\boldsymbol{d}$ 是 $p\times 1$ 常向量，则 $\boldsymbol{T}_x^2=\boldsymbol{T}_y^2$，$\boldsymbol{T}_y^2=n(n-1)(\overline{\boldsymbol{Y}}-\boldsymbol{\mu}_y)^{\mathrm{T}}\boldsymbol{A}_y^{-1}(\overline{\boldsymbol{Y}}-\boldsymbol{\mu}_y)$，即在非退化的线性变换下，$\boldsymbol{T}^2$ 统计量保持不变。

4.2.4　*F* 分布与威尔克斯 *Λ* 分布

1. *F* 分布

F 分布是 1924 年英国统计学家 Fisher 提出的，故分布以姓氏的首字母 F 命名。

一元统计中 F 分布的定义如下。

设随机变量 X 与 Y 相互独立，且 $X\sim\chi^2(n)$，$Y\sim\chi^2(m)$，则称 $F=\dfrac{X/n}{Y/m}$ 的分布为第一自由度为 n，第二自由度为 m 的 F 分布，记作 $F\sim F(n,m)$。

一元统计中 F 分布的主要作用：用于方差齐性检验、协方差分析、方差分析、回归分析等。

例如，在一元统计中，设 $X_1,X_2,\cdots,X_n$ 和 $Y_1,Y_2,\cdots,Y_m$ 分别为来自于正态总体$N(\mu_1,\sigma_1^2)$ 和 $N(\mu_2,\sigma_2^2)$ 的样本，且两个样本相互独立。

$$\overline{X}=\frac{1}{n}\sum_{i=1}^{n}X_i,S_1^2=\frac{1}{n-1}\sum_{i=1}^{n}(X_i-\overline{X})^2,\overline{Y}=\frac{1}{m}\sum_{j=1}^{m}Y_j,S_2^2=\frac{1}{m-1}\sum_{j=1}^{m}(Y_j-\overline{Y})^2$$

则 $F=\dfrac{S_1^2/S_2^2}{\sigma_1^2/\sigma_2^2}\sim F(n-1,m-1)$，可见 F 分布用于方差齐性检验。

再如，在一元统计中，单因素方差分析是检验多组样本均值间的差异是否显著的方法，能帮助我们找到重要影响因素，见表 4.2.1。

若单因素 A 的各个水平 $A_i(i=1,\cdots,k)$ 下的样本 $X_1^{(i)},X_2^{(i)},\cdots,X_{n_i}^{(i)}$ 来自正态总体 $N(\mu_i,\sigma^2)$，μ_i,σ^2 未知，不同水平 A_i 下的样本相互独立，$\sum\limits_{i=1}^{k}n_i=n$。

欲检验 $H_0:\mu_1=\mu_2=\cdots=\mu_k$，记

$$\mathrm{SST}=\sum_{i=1}^{k}\sum_{j=1}^{n_i}(X_j^{(i)}-\overline{X})^2,\overline{X}=\frac{1}{n}\sum_{i=1}^{k}\sum_{j=1}^{n_i}X_j^{(i)},$$

$$\mathrm{SSA}=\sum_{i=1}^{k}n_i(\overline{X}^{(i)}-\overline{X})^2,\overline{X}^{(i)}=\frac{1}{n_i}\sum_{j=1}^{n_i}X_j^{(i)},\mathrm{SSE}=\mathrm{SST}-\mathrm{SSA}$$

SST，SSE 和 SSA 分别称为总(偏差)平方和、组内 (误差)平方和、组间 (效应)平方和，它们分别具有自由度 $n-1$、$n-k$ 和 $k-1$。方差分析中均方之比会用到 F 分布。

表 4.2.1　单因素方差分析表

方差来源	指　标			
	平方和	自由度	均　方	F 比值
组　间	SSA	$k-1$	$\overline{S}_A=\dfrac{SSA}{k-1}$	$F=\dfrac{\overline{S}_A}{\overline{S}_E}=?$
组　内	SSE	$n-k$	$\overline{S}_E=\dfrac{SSE}{n-k}$	
总　和	SST	$n-1$		

2. Wilks $\boldsymbol{\Lambda}$ 分布

从上面一元统计中的两个应用可见，两个方差之比构成 F 统计量。多元下，方差推广为协方差阵。方差是刻画随机变量分散程度的数，多元下，如何用协方差阵所体现的一个数来反映分散程度呢？并且矩阵没有除法运算，由此产生很多广义方差的方法，有的是取协方差矩阵的行列式，有的是用迹，有的是用最大特征根等，目前使用最多的是取行列式。

协方差阵 $\boldsymbol{\Sigma}$ 的行列式 $|\boldsymbol{\Sigma}|$ 称为**广义方差**。

两个广义方差之比的统计量为 Wilks Λ 统计量，分布的构造模仿了一元时的 Beta 分布。

一元时 Beta 分布：设 $a \sim \chi^2(n)$，$b \sim \chi^2(m)$，且相互独立，则 $\dfrac{a}{a+b} \sim \beta\left(\dfrac{1}{2}n, \dfrac{1}{2}m\right)$。

(1) Wilks Λ 分布

定义 4.2.7 若 $\boldsymbol{A}_1 \sim W_p(n_1, \boldsymbol{\Sigma})$，$n_1 \geqslant p$，$\boldsymbol{A}_2 \sim W_p(n_2, \boldsymbol{\Sigma})$，$\boldsymbol{\Sigma} > 0$，且 $\boldsymbol{A}_1$ 和 $\boldsymbol{A}_2$ 相互独立，则称 $\Lambda = \dfrac{|\boldsymbol{A}_1|}{|\boldsymbol{A}_1 + \boldsymbol{A}_2|}$ 为 Wilks Λ 统计量，它的分布称为 Wilks Λ 分布，简记为 $\Lambda \sim \Lambda(p, n_1, n_2)$，其中 n_1, n_2 为自由度。

关于 Wilks Λ 统计量的精确分布和近似分布不断有人在研究。Wilks Λ 分布的精确分布由 Schatzoff 于 1966 年给出。某些情况下，Λ 分布是一些 Beta 分布的乘积，见性质 12。当 p 和 n_2 之一比较小时，Λ 分布可化为 F 分布，表 4.2.2 给出常见情况。

表 4.2.2 $\boldsymbol{\Lambda}$ 与 $\boldsymbol{F}$ 统计量的关系

p	n_1	n_2	F 统计量
任意	任意	1	$\dfrac{n_1-p+1}{p} \cdot \dfrac{1-\Lambda(p,n_1,1)}{\Lambda(p,n_1,1)} \sim F(p, n_1-p+1)$
任意	任意	2	$\dfrac{n_1-p}{p} \cdot \dfrac{1-\sqrt{\Lambda(p,n_1,2)}}{\sqrt{\Lambda(p,n_1,2)}} \sim F(2p, 2(n_1-p))$
1	任意	任意	$\dfrac{n_1}{n_2} \cdot \dfrac{1-\Lambda(1,n_1,n_2)}{\Lambda(1,n_1,n_2)} \sim F(n_2, n_1)$
2	任意	任意	$\dfrac{n_1-1}{n_2} \cdot \dfrac{1-\sqrt{\Lambda(2,n_1,n_2)}}{\sqrt{\Lambda(2,n_1,n_2)}} \sim F(2n_2, 2(n_1-1))$

例如，当 $n_2 = 1$ 时，用 n 代替 n_1，可得到 $\Lambda(p,n,1) = \dfrac{1}{1+\dfrac{1}{n}T^2(p,n)}$，$n > p$，即 $T^2 = n \cdot \dfrac{1-\Lambda(p,n,1)}{\Lambda(p,n,1)}$，由前边定理知，$\dfrac{n-p+1}{np} T^2 \sim F(p, n-p+1)$，所以 $\dfrac{n-p+1}{p} \cdot \dfrac{1-\Lambda(p,n,1)}{\Lambda(p,n,1)} \sim F(p, n-p+1)$。

在实际应用中，经常把 Wilks Λ 统计量化为 T^2 统计量，进而化为 F 统计量，利用熟悉的 F 统计量来解决有关检验问题。

(2) 性质

性质 12 若 $\Lambda \sim \Lambda(p, n_1, n_2)$，则存在 $b_i \sim \beta\left(\dfrac{n_1+i-p}{2}, \dfrac{n_2}{2}\right)$，$i = 1, 2, \cdots, p$ 相互独立，且 $\Lambda(p, n_1, n_2)$ 与 $\prod\limits_{i=1}^{p} b_i$ 具有相同的分布。

性质 13 若 $n_2 < p$，则 $\Lambda(p, n_1, n_2)$ 和 $\Lambda(n_2, p, n_1+n_2-p)$ 具有相同的分布。

表4.2.2说明对一些特殊的Λ统计量可以化为F统计量。当p和n_2不属于表4.2.2情况时，Bartlett指出可以用近似分布χ^2分布，Rao指出可以用近似分布F分布，具体内容请查阅相关文献。

4.3　小　贴　士

1. 哈罗德·霍特林(Harold Hotelling)

哈罗德·霍特林：美国统计学家，1895年9月29日—1973年12月26日。

主要著作：*The Generalization of Student's Ratio*、*The Economics of Exhaustible Resources*(《可耗尽资源的经济学》)等。

主要经历：哈罗德·霍特林原在华盛顿大学主修新闻学，但后来转向数学做拓扑领域相关研究；1927—1931年，任斯坦福大学数学系副教授；1931—1946年，于哥伦比亚大学任教；1946年，于北卡罗来纳大学(University of North Carolina)任数学统计学教授；1972年被选为美国国家科学研究院院士。

在多元统计学科上的贡献：提出了霍特林T-平方分布(Hotelling's T-squared distribution)；1936年，提出了典型相关分析。(利用综合变量对之间的相关关系来反映两组指标之间的整体相关性的多元统计分析方法。)

2. 维希特(J. Wishart)

维希特：英国统计学家，1898年11月28日—1956年7月14日。

主要著作：*Exact Distribution of Covariance Matrix of Multivariate Normal Population Samples* (《多元正态总体样本协差阵的精确分布》)等。

主要经历：1931年，当选为爱丁堡皇家学院院士；1953年，作为剑桥大学的统计学领导者，成为第一任统计实验室的主任；1950年被选为美国统计协会会员。

在多元统计学科上的贡献：1928年发表的论文《多元正态总体样本协差阵的精确分布》可以说是多元统计分析学的开端，其中提出了维希特分布。

3. 威尔克斯(S. S. Wilks)

威尔克斯：美国统计学家，1906年7月17日—1964年5月7日。

主要著作：*Mathematical Statistics*(《数理统计》，1923年出版)等。

主要经历：1933年，在普林斯顿大学任教；1944年被任命为普林斯顿大学数理统计的主任教授；1958年成为大学数学部主任。

在多元统计学科上的贡献：提出了威尔克斯分布；证明了与单位加权回归有关的理论。

4. 许宝騄(P. L. Hsu)

许宝騄：中国统计学家，1910年9月1日—1970年12月18日。

主要著作：发表了"On the limiting distribution of the canonical correlations"(Biometrika，1941)等研究论文。

主要经历：1928年考入燕京大学化学系；1933年转入清华大学数学系；1934—1936年任北京大学数学系助教；1936年在英国伦敦大学学院当研究生，师从R. Fisher、J. Neyman和E. Pearson；1938年获哲学博士学位；1940年获科学博士学位；1940—1945年任北京大学数学系教授，执教于昆明西南联合大学；1955年当选为中国科学院首批学部委员(院士)。

在多元统计学科上的贡献:研究样本协方差阵的分布这一工作被认为是多元统计理论分析的奠基工作,1928 年维希特给出的维希特分布用的是几何方法,其证明依赖于一些直觉的结论,若能给出严格而清晰的证明,在理论上是重要的,许宝騄解决了这一困难,他把矩阵演算融合于分析的积分计算之中,给出一个漂亮的证明,解决方法中的公式被称为许氏公式;1945 年,他第一次用特征函数方法来近似处理两个高度相关的随机变量的分布,给出了样本方差的渐近展开和余项估计,该工作在 20 世纪 70 年代以后引起了国际上许多深入研究。

4.4 习 题

1. 文献阅读题目,请阅读以下两篇文章,并给出更多分布之间的关系。

① Lawrence M. Leemis 于 1986 年写的文章,文章题目为“Relationships Among Common Univariate Distributions”,里面涉及 20 多个分布的关系。

② Lawrence M. Leemis 和 Jacquelyn T. Mcqueston 于 2008 年写的文章,文章题目为“Teacher’s Corner Univariate Distribution Relationships”,里面涉及 70 多个分布的关系(图 4.4.1 给出部分内容,原文可以在网上搜索)。

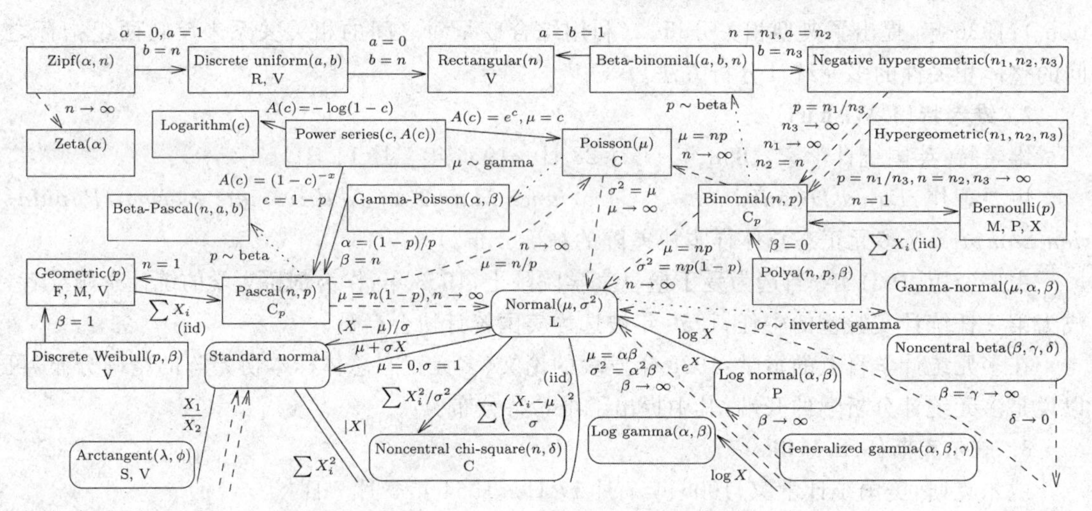

图 4.4.1 Lawrence M. Leemis 2008 年文章的部分截图

2. 请把一元统计和多元统计的三大抽样分布列表进行对比。

第5章 多元正态分布的参数估计和假设检验

“统计学,不确定性的科学,试图在混乱中建立秩序。”

——N. Cressie,*Statistics for Spatial Data*

在实际问题中,多元正态分布中均值向量和协差阵通常是未知的,一般的做法是由样本来估计,这就是参数估计,参数估计问题侧重于用样本统计量估计总体的某一未知参数。假设检验问题侧重于用样本去验证总体是否具有某种性质或数量特征。

5.1 多元正态分布的参数估计

能够反映总体基本信息的数字特征均称为总体参数,通过样本统计量来估计总体参数的方法就是参数估计。多元正态总体分布中的参数 $\boldsymbol{\mu}$ 和 $\boldsymbol{\Sigma}$ 往往是未知的,参数估计有很多方法,最常用且具有很多优良性质的方法为极大似然法,下面给出 $\boldsymbol{\mu}$ 和 $\boldsymbol{\Sigma}$ 的极大似然估计量。

5.1.1 $\boldsymbol{\mu}$ 和 $\boldsymbol{\Sigma}$ 的极大似然估计

定理 5.1.1 设 $\boldsymbol{X}_{(1)},\boldsymbol{X}_{(2)},\cdots,\boldsymbol{X}_{(n)}$ 为来自于 p 元正态总体 $N_p(\boldsymbol{\mu},\boldsymbol{\Sigma})$ 的样本,$n>p$,$\boldsymbol{\Sigma}>0$,均值向量 $\boldsymbol{\mu}$ 和协差阵 $\boldsymbol{\Sigma}$ 未知,则

$$\hat{\boldsymbol{\mu}}=\overline{\boldsymbol{X}},\hat{\boldsymbol{\Sigma}}=\frac{1}{n}\sum_{i=1}^{n}(\boldsymbol{X}_{(i)}-\overline{\boldsymbol{X}})(\boldsymbol{X}_{(i)}-\overline{\boldsymbol{X}})^{\mathrm{T}}=\frac{\boldsymbol{A}}{n}=\frac{n-1}{n}\boldsymbol{S}$$

其中,$\boldsymbol{A}=\sum_{i=1}^{n}(\boldsymbol{X}_{(i)}-\overline{\boldsymbol{X}})(\boldsymbol{X}_{(i)}-\overline{\boldsymbol{X}})^{\mathrm{T}}$。$\hat{\boldsymbol{\mu}}$ 和 $\hat{\boldsymbol{\Sigma}}$ 分别是 $\boldsymbol{\mu}$ 和 $\boldsymbol{\Sigma}$ 的极大似然估计量,其观测值称为 $\boldsymbol{\mu}$ 和 $\boldsymbol{\Sigma}$ 的极大似然估计值。

证明: 似然函数为

$$L(\boldsymbol{\mu},\boldsymbol{\Sigma})=\prod_{i=1}^{n}f(\boldsymbol{X}_{(i)},\boldsymbol{\mu},\boldsymbol{\Sigma})=\frac{1}{(2\pi)^{\frac{pn}{2}}\ |\boldsymbol{\Sigma}|^{\frac{n}{2}}}\exp\left\{-\frac{1}{2}\sum_{i=1}^{n}(\boldsymbol{X}_{(i)}-\boldsymbol{\mu})^{\mathrm{T}}\boldsymbol{\Sigma}^{-1}(\boldsymbol{X}_{(i)}-\boldsymbol{\mu})\right\}$$

$$\ln L(\boldsymbol{\mu},\boldsymbol{\Sigma})=-\frac{1}{2}pn\ln(2\pi)-\frac{n}{2}\ln|\boldsymbol{\Sigma}|-\frac{1}{2}\sum_{i=1}^{n}(\boldsymbol{X}_{(i)}-\boldsymbol{\mu})^{\mathrm{T}}\boldsymbol{\Sigma}^{-1}(\boldsymbol{X}_{(i)}-\boldsymbol{\mu})$$

根据矩阵代数理论,对于实对称矩阵 $\boldsymbol{C}$,有

$$\frac{\partial(\boldsymbol{X}^{\mathrm{T}}\boldsymbol{C}\boldsymbol{X})}{\partial\boldsymbol{X}}=2\boldsymbol{C}\boldsymbol{X},\frac{\partial(\boldsymbol{X}^{\mathrm{T}}\boldsymbol{C}\boldsymbol{X})}{\partial\boldsymbol{A}}=\boldsymbol{X}\boldsymbol{X}^{\mathrm{T}},\frac{\partial\ln|\boldsymbol{C}|}{\partial\boldsymbol{C}}=\boldsymbol{C}^{-1}$$

那么,针对对数似然函数分别对 $\boldsymbol{\mu}$ 和 $\boldsymbol{\Sigma}$ 求偏导数,则有似然方程组

$$\begin{cases}\dfrac{\partial \ln L(\boldsymbol{\mu},\boldsymbol{\Sigma})}{\partial \boldsymbol{\mu}} = \displaystyle\sum_{i=1}^{n}\boldsymbol{\Sigma}^{-1}(\boldsymbol{X}_{(i)}-\boldsymbol{\mu}) = 0 \\ \dfrac{\partial \ln L(\boldsymbol{\mu},\boldsymbol{\Sigma})}{\partial \boldsymbol{\Sigma}} = -\dfrac{n}{2}\boldsymbol{\Sigma}^{-1}+\dfrac{1}{2}\displaystyle\sum_{i=1}^{n}(\boldsymbol{X}_{(i)}-\boldsymbol{\mu})(\boldsymbol{X}_{(i)}-\boldsymbol{\mu})^{\mathrm{T}}(\boldsymbol{\Sigma}^{-1})^{2} = 0\end{cases}$$

由上式可以得到极大似然估计量,分别为

$$\begin{cases}\hat{\boldsymbol{\mu}} = \dfrac{1}{n}\displaystyle\sum_{i=1}^{n}\boldsymbol{X}_{(i)} = \overline{\boldsymbol{X}} \\ \hat{\boldsymbol{\Sigma}} = \dfrac{1}{n}\displaystyle\sum_{i=1}^{n}(\boldsymbol{X}_{(i)}-\overline{\boldsymbol{X}})(\boldsymbol{X}_{(i)}-\overline{\boldsymbol{X}})^{\mathrm{T}} = \dfrac{\boldsymbol{A}}{n}\end{cases}$$

可见,多元正态总体的均值向量 $\boldsymbol{\mu}$ 的极大似然估计量就是样本均值向量 $\overline{\boldsymbol{X}}$,协差阵 $\boldsymbol{\Sigma}$ 的极大似然估计是$\dfrac{\boldsymbol{A}}{n}$。

关于样本均值向量 $\overline{\boldsymbol{X}}$ 和样本离差阵 $\boldsymbol{A}$ 具有如下结论。

定理 5.1.2 设 $\overline{\boldsymbol{X}}$ 和 $\boldsymbol{A}$ 分别是正态总体 $N_p(\boldsymbol{\mu},\boldsymbol{\Sigma})$的样本均值向量和离差阵,则:

① $\overline{\boldsymbol{X}} \sim N_p\left(\boldsymbol{\mu},\dfrac{1}{n}\boldsymbol{\Sigma}\right)$;

② 离差阵 $\boldsymbol{A}$ 可写为 $\boldsymbol{A} = \displaystyle\sum_{\alpha=1}^{n-1}\boldsymbol{Z}_\alpha\boldsymbol{Z}_\alpha^{\mathrm{T}}$,其中 $\boldsymbol{Z}_1,\cdots,\boldsymbol{Z}_{n-1}$ 独立,都服从 $N_p(\boldsymbol{0},\boldsymbol{\Sigma})$ 分布;

③ $\overline{\boldsymbol{X}}$ 和 $\boldsymbol{A}$ 相互独立;

④ $\boldsymbol{A}$ 为正定矩阵,即 $P\{\boldsymbol{A}>0\}=1 \Leftrightarrow n>p$。

5.1.2 $\boldsymbol{\mu}$ 和 $\boldsymbol{\Sigma}$ 的极大似然估计的基本性质

上面得到了多元正态总体下 $\boldsymbol{\mu}$ 和 $\boldsymbol{\Sigma}$ 的极大似然估计,那么这些估计的效果怎么样?统计学中评价参数估计的优良性有很多标准:无偏性、有效性、相合性等。

性质 1:无偏性 $\overline{\boldsymbol{X}}$ 是 $\boldsymbol{\mu}$ 的无偏估计,$\hat{\boldsymbol{\Sigma}}=\dfrac{\boldsymbol{A}}{n}$不是 $\boldsymbol{\Sigma}$ 的无偏估计。

证明: 因为 $\boldsymbol{E}(\overline{\boldsymbol{X}}) = \dfrac{1}{n}\displaystyle\sum_{i=1}^{n}E(\boldsymbol{X}_{(i)}) = \dfrac{1}{n}\sum_{i=1}^{n}\boldsymbol{\mu} = \boldsymbol{\mu} = \begin{pmatrix}\mu_1\\ \vdots \\ \mu_p\end{pmatrix}$,所以 $\overline{\boldsymbol{X}}$ 是 $\boldsymbol{\mu}$ 的无偏估计。因为 $E(\boldsymbol{A}) = E\left(\displaystyle\sum_{\alpha=1}^{n-1}\boldsymbol{Z}_\alpha\boldsymbol{Z}_\alpha^{\mathrm{T}}\right) = \sum_{\alpha=1}^{n-1}E(\boldsymbol{Z}_\alpha\boldsymbol{Z}_\alpha^{\mathrm{T}}) = \sum_{\alpha=1}^{n-1}D(\boldsymbol{Z}_\alpha) = (n-1)\boldsymbol{\Sigma}$,其中 $\boldsymbol{Z}_\alpha$ 是定理 5.1.2 中的 $\boldsymbol{Z}_\alpha$,故 $\boldsymbol{\Sigma}$ 的极大似然估计量 $\hat{\boldsymbol{\Sigma}} = \dfrac{\boldsymbol{A}}{n}$ 不是无偏估计。

可见,样本协方差阵 $\boldsymbol{S}=\dfrac{1}{n-1}\boldsymbol{A}$ 是 $\boldsymbol{\Sigma}$ 的无偏估计。

性质 2:有效性 $\overline{\boldsymbol{X}},\boldsymbol{S}$ 是 $\boldsymbol{\mu},\boldsymbol{\Sigma}$ 的有效估计量,即 $\overline{\boldsymbol{X}},\boldsymbol{S}$ 是 $\boldsymbol{\mu},\boldsymbol{\Sigma}$ 的"最小方差"无偏估计量。

性质 3:相合性 当 $n\to\infty$时,$\overline{\boldsymbol{X}},\hat{\boldsymbol{\Sigma}}$ 是 $\boldsymbol{\mu},\boldsymbol{\Sigma}$ 的强相合估计。

极大似然估计具有不变性:若 $\hat{\theta}$ 是 θ 的极大似然估计,则 $\hat{\omega}=g(\hat{\theta})$是 $\omega=g(\theta)$的极大似然估计。这条优良性质会带来运算上的方便。

5.2　多元正态分布的假设检验

一元统计中，关于正态总体的均值和方差的检验，有 U 检验、t 检验、F 检验和 χ^2 检验等。在多元统计中，对于多元正态总体，同样要对均值向量和协方差阵进行检验，具体情况如下。

5.2.1　均值向量的检验

p 元正态随机向量的每一个分量都是一元正态变量，关于均值向量的检验能否转化为 p 个一元正态的均值检验问题呢？显然这是不能的。因为 p 个分量之间往往有互相依赖的关系，若分开作检验，往往得不出正确的结论。所以我们可以通过构造统计量，对均值向量进行联合检验。下面根据总体的个数考虑均值向量 $\boldsymbol{\mu}$ 的检验。

1. 一个多元正态总体均值向量的检验

设 $\boldsymbol{X}_{(1)},\boldsymbol{X}_{(2)},\cdots,\boldsymbol{X}_{(n)}$ 为来自于 p 元正态总体 $N_p(\boldsymbol{\mu},\boldsymbol{\Sigma})$ 的容量为 n 的样本，并且 $\overline{\boldsymbol{X}}=\frac{1}{n}\sum_{\alpha=1}^{n}\boldsymbol{X}_{(\alpha)}$，$\boldsymbol{S}=\sum_{\alpha=1}^{n}(\boldsymbol{X}_{(\alpha)}-\overline{\boldsymbol{X}})(\boldsymbol{X}_{(\alpha)}-\overline{\boldsymbol{X}})^{\mathrm{T}}$。

(1) $\boldsymbol{\Sigma}$ 已知时均值向量的检验

$$H_0:\boldsymbol{\mu}=\boldsymbol{\mu}_0(\boldsymbol{\mu}_0 \text{ 为已知向量})\quad H_1:\boldsymbol{\mu}\neq\boldsymbol{\mu}_0$$

检验统计量为

$$T_0^2=n(\overline{\boldsymbol{X}}-\boldsymbol{\mu}_0)^{\mathrm{T}}\boldsymbol{\Sigma}^{-1}(\overline{\boldsymbol{X}}-\boldsymbol{\mu}_0)\sim\chi^2(p)(\text{当 } H_0 \text{ 成立时})$$

给出检验水平 α，查 χ^2 分布表使 $P\{T_0^2>\lambda_\alpha\}=\alpha$，可确定出临界值 λ_α，再用样本值计算出 T_0^2，若 $T_0^2>\lambda_\alpha$，则拒绝 H_0，否则不拒绝 H_0（或称 H_0 相容）。

注意：下面解释为什么检验统计量取这种形式，为什么它服从 $\chi^2(p)$ 分布。

在一元统计中，当 σ^2 已知时，作均值检验所取的统计量为

$$U=\frac{\overline{X}-\mu_0}{\frac{\sigma}{\sqrt{n}}}\sim N(0,1)$$

在多元统计中，直接推广不合适，因为协方差矩阵没有除法运算，并且标准差矩阵使用起来不方便，所以将其变形为

$$U^2=\frac{n(\overline{X}-\mu_0)^2}{\sigma^2}=n(\overline{X}-\mu_0)^{\mathrm{T}}(\sigma^2)^{-1}(\overline{X}-\mu_0)\sim\chi^2(1)$$

把变形后的统计量形式作为多元统计中检验统计量，则得到上边给出的检验统计量 T_0^2。并且根据二次型分布定理有：$T_0^2=n(\overline{\boldsymbol{X}}-\boldsymbol{\mu}_0)^{\mathrm{T}}\boldsymbol{\Sigma}^{-1}(\overline{\boldsymbol{X}}-\boldsymbol{\mu}_0)\sim\chi^2(p)$。

注意：使用统计软件时，一般通过计算显著性概率值（或称 p 值）给出检验结果。p 值：假设在上述 H_0 成立的情况下，检验统计量 $T_0^2\sim\chi^2(p)$，由样本值计算得到 T_0^2 的值为 d，可以计算概率值 $p=P\{T_0^2\geqslant d\}$，称此概率值为 p 值。

关于 p 值的含义，通常有以下的理解。

① 一种在原假设为真的前提下出现观察样本以及更极端情况的概率。

② 拒绝原假设的最小显著性水平。

③ 观察到的(实例的)显著性水平(observed significant level)。

④ 表示对原假设的支持程度,是用于确定是否应该拒绝原假设的另一种方法。

根据 p 值的含义,p 值是衡量检验显著性的重要指标,p 值越小,拒绝原假设的理由越充分。例如,若计算出某检验 p 值$=0.03(<0.05)$,则表示在 0.05 的显著性水平下有足够的证据拒绝原假设。

利用统计软件做假设检验时,输出 p 值的位置,有的用“p-value”来表示,有的用 significant 的缩写“Sig.”来表示。

(2) **$\boldsymbol{\Sigma}$ 未知时均值向量的检验**

$$H_0:\boldsymbol{\mu}=\boldsymbol{\mu}_0(\boldsymbol{\mu}_0\text{ 为已知向量})\quad H_1:\boldsymbol{\mu}\neq\boldsymbol{\mu}_0$$

检验统计量为

$$\frac{(n-1)-p+1}{(n-1)p}T^2\sim F(p,n-p)(\text{当 } H_0 \text{成立时})$$

其中

$$T^2=(n-1)\left[\sqrt{n}(\overline{\boldsymbol{X}}-\boldsymbol{\mu}_0)^{\mathrm{T}}\boldsymbol{S}^{-1}\sqrt{n}(\overline{\boldsymbol{X}}-\boldsymbol{\mu}_0)\right]$$

给定检验水平 α,查 F 分布表,使 $P\left\{\frac{n-p}{(n-1)p}T^2>F_\alpha\right\}=\alpha$,可确定出临界值 F_α,再用样本值计算出 T^2,若 $\frac{n-p}{(n-1)p}T^2>F_\alpha$,则拒绝 H_0,否则不拒绝 H_0(H_0 相容)。

注意: 下面对检验统计量的选取作解释,在一元统计中,当 σ^2 未知时,作均值检验所取的统计量为

$$t=\frac{(\overline{X}-\mu_0)\sqrt{n}}{\sqrt{\frac{1}{n-1}\sum_{i=1}^{n}(X_{(i)}-\overline{X})^2}}\sim t(n-1)$$

等价地取

$$t^2=n(\overline{X}-\mu_0)\left(\frac{1}{n-1}\sum_{i=1}^{n}(X_{(i)}-\overline{X})^2\right)^{-1}(\overline{X}-\mu_0)$$

推广到多元,考虑统计量

$$\begin{aligned}T^2&=n(\overline{\boldsymbol{X}}-\boldsymbol{\mu}_0)^{\mathrm{T}}\left(\frac{1}{n-1}\boldsymbol{A}\right)^{-1}(\overline{\boldsymbol{X}}-\boldsymbol{\mu}_0)=n(\overline{\boldsymbol{X}}-\boldsymbol{\mu}_0)^{\mathrm{T}}\boldsymbol{S}^{-1}(\overline{\boldsymbol{X}}-\boldsymbol{\mu}_0)\\&=(n-1)n(\overline{\boldsymbol{X}}-\boldsymbol{\mu}_0)^{\mathrm{T}}\boldsymbol{A}^{-1}(\overline{\boldsymbol{X}}-\boldsymbol{\mu}_0)\end{aligned}$$

因为 $\sqrt{n}(\overline{\boldsymbol{X}}-\boldsymbol{\mu}_0)\sim N_p(\boldsymbol{0},\boldsymbol{\Sigma})$,有 $\boldsymbol{A}=\sum_{\alpha=1}^{n}(\boldsymbol{X}_{(\alpha)}-\overline{\boldsymbol{X}})(\boldsymbol{X}_{(\alpha)}-\overline{\boldsymbol{X}})^{\mathrm{T}}\sim W_p(n-1,\boldsymbol{\Sigma})$,由定义可知

$$T^2=(n-1)\left[\sqrt{n}(\overline{\boldsymbol{X}}-\boldsymbol{\mu}_0)\right]^{\mathrm{T}}\boldsymbol{A}^{-1}\left[\sqrt{n}(\overline{\boldsymbol{X}}-\boldsymbol{\mu}_0)\right]=(n-1)n(\overline{\boldsymbol{X}}-\boldsymbol{\mu}_0)^{\mathrm{T}}\boldsymbol{A}^{-1}(\overline{\boldsymbol{X}}-\boldsymbol{\mu}_0)\sim T^2(p,n-p)$$

利用 T^2 与 F 分布的关系,检验统计量取 $F=\frac{(n-1)-p+1}{(n-1)p}T^2\sim F(p,n-p)$。

例 5.1 为了研究某单位男性职工冠心病的情况,随机抽取 5 名成年男性,测量血脂指标(如表 5.2.1 所示):甘油三酯、总胆固醇、高密度脂蛋白胆固醇含量。假设正常成年男性的甘油三酯、总胆固醇和高密度脂蛋白胆固醇的均值是 1.02 mmol/L、2.73 mmol/L 和 2.04 mmol/L。问该单位成年男性的血脂与正常成年男性有无差别?

表 5.2.1　成年男性血脂指标

序　号	甘油三酯/(mmol·L^{-1})	总胆固醇/(mmol·L^{-1})	高密度脂蛋白胆固醇/(mmol·L^{-1})
1	1.78	0.83	−1.01
2	0.67	0.96	−0.84
3	0.56	0.83	−0.39
4	0.66	1.12	−1.03
5	0.21	0.16	−0.40

解： 设样本来自 p 元正态总体 $\boldsymbol{X}$，$\boldsymbol{X}\sim N_p(\boldsymbol{\mu},\boldsymbol{\Sigma})$，$p=3$，$\boldsymbol{\Sigma}$ 未知，并设

$$H_0:\boldsymbol{\mu}=\boldsymbol{\mu}_0=(1.02,2.73,2.04)^{\mathrm{T}}\qquad H_1:\boldsymbol{\mu}\neq\boldsymbol{\mu}_0$$

检验统计量

$$\frac{(n-1)-p+1}{(n-1)p}T^2\sim F(p,n-p)$$

经计算

$$\overline{\boldsymbol{X}}-\boldsymbol{\mu}_0=\begin{pmatrix}0.776\\0.780\\-0.574\end{pmatrix},\boldsymbol{S}=\begin{pmatrix}0.35&0.08&-0.24\\0.08&0.13&-0.21\\-0.24&-0.20&0.36\end{pmatrix},\boldsymbol{S}^{-1}=\begin{pmatrix}17.51&47.59&38.30\\47.59&182.86&134.32\\38.30&134.32&103.60\end{pmatrix}$$

$$\begin{aligned}T^2&=n\,(\overline{\boldsymbol{X}}-\boldsymbol{\mu}_0)^{\mathrm{T}}\boldsymbol{S}^{-1}(\overline{\boldsymbol{X}}-\boldsymbol{\mu}_0)\\&=5\times(0.776,0.780,-0.574)\cdot\begin{pmatrix}17.51&47.59&38.30\\47.59&182.86&134.32\\38.30&134.32&103.60\end{pmatrix}\cdot\begin{pmatrix}0.776\\0.780\\-0.574\end{pmatrix}=295.743\end{aligned}$$

$$F=\frac{n-p}{(n-1)p}T^2=\frac{5-3}{(5-1)\times3}\times295.743=49.29$$

查 F 表，得 $F_{0.05}(3,2)=19.2$，$F>F_{0.05}$，因此在 $\alpha=0.05$ 时拒绝 H_0，认为该单位成年男性的血脂与正常成年男性有差别。此题目的样本容量为 5，容量较小，为了得到更有意义的结果，可以扩大样本容量，再随机调查多次，若仍然有差别，就要引起关注。

2. 两个正态总体均值向量的检验

(1) 协差阵相等

设 $\boldsymbol{X}_{(\alpha)}=(X_{\alpha1},X_{\alpha2},\cdots,X_{\alpha p})^{\mathrm{T}}\sim N_p(\boldsymbol{\mu}_1,\boldsymbol{\Sigma})$，$\alpha=1,\cdots,n$，$\boldsymbol{Y}_{(\alpha)}=(Y_{\alpha1},Y_{\alpha2},\cdots,Y_{\alpha p})^{\mathrm{T}}\sim N_p(\boldsymbol{\mu}_2,\boldsymbol{\Sigma})$，$\alpha=1,\cdots,m$，且两组样本相互独立，$\overline{\boldsymbol{X}}=\dfrac{1}{n}\sum\limits_{i=1}^{n}\boldsymbol{X}_{(i)}$，$\overline{\boldsymbol{Y}}=\dfrac{1}{m}\sum\limits_{i=1}^{m}\boldsymbol{Y}_{(i)}$。

① 协差阵已知

$$H_0:\boldsymbol{\mu}_1=\boldsymbol{\mu}_2\qquad H_1:\boldsymbol{\mu}_1\neq\boldsymbol{\mu}_2$$

检验统计量为

$$T_0^2=\frac{n\cdot m}{n+m}(\overline{\boldsymbol{X}}-\overline{\boldsymbol{Y}})^{\mathrm{T}}\boldsymbol{\Sigma}^{-1}(\overline{\boldsymbol{X}}-\overline{\boldsymbol{Y}})\sim\chi^2(p)\text{(当 }H_0\text{ 成立时)}$$

给出检验水平 α，查 $\chi^2(p)$ 分布表，使 $P\{T^2>\lambda_\alpha\}=\alpha$，可确定出临界值 λ_α，再用样本值计算出 T_0^2，若 $T_0^2>\lambda_\alpha$，则拒绝 H_0，否则不拒绝 H_0（H_0 相容）。

注意： 对检验统计量的选取作解释，一元统计中作均值相等检验所给出的统计量为

$$U=\frac{\overline{X}-\overline{Y}}{\sqrt{\frac{\sigma^2}{n}+\frac{\sigma^2}{m}}}\sim N(0,1)$$

显然

$$U^2=\frac{(\overline{X}-\overline{Y})^2}{\frac{\sigma^2}{n}+\frac{\sigma^2}{m}}=\frac{n\cdot m}{(n+m)\sigma^2}(\overline{X}-\overline{Y})^2=\frac{n\cdot m}{n+m}(\overline{X}-\overline{Y})^{\mathrm{T}}(\sigma^2)^{-1}(\overline{X}-\overline{Y})\sim\chi^2(1)$$

推广到多元统计中,即为上边的检验统计量。

② 协差阵未知,$\boldsymbol{\Sigma}>0$

$$H_0:\boldsymbol{\mu}_1=\boldsymbol{\mu}_2\qquad H_1:\boldsymbol{\mu}_1\neq\boldsymbol{\mu}_2$$

检验统计量为

$$F=\frac{(n+m-2)-p+1}{(n+m-2)p}T^2\sim F(p,n+m-p-1)(\text{当 } H_0 \text{ 成立时})$$

其中

$$T^2=(n+m-2)\left[\sqrt{\frac{n\cdot m}{n+m}}(\overline{\boldsymbol{X}}-\overline{\boldsymbol{Y}})\right]^{\mathrm{T}}\boldsymbol{A}^{-1}\left[\sqrt{\frac{n\cdot m}{n+m}}(\overline{\boldsymbol{X}}-\overline{\boldsymbol{Y}})\right]$$

$$\boldsymbol{A}=\boldsymbol{A}_1+\boldsymbol{A}_2$$

$$\boldsymbol{A}_1=\sum_{\alpha=1}^{n}(\boldsymbol{X}_{(\alpha)}-\overline{\boldsymbol{X}})(\boldsymbol{X}_{(\alpha)}-\overline{\boldsymbol{X}})^{\mathrm{T}}$$

$$\boldsymbol{A}_2=\sum_{\alpha=1}^{m}(\boldsymbol{Y}_{(\alpha)}-\overline{\boldsymbol{Y}})(\boldsymbol{Y}_{(\alpha)}-\overline{\boldsymbol{Y}})^{\mathrm{T}}$$

给定检验水平 α,查 F 分布表,使 $P\{F>F_\alpha\}=\alpha$,可确定出临界值 F_α,再用样本值计算出 F,若 $F>F_\alpha$,则拒绝 H_0,否则不拒绝 H_0(H_0 相容)。

注意:对检验统计量的选取作解释,当两个总体的协差阵未知时,自然想到用每个总体的样本协差阵 $\frac{1}{n-1}\boldsymbol{A}_1$ 和 $\frac{1}{m-1}\boldsymbol{A}_2$ 去代替,而

$$\boldsymbol{A}_1=\sum_{\alpha=1}^{n}(\boldsymbol{X}_{(\alpha)}-\overline{\boldsymbol{X}})(\boldsymbol{X}_{(\alpha)}-\overline{\boldsymbol{X}})^{\mathrm{T}}\sim W_p(n-1,\boldsymbol{\Sigma})$$

$$\boldsymbol{A}_2=\sum_{\alpha=1}^{m}(\boldsymbol{Y}_{(\alpha)}-\overline{\boldsymbol{Y}})(\boldsymbol{Y}_{(\alpha)}-\overline{\boldsymbol{Y}})^{\mathrm{T}}\sim W_p(m-1,\boldsymbol{\Sigma})$$

从而 $\boldsymbol{A}=\boldsymbol{A}_1+\boldsymbol{A}_2\sim W_p(n+m-2,\boldsymbol{\Sigma})$,所以 $\frac{(n+m-2)-p+1}{(n+m-2)}T^2\sim F(p,n+m-p-1)$。

注意:或者 $T^2=\frac{nm}{n+m}(\overline{\boldsymbol{X}}-\overline{\boldsymbol{Y}})^{\mathrm{T}}\boldsymbol{S}_{\mathrm{c}}^{-1}(\overline{\boldsymbol{X}}-\overline{\boldsymbol{Y}})$,$\boldsymbol{S}_{\mathrm{c}}=\frac{1}{n+m-2}[(n-1)\boldsymbol{S}_1+(m-1)\boldsymbol{S}_2]$,$\boldsymbol{S}_1=\frac{1}{n-1}\boldsymbol{A}_1$,$\boldsymbol{S}_2=\frac{1}{m-1}\boldsymbol{A}_2$。

下述的假设检验中检验统计量的选取和前边的选取思路是一样的,以下直接给出待检验的假设,然后给出检验统计量及其分布。

(2) 协差阵不相等

设 $\boldsymbol{X}_{(\alpha)}=(X_{\alpha1},X_{\alpha2},\cdots,X_{\alpha p})^{\mathrm{T}}\sim N_p(\boldsymbol{\mu}_1,\boldsymbol{\Sigma}_1)$,$\alpha=1,\cdots,n$,$\boldsymbol{Y}_{(\alpha)}=(Y_{\alpha1},Y_{\alpha2},\cdots,Y_{\alpha p})^{\mathrm{T}}\sim N_p(\boldsymbol{\mu}_2,\boldsymbol{\Sigma}_2)$,$\alpha=1,\cdots,m$,且两组样本相互独立,$\boldsymbol{\Sigma}_1>0$,$\boldsymbol{\Sigma}_2>0$ 且都未知,此时

$$H_0:\boldsymbol{\mu}_1=\boldsymbol{\mu}_2\qquad H_1:\boldsymbol{\mu}_1\neq\boldsymbol{\mu}_2$$

一元统计中这种情况也没有很好的处理方法,下面介绍常用的两种方法。

① $n=m$,作为成对数据处理,令

$$\boldsymbol{Z}_{(\alpha)} = \boldsymbol{X}_{(\alpha)} - \boldsymbol{Y}_{(\alpha)},\ \alpha = 1,\cdots,n, \overline{\boldsymbol{Z}} = \frac{1}{n}\sum_{\alpha=1}^{n}\boldsymbol{Z}_{(\alpha)} = \overline{\boldsymbol{X}} - \overline{\boldsymbol{Y}}$$

$$\boldsymbol{A} = \sum_{\alpha=1}^{n}(\boldsymbol{Z}_{(\alpha)} - \overline{\boldsymbol{Z}})(\boldsymbol{Z}_{(\alpha)} - \overline{\boldsymbol{Z}})^{\mathrm{T}} = \sum_{\alpha=1}^{n}(\boldsymbol{X}_{(\alpha)} - \boldsymbol{Y}_{(\alpha)} - \overline{\boldsymbol{X}} + \overline{\boldsymbol{Y}})(\boldsymbol{X}_{(\alpha)} - \boldsymbol{Y}_{(\alpha)} - \overline{\boldsymbol{X}} + \overline{\boldsymbol{Y}})^{\mathrm{T}}$$

此时 $H_0: \boldsymbol{\mu}_1 = \boldsymbol{\mu}_2 \Leftrightarrow H_0: \boldsymbol{\mu}_Z = \boldsymbol{0}_p$,转化为单个 p 元正态总体均值检验问题。检验统计量为

$$F = \frac{(n-p)n}{p}\overline{\boldsymbol{Z}}^{\mathrm{T}}\boldsymbol{A}^{-1}\overline{\boldsymbol{Z}} \sim F(p, n-p)\ (\text{当 } H_0 \text{ 成立时})$$

② $n \neq m$,不妨假设 $n<m$,思路也是将其化为单个 p 元正态总体均值检验问题。只取 n 对数据,会损失过多信息,故做如下改进。令

$$\boldsymbol{Z}_{(\alpha)} = \boldsymbol{X}_{(\alpha)} - \sqrt{\frac{n}{m}}\boldsymbol{Y}_{(\alpha)} + \frac{1}{\sqrt{n \cdot m}}\sum_{\alpha=1}^{n}\boldsymbol{Y}_{(\alpha)} - \frac{1}{m}\sum_{\alpha=1}^{m}\boldsymbol{Y}_{(\alpha)},\ \alpha = 1,\cdots,n$$

$$\overline{\boldsymbol{Z}} = \frac{1}{n}\sum_{\alpha=1}^{n}\boldsymbol{Z}_{(\alpha)} = \overline{\boldsymbol{X}} - \overline{\boldsymbol{Y}}$$

$$\begin{aligned}\boldsymbol{A} &= \sum_{\alpha=1}^{n}(\boldsymbol{Z}_{(\alpha)} - \overline{\boldsymbol{Z}})(\boldsymbol{Z}_{(\alpha)} - \overline{\boldsymbol{Z}})^{\mathrm{T}} \\ &= \sum_{\alpha=1}^{n}\left[(\boldsymbol{X}_{(\alpha)} - \overline{\boldsymbol{X}}) - \sqrt{\frac{n}{m}}\left(\boldsymbol{Y}_{(\alpha)} - \frac{1}{n}\sum_{\alpha=1}^{n}\boldsymbol{Y}_{(\alpha)}\right)\right] \cdot \left[(\boldsymbol{X}_{(\alpha)} - \overline{\boldsymbol{X}}) - \sqrt{\frac{n}{m}}\left(\boldsymbol{Y}_{(\alpha)} - \frac{1}{n}\sum_{\alpha=1}^{n}\boldsymbol{Y}_{(\alpha)}\right)\right]^{\mathrm{T}}\end{aligned}$$

检验统计量为

$$F = \frac{(n-p)n}{p}\overline{\boldsymbol{Z}}^{\mathrm{T}}\boldsymbol{A}^{-1}\overline{\boldsymbol{Z}} \sim F(p, n-p)$$

例 5.2　为了研究日、美两国在华投资企业对中国经营环境的评价情况,现从两国在华投资企业中各抽出 10 家,让其对中国的政治、经济、法律、文化等环境进行打分,其结果如表 5.2.2 所示,请检验两国企业的评价是否存在差异。

表 5.2.2　在华投资企业对环境的打分数据

序　号	政治环境	经济环境	法律环境	文化环境
1	65	35	25	60
2	75	50	30	55
3	60	45	35	65
4	75	40	40	70
5	70	30	30	50
6	55	41	35	65
7	60	45	30	60
8	65	40	25	60
9	60	50	30	70
10	55	55	35	75
11	55	55	40	65
12	50	60	45	70
13	45	45	35	75
14	50	50	50	70

续 表

序　号	政治环境	经济环境	法律环境	文化环境
15	55	50	30	75
16	60	40	45	60
17	65	55	45	75
18	50	60	35	80
19	40	45	30	65
20	45	50	45	70

数据来源:国务院发展研究中心 APEC 在华投资企业情况调查。

注:1～10 号为美国在华投资企业的代号,11～20 号为日本在华投资企业的代号。

解:设两组样本的正态总体分别记为

$$\boldsymbol{X}_{(\alpha)} \sim N_4(\boldsymbol{\mu}_1, \boldsymbol{\Sigma}), \alpha=1,\cdots,10$$
$$\boldsymbol{Y}_{(\alpha)} \sim N_4(\boldsymbol{\mu}_2, \boldsymbol{\Sigma}), \alpha=1,\cdots,10$$

两组样本相互独立,协差阵 $\boldsymbol{\Sigma}$ 相同且未知,原假设和备择假设为

$$H_0: \boldsymbol{\mu}_1 = \boldsymbol{\mu}_2 \qquad H_1: \boldsymbol{\mu}_1 \neq \boldsymbol{\mu}_2$$

检验统计量为

$$F=\frac{(n+m-2)-p+1}{(n+m-2)p}T^2 \sim F(p, n+m-p-1)$$

经计算

$$\overline{\boldsymbol{X}}=(64,43,30.5,63)^{\mathrm{T}}, \overline{\boldsymbol{Y}}=(50.5,51,40,40.5)^{\mathrm{T}}$$

$$\boldsymbol{A}_1=\sum_{\alpha=1}^{10}(\boldsymbol{X}_{(\alpha)}-\overline{\boldsymbol{X}})(\boldsymbol{X}_{(\alpha)}-\overline{\boldsymbol{X}})^{\mathrm{T}}=\begin{pmatrix} 410 & -170 & -80 & 8 \\ -170 & 510 & 3 & 422 \\ -80 & 3 & 332.5 & 84 \\ 8 & 422 & 84 & 510 \end{pmatrix}$$

$$\boldsymbol{A}_2=\sum_{\alpha=1}^{10}(\boldsymbol{Y}_{(\alpha)}-\overline{\boldsymbol{Y}})(\boldsymbol{Y}_{(\alpha)}-\overline{\boldsymbol{Y}})^{\mathrm{T}}=\begin{pmatrix} 512.5 & 60 & 165 & -5 \\ 60 & 390 & 140 & 139 \\ 165 & 140 & 475 & -52.5 \\ -5 & 139 & -52.5 & 252.5 \end{pmatrix}$$

$$\boldsymbol{A}=\boldsymbol{A}_1+\boldsymbol{A}_2=\begin{pmatrix} 922.5 & -110 & 85 & 3 \\ -110 & 900 & 143 & 561 \\ 85 & 143 & 807.5 & 31.5 \\ 3 & 561 & 31.5 & 762.5 \end{pmatrix}$$

代入检验统计量中,得 $F=7.6913$,查 F 分布表得 $F_{0.01}(4,15)=4.89$,$F>F_{0.01}(4,15)$,故拒绝 H_0,即认为日、美两国在华投资企业对中国经营环境的评价存在显著差异。

例 5.3　欲研究某疗法对某种动物是否有效,使用过疗法的称为实验组,没使用过的称为对照组,它们的身体数据如表 5.2.3 所示,请问两组均值是否有显著差异?

表 5.2.3　某种动物的身体数据

序　号	实验组		序　号	对照组	
	体重 /kg	身长 /cm		体重 /kg	身长 /cm
1	3.05	50.00	7	3.20	50.00
2	4.10	50.00	8	3.00	46.00
3	3.50	53.00	9	3.00	45.00
4	3.64	50.00	10	3.35	47.00
5	3.60	52.00	11	2.60	50.00
6	4.00	55.00	12	3.15	50.00
			13	3.55	52.00

解：设两组样本来自多元正态总体，分别记为

$$\boldsymbol{X}_{(\alpha)} \sim N_2(\boldsymbol{\mu}_1,\boldsymbol{\Sigma}),\ \alpha=1,\cdots,6,\boldsymbol{Y}_{(\alpha)} \sim N_2(\boldsymbol{\mu}_2,\boldsymbol{\Sigma}),\ \alpha=1,\cdots,7$$

且两组样本相互独立，$\boldsymbol{\Sigma}$ 相同且未知，此时原假设和备择假设为

$$H_0:\boldsymbol{\mu}_1=\boldsymbol{\mu}_2 \qquad H_1:\boldsymbol{\mu}_1\neq\boldsymbol{\mu}_2$$

检验统计量为

$$F=\frac{(n+m-2)-p+1}{(n+m-2)p}T^2 \sim F(p,n+m-p-1),p=2,n=6,m=7$$

经计算

$$\overline{\boldsymbol{X}}_1=\begin{pmatrix}3.65\\51.67\end{pmatrix},\ \overline{\boldsymbol{X}}_2=\begin{pmatrix}3.15\\48.57\end{pmatrix},\ \overline{\boldsymbol{X}}_1-\overline{\boldsymbol{X}}_2=\begin{pmatrix}0.50\\3.10\end{pmatrix}$$

$$\boldsymbol{S}_1=\begin{pmatrix}0.142 & 0.245\\0.245 & 4.267\end{pmatrix},\boldsymbol{S}_2=\begin{pmatrix}0.098 & 0.258\\0.258 & 6.619\end{pmatrix}$$

$$\boldsymbol{S}_c=\frac{1}{n+m-2}[(n-1)\boldsymbol{S}_1+(m-1)\boldsymbol{S}_2]$$

$$=\frac{1}{6+7-2}\times[5\times\boldsymbol{S}_1+6\times\boldsymbol{S}_2]=\frac{1}{11}\times\begin{pmatrix}1.300 & 2.773\\2.773 & 61.049\end{pmatrix}=\begin{pmatrix}0.118 & 0.252\\0.252 & 5.550\end{pmatrix}$$

$$\boldsymbol{S}_c^{-1}=\begin{pmatrix}9.371 & -0.426\\-0.426 & 0.200\end{pmatrix}$$

$$T^2=\frac{nm}{n+m}(\overline{\boldsymbol{X}}_1-\overline{\boldsymbol{X}}_2)\boldsymbol{S}_c^{-1}(\overline{\boldsymbol{X}}_1-\overline{\boldsymbol{X}}_2)$$

$$=\frac{42}{13}\times(0.50\quad 3.10)\begin{pmatrix}9.371 & -0.426\\-0.426 & 0.200\end{pmatrix}\begin{pmatrix}0.50\\3.10\end{pmatrix}=9.50$$

代入检验统计量中，可得 $F=\frac{n+m-p-1}{(n+m-2)p}T^2=\frac{10}{22}\times 9.50=4.32$，查 F 分布表 $F_{0.05}(2,10)=4.1$，故拒绝 H_0，即认为某疗法使用前后身体有显著差异，疗法有效。

3. 多个正态总体均值向量的检验(多元方差分析)

多元方差分析是一元方差分析的推广。先来看一元方差分析，之后对多个正态总体均值向量作检验，会用到第 4 章学习过的 Wilks 分布。

(1) 一元方差分析(单因素)

设 k 个一元正态总体分别为 $N(\mu^{(1)},\sigma^2),\cdots,N(\mu^{(k)},\sigma^2)$，从第 i 个总体取 n_i 个独立样本如下

$$X_1^{(1)},X_2^{(1)},\cdots,X_{n_1}^{(1)},\cdots,X_1^{(k)},X_2^{(k)},\cdots,X_{n_k}^{(k)},n_1+\cdots+n_k=n$$

检验原假设和备择假设为

$$H_0:\mu^{(1)}=\mu^{(2)}=\cdots=\mu^{(k)}\qquad H_1:\text{至少存在 } i\neq j \text{ 使 } \mu^{(i)}\neq\mu^{(j)}$$

检验统计量为

$$F=\frac{\mathrm{SSA}/(k-1)}{\mathrm{SSE}/(n-k)}\sim F(k-1,n-k)$$

其中

$$\mathrm{SSA}=\sum_{i=1}^{k}n_i\,(\overline{X}^{(i)}-\overline{X})^2\text{(组间平方和)}$$

$$\mathrm{SSE}=\sum_{i=1}^{k}\sum_{j=1}^{n_i}(X_j^{(i)}-\overline{X}^{(i)})^2\text{(组内平方和)}$$

$$\mathrm{SST}=\sum_{i=1}^{k}\sum_{j=1}^{n_i}(X_j^{(i)}-\overline{X})^2\text{(总平方和)}$$

$$\overline{X}^{(i)}=\frac{1}{n_i}\sum_{j=1}^{n_i}X_j^{(i)},\overline{X}=\frac{1}{n}\sum_{i=1}^{k}\sum_{j=1}^{n_i}X_j^{(i)}$$

给定检验水平 α，查 F 分布表使 $P\{F>F_\alpha\}=\alpha$，可确定出临界值 F_α，再用样本值计算出 F 值，若 $F>F_\alpha$ 则拒绝 H_0，否则不拒绝 H_0（相容）。

(2) 多个正态总体均值向量检验(多元方差分析)

设有 k 个 p 元正态总体 $N_p(\boldsymbol{\mu}^{(1)},\boldsymbol{\Sigma}),\cdots,N_p(\boldsymbol{\mu}^{(k)},\boldsymbol{\Sigma})$，从每个总体抽取独立样本如下

$$\boldsymbol{X}_{(1)}^{(1)},\cdots,\boldsymbol{X}_{(n_1)}^{(1)},\cdots,\boldsymbol{X}_{(1)}^{(k)},\cdots,\boldsymbol{X}_{(n_k)}^{(k)},n_1+\cdots+n_k=n$$

即第 i 个 p 元总体的数据阵为

$$\boldsymbol{X}^{(i)}=\begin{pmatrix}X_{11}^{(i)} & X_{12}^{(i)} & \cdots & X_{1p}^{(i)}\\ X_{21}^{(i)} & X_{22}^{(i)} & \cdots & X_{2p}^{(i)}\\ \vdots & \vdots & & \vdots\\ X_{n_i1}^{(i)} & X_{n_i2}^{(i)} & \cdots & X_{n_ip}^{(i)}\end{pmatrix}\triangleq\begin{pmatrix}\boldsymbol{X}_{(1)}^{(i)\mathrm{T}}\\ \boldsymbol{X}_{(2)}^{(i)\mathrm{T}}\\ \vdots\\ \boldsymbol{X}_{(n_i)}^{(i)\mathrm{T}}\end{pmatrix},i=1,\cdots,k$$

第 i 个总体样本的均值向量为

$$\overline{\boldsymbol{X}}^{(i)}=\frac{1}{n_i}\sum_{\alpha=1}^{n_i}\boldsymbol{X}_{(\alpha)}^{(i)}\triangleq(\overline{\boldsymbol{X}}_1^{(i)},\overline{\boldsymbol{X}}_2^{(i)},\cdots,\overline{\boldsymbol{X}}_p^{(i)})^{\mathrm{T}}$$

全部样本的总均值向量为

$$\overline{\boldsymbol{X}}=\frac{1}{n}\sum_{i=1}^{k}\sum_{\alpha=1}^{n_i}\boldsymbol{X}_{(\alpha)}^{(i)}\triangleq(\overline{\boldsymbol{X}}_1,\overline{\boldsymbol{X}}_2,\cdots,\overline{\boldsymbol{X}}_p)^{\mathrm{T}}$$

类似一元方差分析办法，将平方和变成离差阵，则有

$$\boldsymbol{B}=\sum_{i=1}^{k}n_i(\overline{\boldsymbol{X}}^{(i)}-\overline{\boldsymbol{X}})(\overline{\boldsymbol{X}}^{(i)}-\overline{\boldsymbol{X}})^{\mathrm{T}}\text{(组间离差阵)}$$

$$\boldsymbol{A}=\sum_{i=1}^{k}\boldsymbol{A}_i=\sum_{i=1}^{k}\sum_{\alpha=1}^{n_i}(\boldsymbol{X}_{(\alpha)}^{(i)}-\overline{\boldsymbol{X}}^{(i)})(\boldsymbol{X}_{(\alpha)}^{(i)}-\overline{\boldsymbol{X}}^{(i)})^{\mathrm{T}}\text{(组内离差阵)}$$

$$\boldsymbol{W}=\sum_{i=1}^{k}\sum_{\alpha=1}^{n_i}(\boldsymbol{X}_{(\alpha)}^{(i)}-\overline{\boldsymbol{X}})(\boldsymbol{X}_{(\alpha)}^{(i)}-\overline{\boldsymbol{X}})^{\mathrm{T}}\text{(总离差阵)}$$

有

$$\boldsymbol{W}=\boldsymbol{B}+\boldsymbol{A}$$

检验的原假设和备择假设为

$$H_0:\boldsymbol{\mu}^{(1)}=\boldsymbol{\mu}^{(2)}=\cdots=\boldsymbol{\mu}^{(k)} \qquad H_1:\text{至少存在 } i\neq j \text{ 使 } \boldsymbol{\mu}^{(i)}\neq\boldsymbol{\mu}^{(j)}$$

用似然比原则构成的检验统计量为

$$\Lambda=\frac{|\boldsymbol{A}|}{|\boldsymbol{W}|}=\frac{|\boldsymbol{A}|}{|\boldsymbol{B}+\boldsymbol{A}|}\sim\Lambda(p,n-k,k-1)$$

给定检验水平 α，查 Wilks Λ 分布表使 $P\{\Lambda<\Lambda_\alpha\}=\alpha$，可确定出临界值 Λ_α，再用样本值计算出 Λ 值，若 $\Lambda<\Lambda_\alpha$ 则拒绝 H_0，否则不拒绝 H_0。当没有 Wilks Λ 分布表时，可用 χ^2 分布或 F 分布来近似。设 $\Lambda\sim\Lambda(p,n,m)$，令

$$V=-[n+m-(p+m+1)/2]\ln\Lambda,F=\frac{1-\Lambda^{\frac{1}{L}}}{\Lambda^{\frac{1}{L}}}\cdot\frac{tL-2\lambda}{pm}$$

其中

$$t=n+m-(p+m+1)/2,L=\left(\frac{p^2m^2-4}{p^2+m^2-5}\right),\lambda=\frac{pm-2}{4}$$

则 V 近似服从 $\chi^2(pm)$，若 $V>\chi^2_\alpha$ 则拒绝 H_0。F 近似服从 $F(pm,tL-2\lambda)$，若 $F>F_\alpha$ 则拒绝 H_0。

例 5.4　为了研究某种疾病，对3组人进行测量：第1组是20～35岁女性，第2组是20～25岁男性，第3组是30～55岁男性。每组取20个人，测量第 i 组的4个指标是：β 脂蛋白（$X_1^{(i)}$）、甘油三酯（$X_2^{(i)}$）、α 脂蛋白（$X_3^{(i)}$）、前 β 脂蛋白（$X_4^{(i)}$）。测量结果如表5.2.4所示。问3组人的测量指标之间有没有显著差别？

表 5.2.4　身体指标数据

序　号	$X_1^{(1)}$	$X_2^{(1)}$	$X_3^{(1)}$	$X_4^{(1)}$	$X_1^{(2)}$	$X_2^{(2)}$	$X_3^{(2)}$	$X_4^{(2)}$	$X_1^{(3)}$	$X_2^{(3)}$	$X_3^{(3)}$	$X_4^{(3)}$
1	260	75	40	18	310	122	30	21	320	64	39	17
2	200	72	34	17	310	60	35	18	260	59	37	11
3	240	87	45	18	190	40	27	15	360	88	28	26
4	170	65	39	17	225	65	34	16	295	100	36	12
5	270	110	39	24	170	65	37	16	270	65	32	21
6	205	130	34	23	210	82	31	17	380	114	36	21
7	190	69	27	15	280	67	37	18	240	55	42	10
8	200	46	45	15	210	38	36	17	260	55	34	20
9	250	117	21	20	280	65	30	23	260	110	29	20
10	200	107	28	20	200	76	40	17	295	73	33	21
11	225	130	36	11	200	76	39	20	240	114	38	18
12	210	125	26	17	280	94	26	11	310	103	32	18
13	170	64	31	14	190	60	33	17	330	112	21	11
14	270	76	33	13	295	55	30	16	345	127	24	20
15	190	60	34	16	270	125	24	21	250	62	22	16
16	280	81	20	18	280	120	32	18	260	59	21	19
17	310	119	25	15	240	62	32	20	225	100	34	30
18	270	57	31	8	280	69	29	20	345	120	36	18
19	250	67	31	14	370	70	30	20	360	107	25	23
20	260	135	39	29	280	40	37	17	250	117	36	16

解:检验原假设和备择假设分别为

$$H_0:\boldsymbol{\mu}^{(1)}=\boldsymbol{\mu}^{(2)}=\boldsymbol{\mu}^{(3)} \qquad H_1:至少存在\ i\neq j\ 使\ \boldsymbol{\mu}^{(i)}\neq\boldsymbol{\mu}^{(j)}$$

检验统计量为

$$\Lambda=\frac{|\boldsymbol{A}|}{|\boldsymbol{W}|}=\frac{|\boldsymbol{A}|}{|\boldsymbol{B}+\boldsymbol{A}|}\sim\Lambda(p,n-k,k-1)$$

即此题 $\Lambda\sim\Lambda(4,57,2)$,经计算 3 个总体样本的均值为

$$\overline{\boldsymbol{X}}^{(1)}=\frac{1}{20}\sum_{\alpha=1}^{20}\boldsymbol{X}_{(\alpha)}^{(1)}=(231,89.6,32.9,17.1)^{\mathrm{T}}$$

$$\overline{\boldsymbol{X}}^{(2)}=\frac{1}{20}\sum_{\alpha=1}^{20}\boldsymbol{X}_{(\alpha)}^{(2)}=(253.5,72.55,32.45,17.9)^{\mathrm{T}}$$

$$\overline{\boldsymbol{X}}^{(3)}=\frac{1}{20}\sum_{\alpha=1}^{20}\boldsymbol{X}_{(\alpha)}^{(3)}=(292.75,90.2,31.75,18.4)^{\mathrm{T}}$$

计算组内差(由于是对称阵,所以只写出一半,下面类似)

$$\boldsymbol{A}=\sum_{i=1}^{3}\sum_{\alpha=1}^{20}(\boldsymbol{X}_{(\alpha)}^{(i)}-\overline{\boldsymbol{X}}^{(i)})(\boldsymbol{X}_{(\alpha)}^{(i)}-\overline{\boldsymbol{X}}^{(i)})^{\mathrm{T}}=\begin{pmatrix}125\,408.75 & & & \\ 23\,278.5 & 40\,466.95 & & \\ -3\,950.75 & -1\,937.75 & 2\,082.5 & \\ 1\,748.00 & 2\,166.3 & -26.9 & 1024.2\end{pmatrix}$$

计算组间差

$$\boldsymbol{B}=\sum_{i=1}^{3}n_i(\overline{\boldsymbol{X}}^{(i)}-\overline{\boldsymbol{X}})(\overline{\boldsymbol{X}}^{(i)}-\overline{\boldsymbol{X}})^{\mathrm{T}}=\begin{pmatrix}39\,065.83 & & & \\ 2\,307.92 & 4\,017.23 & & \\ -724.08 & -35.82 & 13.43 & \\ 786.00 & -26.90 & -14.7 & 17.2\end{pmatrix}$$

计算总方差

$$\boldsymbol{W}=\boldsymbol{B}+\boldsymbol{A}=\begin{pmatrix}164\,474.58 & & & \\ 25\,586.42 & 44\,484.18 & & \\ -4\,674.83 & -1\,973.57 & 2\,095.93 & \\ 2\,534.00 & 2\,139.40 & -41.60 & 1\,041.4\end{pmatrix}$$

计算统计量 $\Lambda=\dfrac{|\boldsymbol{A}|}{|\boldsymbol{W}|}=0.662\,1$,查得 $\Lambda_{0.01}(4,57,2)=0.709$,$\Lambda<\Lambda_{0.01}$,所以拒绝 H_0,认为 3 组人身体指标有显著差异。

注意:或取检验统计量 $F=\dfrac{1-\sqrt{\Lambda}}{\sqrt{\Lambda}}\cdot\dfrac{108}{8}\overset{近似}{\sim}F(8,108)$,计算 $F=\dfrac{1-\sqrt{0.662\,1}}{\sqrt{0.662\,1}}\cdot\dfrac{108}{8}\approx 3.09$,得检验 p 值为:$p=P\{F\geqslant 3.09\}=0.003\,5$。所以在 0.01 显著性水平下拒绝 H_0。

5.2.2 协差阵的检验

根据总体的个数,关于协差阵的检验情况包括:

① 一个 p 元正态总体 $N_p(\boldsymbol{\mu},\boldsymbol{\Sigma})$,检验的原假设 $H_0:\boldsymbol{\Sigma}=\boldsymbol{\Sigma}_0$($\boldsymbol{\Sigma}_0>0$ 且为已知阵);

② 多个 p 元正态总体协差阵的检验。

1. 一个 p 元正态总体协差阵的检验

设 $\boldsymbol{X}_{(\alpha)}$($\alpha=1,\cdots,n$) 是来自 p 元总体 $N_p(\boldsymbol{\mu},\boldsymbol{\Sigma})$($\boldsymbol{\Sigma}>0$ 且未知) 的随机样本,检验原假设

和备择假设分别为

$$H_0:\boldsymbol{\Sigma}=\boldsymbol{\Sigma}_0(\boldsymbol{\Sigma}_0>0\text{ 且为已知阵})\qquad H_1:\boldsymbol{\Sigma}\neq\boldsymbol{\Sigma}_0$$

(1) 当 $\boldsymbol{\Sigma}_0=\boldsymbol{I}_p$ 时

检验原假设和备择假设分别为

$$H_0:\boldsymbol{\Sigma}=\boldsymbol{I}_p\qquad H_1:\boldsymbol{\Sigma}\neq\boldsymbol{I}_p$$

利用似然比原则导出检验统计量 λ_1

$$\lambda_1=\max_{\boldsymbol{\mu}}L(\boldsymbol{\mu},\boldsymbol{I}_p)/\max_{\boldsymbol{\mu},\boldsymbol{\Sigma}>0}L(\boldsymbol{\mu},\boldsymbol{\Sigma})$$

当 $\boldsymbol{\Sigma}_0=\boldsymbol{I}_p$ 成立时，似然函数 $L(\boldsymbol{\mu},\boldsymbol{I}_p)$ 在 $\boldsymbol{\mu}=\overline{\boldsymbol{X}}$ 时达最大值。因此

$$\lambda_1\text{ 的分子}=L(\overline{\boldsymbol{X}},\boldsymbol{I}_p)=(2\pi)^{-\frac{np}{2}}\ |\boldsymbol{I}_p|^{-\frac{n}{2}}\exp\left[-\frac{1}{2}\mathrm{tr}(\boldsymbol{I}_p^{-1}\boldsymbol{A})\right]$$

$$\lambda_1\text{ 的分母}=L(\overline{\boldsymbol{X}},\frac{1}{n}\boldsymbol{A})=(2\pi)^{-\frac{np}{2}}\left|\frac{1}{n}\boldsymbol{A}\right|^{-\frac{n}{2}}\mathrm{e}^{-\frac{np}{2}}=(2\pi)^{-\frac{np}{2}}\left(\frac{\mathrm{e}}{n}\right)^{-\frac{np}{2}}\ |\boldsymbol{A}|^{-\frac{n}{2}}$$

所以似然比统计量

$$\lambda_1=\exp\{-\frac{1}{2}\mathrm{tr}(\boldsymbol{A})\}\ |\boldsymbol{A}|^{\frac{n}{2}}\left(\frac{\mathrm{e}}{n}\right)^{\frac{np}{2}}$$

其中，$\boldsymbol{A}=\sum_{\alpha=1}^{n}(\boldsymbol{X}_{(\alpha)}-\overline{\boldsymbol{X}})(\boldsymbol{X}_{(\alpha)}-\overline{\boldsymbol{X}})^{\mathrm{T}}$。当 n 很大且 H_0 成立时，$\xi=-2\ln\lambda_1$ 的近似分布为 $\chi^2(p(p+1)/2)$。取 ξ 作为检验统计量，按传统检验方法，对给定显著性水平 α，拒绝域为 $\{\xi>\chi^2_\alpha\}$，其中 χ^2_α 满足 $P\{\xi>\chi^2_\alpha\}=\alpha$。

(2) 当 $\boldsymbol{\Sigma}_0\neq\boldsymbol{I}_p$ 时

① 检验原假设和备择假设分别为

$$H_0:\boldsymbol{\Sigma}=\boldsymbol{\Sigma}_0\qquad H_1:\boldsymbol{\Sigma}\neq\boldsymbol{\Sigma}_0$$

似然比统计量为

$$\lambda_2=\mathrm{etr}\left(-\frac{1}{2}\boldsymbol{A}\boldsymbol{\Sigma}_0^{-1}\right)|\boldsymbol{A}\boldsymbol{\Sigma}_0^{-1}|^{\frac{n}{2}}\left(\frac{\mathrm{e}}{n}\right)^{\frac{np}{2}}$$

记 $\exp(\mathrm{tr}\,\boldsymbol{A})\triangleq\mathrm{etr}(\boldsymbol{A})$ 得到 λ_2 的精确抽样分布是很困难的。通常由 λ_2 的近似抽样分布来构造检验法。当样本容量 n 很大，在 H_0 成立时，$-2\ln\lambda_2$ 的极限分布为 $\chi^2(p(p+1)/2)$。

② 检验原假设和备择假设分别为

$$H_0:\boldsymbol{\Sigma}=\sigma^2\boldsymbol{\Sigma}_0(\sigma^2\text{ 未知})\qquad H_1:\boldsymbol{\Sigma}\neq\sigma^2\boldsymbol{\Sigma}_0$$

当 $\boldsymbol{\Sigma}_0=\boldsymbol{I}_p$ 时检验常称为球性检验。利用似然比原则导出检验统计量 λ_3

$$\lambda_3=\max_{\boldsymbol{\mu},\sigma^2>0}L(\boldsymbol{\mu},\sigma^2\boldsymbol{\Sigma}_0)/\max_{\boldsymbol{\mu},\boldsymbol{\Sigma}>0}L(\boldsymbol{\mu},\boldsymbol{\Sigma})$$

当 σ^2 给定时，似然函数 $L(\boldsymbol{\mu},\sigma^2\boldsymbol{\Sigma}_0)$ 在 $\boldsymbol{\mu}=\overline{\boldsymbol{X}}$ 时达最大值，且

$$\begin{aligned}L(\overline{\boldsymbol{X}},\sigma^2\boldsymbol{\Sigma}_0)&=(2\pi)^{-\frac{np}{2}}\ |\sigma^2\boldsymbol{\Sigma}_0|^{-\frac{n}{2}}\exp\left\{-\frac{1}{2}\mathrm{tr}[(\sigma^2\boldsymbol{\Sigma}_0^{-1})\boldsymbol{A}]\right\}\\&=(2\pi)^{-\frac{np}{2}}(\sigma^2)^{-\frac{np}{2}}\ |\boldsymbol{\Sigma}_0|^{-\frac{n}{2}}\mathrm{etr}\left[-\frac{1}{2\sigma^2}(\boldsymbol{\Sigma}_0^{-1}\boldsymbol{A})\right]\end{aligned}$$

令 $\dfrac{\partial L(\overline{\boldsymbol{X}},\sigma^2\boldsymbol{\Sigma}_0)}{\partial\sigma^2}=(2\pi)^{-\frac{np}{2}}(\sigma^2)^{-\frac{np}{2}-2}\ |\boldsymbol{\Sigma}_0|^{-\frac{n}{2}}\mathrm{etr}\left[-\dfrac{1}{2\sigma^2}(\boldsymbol{\Sigma}_0^{-1}\boldsymbol{A})\right]\cdot\left[-\dfrac{np}{2}\sigma^2+\dfrac{1}{2}\mathrm{tr}(\boldsymbol{\Sigma}_0^{-1}\boldsymbol{A})\right]=0$ 可得出

$$\hat{\sigma}^2=\frac{1}{np}\mathrm{tr}(\boldsymbol{\Sigma}_0^{-1}\boldsymbol{A})$$

$$\lambda_3 \text{ 的分子} = (2\pi)^{-\frac{np}{2}} \left[\frac{1}{np}\text{tr}(\boldsymbol{\Sigma}_0^{-1}\boldsymbol{A})\right]^{-\frac{np}{2}} |\boldsymbol{\Sigma}_0|^{-\frac{n}{2}} \text{e}^{-\frac{np}{2}}$$

$$\lambda_3 \text{ 的分母} = L(\overline{\boldsymbol{X}}, \frac{1}{n}\boldsymbol{A}) = (2\pi)^{-\frac{np}{2}} \left(\frac{\text{e}}{n}\right)^{-\frac{np}{2}} |\boldsymbol{A}|^{-\frac{n}{2}}$$

所以似然比统计量为

$$\lambda_3 = \frac{|\boldsymbol{\Sigma}_0^{-1}\boldsymbol{A}|^{\frac{n}{2}}}{[\text{tr}(\boldsymbol{\Sigma}_0^{-1}\boldsymbol{A})/p]^{\frac{np}{2}}}, \text{或等价于 } W = (\lambda_3)^{\frac{2}{n}} = \frac{p^p|\boldsymbol{\Sigma}_0^{-1}\boldsymbol{A}|}{[\text{tr}(\boldsymbol{\Sigma}_0^{-1}\boldsymbol{A})]^p}$$

当样本容量 n 很大，H_0 为真时有以下近似分布：$-\left[(n-1)-\dfrac{2p^2+p+2}{6p}\right]\ln W$ 近似服从 $\chi^2(\dfrac{p(p+1)}{2}-1)$。

2. 多个 p 元正态总体协差阵的检验

设有 k 个 p 元正态总体 $N_p(\boldsymbol{\mu}^{(t)},\boldsymbol{\Sigma}_t)(t=1,\cdots,k)$，$\boldsymbol{X}_{(\alpha)}^{(t)}(t=1,\cdots,k;\alpha=1,\cdots,n_t)$ 是第 t 个总体 $N_p(\boldsymbol{\mu}^{(t)},\boldsymbol{\Sigma}_t)$ 的随机样本，记 $n=n_1+n_2+\cdots+n_k$。检验原假设和备择假设分别为

$$H_0: \boldsymbol{\Sigma}_1 = \boldsymbol{\Sigma}_2 = \cdots = \boldsymbol{\Sigma}_k \stackrel{\text{def}}{=} \boldsymbol{\Sigma} \qquad H_1: \boldsymbol{\Sigma}_1, \boldsymbol{\Sigma}_2, \cdots, \boldsymbol{\Sigma}_k \text{ 不全相等}$$

样本 $\{\boldsymbol{X}_{(\alpha)}^{(t)}\}$ 的似然函数为

$$L(\boldsymbol{\mu}^{(1)},\boldsymbol{\Sigma}_1,\cdots,\boldsymbol{\mu}^{(k)},\boldsymbol{\Sigma}_k) = \prod_{t=1}^{k} L_t(\boldsymbol{\mu}^{(t)},\boldsymbol{\Sigma}_t)$$

似然比统计量 λ_4 为

$$\lambda_4 = \max_{\boldsymbol{\mu}^{(i)},\boldsymbol{\Sigma}>0} L(\boldsymbol{\mu}^{(1)},\cdots,\boldsymbol{\mu}^{(k)},\boldsymbol{\Sigma}) / \max_{\boldsymbol{\mu}^{(i)},\boldsymbol{\Sigma}_i>0} L(\boldsymbol{\mu}^{(1)},\boldsymbol{\Sigma}_1,\cdots,\boldsymbol{\mu}^{(k)},\boldsymbol{\Sigma}_k)$$

$$\begin{aligned}\lambda_4 \text{ 的分母} = \max_{\boldsymbol{\mu}^{(i)},\boldsymbol{\Sigma}_i>0} L(\boldsymbol{\mu}^{(1)},\boldsymbol{\Sigma}_1,\cdots,\boldsymbol{\mu}^{(k)},\boldsymbol{\Sigma}_k) &= \prod_{t=1}^{k} L_t\left(\overline{\boldsymbol{X}}^{(t)},\frac{1}{n_t}\boldsymbol{A}_t\right) \\ &= \prod_{t=1}^{k} (2\pi)^{-\frac{n_t p}{2}} \left|\frac{1}{n_t}\boldsymbol{A}_t\right|^{-\frac{n_t}{2}} \cdot \text{e}^{-\frac{n_t p}{2}} \\ &= (2\pi)^{-\frac{np}{2}} \text{e}^{-\frac{np}{2}} \prod_{t=1}^{k} \left|\frac{1}{n_t}\boldsymbol{A}_t\right|^{-\frac{n_t}{2}}\end{aligned}$$

$$\lambda_4 \text{ 的分子} = \max_{\boldsymbol{\mu}^{(i)},\boldsymbol{\Sigma}>0} L(\boldsymbol{\mu}^{(1)},\cdots,\boldsymbol{\mu}^{(k)},\boldsymbol{\Sigma}) = (2\pi)^{-\frac{np}{2}} \text{e}^{-\frac{np}{2}} \left|\frac{\boldsymbol{A}}{n}\right|^{-\frac{n}{2}}$$

其中，$\boldsymbol{A}=\boldsymbol{A}_1+\cdots+\boldsymbol{A}_k$。则似然比检验统计量 λ_4 为

$$\lambda_4 = \left|\frac{\boldsymbol{A}}{n}\right|^{-\frac{n}{2}} \Big/ \prod_{t=1}^{k} \left|\frac{\boldsymbol{A}_t}{n_t}\right|^{-\frac{n_t}{2}}$$

根据无偏性的要求进行修正，将 λ_4 中 n_i 用 n_i-1 替代，n 用 $n-k$ 替代，记为 λ_4^*。然后对 λ_4^* 取对数，乘以 -2 可得到统计量

$$M = -2\ln\lambda_4^* = (n-k)\ln\left|\frac{\boldsymbol{A}}{n-k}\right| - \sum_{t=1}^{k}(n_t-1)\ln\left|\frac{\boldsymbol{A}_t}{n_t-1}\right|$$

当样本容量 n 很大，H_0 为真时，M 有近似分布

$$(1-d)M = -2(1-d)\ln\lambda_4^* \sim \chi^2(f)$$

其中

$$f = p(p+1)(k-1)/2$$

$$d=\begin{cases}\dfrac{2p^2+3p-1}{6(p+1)(k-1)}\left(\sum\limits_{i=1}^{k}\dfrac{1}{n_i-1}-\dfrac{1}{n-k}\right), & \text{当 } n_i \text{ 不全等时}\\ \dfrac{(2p^2+3p-1)(k+1)}{6(p+1)(n-k)}, & \text{当 } n_i \text{ 全相等时}\end{cases}$$

例 5.5　对例 5.4 中表 5.2.4 给出的身体指标数据，判断 3 个组的协方差阵是否相等（$\alpha=0.1$）。

解: 这是 3 个 4 维正态总体的协差阵是否相等的检验问题。设第 i 组为 4 维总体 $N_4(\boldsymbol{\mu}^{(i)},\boldsymbol{\Sigma}_i)(i=1,2,3)$。来自 3 个总体的样本容量 $n_1=n_2=n_3=20$。

检验原假设和备择假设为

$$H_0:\boldsymbol{\Sigma}_1=\boldsymbol{\Sigma}_2=\boldsymbol{\Sigma}_3 \qquad H_1:\boldsymbol{\Sigma}_1,\boldsymbol{\Sigma}_2,\boldsymbol{\Sigma}_3 \text{ 不全相等}$$

在 H_0 成立时，取检验统计量：$\xi=(1-d)M=-2(1-d)\ln\lambda_4^*$。其近似分布为 $\chi^2(f)$。由样本值计算 3 个总体的样本协差阵

$$\boldsymbol{S}_1=\frac{1}{n_1-1}\boldsymbol{A}_1=\frac{1}{n_1-1}\sum_{\alpha=1}^{n_1}(\boldsymbol{X}_{(\alpha)}^{(1)}-\overline{\boldsymbol{X}}^{(1)})(\boldsymbol{X}_{(\alpha)}^{(1)}-\overline{\boldsymbol{X}}^{(1)})^{\mathrm{T}}$$

$$=\frac{1}{19}\begin{pmatrix}30\,530 & & & \\ 6\,298 & 15\,736.8 & & \\ -1\,078 & -796.8 & 955.8 & \\ 198 & 1\,387.8 & 90.2 & 413.8\end{pmatrix}$$

$$\boldsymbol{S}_2=\frac{1}{n_2-1}\boldsymbol{A}_2=\frac{1}{n_2-1}\sum_{\alpha=1}^{n_2}(\boldsymbol{X}_{(\alpha)}^{(2)}-\overline{\boldsymbol{X}}^{(2)})(\boldsymbol{X}_{(\alpha)}^{(2)}-\overline{\boldsymbol{X}}^{(2)})^{\mathrm{T}}$$

$$=\frac{1}{19}\begin{pmatrix}51\,705.0 & & & \\ 7\,021.5 & 12\,288.95 & & \\ -1\,571.5 & -807.95 & 364.95 & \\ 827.0 & 321.10 & -5.10 & 133.8\end{pmatrix}$$

$$\boldsymbol{S}_3=\frac{1}{n_3-1}\boldsymbol{A}_3=\frac{1}{n_3-1}\sum_{\alpha=1}^{n_3}(\boldsymbol{X}_{(\alpha)}^{(3)}-\overline{\boldsymbol{X}}^{(3)})(\boldsymbol{X}_{(\alpha)}^{(3)}-\overline{\boldsymbol{X}}^{(3)})^{\mathrm{T}}$$

$$=\frac{1}{19}\begin{pmatrix}43\,173.75 & & & \\ 9\,959.00 & 12\,441.2 & & \\ -1\,301.25 & -333.0 & 761.75 & \\ 723.00 & 457.4 & -112.00 & 476.8\end{pmatrix}$$

进一步计算可得

$$|\boldsymbol{S}|=\left|\frac{1}{57}\boldsymbol{A}\right|=742\,890\,016,\ |\boldsymbol{S}_1|=791\,325\,317,\ |\boldsymbol{S}_2|=145\,821\,806,\ |\boldsymbol{S}_3|=1.081\,16\text{E}9$$

$$M=22.605\,4,\ d=0.100\,6,\ f=20,\ \xi=(1-d)M=20.331\,6$$

对给定的 $\alpha=0.10$，计算 p 值，设检验统计量 $\xi\sim\chi^2(20)$

$$p=P\{\xi\geqslant 20.331\,621\}=0.437\,364\,6$$

因为 $p=0.437\,364\,6>0.10=\alpha$，故不拒绝 H_0（相容），这表明 3 个组的协差阵之间没有显著的差异。

5.3 案例分析及软件操作

下面我们给出判断多元总体正态性的常用方法和软件操作。然后,在基于多元正态总体分布的情况下,给出均值和方差假设检验的软件操作方法。

5.3.1 多元正态性检验

1. 正态性检验的常用方法

判断随机变量是否服从正态分布,称为正态性检验。直接去判断 $\boldsymbol{X}$ 是否服从多元正态分布是不容易的。通常借助多元正态分布性质,间接验证 $\boldsymbol{X}$ 是否服从多元正态分布。

① 多元正态分布常见性质。

若 $\boldsymbol{X}=(X_1,\cdots,X_p)^{\mathrm{T}}\sim N_p(\boldsymbol{\mu},\boldsymbol{\Sigma})$,记 $\boldsymbol{\mu}=(\mu_1,\cdots,\mu_p)^{\mathrm{T}}$,$\boldsymbol{\Sigma}=(\sigma_{ij})_{p\times p}$,则:

a. 每个分量 $X_i\sim N(\mu_i,\sigma_{ii})$,$i=1,\cdots,p$;

b. 设 $\boldsymbol{l}=(l_1,\cdots,l_p)^{\mathrm{T}}$ 为任意的 p 维常向量,令 $\xi=\boldsymbol{l}^{\mathrm{T}}\boldsymbol{X}$,则 $\xi\sim N_1(\boldsymbol{l}^{\mathrm{T}}\boldsymbol{\mu},\boldsymbol{l}^{\mathrm{T}}\boldsymbol{\Sigma}\boldsymbol{l})$;

c. 令 $\eta=(\boldsymbol{X}-\boldsymbol{\mu})^{\mathrm{T}}\boldsymbol{\Sigma}^{-1}(\boldsymbol{X}-\boldsymbol{\mu})$,则 $\eta\sim\chi^2(p)$;

d. 正态随机向量 $\boldsymbol{X}$ 的概率密度等高线为椭球。

若总体 $\boldsymbol{X}$ 为多元正态总体,则必须具有以上性质,所以,可以对总体 $\boldsymbol{X}$ 验证上述条件,若不满足,则不服从多元正态分布。例如,若检验后发现某个分量 X_i 与一元正态分布有显著差异,即可得出 p 元总体 $\boldsymbol{X}$ 与 p 元正态分布有显著差异。这样可以把 p 维正态性检验转化为对 p 个一维数据的正态性检验。

② 检验某个分量 X_i 与正态分布是否有显著差异,通常有如下方法。

方法 1:χ^2 检验法。

方法 2:柯氏(A. N. Kolmogorov)检验法。

方法 3:偏度峰度检验法。

方法 4:W (Wilks)检验和 D 检验。

方法 5:Q-Q (Quantile Quantile)图检验法。

方法 6:P-P (Probability Probability)图检验法。

方法 7:"3σ"原则检验法。

方法 8:A^2 和 W^2 统计量检验法。

注意: 方法 3 至方法 8 都是只适用于正态分布的检验法。

③ 当然,假如 $\boldsymbol{X}$ 具有以上所有这些性质,也不一定能得出 $\boldsymbol{X}$ 为 p 元正态分布。对多元正态的整体性检验比较困难。

如果数据不来自正态总体,则许多统计方法就不能直接使用。很多统计学家致力于通过数据变换,获得多元正态数据,如 Box-Cox 变换,可使非正态数据变成接近正态的数据。这样在适当的数据变换后,就可以实现正态下的理论和方法分析。

关于这些方法的理论原理,感兴趣的读者可以参考书籍《正态性检验》,作者为梁小筠。

2. 正态性检验的软件操作

下面通过例题给出单变量 X_i 的正态性检验常见方法的软件操作。

例 5.6　现在有 35 位健康男性在未进食前的血糖浓度(%):87,77,92,68,80,78,84,77,81,80,80,77,92 ,86 ,76 ,80 ,81 ,75 ,77,72 ,81,72,84 ,86,80 ,68 ,77,87,76,77,78,92,75,80,78。试判断这组数据是否服从正态分布。

解: 下面我们给出常见的图形判断法、假设检验判断法的软件操作步骤。

方法 1:直方图

在 SPSS 窗口中选择"Analyze"→"Descriptive Statistics(描述统计)"→"Frequencies(频数统计表)",然后选择要分析的变量,点"Charts…(图表)"按钮,选择"Histograms(直方图)",并选中"with normal curve(包括正态曲线)",设置完单击"OK"确定运行,就会得到直方图。由于此部分的软件操作比较容易,所以我们没有给出具体的软件操作截图,只给出操作的步骤和结果解释。

从图 5.3.1 中可以看出根据直方图绘出的曲线是否接近钟形曲线(正态分布密度曲线)。若接近,进一步运用假设检验方法,进行定量验证。直观上,此例的直方图与正态密度曲线接近程度一般。

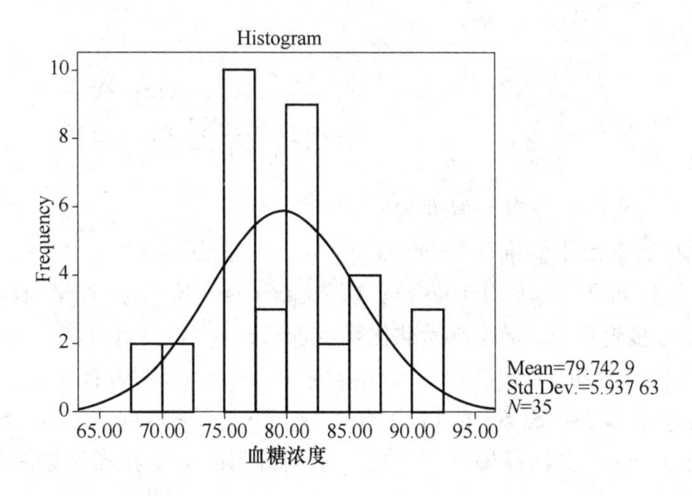

图 5.3.1　直方图

注意: 也可以在 SPSS 窗口中选择"Graphs"→"Histogram",直接生成直方图。

可见通过 SPSS 软件进行数据分析,有很多入口可以实现同一目标,这也是可以理解的,因为很多统计方法都是多个方法综合而成的,所以会在很多地方出现同一结果。关于 SPSS 软件的基本操作和界面,请读者参阅附录。

方法 2:偏度峰度系数检验

偏度、峰度系数都是随机变量的数字特征。

① 偏度(skewness)主要研究分布形状是否对称。偏度接近 0,可认为分布是对称的;偏度大于 0 ,可认为右偏(正偏态),此时在均值右边的数据更为分散; 偏度小于 0 ,可认为左偏(负偏态)。偏态示意图如图 5.3.2 所示。

偏度的计算公式:偏度是总体分布的标准化三阶距,如下

$$S=\frac{E\,(X-\mu)^3}{\sigma^3}$$

其中,μ 是 X 的期望,σ 是 X 的标准差。样本数据的偏度为

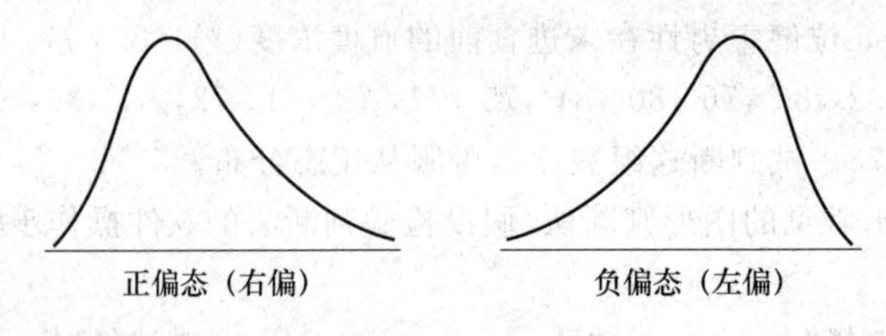

图 5.3.2　偏态示意图

$$\hat{S}=\frac{1}{n}\sum_{i=1}^{n}\left(\frac{x_i-\overline{x}}{\hat{\sigma}}\right)^3,\hat{\sigma}=\sqrt{\frac{1}{n-1}\sum_{i=1}^{n}(x_i-\overline{x})^2}$$

② 峰度(kurtosis)是以正态分布为标准,比较两侧极端数据分布情况的指标。

峰度的计算公式:峰度是总体分布的标准化四阶距,如下

$$K=\frac{E(X-\mu)^4}{\sigma^4}$$

样本数据的峰度为

$$\hat{K}=\frac{1}{n}\sum_{i=1}^{n}\left(\frac{x_i-\overline{x}}{\hat{\sigma}}\right)^4,\hat{\sigma}=\sqrt{\frac{1}{n-1}\sum_{i=1}^{n}(x_i-\overline{x})^2}$$

③ 可以计算出标准正态分布的偏度为 0,峰度 $K=3$。

为了描述方便,通常使用标准化 exceess_K$=K-3$ 来表示峰度。如果 exceess_K>0,表示波形相对于正态分布更平坦(flatness);如果 exceess_K<0,则表示波形更突兀消瘦(peakedness)。即若接近正态分布,则标准化峰度(exceess_K)接近 0。

如果数据来自正态分布,则偏度和标准化峰度(exceess_K)两者都应该接近 0。

SPSS 软件操作步骤:在 SPSS 窗口中选择"Analyze"→"Descriptive Statistics"→"Descriptives",在"Options…"中选择偏度与峰度。本例得到的偏度和峰度结果如图 5.3.3 所示。

Descriptive Statistics

	N	Skewness		Kurtosis	
	Statistic	Statistic	Std. Ettor	Statistic	Std. Error
血糖浓度	35	.345	.398	.216	.778
Valid N (listwise)	35				

图 5.3.3　描述统计里的偏度和峰度

注意:也可以依次单击"Analyze"→"Descriptive Statistics"→"Explore(探索性统计分析)",选择变量,单击"OK"运行后,给出偏度和峰度等描述统计结果,请见图 5.3.4。同时还会给出茎叶图和箱线图,茎叶图可以看成是放倒的直方图,箱线图是 5 点(数据最大值、上四分位数、中位数、下四分位数、最小值)概括图,图略。

从结果中,可见偏度系数 Skewness=0.345,峰度系数 Kurtosis=0.216,两个系数在 0~1 之间,接近正态分布。但是,仅从偏度和峰度系数的数值结果,衡量不出接近的程度,因此判断数据服从正态分布的理由并不充分。所以,有很多统计学者运用假设检验的方法来衡量偏度和峰度的统计显著性。

Descriptives

			Statistic	Std. Error
血糖浓度	Mean		79.7429	1.00364
	95% Confidence Interval for Mean	Lower Bound	77.7032	
		Upper Bound	81.7825	
	5% Trimmed Mean		79.7143	
	Median		80.0000	
	Variance		35.255	
	Std. Deviation		5.93763	
	Minimum		68.00	
	Maximum		92.00	
	Range		24.00	
	Interquartile Range		7.00	
	Skewness		.345	.398
	Kurtosis		.216	.778

图 5.3.4　描述统计结果

方法 3:K-S 检验与 S-W 检验

(1) K-S(Kolmogorov-Smirnov)检验

K-S 检验是一种非参数检验方法,研究样本观察值的分布和假设的理论分布间是否吻合。它是由苏联概率学家柯尔莫哥洛夫(Kolmogorov)和斯米诺夫(Smirnov)在 1948 年给出的。

检验的原假设:总体服从正态分布。

检验统计量 $Z=D_{\max}\times\sqrt{n}$,其中 $D_{\max}=\max|F_n(x)-F(x)|$,$F_n(x)$、$F(x)$分别是经验分布函数与假设分布函数。通过计算数据下的检验统计量值和 p 值,给出统计推断。

SPSS 软件操作步骤:在 SPSS 窗口中选择"Analyze"→"Nonparametric Tests(非参数检验)"→"1-Sample K-S…(单个样本 K-S 检验)"。这种方法是非参数检验,在不知道总体分布的情况下进行的检验,通常 K-S 检验正态性采用此操作。注意该方法适合大样本数据,数据量偏少时会造成检验不够准确。

图 5.3.5 所示的 K-S 检验中,Z 值为 0.941,双侧渐进 p 值为 0.339,大于 0.05(通常的显著性水平为 0.05),因此没有充分理由拒绝原假设。此例数据量偏少,会造成非参数 K-S 检验不够准确,所以可以再做 K-S 意义下的参数假设检验进行综合判断,如下。

One-Sample Kolmogorov-Smirnov Test

		血糖浓度
N		35
Normal Parameters[a,b]	Mean	79.7429
	Std. Deviation	5.93763
Most Extreme Differences	Absolute	.159
	Positive	.159
	Negative	−.098
Kolmogorov-Smirnov Z		.941
Asymp. Sig. (2-tailed)		.339

a. Test distribution is Normal.

b. Calculated from data.

图 5.3.5　K-S 检验结果

(2) S-W(Shapiro-Wilk)检验

S-W 检验是用顺序统计量 W 进行正态性检验。该方法适用样本量在 3～50 之间的数据，也称 W 检验，Shapiro 与 Wilk 于 1965 年提出。

SPSS 软件操作步骤：在 SPSS 窗口中选择“Analyze”→“Descriptive Statistics”→“Explore”→“plots…”，在选项栏中选择“Normally plots with tests”。结果中会给出 K-S 和 S-W 检验，其中 K-S 检验采用的是参数检验。

图 5.3.6 中的 S-W 检验，检验统计量 W 值为 0.949，检验 p 值为 0.104，大于 0.05，因此没有充分理由拒绝原假设。K-S 意义下的参数检验 p 值为 0.025，小于 0.05，拒绝原假设。综合判断后，认为数据不呈现正态分布。

Tests of Normality

	Kolmogorov-Smirnov[a]			Shapiro-Wilk		
	Statistic	df	Sig.	Statistic	df	Sig.
血糖浓度	.159	35	.025	.949	35	.104

a. Lilliefors Significance Correction.

图 5.3.6 正态性检验(S-W 检验和 K-S 检验)结果

方法 4:Q-Q 图和 P-P 图

正态 Q-Q 概率图是以样本的分位数(Px)为横坐标，以按照正态分布计算的相应理论分位数为纵坐标，把样本表现为直角坐标系的散点所描绘的图形。如果资料服从正态分布，则样本点应呈一条围绕第一象限对角线的直线。

正态 P-P 图是以样本的累计频率作为横坐标，以按照正态分布计算的相应累积概率作为纵坐标，把样本值表现为直角坐标系的散点所描绘的图形。如果资料服从正态分布，则样本点应呈一条围绕第一象限对角线的直线。

SPSS 软件操作步骤：在 SPSS 窗口中选择“Graphs”→“Q-Q…”，选入分析变量，就可以做 Q-Q 图，选择“Graphs”→“P-P…”，选入分析变量，就可以做 P-P 图。结果见图 5.3.7。

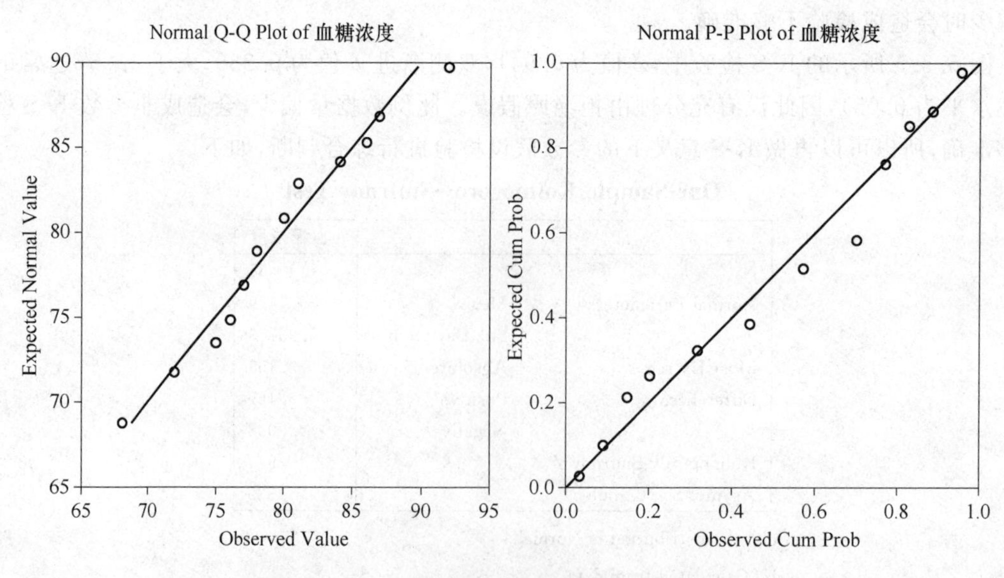

图 5.3.7 正态 Q-Q 图(左图)和 P-P 图(右图)

图 5.3.7 中,各点近似围绕着直线,说明数据接近正态分布。由于样本量较少,所以还要结合假设检验的结果进行推断。通常使用正态 Q-Q 概率图去判断正态性。

5.3.2　多元正态分布均值和方差的检验

1. 一元正态总体均值检验

下面介绍 4 种情况的均值检验的软件操作,注意我们已经假设总体服从正态分布。

情况 1:对总体均值大小进行检验,总体方差未知(One-Sample T Test)

例 5.7　某汽车厂商声称其发动机平均排放指标低于 20,符合环保要求。现在抽查了 10 台发动机之后,得到下面的排放数据:17.0,21.7,17.9,22.9,20.7,22.4,17.3,21.8,24.2,25.4 。可以计算出样本均值为 21.13 ,能否由此认为该指标的均值低于 20?

解: 根据题意,假设检验问题是

$$H_0:\mu\leqslant 20 \qquad H_1:\mu>20$$

SPSS 软件操作步骤:在 SPSS 窗口中选择"Analyze"→"Compare mean"→"One Sample T Test",选择分析变量,就可进行一元正态总体均值检验,结果见图 5.3.8。

One-Sample Test

	Test Value=20					
	t	df	Sig. (2-tailed)	Mean Difference	98% Confidence Interval of the Difference	
					Lower	Upper
汽车排放	1.234	9	.249	1.13000	−.9422	3.2022

图 5.3.8　一元总体均值检验结果

结果中:p 值为 0.124 5(因为此题目是单侧假设检验,所以将 SPSS 输出的双尾检验的 p 值除以 2),较大,因此没有充分理由拒绝零假设,即认为该厂商生产的发动机平均排放指标低于 20。

情况 2:两个总体的独立样本对其总体均值的检验,方差未知(Indepent Two-Sample T Test)

例 5.8　有两批同类型电子元件,从两批电子元件中各抽取若干作电阻测试,测得结果如下(单位:Ω)。第一批:0.140,0.138,0.143,0.141,0.144,0.137,0.139。第二批:0.135,0.140,0.142,0.136,0.138,0.141。假定电子元件的电阻服从正态分布,问两批电子元件的平均电阻是否相等?

解: 根据题意,假设检验问题为

$$H_0:\mu_1=\mu_2 \qquad H_1:\mu_1\neq\mu_2$$

SPSS 软件操作步骤:在 SPSS 窗口中选择"Analyze"→"Compare Means"→"Independent-Samples T Test",选择分析变量,就可以进行两个正态总体的均值检验,结果见图 5.3.9。

Group Statistics

	VAR00002	N	Mean	Std. Deviation	Std. Error Mean
元件	第一批	7	.14029	.002563	.000969
	第二批	6	.13867	.002805	.001145

(a)

Independent Samples Test

		Levene's Test for Equality of Variances		t-test for Equality of Means						
		F	Sig.	t	df	Sig. (2-tailed)	Mean Difference	Std. Error Difference	95% Confidence Interval of the Difference	
									Lower	Upper
元件	Equal variances assumed	.180	.680	1.088	11	.300	.001619	.001489	−.001658	.004896
	Equal variances not assumed			1.079	10.316	.305	.001619	.001500	−.001709	.004947

(b)

图 5.3.9　两个正态总体的均值检验结果

图 5.3.9(a)是两批元件的基本描述统计结果,第一批元件的样本均值为 0.140 29,第二批元件的样本均值为 0.138 67。可见两批元件的样本均值差异不大。

图 5.3.9(b)是均值相等的假设检验结果,输出结果从纵向来看,前面 2～3 列为检验这两个样本所代表的总体方差是否相等的方差齐性检验(原假设是相等的)。

输出结果从横向来看,结果栏中,第一行是总体方差相等时的均值结果,第二行是总体方差不相等时的均值结果。

对于本例,可以看到前面 2～3 列 Levene 检验的 p 值是 0.68,说明可以认为两总体的方差相等。然后,我们来看第一行后面 4～6 列的结果,t 检验统计量的值等于 1.088,p 值为 0.3。因此不拒绝原假设,即认为两批电子元件的平均电阻没有显著差异。

情况 3:配对样本的检验(Pair-Sample T Test)

通常对两种情况的数据采用该检验:一种是抽样的样本不能认为来自同一个正态总体,例如,有两个光谱仪,检验两个仪器测量效果是否一样,采样 9 个不同材质的试块,由于试块的材质不同,所以抽样的样本不能认为来自同一个正态总体;另一种是两个样本实验前后不独立,例如,研究服用某药后的减肥效果,采样若干人,不同人之间是独立的,但是每一个人减肥后的重量都和自己减肥前的重量有关。

配对样本的检验是用配对差值与总体均数"0"进行比较,该检验等价于单总体的 t 检验。

SPSS 软件操作步骤:在 SPSS 窗口中选择"Analyze"→"Compare Means"→"Paired-Samples T Test",选择分析变量后运行。

情况 4:多个总体均值的检验

能否继续采用前面 3 种类型的 t 检验? 不能,因为前面给出的是一个总体,以及两个总体的均值检验,若对多个总体做两两检验,除了计算工作量大外,估计的精确性和灵敏度也会降低,还会丢掉多个总体之间关系的信息。

如何解决? 我们可以从方差分析的角度解决问题,方差分析可以同时推断多组资料的总体均值是否相同。

例 5.9　某公司计划购买优良型号的计算机,于是对 6 种型号的计算机作了调查,每种型号调查 4 台,数据表示每个型号的计算机上个月维修的小时数,数据见表 5.3.1。试判断不同型号计算机在维修时间方面是否有显著差异。

表 5.3.1　对 6 种型号计算机维修小时数的调查结果统计表

型　号	台　数			
	1	2	3	4
A 型	9.5	8.8	11.4	7.8
B 型	4.3	7.8	3.2	6.5
C 型	6.5	8.3	8.6	8.2
D 型	6.1	7.3	4.2	4.1
E 型	10.0	4.8	5.4	9.6
F 型	9.3	8.7	7.2	10.1

解： 若按两个总体均值比较的检验法，两两组成对，共有 $C_6^2=15$ 对，计算工作量太大。并且即使对每对都进行了比较，也都以 0.95 的置信度得出每对均值都相等的结论，但是由此得出的这 6 个型号的维修时间的均值都相等这一结论的置信度仅是 $(0.95)^{15}=0.4632$，估计的精确性和检验的灵敏度降低了。

下面从方差分析的角度解决问题。方差分析的原假设和备择假设为

$$H_0:\mu_1=\mu_2=\cdots=\mu_6 \qquad H_1:\text{至少存在 } i,j,\text{使 } \mu_i\neq\mu_j$$

SPSS 软件操作步骤：在 SPSS 窗口中选择"Analyze"→"Compare Mean"→"One-Way ANOVA"，选择分析变量后运行，结果见图 5.3.10。

	Sum of Squares	df	Mean Square	*F*	Sig.
Between Groups	6.863	2	3.432	0.674	0.51
Within Groups	1333.341	262	5.089		
Total	1340.204	264			

图 5.3.10　单因素方差分析结果

图 5.3.10 中 Sum of Squares 表示组内和组间的变动情况，df 代表自由度，Mean Square 代表均方差。可见该例的单因素方差分析中 F 检验值为 0.674，显著性水平 p 值(Sig.)为 0.51。说明 6 种型号的计算机在维修时间均值上没有显著性差异。

2. 多元正态分布均值和方差的检验

例 5.10　调查某中学学生身体发育状况，抽样同年级 22 名男女生，测量其身高、体重和胸围，数据见表 5.3.2。试推断该中学男女生的身体发育状况有无差别。

表 5.3.2　某中学 22 名男女生身体测量资料

男　生				女　生			
编　号	身高/cm	体重/kg	胸围/cm	编　号	身高/cm	体重/kg	胸围/cm
1	171	58.5	81	1	152	44.8	74
2	175	65	87	2	153	46.5	80
3	159	38	71	3	158	48.5	73.5
4	155.3	45	74	4	150	50.5	87
5	152	35	63	5	144	36.3	68
6	158.3	44.5	75	6	160.5	54.7	86

续 表

男 生				女 生			
编 号	身高/cm	体重/kg	胸围/cm	编 号	身高/cm	体重/kg	胸围/cm
7	154.8	44.5	74	7	158	49	84
8	164	51	72	8	154	50.8	76
9	165.2	55	79	9	153	40	70
10	164.5	46	71	10	159.6	52	76
11	159.1	48	72.5				
12	164.2	46.5	73				

解：若对每个因素单独做一元方差分析，结果如表 5.3.3 所示，可见该校男女生的身高差异有显著性意义，而体重、胸围差异无显著性意义。

表 5.3.3　每个指标的单因素方差分析结果

性别	身高/cm		体重/kg		胸围/cm	
	平均值	标准差	平均值	标准差	平均值	标准差
男	161.9	6.8	48.1	8.3	74.4	5.9
女	154.2	5.0	47.3	5.6	77.4	6.6
F 值	8.7**		0.1		1.3	

但是，每个因素单独考虑，忽略了因素之间的关系，从总体上该年级全体男女生的身体发育状况是否有显著差别，我们从表 5.3.3 是不能得到明确结论的。

要解决这个问题，可以做多元方差分析。通过 SPSS 软件中的 GLM 模块进行均值和方差的假设检验来实现。

GLM 模块拟合了模型 $Y=\beta_0+\beta_1 X+\varepsilon$，其中 $Y=(\text{身高},\text{体重},\text{胸围})^{\mathrm{T}}$，$X=$性别。

GLM 模块的 SPSS 软件操作步骤：在 SPSS 窗口中选择“Analyze”→“General Linear Model”→“Multivariate”，将身高、体重、胸围这 3 个指标选入“Dependent Variables”框，将性别选入“Fixed Factor(s)”，单击“OK”运行。

对均值向量的检验：

$$H_0:\boldsymbol{\mu}^{(1)}=\boldsymbol{\mu}^{(2)} \qquad H_1:\boldsymbol{\mu}^{(1)}\neq\boldsymbol{\mu}^{(2)}$$

结果如图 5.3.11 所示。

Between-Subjects Factors

		Value Label	N
性别	1.00	男	12
	2.00	女	10

(a)

Multivariate Tests[b]

Effect		Value	F	Hypothesis df	Error df	Sig.
Intercept	Pillai's Trace	1.000	14301.521[a]	3.000	18.000	.000
	Wilks' Lambda	.000	14301.521[a]	3.000	18.000	.000
	Hotelling's Trace	2383.587	14301.521[a]	3.000	18.000	.000
	Roy's Largest Root	2383.587	14301.521[a]	3.000	18.000	.000
性别	Pillai's Trace	.597	8.883[a]	3.000	18.000	.001
	Wilks' Lambda	.403	8.883[a]	3.000	18.000	.001
	Hotelling's Trace	1.481	8.883[a]	3.000	18.000	.001
	Roy's Largest Root	1.481	8.883[a]	3.000	18.000	.001

a. Exact statistic.

b. Design：Intererc ept＋性别.

(b)

图 5.3.11　多元方差分析结果

图 5.3.11(a)给出两个性别的样本数据个数。图 5.3.11(b)是多变量方差分析检验表，该表给出了多个检验统计量，从 p 值可见，不同性别的身体发育状况是有显著差别的，从而可以认为该校男女生身体发育状况不同。图 5.3.11(b)的 Multivariate Tests 实际是对 GLM 线性模型的显著性检验，如果模型通过了检验(p 值小)，意味着性别不同对 Y 值有显著影响。

图 5.3.12 给出了每个身体状况指标的方差来源，包括校正模型、截距、主效应(性别)、误差及总的方差来源。可见，3 个指标的 p 值分别是 0.008，0.803，0.263，说明两个性别在一个身体状况指标(身高)上有显著差别。

Tests of Between-Subjects Effects

Source	Dependent Variable	Type Ⅲ Sum of Squares	df	Mean Square	F	Sig.
Corrected Model	身高	319.770[a]	1	319.770	8.759	.008
	体重	3.347[b]	1	3.347	.064	.803
	胸围	51.576[c]	1	51.576	1.325	.263
Intercept	身高	544933.414	1	544933.414	14927.317	.000
	体重	49625.347	1	49625.347	945.122	.000
	胸围	125731.803	1	125731.803	3228.912	.000
性别	身高	319.770	1	319.770	8.759	.008
	体重	3.347	1	3.347	.064	.803
	胸围	51.576	1	51.576	1.325	.263
Error	身高	730.116	20	36.506		
	体重	1050.137	20	52.507		
	胸围	778.788	20	38.939		
Total	身高	552947.170	22			
	体重	51167.120	22			
	胸围	127143.500	22			
Corrected Total	身高	1049.886	21			
	体重	1053.484	21			
	胸围	830.364	21			

a. R Squared=.305(Adjusted R Squared=.270).

b. R Squared=.003(Adjusted R Squared=.047).

c. R Squared=.062(Adjusted R Squared=.015).

图 5.3.12　每个身体状况指标的分析结果

对协差阵进行检验的 SPSS 软件操作步骤：在 SPSS 窗口中选择"Analyze"→"General Linear Model"→"Multivariate"，单击"Options…"按钮，选中"Homogeneity tests"选项，单击"OK"运行，可以对协差阵进行检验(假设检验的原假设是协差阵相等)。

图 5.3.13 是协方差阵相等的检验，检验统计量是 Box's M，由 p 值可见，认为两个性别(总体)的协方差阵相等。

Box's Test of Equality of Covariance Matrices[a]

Box's M	6.063
F	.842
df1	6
df2	2613.311
Sig.	.538

Tests the null hypothesis that the observed covariance.
matrices of the dependent variables are equal across groups.
a. Design：Intercept＋性别.

图 5.3.13　协差阵检验结果

5.3.3　形象分析

前面介绍了多元正态总体下的均值向量的假设检验，但是在实际研究中，有时需要做更细致的均值情况分析。例如，比较两个总体各个指标之间的变动规律是否一致，若一致称两总体形象平行；比较两个总体的均值是否相同，若相同，称两个总体形象重合；比较两个总体的各个指标值是否相同，若相同，称两总体形象水平。这类问题的研究称为**形象分析**(profile analysis)。

什么是总体的形象？从数字特征的角度看就是考虑均值，直观上可以把多个总体的均值向量绘制到同一平面上得到折线图，这称为形象图(轮廓图)。

注意：形象分析的前提为多总体的 p 个指标需是同类可比指标，否则不能绘制在同一平面上。多总体的协方差阵需相同。

例如，对 A，B 两个多元总体(方差相等)的 $p(p=4)$ 个同类指标做比较，分别从两个总体随机抽取样本，将样本均值作折线图，得到形象图。有几种常见的情况，请见图 5.3.14。

绘制出如图 5.3.14 所示的形象图，结果会较为直观。但是，图形结果是否是统计显著的呢？这需要定量分析，进行假设检验。

假设有两个 p 元正态总体 $N_p(\boldsymbol{\mu}^{(1)},\boldsymbol{\Sigma})$，$N_p(\boldsymbol{\mu}^{(2)},\boldsymbol{\Sigma})$，$\boldsymbol{\mu}^{(1)}=(\mu_{11},\mu_{12},\cdots,\mu_{1p})^{\mathrm{T}}$，$\boldsymbol{\mu}^{(2)}=(\mu_{21},\mu_{22},\cdots,\mu_{2p})^{\mathrm{T}}$，讨论两总体形象平行、重合、水平这 3 个问题的假设检验。

问题 1：两个总体形象平行的假设检验

原假设为

$$H_0:\begin{pmatrix}\mu_{11}-\mu_{12}\\ \vdots\\ \mu_{1p-1}-\mu_{1p}\end{pmatrix}=\begin{pmatrix}\mu_{21}-\mu_{22}\\ \vdots\\ \mu_{2p-1}-\mu_{2p}\end{pmatrix}$$

或写成 $H_0:\boldsymbol{C}(\boldsymbol{\mu}^{(1)}-\boldsymbol{\mu}^{(2)})=\boldsymbol{0}$，其中

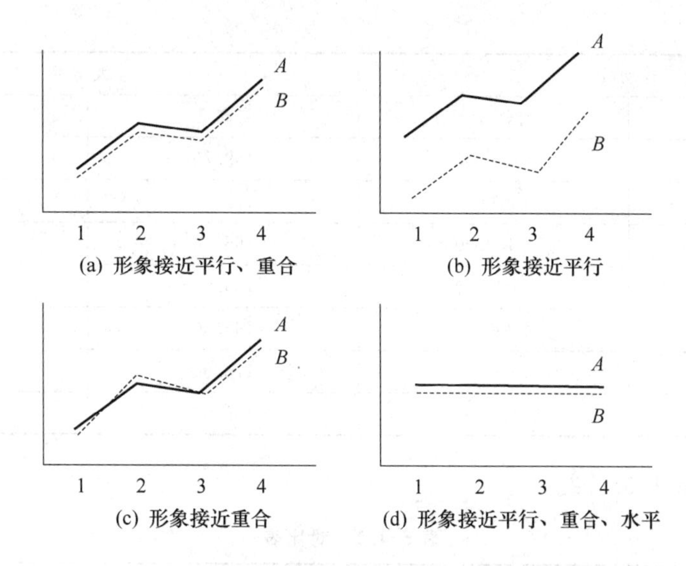

(a) 形象接近平行、重合　(b) 形象接近平行

(c) 形象接近重合　(d) 形象接近平行、重合、水平

图 5.3.14　形象分析示意图

$$
\boldsymbol{C}_{(p-1)\times p}=\begin{pmatrix} 1 & -1 & 0 & \cdots & 0 & 0 \\ 0 & 1 & -1 & \cdots & 0 & 0 \\ \vdots & \vdots & \vdots & & \vdots & \vdots \\ 0 & 0 & 0 & \cdots & 1 & -1 \end{pmatrix}
$$

或写成 $H_0:\boldsymbol{\mu}^{(1)}-\boldsymbol{\mu}^{(2)}=\gamma\mathbf{1}$，这里 $\mathbf{1}$ 是分量全为 1 的 p 维列向量。γ 可以看成两总体之间的平均差异。

问题 2:两个总体形象重合的假设检验

原假设为 $H_0:\gamma=0$。

问题 3: 两个总体形象水平的假设检验

原假设为 $H_0:\boldsymbol{C}(\boldsymbol{\mu}^{(1)}+\boldsymbol{\mu}^{(2)})=\mathbf{0}$。

此处我们仅给出原假设,检验统计量等内容略。Srivastava 在 1981 年给出形象分析的假设检验理论。感兴趣的读者可以参考书籍:Josef Schmee,*An Introduction to Applied Multivariate Statistics*，1984;M. S. Srivastava，*Methods of Multivariate Statistics*，2003。

5.4　习　　题

1. 某地 20 岁男性运动员及大学生的身高 X(单位为 cm)与肺活量 Y(单位为 cm^3)的测定值见表 5.4.1,分析两组肺活量是否有差异。

表 5.4.1　数据

运动员		大学生	
身高 X	肺活量 Y	身高 X	肺活量 Y
184.90	4 300.00	168.70	3 450.00
167.90	3 850.00	170.80	4 000.00
171.00	4 100.00	165.00	3 800.00

续表

运动员		大学生	
身高 X	肺活量 Y	身高 X	肺活量 Y
171.00	4 300.00	169.70	3 300.00
188.00	4 800.00	171.50	3 450.00
179.00	5 400.00	166.50	3 250.00
177.00	4 000.00	165.00	3 600.00
179.50	4 800.00	165.00	3 200.00
187.00	4 800.00	173.00	3 950.00
187.00	4 800.00	169.00	4 000.00

2. 请详细解释表5.4.2。

表5.4.2 对比表

一　元	多　元
正态	多元正态
方差	协方差(离差)矩阵
一个均值的正态分布	多个均值的联合多元正态分布
χ^2分布(方差的分布)	Wishart分布(协方差的分布)
学生氏t(t^2是均值与方差比的平方)	Hotelling T^2(均值的二次型行列式与协方差行列式之比)
Fisher z(两个方差之比)	两个协方差型行列式之比
极大似然估计	极大似然估计
方差分析(ANOVA)	多元方差分析(MANOVA)

第6章　相关性度量

"组织的各个部分，在一定程度上是相互联系或者相关的。"

——达尔文(Darwin)

多元统计分析的一个重要内容就是研究随机变量之间的关系。在一元统计中，常用相关系数来衡量随机变量的关系。本章首先从3个角度来说明相关系数定义的合理性。然后对相关性度量的常见情况进行梳理，最后对距离相关性度量的方法做总结，给出统计距离。

1868年，达尔文认为："组织的各个部分，在一定程度上是相互联系或者相关的。"这是历史上第一次有人使用"相关"的概念。1877年，达尔文的表弟——生物统计学家高尔顿(Galton)——在研究成年子女与中年父母的身高关系时，给出"回归"的概念，并用目测法给出某问题的相关系数。

第一个计算相关系数的定量方法是由高尔顿的学生皮尔逊给出的积矩相关系数，它是至今应用最广泛的测量关系的方法，其他许多相关系数都是皮尔逊相关系数适用不同数据类型的变化。因此皮尔逊相关系数是本章的重点。

6.1　相关性研究的角度

一元统计中，两个变量之间的皮尔逊积矩相关系数，定义为这两个变量的协方差与两者标准差积的商，即

$$\rho_{XY}=\rho(X,Y)=\frac{\mathrm{Cov}(X,Y)}{\sqrt{D(X)}\sqrt{D(Y)}}$$

那么相关系数为什么是如此定义的呢？下面给出3个方面的解释。

6.1.1　不变性

什么是不变性？顾名思义，不变性即变化后保持不变的性质。由于线性变化最常用，所以我们讨论一下线性不变性。

1. 线性不变性

定义6.1.1(线性不变性)　对任意矩阵 $\boldsymbol{A},\boldsymbol{B}$，且 $|\boldsymbol{A}|\neq 0$，$|\boldsymbol{B}|\neq 0$，若有度量 ρ 满足 $\rho(\boldsymbol{AX},$

$BY)=\rho(X,Y)$，称该度量具有线性不变性。

有时考虑数学问题，在一元下看不清楚，多元下反而清楚，即所谓的"见树不见林"。下面我们考察多元随机变量情况。

一个好的反映线性关系的度量，应该是线性变换后相关性保持不变。那么什么量经过线性变换后是不变的，这个量就具有线性不变性，就是我们要找的量。下面进行讨论。

设多元随机变量 $X_{p\times 1}$，$Y_{q\times 1}$，已知 $\mathrm{Var}(X)=\Sigma_{XX}$，$\mathrm{Var}(Y)=\Sigma_{YY}$，$\mathrm{Cov}(X,Y)=\Sigma_{XY}$。由于反映 X,Y 关系的是它们的协方差阵 $\begin{pmatrix}\Sigma_{XX} & \Sigma_{XY}\\ \Sigma_{YX} & \Sigma_{YY}\end{pmatrix}$，经过非退化线性变换 $X\rightarrow AX, Y\rightarrow BY$，可计算 AX, BY 的协方差阵为 $\begin{pmatrix}A\Sigma_{XX}A^{\mathrm{T}} & A\Sigma_{XY}B^{\mathrm{T}}\\ B\Sigma_{YX}A^{\mathrm{T}} & B\Sigma_{YY}B^{\mathrm{T}}\end{pmatrix}$，由线性不变性，$A,B$ 可以任意选，即对 $\forall\ |A|\neq 0$，$|B|\neq 0$，有 $\rho(AX,BY)=\rho(X,Y)$，从中找到满足线性不变性的量。把 $\begin{pmatrix}A\Sigma_{XX}A^{\mathrm{T}} & A\Sigma_{XY}B^{\mathrm{T}}\\ B\Sigma_{YX}A^{\mathrm{T}} & B\Sigma_{YY}B^{\mathrm{T}}\end{pmatrix}$ 变得越简单越好，取 $A=\Sigma_{XX}^{\frac{-1}{2}}$，$B=\Sigma_{YY}^{\frac{-1}{2}}$，则满足线性不变性的量就集中在 $\Sigma_{XX}^{\frac{-1}{2}}\Sigma_{XY}\Sigma_{YY}^{\frac{-1}{2}}$ 上了。

$$\begin{pmatrix}\Sigma_{XX} & \Sigma_{XY}\\ \Sigma_{YX} & \Sigma_{YY}\end{pmatrix}\xrightarrow[BY]{AX}\begin{pmatrix}A\Sigma_{XX}A^{\mathrm{T}} & A\Sigma_{XY}B^{\mathrm{T}}\\ B\Sigma_{YX}A^{\mathrm{T}} & B\Sigma_{YY}B^{\mathrm{T}}\end{pmatrix}\xrightarrow[B=\Sigma_{YY}^{\frac{-1}{2}}]{A=\Sigma_{XX}^{\frac{-1}{2}}}\begin{pmatrix}I_p & \Sigma_{XX}^{\frac{-1}{2}}\Sigma_{XY}\Sigma_{YY}^{\frac{-1}{2}}\\ \Sigma_{YY}^{\frac{-1}{2}}\Sigma_{YX}\Sigma_{XX}^{\frac{-1}{2}} & I_q\end{pmatrix}$$

可见 $\Sigma_{XX}^{\frac{-1}{2}}\Sigma_{XY}\Sigma_{YY}^{\frac{-1}{2}}$ 是具有线性不变性的量。它是唯一的不变量。

2. 相关性度量 r

我们把上面具有线性不变性的量记为 $r=\Sigma_{XX}^{\frac{-1}{2}}\Sigma_{XY}\Sigma_{YY}^{\frac{-1}{2}}$，可以用它衡量相关性。

情况 1： 当 $p=1, q=1$ 时，$\Sigma_{XX}, \Sigma_{YY}, \Sigma_{XY}$ 为数，记 $\sigma_{XX}=\Sigma_{XX}$，$\sigma_{YY}=\Sigma_{YY}$，$\sigma_{XY}=\Sigma_{XY}$，则 $r=\Sigma_{XX}^{\frac{-1}{2}}\Sigma_{XY}\Sigma_{YY}^{\frac{-1}{2}}=\dfrac{\sigma_{XY}}{\sqrt{\sigma_{XX}\sigma_{YY}}}$，就是一元统计里的皮尔逊相关系数。

情况 2： 当 $p=1$ 或者 $q=1$ 时，r 是向量，则向量长度的平方 $[r,r]$ 可以衡量相关性。如 $q=1$ 时，r 是 $p\times 1$ 向量，$r=\Sigma_{XX}^{\frac{-1}{2}}\sigma_{XY}\sigma_{YY}^{\frac{-1}{2}}$，向量长度的平方为

$$[r,r]=(\Sigma_{XX}^{\frac{-1}{2}}\Sigma_{XY}\Sigma_{YY}^{\frac{-1}{2}})^{\mathrm{T}}(\Sigma_{XX}^{\frac{-1}{2}}\Sigma_{XY}\Sigma_{YY}^{\frac{-1}{2}})=\frac{\sigma_{YX}\Sigma_{XX}^{-1}\sigma_{XY}}{\sigma_{YY}}$$

定义 6.1.2 称 $\sqrt{\dfrac{\sigma_{YX}\Sigma_{XX}^{-1}\sigma_{XY}}{\sigma_{YY}}}$ 为复相关系数 $r(X_1,\cdots,X_p,Y)$。

可见，向量长度越长，复相关系数越大，相关性越强；长度越短，复相关系数越小，相关性越弱。

情况 3： 当 $p>1, q>1$ 时，很难找到一个数反映相关，我们将在后面给出典型相关分析的方法。

6.1.2 阿达马不等式

下面从阿达马不等式(Hadamard inequality)角度来说明，皮尔逊相关系数为什么那样定义。由矩阵代数理论可知，对称阵 A 是正定阵：$A>0\Leftrightarrow\forall\ x\neq 0$，二次型 $x^{\mathrm{T}}Ax>0$。当且仅当 $x=0$ 时，$x^{\mathrm{T}}Ax=0$。容易得到，若 $A_{n\times n}=(a_{ij})>0$，则 $a_{ii}>0, i=1,\cdots,n$。

1. 什么是阿达马不等式

定理 6.1.1(阿达马不等式)　若 $\boldsymbol{A}_{n\times n}=(a_{ij})>0$，则 $|\boldsymbol{A}|\leqslant a_{11}a_{22}\cdots a_{nn}=\prod_{i=1}^{n}a_{ii}$，当且仅当 $\boldsymbol{A}$ 是对角形矩阵时，等号成立。

稍后再证明阿达马不等式，先来看看它在多元统计学中的作用。

阿达马不等式的作用：当随机变量 $\boldsymbol{X}_{p\times1}=(X_1,\cdots,X_p)^{\mathrm{T}}$ 非退化时，有 $\boldsymbol{X}$ 的协方差阵 $\boldsymbol{V}=\mathrm{Var}(\boldsymbol{X})=(v_{ij})>0$，$v_{ij}=\mathrm{Cov}(X_i,X_j)$，则由阿达马不等式，有

$$|\boldsymbol{V}|\leqslant\prod_{i=1}^{p}v_{ii}$$

即 $|\boldsymbol{V}|\leqslant\prod_{i=1}^{p}v_{ii}=\left|\begin{pmatrix}v_{11}&&\\&\ddots&\\&&v_{pp}\end{pmatrix}\right|\triangleq|\boldsymbol{D}(\boldsymbol{V})|$，则有 $0<\dfrac{|\boldsymbol{V}|}{|\boldsymbol{D}(\boldsymbol{V})|}\leqslant1$。因为 $\boldsymbol{D}(\boldsymbol{V})$ 是 $X_1,\cdots,X_p$ 不相关时的协方差阵，$\boldsymbol{V}$ 是 $X_1,\cdots,X_p$ 相关时的协方差阵。可见 $\dfrac{|\boldsymbol{V}|}{|\boldsymbol{D}(\boldsymbol{V})|}$ 反映了 $X_1,\cdots,X_p$ 相关的程度。于是我们找到一个反映多个变量关系的量。

2. 相关性度量 R^2

记 $R^2=1-\dfrac{|\boldsymbol{V}|}{|\boldsymbol{D}(\boldsymbol{V})|}$，它是一种相关性度量。

R^2 可以反映 $X_1,\cdots,X_p$ 的相关性，它是从阿达马不等式得到的。R^2 可以衡量相关性，是一个整体的、内在的反映相关性的度量。

当 $p=2$ 时，$|\boldsymbol{V}|=|\mathrm{Var}(\boldsymbol{X})|=\begin{vmatrix}v_{11}&v_{12}\\v_{21}&v_{22}\end{vmatrix}=\begin{vmatrix}\mathrm{Cov}(X_1,X_1)&\mathrm{Cov}(X_1,X_2)\\\mathrm{Cov}(X_2,X_1)&\mathrm{Cov}(X_2,X_2)\end{vmatrix}$，则

$$R^2=1-\frac{|\boldsymbol{V}|}{|\boldsymbol{D}(\boldsymbol{V})|}=1-\frac{|\boldsymbol{V}|}{v_{11}v_{22}}=\frac{\mathrm{Cov}\,(X_1,X_2)^2}{D(X_1)D(X_2)}=\rho_{X_1X_2}^2$$

可见 R^2 是皮尔逊相关系数的平方。这从该角度解释了相关系数的定义是有道理的。

3. 阿达马不等式的证明

若 $\boldsymbol{A}_{n\times n}=(a_{ij})>0$，则 $|\boldsymbol{A}|\leqslant a_{11}a_{22}\cdots a_{nn}=\prod_{i=1}^{n}a_{ii}$。

证明： 将矩阵 $\boldsymbol{A}$ 分成 4 块分块矩阵，$\boldsymbol{A}=\begin{pmatrix}\boldsymbol{A}_{11}&\boldsymbol{A}_{12}\\\boldsymbol{A}_{21}&\boldsymbol{A}_{22}\end{pmatrix}$，其中 $\boldsymbol{A}_{11}$ 是 $p\times p$ 子块阵，$\boldsymbol{A}_{12}$ 是 $p\times q$ 子块阵，$\boldsymbol{A}_{21}$ 是 $q\times p$ 子块阵，$\boldsymbol{A}_{22}$ 是 $q\times q$ 子块阵，$p+q=n$，因为

$$\begin{pmatrix}\boldsymbol{A}_{11}&\boldsymbol{A}_{12}\\\boldsymbol{A}_{21}&\boldsymbol{A}_{22}\end{pmatrix}\begin{pmatrix}\boldsymbol{I}&-\boldsymbol{A}_{11}^{-1}\boldsymbol{A}_{12}\\\boldsymbol{0}&I\end{pmatrix}=\begin{pmatrix}\boldsymbol{A}_{11}&\boldsymbol{0}\\ *&\boldsymbol{A}_{22}-\boldsymbol{A}_{21}\boldsymbol{A}_{11}^{-1}\boldsymbol{A}_{12}\end{pmatrix}$$

对上面的式子，两边同时取行列式有

$$\begin{vmatrix}\boldsymbol{A}_{11}&\boldsymbol{A}_{12}\\\boldsymbol{A}_{21}&\boldsymbol{A}_{22}\end{vmatrix}=|\boldsymbol{A}_{11}|\,|\boldsymbol{A}_{22}-\boldsymbol{A}_{21}\boldsymbol{A}_{11}^{-1}\boldsymbol{A}_{12}|=|\boldsymbol{A}_{11}|\,|\boldsymbol{A}_{22}|\,|\boldsymbol{I}_q-\boldsymbol{A}_{22}^{-1}\boldsymbol{A}_{21}\boldsymbol{A}_{11}^{-1}{}_{12}|$$

因为 $\boldsymbol{A}_{22}^{-1}\boldsymbol{A}_{21}\boldsymbol{A}_{11}^{-1}\boldsymbol{A}_{12}$ 的特征根均非负小于 1，因此 $\begin{vmatrix}\boldsymbol{A}_{11}&\boldsymbol{A}_{12}\\\boldsymbol{A}_{21}&\boldsymbol{A}_{22}\end{vmatrix}\leqslant|\boldsymbol{A}_{11}|\,|\boldsymbol{A}_{22}|\leqslant\cdots\leqslant\prod_{i=1}^{n}a_{ii}$。

注意： 证明中有 $\begin{vmatrix}\boldsymbol{A}_{11}&\boldsymbol{A}_{12}\\\boldsymbol{A}_{21}&\boldsymbol{A}_{22}\end{vmatrix}=|\boldsymbol{A}_{11}|\,|\boldsymbol{A}_{22}-\boldsymbol{A}_{21}\boldsymbol{A}_{11}^{-1}\boldsymbol{A}_{12}|$，类似地，则有 $\begin{vmatrix}\boldsymbol{A}_{11}&\boldsymbol{A}_{12}\\\boldsymbol{A}_{21}&\boldsymbol{A}_{22}\end{vmatrix}=$

$|A_{22}||A_{11}-A_{12}A_{22}^{-1}A_{21}|$。设有 $p\geqslant q, A_{p\times q}, B_{q\times p}$，则类似地，有 $\begin{vmatrix} \lambda I_p & A \\ B & I_q \end{vmatrix} = |\lambda I_p|\left|I_q-\frac{1}{\lambda}BA\right| = |I_q||\lambda I_p - AB|$，化简后可以得到

$$|\lambda I_p - AB| = \lambda^{p-q}|\lambda I_q - BA| \tag{6.1.1}$$

式(6.1.1)说明 AB 的非零特征根与 BA 的非零特征根是一样的。注意 AB 是 $p\times p$ 阵，BA 是 $q\times q$ 阵。

多元统计中，经常会遇到此类问题：样本容量是 n，每个样品都是 p 维的，样本资料矩阵用 $X_{n\times p}$ 表示，因此 XX^{T} 是 $n\times n$ 阵，这是一个很大的矩阵，$X^{\mathrm{T}}X$ 是 $p\times p$ 阵，这是一个较小的矩阵，但是由式(6.1.1)可知，这两个矩阵的非零特征根是一样的，这一结论对后面的多元统计方法理论研究（主成分分析等）很有帮助。

6.1.3 判别信息量和熵

判别信息量和熵的概念在信息论中很重要。1959 年 Kullback 的名著 *Information Theory and Statistics*（《信息与统计》，Tohn Wiley 公司出版）的出版，是信息论开始发展的标志。

1. 判别信息量

统计学中，判别信息量即研究随机变量 X 和 Y 分布的关系。

连续型随机变量的规律可以由分布概率密度函数完全呈现，设 X 的概率密度是 $p(x)$，Y 的概率密度是 $q(x)$，所以研究 X 和 Y 分布的关系就是考察两个分布概率密度 $p(x)$ 和 $q(x)$ 之间的差异。

衡量 $p(x)$ 和 $q(x)$ 之间的差异可以对它们做除法，同时考虑将关系数值化，则要考虑平均差异，结合密度函数的特点和随机变量的特点，有下面的判别信息量。

定义 6.1.3 已知 X 的概率密度是 $p(x)$，Y 的概率密度是 $q(x)$，若

$$I(p(x),q(x)) = \int_{-\infty}^{\infty} p(x)\ln\frac{p(x)}{q(x)}\mathrm{d}x$$

存在，称 $I(p(x),q(x))$ 为判别信息量，记为 $I(p(x),q(x))$ 或者 $I(X,Y)$，简记为 I。

注意： ① 可证得 $I\geqslant 0$；② 若 $\boldsymbol{X}=(X_1,\cdots,X_p)^{\mathrm{T}}$，则 $I=\int_{-\infty}^{\infty}\cdots\int_{-\infty}^{\infty} p(\boldsymbol{x})\ln\frac{p(\boldsymbol{x})}{q(x)}\mathrm{d}x_1\cdots\mathrm{d}x_p$。

判别信息量涉及的可以是随机变量、随机向量、随机矩阵，所以研究内容的范围很大。

2. 判别信息量在度量相关性中的作用

设 $\begin{pmatrix} X \\ Y \end{pmatrix}$ 的联合概率密度是 $p(x,y)$，X 的边缘概率密度是 $f(x)$，Y 的边缘概率密度是 $g(y)$，则有判别信息量

$$I = \int_{-\infty}^{\infty}\int_{-\infty}^{\infty} p(x,y)\ln\frac{p(x,y)}{f(x)g(y)}\mathrm{d}x\mathrm{d}y \tag{6.1.2}$$

从上面的判别信息量形式上可见，I 衡量 $p(x,y)$ 与独立时 $f(x)g(y)$ 的差距有多大，即衡量 X 和 Y 的相关性。

这个衡量相关性的度量 I 的范围是 $[0,+\infty)$，相对于皮尔逊线性相关系数的范围是 $[-1,1]$，I 能更细致地区分相关性，并且上面的这个度量直接度量的是密度的差异，所以不仅仅能衡量线性相关性，还可以衡量内部的相关性、非线性的相关性。

例 6.1　设二维正态分布变量$(X,Y)\sim N(\mu_1,\mu_2,\sigma_1^2,\sigma_2^2,\rho)$，$p_{XY}(x,y)$为联合概率密度，$p_X(x)$和$p_Y(y)$是$X$和$Y$的边缘概率密度，求$I(p_{XY}(xy),p_X(x)p_Y(y))$。

解：由式(6.1.2)，有

$$
\begin{aligned}
I(p_{XY}(xy),p_X(x)p_Y(y)) &= \int_{-\infty}^{+\infty}\int_{-\infty}^{+\infty} p_{XY}(x,y)\ln\frac{p_{XY}(x,y)}{p_X(x)p_Y(y)}\mathrm{d}x\mathrm{d}y \\
&= \ln\frac{1}{\sqrt{1-\rho^2}} - \frac{1}{2}\int_{-\infty}^{+\infty}\int_{-\infty}^{+\infty}\Big[\frac{(x-\mu_1)^2}{(1-\rho^2)\sigma_1^2} - \frac{2\rho(x-\mu_1)(y-\mu_2)}{(1-\rho^2)\sigma_1\sigma_2} + \\
&\quad \frac{(y-\mu_2)^2}{(1-\rho^2)\sigma_2^2} - \frac{(x-\mu_1)^2}{\sigma_1^2} - \frac{(y-\mu_2)^2}{\sigma_2^2}\Big]p_{XY}(x,y)\mathrm{d}x\mathrm{d}y \\
&= -\frac{1}{2}\ln(1-\rho^2) - \frac{1}{2}\left(\frac{1}{1-\rho^2} - \frac{2\rho^2}{1-\rho^2} + \frac{1}{1-\rho^2} - 1 - 1\right) \\
&= -\frac{1}{2}\ln(1-\rho^2)
\end{aligned}
$$

说明：在正态分布情况下，上面的判别信息量I直接与皮尔逊线性相关系数有关。

3. 熵

利用期望的性质，计算上面的判别信息量$I(p(x,y),f(x)g(y))$，有

$$
\begin{aligned}
I(p(x,y),f(x)g(y)) &= \int_{-\infty}^{\infty}\int_{-\infty}^{\infty} p(x,y)\ln\frac{p(x,y)}{f(x)g(y)}\mathrm{d}x\mathrm{d}y \\
&= \int_{-\infty}^{\infty}\int_{-\infty}^{\infty} p(x,y)\ln p(x,y)\mathrm{d}x\mathrm{d}y - \\
&\quad \int_{-\infty}^{\infty}\int_{-\infty}^{\infty} p(x,y)\ln f(x)\mathrm{d}x\mathrm{d}y - \\
&\quad \int_{-\infty}^{\infty}\int_{-\infty}^{\infty} p(x,y)\ln g(y)\mathrm{d}x\mathrm{d}y \\
&= E[\ln p(x,y)] - E[\ln f(x)] - E[\ln g(y)]
\end{aligned}
\tag{6.1.3}
$$

可以发现，式(6.1.3)有类似的内容反复出现。

定义 6.1.4　$H(f(x))=-E[\ln f(x)]$称为密度函数$f(x)$的熵。

密度函数反映了随机变量X的概率密集程度，由熵的定义可见，熵是衡量随机变量X不确定性的度量，或者说是衡量$f(x)$分布不确定性的度量。

注意：由式(6.1.3)可知，$I(p(x,y),f(x)g(y))=H(f(x))+H(g(y))-H(p(x,y))$，直观上，$H(f(x))$反映$X$的不确定性，$H(g(y))$反映$Y$的不确定性，则$H(f(x))+H(g(y))$反映$X$和$Y$独立时的不确定性。$H(p(x,y))$反映$X$和$Y$有关系时的不确定性，它一定比独立时的不确定性要小，所以判别信息量$I\geqslant 0$。

例 6.2　设$\begin{pmatrix}\boldsymbol{X}\\ \boldsymbol{Y}\end{pmatrix}\sim N\left(\begin{pmatrix}\boldsymbol{\mu}_X\\ \boldsymbol{\mu}_Y\end{pmatrix},\begin{pmatrix}\boldsymbol{\Sigma}_{XX} & \boldsymbol{\Sigma}_{XY}\\ \boldsymbol{\Sigma}_{YX} & \boldsymbol{\Sigma}_{YY}\end{pmatrix}\right)$，$\begin{pmatrix}\boldsymbol{X}\\ \boldsymbol{Y}\end{pmatrix}$联合概率密度记为$p(\boldsymbol{x},\boldsymbol{y})$，$\boldsymbol{X}$的边缘概率密度是$f(\boldsymbol{x})$，$\boldsymbol{Y}$的边缘概率密度是$g(\boldsymbol{y})$，请从熵的角度计算$I(p(\boldsymbol{x},\boldsymbol{y}),f(\boldsymbol{x})g(\boldsymbol{y}))$。

解：由正态分布性质得到

$$\boldsymbol{X}\sim N(\boldsymbol{\mu}_X,\boldsymbol{\Sigma}_{XX}),\boldsymbol{Y}\sim N(\boldsymbol{\mu}_Y,\boldsymbol{\Sigma}_{YY})$$

由熵的定义有

$$
\begin{aligned}
H(f(\boldsymbol{x})) &= -E[\ln f(\boldsymbol{x})] = -E\Big[-\frac{p}{2}\ln(2\pi) - \frac{1}{2}\ln|\boldsymbol{\Sigma}_{XX}| - \frac{1}{2}(\boldsymbol{x}-\boldsymbol{\mu}_X)^{\mathrm{T}}\boldsymbol{\Sigma}_{XX}^{-1}(\boldsymbol{x}-\boldsymbol{\mu}_X)\Big] \\
&= \frac{p}{2}\ln(2\pi) + \frac{1}{2}\ln|\boldsymbol{\Sigma}_{XX}| + \frac{1}{2}E[(\boldsymbol{x}-\boldsymbol{\mu}_X)^{\mathrm{T}}\boldsymbol{\Sigma}_{XX}^{-1}(\boldsymbol{x}-\boldsymbol{\mu}_X)] \\
&= \frac{p}{2}\ln(2\pi) + \frac{1}{2}\ln|\boldsymbol{\Sigma}_{XX}| + \frac{p}{2}
\end{aligned}
$$

类似可得 $H(g(\boldsymbol{y}))$、$H(p(\boldsymbol{x},\boldsymbol{y}))$，由式(6.1.3)，则判别信息量为

$$I(p(\boldsymbol{x},\boldsymbol{y}),f(\boldsymbol{x})g(\boldsymbol{y}))=H(f(\boldsymbol{x}))+H(g(\boldsymbol{y}))-H(p(\boldsymbol{x},\boldsymbol{y}))=-\frac{1}{2}\ln\frac{|\boldsymbol{\Sigma}|}{|\boldsymbol{\Sigma}_{XX}||\boldsymbol{\Sigma}_{YY}|}$$

注意：例 6.2 中，当 $p=1,q=1$ 时，可得 $I=-\frac{1}{2}\ln(1-\rho_{XY}^2)$，可见 $\rho_{XY}=0,I=0$；$\rho_{XY}\to 1$，$I\to+\infty$。从该角度可见皮尔逊相关系数的定义是有道理的。

注意：从例 6.2 的结果可以受到启发，相关性度量可以取为 $1-\frac{|\boldsymbol{\Sigma}|}{|\boldsymbol{\Sigma}_{XX}||\boldsymbol{\Sigma}_{YY}|}$。

推广：$R^2=1-\frac{|\boldsymbol{\Sigma}|}{\prod_{i=1}^{k}|\boldsymbol{\Sigma}_{ii}|}$ 可以反映 k 个多元随机向量 $\boldsymbol{X}_1,\cdots,\boldsymbol{X}_k$ 的相关性。

6.2 相关性度量的常见方法

寻找变量间的相关关系是统计研究的重要目标。本节介绍常用的相关分析方法：简单相关分析、偏相关分析、距离相关分析。后面的章节还会继续学习典型相关分析、对应分析等相关分析方法。

6.2.1 简单相关分析

直观上，可以绘制散点图描述变量的关系，但是这种描述不精确，详见第 2 章。

为了量化相关的程度，可以通过计算相关系数进行相关分析。如果相关系数是根据总体全部数据计算的，则称为总体相关系数，通常记为 ρ；如果是根据样本数据计算的，则称为样本相关系数，记为 r。统计学中，一般用样本相关系数来推断总体相关系数，作为总体相关系数的估计。有时，为了判断 r 对 ρ 估计的效果，还需要对相关系数进行假设检验。

1. 皮尔逊相关系数(Pearson correlation coefficient)

皮尔逊相关系数被广泛用于度量两个变量线性相关性的强弱，它是由 Karl Pearson 在 19 世纪 80 年代从 Francis Galton 介绍的想法基础上发展起来的，被称为 Pearson 积矩相关系数。

定义 6.2.1 两个随机变量的皮尔逊相关系数为

$$\rho_{XY}=\frac{\mathrm{Cov}(X,Y)}{\sqrt{D(X)}\sqrt{D(Y)}}=\frac{E[(X-E(X))(Y-E(Y))]}{\sqrt{D(X)}\sqrt{D(Y)}} \tag{6.2.1}$$

式(6.2.1)定义了总体相关系数，一般用希腊字母 ρ_{XY} 或者 $\mathrm{corr}(X,Y)$ 表示，取值范围为[$-1,1$]。

假设样本为 (x_i,y_i)，$i=1,\cdots,n$，若用样本的协方差和标准差代替总体的协方差和标准差，则样本相关系数(一般用 r 表示)为

$$r_{xy}=\frac{\sum_{i=1}^{n}(x_i-\bar{x})(y_i-\bar{y})}{\sqrt{\sum_{i=1}^{n}(x_i-\bar{x})^2}\sqrt{\sum_{i=1}^{n}(y_i-\bar{y})^2}}$$

注意：或者通过标准化以后变量积的均值来定义，则样本 Pearson 相关系数为

$$r_{xy}=\frac{1}{n-1}\sum_{i=1}^{n}\left(\frac{x_i-\bar{x}}{s_X}\right)\left(\frac{y_i-\bar{y}}{s_Y}\right)$$

注意：由于 $E[(X-E(X))E(Y-E(Y))]=E(XY)-E(X)E(Y)$，利用方差计算公式，于是

$$\rho_{XY}=\frac{E(XY)-E(X)E(Y)}{\sqrt{E(X^2)-E^2(X)}\sqrt{E(Y^2)-E^2(Y)}}$$

则样本 Pearson 相关系数为

$$r_{xy}=\frac{\sum x_iy_i-n\bar{x}\,\bar{y}}{(n-1)s_xs_y}=\frac{n\sum x_iy_i-\sum x_i\sum y_i}{\sqrt{n\sum x_i^2-\left(\sum x_i\right)^2}\sqrt{n\sum y_i^2-\left(\sum y_i\right)^2}}$$

这提供了一个非常简单的计算样本相关系数的方法。

2. 斯皮尔曼秩相关系数(Spearman rank correlation coefficient)

Pearson 相关系数的数据需是等距的数据。如果不符合，可采用 Spearman 秩相关系数。Spearman 秩相关系数是一个非参数性质(与分布无关)的秩参数，由 Spearman 在 1904 年提出，Spearman 秩相关系数用以衡量定序变量间的线性相关关系。一般用希腊字母 ρ_s 或是 r_s 表示。

定义 6.2.2 假设原始的数据 (x_i, y_i) 按从小到大的顺序排列，记 (x_i', y_i') 为原 (x_i, y_i) 在排顺序后数据所在的位置，则 (x_i', y_i') 称为变量 (x_i, y_i) 的秩次，则 $d_i=x_i'-y_i'$ 为 (x_i, y_i) 的秩次之差。

如果没有相同的秩次，则 r_s 可由下式计算

$$r_s=1-\frac{6\sum_{i=1}^{n}d_i^{\ 2}}{n(n^2-1)} \tag{6.2.2}$$

注意：r_s 的计算公式推导过程如下

$$\overline{x'}=\overline{y'}=\frac{1}{n}(1+2+\cdots+n)=\frac{n+1}{2}$$

$$\sum_{i=1}^{n}x_i'^2=\sum_{i=1}^{n}y_i'^2=1^2+\cdots+n^2=\frac{n(n+1)(2n+1)}{6}$$

$$\sum_{i=1}^{n}x_i'y_i'=\frac{1}{2}\sum_{i=1}^{n}[x_i'^2+y_i'^2-(x_i'-y_i')^2]=\frac{n(n+1)(2n+1)}{6}-\frac{1}{2}\sum_{i=1}^{n}d_i^2\quad(d_i=x_i'-y_i')$$

$$r_s=\frac{n\sum x_i'y_i'-\sum x_i'\sum y_i'}{\sqrt{n\sum x_i'^2-\left(\sum x_i'\right)^2}\sqrt{n\sum y_i'^2-\left(\sum y_i'\right)^2}}=1-\frac{6\sum_{i=1}^{n}d_i^2}{n(n^2-1)}$$

Spearman 秩相关系数通常被认为是排序后的变量之间的 Pearson 线性相关系数。

注意：如果有相同的秩次存在，那么就需要计算秩次之间的 Pearson 线性相关系数

$$r_s=\frac{\sum_i(x_i'-\overline{x'})(y_i'-\overline{y'})}{\sqrt{\sum_i(x_i'-\overline{x'})^2\sum_i(y_i'-\overline{y'})^2}}$$

例 6.3 为研究肝癌情况，调查了 6 个地区，得到了黄曲霉素含量和肝癌死亡率数据，如表 6.2.1 所示，计算黄曲霉素含量和肝癌死亡率的 Spearman 秩相关系数。

解：由式(6.2.2)可知：$r_s=1-\frac{6\sum_{i=1}^{n}d_i^2}{n(n^2-1)}=1-\frac{6\times 12}{6(6^2-1)}=0.657$。

表 6.2.1　黄曲霉素含量和肝癌死亡率数据

地　区	黄曲霉素含量		死亡率		d	d^2
	x	x'	y	y'		
1	0.7	1	18.5	2	−1	1
2	1	2	20.9	3	−1	1
3	1.7	3	14.4	1	2	4
4	3.7	4	64.5	6	−2	4
5	4	5	27.3	4	1	1
6	5.1	6	46.5	5	1	1

3. 肯德尔等级相关系数(Kendall's coefficient of rank correlation)

Kendall 于 1938 年提出与 Spearman 秩相关相似的系数。他从两变量(x_i, y_i) $(i=1, 2, \cdots, n)$是否协同一致来检验两变量之间是否存在相关性。

首先引入协同的概念，再给出 Kendall 相关系数。

定义 6.2.3　假设有 n 对观测值$(x_1, y_1)\cdots(x_i, y_i)\cdots(x_j, y_j)\cdots(x_n, y_n)$，$(1\leqslant i<j\leqslant n)$，从中任取两对：如果乘积$(x_j-x_i)(y_j-y_i)>0$，称数对$(x_i, y_i)$与$(x_j, y_j)$满足协同性(concordant)，记 $\varphi=1$；如果乘积$(x_j-x_i)(y_j-y_i)<0$，称数对(x_i, y_i)与(x_j, y_j)不协同，记 $\varphi=-1$；如果乘积$(x_j-x_i)(y_j-y_i)=0$，称数对(x_i, y_i)与(x_j, y_j)无协同趋势，记 $\varphi=0$。

n 对观测值任取两对，共有 C_n^2 个，因此有 C_n^2 个 φ 值，把这些 φ 值相加除以 C_n^2，就得到 Kendall 相关系数，记为 r_K，即有

$$r_K=\frac{\sum\limits_{1\leqslant i<j\leqslant n}\varphi}{C_n^2} \tag{6.2.3}$$

续例 6.3　计算黄曲霉素含量和肝癌死亡率的 Kendall 相关系数。

解：以 $j=3$ 为例($x_3=1.7$，$y_3=14.4$)，则在 $1\leqslant i<j\leqslant n$ 条件下，i 取 2，1。则

$$j=3, i=2:(1.7-1)(14.4-20.9)<0, \varphi_{j=3,i=2}=-1$$

$$j=3, i=1:(1.7-0.7)(14.4-18.5)<0, \varphi_{j=3,i=1}=-1$$

所以 $j=3$ 时 φ 值小计为-2。其他情况类似，则对应的结果如下：

j	2	3	4	5	6	合　计
φ值小计	1	−2	3	2	3	7

故黄曲霉素含量和肝癌死亡率的 Kendall 相关系数为 $r_K=\dfrac{\sum\limits_{1\leqslant i<j\leqslant n}\varphi}{C_n^2}=\dfrac{7}{C_6^2}\approx 0.467$。

4. 案例分析和软件操作

SPSS 软件操作步骤：在"Analyze"下拉菜单"Correlate"命令项中有子命令"Bivariate"过程、"Partial"过程、"Distances"过程，分别对应着相关分析、偏相关分析和相似性测度。

Bivariate 过程用于进行两个或多个变量间的相关分析。在"Correlation Coefficients"栏内可以选择"Pearson""Kendall's tau-b""Spearman"，做上面的 3 个简单相关分析。

对例 6.3，软件操作结果如图 6.2.1 所示，除了给出相关系数外，还给出了假设检验，此处省略了相关系数的假设检验内容，感兴趣的读者可参阅相关文献。

Correlations

		VAR00001	VAR00002
VAR00001	Pearson Correlation	1	.707
	Sig. (2-tailed)		.116
	N	6	6
VAR00002	Pearson Correlation	.707	1
	Sig. (2-tailed)	.116	
	N	6	6

(a)

Correlations

			VAR00001	VAR00002
Kendall's tau_b	VAR00001	Correlation Coefficient	1.000	.467
		Sig. (2-tailed)	.	.188
		N	6	6
	VAR00002	Correlation Coefficient	.467	1.000
		Sig. (2-tailed)	.188	.
		N	6	6
Spearman's rho	VAR00001	Correlation Coefficient	1.000	.657
		Sig. (2-tailed)	.	.156
		N	6	6
	VAR00002	Correlation Coefficient	.657	1.000
		Sig. (2-tailed)	.156	.
		N	6	6

(b)

图 6.2.1　相关系数结果

从相关系数结果可知，皮尔逊相关系数为 0.707，Kendall 相关系数为 0.467。可见黄曲霉素含量与肝癌死亡率相关性较强。

例 6.4　某班级学生数学和化学的期末考试成绩如表 6.2.2 所示，现要研究该班学生的数学和化学成绩之间是否具有相关性。

表 6.2.2　某班级学生数学和化学的期末考试成绩

人　名	数　学	化　学	人　名	数　学	化　学
hxh	99	90	laly	80	99
yaju	88	99	john	70	89
yu	65	70	chen	89	98
shizg	89	78	david	85	88
hah	94	88	caber	50	60
smith	90	88	marry	87	87
watet	79	75	joke	87	87
jess	95	98	jake	86	88
wish	95	98	herry	76	79

解：从数据特点来看，本题考虑 Pearson 相关系数较为合适。软件操作结果如图 6.2.2 所示，可见数学与化学成绩的相关性比较强。

Correlations

		数学	化学
数学	Pearson Correlation	1	.742**
	Sig. (2-tailed)		.000
	N	18	18
化学	Pearson Correlation	.742**	1
	Sig. (2-tailed)	.000	
	N	18	18

**. Correlation is significant at the 0.01 level

图 6.2.2　Pearson 相关系数结果

例 6.5　某老师先后两次对其班级学生同一篇作文加以评分，两次成绩分别记为变量“作文 1”和“作文 2”，数据如表 6.2.3 所示。问两次评分的等级相关有多大，是否达到显著水平？

表 6.2.3　作文评分数据

人　名	作文 1	作文 2	人　名	作文 1	作文 2
hxh	86	83	laly	59	65
yaju	78	82	john	79	75
yu	62	70	chen	68	70
shizg	75	73	david	85	80
hah	89	92	caber	87	75
smith	67	65	marry	75	80
watet	96	93	joke	73	78
jess	80	85	jake	95	90
wish	77	75	herry	88	90

解：从数据特点来看，本题考虑 Kendall 相关系数、Spearman 相关系数较为合适。软件操作结果如图 6.2.3 所示。

Correlations

			第1次评分	第2次评分
Kendall's tau_b	第1次评分	Correlation Coefficient	1.000	.745**
		Sig. (2-tailed)	.	.000
		N	18	18
	第2次评分	Correlation Coefficient	.745**	1.000
		Sig. (2-tailed)	.000	.
		N	18	18
Spearman's rho	第1次评分	Correlation Coefficient	1.000	.874**
		Sig. (2-tailed)	.	.000
		N	18	18
	第2次评分	Correlation Coefficient	.874**	1.000
		Sig. (2-tailed)	.000	.
		N	18	18

**. Correlation is significant at the 0.01 level (2-tailed).

图 6.2.3　Kendall 相关系数和 Spearman 相关系数结果

从图6.2.3可见,第1次作文评分和第2次作文评分的Kendall相关系数为0.745,这表明同一篇作文第1次评分高的第2次评分也高。假设检验p值很小,拒绝两者不相关的假设,即两次评分是相关的、一致的。Spearman相关分析所得到的结果类似于Kendall相关分析。

6.2.2 偏相关分析

1. 偏相关系数

现实中,变量之间的相关关系是很复杂的。两个变量的简单相关分析结果,在一些情况下无法真实、准确地反映两个变量之间的相关关系。

例如,研究春季早稻产量、平均降雨量、平均温度之间的关系时,产量和平均降雨量之间的关系中实际还包含了平均温度对产量的影响。同时平均降雨量对平均温度也会产生影响。

例如,研究产品的需求和价格的关系,收入和价格常常都有不断提高的趋势,如果不考虑收入对需求的影响,仅计算需求和价格的简单相关系数,就有可能得出价格越高需求越大的不准确结论。

例如,研究儿童身高和言语能力的相关性。年龄越高,能力一般越强。年龄越高,身高一般越高。如果不考虑年龄的因素,则会得到儿童身高越高言语能力越强的不准确结论。

在上面这些情况下,单纯计算简单相关系数,不能准确地反映事物之间的相关关系,需要在剔除其他相关因素影响的条件下计算相关系数。偏相关分析正是用来解决这个问题的。

定义6.2.4(偏相关系数) 剔除了一个变量Z的影响后,两个变量X,Y之间的偏相关系数为

$$r_{xy\cdot z}=\frac{r_{xy}-r_{xz}r_{yz}}{\sqrt{1-r_{xz}^2}\sqrt{1-r_{yz}^2}}$$

式中,$r_{..}$是简单相关系数。剔除Z_1,Z_2的影响之后,两个变量X,Y之间的偏相关系数为

$$r_{xy\cdot z_1z_2}=\frac{r_{xy\cdot z_1}-r_{xz_2\cdot z_1}r_{yz_2\cdot z_1}}{\sqrt{1-r_{xz_2\cdot z_1}^2}\sqrt{1-r_{yz_2\cdot z_1}^2}}$$

式中,$r_{...}$是偏相关系数。其他情况依次类推。

注意: 在偏相关分析中,根据固定变量数目的多少,可分为零阶偏相关、一阶偏相关、二阶偏相关,…,$p-1$阶偏相关。零阶偏相关就是简单相关。

注意: 偏相关系数与简单相关系数的区别:在计算简单相关系数时,只需要掌握两个变量的观测数据,并不考虑其他变量对这两个变量可能产生的影响,如图6.2.4所示。在计算偏相关系数时,需要掌握多个变量的数据,一方面考虑多个变量相互之间可能产生的影响,另一方面采用一定的方法控制其他变量,考察两个变量的净相关,如图6.2.5所示。

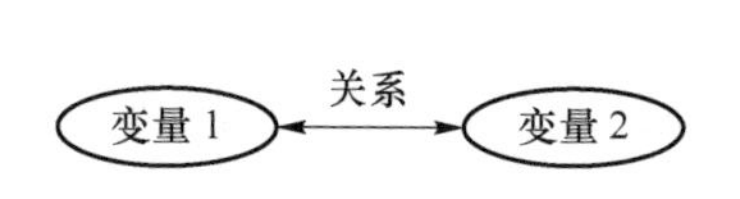

图6.2.4 简单相关分析示意图

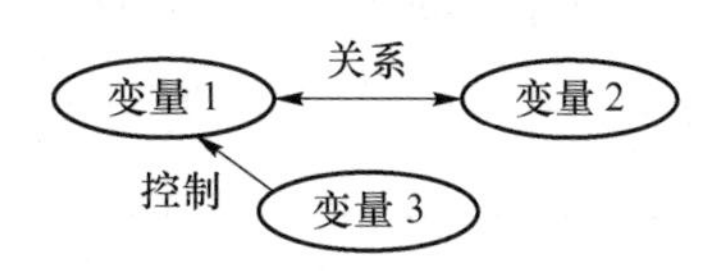

图6.2.5 偏相关分析示意图

2. 偏相关分析的案例分析和软件操作

偏相关分析的 SPSS 软件操作步骤:在 SPSS 窗口中选择"Analyze"→"Correlate",选择第二个子菜单进入偏相关分析界面(Partial…)。

例 6.6 某农场通过试验取得某农作物产量、春季降雨量、平均温度的数据,如表 6.2.4 所示,现求降雨量与产量的偏相关系数。

表 6.2.4 某农作物产量和春季降雨量及平均温度数据

产 量	降雨量	温 度	产 量	降雨量	温 度
150	25	6	500	115	16
230	33	8	550	120	17
300	45	10	580	120	18
450	105	13	600	125	18
480	111	14	600	130	20

解: 软件操作结果如图 6.2.6 所示。可见降雨量与产量的简单相关系数为 0.981,在控制了温度这个变量后,降雨量与产量的偏相关系数为 0.78,用这个值反映降雨量与产量的关系更准确。

Correlations

Control Variables			产量	降雨量	温度
-none-[a]	产量	Correlation	1.000	.981	.986
		Significance(2-tailed)		.000	.000
		df	0	8	8
	降雨量	Correlation	.981	1.000	.957
		Significance(2-tailed)	.000		.000
		df	8	0	8
	温度	Correlation	.986	.957	1.000
		Significance(2-tailed)	.000	.000	
		df	8	8	0
温度	产量	Correlation	1.000	.780	
		Significance(2-tailed)		.013	
		df	0	7	
	降雨量	Correlation	.780	1.000	
		Significance(2-tailed)	.013		
		df	7	0	

a. Cells contain zero-order(Pearson) correlations.

图 6.2.6 偏相关分析结果

关于变量之间的相关研究还有很多,如广义相关系数的研究。还有一些我们熟悉的方法,本质上也是在研究变量之间的关系。例如,方差分析本质上是度量定性变量和定量变量的关系的方法,由英国统计学家费希尔(Fisher)在 20 世纪 20 年代提出;再如,多元回归分析是度量多个变量之间关系的方法。在后面的章节我们还会给出一些研究变量关系的方法,如列联表分析、对应分析,它们可以考察定性变量之间的关系;如典型相关分析,它是度量多维变量之间相关性的方法。

6.3　距离与相似系数

相关分析可以利用距离和相似系数衡量,以考察其相互接近程度。通常,相似性可以借助相似系数反映,差异性可以通过距离反映,距离和相似性是同一类别的数学问题。统计学中有各种各样的距离定义,各有优缺点。多元统计中很多方法都可以用相似性或距离的观点来推导,如判别分析、聚类分析等,可以根据目的或研究对象的特征选择合适的距离,也可以自行定义。需要明确的是,定义任何一种距离,都不得违背距离公理。

定义 6.3.1 (距离公理)　设 $\boldsymbol{x}_1,\boldsymbol{x}_2,\cdots,\boldsymbol{x}_n$ 为 n 个样品,第 i 个样品 $\boldsymbol{x}_i$ 与第 j 个样品 $\boldsymbol{x}_j$ 之间建立一个函数关系式 $d_{ij}=d(\boldsymbol{x}_i,\ \boldsymbol{x}_j)$,如果它满足如下条件,则称 d_{ij} 为样品 $\boldsymbol{x}_i$ 与 $\boldsymbol{x}_j$ 之间的距离:

① 非负性,$d_{ij}\geqslant 0$ 对所有的 i,j 成立;

② 规范性,$d_{ij}=0$ 当且仅当 $\boldsymbol{x}_i=\boldsymbol{x}_j$;

③ 对称性,$d_{ij}=d_{ji}$ 对所有的 i,j 成立;

④ 三角不等式(或 Cauchy 不等式),$d_{ij}\leqslant d_{ik}+d_{kj}$ 对所有的 i,j,k 成立。

注意: 上面给出的距离是通常意义下的距离定义。距离的大小可以反映样品之间的差异程度。

6.3.1　常见距离

假定有 n 个样品,每个样品都有 m 个变量,观测数据为 x_{ij},$i=1,2,\cdots,n,j=1,2,\cdots,m$,则原始数据矩阵 $\boldsymbol{X}$ 为

$$\boldsymbol{X}=\begin{pmatrix} x_{11} & x_{12} & \cdots & x_{1m} \\ x_{21} & x_{22} & \cdots & x_{2m} \\ \vdots & \vdots & & \vdots \\ x_{n1} & x_{n2} & \cdots & x_{nm} \end{pmatrix}_{n\times m}$$

$\bar{x}_j=\dfrac{1}{n}\sum\limits_{i=1}^{n}x_{ij}$ 为第 j 个变量的样本均值,$s_j=\sqrt{\dfrac{1}{n-1}\sum\limits_{i=1}^{n}(x_{ij}-\bar{x}_j)^2}$ 为第 j 个变量的样本标准差,s_j^2 是样本方差。

通常,我们都是研究样品间的距离。为了方便,记第 i 个、第 j 个样品为 $\boldsymbol{x}_i,\boldsymbol{x}_j,i,j=1,2,\cdots,n$,它们均为 m 维向量,且

$$\boldsymbol{x}_i=\begin{pmatrix} x_{i1} \\ x_{i2} \\ \vdots \\ x_{im} \end{pmatrix},\ \boldsymbol{x}_j=\begin{pmatrix} x_{j1} \\ x_{j2} \\ \vdots \\ x_{jm} \end{pmatrix}$$

1. 欧式距离

欧式距离(Euclidean distance)

$$d_{ij} = \left[\sum_{k=1}^{m} (x_{ik} - x_{jk})^2 \right]^{1/2} \tag{6.3.1}$$

欧式距离平方(squared Euclidean distance)

$$d_{ij}^2 = \sum_{k=1}^{m} (x_{ik} - x_{jk})^2 \tag{6.3.2}$$

例 6.7 已知 3 个城市的 3 项指标,如表 6.3.1 所示,计算它们的欧式距离。

表 6.3.1 甲、乙、丙 3 个城市的 3 个指标

城 市	非农业人口	工业总产值	建成区面积
城市甲(A)	160	60	115
城市乙(B)	110	43	93
城市丙(C)	90	35	75
样本均值($\bar{x}$)	120	46	94.33
样本方差(S^2)	1 300	163	401.3

解:由式(6.3.1)可知,甲、乙两城市的欧式距离(注意:这不是地理或者交通意义的距离)为

$$d_{AB} = \sqrt{(160-110)^2 + (60-43)^2 + (115-93)^2} = \sqrt{50^2 + 17^2 + 22^2} = 57.210$$

2. 明氏距离

明氏距离也称为闵氏距离、Minkowski 距离。其计算公式为

$$d_{ij}(q) = \left[\sum_{k=1}^{m} |x_{ik} - x_{jk}|^q \right]^{1/q},\ i,j = 1,2,\cdots,n \tag{6.3.3}$$

① 当 $q=1$ 时,得绝对(Block)距离

$$d_{ij}(1) = \sum_{k=1}^{m} |x_{ik} - x_{jk}| \tag{6.3.4}$$

② 当 $q=2$ 时,得欧式距离

$$d_{ij}(2) = \left(\sum_{k=1}^{m} |x_{ik} - x_{jk}|^2 \right)^{1/2}$$

③ 当 $q \to \infty$ 时,得切比雪夫(Chebychev)距离

$$d_{ij}(\infty) = \max_{1 \leqslant k \leqslant m} |x_{ik} - x_{jk}| \tag{6.3.5}$$

明氏距离的优点为:人们使用较多,较熟悉,易于理解。其缺点为:受变量量纲的影响,没有考虑各个分量之间的相关性。

续例 6.7 计算甲、乙两城市的绝对距离。

解:由式(6.3.4)可知,甲、乙两城市的绝对距离为 $d_{AB}(1) = 50 + 17 + 22 = 89$。

3. 矩阵 $\boldsymbol{B}$ 模距离

对于正定矩阵 $\boldsymbol{B}$,$\boldsymbol{B}$ 模距离

$$d_{ij} = \left[(\boldsymbol{x}_i - \boldsymbol{x}_j)^{\mathrm{T}} \boldsymbol{B} (\boldsymbol{x}_i - \boldsymbol{x}_j) \right]^{1/2},\ i,j = 1,2,\cdots,n \tag{6.3.6}$$

① 当 $\boldsymbol{B} = \boldsymbol{I}$(单位矩阵)时,$d_{ij}$ 为欧式距离。

② 当

$$\boldsymbol{B}=\operatorname{diag}\left(\frac{1}{s_1^2},\frac{1}{s_2^2},\cdots,\frac{1}{s_m^2}\right) \tag{6.3.7}$$

时，d_{ij} 为精度加权距离，其中 s_k^2 为第 k 个变量的样本方差，$k=1,2,\cdots,m$。以 $n=3$ 为例

$$d_{ij}^2=(x_{i1}-x_{j1}\quad x_{i2}-x_{j2}\quad x_{i3}-x_{j3})\begin{pmatrix}1/s_1^2 & 0 & 0\\ 0 & 1/s_2^2 & 0\\ 0 & 0 & 1/s_3^2\end{pmatrix}\begin{pmatrix}x_{i1}-x_{j1}\\ x_{i2}-x_{j2}\\ x_{i3}-x_{j3}\end{pmatrix}$$

$$=\frac{(x_{i1}-x_{j1})^2}{s_1^2}+\frac{(x_{i2}-x_{j2})^2}{s_2^2}+\frac{(x_{i3}-x_{j3})^2}{s_3^2}$$

③ 当 $\boldsymbol{B}=[\operatorname{Var}(\boldsymbol{X})]^{-1}=\boldsymbol{\Sigma}^{-1}$ 时，d_{ij} 为马氏(Mahalanobis)距离，也称为统计距离。

续例 6.7　计算甲、乙两城市它们的精度加权距离。

解： 由式(6.3.7)可计算出甲、乙两城市精度加权距离为

$$d_{\mathrm{AB}}=\sqrt{\frac{50^2}{1\,300}+\frac{17^2}{163}+\frac{22^2}{401.3}}=\sqrt{1.92+1.77+1.21}=2.21$$

定义 6.3.2　设 $\boldsymbol{x}_i,\boldsymbol{x}_j$ 是从均值为 $\boldsymbol{\mu}$，协方差阵为 $\boldsymbol{\Sigma}$ 的总体 G 中抽的样品，如果逆矩阵 $\boldsymbol{\Sigma}^{-1}$ 存在，则两个样品之间的马氏距离的平方为

$$d_{ij}^2=(\boldsymbol{x}_i-\boldsymbol{x}_j)^{\mathrm{T}}\boldsymbol{\Sigma}^{-1}(\boldsymbol{x}_i-\boldsymbol{x}_j) \tag{6.3.8}$$

某样品 $\boldsymbol{x}$ 到总体 G 的马氏距离的平方为

$$d_{(\boldsymbol{x},G)}^2=(\boldsymbol{x}-\boldsymbol{\mu})^{\mathrm{T}}\boldsymbol{\Sigma}^{-1}(\boldsymbol{x}-\boldsymbol{\mu}) \tag{6.3.9}$$

注意： 通常在计算时，取样本均值和样本协方差阵作为 $\boldsymbol{\mu}$ 和 $\boldsymbol{\Sigma}$ 的估计，即取 $\hat{\boldsymbol{\Sigma}}=[s_{ij}]_{m\times m}$，其中 $s_{ij}=\frac{1}{n-1}\sum_{\alpha=1}^{n}(\boldsymbol{x}_{\alpha i}-\bar{\boldsymbol{x}}_i)(x_{\alpha j}-\bar{\boldsymbol{x}}_j)$，$i,j=1,2,\cdots,m$，$\bar{\boldsymbol{x}}_i=\frac{1}{n}\sum_{\alpha=1}^{n}x_{\alpha i}$，$\bar{\boldsymbol{x}}_j=\frac{1}{n}\sum_{\alpha=1}^{n}x_{\alpha j}$。

马氏距离是由印度统计学家马哈拉诺比斯(Mahalanobis)1936 年提出的。

例 6.8　横轴 x_1 代表重量(单位为 kg)，纵轴 x_2 代表长度(单位为 cm)，A、B、C、D 4 点的坐标见图 6.3.1，计算 A 点与 B 点的欧式距离和 C 点与 D 点的欧式距离。

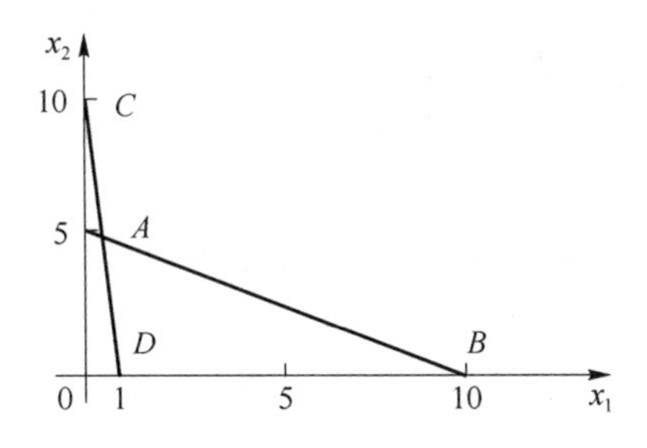

图 6.3.1　A、B、C、D 4 点的坐标图

解： A 点与 B 点和 C 点与 D 点的欧式距离分别为：$AB=\sqrt{5^2+10^2}=\sqrt{125}$，$CD=\sqrt{10^2+1^2}=\sqrt{101}$。可见，$AB$ 比 CD 要长。

但是，若 x_2 的单位为 mm，x_1 的单位保持不变，此时 A 坐标为(0,50)，C 坐标为(0,100)，则 $AB=\sqrt{50^2+10^2}=\sqrt{2\,600}$，$CD=\sqrt{100^2+1^2}=\sqrt{10\,001}$，结果 CD 比 AB 长。

改变变量的单位后，结果不同，说明欧式距离受到变量的单位影响。

欧式距离是两点间的直线距离，是生活中默认使用的距离。其优点为：几何意义明确、简单、易掌握。其缺点为：各个分量的贡献相同。距离受到变量单位(量纲)的影响。故有时需要

对各个分量加权，或者去掉单位影响，化为统计距离。

例 6.9 在一维情况下，有两个一维正态总体 $G_1:N(\mu_1,\sigma_1^2)$ 和 $G_2:N(\mu_2,\sigma_2^2)$，图 6.3.2 中有一个 A 点，问 A 离哪个总体近？

解：从欧氏距离的角度来看，点 A 距左面 G_1 总体的中心 μ_1 比距离右面 G_2 总体的中心 μ_2 要近。所以点 A 离 G_1 更近一些。

从马氏距离的角度来看，已知点 A 距离 μ_1 右侧 $4\sigma_1$，距离 μ_2 左侧 $3\sigma_2$，可得：$d^2(A,G_1)=(A-\mu_1)^{\mathrm{T}}\sigma_1^{-2}(A-\mu_1)=(A-\mu_1)^2\sigma_1^{-2}=16$，得 $d(A,G_1)=4$；$d^2(A,G_2)=(A-\mu_2)^{\mathrm{T}}\sigma_2^{-2}(A-\mu_2)=(A-\mu_2)^2\sigma_2^{-2}=9$，得 $d(A,G_2)=3$。所以，从马氏距离的角度来看，点 A 离 G_2 更近一些。图 6.3.3 用散点图方式展示了已知条件，可见 G_1 总体的点很密集，点 A 乍一看离 G_1 总体近，实则想打入 G_1 内部很难，也就是离 G_1 总体远。

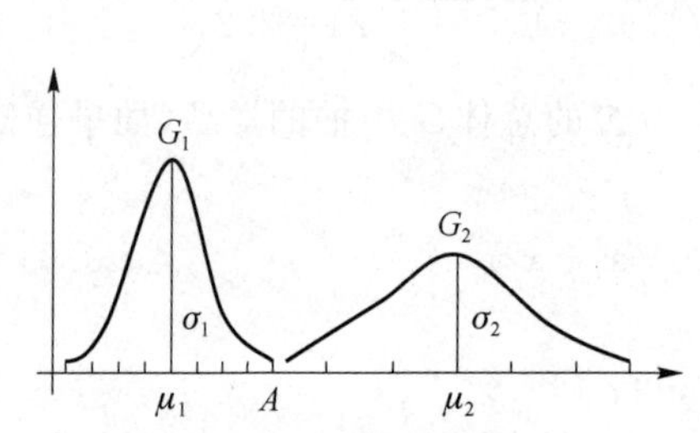

图 6.3.2 两个一维正态总体示意图

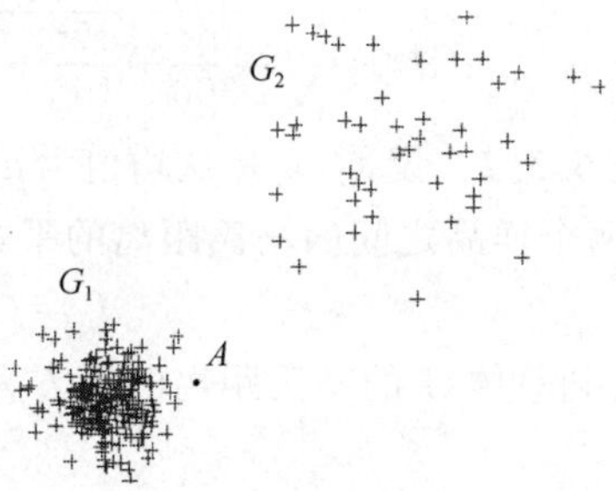

图 6.3.3 两个一维总体马氏距离示意图

马氏距离的优点：排除了指标间的相关性干扰，不受指标量纲的影响，对原数据进行线性变换之后，马氏距离不变。

续例 6.7 计算甲(A)、乙(B)两城市的马氏距离。

解：计算样本协方差矩阵，可得

$$\hat{\boldsymbol{\Sigma}}=\begin{pmatrix}1\,300 & 460 & 710\\ 460 & 163 & 253\\ 710 & 253 & 401.3\end{pmatrix}$$

其逆矩阵为

$$\hat{\boldsymbol{\Sigma}}^{-1}=\begin{bmatrix}-6.8\mathrm{E}+12 & 2.41\mathrm{E}+13 & -3.1\mathrm{E}+12\\ 2.41\mathrm{E}+13 & -8.5\mathrm{E}+13 & 1.11\mathrm{E}+13\\ -3.1\mathrm{E}+12 & 1.11\mathrm{E}+13 & -1.5\mathrm{E}+12\end{bmatrix}$$

于是甲、乙两城市的马氏距离为

$$d_{\mathrm{AB}}=\sqrt{(50\quad 17\quad 22)\hat{\boldsymbol{\Sigma}}^{-1}\begin{pmatrix}50\\17\\22\end{pmatrix}}=\sqrt{5.062\,5}=2.25$$

SPSS 软件输出样本协方差阵的操作：在 SPSS 窗口选择“Analysis”→“Scale”→“Reliability analysis”→“Statistics”，选择“inter-item”选项，输出协方差矩阵。马氏距离需要编程实现，无现成的窗口操作命令。

4. 兰氏距离

兰氏距离由 Lance 和 Williams 最早提出，也称坎贝拉距离(Canberra)，定义如下

$$d_{ij} = \frac{1}{m}\sum_{k=1}^{m}\frac{|x_{ik} - x_{jk}|}{x_{ik} + x_{jk}} \tag{6.3.10}$$

续例 6.7　计算甲(A)、乙(B)两城市的兰氏距离。

解： 由式(6.3.10)，有($|x_{ik}-x_{jk}|$)=(50　17　22)，($x_{ik}+x_{jk}$)=(270　103　208)，兰氏距离 $d_{AB}=\frac{1}{3}\left(\frac{50}{270}+\frac{17}{103}+\frac{22}{208}\right)=0.152$。

兰氏距离的优点：有助于克服各指标间的量纲的影响。其缺点：仅适用于 $x_{ij}>0$ 的情况，没有考虑指标之间的相关性。

5. 自定义距离

有时可以根据研究自定义一个距离，定义的依据是距离公理，自定义距离(customized distance)公式如下

$$d_{ij} = [\sum_{k=1}^{m} |x_{ik} - x_{jk}|^{p}]^{1/r},\ i,j = 1,2,\cdots,n \tag{6.3.11}$$

软件 SPSS 中，允许自定义距离的参数，默认的幂(power)和根(root)分别为 $p=2$，$r=2$，此时相当于欧式距离。用户可以在 1～4 之间选择 p 值和 r 值，从而定义自己的距离。如何定义取决于研究问题的特性和需要，这要求对距离概念具有较深的理解，否则还是采用比较熟悉的距离公式。

6. 距离矩阵

设样品 $\boldsymbol{x}_i$ 与 $\boldsymbol{x}_j$ 之间的距离为 d_{ij}，可得距离矩阵

$$\boldsymbol{D}=\begin{pmatrix} d_{11} & d_{12} & \cdots & d_{1n} \\ d_{21} & d_{22} & \cdots & d_{2n} \\ \vdots & \vdots & & \vdots \\ d_{n1} & d_{n2} & \cdots & d_{nn} \end{pmatrix}$$

其中距离 d_{ij} 的值越小，表示 $\boldsymbol{x}_i$ 与 $\boldsymbol{x}_j$ 越接近。

例如，不管采用何种距离，前面 3 个城市中两两城市之间的距离求出之后，就可以构造形如下面的距离矩阵

$$\boldsymbol{D}=\begin{pmatrix} d_{AA} & d_{AB} & d_{AC} \\ d_{BA} & d_{BB} & d_{BC} \\ d_{CA} & d_{CB} & d_{CC} \end{pmatrix}=\begin{pmatrix} 0 & d_{AB} & d_{AC} \\ d_{BA} & 0 & d_{BC} \\ d_{CA} & d_{CB} & 0 \end{pmatrix}$$

7. 相似系数

有时不仅研究样品的相关，还需要研究变量间的相关，通常采用相似系数来表示变量之间的亲疏程度。此处关于变量，仍记为 $\boldsymbol{x}_i$，$\boldsymbol{x}_j$，分别代表第 i、第 j 个变量。常见相似系数如下。

(1) 夹角余弦

$$\cos\theta_{ij} = \frac{\sum_{k=1}^{m} x_{ik}x_{jk}}{\sqrt{\sum_{k=1}^{m} x_{ik}}\sqrt{\sum_{k=1}^{m} x_{jk}}},\ -1 \leqslant \cos\theta_{ij} \leqslant 1 \tag{6.3.12}$$

(2) 相关系数

设 r_{ij} 表示 $\boldsymbol{x}_i$ 与 $\boldsymbol{x}_j$ 的相关系数，则

$$r_{ij}=\frac{\sum_{k=1}^{m}(x_{ik}-\bar{x}_i)(x_{jk}-\bar{x}_j)}{\sqrt{\sum_{k=1}^{m}(x_{ik}-\bar{x}_i)^2}\sqrt{\sum_{k=1}^{m}(x_{jk}-\bar{x}_j)^2}},\ -1\leqslant r_{ij}\leqslant 1 \tag{6.3.13}$$

注意：当数据标准化以后，就有 $r_{ij}=\cos\theta_{ij}$。

6.3.2 距离分类与数据标准化

1. 距离分类

常见的距离通常划分为相似性测度(similarities)和不相似性测度(dissimilarities)。在SPSS软件中，距离相关分析通过在SPSS窗口中选择“Analysis”→“Correlate”→“Distances”实现。具体分析问题时，要根据案例情况选择合适的距离。

(1) 不相似性测度

通过计算样品之间或变量之间的距离来表示，主要有如下3种情况。

情况1 定距型变量间距离

定距型变量间距离主要有欧式距离、绝对值距离等，详见表6.3.2。

表6.3.2 定距型变量间常见距离

名 称	SPSS名称	计算公式
欧式距离	Euclidean distance	$d_{ij}=\left[\sum_{k=1}^{m}(x_{ik}-x_{jk})^2\right]^{1/2}$
欧式距离的平方	squared Euclidean distance	$d_{ij}^2=\sum_{k=1}^{m}(x_{ik}-x_{jk})^2$
绝对值距离	Block distance	$d_{ij}=\sum_{k=1}^{m}\lvert x_{ik}-x_{jk}\rvert$
切比雪夫距离	Chebychev distance	$d_{ij}=\max_{1\leqslant k\leqslant m}\lvert x_{ik}-x_{jk}\rvert$
明氏距离	Minkovski distance	$d_{ij}=\left(\sum_{k=1}^{m}\lvert x_{ik}-x_{jk}\rvert^{q}\right)^{1/q}$
自定义距离	customized distance	$d_{ij}=\left(\sum_{k=1}^{m}\lvert x_{ik}-x_{jk}\rvert^{p}\right)^{1/r}$

情况2 定序型变量间距离

定序型变量间距离主要有卡方不相似测度χ^2、Phi方不相似测度φ^2，详见表6.3.3。

表6.3.3 定序型变量间常见距离

名 称	SPSS名称	计算公式
χ^2测度	Chi-square measure	$d_{\text{chi}}(x,y)=\sqrt{\sum_{k=1}^{m}\left[\frac{(x_k-E(x_k))^2}{E(x_k)}\right]+\sum_{k=1}^{m}\left[\frac{(y_k-E(y_k))^2}{E(y_k)}\right]}$
φ^2测度	Phi-square measure	$d_{\text{phi}}(x,y)=\sqrt{\frac{\sum_{k=1}^{m}\left[\frac{(x_k-E(x_k))^2}{E(x_k)}\right]+\sum_{k=1}^{m}\left[\frac{(y_k-E(y_k))^2}{E(y_k)}\right]}{n}}$

情况 3　二值变量(binary-valued variables) 间距离

二值变量间距离主要有欧氏距离、欧氏距离的平方、Lane and Williams 不相似性测度等，详见表 6.3.4。

在实际工作中使用二值变量的次数很多，例如，医学材料中往往同时包含较多的离散型变量，它们被划分成几个互相排斥的类型，性别分男、女，治疗效果分治愈、好转、无效等，这些变量可以进一步划分成多个二值变量，通常二值变量的数据为列联表数据，请见表 6.3.5。

表 6.3.4　二值变量间常见距离

名　称	SPSS 名称	计算公式
欧式距离	Euclidean distance	$d_{ij}=\sqrt{b+c}$
欧式距离的平方	squared Euclidean distance	$d_{ij}=b+c$
大小差测度	size difference	$d_{ij}=\frac{(b-c)^2}{(a+b+c+d)^2}$
型差异测度	pattern difference	$d_{ij}=\frac{bc}{(a+b+c+d)^2}$
变差测度	variance	$d_{ij}=\frac{b+c}{4(a+b+c+d)}$
形状测度	shape	$d_{ij}=\frac{(a+b+c+d)(b+c)-(b-c)^2}{(a+b+c+d)^2}$
L-W 测度	Lance and Williams	$d_{ij}=\frac{b+c}{2a+b+c}$

表 6.3.5　二值变量的列联表数据

样品 j	样品 i	
	值为 1 的变量个数	值为 0 的变量个数
值为 1 的变量个数	a	b
值为 0 的变量个数	c	d

(2) 相似性测度

相似性测度用来对两变量之间的相似性进行数量化描述，给出两变量之间可以定义相似性测度的统计量。

定距型变量主要有 Pearson 相关系数、夹角余弦距离(Cosine 相关) 等。

二值变量主要有简单匹配(simple matching) 系数、Jaccard 相似性系数等 20 余种。

例如，简单匹配系数为

$$s_{ij}=\frac{a+d}{a+b+c+d}$$

Jaccard 相似性系数为

$$s_{ij}=\frac{a}{a+b+c}$$

其中，a 表示 i，j 两样品中均为 1 的二值变量个数，b 和 c 表示两样品中取值不同的二值变量的个数。Jaccard 相似性系数是 Anderberg 于 1973 年提出的。

2. 数据变换方法

很多统计方法受到样本数据的量纲的影响，在分析中，经常对原始数据进行变换处理，以便使不同量纲、不同数量级的数据能放在一起比较。常用的方法有以下几种。

① 中心化：$x_{ij}^{*}=x_{ij}-\overline{x}_{j}$，$i=1,2,\cdots,n;j=1,2,\cdots,m$。

② 正态标准化(Z 标准化)：$x_{ij}^{*}=\dfrac{x_{ij}-\overline{x}_{j}}{s_{j}}$，$i=1,2,\cdots,n;j=1,2,\cdots,m$。

注意： 正态标准化后均值为 0，方差为 1。

③ 极差标准化：$x_{ij}^{*}=\dfrac{x_{ij}-\overline{x}_{j}}{R(x_{j})}=\dfrac{x_{ij}-\overline{x}_{j}}{\max(x_{j})-\min(x_{j})}$。与 Z 标准化的不同之处在于用极差代替了标准差。

④ 极差正规化：$x_{ij}^{*}=\dfrac{x_{ij}-\min(x_{j})}{R(x_{j})}=\dfrac{x_{ij}-\min(x_{j})}{\max(x_{j})-\min(x_{j})}$。

注意： 极差正规化的结果是最大值为 1，最小值为 0，即 $0\leqslant x_{ij}^{*}\leqslant 1$。

⑤ 对数变换：$x_{ij}^{*}=\lg(x_{ij})$，$x_{ij}>0$。

注意： 对数变换后的数据特点是，可将具有指数特征的数据结构化为线性数据结构。

此外，还有平方根变换、立方根变换等。立方根变换和平方根变换的主要作用是把非线性数据结构变为线性数据结构，以适应某些统计方法的需要。

6.4 小 贴 士

1. 高尔顿(F. Galton)

高尔顿：英国统计学家，1822 年 2 月 16 日—1911 年 1 月 17 日。

主要著作：*Meteorographica*(《气象测量》，1863 年)、*Natural Inheritance*(《自然的遗传》，1889 年)等十几部专著和 200 多篇论文。

主要经历：18 岁时到伦敦国王学院学习解剖学和植物学，随后转到剑桥大学三一学院学习自然哲学和数学，后进入圣乔治医院学医；1853 年被选为皇家地理学会会员，1909 年，高尔顿被英国王室授予勋爵称号。

在多元统计学科上的贡献：高尔顿对统计学的最大贡献是相关性概念的提出和回归分析方法的建立，1877 年指出回归到平均值(regression toward the mean)现象的存在，这个概念与现代统计学中的"回归"并不相同，但是却是"回归"一词的起源；1888 年，高尔顿在论文《相关及其度量——主要来自人类学的数据》中，首次提出"相关系数"的概念，使用字母"r"来表示相关系数，这个传统一直延续至今；1900 年提出"生物统计学"这个名词。

2. 卡尔·皮尔逊(Karl Pearson)

卡尔·皮尔逊：英国统计学家，1857 年 3 月 27 日—1936 年 4 月 27 日。

主要著作有：《科学的基本原理》《对进化论的数学贡献》《统计学家和生物统计学家用表》《死的可能性和进化论的其他研究》《高尔顿的生活、书信和工作》等。

主要经历：皮尔逊是英国数学家、生物统计学家、数理统计学的创立者、自由思想者，1879 年获得剑桥数学学士学位；1879—1880 年，先在海德堡大学学习物理学和哲学，然后到柏林大学学习罗马法和达尔文进化论课程；1900 年皮尔逊和高尔顿主持创办著名的《生物统计学》杂志，创刊至今一直是高影响力的统计学刊物；皮尔逊建立了世界上第一个数理统计实验室，培养了不少杰出数理统计学家，例如，他的学生戈塞特在实验室进修，1908 年以笔名"学生"发表

“学生分布(t 分布)”,开创小样本统计理论。

在多元统计学科上的贡献:他被公认是现代统计科学的创立者、统计学之父,1895 年,他在 *Philosophical Transactions of the Royal Society of London* 杂志上发表的系列论文中,将源于生物统计学领域的回归与相关的概念进一步发展,推广为一般统计方法论的重要概念,给出至今仍被广泛使用的线性相关计算公式;皮尔逊还得出回归方程式及回归系数(根据最小二乘法计算获得)的计算公式;1897—1905 年,皮尔逊提出复相关、总相关、相关比等概念,给出统计学“总体”的概念,提出统计研究不是研究样本本身,而是根据样本对总体进行推断,这种想法发现了拟合优度检验,他提出 “众数”“标准差”“正态曲线” “均方根误差”等统计学名词,给出矩估计法,这是一种重要的参数估计方法等。

3. 莫里斯·乔治·肯德尔(Maurice George Kendall)

莫里斯·乔治·肯德尔:英国统计学家,1907 年 9 月 6 日—1983 年 5 月 29 日。

主要著作:《随机性和随机抽样的数字》(英国皇家统计学会杂志,1938 年),《随机数字表》(英国,剑桥大学出版社,1939 年),与斯图尔特(Alan Stuart)合作出版《高等统计学理论》(1943 年),*Rank correlation method*(《等级相关法》,1948 年)等。

主要经历: 1930 年毕业于剑桥大学,先后获文学硕士和理学博士学位;1930 年进入英国农业渔业部工作;1940 年任联合国海运社统计师;1949 年起任伦敦经济学校统计学讲座教授和伦敦大学统计学教授;1968 年获皇家统计学会金质奖章;1971 年任科学控制系统(控股公司)董事长;1948 年当选为国际统计学会会员;1980 年以后是荣誉会长。

在多元统计学科上的贡献: 1938 年肯德尔提出基于两个等级比较转换数的等级相关系数,命名为肯德尔系数;1951 年应国际统计学会的邀请,在联合国经社理事会和教科文组织的支持下,与巴克兰(W. R. Buckland)合作,历时五载编成《统计名词辞典》一书,定义“统计学”(statistics)为:“统计学是收集、分析和解释统计数据的科学。”

6.5 习　　题

1. 某地区 10 名健康儿童头发和全血中的硒含量(1‰)如表 6.5.1 所示,试给出头发硒含量与全血硒含量的简单相关分析。

表 6.5.1　硒含量数据

编　号	发　硒	血　硒	编　号	发　硒	血　硒
1	74	13	6	73	9
2	66	10	7	66	7
3	88	13	8	96	14
4	69	11	9	58	5
5	91	16	10	73	10

2. 某地 29 名 13 岁男童身高、体重和肺活量的数据如表 6.5.2 所示，试对该资料控制体重影响作用的身高与肺活量做偏相关分析。

表 6.5.2 数据

编　号	身高/cm	体重/kg	肺活量/mL	编　号	身高/cm	体重/kg	肺活量/mL
1	135.1	32.0	1 750	16	153.0	47.2	1 750
2	139.9	30.4	2 000	17	147.6	40.5	2 000
3	163.6	46.2	2 750	18	157.5	43.3	2 250
4	146.5	33.5	2 500	19	155.1	44.7	2 750
5	156.2	37.1	2 750	20	160.5	37.5	2 000
6	156.4	35.5	2 000	21	143.0	31.5	1 750
7	167.8	41.5	2 750	22	149.4	33.9	2 250
8	149.7	31.0	1 500	23	160.8	40.4	2 750
9	145.0	33.0	2 500	24	159.0	38.5	2 500
10	148.5	37.2	2 250	25	158.2	37.5	2 000
11	165.5	49.5	3 000	26	150.0	36.0	1 750
12	135.0	27.6	1 250	27	144.5	34.7	2 250
13	153.3	41.0	2 750	28	154.6	39.5	2 500
14	152.0	32.0	1 750	29	156.5	32.0	1 750
15	160.5	47.2	2 250				

3. 某医师对 8 份标准血红蛋白样品作 3 次平行检测，结果如表 6.5.3 所示。①请给出此例的距离矩阵。②请问 3 次平行检测结果是否一致？

表 6.5.3 检测数据

样品号	1	2	3	4	5	6	7	8
第一次	12.36	12.14	12.31	12.32	12.12	12.28	12.24	12.41
第二次	12.40	12.20	12.28	12.25	12.22	12.34	12.31	12.30
第三次	12.18	12.22	12.35	12.21	12.10	12.25	12.20	12.46

第7章　主成分分析

“某些人不喜欢统计学，但我发现其中充满乐趣，无论什么时候它也不是难以接近的。他们使用较高级的方法审慎地处理事务，并详细阐述。统计学是追求科学的人从荆棘丛生的困难阻挡中，开辟出道路的最好工具。”

——高尔顿(F. Galon)

实际问题中，为了全面了解研究的问题，往往要考虑很多的变量，这样虽然可以避免重要信息的遗漏，但是增加了研究的复杂性。通常，同一个研究问题的多个变量之间常存在相关性，这会使各变量之间的信息有“重叠”。所以，人们希望加工彼此相关的变量，用较少不相关的变量来代替原来较多的相关的变量，简化研究问题，这也是降维的思想。这就产生了主成分分析、因子分析、典型相关分析等统计方法，本章介绍主成分分析。

7.1　什么是主成分分析

主成分的概念首先由 Karl Pearson 在1901年引进，不过当时只是针对非随机变量来讨论的。1933年 Hotelling 将这个概念推广到随机向量。

主成分分析方法设法把原来的多个变量“加工”成综合变量，综合变量能够尽可能多地反映原来变量的信息。怎么“加工”变量呢？我们以二维为例直观说明主成分分析的思想。

设有二维随机变量 $\boldsymbol{X}=(X_1,X_2)^{\mathrm{T}}$，不妨设 $E(\boldsymbol{X})=\boldsymbol{0}$，对其进行 n 次观测得到数据 $\boldsymbol{x}_i=(x_{i1},x_{i2})^{\mathrm{T}}$，$i=1,\cdots,n$。

先考虑极端情况，若 X_1,X_2 的相关系数的绝对值为1，则数据点 $(x_{i1},x_{i2})^{\mathrm{T}}$ 基本散布在某条直线 L 上，如图7.1.1(a)所示。

若将原坐标系 x_1Ox_2 旋转 θ 角得到新坐标系 f_1Of_2，使坐标轴 Of_1 与直线 L 重合，这时观测点 $(x_{i1},x_{i2})^{\mathrm{T}}$ 基本上可由它们在 Of_1 上的坐标 f_{i1} 决定。

$$f_{i1}=\cos(\theta)x_{i1}+\sin(\theta)x_{i2},i=1,\cdots,n \tag{7.1.1}$$

可以看到，f_{i1} 是原数据的线性组合，且在 Of_1 上的分散程度(即样本方差)达到最大。式(7.1.1)相当于对原二维变量 $(X_1,X_2)^{\mathrm{T}}$ 做线性变换

$$F_1=\cos(\theta)X_1+\sin(\theta)X_2,i=1,\cdots,n \tag{7.1.2}$$

由式(7.1.2)可见，变量 F_1 就是由原始变量“加工”出来的综合变量。

变量的“信息”怎么反映呢？经典的方法是用变量的方差来表达，若综合变量的方差

$\mathrm{Var}(F_1)$越大，表示 F_1包含的原始变量的信息越多。这时 F_1 的相应观测值 f_{i1}就基本反映了原来二维变量$(X_1,X_2)^{\mathrm{T}}$ 的观测值$(x_{i1},x_{i2})^{\mathrm{T}}$ 变化的基本情况。因此可以用一维变量 F_1 来代替原来的二维变量$(X_1,X_2)^{\mathrm{T}}$。所以，我们需要选择合适的线性系数使得 $\mathrm{Var}(F_1)$最大。

再考虑一下一般情况，如图 7.1.1(b)所示，我们将 Ox_1 轴旋转至观测点$(x_{i1},x_{i2})^{\mathrm{T}}$ 具有最大分散性的方向上〔即图 7.1.7(b)中的 Of_1 方向〕，即该方向所反映的数据间差异的信息最多，相应地，Ox_2 转到至 Of_2 方向，设转过的角度为 θ，则原观测点$(x_{i1},x_{i2})^{\mathrm{T}}$ 在新坐标系 f_1Of_2 下可以表示为

$$\begin{cases} f_{i1}=\cos(\theta)x_{i1}+\sin(\theta)x_{i2} \\ f_{i2}=-\sin(\theta)x_{i1}+\cos(\theta)x_{i2} \end{cases},i=1,\cdots,n \tag{7.1.3}$$

式(7.1.3)相当于对原二维变量$(X_1,X_2)^{\mathrm{T}}$ 做线性变换

$$\begin{cases} F_1=\cos(\theta)X_1+\sin(\theta)X_2 \\ F_2=-\sin(\theta)X_1+\cos(\theta)X_2 \end{cases} \tag{7.1.4}$$

由式(7.1.4)可见，F_1 和 F_2 是原始变量$(X_1,X_2)^{\mathrm{T}}$ 的线性组合，且 $\mathrm{Var}(F_1)$最大。

若数据在 Of_2 方向的分散程度小，反映原始变量的信息少，则可以近似地用 F_1 的观测值代替原始变量$(X_1,X_2)^{\mathrm{T}}$ 的观测值，达到降维的目的。

综上，主成分分析就是通过线性组合构造原始变量的综合变量，使其方差最大。综合变量称为主成分，故该统计方法称为主成分分析或主分量分析（Principal Components Analysis, PCA）。

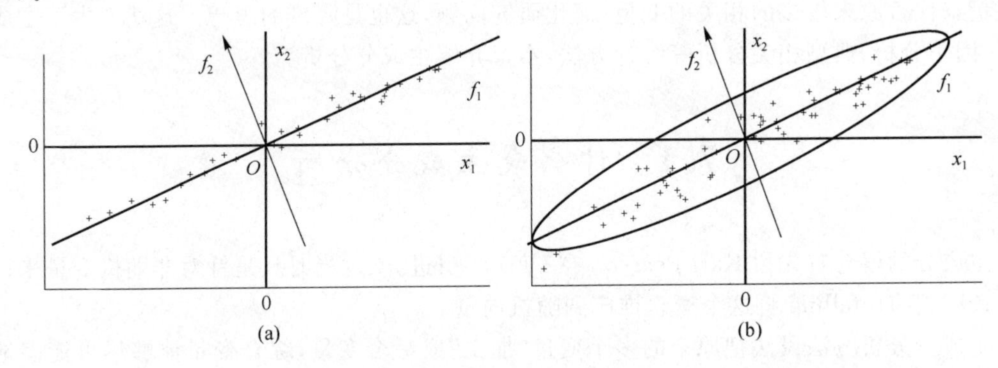

图 7.1.1　二维随机变量的观测值在不同坐标系下的图示

数学上的处理就是将原来 p 个变量作线性组合，作为新的综合变量，但是这种线性组合，如果不加限制，则可以有很多，所以要限制条件。若将选取的第一个线性组合(即第一个综合变量)记为 F_1，自然希望 F_1尽可能多地反映原来变量的信息，即在所有的线性组合中所选取的 F_1应该是方差最大的，称 F_1为第一主成分。如果第一主成分不足以代表原来 p 个变量的信息，再考虑选取第二个线性组合 F_2。为了有效地反映原来的信息，F_1已有的信息就不需要再出现在 F_2中，用数学语言表达就是要求 $\mathrm{Cov}(F_1,F_2)=0$，称 F_2为第二主成分，依次类推，可以构造出第三，…，第 p 个主成分。

这些主成分之间不相关，且方差依次递减。在实际工作中，经常挑选前几个主成分，虽然会损失一部分信息，但是前几个主成分反映了原始数据大部分的信息。对某些实际问题，用少量的综合变量去研究，有利于问题的分析和处理，获益比损失大。

例如，做一件上衣要测量很多尺寸，如身长、袖长、胸围、腰围、肩宽、肩厚等多项指标，服装厂要生产服装不可能把尺寸的型号分得过多，而是将多项指标综合成几个少数的综合指标，作

为分类的型号,例如,利用主成分分析将多项指标综合成3项指标,一项是反映长度的指标,一项是反映胖瘦的指标,一项是反映特体的指标。

7.2 总体主成分

7.2.1 总体主成分的定义

设 $\boldsymbol{X}=(X_1,X_2,\cdots,X_p)^{\mathrm{T}}$ 为 p 维随机变量,其协方差阵 $\boldsymbol{\Sigma}$(或记为 $D(\boldsymbol{X})$、$\mathrm{Var}(\boldsymbol{X})$、$\mathrm{Cov}(\boldsymbol{X})$)为

$$\boldsymbol{\Sigma}=(\sigma_{ij})_{p\times p}=E[(\boldsymbol{X}-E(\boldsymbol{X}))(\boldsymbol{X}-E(\boldsymbol{X}))^{\mathrm{T}}]$$

按照主成分分析的思想,我们首先构造 $X_1,\cdots,X_p$ 的线性组合,得到综合变量

$$\begin{cases} F_1=a_{11}X_1+a_{21}X_2+\cdots+a_{p1}X_p=\boldsymbol{a}_1^{\mathrm{T}}\boldsymbol{X} \\ F_2=a_{12}X_1+a_{22}X_2+\cdots+a_{p2}X_p=\boldsymbol{a}_2^{\mathrm{T}}\boldsymbol{X} \\ \qquad\qquad\vdots \\ F_p=a_{1p}X_1+a_{2p}X_2+\cdots+a_{pp}X_p=\boldsymbol{a}_p^{\mathrm{T}}\boldsymbol{X} \end{cases}$$

要找 $\boldsymbol{a}_1=(a_{11},a_{21},\cdots,a_{p1})^{\mathrm{T}}$,使 $\mathrm{Var}(F_1)=\mathrm{Var}(\boldsymbol{a}_1^{\mathrm{T}}\boldsymbol{X})=\boldsymbol{a}_1^{\mathrm{T}}\boldsymbol{\Sigma}\boldsymbol{a}_1$ 达到最大。

但是,要对 $\boldsymbol{a}_1$ 加以限制,否则可使 $\mathrm{Var}(F_1)\to\infty$。由7.1节可知,在坐标旋转之下相应的组合系数向量具有单位长度,因此一个自然的约束条件是限制:$\boldsymbol{a}_1^{\mathrm{T}}\boldsymbol{a}_1=1$。即在约束条件 $\boldsymbol{a}_1^{\mathrm{T}}\boldsymbol{a}_1=1$ 下,求 $\boldsymbol{a}_1$ 使得 $\mathrm{Var}(F_1)=\boldsymbol{a}_1^{\mathrm{T}}\boldsymbol{\Sigma}\boldsymbol{a}_1$ 达到最大。由此 $\boldsymbol{a}_1$ 确定的随机变量 $F_1=\boldsymbol{a}_1^{\mathrm{T}}\boldsymbol{X}$ 称为 $\boldsymbol{X}$ 的第一个主成分。

如果第一主成分 F_1 在 $\boldsymbol{a}_1$ 方向上的分散性还不足以反映原始变量的分散性(或称信息),则考虑 $X_1,\cdots,X_p$ 的第二个线性组合 F_2。为了有效地代表原始变量的信息,F_1 已体现的信息不希望在 F_2 中出现,即 F_1 和 F_2 所反映的原变量的信息不重叠,统计上就是要求

$$\mathrm{Cov}(F_1,F_2)=\boldsymbol{a}_2^{\mathrm{T}}\boldsymbol{\Sigma}\boldsymbol{a}_1=0$$

按照主成分分析的思想,问题转化为在约束条件 $\boldsymbol{a}_2^{\mathrm{T}}\boldsymbol{a}_2=1$ 及 $\boldsymbol{a}_2^{\mathrm{T}}\boldsymbol{\Sigma}\boldsymbol{a}_1=0$ 下,求 $\boldsymbol{a}_2$ 使得 $\mathrm{Var}(F_2)=\boldsymbol{a}_2^{\mathrm{T}}\boldsymbol{\Sigma}\boldsymbol{a}_2$ 达到最大。由 $\boldsymbol{a}_2$ 确定的随机变量 $F_2=\boldsymbol{a}_2^{\mathrm{T}}\boldsymbol{X}$ 称为 $\boldsymbol{X}$ 的第二个主成分。

一般地,若 $F_1,F_2,\cdots,F_{k-1}$ 还不足以反映原变量的信息,则进一步考虑 $X_1,\cdots,X_p$ 的线性组合

$$F_k=a_{1k}X_1+a_{2k}X_2+\cdots+a_{pk}X_p=\boldsymbol{a}_k^{\mathrm{T}}\boldsymbol{X}$$

在约束条件 $\boldsymbol{a}_k^{\mathrm{T}}\boldsymbol{a}_k=1$ 及 $\mathrm{Cov}(F_k,F_i)=\boldsymbol{a}_k^{\mathrm{T}}\boldsymbol{\Sigma}\boldsymbol{a}_i=0\,(i=1,2,\cdots,k-1)$ 下,求 $\boldsymbol{a}_k$ 使得 $\mathrm{Var}(F_k)=\boldsymbol{a}_k^{\mathrm{T}}\boldsymbol{\Sigma}\boldsymbol{a}_k$ 达到最大。由 $\boldsymbol{a}_k$ 确定的随机变量 $F_k=\boldsymbol{a}_k^{\mathrm{T}}\boldsymbol{X}$ 称为 $\boldsymbol{X}$ 的第 $\boldsymbol{k}$ 个主成分。

7.2.2 总体主成分的推导

求总体主成分归结为求 $\boldsymbol{X}$ 的协方差矩阵 $\boldsymbol{\Sigma}$ 的特征值和特征向量的问题,具体有如下结论。

设 $\boldsymbol{\Sigma}$ 是 $\boldsymbol{X}=(X_1,X_2,\cdots,X_p)^{\mathrm{T}}$ 的协方差阵,其特征值按照大小顺序排列为 $\lambda_1\geqslant\cdots\geqslant\lambda_p$,相

应的正交单位特征向量为 $\boldsymbol{c}_1,\cdots,\boldsymbol{c}_p$，则 $\boldsymbol{X}$ 的第 k 个主成分可表示为

$$F_k=\boldsymbol{c}_k^{\mathrm{T}}\boldsymbol{X}=c_{1k}X_1+c_{2k}X_2+\cdots+c_{pk}X_p, k=1,2,\cdots,p$$

其中，$\boldsymbol{c}_k=(c_{1k},c_{2k},\cdots,c_{pk})^{\mathrm{T}}$。这时有

$$\begin{cases}\mathrm{Var}(F_k)=\boldsymbol{c}_k^{\mathrm{T}}\boldsymbol{\Sigma}\boldsymbol{c}_k=\lambda_k\boldsymbol{c}_k^{\mathrm{T}}\boldsymbol{c}_k=\lambda_k, k=1,2,\cdots,p\\ \mathrm{Cov}(F_j,F_k)=\boldsymbol{c}_j^{\mathrm{T}}\boldsymbol{\Sigma}\boldsymbol{c}_k=\lambda_k\boldsymbol{c}_j^{\mathrm{T}}\boldsymbol{c}_k=0,\ j\neq k\end{cases}$$

事实上，令 $\boldsymbol{C}=(\boldsymbol{c}_1,\cdots,\boldsymbol{c}_p)$，则 $\boldsymbol{C}$ 是正交阵，且

$$\boldsymbol{C}^{\mathrm{T}}\boldsymbol{\Sigma}\boldsymbol{C}=\begin{pmatrix}\lambda_1 & & \\ & \ddots & \\ & & \lambda_p\end{pmatrix}=\boldsymbol{\Lambda}$$

若 $F_1=\boldsymbol{a}_1^{\mathrm{T}}\boldsymbol{X}$ 为 $\boldsymbol{X}$ 的第一个主成分，其中 $\boldsymbol{a}_1^{\mathrm{T}}\boldsymbol{a}_1=1$，令

$$\boldsymbol{z}_1=(z_{11},z_{12},\cdots,z_{1p})^{\mathrm{T}}=\boldsymbol{C}^{\mathrm{T}}\boldsymbol{a}_1$$

则 $\boldsymbol{z}_1^{\mathrm{T}}\boldsymbol{z}_1=\boldsymbol{a}_1^{\mathrm{T}}\boldsymbol{C}\boldsymbol{C}^{\mathrm{T}}\boldsymbol{a}_1=\boldsymbol{a}_1^{\mathrm{T}}\boldsymbol{a}_1=1$，且

$$\mathrm{Var}(F_1)=\boldsymbol{a}_1^{\mathrm{T}}\boldsymbol{\Sigma}\boldsymbol{a}_1=\boldsymbol{z}_1^{\mathrm{T}}\boldsymbol{C}^{\mathrm{T}}\boldsymbol{\Sigma}\boldsymbol{C}\boldsymbol{z}_1=\lambda_1z_{11}^2+\lambda_2z_{12}^2+\cdots+\lambda_pz_{1p}^2\leqslant\lambda_1\boldsymbol{z}_1^{\mathrm{T}}\boldsymbol{z}_1=\lambda_1$$

并且当 $\boldsymbol{z}_1=(1,0,\cdots,0)^{\mathrm{T}}$ 时，等号成立，这时

$$\boldsymbol{a}_1=\boldsymbol{C}\boldsymbol{z}_1=(\boldsymbol{c}_1,\cdots,\boldsymbol{c}_p)\begin{pmatrix}1\\ \vdots\\ 0\end{pmatrix}=\boldsymbol{c}_1$$

由此可知，在约束条件 $\boldsymbol{a}_1^{\mathrm{T}}\boldsymbol{a}_1=1$ 下，当 $\boldsymbol{a}_1=\boldsymbol{c}_1$ 时，$\mathrm{Var}(F_1)=\boldsymbol{a}_1^{\mathrm{T}}\boldsymbol{\Sigma}\boldsymbol{a}_1$ 达到最大，且 $\max\limits_{\boldsymbol{a}_1^{\mathrm{T}}\boldsymbol{a}_1=1}\{\mathrm{Var}(F_1)\}=\lambda_1$，故 $\boldsymbol{X}$ 的第一个主成分为 $F_1=\boldsymbol{c}_1^{\mathrm{T}}\boldsymbol{X}$。

设 $F_2=\boldsymbol{a}_2^{\mathrm{T}}\boldsymbol{X}$ 为 $\boldsymbol{X}$ 的第二个主成分。则应有 $\boldsymbol{a}_2$ 在 $\boldsymbol{a}_2^{\mathrm{T}}\boldsymbol{a}_2=1$ 且 $\mathrm{Cov}(F_1,F_2)=\boldsymbol{a}_2^{\mathrm{T}}\boldsymbol{\Sigma}\boldsymbol{a}_1=\boldsymbol{a}_2^{\mathrm{T}}\boldsymbol{\Sigma}\boldsymbol{c}_1=\lambda_1\boldsymbol{a}_2^{\mathrm{T}}\boldsymbol{c}_1=0$ 下，使得 $\mathrm{Var}(F_2)=\boldsymbol{a}_2^{\mathrm{T}}\boldsymbol{\Sigma}\boldsymbol{a}_2$ 达到最大。令 $\boldsymbol{z}_2=(z_{21},z_{22},\cdots,z_{2p})^{\mathrm{T}}=\boldsymbol{C}^{\mathrm{T}}\boldsymbol{a}_2$，则 $\boldsymbol{z}_2^{\mathrm{T}}\boldsymbol{z}_2=1$，由 $\boldsymbol{a}_2^{\mathrm{T}}\boldsymbol{c}_1=0$，有 $\boldsymbol{a}_2^{\mathrm{T}}\boldsymbol{c}_1=\boldsymbol{z}_2^{\mathrm{T}}\boldsymbol{C}^{\mathrm{T}}\boldsymbol{c}_1=z_{21}\boldsymbol{c}_1^{\mathrm{T}}\boldsymbol{c}_1+z_{22}\boldsymbol{c}_2^{\mathrm{T}}\boldsymbol{c}_1+\cdots+z_{2p}\boldsymbol{c}_p^{\mathrm{T}}\boldsymbol{c}_1=z_{21}=0$，故

$$\begin{aligned}\mathrm{Var}(F_2)=\boldsymbol{a}_2^{\mathrm{T}}\boldsymbol{\Sigma}\boldsymbol{a}_2=\boldsymbol{a}_2^{\mathrm{T}}\boldsymbol{C}\begin{pmatrix}\lambda_1 & & \\ & \ddots & \\ & & \lambda_p\end{pmatrix}\boldsymbol{C}^{\mathrm{T}}\boldsymbol{a}_2=\boldsymbol{z}_2^{\mathrm{T}}\begin{pmatrix}\lambda_1 & & \\ & \ddots & \\ & & \lambda_p\end{pmatrix}\boldsymbol{z}_2\\ =\lambda_1z_{21}^2+\lambda_2z_{22}^2+\cdots+\lambda_nz_{2n}^2=\lambda_2z_{22}^2+\cdots+\lambda_nz_{2n}^2\leqslant\lambda_2\boldsymbol{z}_2^{\mathrm{T}}\boldsymbol{z}_2=\lambda_2\end{aligned}$$

当 $\boldsymbol{z}_2=(0,1,\cdots,0)^{\mathrm{T}}$ 时，即 $\boldsymbol{a}_2=\boldsymbol{C}\boldsymbol{z}_2=(\boldsymbol{c}_1,\cdots,\boldsymbol{c}_p)\begin{pmatrix}0\\1\\ \vdots\\ 0\end{pmatrix}=\boldsymbol{c}_2$ 时，满足 $\boldsymbol{a}_2^{\mathrm{T}}\boldsymbol{a}_2=1$ 及 $\mathrm{Cov}(F_1,F_2)=0$，并且使 $\mathrm{Var}(F_2)=\lambda_2$ 达到最大。故 $\boldsymbol{X}$ 的第二个主成分为 $F_2=\boldsymbol{c}_2^{\mathrm{T}}\boldsymbol{X}$。

类似可得其他主成分。上述结果表明，求 $\boldsymbol{X}$ 的主成分就是求以它的协方差矩阵 $\boldsymbol{\Sigma}$ 的正交单位特征向量为系数的线性组合，它们互不相关，各主成分的方差等于 $\boldsymbol{\Sigma}$ 的相应特征根。

7.2.3 总体主成分的性质

1. 主成分的总方差

设 $\boldsymbol{F}=(F_1,F_2,\cdots,F_p)^{\mathrm{T}}$ 是 p 个主成分构成的随机变量，则 $\boldsymbol{F}=\boldsymbol{C}^{\mathrm{T}}\boldsymbol{X}$，其中 $\boldsymbol{C}=(\boldsymbol{c}_1,\cdots,\boldsymbol{c}_p)$

为 $\boldsymbol{\Sigma}$ 的正交单位特征向量构成的正交阵,可得主成分 $\boldsymbol{F}$ 的协方差矩阵为

$$\mathrm{Cov}(\boldsymbol{F})=\mathrm{Cov}(\boldsymbol{C}^{\mathrm{T}}\boldsymbol{X})=\boldsymbol{C}^{\mathrm{T}}\boldsymbol{\Sigma}\boldsymbol{C}=\begin{pmatrix}\lambda_1 & & \\ & \ddots & \\ & & \lambda_p\end{pmatrix}=\mathrm{diag}(\lambda_1,\lambda_2,\cdots,\lambda_p) \tag{7.2.1}$$

可见 $\mathrm{Var}(F_k)=\lambda_k$,且它们是互不相关的。

各主成分的总方差为

$$\sum_{k=1}^{p}\mathrm{Var}(F_k)=\sum_{k=1}^{p}\lambda_k=\mathrm{tr}(\boldsymbol{C}^{\mathrm{T}}\boldsymbol{\Sigma}\boldsymbol{C})=\mathrm{tr}(\boldsymbol{\Sigma})=\sum_{k=1}^{p}\mathrm{Var}(\boldsymbol{X}_k) \tag{7.2.2}$$

可见主成分分析把 p 个原始变量 $X_1,X_2,\cdots,X_p$ 的总方差 $\sum_{k=1}^{p}\mathrm{Var}(X_k)$ 分解成 p 个不相关变量 $F_1,F_2,\cdots,F_p$ 的方差和。原始变量 $X_1,X_2,\cdots,X_p$ 的总方差 $\sum_{k=1}^{p}\mathrm{Var}(X_k)$ 也可以记为 $\sum_{k=1}^{p}\sigma_{kk}$,或称为总惯量。

2. 主成分的贡献率和累计贡献率

由式(7.2.2)可知,$\lambda_k/\sum_{k=1}^{p}\lambda_k=\mathrm{Var}(F_k)/\sum_{k=1}^{p}\mathrm{Var}(X_k)=\mathrm{Var}(F_k)/\sum_{k=1}^{p}\mathrm{Var}(F_k)$ 反映了第 k 个主成分的方差在全部方差中的比值,描述了第 k 个主成分提取的 $X_1,X_2,\cdots,X_p$ 的总方差(分散性信息)的份额,该值越大,第 k 个主成分综合 $X_1,X_2,\cdots,X_p$ 信息的能力越强。

定义 7.2.1　称 $\lambda_k/\sum_{k=1}^{p}\lambda_k$ 为第 k 主成分 F_k 的方差贡献率,称 $\sum_{k=1}^{m}\lambda_k/\sum_{k=1}^{p}\lambda_k$ 为前 m 个主成分的累计方差贡献率。

在解决实际问题时,通常根据累计方差贡献率的大小取前 m 个主成分。若前 m 个主成分的累计贡献率达到一定的比例(如 80%～90%),表明前 m 个主成分包含了原始变量大部分的信息,这样用前 m 个主成分代替原始变量,不但可使原始变量的维数降低,也不至于损失原始变量中的太多信息,便于对实际问题的分析和研究。

3. 因子负荷量

定义 7.2.2　称主成分 F_k 与原始变量 X_i 的相关系数 ρ_{ki} 为因子负荷(或因子载荷)。则

$$\rho_{ki}=\rho(F_k,X_i)=\frac{c_{ik}\sqrt{\lambda_k}}{\sqrt{\sigma_{ii}}},\ i,k=1,\cdots,p$$

其中,$\mathrm{Var}(F_k)=\lambda_k$,$\mathrm{Var}(X_i)\triangleq\sigma_{ii}$,$\boldsymbol{X}$ 的协方差阵 $\boldsymbol{\Sigma}$ 的特征值 λ_k 相应的正交单位特征向量为 $\boldsymbol{c}_k$,$\boldsymbol{c}_k=(c_{1k},c_{2k},\cdots,c_{pk})^{\mathrm{T}}$。

事实上,$\mathrm{Cov}(F_k,X_i)=\mathrm{Cov}(\boldsymbol{c}_k^{\mathrm{T}}\boldsymbol{X},\boldsymbol{e}_i^{\mathrm{T}}\boldsymbol{X})$,其中,$\boldsymbol{e}_i=(0,\cdots,0,1,0,\cdots,0)^{\mathrm{T}}$ 为第 i 个分量为 1,其余分量为 0 的单位向量。故 $\mathrm{Cov}(F_k,X_i)=\boldsymbol{c}_k^{\mathrm{T}}D(\boldsymbol{X})\boldsymbol{e}_i=\boldsymbol{e}_i^{\mathrm{T}}\boldsymbol{\Sigma}\boldsymbol{c}_k=\boldsymbol{e}_i^{\mathrm{T}}(\boldsymbol{\Sigma}\boldsymbol{c}_k)=\boldsymbol{e}_i^{\mathrm{T}}(\lambda_k\boldsymbol{c}_k)=\lambda_k c_{ik}$,所以 $\rho_{ki}=\rho(F_k,X_i)=\dfrac{\mathrm{Cov}(F_k,X_i)}{\sqrt{\mathrm{Var}(F_k)}\sqrt{\mathrm{Var}(X_i)}}=\dfrac{c_{ik}\sqrt{\lambda_k}}{\sqrt{\sigma_{ii}}}$。

因子负荷可以帮助我们对主成分进行命名和解释,具体如表 7.2.1 所示。

表 7.2.1 主成分与原始变量的相关系数(因子负荷)

因子负荷	F_1	…	F_k	…	F_p	$\sum_{k=1}^{p}\rho_{ki}^2$
X_1	$\frac{c_{11}\sqrt{\lambda_1}}{\sqrt{\sigma_{11}}}$	…	$\frac{c_{1k}\sqrt{\lambda_k}}{\sqrt{\sigma_{11}}}$	…	$\frac{c_{1p}\sqrt{\lambda_p}}{\sqrt{\sigma_{11}}}$	1
X_2	$\frac{c_{21}\sqrt{\lambda_1}}{\sqrt{\sigma_{22}}}$	…	$\frac{c_{2k}\sqrt{\lambda_k}}{\sqrt{\sigma_{22}}}$	…	$\frac{c_{2p}\sqrt{\lambda_p}}{\sqrt{\sigma_{22}}}$	1
⋮	⋮		⋮		⋮	⋮
X_p	$\frac{c_{p1}\sqrt{\lambda_1}}{\sqrt{\sigma_{pp}}}$	…	$\frac{c_{pk}\sqrt{\lambda_k}}{\sqrt{\sigma_{pp}}}$	…	$\frac{c_{pp}\sqrt{\lambda_p}}{\sqrt{\sigma_{pp}}}$	1
$\sum_{i=1}^{p}\sigma_{ii}\rho_{ki}^2$	λ_1	…	λ_k	…	λ_p	

在前面的定义 7.2.1 中我们讨论了主成分的方差贡献率，它度量了 $F_1, F_2, \cdots, F_m$ 分别从原始变量 $X_1, X_2, \cdots, X_p$ 中提取了多少信息。但它没有表达某个原始变量被提取了多少信息，那么 $X_1, X_2, \cdots, X_p$ 各有多少信息分别被 $F_1, F_2, \cdots, F_m$ 提取，如何来度量？

因为 $\mathrm{Var}(X_i) \triangleq \sigma_{ii} = \mathrm{Var}(c_{i1}F_1 + \cdots + c_{ip}F_p) = c_{i1}^2\lambda_1 + \cdots + c_{im}^2\lambda_m + \cdots + c_{ip}^2\lambda_p$，则 $c_{ik}^2\lambda_k/\sigma_{ii}$ 表示第 k 个主成分 F_k 提取的第 i 个原始变量信息的比重。

定义 7.2.3 如果我们选取了 m 个主成分，则

$$v_i^{(m)} = \sum_{k=1}^{m} c_{ik}^2\lambda_k/\sigma_{ii} = \sum_{k=1}^{m}\rho_{ki}^2$$

称为第 i 个原始变量 X_i 被 m 个主成分 $F_1, F_2, \cdots, F_m$ 的信息被提取率(或称共同度)。

例 7.1 设 $\boldsymbol{X} = (X_1, X_2, X_3)^{\mathrm{T}}$，且 $\mathrm{Var}(\boldsymbol{X}) = \boldsymbol{\Sigma} = \begin{pmatrix} 1 & -1 & 0 \\ -1 & 3 & 1 \\ 0 & 1 & 2 \end{pmatrix}$，求 $\boldsymbol{X}$ 的主成分及方差贡献率。

解：可计算出 $\boldsymbol{\Sigma}$ 的特征值和相应的正交单位特征向量分别为

$$\lambda_1 = 3.879\,39, \boldsymbol{c}_1^{\mathrm{T}} = (0.293\,128, -0.844\,03, -0.449\,099)$$

$$\lambda_2 = 1.652\,7, \boldsymbol{c}_2^{\mathrm{T}} = (0.449\,099, -0.293\,128, 0.844\,03)$$

$$\lambda_3 = 0.467\,911, \boldsymbol{c}_3^{\mathrm{T}} = (0.844\,03, 0.449\,099, -0.293\,128)$$

因此，$\boldsymbol{X}$ 的第一主成分：$F_1 = \boldsymbol{c}_1^{\mathrm{T}}\boldsymbol{X} = 0.293\,128X_1 - 0.844\,03X_2 - 0.449\,099X_3$。第二主成分：$F_2 = \boldsymbol{c}_2^{\mathrm{T}}\boldsymbol{X} = 0.449\,099X_1 - 0.293\,128X_2 + 0.844\,03X_3$。第三主成分：$F_3 = \boldsymbol{c}_3^{\mathrm{T}}\boldsymbol{X} = 0.844\,03X_1 + 0.449\,099X_2 - 0.293\,128X_3$。

各主成分的方差分别是：$\mathrm{Var}(F_1) = \lambda_1 = 3.879\,39$，$\mathrm{Var}(F_2) = \lambda_2 = 1.652\,7$，$\mathrm{Var}(F_3) = \lambda_3 = 0.467\,911$，$\sum_{j=1}^{3}\lambda_j = 6$。

各主成分的方差贡献率是方差与 6 的商，即 0.646 6，0.275 5 和 0.078 0。累计方差贡献率分别是 0.646 6，0.646 6+0.275 5=0.922 0 和 1。由累计方差贡献率可知，取前两个主成分就够了。

7.2.4 标准化变量的主成分及其性质

1. 标准化变量的主成分

在实际问题中，$\boldsymbol{X}$ 的每一分量可取不同单位，若某分量单位取得比较小(如长度单位取毫

米，甚至微米），该分量的方差会变大，从而在主成分中变得突出。这会使主成分不好解释，有时会造成不合理的结果。

为避免随机变量受单位的影响，经常将其标准化，变成无量纲的量。标准化变量记为 $\boldsymbol{X}^*=(X_1^*,\cdots,X_p^*)^{\mathrm{T}}$，通常采用如下做法得到标准化变量

$$X_k^*=(X_k-E(X_k))/\sqrt{\mathrm{Var}(X_k)}$$

此时标准化变量 $\boldsymbol{X}^*$ 的协方差阵 $\mathrm{Cov}(\boldsymbol{X}^*)$ 是原始变量 $\boldsymbol{X}$ 的相关系数矩阵。

对标准化变量 $\boldsymbol{X}^*$ 作主成分分析，等价于求 $\boldsymbol{X}$ 的相关系数矩阵的特征值及相应的正交单位特征向量，得主成分 $\boldsymbol{F}^*$。

设 $\boldsymbol{X}$ 的相关系数矩阵为 $\boldsymbol{\rho}$，$\boldsymbol{\rho}$ 的特征值为 $\lambda_1^*\geqslant\cdots\geqslant\lambda_p^*$，$\lambda_k^*$ 对应的彼此正交单位特征向量为 $\boldsymbol{c}_k^*$，则标准化变量 $\boldsymbol{X}^*$ 的第 k 个主成分是 $F_k^*=\boldsymbol{c}_k^{*\mathrm{T}}\boldsymbol{X}^*$。

若将 $X_k^*=(X_k-E(X_k))/\sqrt{\mathrm{Var}(X_k)}$ 代入 F_k^*，可得随机向量 $\boldsymbol{X}$ 的主成分。

因此，标准化变量 $\boldsymbol{X}^*$ 的主成分称为由 $\boldsymbol{X}$ 相关阵决定的主成分。直接由随机向量 $\boldsymbol{X}$ 的协方差阵算出的主成分称为由 $\boldsymbol{X}$ 协方差阵决定的主成分。

2. 标准化变量的主成分的性质

若标准化变量 $\boldsymbol{X}^*$ 的第 k 个主成分为 $F_k^*=\boldsymbol{c}_k^{*\mathrm{T}}\boldsymbol{X}^*$，可以得到如下性质。

性质 1　$\boldsymbol{F}^*$ 的协方差阵为 $\mathrm{Cov}(\boldsymbol{F}^*)=\mathrm{diag}(\lambda_1^*,\cdots,\lambda_p^*)$。

性质 2　$\sum\limits_{k=1}^{p}\mathrm{Var}(F_k^*)=\sum\limits_{k=1}^{p}\lambda_k^*=\sum\limits_{k=1}^{p}\mathrm{Var}(X_k^*)=p$。

所以，第 k 个主成分 F_k^* 的方差贡献率为 λ_k^*/p，前 m 个主成分 $F_1^*,\cdots,F_m^*$ 的累计方差贡献率为 $\sum\limits_{k=1}^{m}\lambda_k^*/p$。

性质 3　F_k^* 与标准化变量 $\boldsymbol{X}^*$ 的第 i 个分量 X_i^* 的相关系数（因子负荷）为

$$\rho(F_k^*,X_i^*)=c_{ik}^*\sqrt{\lambda_k^*},\ i,k=1,\cdots,p$$

其中，$\boldsymbol{c}_k^*=(c_{1k}^*,c_{2k}^*,\cdots,c_{pk}^*)^{\mathrm{T}}$，$\boldsymbol{\rho}$ 的特征值 λ_k^* 相应的正交单位特征向量为 $\boldsymbol{c}_k^*$。

标准化变量的因子负荷量如表 7.2.2 所示。

表 7.2.2　标准化变量的因子负荷量

因子负荷	F_1^*	…	F_k^*	…	F_p^*	$\sum\limits_{k=1}^{p}\rho_{ki}^2$
X_1^*	$c_{11}^*\sqrt{\lambda_1^*}$	…	$c_{1k}^*\sqrt{\lambda_k^*}$	…	$c_{1p}^*\sqrt{\lambda_p^*}$	1
X_2^*	$c_{21}^*\sqrt{\lambda_1^*}$	…	$c_{2k}^*\sqrt{\lambda_k^*}$	…	$c_{2p}^*\sqrt{\lambda_p^*}$	1
⋮	⋮		⋮		⋮	⋮
X_p^*	$c_{p1}^*\sqrt{\lambda_1^*}$	…	$c_{pk}^*\sqrt{\lambda_k^*}$	…	$c_{pp}^*\sqrt{\lambda_p^*}$	1
$\sum\limits_{i=1}^{p}\rho_{ki}^2$	λ_1^*	…	λ_k^*	…	λ_p^*	$\sum\limits_{i=1}^{p}\sum\limits_{k=1}^{p}\rho_{ki}^2=p$

例 7.2　设随机变量 $\boldsymbol{X}=(X_1,X_2)^{\mathrm{T}}$，其协方差阵是 $\boldsymbol{\Sigma}=\begin{pmatrix}1 & 2\\2 & 100\end{pmatrix}$，相关阵是 $\boldsymbol{\rho}=\begin{pmatrix}1 & 0.2\\0.2 & 1\end{pmatrix}$，请分别从协方差阵 $\boldsymbol{\Sigma}$ 和相关阵 $\boldsymbol{\rho}$ 出发进行主成分分析。

解：①从 $\boldsymbol{\Sigma}$ 出发进行主成分分析。可得协方差阵 $\boldsymbol{\Sigma}$ 的特征值和相应的正交单位特征向量分别为

$$\lambda_1=100.04,\ \boldsymbol{c}_1=(0.020\,2,0.999\,8)^{\mathrm{T}}$$
$$\lambda_2=0.959\,6,\ \boldsymbol{c}_2=(0.999\,8,-0.020\,2)^{\mathrm{T}}$$

由协方差阵决定的 $\boldsymbol{X}$ 的主成分是

$$F_1=0.020\,2X_1+0.999\,8X_2,F_2=0.999\,8X_1-0.020\,2X_2$$

第一主成分的方差贡献率为 $\dfrac{\lambda_1}{\lambda_1+\lambda_2}=\dfrac{100.4}{101}\approx 99\%$，又由 F_1 的表达式，X_2 在第一主成分的权系数为 0.999 8，可见 X_2 完全控制第一主成分，第一主成分的提取信息量为 99%，X_1 几乎没有作用。从已知可见 X_2 的方差比 X_1 的方差大很多。可见方差大的变量，在主成分中很突出。

② 从 $\boldsymbol{\rho}$ 出发进行主成分分析。$\boldsymbol{X}$ 标准化后得到 $\boldsymbol{X}^*=(X_1^*,X_2^*)^{\mathrm{T}}=(\dfrac{X_1-\mu_1}{1},\dfrac{X_2-\mu_2}{10})^{\mathrm{T}}=(X_1-\mu_1,0.1X_2-0.1\mu_2)^{\mathrm{T}}$，其中，$E(X_1)=\mu_1,E(X_2)=\mu_2$。

$\boldsymbol{X}^*$ 的协差阵(即 $\boldsymbol{X}$ 的相关阵)是 $\boldsymbol{\rho}=\begin{pmatrix}1 & 0.2\\ 0.2 & 1\end{pmatrix}$，其特征值和相应的正交单位特征向量是

$$\lambda_1^*=1.200\,0,\ c_1^*=(0.707\,1,0.707\,1)^{\mathrm{T}}$$
$$\lambda_2^*=0.800\,0,\ c_2^*=(0.707\,1,-0.707\,1)^{\mathrm{T}}$$

由相关阵决定的主成分是

$$F_1^*=0.707\,1X_1^*+0.707\,1X_2^*=0.707\,1(X_1-\mu_1)+0.070\,71(X_2-\mu_2)$$
$$F_2^*=0.707\,1X_1^*-0.707\,1X_2^*=0.707\,1(X_1-\mu_1)-0.070\,71(X_2-\mu_2)$$

第一主成分 F_1^* 的方差贡献率下降为 $\dfrac{\lambda_1^*}{p}=\dfrac{1.2}{2}\approx 60\%$。又由 F_1^* 的表达式，可见原变量 X_1 和 X_2 在第一主成分中的相对重要性有变化，权系数是 0.707 1 和 0.070 71，X_1 的相对重要性提高。

若 $\mu_1=0,\mu_2=0$，则上式的主成分可写为

$$F_1^*=0.707\,1X_1+0.070\,71X_2,F_2^*=0.707\,1X_1-0.070\,71X_2$$

从例 7.2 可见，由协方差阵与相关阵决定的主成分不同。在实际应用中，当涉及的变量量纲不同或各变量的方差差异较大时，应考虑从相关系数矩阵出发进行主成分分析。

7.2.5 主成分的几何意义

主成分就是 p 个变量 $X_1,\cdots,X_p$ 满足一定条件的线性组合，几何上这些线性组合是把 $X_1,\cdots,X_p$ 构成的坐标系旋转，得到的新坐标轴使样本方差最大。以二元正态变量来说明。

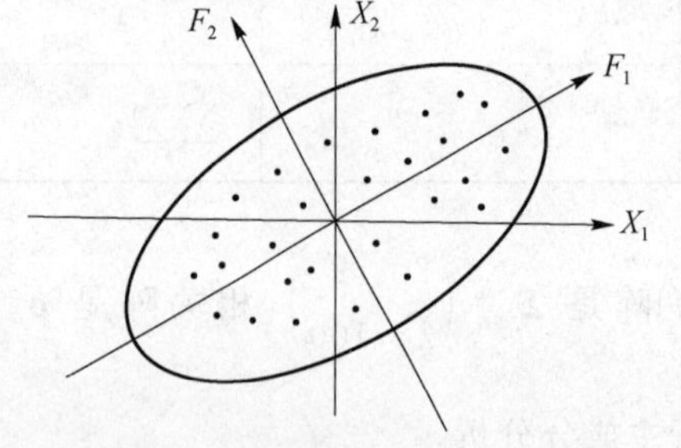

图 7.2.1 主成分的几何意义示意图

设有 n 个样品，每个样品有两个变量 X_1,X_2，设 $\boldsymbol{X}=(X_1,X_2)^{\mathrm{T}}\sim N_2(\boldsymbol{\mu},\boldsymbol{\Sigma})$，对于二元正态分布变量的样本，$n$ 个点的散布大致为一个椭圆，见图 7.2.1。

若在椭圆长轴方向取坐标轴 F_1，在短轴方向取 F_2，这相当于在平面上作一个坐标变换，即按逆时针方

向旋转 θ 角度，根据旋转轴变换公式，新老坐标之间有关系

$$\begin{cases} F_1 = X_1 \cos\theta + X_2 \sin\theta \\ F_2 = -X_1 \sin\theta + X_2 \cos\theta \end{cases}$$

F_1，F_2 是原变量 X_1 和 X_2 的线性组合，用矩阵表示为

$$\begin{pmatrix} F_1 \\ F_2 \end{pmatrix} = \begin{pmatrix} \cos\theta & \sin\theta \\ -\sin\theta & \cos\theta \end{pmatrix} \begin{pmatrix} X_1 \\ X_2 \end{pmatrix} = \boldsymbol{U} \cdot \boldsymbol{X}$$

从图 7.2.1 易见，二维平面上的 n 个点的波动(方差)大部分可以归结为在 F_1 轴上的波动，在 F_2 轴上的波动较小。如图 7.2.1 的椭圆扁平，可以只考虑 F_1 方向上的波动，忽略 F_2 方向的波动。这样，二维降为一维，只取第一个综合变量 F_1 即可，F_1 是椭圆的长轴。一般情况下，p 维变量的 n 个样品就是 p 维空间的 n 个点，对 p 元正态分布变量找主成分的问题就是找 p 维空间中椭球体的主轴问题。

7.3　样本主成分及其性质

7.3.1　样本主成分

实际问题中总体是未知的，只有抽样样本，所以要用样本来估计。

设来自 p 维总体 $\boldsymbol{X}$ 的容量为 n 的样本观测数据为 $\boldsymbol{x}_{(1)}, \boldsymbol{x}_{(2)}, \cdots, \boldsymbol{x}_{(n)}$，数据资料阵为

$$\boldsymbol{x} = \begin{pmatrix} x_{11} & x_{12} & \cdots & x_{1p} \\ x_{21} & x_{22} & \cdots & x_{2p} \\ \vdots & \vdots & & \vdots \\ x_{n1} & x_{n2} & \cdots & x_{np} \end{pmatrix} = \begin{pmatrix} \boldsymbol{x}_{(1)}^{\mathrm{T}} \\ \boldsymbol{x}_{(2)}^{\mathrm{T}} \\ \vdots \\ \boldsymbol{x}_{(n)}^{\mathrm{T}} \end{pmatrix} = (\boldsymbol{x}_1, \boldsymbol{x}_2, \cdots, \boldsymbol{x}_p)$$

可以将样本协方差阵 $\boldsymbol{S}$ 或样本相关系数矩阵 $\boldsymbol{R}$ 分别作为 $\boldsymbol{\Sigma}$ 或 $\boldsymbol{\rho}$ 的估计，进行主成分分析。由 $\boldsymbol{S}$ 或 $\boldsymbol{R}$ 出发求得的主成分称为样本主成分。具体如下。

由第 4 章可知，样本协方差阵 $\boldsymbol{S} = (s_{ij})_{p\times p} = \dfrac{1}{n-1}\sum\limits_{\alpha=1}^{n}(\boldsymbol{x}_{(\alpha)} - \bar{\boldsymbol{x}})(\boldsymbol{x}_{(\alpha)} - \bar{\boldsymbol{x}})^{\mathrm{T}}$，样本相关系数矩阵 $\boldsymbol{R} = (r_{ij})_{p\times p}$，其中，$\bar{\boldsymbol{x}} = \dfrac{1}{n}\sum\limits_{\alpha=1}^{n}\boldsymbol{x}_{(\alpha)} = (\bar{x}_1, \bar{x}_2, \cdots, \bar{x}_p)^{\mathrm{T}}$，$\bar{x}_j = \dfrac{1}{n}\sum\limits_{\alpha=1}^{n}x_{\alpha j}$，$s_{ij} = \dfrac{1}{n-1}\sum\limits_{\alpha=1}^{n}(x_{\alpha i} - \bar{x}_i)(x_{\alpha j} - \bar{x}_j)$，$i,j = 1,2,\cdots,p$，$r_{ij} = \dfrac{s_{ij}}{\sqrt{s_{ii}}\sqrt{s_{jj}}}$。

关于 $\boldsymbol{S}$ 的样本主成分，具体如下。

设 $\boldsymbol{S} = (s_{ij})_{p\times p}$ 为 $\boldsymbol{X}$ 的样本协方差阵，其特征值按照大小顺序排列为 $\lambda_1 \geqslant \cdots \geqslant \lambda_p$(为了方便，样本协方差阵的特征值仍记为与总体主成分相同的符号，下同)，相应的正交单位特征向量为 $\boldsymbol{c}_1, \cdots, \boldsymbol{c}_p$，则 $\boldsymbol{X}$ 的第 k 个样本主成分为

$$f_k = \boldsymbol{c}_k^{\mathrm{T}}\boldsymbol{x} = c_{1k}x_1 + c_{2k}x_2 + \cdots + c_{pk}x_p, k = 1,2,\cdots,p$$

其中 $\boldsymbol{c}_k = (c_{1k}, c_{2k}, \cdots, c_{pk})^{\mathrm{T}}$。将第 α 个样品的观测数据 $\boldsymbol{x}_{(\alpha)} = (x_{\alpha 1}, \cdots, x_{\alpha p})^{\mathrm{T}}$ 代入 f_k 的表达式，得到第 k 个样本主成分 f_k 的第 α 个观测值 $f_{\alpha k}$，$f_{\alpha k} = \boldsymbol{c}_k^{\mathrm{T}}\boldsymbol{x}_{(\alpha)} = c_{1k}x_{\alpha 1} + c_{2k}x_{\alpha 2} + \cdots + c_{pk}x_{\alpha p}$ ($\alpha = 1,\cdots,n$)称为第 α 个样品在第 k 个主成分的得分。

关于 $\boldsymbol{R}$ 的样本主成分，具体如下。

设 $\boldsymbol{R}=(r_{ij})_{p\times p}$ 为 $\boldsymbol{X}$ 的样本相关系数阵，相当于从标准化样本 $\boldsymbol{x}_{(1)}^*,\cdots,\boldsymbol{x}_{(n)}^*$ 的样本协方差阵出发进行主成分分析，只要求出 $\boldsymbol{R}$ 的特征值和相应的正交单位特征向量，则有类似于上面的结果。

$$\boldsymbol{x}_{(\alpha)}^*=(\frac{(x_{\alpha 1}-\bar{x}_1)}{\sqrt{s_{11}}},\cdots,\frac{(x_{\alpha p}-\bar{x}_p)}{\sqrt{s_{pp}}})^{\mathrm{T}},\alpha=1,\cdots,n$$

7.3.2 样本主成分的性质

性质 4 从样本协方差阵 $\boldsymbol{S}$ 出发的样本主成分(表 7.3.1)有如下性质。

① 样本主成分 f_k 的方差为 λ_k。

② 样本主成分 f_k 与 f_j 的协方差为 0。

③ 样本主成分的总方差为 $\sum_{k=1}^{p} f_k=\sum_{k=1}^{p}\lambda_k$。

④ 样本主成分 $f_{\alpha k}=\boldsymbol{c}_k^{\mathrm{T}}\boldsymbol{x}_{(\alpha)}=c_{1k}x_{\alpha 1}+c_{2k}x_{\alpha 2}+\cdots+c_{pk}x_{\alpha p},\alpha=1,\cdots,n,k=1,\cdots,p$。可得，样本主成分得分阵 $\boldsymbol{f}$ 和原始数据阵 $\boldsymbol{x}$ 满足：$\boldsymbol{f}=\boldsymbol{x}\boldsymbol{C}$ 或 $\boldsymbol{x}=\boldsymbol{f}\boldsymbol{C}^{\mathrm{T}}$。其中 $\boldsymbol{C}=(\boldsymbol{c}_1,\cdots,\boldsymbol{c}_p)$ 是 $\boldsymbol{S}$ 的正交单位特征向量构成的正交阵。

表 7.3.1 原始数据和样本主成分得分

样品号	原始变量				样本主成分			
	x_1	x_2	…	x_p	f_1	f_2	…	f_p
1	x_{11}	x_{12}	…	x_{1p}	f_{11}	f_{12}	…	f_{1p}
2	x_{21}	x_{22}	…	x_{2p}	f_{21}	f_{22}	…	f_{2p}
⋮	⋮	⋮		⋮	⋮	⋮		⋮
n	x_{n1}	x_{n2}	…	x_{np}	f_{n1}	f_{n2}	…	f_{np}

性质 5 从样本相关系数阵 $\boldsymbol{R}$ 出发的样本主成分有如下性质。

① 样本主成分的总方差为 $\sum_{k=1}^{p}\mathrm{Var}(f_k^*)=\sum_{k=1}^{p}\lambda_k^*=\sum_{k=1}^{p}\mathrm{Var}(\boldsymbol{x}_k^*)=p$。

② 样本主成分得分阵 $\boldsymbol{f}^*$ 和标准化的原始数据阵 $\boldsymbol{x}^*$ 满足：$\boldsymbol{f}^*=\boldsymbol{x}^*\boldsymbol{C}$ 或 $\boldsymbol{x}^*=\boldsymbol{f}^*\boldsymbol{C}^{\mathrm{T}}$。$\boldsymbol{C}$ 是 $\boldsymbol{R}$ 的 正交单位特征向量构成的正交阵。

③ 第 k 个样本主成分 f_k^* 的方差贡献率为 λ_k^*/p，前 m 个样本主成分 $f_1^*,\cdots,f_m^*$ 的累计方差贡献率为 $\sum_{k=1}^{m}\lambda_k^*/p$。

7.3.3 案例分析及软件操作

1. 主成分分析的应用

主成分分析主要有四方面的应用。

一是解释。在心理学和教育学中应用很广，例如，大学生进行了高等数学等 30 门考试，进行主成分分析，得到反映能力的综合变量，进而对学生学习情况作解释。

二是综合评价。例如,对某类企业的经济效益进行评估,影响企业经济效益的指标有很多,如何更科学、更客观地评价多指标问题,可以用主成分分析方法,若第一主成分的方差贡献率很大,可以依据第一主成分的得分值为样品排序,进而进行综合评价。在这方面的应用是最多的。

三是分类。主成分分析方法把 p 维数据简化为 $m(m<p)$ 维数据后,进一步可用于变量的分类、样品的分类,如服装定型分类问题,调查 1 000 名男子的身高、胸围等 20 项身体指标,进行主成分分析,得到反映“长”和“围”的两个综合变量,依据综合变量将样品在平面上画出散点图,从而对服装进行定型分类。

四是与其他方法的结合。如主成分回归、主成分聚类、多维正态数据的主成分检验等。

2. 主成分个数的确定

主成分分析能够简化数据结构,用尽可能少的主成分 $F_1,\cdots,F_m(m<p)$ 代替原来的 p 个变量,这样就把 p 个变量的 n 次观测数据简化为 m 个主成分的得分数据。通常要求:m 个主成分所反映的信息与原来 p 个变量提供的信息差不多,并且 m 个主成分又能对资料所具有的意义进行解释。

如何选取主成分的个数 m 是实际工作者关心的问题。常用的标准有如下几个。

① 按累计贡献率达到一定程度(如 80%或以上)来确定 m。

② 先计算 $\boldsymbol{S}$ 或 $\boldsymbol{R}$ 的 p 个特征根的均值 λ,取大于 λ 的特征根个数 m。当 $p\leqslant 20$ 时,大量实践表明,第一个标准容易取太多的主成分,而第二个标准容易取太少的主成分,故最好将两者结合起来应用,同时要考虑 m 个主成分对 X_i 的贡献率。

③ 在 SPSS 软件中默认取大于 1 的特征根。

④ 可根据案例情况画碎石图。碎石图的横坐标是第几个特征根(第几个主成分),纵坐标是特征根的值,当碎石图通过第 m 个点开始变得平缓时,很像“高山脚下的碎石”,可丢弃,这时可以提取 m 个主成分。

例 7.3　对 1996 年全国 30 个省、市、自治区经济发展基本情况的 8 项指标作主成分分析,原始数据见表 7.3.2。

表 7.3.2　全国 30 个省、市、自治区 8 项指标数据

省、市、自治区(sf)	GDP (X_1)	居民消费水平 (X_2)	固定资产投资 (X_3)	职工平均工资 (X_4)	货物周转量 (X_5)	居民消费价格指数 (X_6)	商品零售价格指数 (X_7)	工业总产值 (X_8)
北　京	1 394.89	2 505	519.01	8 144	373.9	117.3	112.6	843.43
天　津	920.11	2 720	345.46	6 501	342.8	115.2	110.6	582.51
河　北	2 849.52	1 258	704.87	4 839	2 033.3	115.2	115.8	1 234.85
山　西	1 092.48	1 250	290.9	4 721	717.3	116.9	115.6	697.25
内蒙古	832.88	1 387	250.23	4 134	781.7	117.5	116.8	419.39
辽　宁	2 793.37	2 397	387.99	4 911	1 371.1	116.1	114	1 840.55
吉　林	1 129.2	1 872	320.45	4 430	497.4	115.2	114.2	762.47
黑龙江	2 014.53	2 334	435.73	4 145	824.8	116.7	114.3	1 240.37
上　海	2 462.57	5 343	966.48	9 279	207.4	118.7	113	1 642.95
江　苏	5 155.25	1 926	434.95	5 943	1 025.5	115.8	114.3	2 026.64
浙　江	3 524.79	2 249	1 006.39	6 619	754.4	116.6	113.5	916.59

续 表

省、市、自治区(sf)	GDP (X_1)	居民消费水平 (X_2)	固定资产投资 (X_3)	职工平均工资 (X_4)	货物周转量 (X_5)	居民消费价格指数 (X_6)	商品零售价格指数 (X_7)	工业总产值 (X_8)
安 徽	2 003.58	1 254	474	4 609	908.3	114.8	112.7	824.14
福 建	2 160.52	2 320	553.97	5 857	609.3	115.2	114.4	433.67
江 西	1 205.11	1 182	282.84	4 211	411.7	116.9	115.9	571.84
山 东	5 002.34	1 527	1 229.55	5 145	1 196.6	117.6	114.2	2 207.69
河 南	3 002.74	1 034	670.35	4 344	1 574.4	116.5	114.9	1 367.92
湖 北	2 391.42	1 527	571.68	4 685	849	120	116.6	1 220.72
湖 南	2 195.7	1 408	422.61	4 797	1 011.8	119	115.5	843.83
广 东	5 381.72	2 699	1 639.83	8 250	656.5	114	111.6	1 396.35
广 西	1 606.15	1 314	382.59	5 105	556	118.4	116.4	554.97
海 南	364.17	1 814	198.35	5 340	232.1	113.5	111.3	64.33
四 川	3 534	1 261	822.54	4 645	902.3	118.5	117	1 431.81
贵 州	630.07	942	150.84	4 475	301.1	121.4	117.2	324.72
云 南	1 206.68	1 261	334	5 149	310.4	121.3	118.1	716.65
西 藏	55.98	1 110	17.87	7 382	4.2	117.3	114.9	5.57
陕 西	1 000.03	1 208	300.27	4 396	500.9	119	117	600.98
甘 肃	553.35	1 007	114.81	5 493	507	119.8	116.5	468.79
青 海	165.31	1 445	47.76	5 753	61.6	118	116.3	105.8
宁 夏	169.75	1 355	61.98	5 079	121.8	117.1	115.3	114.4
新 疆	834.57	1 469	376.95	5 348	339	119.7	116.7	428.76

数据来源:1996 年《中国统计年鉴》。

解: 第一步,样本相关系数矩阵 $\boldsymbol{R}$。由于各变量的样本方差差异较大,我们从 $\boldsymbol{R}$ 出发做主成分分析,样本相关系数矩阵 $\boldsymbol{R}$ 如表 7.3.3 所示。

表 7.3.3 样本相关系数矩阵

系 数	系 数							
	X_1	X_2	X_3	X_4	X_5	X_6	X_7	X_8
X_1	1.000	0.267	0.848	0.191	0.617	−0.273	−0.264	0.874
X_2	0.267	1.000	0.443	0.718	−0.151	−0.229	−0.593	0.363
X_3	0.848	0.443	1.000	0.401	0.408	−0.247	−0.366	0.688
X_4	0.191	0.718	0.401	1.000	−0.356	−0.146	−0.539	0.104
X_5	0.617	−0.151	0.408	−0.356	1.000	−0.251	0.022	0.659
X_6	−0.273	−0.229	−0.247	−0.146	−0.251	1.000	0.763	−0.119
X_7	−0.264	−0.593	−0.366	−0.539	0.022	0.763	1.000	−0.192
X_8	0.874	0.363	0.688	0.104	0.659	−0.119	−0.192	1.000

第二步,求 $\boldsymbol{R}$ 的特征值和特征向量。从表 7.3.4 可见,前 3 个特征值累计贡献率已达 88.27%,说明前 3 个主成分基本包含了全部指标具有的信息。

表 7.3.4　样本相关系数矩阵的特征值和方差贡献

主成分	特征值	方差贡献率	累计方差贡献率
1	3.665	45.813	45.813
2	2.183	27.293	73.106
3	1.213	15.163	88.270
4	0.404	5.048	93.317
5	0.205	2.561	95.878
6	0.179	2.232	98.109
7	0.118	1.475	99.585
8	0.033	0.415	100.000

第三步，我们取前 3 个特征值，并计算出相应的特征向量，如表 7.3.5 所示。因而前 3 个主成分为

$$f_1^* = 0.45x_1^* + 0.33x_2^* + 0.453x_3^* + 0.255x_4^* + 0.246x_5^* - 0.268x_6^* - 0.337x_7^* + 0.416x_8^*$$
$$f_2^* = 0.277x_1^* - 0.388x_2^* + 0.095x_3^* - 0.481x_4^* + 0.516x_5^* + 0.158x_6^* + 0.384x_7^* + 0.307x_8^*$$
$$f_3^* = 0.106x_1^* + 0.254x_2^* + 0.205x_3^* + 0.322x_4^* - 0.236x_5^* + 0.726x_6^* + 0.397x_7^* + 0.193x_8^*$$

表 7.3.5　样本相关系数矩阵的特征向量

第一特征向量	第二特征向量	第三特征向量
0.450	0.277	0.106
0.330	−0.388	0.254
0.453	0.095	0.205
0.255	−0.481	0.322
0.246	0.516	−0.236
−0.268	0.158	0.726
−0.337	0.384	0.397
0.416	0.307	0.193

3. 软件操作

SPSS 没有直接提供主成分分析的命令窗口，只提供了与它有关的因子分析（将在第 8 章详细介绍）。因子分析和主成分分析有密切联系，因子提取的最常用方法就是“主成分法”。下面利用因子分析的命令窗口来实现主成分分析。以例 7.3 为例。

（1）SPSS 软件操作

SPSS 软件操作步骤：在 SPSS 窗口中选择“Analyze”→“Data Reduction”→“Factor”菜单项，调出因子分析主对话框，如图 7.3.1 所示。

在因子分析主对话框，将变量 $X_1, \cdots, X_8$ 移入“Variables”框中，其他均保持系统默认选项，单击“OK”按钮，则完成主成分分析。

SPSS 软件默认从样本相关系数矩阵出发进行主成分分析。若想从协方差阵出发进行主成分分析，则可在“Extraction”按钮下的“Analyze”中，勾选“Covariance matrix”，见图 7.3.2。软件默认选取特征值大于 1 的主成分，若想得到全部主成分（本例为 8 个），单击因子分析主对话框下的“Extraction”按钮，可在“Extract”中修改默认选项，在“Number of factors”中输入本例的变量个数 8。

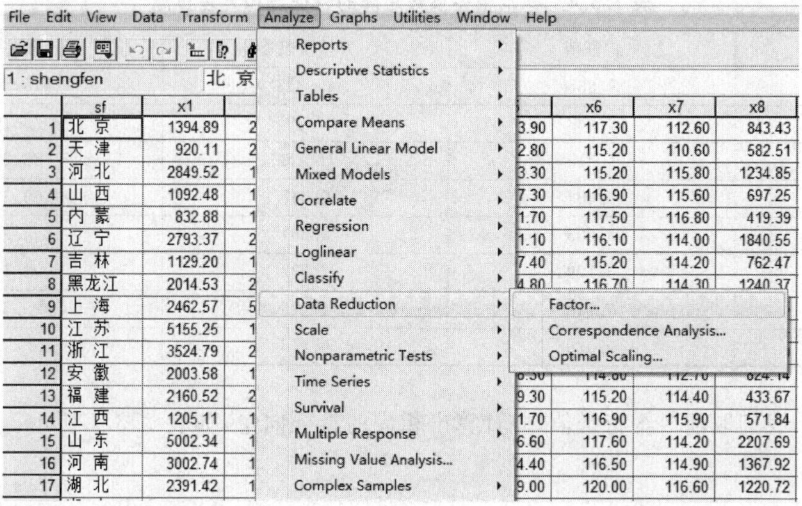

File Edit View Data Transform Analyze Graphs Utilities Window Help

1 : shengfen 北 京

Reports
Descriptive Statistics
Tables
Compare Means
General Linear Model
Mixed Models
Correlate
Regression
Loglinear
Classify
Data Reduction
Scale
Nonparametric Tests
Time Series
Survival
Multiple Response
Missing Value Analysis...
Complex Samples

Factor...
Correspondence Analysis...
Optimal Scaling...

	sf	x1	x6	x7	x8
1	北 京	1394.89	117.30	112.60	843.43
2	天 津	920.11	115.20	110.60	582.51
3	河 北	2849.52	115.20	115.80	1234.85
4	山 西	1092.48	116.90	115.60	697.25
5	内 蒙	832.88	117.50	116.80	419.39
6	辽 宁	2793.37	116.10	114.00	1840.55
7	吉 林	1129.20	115.20	114.20	762.47
8	黑龙江	2014.53	116.70	114.30	1240.37
9	上 海	2462.57			
10	江 苏	5155.25			
11	浙 江	3524.79			
12	安 徽	2003.58			
13	福 建	2160.52	115.20	114.40	433.67
14	江 西	1205.11	116.90	115.90	571.84
15	山 东	5002.34	117.60	114.20	2207.69
16	河 南	3002.74	116.50	114.90	1367.92
17	湖 北	2391.42	120.00	116.60	1220.72

图 7.3.1 因子分析软件操作

(2) 基本结果

主要的基本结果有 3 个,下面我们逐个解释。

图 7.3.3 的第 3 列"Extraction"反映了原始变量 $X_1,\cdots,X_8$ 被 3 个主成分提取的信息率分别为 0.922,0.806,0.821,0.870,0.870,0.958,0.928,0.886。相对来说居民消费水平信息损失略大。图 7.3.3 的第 2 列反映了原始变量 $X_1,\cdots,X_8$ 被 8 个主成分提取的信息率为 100%。8 个原始变量被 8 个主成分提取,信息是不损失的,这从主成分分析模型中易见。

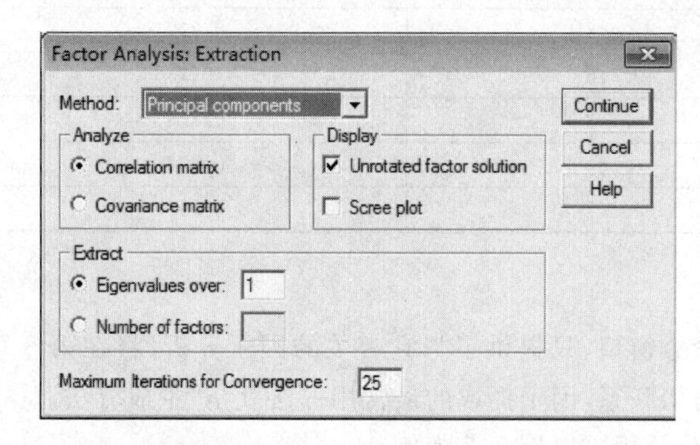

图 7.3.2 "Extraction"子对话框

Communalities

	Initial	Extraction
GDP	1.000	.922
居民消费水平	1.000	.806
固定资产投资	1.000	.821
职工平均工资	1.000	.870
货物周转量	1.000	.870
居民消费价格指数	1.000	.958
商品零售价格指数	1.000	.928
工业总产值	1.000	.886

Extraction Method: Principal Component Analysis.

图 7.3.3 共同度(被提取率)

图 7.3.4 所示的是方差贡献率,是一个主要的结果。其中"Total"列为各主成分对应的特征根,SPSS 软件默认选取特征值大于 1 的主成分,由图 7.3.4 可见,本例有 3 个特征值大于 1,故软件选取了 3 个主成分,"% of Variance"列为各主成分的方差贡献率,"Cumulative %"列为累计方差贡献率,可以看出,前 3 个主成分已经可以解释 88.27%的方差。

图 7.3.5 是未旋转因子载荷阵,可以先不用管"旋转"这个词,后面讲述因子分析时会介绍。图 7.3.5 是软件给出的表 7.3.6 的部分结果,表 7.3.6 的因子载荷阵记为

$$\boldsymbol{A}\triangleq(a_{ij})=(\sqrt{\lambda_1^*}\,c_1^*,\cdots,\sqrt{\lambda_p^*}\,c_p^*)$$

其中,$\lambda_1^*\geqslant\cdots\geqslant\lambda_p^*$ 是样本相关系数阵的特征值,λ_k^* 对应的彼此正交单位特征向量为 $\boldsymbol{c}_k^*$,则标准化变量 $\boldsymbol{X}^*$ 的第 k 个主成分是

Total Variance Explained

Component	Initial Eigenvalues			Extraction Sums of Squared Loadings		
	Total	% of Variance	Cumulative %	Total	% of Variance	Cumulative %
1	3.665	45.813	45.813	3.665	45.813	45.813
2	2.183	27.293	73.106	2.183	27.293	73.106
3	1.213	15.163	88.270	1.213	15.163	88.270
4	.404	5.048	93.317			
5	.205	2.561	95.878			
6	.179	2.232	98.109			
7	.118	1.475	99.585			
8	.033	.415	100.000			

Extraction Method: Principal Component Analysis.

图 7.3.4 方差贡献率

Component Matrix[a]

	Component		
	1	2	3
GDP	.861	.409	.117
居民消费水平	.631	-.573	.280
固定资产投资	.866	.140	.225
职工平均工资	.489	-.710	.355
货物周转量	.471	.762	-.260
居民消费价格指数	-.514	.233	.800
商品零售价格指数	-.644	.567	.438
工业总产值	.797	.454	.213

Extraction Method: Principal Component Analysis.

a. 3 components extracted.

图 7.3.5 因子载荷

$$f_k^* = \boldsymbol{c}_k^{*\mathrm{T}} \boldsymbol{x}^* = c_{1k}^* x_1^* + \cdots + c_{pk}^* x_p^*$$

其中,$x_i^* = \dfrac{x_i - \overline{x}_i}{\sqrt{s_{ii}}}$,$\boldsymbol{c}_k^* = (c_{1k}^*, \cdots, c_{pk}^*)^{\mathrm{T}}, k=1,2,\cdots,p$。可以利用因子载荷阵 $\boldsymbol{A}$ 和样本相关系数阵的特征值 λ^* 的结果,求出 $\boldsymbol{c}_k^*$,就可以给出主成分的表达式,由表 7.3.6 可得

$$c_{ik}^* = \frac{a_{ik}}{\sqrt{\lambda_k^*}}$$

则可以得到主成分的表达式

$f_1^* = 0.45x_1^* + 0.33x_2^* + 0.453x_3^* + 0.255x_4^* + 0.246x_5^* - 0.268x_6^* - 0.337x_7^* + 0.416x_8^*$

$f_2^* = 0.277x_1^* - 0.388x_2^* + 0.095x_3^* - 0.481x_4^* + 0.516x_5^* + 0.158x_6^* + 0.384x_7^* + 0.307x_8^*$

$f_3^* = 0.106x_1^* + 0.254x_2^* + 0.205x_3^* + 0.322x_4^* - 0.236x_5^* + 0.726x_6^* + 0.397x_7^* + 0.193x_8^*$

表 7.3.6 因子载荷表

$\boldsymbol{A}$	f_1^*	$\cdots$	f_k^*	$\cdots$	f_p^*
x_1^*	$c_{11}^*\sqrt{\lambda_1^*}$	$\cdots$	$c_{1k}^*\sqrt{\lambda_k^*}$	$\cdots$	$c_{1p}^*\sqrt{\lambda_p^*}$
x_2^*	$c_{21}^*\sqrt{\lambda_1^*}$	$\cdots$	$c_{2k}^*\sqrt{\lambda_k^*}$	$\cdots$	$c_{2p}^*\sqrt{\lambda_p^*}$
$\vdots$	$\vdots$		$\vdots$		$\vdots$
x_p^*	$c_{p1}^*\sqrt{\lambda_1^*}$	$\cdots$	$c_{pk}^*\sqrt{\lambda_k^*}$	$\cdots$	$c_{pp}^*\sqrt{\lambda_p^*}$

在第一主成分的表达式中，第一、第三、第八项指标的系数较大，这3个指标起主要作用，我们可以把第一主成分看成是由国内生产总值、固定资产投资和工业总产值所刻画的反映经济发展状况的综合指标。

在第二主成分的表达式中，第五、第七、第八项指标的影响大，且第五、第七项指标的影响尤其大，可以将之看成是反映货物周转量、商品零售价格指数的综合指标。

在第三主成分的表达式中，第四、第六、第七项指数影响大，尤其是第六个指标的影响较大，可看成是居民消费价格指数的影响。

也可以利用SPSS计算器，求出主成分表达式的系数 $\boldsymbol{c}_k^*$。SPSS计算器操作步骤如下。

① 将图7.3.5因子载荷阵中的数据输入SPSS数据编辑窗口，列变量分别命名为 a_1，a_2，a_3。

② 计算特征向量矩阵(即主成分表达式的系数)，如计算第一个特征向量。

SPSS软件操作步骤：在SPSS窗口中选择“Transform”→“Compute”，调出“Compute variable”对话框，在对话框中输入等式："$c_1=a_1$/ SQRT(3.665)"。单击“OK”运行，即可在数据编辑窗口中得到以 c_1 为变量名的第一特征向量，就可得第一主成分表达式。

注意： 我们还可以做关于性质的数值验证，对图7.3.5因子载荷中每行做平方和，即得图7.3.3的第3列数值。如第一行平方和 $0.861^2+0.409^2+0.117^2\approx 0.922$，即得到 X_1 的被提取率($V_1^{(3)}=\sum_{k=1}^{3}\rho_{ki}^2$)为0.922。对图7.3.5因子载荷中每列做平方和，如第一列平方和 $0.861^2+0.631^2+\cdots+0.797^2\approx 3.665$，即验证了 $\sum_{i=1}^{p}\rho_{ki}^2=\lambda_k^*$ 的性质。

(3) 其他结果

① 原始变量相关性的判断

通过对原始变量的相关性进行判断，来看是否有做主成分分析的必要。相关性强，变量就适合“压缩”，即适合做主成分分析。

SPSS软件操作步骤：在SPSS窗口选择“Analyze”→“Data Reduction”→“Factor”，单击“Descriptives”按钮，在“Correlation Matrix”中选择“coefficients”，回原对话框单击“OK”运行。可得相关系数矩阵结果。

实践经验：若相关系数矩阵中大部分的绝对值都大于0.33，认为适合做主成分分析。图7.3.6反映本例相关系数矩阵中大部分的绝对值都大于0.33。

Correlation Matrix

		GDP	居民消费水平	固定资产投资	职工平均工资	货物周转量	居民消费价格指数	商品零售价格指数	工业总产值
Correlation	GDP	1.000	.267	.848	.191	.617	-.273	-.264	.874
	居民消费水平	.267	1.000	.443	.718	-.151	-.229	-.593	.363
	固定资产投资	.848	.443	1.000	.401	.408	-.247	-.366	.688
	职工平均工资	.191	.718	.401	1.000	-.356	-.146	-.539	.104
	货物周转量	.617	-.151	.408	-.356	1.000	-.251	.022	.659
	居民消费价格指数	-.273	-.229	-.247	-.146	-.251	1.000	.763	-.119
	商品零售价格指数	-.264	-.593	-.366	-.539	.022	.763	1.000	-.192
	工业总产值	.874	.363	.688	.104	.659	-.119	-.192	1.000

图7.3.6 相关系数矩阵

统计学检验：还可以从假设检验的角度判断原始变量的相关性，如给出KMO值和Bartlett's Test结果。

SPSS软件操作步骤：在SPSS窗口中选择“Analyze”→“Data Reduction”→“Factor”，单击

"Descriptives"按钮,在"Correlation Matrix"中选择"KMO and Bartlett's test of sphericity",回原对话框单击"OK"运行,如图 7.3.7 所示。可得 KMO 和 Bartlett's 检验结果。

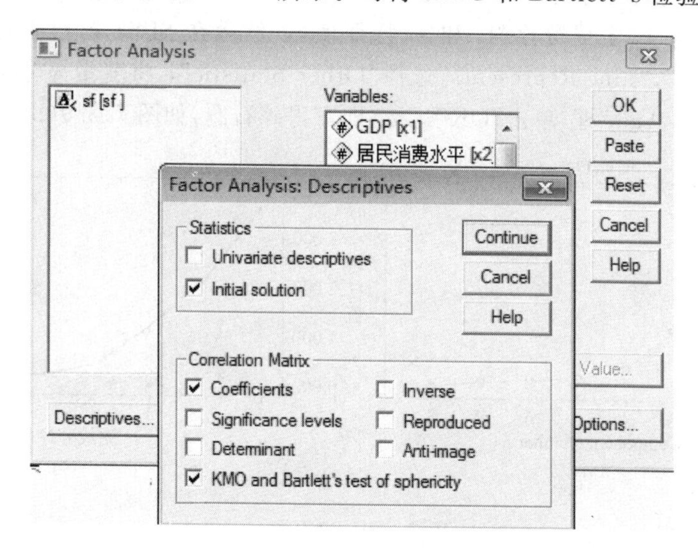

图 7.3.7　"Descriptives"对话框

KMO (Kaiser-Meyer-Olkin)值表示偏相关占的比例,KMO 值越趋于 1,意味变量相关性强,越适合做主成分分析。

$$\mathrm{KMO}=\frac{\sum_{i}\sum_{j:i\neq j}r_{ij}^{2}}{\sum_{i}\sum_{j:i\neq j}r_{ij}^{2}+\sum_{i}\sum_{j:i\neq j}p_{ij}^{2}}$$

其中,r_{ij} 是 X_i 和 X_j 的相关系数,p_{ij} 是 X_i 和 X_j 的偏相关系数。

Bartlett's Test 的原假设是相关系数矩阵为单位阵,所以越拒绝原假设,越适合做主成分分析。由图 7.3.8 可见 KMO 值为 0.550,Bartlett's Test 的 p 值很小,所以认为适合做主成分分析。

KMO and Bartlett's Test

Kaiser-Meyer-Olkin Measure of Sampling Adequacy.		.550
Bartlett's Test of Sphericity	Approx. Chi-Square	190.845
	df	28
	Sig.	.000

图 7.3.8　KMO 和 Bartless's 检验结果

在做主成分分析时,应该首先看这些结果,判断是否适合做主成分分析,然后再看其他结果。

② 碎石图

方法 1:利用因子分析中碎石图相关命令绘图。

SPSS 软件操作步骤:在 SPSS 窗口中选择"Analyze"→"Data Reduction"→"Factor",单击"Extraction"按钮,勾选"Display"中的"Screeplot",回原对话框单击"OK"运行,即可得碎石图,如图 7.3.9(a)所示。从本例的碎石图可见选择 3 个主成分较为合适。

方法 2:碎石图本质上是折线图,可以单独绘制折线图。

SPSS 软件操作步骤:将图 7.3.4 方差贡献率中的第 1 列和第 2 列数据输入 SPSS 数据编辑窗口,分别命名为 x(主成分序号)和 y(特征值)。然后在 SPSS 窗口中选择"Graphs"→"Line…"→"Simple","Line Represents"选择"Other Statistic",将变量 y 选入"Variable"框,将 x 选入"Category Axis"框,单击"OK"运行,即可得碎石图,如图 7.3.9(b)所示。

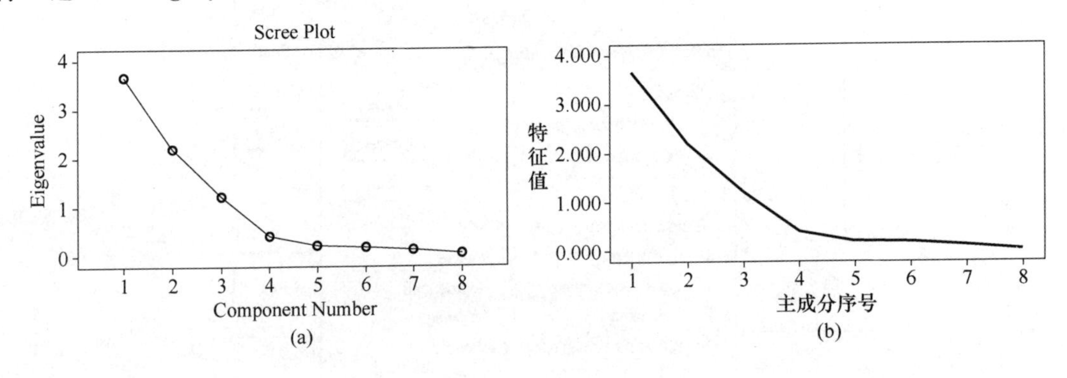

图 7.3.9　碎石图

③ 计算样本主成分得分

a. 主成分得分函数

之前用因子载荷阵的结果已算出主成分得分函数,下面再给出一个方法,两者结论一致。

SPSS 软件操作步骤:在 SPSS 窗口中选择"Analyze"→"Data Reduction"→"Factor",单击"Scores"按钮,勾选"Display factor score coefficient matrix",回原对话框单击"OK"运行,则输出主成分得分函数中的系数。图 7.3.10 中的主成分得分系数若用式子表达,则为表 7.3.7。

Component Score Coefficient Matrix

	Component		
	1	2	3
GDP	.235	.187	.096
居民消费水平	.172	–.263	.231
固定资产投资	.236	.064	.186
职工平均工资	.133	–.325	.293
货物周转量	.129	.349	–.214
居民消费价格指数	–.140	.107	.659
商品零售价格指数	–.176	.260	.361
工业总产值	.217	.208	.175

Extraction Method: Principal Component Analysis.
Component Scores.

图 7.3.10　主成分得分系数

表 7.3.7　主成分得分的公式表达

主成分得分系数	标准化 f_1^*	…	标准化 f_m^*
x_1^*	$\frac{c_{11}^*}{\sqrt{\lambda_1^*}}$	…	$\frac{c_{1m}^*}{\sqrt{\lambda_m^*}}$
⋮	⋮		⋮
x_p^*	$\frac{c_{p1}^*}{\sqrt{\lambda_1^*}}$	…	$\frac{c_{pm}^*}{\sqrt{\lambda_m^*}}$

结合表 7.3.7 的结果

$$\text{标准化}\ f_1^* = 0.235x_1^* + 0.172x_2^* + \cdots + 0.217x_8^* \tag{7.3.1}$$

其他类似。因为标准化 $f_1^* = \dfrac{f_1^* - E(f_1^*)}{\sqrt{\mathrm{Var}(f_1^*)}} = \dfrac{f_1^*}{\sqrt{\lambda_1^*}}$，所以

$$f_1^* = 0.235\sqrt{\lambda_1^*}\,x_1^* + 0.172\sqrt{\lambda_1^*}\,x_2^* + \cdots + 0.217\sqrt{\lambda_1^*}\,x_8^*$$

此处 $\sqrt{\lambda_1^*} = \sqrt{3.665} = 1.914$，则

$$f_1^* = 0.45x_1^* + 0.33x_2^* + 0.453x_3^* + 0.255x_4^* + 0.246x_5^* - 0.268x_6^* - 0.337x_7^* + 0.416x_8^*$$

这与之前用因子载荷阵算出的第一主成分得分函数结论一致。

每个样品的标准化主成分得分值可以按如下方法计算。

将第 α 个样品标准化数据 $\boldsymbol{x}_{(\alpha)}^* = \left(\dfrac{(x_{\alpha 1} - \bar{x}_1)}{\sqrt{s_{11}}}, \cdots, \dfrac{(x_{\alpha 8} - \bar{x}_8)}{\sqrt{s_{88}}}\right)^{\mathrm{T}}$ 的每个分量值分别记为 $x_1^*, \cdots, x_8^*$，代入式(7.3.1)，就可得第 α 个样品的标准化主成分得分值。

标准化数据 $\boldsymbol{x}^*$ 的 SPSS 软件操作步骤：在 SPSS 窗口中选择“Analyze”→“Descriptive Statistics”→“Descriptives…”，选变量 $\boldsymbol{x}$，勾选“Save standardized valves as variables”，则在原始数据窗口生成新变量，存储了 Z 标准化后的 $\boldsymbol{x}^*$ 结果。

b. 样本主成分得分

还可以通过勾选按钮，直接给出样本标准化主成分得分，与式(7.3.1)算出的结果相同。

SPSS 软件操作步骤：在 SPSS 窗口中选择“Analyze”→“Data Reduction”→“Factor”，单击“Scores”按钮，勾选“Save as variables”，回原对话框单击“OK”运行，则会在原始数据窗口生成新变量 FACn_m(n 主成分编号，第 m 次分析结果)，储存样本标准化主成分得分，结果如表 7.3.8 所示。

表 7.3.8　样本标准化主成分得分

省、市、自治区(sf)	FAC1_1	FAC2_1	FAC3_1
北京	0.494	−1.503	0.480
天津	0.406	−1.753	−1.081
河北	0.720	1.641	−1.136
山西	−0.511	0.249	−0.522
内蒙古	−0.850	0.459	−0.343
辽宁	0.884	0.727	−0.539
吉林	−0.181	−0.284	−1.103
黑龙江	0.255	0.291	−0.426
上海	1.756	−2.148	2.644
江苏	1.267	0.752	−0.080
浙江	1.044	−0.288	0.247
安徽	0.258	0.106	−1.681
福建	0.262	−0.607	−0.590
江西	−0.724	0.174	−0.489
山东	1.600	1.469	0.577

续表

省、市、自治区(sf)	FAC1_1	FAC2_1	FAC3_1
河南	0.541	1.491	−0.806
湖北	−0.146	0.976	1.073
湖南	−0.210	0.719	0.252
广东	2.517	−0.783	0.156
广西	−0.594	0.232	0.337
海南	−0.248	−1.547	−2.221
四川	0.303	1.347	0.820
贵州	−1.479	0.329	1.097
云南	−1.063	0.435	1.716
西藏	−1.031	−1.411	−0.050
陕西	−0.933	0.437	0.418
甘肃	−1.111	0.067	0.609
青海	−1.218	−0.782	0.196
宁夏	−1.119	−0.720	−0.481
新疆	−0.890	−0.075	0.925

④ 排序评价

针对不同的研究目的,做适当的排序。

a. 排序:可以分别对变量 FAC1_1、FAC2_1、FAC3_1(表 7.3.8)按数值大小进行排序。

b. 综合排序:也可以对变量 FAC1_1、FAC2_1、FAC3_1 作综合加权后排序,这种排序比较常用。可以使用下面的综合加权公式

$$F=\frac{\lambda_1^*}{\sum_{i=1}^{3}\lambda_i^*}\text{FAC1\_1}+\frac{\lambda_2^*}{\sum_{i=1}^{3}\lambda_i^*}\text{FAC2\_1}+\frac{\lambda_3^*}{\sum_{i=1}^{3}\lambda_i^*}\text{FAC3\_1}$$

本例中 $F=0.519\times$FAC1_1$+0.309\times$FAC2_1$+0.172\times$FAC3_1。

SPSS 软件操作步骤如下。

a. 生成新的综合变量 F:选择菜单项中的"Transform"→"Compute",调出"Compute variable"对话框,在"Target Variable"中输入"F",在"Numeric Expression"中输入等式"0.519×FAC1_1+0.309×FAC2_1+0.172×FAC3_1"。单击"OK"运行,即可在数据编辑窗口中得到 F。

b. 排序操作:选择菜单项中的"Transform"→"Rank Cases…",需要求秩的变量选入"Variable(s)"栏,在"Assign Rank 1 to"框勾选"Largest value",单击"OK"运行。在数据编辑窗口中可以得到 F 的秩变量 RF,即给出名次排序结果(F 值越大,排序结果 RF 越小)。

样本主成分综合得分及排序如表 7.3.9 所示。

表 7.3.9　样本主成分综合得分及排序

省、市、自治区(sf)	FAC1_1	FAC2_1	FAC3_1	F	RFAC1_1	RFAC2_1	RFAC3_1	RF
北京	0.494	−1.503	0.480	−0.13	9	27	9	15
天津	0.406	−1.753	−1.081	−0.52	10	29	26	26
河北	0.720	1.641	−1.136	0.69	7	1	28	6
山西	−0.511	0.249	−0.522	−0.28	19	14	22	19
内蒙古	−0.850	0.459	−0.343	−0.36	22	9	18	21
辽宁	0.884	0.727	−0.539	0.59	6	7	23	8
吉林	−0.181	−0.284	−1.103	−0.37	16	20	27	22
黑龙江	0.255	0.291	−0.426	0.15	14	13	19	12
上海	1.756	−2.148	2.644	0.7	2	30	1	5
江苏	1.267	0.752	−0.080	0.88	4	6	17	3
浙江	1.044	−0.288	0.247	0.5	5	21	13	9
安徽	0.258	0.106	−1.681	−0.12	13	17	29	14
福建	0.262	−0.607	−0.590	−0.15	12	22	24	16
江西	−0.724	0.174	−0.489	−0.41	21	16	21	23
山东	1.600	1.469	0.577	1.38	3	3	8	1
河南	0.541	1.491	−0.806	0.6	8	2	25	7
湖北	−0.146	0.976	1.073	0.41	15	5	4	10
湖南	−0.210	0.719	0.252	0.16	17	8	12	11
广东	2.517	−0.783	0.156	1.09	1	25	15	2
广西	−0.594	0.232	0.337	−0.18	20	15	11	17
海南	−0.248	−1.547	−2.221	−0.99	18	28	30	30
四川	0.303	1.347	0.820	0.71	11	4	6	4
贵州	−1.479	0.329	1.097	−0.48	30	12	3	25
云南	−1.063	0.435	1.716	−0.12	26	11	2	13
西藏	−1.031	−1.411	−0.050	−0.98	25	26	16	29
陕西	−0.933	0.437	0.418	−0.28	24	10	10	18
甘肃	−1.111	0.067	0.609	−0.45	27	18	7	24
青海	−1.218	−0.782	0.196	−0.84	29	24	14	27
宁夏	−1.119	−0.720	−0.481	−0.89	28	23	20	28
新疆	−0.890	−0.075	0.925	−0.33	23	19	5	20

⑤ 分类

为了方便，可以利用第 1 和第 2 样本主成分得分值(FAC1_1、FAC2_1)对样品绘制散点图(图略)，进行分类研究。散点图绘制命令参见第 2 章。

7.4　习　　题

1. 从 $\boldsymbol{\Sigma}$ 和 $\boldsymbol{R}$ 出发计算主成分是否一样，并解释主成分的含义，主成分分析是否依赖总体服从的分布？如何确定主成分的个数？

2. 设随机向量 $\boldsymbol{X}=(X_1,X_2,X_3)^{\mathrm{T}}$ 的协差阵为 $\boldsymbol{\Sigma}=\begin{pmatrix}1&-2&0\\-2&5&0\\0&0&2\end{pmatrix}$，从 $\boldsymbol{\Sigma}$ 出发，试求 $\boldsymbol{X}$ 的主成分及其对变量 X_i 的贡献率 $v_i^{(m)}(i=1,2,3)$。

3. 影响企业经济效益的指标有许多，如何运用主成分分析进行系统评估？请用实际数据分析。

第8章　因子分析

“智力可被分析为 G 因素(一般因素)和 S 因素(特殊因素)。”

——斯皮尔曼(C. Spearman)

第 7 章介绍了一种简化数据结构的方法——主成分分析法,其通过构造线性组合变量(综合变量),尽可能多地反映原始数据的总变差。本章来讨论另一种简化数据结构的方法——因子分析,可以看成是主成分分析的推广。

8.1　什么是因子分析

在经济学、社会学、心理学等领域中,有许多“潜”变量,如“态度”“认识”“爱好”“能力”“智力”等实际上是不可直接观测的量。这些潜变量常常对事物的结果起着决定性作用。例如,学生通过考试得到英语、高等数学、大学物理、数理统计等课程的成绩。把每门课的成绩看作一个变量,显然这些变量必定受到一些潜在的共同因素的影响,如智力,或者细分一点,如逻辑思维能力、形象思维能力和记忆力等,都是影响这些课程成绩的公共因素。另外,每门课程的成绩还受自己课程特点因素的影响,如英语受语言能力的影响,大学物理受实验动手能力的影响,高等数学受推理能力的影响等。

基于这样的现实意义,因子分析(Factor Analysis,FA)就是利用少数几个潜在变量(或公共因子)去解释多个显在变量(或可观测变量)中存在的复杂关系。换句话说,因子分析是把每个原始(可观测)变量分解为两部分因素:一部分是所有变量共同具有的公共因子;另一部分是每个原始变量独自具有的特殊因素(或特殊因子),特殊因子的存在,使不同原始变量有所区别。因子分析是主成分分析的推广和发展,属于一种统计降维方法。

1904 年 Charles Spearman 发表著名论文《对智力测验得分进行统计分析》对学生考试成绩进行研究,该论文被视为因子分析的起点。它最早用于研究解决心理学和教育学方面的问题,当时由于计算量大,缺少高速计算设备,使其应用和发展受到限制,停滞了很长时间。后来由于电子计算机的出现,才使因子分析有了很大进展。目前,这一方法在经济学、社会学、考古学、生物学、医学、地质学等各个领域都有广泛应用。

8.1.1　Spearman 的因子分析

为了对因子分析的基本理论有一个完整的认识,我们先给出 Spearman 1904 年用到的例子。在该例中 Spearman 研究了“高级预备学校”的 33 名学生在古典语(C)、法语(F)、英语(E)、数学(M)、判别(D)和音乐(Mu)6 门考试成绩之间的相关性,相关阵如下

	C	F	E	M	D	Mu
C	1.00	0.83	0.78	0.70	0.66	0.63
F	0.83	1.00	0.67	0.67	0.65	0.57
E	0.78	0.67	1.00	0.64	0.54	0.51
M	0.70	0.67	0.64	1.00	0.45	0.51
D	0.66	0.65	0.54	0.45	1.00	0.40
Mu	0.63	0.57	0.51	0.51	0.40	1.00

Spearman 注意到上面相关阵中一个有趣的规律:如果不考虑对角元素,任意两列的元素大致成比例,如对 C 列和 E 列有

$$\frac{0.83}{0.67}\approx\frac{0.70}{0.64}\approx\frac{0.66}{0.54}\approx\frac{0.63}{0.51}\approx 1.2 \tag{8.1.1}$$

于是 Spearman 指出每一科目的考试成绩都遵从以下形式

$$X_i = a_i F + \varepsilon_i \tag{8.1.2}$$

跨度这么大,Spearman 是怎么想到了式(8.1.2)呢?其实很多新方法的产生都是通过猜想加证明得到的。

Spearman 除了考虑研究问题的现实情况(不同科目的成绩由什么决定),他还做了一些推导,在一些合理的假设下,若满足式(8.1.2)的模型,就能得出式(8.1.1)的结论,式(8.1.2)的模型就是最初的因子分析模型,下面我们一一道来。

式(8.1.2)中,X_i 为第 i 门科目标准化后的考试成绩,其均值为 0,方差为 1。F 表示对各科考试成绩均有影响的因素,称为公共因子,为不失一般性,可以假设其均值为 0,方差为 1。ε_i 为仅对第 i 门科目考试成绩有影响的特殊因子,特殊因子是各管各的,所以可以假设它们之间是不相关的。假设 F 与 ε_i 不相关。式(8.1.2)是符合现实情况的,每一门科目的考试成绩都可以看作是由一个公共因子(智力)与一个特殊因子(科目个性化因素)的综合影响得到的。在满足以上假定的条件下,就有

$$\mathrm{Cov}(X_i, X_j) = E(a_i F + \varepsilon_i)(a_j F + \varepsilon_j) = a_i a_j \mathrm{Var}(F) = a_i a_j$$

于是,有 $\dfrac{\mathrm{Cov}(X_i, X_j)}{\mathrm{Cov}(X_i, X_k)} = \dfrac{a_j}{a_k}$,与 i 无关,也正与在相关矩阵中所观察到的比例关系即式(8.1.1)相一致。

除此之外,因为 a_i 是一个常数,F 与 ε_i 不相关,还可以得到如下有关 X_i 方差的关系式

$$\mathrm{Var}(X_i) = \mathrm{Var}(a_i F + \varepsilon_i) = \mathrm{Var}(a_i F) + \mathrm{Var}(\varepsilon_i) = a_i^2 \mathrm{Var}(F) + \mathrm{Var}(\varepsilon_i)$$

因为 F 与 X_i 的方差均为 1,于是有

$$1 = a_i^2 + \mathrm{Var}(\varepsilon_i)$$

X_i方差(信息)　　因子 F(信息)　　ε_i方差(信息)

若我们把变量的方差看成信息,上式中,a_i^2 反映了因子 F 解释 X_i 方差的比例,称 a_i^2 为共同度,称 a_i 为因子载荷,a_i 是因子分析里的重要指标。

8.1.2 一般的因子分析初探

对 Spearman 的例子进行推广，假定每一门科目的考试成绩都受到 m 个公共因子的影响及一个特殊因子的影响，于是式(8.1.2)就变成了因子分析模型的一般形式

$$X_i = a_{i1}F_1 + a_{i2}F_2 + \cdots + a_{im}F_m + \varepsilon_i \tag{8.1.3}$$

式(8.1.3)中，X_i 为标准化后的第 i 门科目的考试成绩，均值为 0，方差为 1。

假定：$F_1, F_2, \cdots, F_m$ 是彼此独立的公共因子，都满足均值为 0，方差为 1；ε_i 为特殊因子，它们之间不相关，ε_i 与每一个公共因子均不相关；$a_{i1}, a_{i2}, \cdots, a_{im}$ 为公共因子对第 i 门科目考试成绩的因子载荷。

对因子模型(8.1.3)，在上面的假定下，经过计算有

$$\mathrm{Var}(X_i) = a_{i1}^2 + a_{i2}^2 + \cdots + a_{im}^2 + \mathrm{Var}(\varepsilon_i) = 1 \tag{8.1.4}$$

式(8.1.4)中，$a_{i1}^2 + a_{i2}^2 + \cdots + a_{im}^2$ 表示公共因子解释 X_i 方差的比例，称为 X_i 的共同度；$\mathrm{Var}(\varepsilon_i)$ 称为 X_i 的特殊度(或剩余方差、特殊因子方差)，表示 X_i 的方差中与公共因子无关的部分。因为共同度不会大于 1，因此，$-1 \leqslant a_{ij} \leqslant +1$。

那么，因子模型(8.1.3)中的 a_{ij}，$\mathrm{Var}(\varepsilon_i)$ 都怎么求呢？公共因子 $F_1, F_2, \cdots, F_m$ 怎么解释呢？我们将在 8.2 节进行详细讨论，现在仅是初探。再举几个一般因子分析的实际例子。

例如，某公司对 100 名招聘人员的知识和能力进行测试，出了 50 道题的试卷，其内容包括的面较广，但总的来讲可以归纳为 6 个方面：语言表达能力、逻辑思维能力、判断事物的敏捷和果断程度、思想修养、兴趣爱好、生活常识。我们将每一个方面称为因子，显然这里所说的因子不同于回归分析中的因素[①]。

假设 100 人测试的分数 $\{X_i \mid i = 1, 2, \cdots, 100\}$ 可以用上述 6 个方面(因子)表述为线性函数

$$X_i = a_{i1}F_1 + a_{i2}F_2 + \cdots + a_{i6}F_6 + \varepsilon_i,\ i = 1, \cdots, 100$$ [②]

其中，$F_1, F_2, \cdots, F_6$ 对所有 X_i 是共有的因子，称为公共因子；它们的系数 $a_{i1}, a_{i2}, \cdots, a_{i6}$ 称为因子载荷，它表示第 i 个应试人员在六因子方面的能力；ε_i 是第 i 个应试人员的能力和知识不能被前 6 个因子包括的部分，称为特殊因子。通过因子分析可以达到对研究变量(50 道题)进行降维(6 维)，以及对变量(或样品，即 100 名招聘人员)进行分类的目的。

例如，调查公司想调查青年对婚姻家庭的态度，抽取了 n 个青年回答了 $p = 100$ 个问题的答卷，若 100 个问题都一个一个地看，太多，会不得要领，所以可以用因子分析进行降维，例如，发现这些问题可归纳为几个方面：对相貌的重视、对孩子的观点等。每一个方面就是一个公因子，研究出来的结论可使调查公司了解所有调查问题的结构，及时针对调研目的，对调研问卷中的问题设计进行查缺补漏，还可以利用公因子进行 n 个青年的评价和分类研究。

例如，Linden 对 1945 年以后的奥林匹克十项全能的得分进行研究($n = 160$)，用 $X_1, \cdots, X_{10}$ 表示十项全能的标准化得分数据(十项全能包括 100 米跑、铅球、跳高、跳远、400 米跑、110 米跨栏、铁饼、撑竿跳高、标枪、1 500 米跑)，分析哪些因素决定了十项全能的成绩，以此来指导运动员的选拔工作。运用因子分析后发现十项全能的成绩可归纳为 4 类因素：短跑速度、爆发性

---

① 因子分析中的因子是一种比较抽象的概念，回归分析中的因素一般具有极为明确的经济意义。

② 因子模型与回归模型在形式上相同，在实质上不同：a. $F_1, F_2, \cdots, F_6$ 是抽象因子，不是变量，其值不可直接观测；b. 参数的统计意义不一样。

臂力、腿力、耐力。每个因素是一个公共因子。

通过上面的例子,可见因子分析的主要应用有两方面:一是它将具有错综复杂关系的变量(或样品)综合为数量较少的几个因子,呈现原始变量与因子之间的结构关系;二是根据不同因子可以对样品(或变量)进行分类。

8.1.3　因子分析的基本思想

因子分析的基本思想是通过对研究变量的信息矩阵(变量的协方差阵,或相关系数矩阵,或样品相似系数矩阵)内部结构的分析,找出能控制所有研究变量(原始变量)的少数几个综合变量,用这几个少数综合变量去描述所有研究变量之间的相关(或相似)关系。要注意的是,这少数几个综合变量是不可观测的,通常称为因子。故该方法称为因子分析。

因子分析的内容十分丰富,根据研究对象可以分为R型因子分析(对变量作因子分析)和Q型因子分析(对样品作因子分析)。R型因子分析研究变量之间的相关关系,通过对变量的相关阵或协差阵内部结构的研究,找出控制所有变量的几个公共因子(或称主因子、潜因子)。Q型因子分析研究样品之间的相关关系,通过对样品的相似矩阵内部结构的研究找出控制所有样品的几个主要因素(或称主因子)。从计算过程来看,R型因子分析与Q型因子分析是一样的,只不过出发点不同,R型从相关系数矩阵出发,Q型从相似系数阵出发,对同一批观测数据,可以根据研究目的决定采用哪一类型的因子分析。不特殊强调时,均指进行R型因子分析。

因子分析与主成分分析之间既有区别,也有联系。

主成分分析将主成分表示为原变量的线性组合,它只是通常的变量变换。而因子分析需要构造因子模型,将原始变量表示为公因子和特殊因子的线性组合。

主成分分析中主成分的个数和变量个数 p 相同,解决实际问题时,一般只选取前 $m(m<p)$ 个主成分。因子分析是要用尽可能少的公因子,构造一个结构简单的因子模型 $\boldsymbol{X}=\boldsymbol{AF}+\boldsymbol{\varepsilon}$ 来代替 $\boldsymbol{X}$。

请读者随着后面的学习,自己寻找它们的区别。这两种分析方法都可以对原始变量进行降维,解决的方法在某些情况下有一定联系。这些我们将从下面的介绍中看到。

8.2　因子分析的数学模型

8.2.1　数学模型

通常的因子分析数学模型是正交因子模型。设有 n 个样品,每个样品观测 p 个指标(原始变量),假设这 p 个指标之间有较强的相关性,只有当 p 个指标相关性较强时,从 p 个指标中提取出“公共”因子,进行因子分析才是合理的。

因子分析研究相关性强的多个原始指标在变化的时候是不是受到很少的潜在因素的影响,这些潜在因素是对所有的原始指标都起作用的,也就是公因子。公因子表示不了的部分用特殊因子表示。为了方便,表示的方法考虑线性的。

假设随机向量 $\boldsymbol{X}=(X_1,X_2,\cdots,X_p)^{\mathrm{T}}$ 是可实测的 p 个指标所构成的 p 维随机向量，$E(\boldsymbol{X})=\boldsymbol{\mu}$，$\mathrm{Var}(\boldsymbol{X})=\boldsymbol{\Sigma}$。假设 $\boldsymbol{X}$ 满足以下模型(R 型因子分析数学模型)

$$\begin{cases}X_1-\mu_1=a_{11}F_1+a_{12}F_2+\cdots+a_{1m}F_m+\varepsilon_1\\X_2-\mu_2=a_{21}F_1+a_{22}F_2+\cdots+a_{2m}F_m+\varepsilon_2\\\quad\vdots\\X_p-\mu_p=a_{p1}F_1+a_{p2}F_2+\cdots+a_{pm}F_m+\varepsilon_p\end{cases}\tag{8.2.1}$$

用矩阵表示为

$$\begin{pmatrix}X_1-\mu_1\\X_2-\mu_2\\\vdots\\X_p-\mu_p\end{pmatrix}=\begin{pmatrix}a_{11}&a_{12}&\cdots&a_{1m}\\a_{21}&a_{22}&\cdots&a_{2m}\\\vdots&\vdots&&\vdots\\a_{p1}&a_{p2}&\cdots&a_{pm}\end{pmatrix}\begin{pmatrix}F_1\\F_2\\\vdots\\F_m\end{pmatrix}+\begin{pmatrix}\varepsilon_1\\\varepsilon_2\\\vdots\\\varepsilon_p\end{pmatrix}\tag{8.2.2}$$

简记为

$$\underset{(p\times1)}{\boldsymbol{X}}=\boldsymbol{\mu}+\underset{(p\times m)}{\boldsymbol{A}}\underset{(m\times1)}{\boldsymbol{F}}+\underset{(p\times1)}{\boldsymbol{\varepsilon}}\tag{8.2.3}$$

假设模型满足如下条件。

① $m\leqslant p$。

② $E(\boldsymbol{F})=\boldsymbol{0}$，$\mathrm{Var}(\boldsymbol{F})=\begin{pmatrix}1&&&\\&1&&\\&&\ddots&\\&&&1\end{pmatrix}=\boldsymbol{I}_m$，即 $F_1,F_2,\cdots,F_m$ 不相关，且方差为 1。

③ $E(\boldsymbol{\varepsilon})=\boldsymbol{0}$，$\mathrm{Var}(\boldsymbol{\varepsilon})=\begin{pmatrix}\sigma_1^2&&&\\&\sigma_2^2&&\\&&\ddots&\\&&&\sigma_p^2\end{pmatrix}$，即 $\varepsilon_1,\cdots,\varepsilon_p$ 不相关，且方差不同。

④ $\mathrm{Cov}(\boldsymbol{F},\boldsymbol{\varepsilon})=\boldsymbol{0}$，即 $\boldsymbol{F}$ 和 $\boldsymbol{\varepsilon}$ 是不相关的。

这些假设条件中比较关键的是条件③和④，下面对这些假设条件做一下解释，从中可见这些假设条件是合理的。

$\boldsymbol{F}=(F_1,\cdots,F_m)^{\mathrm{T}}$ 称为 $\boldsymbol{X}$ 的公共因子或潜因子，即前面所说的综合变量，是不可观测的。由于原始指标的相关性很强，所以可以用综合变量表示。我们自然希望信息表达不重叠，即希望公因子(综合变量)之间是不相关的，故通常有 $F_1,F_2,\cdots,F_m$ 互不相关的假定，称为正交因子模型。当然这也不是绝对的，若实在找不到合适的互不相关的 $F_1,F_2,\cdots,F_m$，有时就要考虑相关的公因子 $F_1,F_2,\cdots,F_m$，这时的模型称为斜交因子模型，且 $\mathrm{Var}(\boldsymbol{F})$ 不是对角阵，本章不讨论这种模型。

$\boldsymbol{\varepsilon}=(\varepsilon_1,\cdots,\varepsilon_p)^{\mathrm{T}}$ 称为 $\boldsymbol{X}$ 的特殊因子，$\boldsymbol{\varepsilon}$ 中包括了随机误差。通常要求 $\boldsymbol{\varepsilon}$ 的协方差阵是对角阵，这是因为特殊因子 ε_i 只对 X_i 起作用，特殊因子是各管各的，所以 $\boldsymbol{\varepsilon}$ 的各分量互不相关。$\boldsymbol{\varepsilon}$ 是原始指标被公因子表示不了的部分，也就是说特殊因子与公因子之间没有联系，所以假定 $\boldsymbol{\varepsilon}$ 与 $\boldsymbol{F}$ 不相关。并且为了方便，假定 $E(\boldsymbol{\varepsilon})=\boldsymbol{0}$。

类似地，当 $X_1,X_2,\cdots,X_p$ 表示 p 个样品时，模型(8.2.1)称为 Q 型因子分析模型。

因子分析的目的就是通过模型 $\boldsymbol{X}=\boldsymbol{AF}+\boldsymbol{\varepsilon}$ 代替 $\boldsymbol{X}$，这样可以了解 $\boldsymbol{X}$ 的结构关系，另外由于 $m<p$，从而达到简化变量维数的愿望。

8.2.2　因子模型中各个量的统计意义

为了便于对因子分析计算结果做解释，对因子分析数学模型中各个量的统计意义加以说明是十分必要的。

1. $\boldsymbol{X}$ 的协方差矩阵 $\boldsymbol{\Sigma}$

由假设条件可知，$\boldsymbol{X}$ 的协方差阵为

$$\mathrm{Var}(\boldsymbol{X})=\boldsymbol{\Sigma}=E[(\boldsymbol{X}-\boldsymbol{\mu})(\boldsymbol{X}-\boldsymbol{\mu})^{\mathrm{T}}]=E[(\boldsymbol{AF}+\boldsymbol{\varepsilon})(\boldsymbol{AF}+\boldsymbol{\varepsilon})^{\mathrm{T}}]=\boldsymbol{A}\mathrm{Var}(\boldsymbol{F})\boldsymbol{A}^{\mathrm{T}}+\mathrm{Var}(\boldsymbol{\varepsilon})$$

$$\triangleq\boldsymbol{AA}^{\mathrm{T}}+\boldsymbol{D}=\boldsymbol{AA}^{\mathrm{T}}+\begin{pmatrix}\sigma_1^2 & & & \\ & \sigma_2^2 & & \\ & & \ddots & \\ & & & \sigma_p^2\end{pmatrix} \tag{8.2.4}$$

可见，正交因子模型中 X_j 和 X_k 的协方差为

$$\mathrm{Cov}(X_j,X_k)\triangleq\sigma_{jk}=\begin{cases}a_{j1}a_{k1}+\cdots+a_{jm}a_{km},j\neq k\\ a_{j1}^2+\cdots+a_{jm}^2+\sigma_j^2,j=k\end{cases}$$

为了不受到变量单位的影响，有时会进行变量中心化或标准化

$$\text{中心化 } X_i=X_i-E(X_i)\text{，标准化 } X_i=\frac{X_i-E(X_i)}{\sqrt{D(X_i)}}$$

为了方便，变化后的随机向量仍然用 $\boldsymbol{X}$ 表示。$\boldsymbol{X}$ 标准化后，式(8.2.4)中的协方差阵为相关系数阵。在此意义上，公因子解释了原始观测变量间的相关性。

2. 因子载荷的统计意义

由假设条件可推出

$$\begin{aligned}\mathrm{Cov}(\boldsymbol{X},\boldsymbol{F})&=E[(\boldsymbol{X}-E(\boldsymbol{X}))(\boldsymbol{F}-E(\boldsymbol{F}))^{\mathrm{T}}]=E[(\boldsymbol{X}-\boldsymbol{\mu})\boldsymbol{F}^{\mathrm{T}}]\\&=E[(\boldsymbol{AF}+\boldsymbol{\varepsilon})\boldsymbol{F}^{\mathrm{T}}]=\boldsymbol{A}E(\boldsymbol{FF}^{\mathrm{T}})+E(\boldsymbol{\varepsilon F}^{\mathrm{T}})=\boldsymbol{A}\end{aligned} \tag{8.2.5}$$

则有 $\mathrm{Cov}(X_i,F_j)=a_{ij}$。可见 $\boldsymbol{A}$ 中的元素 a_{ij} 刻画了变量 X_i 和 F_j 的相关性，称 a_{ij} 为 X_i 在 F_j 上的因子载荷。矩阵 $\boldsymbol{A}=(a_{ij})$ 称为因子载荷矩阵。如果变量 X_i 是标准化变量，即 $E(X_i)=0$，$\mathrm{Var}(X_i)=1$，则

$$\rho_{ij}=\frac{\mathrm{Cov}(X_i,F_j)}{\sqrt{\mathrm{Var}(X_i)}\sqrt{\mathrm{Var}(F_j)}}=\mathrm{Cov}(X_i,F_j)=a_{ij}$$

故 a_{ij} 的统计意义就是第 i 个变量与第 j 个公共因子的相关系数，即表示 X_i 依赖 F_j 的分量(比重)。用统计学的术语应该称为权，由于历史的原因，心理学家将它称为载荷(负荷)，它反映了第 i 个变量在第 j 个公共因子上的相对重要性。

3. 变量共同度的统计意义

将因子载荷阵 $\boldsymbol{A}$ 中第 i 行元素的平方和称为变量 X_i 的共同度，记为 h_i^2，即

$$h_i^2=\sum_{j=1}^{m}a_{ij}^2,\ i=1,\cdots,p$$

为了说明它的统计意义，将下式两边求方差

$$X_i=\mu_i+a_{i1}F_1+a_{i2}F_2+\cdots+a_{im}F_m+\varepsilon_i$$

即

$$\begin{aligned}\mathrm{Var}(X_i)&=a_{i1}^2\mathrm{Var}(F_1)+a_{i2}^2\mathrm{Var}(F_2)+\cdots+a_{im}^2\mathrm{Var}(F_m)+\mathrm{Var}(\varepsilon_i)\\&=a_{i1}^2+a_{i2}^2+\cdots+a_{im}^2+\sigma_i^2=h_i^2+\sigma_i^2\end{aligned} \tag{8.2.6}$$

式(8.2.6)表明 X_i 的方差由两部分组成：第一部分 h_i^2 是全部公因子对变量 X_i 的总方差所作出的贡献，故 h_i^2 称为公因子方差(或称共同度)；第二部分 σ_i^2 是由特殊因子 ε_i 产生的方差，它仅与变量 X_i 本身的变化有关，也称为剩余方差。即变量方差＝公共因子方差＋特殊因子方差(变量方差＝共同度＋剩余方差)，表明共同度 h_i^2 与剩余方差 σ_i^2 有互补的关系，h_i^2 越大，X_i 对公共因子的依赖程度越大，公共因子能解释 X_i 方差的比例越大，因子分析的效果也就越好。

如果 X_i 已标准化，则有

$$1=h_i^2+\sigma_i^2$$

如 $h_i^2=0.97$，则说明 X_i 的97%的信息被 m 个公共因子说明了，保留原来信息量多，因此 h_i^2 是 X_i 方差的重要组成部分。

4. 公共因子 F_j 的方差贡献

共同度考虑的是所有公共因子 $F_1,F_2,\cdots,F_m$ 与某一个原始变量的关系，与此类似，下面考虑某一个公共因子 F_j 与所有原始变量 $X_1,X_2,\cdots,X_p$ 的关系。

将因子载荷矩阵 $\boldsymbol{A}$ 中第 j 列元素的平方和，称为公共因子 F_j 对 $\boldsymbol{X}$ 的方差贡献，记为 q_j^2，即

$$q_j^2=\sum_{i=1}^{p}a_{ij}^2,\ j=1,\cdots,m$$

q_j^2 表示第 j 个公共因子 F_j 对 $\boldsymbol{X}$ 的所有分量的总影响，它是衡量第 j 个公共因子 F_j 相对重要性的指标。q_j^2 越大，表明 F_j 对 $\boldsymbol{X}$ 的贡献越大，F_j 对 $\boldsymbol{X}$ 的影响和作用越大。如果将因子载荷矩阵的所有 q_j^2 都计算出来，并按其大小排序：$q_1^2\geqslant q_2^2\geqslant\cdots\geqslant q_m^2$。就可以依此提炼出最有影响的公共因子。

如果 p 个原始变量 X_i 已标准化，总方差为 p，把公共因子 F_j 的方差贡献与 p 个变量的总方差进行比较，称

$$\frac{q_j^2}{p}=\frac{\sum\limits_{i=1}^{p}a_{ij}^2}{p},\ j=1,\cdots,m$$

为第 j 个公共因子 F_j 的方差贡献率。方差贡献率是衡量公共因子相对重要程度的一个指标。方差贡献率越大，该公共因子就越重要。

8.3 因子载荷阵的估计方法

因子分析可以分为确定因子载荷、因子旋转及计算因子得分3个主要步骤。首要的步骤是根据样本数据确定出因子载荷矩阵 $\boldsymbol{A}$。通过式(8.2.4)的讨论，给出 p 维原始变量 $\boldsymbol{X}$ 的协方差矩阵

$$\mathrm{Var}(\boldsymbol{X})=\boldsymbol{\Sigma}=\boldsymbol{A}\boldsymbol{A}^{\mathrm{T}}+\boldsymbol{D} \tag{8.3.1}$$

因子载荷矩阵 $\boldsymbol{A}=(a_{ij})$ 是 $p\times m$ 型矩阵；特殊因子协方差阵 $\boldsymbol{D}=\mathrm{diag}(\sigma_1^2,\cdots,\sigma_p^2)$ 是 p 阶对角矩阵。我们要去估计公因子的个数 m、因子载荷阵 $\boldsymbol{A}$、特殊因子方差 σ_i^2，使之满足 $\boldsymbol{\Sigma}=\boldsymbol{A}\boldsymbol{A}^{\mathrm{T}}+\boldsymbol{D}$。

式(8.3.1)左端协方差阵 $\boldsymbol{\Sigma}$ 可以由观测数据计算出的样本协方差阵 $\boldsymbol{S}$ 来估计。但是，式(8.3.1)右端的 $\boldsymbol{A}$ 和 $\boldsymbol{D}$ 都是未知的，看起来问题很难，但由于有结构关系和一些假设条件，是

可以求出 $\boldsymbol{A}$ 的。

采用待定系数法，把 $\boldsymbol{A}$ 和 $\boldsymbol{D}$ 中未知的变量都设成待定系数。在左端，协方差阵估计 $\boldsymbol{S}$ 是 $p\times p$ 的矩阵，由协方差阵的对称性可知，有 $\frac{p(p+1)}{2}$ 个已知数据。在右端，$\boldsymbol{A}$ 有 $p\times k$ 个未知的待定系数，$\boldsymbol{D}$ 有 p 个未知的待定系数，共计 $p(k+1)$ 个未知待定系数。左端等于右端，列方程组，理论上就可以得出 $\boldsymbol{A}$ 和 $\boldsymbol{D}$。

但是，解方程组不容易。还有很多方法可以完成这项工作，如主成分法、主因子法、最小二乘法、极大似然法、因子提取法、一般的加权最小二乘法、重心法、α 因子分析法、映像因子分析法、最小残差法、典型极大似然法等。这些方法求解因子载荷的出发点不同，所得的结果也不完全相同。下面我们着重介绍比较常用的主成分法、主因子法与极大似然法。

8.3.1 主成分法

设随机向量 $\boldsymbol{X}=(X_1,\cdots,X_p)^{\mathrm{T}}$ 的协差阵为 $\boldsymbol{\Sigma}$，$\lambda_1\geqslant\lambda_2\geqslant\cdots\geqslant\lambda_p>0$ 为 $\boldsymbol{\Sigma}$ 的特征根，$\boldsymbol{e}_1,\cdots,\boldsymbol{e}_p$ 为对应的正交单位特征向量，则根据矩阵代数知识，$\boldsymbol{\Sigma}$ 可分解（谱分解）为

$$\begin{aligned}\boldsymbol{\Sigma} &= (\boldsymbol{e}_1,\cdots,\boldsymbol{e}_p)\begin{pmatrix}\lambda_1 & & 0\\ & \ddots & \\ 0 & & \lambda_p\end{pmatrix}(\boldsymbol{e}_1,\cdots,\boldsymbol{e}_p)^{\mathrm{T}} \triangleq \boldsymbol{U}\begin{pmatrix}\lambda_1 & & 0\\ & \ddots & \\ 0 & & \lambda_p\end{pmatrix}\boldsymbol{U}^{\mathrm{T}} = \sum_{i=1}^{p}\lambda_i\boldsymbol{e}_i\boldsymbol{e}_i^{\mathrm{T}} \\ &= (\sqrt{\lambda_1}\boldsymbol{e}_1,\cdots,\sqrt{\lambda_p}\boldsymbol{e}_p)\begin{pmatrix}\sqrt{\lambda_1}\boldsymbol{e}_1^{\mathrm{T}}\\ \vdots \\ \sqrt{\lambda_p}\boldsymbol{e}_p^{\mathrm{T}}\end{pmatrix}\end{aligned} \tag{8.3.2}$$

式(8.3.2)可以看成，当公因子与原始变量的个数一样，且特殊因子的方差为 0 时，因子模型中 $\boldsymbol{X}$ 的协差阵的结构。即这时的因子模型为

$$\boldsymbol{X}=\boldsymbol{\mu}+\boldsymbol{AF}$$

其中 $\mathrm{Var}(\boldsymbol{F})=\boldsymbol{I}_m$，可得

$$\mathrm{Var}(\boldsymbol{X})=\boldsymbol{\Sigma}=\mathrm{Var}(\boldsymbol{AF})=\boldsymbol{A}\mathrm{Var}(\boldsymbol{F})\boldsymbol{A}^{\mathrm{T}}=\boldsymbol{AA}^{\mathrm{T}}$$

把上面的想法运用到一般的因子分析模型 $\boldsymbol{X}=\boldsymbol{\mu}+\boldsymbol{AF}+\boldsymbol{\varepsilon}$，协差阵的结构为 $\boldsymbol{\Sigma}=\boldsymbol{AA}^{\mathrm{T}}+\boldsymbol{D}$。

在实际应用时总是希望公共因子个数小于变量的个数，即 $m<p$，当最后 $p-m$ 个特征根较小时，通常可把最后 $p-m$ 项 $\lambda_{m+1}\boldsymbol{e}_{m+1}\boldsymbol{e}_{m+1}^{\mathrm{T}}+\cdots+\lambda_p\boldsymbol{e}_p\boldsymbol{e}_p^{\mathrm{T}}$ 对 $\boldsymbol{\Sigma}$ 的贡献看成特殊因子的剩余方差 $\boldsymbol{D}$，于是由谱分解可知，$\boldsymbol{X}$ 的协方差阵为

$$\begin{aligned}\boldsymbol{\Sigma} &= \sum_{i=1}^{m}\lambda_i\boldsymbol{e}_i\boldsymbol{e}_i^{\mathrm{T}} + \sum_{i=m+1}^{p}\lambda_i\boldsymbol{e}_i\boldsymbol{e}_i^{\mathrm{T}} \approx \sum_{i=1}^{m}\lambda_i\boldsymbol{e}_i\boldsymbol{e}_i^{\mathrm{T}} + \boldsymbol{D} \\ &= (\sqrt{\lambda_1}\boldsymbol{e}_1,\cdots,\sqrt{\lambda_m}\boldsymbol{e}_m)\begin{pmatrix}\sqrt{\lambda_1}\boldsymbol{e}_1^{\mathrm{T}}\\ \vdots \\ \sqrt{\lambda_m}\boldsymbol{e}_m^{\mathrm{T}}\end{pmatrix} + \begin{pmatrix}\sigma_1^2 & & 0\\ & \ddots & \\ 0 & & \sigma_{pp}^2\end{pmatrix} = \boldsymbol{AA}^{\mathrm{T}}+\boldsymbol{D}\end{aligned}$$

其中，$\boldsymbol{A}=(\sqrt{\lambda_1}\boldsymbol{e}_1,\cdots,\sqrt{\lambda_m}\boldsymbol{e}_m)=(a_{ij})$，$\sigma_i^2=\sigma_{ii}-\sum\limits_{t=1}^{m}a_{it}^2$，$i=1,\cdots,p$。

这样给出的 $\boldsymbol{A}$ 和 $\boldsymbol{D}$ 就是因子模型的一个解。此时因子载荷阵 $\boldsymbol{A}$ 的第 j 列是 $\sqrt{\lambda_j}\boldsymbol{e}_j$，也就是说除常数 $\sqrt{\lambda_j}$ 外，第 j 列因子载荷恰是第 j 个主成分的系数 $\boldsymbol{e}_j$，故称为因子模型的主成分解。

另外,公因子个数 m 的确定方法如下。

① 根据实际问题的意义或专业的理论知识来确定。

② 如果取 m 个因子后,使残差矩阵 $\boldsymbol{\Sigma}-(\boldsymbol{A}\boldsymbol{A}^{\mathrm{T}}+\boldsymbol{D})$ 的元素绝对值都很小,则认为该 m 值合适。

③ 用确定主成分个数的方法,选 m 为满足 $\dfrac{\sum_{i=1}^{m}\lambda_i}{\sum_{i=1}^{p}\lambda_i}\geqslant k$ 的最小整数,k 是较大的比例值(如取 70%),即达到一定的比例来选择 m。

④ 统计软件中,一般选择 $\lambda_i>1$ 的个数为公共因子数 m。

这些准则不必生搬硬套,应具体问题具体分析,要使所选取的公因子能够合理地描述原始变量相关阵的结构,同时要有利于因子模型的解释。

当 $\boldsymbol{\Sigma}$ 未知时,可用样本协差阵 $\boldsymbol{S}$ 去代替,若经过标准化处理,则 $\boldsymbol{S}$ 与相关阵 $\boldsymbol{R}$ 相同,仍然可作上面类似的表示。

上面从因子分析的协方差阵 $\boldsymbol{\Sigma}$ 出发讨论了因子载荷阵 $\boldsymbol{A}$ 的求法。其实也可以从因子模型来找 $\boldsymbol{A}$,如下。

假定 p 个原始变量已经标准化,从相关阵 $\boldsymbol{R}$ 出发进行主成分分析,则我们可以找出 p 个主成分,按贡献率由大到小的顺序排列,记为 $Y_1,Y_2,\cdots Y_p$,则主成分与原始变量之间存在如下关系

$$\begin{cases}Y_1=\gamma_{11}X_1+\gamma_{21}X_2+\cdots+\gamma_{p1}X_p\\ Y_2=\gamma_{12}X_1+\gamma_{22}X_2+\cdots+\gamma_{p2}X_p\\ \qquad\vdots\\ Y_p=\gamma_{1p}X_1+\gamma_{2p}X_2+\cdots+\gamma_{pp}X_p\end{cases}$$

γ_{ij} 为相关矩阵 $\boldsymbol{R}$ 的特征值所对应的正交单位特征向量的分量,可得

$$\begin{cases}X_1=\gamma_{11}Y_1+\gamma_{12}Y_2+\cdots+\gamma_{1p}Y_p\\ X_2=\gamma_{21}Y_1+\gamma_{22}Y_2+\cdots+\gamma_{2p}Y_p\\ \qquad\vdots\\ X_p=\gamma_{p1}Y_1+\gamma_{p2}Y_2+\cdots+\gamma_{pp}Y_p\end{cases}$$

我们对上面每个等式只保留前 m 个主成分,而把后面的部分用 ε_i 代替,则

$$\begin{cases}X_1=\gamma_{11}Y_1+\gamma_{12}Y_2+\cdots+\gamma_{1m}Y_m+\varepsilon_1\\ X_2=\gamma_{21}Y_1+\gamma_{22}Y_2+\cdots+\gamma_{2m}Y_m+\varepsilon_2\\ \qquad\vdots\\ X_p=\gamma_{p1}Y_1+\gamma_{p2}Y_2+\cdots+\gamma_{pm}Y_m+\varepsilon_p\end{cases}\tag{8.3.3}$$

式(8.3.3)在形式上已经与因子模型相一致,还要看假设条件是否满足,可见 $Y_i(i=1,2,\cdots,m)$ 之间相互独立,Y_i 与 ε_i 之间相互独立,为了符合(8.1.3)模型的假定条件,还要做的工作是把主成分 Y_i 变为方差为 1 的变量。为完成此变换,必须将 Y_i 除以其标准差,由第 7 章主成分分析的知识,Y_i 的标准差为 $\boldsymbol{\Sigma}$ 特征根的平方根 $\sqrt{\lambda_i}$。

于是,令 $F_i=Y_i/\sqrt{\lambda_i}$,$a_{ij}=\sqrt{\lambda_j}\gamma_{ij}$,则式(8.3.3)变为

$$\begin{cases}X_1=a_{11}F_1+a_{12}F_2+\cdots+a_{1m}F_m+\varepsilon_1\\ X_2=a_{21}F_1+a_{22}F_2+\cdots+a_{2m}F_m+\varepsilon_2\\ \qquad\vdots\\ X_p=a_{p1}F_1+a_{p2}F_2+\cdots+a_{pm}F_m+\varepsilon_p\end{cases}$$

这与因子模型 $\boldsymbol{X}=\boldsymbol{AF}+\boldsymbol{\varepsilon}$ 形式一致，除了 ε_i 不相关没满足，其他都满足假定条件。这样就得到了载荷矩阵 $\boldsymbol{A}$ 和一组初始公因子(未旋转)。

相对于其他确定因子载荷的方法而言，主成分法比较简单。但是由于用这种方法所得的特殊因子之间没满足不相关，因此，用主成分法确定因子载荷不完全符合因子模型的假设前提。但是当共同度较大时，特殊因子所起的作用较小，特殊因子之间的相关性所带来的影响就几乎可以忽略。事实上，很多有经验的分析人员在进行因子分析时，总是先用主成分法进行分析，然后再尝试其他的方法。SPSS 软件中默认用主成分法。

8.3.2 主因子法

主因子法也称主轴因子法。假设从相关阵 $\boldsymbol{R}=(r_{ij})$ 出发，介绍主成分法的一种修正。设 $\boldsymbol{R}=\boldsymbol{AA}^{\mathrm{T}}+\boldsymbol{D}$，$\boldsymbol{A}=(a_{ij})$ 为因子载荷矩阵，$\boldsymbol{D}$ 为一对角阵，对角元素为相应特殊因子的方差。则称 $\boldsymbol{R}-\boldsymbol{D}=\boldsymbol{AA}^{\mathrm{T}}\triangleq\boldsymbol{R}^*$ 为调整相关矩阵(约相关阵)。

下面详细说明通过 $\boldsymbol{R}^*$ 来求 $\boldsymbol{A}$。

若已知特殊方差的初始估计 $(\hat{\sigma}_i^*)^2$，也就是已知初始公因子方差(即共同度)的估计为 $(h_i^*)^2=1-(\hat{\sigma}_i^*)^2$，则调整相关矩阵 $\boldsymbol{R}^*$ 为

$$\boldsymbol{R}^*=\boldsymbol{R}-\boldsymbol{D}=\begin{pmatrix}(h_1^*)^2 & r_{12} & \cdots & r_{1p}\\ r_{21} & (h_2^*)^2 & \cdots & r_{2p}\\ \vdots & \vdots & & \vdots\\ r_{p1} & r_{p2} & \cdots & (h_p^*)^2\end{pmatrix}$$

类似主成分分析，计算 $\boldsymbol{R}^*$ 的特征值与正交单位特征向量，进而求出因子载荷矩阵 $\boldsymbol{A}$ 的估计 $\boldsymbol{A}^*$。可取前 m 个正特征值 $\lambda_1^*\geqslant\lambda_2^*\geqslant\cdots\geqslant\lambda_m^*>0$，$\gamma_1^*,\gamma_2^*,\cdots,\gamma_m^*$ 为对应的单位正交化特征向量，则有近似分解式

$$\boldsymbol{R}^*=\boldsymbol{A}^*\boldsymbol{A}^{*\mathrm{T}}$$

其中 $\boldsymbol{A}^*=(a_{ij})=(\sqrt{\lambda_1^*}\gamma_1^*,\sqrt{\lambda_2^*}\gamma_2^*,\cdots,\sqrt{\lambda_m^*}\gamma_m^*)$。令 $\hat{\sigma}_i^2=1-\sum\limits_{t=1}^{m}a_{it}^2(i=1,\cdots,p)$，则 $\boldsymbol{A}^*$ 和 $\boldsymbol{D}^*=\mathrm{diag}(\hat{\sigma}_1^2,\cdots,\hat{\sigma}_p^2)$ 为因子模型中 $\boldsymbol{A}$ 和 $\boldsymbol{D}$ 的一个主因子解(主轴因子解)。

主轴因子法利用公因子方差(或共同度)来代替相关矩阵主对角线上的元素 1，并以新得到的这个矩阵 $\boldsymbol{R}^*$(调整相关矩阵)为出发点，来求因子载荷阵。实际上，$\boldsymbol{R}^*$ 与共同度都是未知的，需要我们先进行估计。以上得到的是近似解，为了得到近似程度更好的解，提高精度，常常采用迭代主因子法，即一般我们先给出一个初始估计，然后估计出载荷矩阵 $\boldsymbol{A}$ 和 $\boldsymbol{D}$，将它们作为新的初始估计，重复上面的步骤，直到解稳定为止。

求迭代主因子解的步骤如下。

① 给出共同度的初始估计值 $(h_i^*)^2$，$i=1,2,\cdots,p$。

② 由 $(h_i^*)^2$ 求出 $(\hat{\sigma}_i^*)^2=1-(h_i^*)^2$，$i=1,2,\cdots,p$，由于 $\boldsymbol{R}^*=\boldsymbol{R}-\boldsymbol{D}$，求出调整相关矩阵 $\boldsymbol{R}^*$。

③ 求调整相关矩阵 $\boldsymbol{R}^*$ 的正特征值 $\lambda_1^*\geqslant\lambda_2^*\geqslant\cdots\geqslant\lambda_m^*>0$，$\gamma_1^*,\gamma_2^*,\cdots,\gamma_m^*$ 为对应的单位正交化特征向量，令 $\boldsymbol{A}_1=(\sqrt{\lambda_1^*}\gamma_1^*,\sqrt{\lambda_2^*}\gamma_2^*,\cdots,\sqrt{\lambda_m^*}\gamma_m^*)$。

④ 求出 $\boldsymbol{D}$ 的估计 $\boldsymbol{D}^*(1)=\boldsymbol{R}-\boldsymbol{A}_1\boldsymbol{A}_1^{\mathrm{T}}$。

⑤ 返回步骤 ②，用 $\boldsymbol{D}^*(1)$ 代替 $\boldsymbol{D}$，直到 $\boldsymbol{A}$ 和 $\boldsymbol{D}$ 的估计值达到稳定为止。

共同度 $(h_i^*)^2$ 的初始估计有以下几种常见方法。

① 取$(\hat{\sigma}_i^*)^2=\dfrac{1}{r^{ii}}$，其中 r^{ii} 是相关系数矩阵 $\boldsymbol{R}$ 的逆阵 $\boldsymbol{R}^{-1}$ 中的主对角线元素，因此有 $(h_i^*)^2=1-(\hat{\sigma}_i^*)^2=1-\dfrac{1}{r^{ii}}$。

② 取$(h_i^*)^2$ 为第 i 个变量 X_i 与其他所有变量 $X_j(j=1,2,\cdots,p$ 且 $j\neq i)$ 的复相关系数的平方。

③ 取$(h_i^*)^2$ 为第 i 个变量 X_i 与其他所有变量 $X_j(j=1,2,\cdots,p$ 且 $j\neq i)$ 的相关系数的最大值(绝对值)，即$(h_i^*)^2=\max\limits_{j\neq i}|r_{ij}|$，其中 r_{ij} 为变量 X_i 与 X_j 的相关系数。

④ 取$(h_i^*)^2=1$，它等价于主成分解。

8.3.3 极大似然法

假定公共因子$\boldsymbol{F}$和特殊因子$\boldsymbol{\varepsilon}$都服从正态分布，则能够得到因子载荷和特殊因子方差的极大似然估计。设 $\boldsymbol{X}_{(1)},\boldsymbol{X}_{(2)},\cdots,\boldsymbol{X}_{(n)}$ 为来自 p 元正态总体 $N_p(\boldsymbol{\mu},\boldsymbol{\Sigma})$ 的随机样本，设$\boldsymbol{\Sigma}=\boldsymbol{A}\boldsymbol{A}^{\mathrm{T}}+\boldsymbol{D}$。由极大似然法的理论可得似然函数

$$L(\boldsymbol{\mu},\boldsymbol{\Sigma})=\frac{1}{(2\pi)^{\frac{pn}{2}}\ |\boldsymbol{\Sigma}|^{\frac{n}{2}}}\exp\left\{-\frac{1}{2}\sum_{i=1}^{n}(\boldsymbol{X}_{(i)}-\boldsymbol{\mu})^{\mathrm{T}}\boldsymbol{\Sigma}^{-1}(\boldsymbol{X}_{(i)}-\boldsymbol{\mu})\right\} \tag{8.3.4}$$

取$\hat{\boldsymbol{\mu}}=\bar{\boldsymbol{x}}$，由于$\boldsymbol{\Sigma}=\boldsymbol{A}\boldsymbol{A}^{\mathrm{T}}+\boldsymbol{D}$，则对数似然函数 $\ln(L(\bar{\boldsymbol{x}},\boldsymbol{A}\boldsymbol{A}^{\mathrm{T}}+\boldsymbol{D}))$ 为 $\boldsymbol{A}$ 和 $\boldsymbol{D}$ 的函数。求 $\boldsymbol{A}$ 和 $\boldsymbol{D}$，使其达到最大，则得到 $\boldsymbol{A}$ 和 $\boldsymbol{D}$ 的似然估计。

可以证明式(8.3.4)并不能唯一确定 $\boldsymbol{A}$ 和 $\boldsymbol{D}$，为此，添加如下使用方便的唯一性条件

$$\boldsymbol{A}^{\mathrm{T}}\boldsymbol{D}^{-1}\boldsymbol{A}=\boldsymbol{\Lambda}$$

这里，$\boldsymbol{\Lambda}$ 是一个对角阵，用数值极大化的方法可以得到极大似然估计 $\hat{\boldsymbol{A}},\hat{\boldsymbol{D}}$。

例 8.1 假定某地固定资产投资率为 x_1，通货膨胀率为 x_2，失业率为 x_3，相关系数矩阵为

$$\begin{bmatrix} 1 & 1/5 & -1/5 \\ 1/5 & 1 & -2/5 \\ -1/5 & -2/5 & 1 \end{bmatrix}$$

① 用主成分法求因子分析模型。

② 用主因子法求因子分析模型。假设用$\hat{h}_i^2=\max|r_{ij}|\ (j\neq i)$ 代替初始的 h_i^2。

解：① 可解得相关系数阵的特征根为：$\lambda_1=1.55,\lambda_2=0.85,\lambda_3=0.6$。对应的正交单位特征向量阵

$$\boldsymbol{U}^{\mathrm{T}}=\begin{bmatrix} 0.475 & 0.883 & 0 \\ 0.629 & -0.331 & 0.707 \\ -0.629 & 0.331 & 0.707 \end{bmatrix}$$

则因子载荷阵为

$$\boldsymbol{A}=\begin{bmatrix} 0.475\sqrt{1.55} & 0.883\sqrt{0.85} & 0 \\ 0.629\sqrt{1.55} & -0.331\sqrt{0.85} & 0.707\sqrt{0.6} \\ -0.629\sqrt{1.55} & 0.331\sqrt{0.85} & 0.707\sqrt{0.6} \end{bmatrix}=\begin{bmatrix} 0.569 & 0.814 & 0 \\ 0.783 & -0.305 & 0.548 \\ -0.783 & 0.305 & 0.548 \end{bmatrix}$$

所以由主成分法得到的因子分析模型为

$$x_1=0.569F_1+0.814F_2$$

$$x_2=0.783F_1-0.305F_2+0.548F_3$$

$$x_3 = -0.783F_1 + 0.305F_2 + 0.548F_3$$

若取前两个因子 F_1 和 F_2 为公共因子,共同度分别为 1,0.706,0.706。则因子模型为

$$x_1 = 0.569F_1 + 0.814F_2 + \varepsilon_1$$
$$x_2 = 0.783F_1 - 0.305F_2 + \varepsilon_2$$
$$x_3 = -0.783F_1 + 0.305F_2 + \varepsilon_3$$

可见第一公因子 F_1 为物价就业因子,可得它对 $\boldsymbol{X}$ 的贡献为 1.55。第二公因子 F_2 为投资因子,对 $\boldsymbol{X}$ 的贡献为 0.85。

② 假设用$\hat{h}_i^2 = \max|r_{ij}|\ (j \neq i)$ 代替初始的 h_i^2。所以 $h_1^2 = \dfrac{1}{5}, h_2^2 = \dfrac{2}{5}, h_3^2 = \dfrac{2}{5}$,则

$$\boldsymbol{R}^* = \begin{pmatrix} 1/5 & 1/5 & -1/5 \\ 1/5 & 2/5 & -2/5 \\ -1/5 & -2/5 & 2/5 \end{pmatrix} = \frac{1}{5}\begin{pmatrix} 1 & 1 & -1 \\ 1 & 2 & -2 \\ -1 & -2 & 2 \end{pmatrix}$$

特征根为:$\lambda_1 = 0.912\,3, \lambda_2 = 0.087\,7, \lambda_3 = 0$。非零特征根对应的正交单位特征向量为

$$\begin{pmatrix} 0.369 & 0.929 \\ 0.657 & -0.261 \\ -0.657 & 0.261 \end{pmatrix}$$

则

$$\boldsymbol{A}^* = \begin{pmatrix} 0.369\sqrt{0.912\,3} & 0.929\sqrt{0.087\,7} \\ 0.657\sqrt{0.912\,3} & -0.261\sqrt{0.087\,7} \\ -0.657\sqrt{0.912\,3} & 0.261\sqrt{0.087\,7} \end{pmatrix} = \begin{pmatrix} 0.352 & 0.275 \\ 0.628 & -0.077 \\ -0.628 & 0.077 \end{pmatrix}$$

所以由主因子法得到的因子分析模型为

$$x_1 = 0.352F_1 + 0.275F_2 + \varepsilon_1$$
$$x_2 = 0.625F_1 - 0.077F_2 + \varepsilon_2$$
$$x_3 = -0.682F_1 + 0.077F_2 + \varepsilon_3$$

新的共同度为

$$h_1^2 = 0.352^2 + 0.275^2 = 0.181\,29$$
$$h_2^2 = 0.625^2 + 0.077^2 = 0.396\,6$$
$$h_3^2 = 0.682^2 + 0.077^2 = 0.471\,0$$

8.4 因子旋转

主成分分析中的因子载荷 a_{ij} 是唯一确定的,但是因子分析中的因子载荷 a_{ij} 不是唯一的,故因子载荷阵不唯一。

事实上,因子模型 $\boldsymbol{X} = \boldsymbol{AF} + \boldsymbol{\varepsilon}$,设 $\boldsymbol{\Gamma}$ 为正交矩阵,由矩阵代数知识可知,$\boldsymbol{\Gamma\Gamma}^{\mathrm{T}} = \boldsymbol{I}$,则因子模型可写成

$$\boldsymbol{X} = (\boldsymbol{A\Gamma})(\boldsymbol{\Gamma}^{\mathrm{T}}\boldsymbol{F}) + \boldsymbol{\varepsilon}$$

因为仍满足条件:$D(\boldsymbol{\Gamma}^{\mathrm{T}}\boldsymbol{F}) = \boldsymbol{\Gamma}^{\mathrm{T}}D(\boldsymbol{F})\boldsymbol{\Gamma} = \boldsymbol{I}, \mathrm{Cov}(\boldsymbol{\Gamma}^{\mathrm{T}}\boldsymbol{F}, \boldsymbol{\varepsilon}) = \boldsymbol{\Gamma}^{\mathrm{T}}\mathrm{Cov}(\boldsymbol{F}, \boldsymbol{\varepsilon}) = \boldsymbol{0}$。则 $\boldsymbol{\Gamma}^{\mathrm{T}}\boldsymbol{F}$ 也是公共因子,$\boldsymbol{A\Gamma}$ 是相应的因子载荷矩阵。这样的 $\boldsymbol{\Gamma}$ 可以找到无数个,因子载荷阵 $\boldsymbol{A\Gamma}$ 不唯一。由此便引出了因子分析的第二个步骤 —— 因子旋转。

建立因子模型,不仅要找出公共因子,更重要的是要知道每个公共因子的意义,如果公共

因子的涵义不清，不便于进行实际背景的解释。这时根据因子载荷阵的不唯一性，可对因子载荷阵进行旋转，即用一个正交阵右乘 **A**(由线性代数知识知道一个正交变换，对应坐标系的一次旋转) 使旋转后的因子载荷阵结构简化，便于对公共因子进行解释。所谓结构简化就是使每个变量仅在一个公共因子上有较大的载荷，而在其余公共因子上的载荷比较小，这种变换因子载荷阵的方法称为因子旋转。

因子旋转的方法有多种，如正交旋转、斜交旋转等，正交旋转由初始载荷矩阵右乘正交阵而得到，得到的新的公因子保持彼此不相关的性质。而斜交旋转由初始载荷矩阵右乘可逆阵得到，放弃了因子之间彼此不相关这个限制，因而可能达到更为简洁的形式，其实际意义也更容易解释。无论是正交旋转还是斜交旋转，都应当使新的因子载荷系数要么尽可能地接近于 0，要么尽可能地远离 0。绝对值比较大的载荷 a_{ij} 则表明公因子 F_j 在很大程度上解释了 X_i 的变化。这样公共因子的实际意义就会比较容易确定。

本节只介绍常用的方差最大正交旋转法，是应用最为普遍的正交旋转方法。该方法由凯泽(H. F. Kaiser) 首先提出，以下面的假设为前提：公因子 F_j 的解释能力能够以其因子载荷平方的方差(即 $a_{1j}^2, a_{2j}^2, \cdots, a_{pj}^2$ 的方差) 来度量。

首先考虑两个因子(即 $m=2$) 的情形。

设因子载荷阵

$$\boldsymbol{A}=\begin{pmatrix} a_{11} & a_{12} \\ a_{21} & a_{22} \\ \vdots & \vdots \\ a_{p1} & a_{p2} \end{pmatrix}$$

对 **A** 按行计算共同度 $h_i^2=\sum_{j=1}^{2} a_{ij}^2, i=1,\cdots,p$。对 **A** 施行方差最大正交旋转。设正交阵

$$\boldsymbol{\Gamma}=\begin{pmatrix} \cos\varphi & -\sin\varphi \\ \sin\varphi & \cos\varphi \end{pmatrix}$$

记

$$\boldsymbol{B}=\boldsymbol{A\Gamma}=\begin{pmatrix} a_{11}\cos\varphi+a_{12}\sin\varphi & -a_{11}\sin\varphi+a_{12}\cos\varphi \\ a_{21}\cos\varphi+a_{22}\sin\varphi & -a_{21}\sin\varphi+a_{22}\cos\varphi \\ \vdots & \vdots \\ a_{p1}\cos\varphi+a_{p2}\sin\varphi & -a_{p1}\sin\varphi+a_{p2}\cos\varphi \end{pmatrix}=\begin{pmatrix} b_{11} & b_{12} \\ b_{21} & b_{22} \\ \vdots & \vdots \\ b_{p1} & b_{p2} \end{pmatrix}$$

希望变化后的因子载荷阵 **B** 结构简化，即经过如上变换，载荷阵的每一列元素的绝对值向 0 或 1 两极分化。**B** 每一列的数值越分散，相应的因子载荷向量的方差就越大。因此，这也就要求 $(b_{11}^2,\cdots,b_{p1}^2)$、$(b_{12}^2,\cdots,b_{p2}^2)$ 两组数据的方差 V_1 和 V_2 要尽可能地大。

分别考虑两列的相对方差

$$V_\alpha=\frac{1}{p}\sum_{i=1}^{p}\left(\frac{b_{i\alpha}^2}{h_i^2}\right)^2-\left(\frac{1}{p}\sum_{i=1}^{p}\frac{b_{i\alpha}^2}{h_i^2}\right)^2=\frac{1}{p^2}\left[p\sum_{i=1}^{p}\left(\frac{b_{i\alpha}^2}{h_i^2}\right)^2-\left(\sum_{i=1}^{p}\frac{b_{i\alpha}^2}{h_i^2}\right)^2\right],\alpha=1,2$$

这里取 $b_{i\alpha}^2$ 是为了消除 $b_{i\alpha}$ 符号不同的影响，除以 h_i^2 是为了消除各个变量对公共因子依赖程度不同的影响，对 **A** 中的元素进行规格化处理，即每行的元素用每行的共同度除之。

现在要求总的方差达到最大，即要求使 $V_1+V_2=V$ 达到最大值。根据求极值原理，求 V 对 φ 的导数。经过计算可知，要使 $\frac{\mathrm{d}V}{\mathrm{d}\varphi}=0$，其旋转角度 φ 需满足

$$\operatorname{tg}(4\varphi)=\frac{D-2AB/p}{C-(A^2-B^2)/p} \tag{8.4.1}$$

其中

$$A=\sum_{j=1}^{p}u_j,B=\sum_{j=1}^{p}v_j,C=\sum_{j=1}^{p}(u_j^2-v_j^2),D=2\sum_{j=1}^{p}u_jv_j$$

$$u_j=\left(\frac{a_{j1}}{h_j}\right)^2-\left(\frac{a_{j2}}{h_j}\right)^2,v_j=2\frac{a_{j1}a_{j2}}{h_j^2},j=1,2,\cdots,p$$

根据 $\mathrm{tg}(4\varphi)$ 的分子和分母取值的正负号来确定 φ 的取值范围，如表 8.4.1 所示。

表 8.4.1　φ 的取值范围

分子取值符号	分母取值符号	4φ 的取值范围	φ 的取值范围
+	+	$0\sim\frac{\pi}{2}$	$0\sim\frac{\pi}{8}$
+	−	$\frac{\pi}{2}\sim\pi$	$\frac{\pi}{8}\sim\frac{\pi}{4}$
−	−	$-\pi\sim-\frac{\pi}{2}$	$-\frac{\pi}{4}\sim-\frac{\pi}{8}$
−	+	$-\frac{\pi}{2}\sim0$	$-\frac{\pi}{8}\sim0$

如果公共因子多于两个，可以逐次对每两个进行上述的旋转，每次的转角为 φ，满足式(8.4.1)，使旋转后所得到的因子载荷阵的总方差达到最大值，即

$$\underset{p\times m}{\boldsymbol{A}}=\begin{pmatrix}a_{11}&a_{12}&\cdots&a_{1m}\\a_{21}&a_{22}&\cdots&a_{2m}\\\vdots&\vdots&&\vdots\\a_{p1}&a_{p2}&\cdots&a_{pm}\end{pmatrix}\overset{\boldsymbol{\Gamma}_{kj}}{\Rightarrow}\underset{p\times m}{\boldsymbol{B}}=\begin{pmatrix}b_{11}&b_{12}&\cdots&b_{1m}\\b_{21}&b_{22}&\cdots&b_{2m}\\\vdots&\vdots&&\vdots\\b_{p1}&b_{p2}&\cdots&b_{pm}\end{pmatrix}$$

其中，$\boldsymbol{\Gamma}_{kj}$ 为如下的正交阵(没有标明的元素为 0)

$$\underset{m\times m}{\boldsymbol{\Gamma}_{kj}}=\begin{pmatrix}1&&&&&&&&&\\&\ddots&&&&&&&&\\&&1&&&&&&&\\&&&\cos\varphi&&&&-\sin\varphi&&\\&&&&1&&&&&\\&&&&&\ddots&&&&\\&&&&&&1&&&\\&&&\sin\varphi&&&&\cos\varphi&&\\&&&&&&&&1&\\&&&&&&&&&\ddots\\&&&&&&&&&&1\end{pmatrix}\begin{matrix}\\\\\\k\\\\\\\\j\\\\\\\\\end{matrix}$$

（第 k 列、第 j 列）

$\boldsymbol{A}$ 经过 $\boldsymbol{\Gamma}_{kj}$ 旋转(变换)后，矩阵 $\boldsymbol{B}=\boldsymbol{A}\boldsymbol{\Gamma}_{kj}$，其元素为

$$b_{ik}=a_{ik}\cos\varphi+a_{ij}\sin\varphi,b_{ij}=-a_{ik}\sin\varphi+a_{ij}\cos\varphi,b_{il}=a_{il}(l\neq k,j),i=1,\cdots,p$$

m 个因子的全部配对旋转，共需旋转 $C_m^2=\frac{m(m-1)}{2}$ 次，算做一个循环完毕，如果循环完毕得出的因子载荷阵还没有达到目的，则可以继续进行第二轮 C_m^2 次配对旋转。

如果第一轮旋转完毕的因子载荷阵记为 $\boldsymbol{B}_{(1)}$，则 $\boldsymbol{B}_{(1)}$ 可写成

$$\boldsymbol{B}_{(1)} = \boldsymbol{A\Gamma}_{12}\cdots\boldsymbol{\Gamma}_{1m}\cdots\boldsymbol{\Gamma}_{(m-1)m} = \boldsymbol{A}\prod_{k=1}^{m-1}\prod_{j=k+1}^{m}\boldsymbol{\Gamma}_{kj} \triangleq \boldsymbol{AC}_1$$

即对 $\boldsymbol{A}$ 施行正交变换 $\boldsymbol{C}_1$ 而得 $\boldsymbol{B}_{(1)}$，并计算载荷阵 $\boldsymbol{B}_{(1)}$ 的方差，记为 $V_{(1)}$，在第一轮循环完毕的基础上，从 $\boldsymbol{B}_{(1)}$ 出发进行第二轮旋转循环，旋转完毕得 $\boldsymbol{B}_{(2)}$，则 $\boldsymbol{B}_{(2)}$ 可写成

$$\boldsymbol{B}_{(2)} = \boldsymbol{B}_{(1)}\prod_{k=1}^{m-1}\prod_{j=k+1}^{m}\boldsymbol{\Gamma}_{kj} \triangleq \boldsymbol{B}_{(1)}\boldsymbol{C}_2 = \boldsymbol{AC}_1\boldsymbol{C}_2$$

从 $\boldsymbol{B}_{(2)}$ 算出 $V_{(2)}$。如此不断重复旋转循环可得 V 值的一个非降序列：$V_{(1)} \leqslant V_{(2)} \leqslant V_{(3)} \leqslant \cdots$。

因为因子载荷的绝对值不大于 1，故这个序列是有上界的，于是其极限记为 $\widetilde{V}$，即为 V 的最大值。只要循环次数 k 充分大，就有

$$|V_{(k)} - \widetilde{V}| < \varepsilon$$

ε 为所要求的精度。在实际应用中，经过若干次旋转之后，若相对方差改变不大，则停止旋转，最后得

$$\boldsymbol{B}_{(k)} = \boldsymbol{A}\prod_{i=1}^{k}\boldsymbol{C}_i \triangleq \boldsymbol{AC}$$

即为旋转后的因子载荷矩阵。

8.5 因子得分

当因子模型建立后，我们往往需要考察每一个样品的性质及样品之间的相互关系。例如，关于企业经济效益的因子模型建立起来之后，我们希望知道每一个企业经济效益的优劣，或者把所有企业划分归类，哪些企业经济效益好，哪些一般，哪些较差等。这就需要进行因子分析的第三步骤 —— 因子得分。

因子得分是在每一个样品上公共因子 $F_1, F_2, \cdots, F_m$ 的估计值。这需要我们给出公共因子用原始变量表示的线性表达式，即

$$F_j = \beta_{j1}X_1 + \cdots + \beta_{jp}X_p,\ j = 1, \cdots, m \tag{8.5.1}$$

称式(8.5.1) 为因子得分函数。

这样的表达式一旦得到，就可以把样品的原始变量的取值代入到表达式中，求出因子得分值。如 $m = 2$，则将每个样品的 p 个变量值代入式(8.5.1)，即可算出每个样品的因子得分 F_1 和 F_2，这样就可以在二维平面上作出因子得分的散点图，进而对样品进行分类。

那么，怎么得到因子得分函数呢?在第 7 章的分析中我们给出了主成分得分的概念，其意义和作用与因子得分相似。但是在此处因子得分函数并不易得到。因为在主成分分析中，主成分是原始变量的线性组合，当取 p 个主成分时，主成分与原始变量之间的变换关系是可逆的，只要知道了原始变量用主成分线性表示的表达式，就可以方便地得到用原始变量表示主成分的表达式；而在因子模型中，公共因子的个数 m 少于原始变量的个数 p，且公共因子是不可观测的隐变量，载荷矩阵 $\boldsymbol{A}$ 不可逆，因而不能直接求得因子得分函数。常见的估计因子得分的方法有最小二乘法、回归法。

8.5.1 最小二乘法

设 $\boldsymbol{X}$ 具有正交因子模型(不妨设 $\boldsymbol{\mu} = \boldsymbol{0}$)

$$X = AF + \varepsilon$$

假定因子载荷阵A已知,特殊因子方差$D = \text{diag}(\sigma_1^2,\cdots,\sigma_p^2)$已知,把特殊因子$\varepsilon$看作误差。由于$\text{Var}(\varepsilon_i) = \sigma_i^2(i = 1,\cdots,p)$一般不相等,于是我们用加权最小二乘法去估计公共因子F的值。

用误差方差的倒数作为权数的误差平方和

$$\sum_{i=1}^{p}\frac{\varepsilon_i^2}{\sigma_i^2}=\varepsilon^{\mathrm{T}} D^{-1}\varepsilon=(X-AF)^{\mathrm{T}} D^{-1}(X-AF)=\varphi(F) \tag{8.5.2}$$

式(8.5.2)中,A和D已知,X为可观测的,其值也是已知的。

求F的估计值$\hat{F}$,使$\varphi(\hat{F}) = \min\varphi(F)$。可计算$\varphi(F) = X^{\mathrm{T}}D^{-1}X - 2X^{\mathrm{T}}D^{-1}AF + F^{\mathrm{T}}A^{\mathrm{T}}D^{-1}AF$,令$\dfrac{\partial\varphi(F)}{\partial F} = 0$,由矩阵微商的公式$\dfrac{\partial\varphi(F)}{\partial F} = -2(X^{\mathrm{T}}D^{-1}A)^{\mathrm{T}} + 2A^{\mathrm{T}}D^{-1}AF = \mathbf{0}$可得到$F$的估计值

$$\hat{F} = (A^{\mathrm{T}}D^{-1}A)^{-1}A^{\mathrm{T}}D^{-1}X \tag{8.5.3}$$

这就是因子得分的加权最小二乘估计。

若假定$X \sim N_p(AF, D)$,X的似然函数的对数为

$$L(F) = -\frac{1}{2}(X - AF)^{\mathrm{T}}D^{-1}(X - AF) - \frac{1}{2}\ln|2\pi D|$$

可得F的极大似然估计仍为式(8.5.3),称为巴特莱特(Bartlett)因子得分。

在实际问题中,A和D未知,通常将它们的某种估计代入式(8.5.3)。

对样品$X_{(i)}$,因子得分值为$\hat{F}_{(i)} = (A^{\mathrm{T}}D^{-1}A)^{-1}A^{\mathrm{T}}D^{-1}X_{(i)}, i = 1,\cdots,n$。

如果我们用主成分法估计因子载荷阵A,那么在计算因子得分的估计时,通常使用不加权最小二乘法,即

$$\sum_{i=1}^{p}\varepsilon_i^2 = \varepsilon^{\mathrm{T}}\varepsilon = (X - AF)^{\mathrm{T}}(X - AF) = \varphi(F)$$

求F的估计值$\hat{F}$,使$\varphi(\hat{F}) = \min\varphi(F)$。计算$\dfrac{\partial\varphi(F)}{\partial F} = 2A^{\mathrm{T}}(X - AF) = \mathbf{0}$,可得到$F$的估计值

$$\hat{F} = (A^{\mathrm{T}}A)^{-1}A^{\mathrm{T}}X$$

这就是因子得分的最小二乘估计。

对样品$X_{(i)}$,因子得分值为$\hat{F}_{(i)} = (A^{\mathrm{T}}A)^{-1}A^{\mathrm{T}}X_{(i)}, i = 1,\cdots,n$。

8.5.2　回归法

此方法是1939年由汤姆森(Thomson)提出的,所以又称为汤姆森因子得分。该方法用回归的思想求出线性组合系数的估计值。

在因子模型中,我们也可以反过来将公共因子表示为变量的线性组合,即用

$$F_j = \beta_{j1}X_1 + \cdots + \beta_{jp}X_p,\ j = 1,\cdots,m \tag{8.5.4}$$

来计算每个样品的公共因子得分,式(8.5.4)称为因子得分函数。以下用回归法给出组合系数β_{ij}的估计值b_{ij}。

假设变量X为标准化变量,公因子F也已标准化。假设公共因子可以对p个变量作回归,$F_j(j = 1,\cdots,m)$对变量$X_1,\cdots,X_p$的回归方程为

$$F_j = b_{j0} + b_{j1}X_1 + \cdots + b_{jp}X_p + \varepsilon_j, j = 1,\cdots,m$$

由于假设变量及公共因子都已经标准化，所以 $b_{j0}=0$。

先求这些回归系数，然后给出因子得分的计算公式。虽然这是多对多的回归问题，但 F_j 的值是不可观测的。为了求出 b_{ij}，我们利用由样本得到的因子载荷阵 $\boldsymbol{A}=(a_{ij})_{p\times m}$。由因子载荷的意义可知

$$\begin{aligned}a_{ij}&=r_{X_iF_j}=E(X_iF_j)=E[X_i(b_{j1}X_1+\cdots+b_{jp}X_p)]\\&=b_{j1}E(X_i\cdot X_1)+\cdots+b_{jp}E(X_i\cdot X_p)=b_{j1}r_{i1}+\cdots+b_{jp}r_{ip},\ i=1,\cdots,p\end{aligned}$$

即

$$\begin{cases}b_{j1}r_{11}+b_{j2}r_{12}+\cdots+b_{jp}r_{1p}=a_{1j}\\ \qquad\vdots\\ b_{j1}r_{p1}+b_{j2}r_{p2}+\cdots+b_{jp}r_{pp}=a_{pj}\end{cases}\Leftrightarrow \boldsymbol{R}\boldsymbol{b}_j=\boldsymbol{a}_j,\ j=1,\cdots,m$$

其中

$$\boldsymbol{b}_j=(b_{j1},b_{j2},\cdots,b_{jp})^{\mathrm{T}},\boldsymbol{a}_j=(a_{1j},a_{2j},\cdots,a_{pj})^{\mathrm{T}}$$

因此

$$\boldsymbol{b}_j=\boldsymbol{R}^{-1}\boldsymbol{a}_j,\ j=1,\cdots,m$$

记

$$\boldsymbol{B}\triangleq\begin{pmatrix}\boldsymbol{b}_1^{\mathrm{T}}\\ \vdots\\ \boldsymbol{b}_m^{\mathrm{T}}\end{pmatrix}=\begin{pmatrix}b_{11}&\cdots&b_{1p}\\ \vdots&&\vdots\\ b_{m1}&\cdots&b_{mp}\end{pmatrix}$$

则

$$\boldsymbol{B}=\begin{pmatrix}(\boldsymbol{R}^{-1}\boldsymbol{a}_1)^{\mathrm{T}}\\ \vdots\\ (\boldsymbol{R}^{-1}\boldsymbol{a}_m)^{\mathrm{T}}\end{pmatrix}=\begin{pmatrix}\boldsymbol{a}_1^{\mathrm{T}}\\ \vdots\\ \boldsymbol{a}_m^{\mathrm{T}}\end{pmatrix}\boldsymbol{R}^{-1}=\boldsymbol{A}^{\mathrm{T}}\boldsymbol{R}^{-1}$$

于是

$$\hat{\boldsymbol{F}}=\begin{pmatrix}\hat{\boldsymbol{F}}_1\\ \vdots\\ \hat{\boldsymbol{F}}_m\end{pmatrix}=\begin{pmatrix}\boldsymbol{b}_1^{\mathrm{T}}\boldsymbol{X}\\ \vdots\\ \boldsymbol{b}_m^{\mathrm{T}}\boldsymbol{X}\end{pmatrix}=\boldsymbol{B}\boldsymbol{X}=\boldsymbol{A}^{\mathrm{T}}\boldsymbol{R}^{-1}\boldsymbol{X}\tag{8.5.5}$$

其中 $\boldsymbol{X}=(X_1,\cdots,X_p)^{\mathrm{T}}$，式(8.5.5)中 $\boldsymbol{R}$ 为样本相关阵。由样本值计算相关阵 $\boldsymbol{R}$，并估计因子载荷 $\boldsymbol{A}$，代入，即得因子得分函数 $\boldsymbol{F}$，称为汤姆森因子得分。

两种估计法的比较如下。

在 $\boldsymbol{A},\boldsymbol{D}$ 满足约束条件"$\boldsymbol{A}^{\mathrm{T}}\boldsymbol{D}^{-1}\boldsymbol{A}=$ 对角形"，且对角元素很小时，以上两种估计方法得出的因子得分几乎相等。

若从无偏性考虑，第一种估计是无偏的，而汤姆森因子得分(回归估计)是有偏的。

若从平均预报误差考虑，第二种估计(汤姆森因子得分)有较小的平均预报误差。这两种估计到底哪一种好，长期以来一直有争论，目前尚未有定论。

8.5.3 因子分析与主成分分析的区别

主成分分析法和因子分析法都寻求少数的几个综合变量(主成分或因子)来反映原始变量的大部分信息。综合变量虽然较原始变量少，但所包含的信息量却占原始信息量的比例很

大,用这些综合变量来分析问题,可信程度高,并使得问题简化。

但是两个方法还是有一些不同之处,如模型不同:主成分分析所得到的新变量是原始变量的线性组合 $F_i = a_{1i}X_1 + a_{2i}X_2 + \cdots + a_{pi}X_p = \boldsymbol{a}_i^{\mathrm{T}}X$;因子分析是对原始变量进行分解,分解为公共因子与特殊因子两部分 $X_i = b_{i1}F_1 + b_{i2}F_2 + \cdots + b_{iq}F_q + \varepsilon_i$。主成分分析无因子旋转,因子分析有正交旋转、斜交旋转等。

在软件操作上主成分分析与因子分析都可利用 SPSS 软件中的 FACTOR 过程来实现①,使用时应注意以下几点。

1. 指标的选定

指标具有同趋势化,为了评价分析的方便,需要将逆指标转化为正指标②。

2. 因子变量个数的确定

在利用 FACTOR 实现主成分分析,确定主成分个数时,若直接选择与原变量数目相等的个数,就可以避免由于采用软件默认形式后,累积方差贡献率达不到 85% 而造成的二次操作。

在利用FACTOR实现因子分析时,可以选择的选项较多,首先选择求解因子载荷的方法,除了主成分分析法之外,还有不加权最小二乘法、普通最小二乘法、最大似然估计法、主因子法、α 因子分析法、映像因子分析法。这 7 种方法中只有用主成分分析法求解因子载荷时可以选择与变量个数相等的因子变量个数,其他方法的因子变量个数都必须小于原始变量个数。而且在计算的过程中不能像主成分分析法那样一次计算因子载荷成功,如主因子法,往往需要经过多次尝试,才能得到因子载荷矩阵。

3. 模型

经过 FACTOR 过程都产生因子载荷阵,但主成分分析模型需要的不是因子载荷量,而是特征向量,所以还需要将因子载荷量输入到数据的编辑窗口,利用"主成分中特征根的平方根与相应特征向量乘积为因子载荷量"性质来计算特征向量,从而得到主成分的线性表达式。

因子分析直接采用因子载荷量即可得到因子模型。

4. 计算得分

主成分得分是根据表达式将标准化后的相应数据代入得到的。主成分得分一般用来对研究现象进行综合评价、排序及筛选变量。

因子得分的计算在 SPSS 中提供了 3 种方法:一是汤姆森回归法;二是巴特莱特最小二乘法;三是安德森 - 鲁宾法,这种方法是为了保证因子的正交性而对巴氏方法的因子得分进行调整,其因子得分的均值为 0,方差为 1。因子得分多用于分类、综合评价。

5. 有关统计量的取得

因子载荷在 SPSS 输出窗口可直接得到,因子载荷反映了变量与公共因子的相关性;变量共同度(反映每个变量对所提取的公共因子的依赖程度的统计量)可由输出窗口中的"component commulity"直接显示出来③,提取的因子个数不同,变量共同度也不同;公共因子的方差(反映每个公因子与所有变量的相关程度的统计量)可由"extraction sums of squared loadings"直接读出④。我们所求得的因子变量含义不明显,实用价值也不大,所以为了能更清

---

① 状态都是默认时,可以进行主成分分析。

② 转化的方式可以有若干种,其中最为简单的是用逆指标的倒数值代替原指标值。

③ 实际此数值是因子载荷矩阵中每一行的因子载荷量的平方和。

④ 实际此数值是因子载荷矩阵中每列的因子载荷量的平方和。

楚地将因子与变量的关系显现，一般都采用因子旋转，旋转后变量共同度没有改变，但公共因子方差却发生了变化。

8.5.4 因子分析的步骤及案例分析

因子分析的基本步骤如下，设原始数据资料如表 8.5.1 所示。

表 8.5.1 原始数据资料

样品	变量			
	X_1	X_2	…	X_p
1	x_{11}	x_{12}	…	x_{1p}
2	x_{21}	x_{22}	…	x_{2p}
⋮	⋮	⋮		⋮
n	x_{n1}	x_{n2}	…	x_{np}

第一步，将原始数据标准化，为书写方便仍记为 x_{ij}。

第二步，由样本数据得出协差阵或相关系数阵的估计，如相关系数阵 $\boldsymbol{R}=(r_{ij})_{p\times p}$，其中，

$$r_{ij}=\frac{\sum_{a=1}^{n}(x_{ai}-\bar{x}_i)(x_{aj}-\bar{x}_j)}{\sqrt{\sum_{a=1}^{n}(x_{ai}-\bar{x}_i)^2}\cdot\sqrt{\sum_{a=1}^{n}(x_{aj}-\bar{x}_j)^2}}=\frac{1}{n}\sum_{a=1}^{n}x_{ai}\cdot x_{aj}$$

若作 Q 型因子分析，则建立样品的相似系数阵 $\boldsymbol{Q}=(Q_{ij})_{n\times n}$，其中

$$Q_{ij}=\frac{\sum_{a=1}^{p}x_{ia}\cdot x_{ja}}{\sqrt{\sum_{a=1}^{p}x_{ia}^2}\cdot\sqrt{\sum_{a=1}^{p}x_{ja}^2}},\ i,j=1,\cdots,n$$

以下步骤类似，只是将相关阵 $\boldsymbol{R}$ 改变成相似阵 $\boldsymbol{Q}$ 即可。

第三步，求 $\boldsymbol{R}$ 的特征根及相应的单位正交特征向量，分别记为 $\lambda_1\geqslant\lambda_2\geqslant\cdots\geqslant\lambda_p>0$ 和 $\boldsymbol{\gamma}_1,\boldsymbol{\gamma}_2,\cdots,\boldsymbol{\gamma}_p$，记

$$\boldsymbol{\Gamma}=(\boldsymbol{\gamma}_1,\boldsymbol{\gamma}_2,\cdots,\boldsymbol{\gamma}_p)=\begin{pmatrix}\gamma_{11} & \gamma_{12} & \cdots & \gamma_{1p}\\ \gamma_{21} & \gamma_{22} & \cdots & \gamma_{2p}\\ \vdots & \vdots & & \vdots\\ \gamma_{p1} & \gamma_{p2} & \cdots & \gamma_{pp}\end{pmatrix}$$

根据累计贡献率的要求（如 $\sum_{i=1}^{m}\lambda_i/\sum_{i=1}^{p}\lambda_i\geqslant 85\%$），取前 m 个特征根及相应的特征向量，写出因子载荷阵

$$\boldsymbol{A}=\begin{pmatrix}a_{11} & a_{12} & \cdots & a_{1m}\\ a_{21} & a_{22} & \cdots & a_{2m}\\ \vdots & \vdots & & \vdots\\ a_{p1} & a_{p2} & \cdots & a_{pm}\end{pmatrix}=\begin{pmatrix}\gamma_{11}\sqrt{\lambda_1} & \gamma_{12}\sqrt{\lambda_2} & \cdots & \gamma_{1m}\sqrt{\lambda_m}\\ \gamma_{21}\sqrt{\lambda_1} & \gamma_{22}\sqrt{\lambda_2} & \cdots & \gamma_{2m}\sqrt{\lambda_m}\\ \vdots & \vdots & & \vdots\\ \gamma_{p1}\sqrt{\lambda_1} & \gamma_{p2}\sqrt{\lambda_2} & \cdots & \gamma_{pm}\sqrt{\lambda_m}\end{pmatrix}$$

第四步，对 **A** 进行方差最大正交旋转，给因子命名，对因子给出有实际背景的解释。

第五步，计算因子得分，进行分类或评价等深入研究。

例 8.2 将第 7 章例 7.3 的全国 30 个省、市、自治区的经济发展 8 项指标作因子分析。

解：

1. SPSS 软件操作步骤

① 选择菜单项“Analyze”→“Data Reduction”→“Factor”。

② 打开“Factor Analysis”对话框，将原始变量 x_1(GDP)到 x_8(工业总产值)移入“Variables”列表框中，如图 8.5.1 所示。

如果不想使用全部的样本进行分析，且数据文件中存在一个选择变量，将该选择变量移入“Selection Variable”框中，并单击右边的“Value”按钮，在跳出的窗口中输入一个筛选值，这样，只有选择变量的值等于输入的筛选值的样品才能参与因子分析。

单击“Descriptives”按钮，在“Correlation Matrix”选项栏中制订考察因子分析条件的方法及输出结果，勾选“Coefficients”，输出相关系数矩阵，勾选“KMO and Bartlett's test of sphericity”，进行巴特利特球形检验和 KMO 检验，见图 8.5.2。这些结果可以帮助我们了解原始变量的相关性，判断是否适合做因子分析，它们的统计原理请参看第 7 章主成分分析的案例分析。

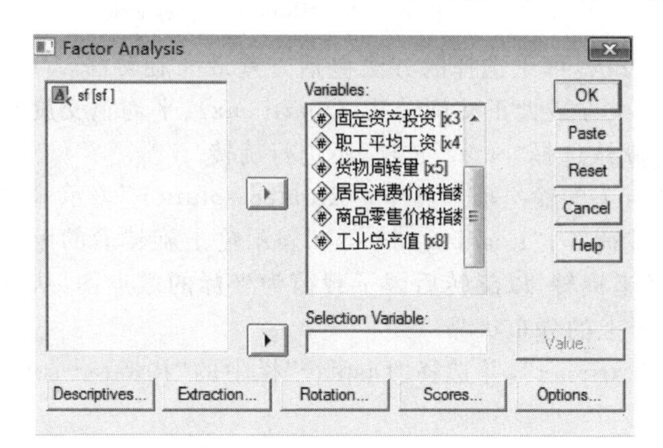

图 8.5.1 “Factor Analysis”对话框

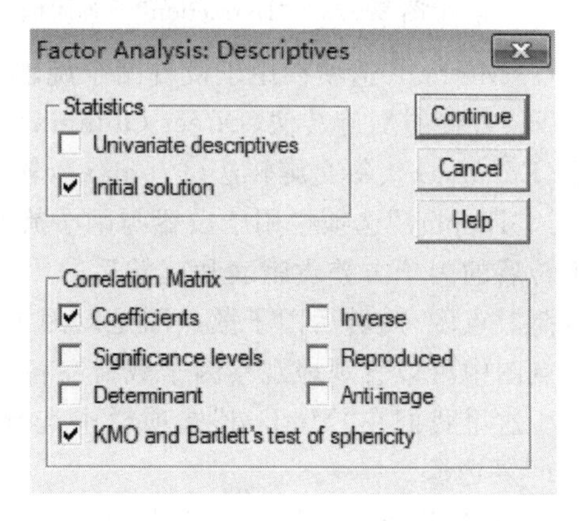

图 8.5.2 “Descriptives”子对话框

③ 单击“Extraction”按钮，打开“Extraction”子对话框，如图 8.5.3 所示，设置有关因子提取的选项。

在“Method”下拉列表中选择因子提取的方法，SPSS 提供了 7 种提取方法，一般默认选项为“Principal components”，即“主成分法”。

在“Analyze”选项栏中指定用于提取因子的分析矩阵，分别为相关系数矩阵(Correlation matrix)和协方差矩阵(Covariance matrix)。如果选择相关系数矩阵，则表示首先对原始数据进行标准化，然后再进行因子分析；如果选择协方差矩阵，则表示直接对原始数据进行因子分析。这里我们选择默认的相关系数矩阵。

在“Display”选项栏中指定与因子提取有关的输出项，其中，“Unrotated factor solution”表示输出旋转前的因子方差贡献表和旋转前的因子载荷阵；“Scree plot”表示输出因子碎石图。因子碎石图其实就是样本协差阵的特征根按大小顺序排列的折线图，可以用来帮助确定提取多少个因子。典型的碎石图会有一个明显的拐点，拐点之前是较大特征根连接形成的陡峭折线，拐点之后是较小特征根连接形成的平缓折线，一般选择拐点之前的特征根数目为提取因子的数目。这里我们将两个选项都选中。

在“Extract”选项栏中指定因子提取的数目，有两种设置方法：一种是在“Eigenvalues over”后的输入框中设置提取的因子对应的特征值的范围，系统默认值为1，即要求提取那些特征值大于1的因子；另一种是直接在“Number of factors”后的输入框中输入要求提取的公因子的数目。这里我们保持默认选项。

④ 单击“Rotation”按钮，打开“Rotation”子对话框，如图8.5.4所示，设置有关因子旋转的选项。

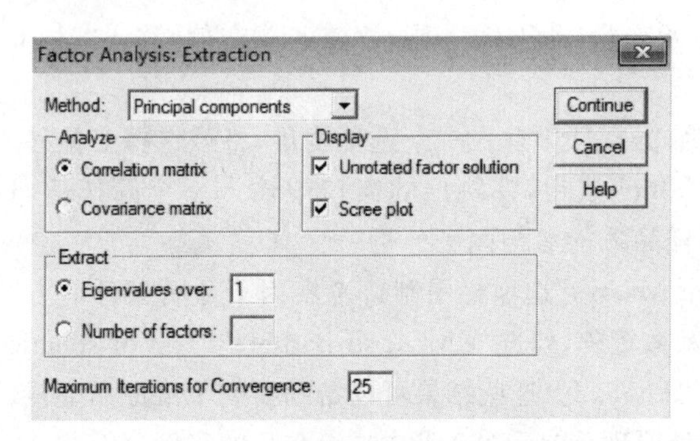

图 8.5.3 “Extraction”子对话框

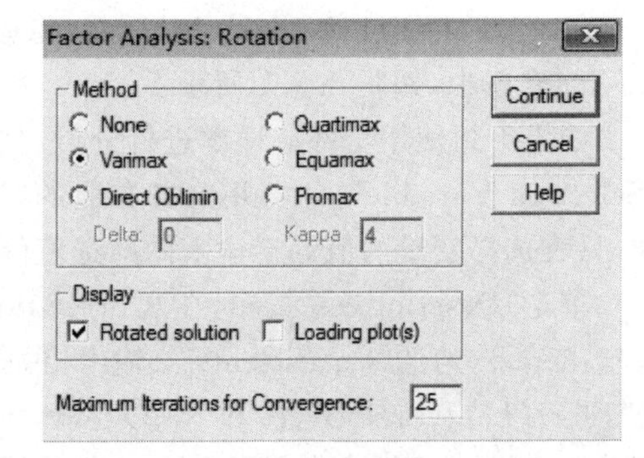

图 8.5.4 “Rotation”子对话框

“Method”选项栏用于设置因子旋转的方法，可供选择的方法包括方差最大旋转法（Varimax）、直接斜交旋转法（Direct Oblimin）、四次方最大正交旋转法（Quartimax）、平均正交旋转法（Equamax）、斜交旋转法（Promax），软件默认选择“None”选项，不进行旋转。

“Display”选项栏用于设置与因子旋转有关的输出项。其中，“Rotated solution”表示输出旋转后的因子方差贡献表和旋转后的因子载荷阵；“Loading plot(s)”表示输出旋转后的因子载荷散点图，旋转后因子散点图是以因子为坐标轴，以旋转后因子载荷为坐标的散点图，从该散点图中可以直观地观察因子载荷在各因子上的分布状况。

这里我们在“Method”选项栏中选择“Varimax”，并选择“Display”栏中的“Rotated solution”复选框。

⑤ 单击“Scores”按钮，打开“Factor Scores”子对话框，如图8.5.5所示，设置有关因子得分的选项。

选中“Save as variables”复选框，表示将因子得分作为新变量保存在数据文件中。有3个方法生成因子得分，此处选取软件默认的“Regression”方法。提取了几个因子则会在数据文件中保存几个因子得分变量，变量名为“facm_n”，其中，“m”表示第 m 个因子，“n”表示进行第 n 次因子分析的结果。

选中“Display factor score coefficient matrix”复选框，这样在结果输出窗口中会给出因子得分系数矩阵。

2. 主要结果解释

有些结果与第7章的主成分分析一致，为了展示的完整性，此例有的会重复给出。

(1) 变量共同度

图8.5.6给出了8个原始变量的变量共同度。变量共同度反映每个变量对提取出的所有公因子的依赖程度（此数值是因子载荷阵中每一行的因子载荷量的平方和，提取的因子个数不同，变量共同度也不同）。此例，所有的变量共同度都在80%以上，说明因子已经包含了原始变量的大部分信息，因子提取的效果较理想。采用主成分法求解公因子，就是把后面不重要的部分忽略掉，作为特殊因子反映在因子模型中，例如，可知特殊因子 ε_1 的方差（特殊度）为 $1-0.922=0.078$。

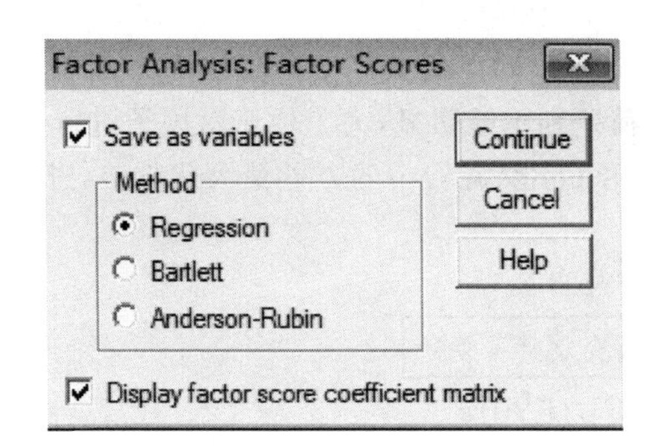

图 8.5.5　"Factor Scores"子对话框

Communalities

	Initial	Extraction
GDP	1.000	.922
居民消费水平	1.000	.806
固定资产投资	1.000	.821
职工平均工资	1.000	.870
货物周转量	1.000	.870
居民消费价格指数	1.000	.958
商品零售价格指数	1.000	.928
工业总产值	1.000	.886

Extraction Method: Principal Component Analysis.

图 8.5.6　共同度

（2）方差贡献率

图 8.5.7 给出了方差贡献率。前面两栏与主成分分析中一样，第一栏"Initial Eigenvalues"给出了各因子对应的特征根；第二栏"Extraction Suns of Squared Loadings"把第一栏中特征根大于 1 的结果单独醒目地列出特征根、方差贡献率和累积贡献率，此处为了节省篇幅，故省略。软件默认特征根大于 1 的公因子重要，计算本例中共有 3 个公因子特征根大于 1。与主成分分析对比，此图多出了第三栏"Rotation Sums of Squared Loadings"，给出了因子旋转以后的特征根大于 1 的相应结果。

Total Variance Explained

Component	Initial Eigenvalues			Rotation Sums of Squared Loadings		
	Total	% of Variance	Cumulative %	Total	% of Variance	Cumulative %
1	3.665	45.813	45.813	3.086	38.575	38.575
2	2.183	27.293	73.106	2.242	28.025	66.599
3	1.213	15.163	88.270	1.734	21.670	88.270
4	.404	5.048	93.317			
5	.205	2.561	95.878			
6	.179	2.232	98.109			
7	.118	1.475	99.585			
8	.033	.415	100.000			

Extraction Method: Principal Component Analysis.

图 8.5.7　方差贡献率

图 8.5.8 给出了碎石图。横坐标为因子的序号，纵坐标为没做因子旋转相应特征根的值。可以看到，前 3 个因子的特征根普遍较高，连接成了陡峭的折线，而第 4 个因子之后的特征根普遍较低，连接成了平缓的折线，说明提取前 3 个因子是比较适当的。

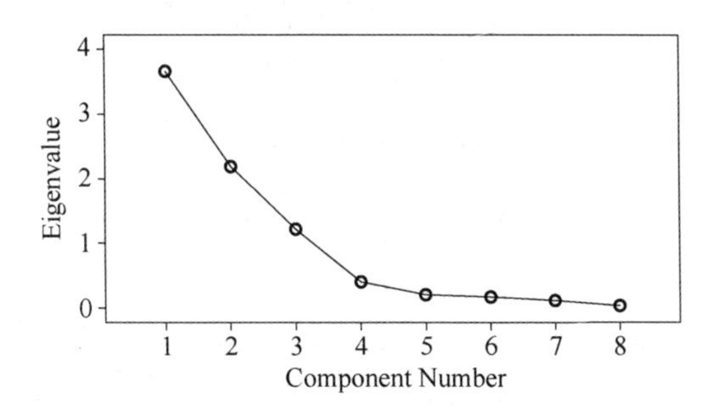

图 8.5.8　碎石图

(3) 因子载荷及因子命名

图 8.5.9 给出了因子旋转前后的因子载荷阵。可以看出,未旋转的因子载荷阵〔图 8.5.9(a)〕中,每个因子在不同原始变量上的载荷差别不够明显,为了便于对因子进行命名和解释,需要对因子载荷阵进行旋转。因子旋转采用了正交旋转中的方差最大化方法,进行了 5 次迭代〔图 8.5.9(b)〕。

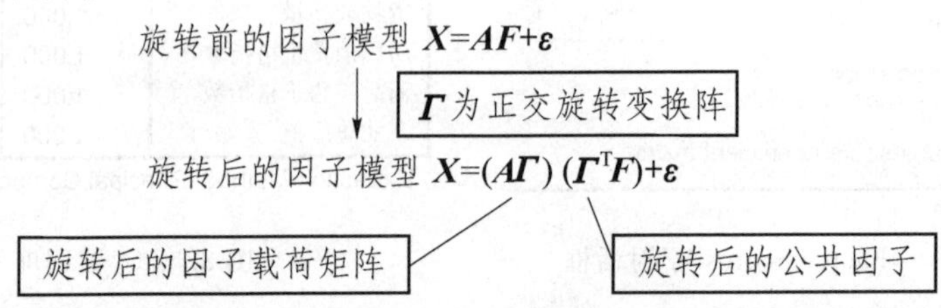

根据旋转后的因子载荷矩阵可以写出每个原始变量的因子模型表达式

x_1^*(标准化 GDP)$=0.942F_1+0.13F_2-0.133F_3+\varepsilon_1$

x_2^*(标准化居民消费水平)$=0.217F_1+0.847F_2-0.202F_3+\varepsilon_2$

…

若特殊因子忽略不计,则因子表达式可以写成

x_1^*(标准化 GDP)$\approx0.942F_1+0.13F_2-0.133F_3$

x_2^*(标准化居民消费水平)$\approx0.217F_1+0.847F_2-0.202F_3$

…

Component Matrix[a]

	Component		
	1	2	3
GDP	.861	.409	.117
居民消费水平	.631	-.573	.280
固定资产投资	.866	.140	.225
职工平均工资	.489	-.710	.355
货物周转量	.471	.762	-.260
居民消费价格指数	-.514	.233	.800
商品零售价格指数	-.644	.567	.438
工业总产值	.797	.454	.213

Extraction Method: Principal Component Analysis.
a. 3 components extracted.

(a)

Rotated Component Matrix[a]

	Component		
	1	2	3
GDP	.942	.130	-.133
居民消费水平	.217	.847	-.202
固定资产投资	.809	.388	-.126
职工平均工资	.038	.924	-.121
货物周转量	.771	-.492	-.183
居民消费价格指数	-.130	-.012	.970
商品零售价格指数	-.104	-.498	.818
工业总产值	.934	.115	-.011

Extraction Method: Principal Component Analysis.
Rotation Method: Varimax with Kaiser Normalization.
a. Rotation converged in 5 iterations.

(b)

图 8.5.9 因子载荷

图 8.5.10 给出了正交旋转变换阵 $\boldsymbol{\Gamma}$。若用 $\boldsymbol{A}$ 表示旋转前的因子载荷阵,用 $\boldsymbol{B}$ 表示因子转换矩阵,用 $\boldsymbol{C}$ 表示旋转后的因子载荷阵,则有:$\boldsymbol{C}=\boldsymbol{AB}$。

Component Transformation Matrix

Component	1	2	3
1	.794	.442	-.418
2	.582	-.752	.309
3	.178	.488	.854

Extraction Method: Principal Component Analysis.
Rotation Method: Varimax with Kaiser Normalization.

图 8.5.10 正交旋转变换阵

结合因子载荷结果及原始变量的含义对公共因子的经济意义进行分析，对提取的3个公共因子给出合适的名称。从图8.5.9(b)可见，每个因子只有少数几个指标的因子载荷较大，将8个指标按高载荷分成3类，公共因子的意义及命名如表8.5.2所示。

表8.5.2 公共因子的意义及命名

类 别	高载荷指标	意义及命名
1	x_1:GDP x_3:固定资产投资 x_8:工业总产值	总量因子
2	x_2:居民消费水平 x_4:职工平均工资 x_5:货物周转量	消费因子
3	x_6:居民消费价格指数 x_7:商品零售价格指数	价格因子

第一个因子在指标x_1、x_3、x_8上有较大的载荷，这些是从GDP、固定资产投资、工业总产值3个方面反映经济发展状况的，因此命名为总量因子。

第二个因子在指标x_2、x_4、x_5上有较大的载荷，这些是从居民消费水平、职工平均工资、货物周转量这3个方面反映经济发展状况的，因此命名为消费因子。

第三个因子在指标x_6、x_7上有较大的载荷，因此命名为价格因子。

(4) 因子得分

图8.5.11给出了因子旋转以后的因子得分系数矩阵。

由于采用的因子得分的计算方法是Regression方法，因子得分$\hat{\boldsymbol{F}}=\boldsymbol{A}^{\mathrm{T}}\boldsymbol{R}^{-1}\boldsymbol{X}$，其中$\boldsymbol{A}$是旋转后的因子载荷阵，$\boldsymbol{R}$是样本相关系数阵。

本例中因子得分函数为

$$\text{标准化 } F_1^*=0.313x_1^*+0.025x_2^*+\cdots+0.325x_8^* \tag{8.5.6}$$

$$\cdots$$

由(8.5.6)式，代入数据，可以计算每个观测值的各因子的得分。

有以下几点值得注意。

① 由于我们是以相关系数矩阵为出发点进行因子分析的，所以因子得分表达式中的各变量是经过标准化变换后的标准变量，均值为0，标准差为1。

② 由于因子载荷阵经过了旋转，所以因子得分是利用旋转后的因子载荷阵计算得到的。

③ 由结果可以看到，正交旋转后公共因子解释原始数据的能力(共同度)没有变化，但因子载荷矩阵及因子得分系数矩阵都发生了变化，因子载荷矩阵中的元素更倾向于0或者正负1。有时为了公因子的实际意义更容易解释，需要放弃公因子之间互不相关的约束，进行斜交旋转，最常用的斜交旋转方法为Promax方法。

Component Score Coefficient Matrix

	Component		
	1	2	3
GDP	.313	.010	.042
居民消费水平	.025	.386	.044
固定资产投资	.258	.147	.080
职工平均工资	–.032	.447	.094
货物周转量	.267	–.310	–.129
居民消费价格指数	.068	.180	.655
商品零售价格指数	.076	–.097	.462
工业总产值	.325	.025	.123

Extraction Method: Principal Component Analysis.
Rotation Method: Varimax with Kaiser Normalization.
Component Scores.

图 8.5.11 因子得分系数矩阵

(5) 分类及评价

由于我们在"Factor Scores"子对话框中选择了"Save as variables"复选框，所以在数据文件中会生成3个样本标准化因子得分变量，变量名分别为FAC 1_1、FAC 2_1、FAC 3_1，这是由式(8.5.6)，代入标准化原始数据，给出样本标准化因子得分值，见表8.5.3。

表 8.5.3 样本因子得分

省、市、自治区(sf)	FAC1_1	FAC2_1	FAC3_1
北京	−0.397	1.583	−0.261
天津	−0.889	0.970	−1.634
河北	1.325	−1.471	−0.764
山西	−0.353	−0.668	−0.155
内蒙古	−0.468	−0.888	0.204
辽宁	1.028	−0.419	−0.605
吉林	−0.504	−0.405	−0.955
黑龙江	0.296	−0.314	−0.380
上海	0.613	3.683	0.862
江苏	1.429	−0.044	−0.366
浙江	0.705	0.799	−0.314
安徽	−0.032	−0.786	−1.512
福建	−0.250	0.284	−0.801
江西	−0.560	−0.690	−0.062
山东	2.227	−0.116	0.279
河南	1.154	−1.276	−0.454
湖北	0.643	−0.274	1.279
湖南	0.296	−0.511	0.525

续 表

省、市、自治区(sf)	FAC1_1	FAC2_1	FAC3_1
广东	1.570	1.779	−1.160
广西	−0.277	−0.272	0.608
海南	−1.492	−0.030	−2.272
四川	1.170	−0.478	0.990
贵州	−0.787	−0.366	1.657
云南	−0.286	0.041	2.045
西藏	−1.648	0.581	−0.048
陕西	−0.412	−0.537	0.882
甘肃	−0.734	−0.245	1.005
青海	−1.387	0.145	0.435
宁夏	−1.392	−0.189	−0.165
新疆	−0.586	0.114	1.139

由表 8.5.3 的结果可以对样品做综合评价和分类研究。综合评价参见第 7 章例 7.3 的案例分析。分类研究可以通过作图直观展示，如绘制公因子 F_1 和 F_2 的散点图。

SPSS 软件操作步骤：在 SPSS 窗口中选择“Graphs”→“Scatter”，再选择“Simple Scatter”，把散点图要作分析的变量选入“X Axis”和“Y Axis”，如图 8.5.12 所示。

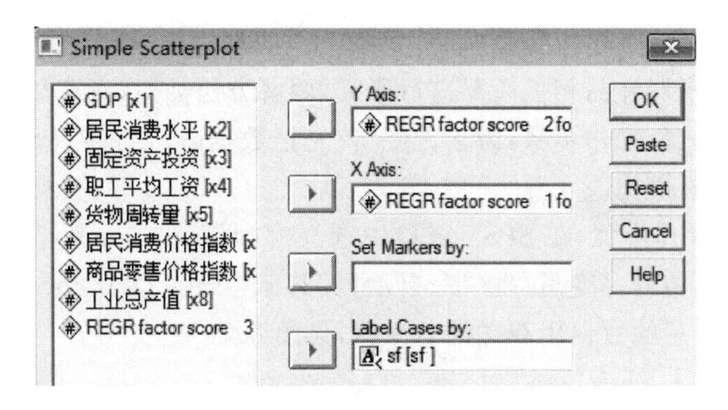

图 8.5.12　绘制散点图

在结果图中显示出散点对应的省市，有两种方式：方式 1，把“省、市、自治区”变量选入“Label Cases by”，然后单击下面的“Options”钮，勾选“Display chart with cases labels”，就会显示带有标签的图；方式 2，散点图生成后，双击图形进入图编辑状态，在图中的某一散点处，单击右键，选“Show Data Labels”命令后，即在图中显示标签值，若有标签相互遮挡，可以在图编辑状态下挪动，还可以编辑字号、颜色、形状、线条粗细等。

由图 8.5.13，根据散点的趋势，F_1 与 F_2 正相关，可见，该年度经济发展消费情况良好的省、市、自治区，经济发展总体情况也良好。根据散点密集程度，可见，一些省、市、自治区的经济发展情况类似，如海南、宁夏、青海等；还可以看到哪些省、市、自治区的 F_1 经济发展总体情况良好，如山东、广东、上海等；哪些省、市、自治区的 F_2 经济发展消费情况良好，如北京、广东、上海等。

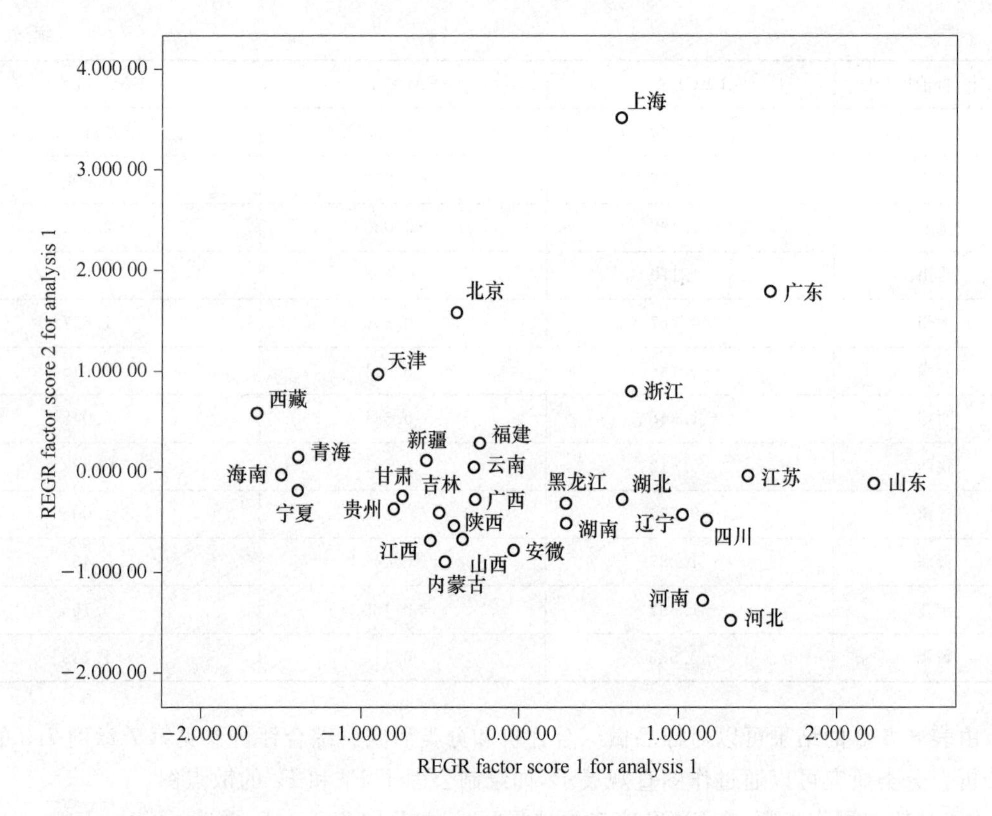

图 8.5.13　散点图

(6) Q 型因子分析

R 型因子分析是对变量进行降维研究,我们上面的理论部分和案例分析就是 R 型因子分析。Q 型因子分析是指对样品相似情况进行研究,两者方法类似,研究目的不同。

Q 型因子分析的软件操作步骤:为了方便,首先把数据阵进行转置,然后对转置后的数据阵进行上面的因子分析操作。

转置 SPSS 软件操作步骤:在 SPSS 窗口中选择"Data"→"Transpose",将要转置的变量移入"Variable(s)"处,将样品变量"省、市、自治区"移入"Name Variable"栏,单击"OK"运行,原始数据转置,将转置后的数据用新文件名保存,见图 8.5.14。

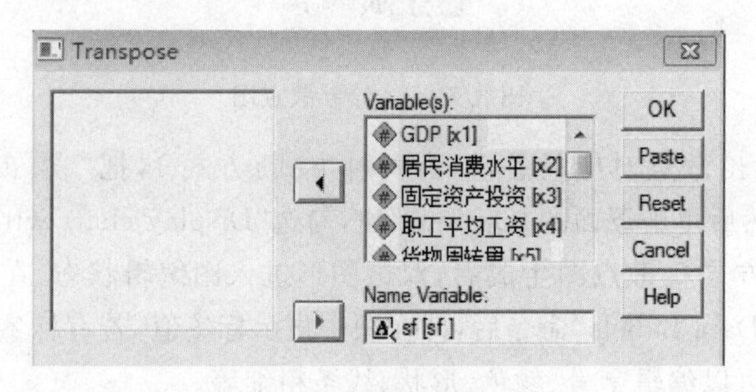

图 8.5.14　数据转置

因子分析:对转置后的数据阵进行与前面一样的因子分析操作。主要结果见图 8.5.15。

Component Matrix

	Component	
	1	2
北京	.983	-.177
天津	.966	-.231
河北	.928	.280
山西	.991	-.103
内蒙古	.982	-.159
辽宁	.950	.218
吉林	.986	-.118
黑龙江	.963	.097
上海	.948	-.135
江苏	.876	.467
浙江	.978	.163
安徽	.992	.103
福建	.990	-.016
江西	.997	-.061
山东	.822	.561
河南	.910	.379
湖北	.984	.176
湖南	.990	.121
广东	.945	.271
广西	.997	-.029
海南	.954	-.293
四川	.909	.407
贵州	.976	-.193
云南	.991	-.101
西藏	.944	-.300
陕西	.992	-.116
甘肃	.967	-.216
青海	.951	-.306
宁夏	.951	-.307
新疆	.980	-.194

Component Score Coefficient Matrix

	Component	
	1	2
北京	.036	-.098
天津	.035	-.128
河北	.034	.155
山西	.036	-.057
内蒙古	.035	-.088
辽宁	.034	.121
吉林	.036	-.065
黑龙江	.035	.054
上海	.034	-.075
江苏	.032	.260
浙江	.035	.090
安徽	.036	.057
福建	.036	-.009
江西	.036	-.034
山东	.030	.311
河南	.033	.210
湖北	.036	.098
湖南	.036	.067
广东	.034	.150
广西	.036	-.016
海南	.034	-.163
四川	.033	.226
贵州	.035	-.107
云南	.036	-.056
西藏	.034	-.167
陕西	.036	-.064
甘肃	.035	-.120
青海	.034	-.170
宁夏	.034	-.170
新疆	.035	-.108

图 8.5.15 因子载荷和得分(未旋转)

第二因子的因子载荷数值的符号为正的几个地区(河北,辽宁,黑龙江,江苏,…,广东,四川)的经济发展应属同一类,其他地区属另一类。这与R型分析的因子得分的分类结果类似。对于此数据,比较适合做的是R型因子分析。

例 8.3 用因子分析研究消费者对购买牙膏的偏好。通过市场的拦截访问,用7级量表询问受访者对以下陈述的认同程度("1"表示非常不同意,"7"表示非常同意),数据见表 8.5.4。

V_1:购买预防蛀牙的牙膏是重要的。

V_2:我喜欢使牙齿亮泽的牙膏。

V_3:牙膏应当保护牙龈。

V_4:我喜欢使口气清新的牙膏。

V_5:预防坏牙不是牙膏提供的一项重要利益。

V_6:购买牙膏时最重要的考虑是富有魅力的牙齿。

表 8.5.4　牙膏属性评分得分表

编号	V_1	V_2	V_3	V_4	V_5	V_6	编号	V_1	V_2	V_3	V_4	V_5	V_6	编号	V_1	V_2	V_3	V_4	V_5	V_6
1	7	3	6	4	2	4	11	6	4	7	3	2	3	21	1	3	2	3	5	3
2	1	3	2	4	5	4	12	2	3	1	4	5	4	22	5	4	5	4	2	4
3	6	2	7	4	1	3	13	7	2	6	4	1	3	23	2	2	1	5	4	4
4	4	5	4	6	2	5	14	4	6	4	5	3	6	24	4	6	4	6	4	7
5	1	2	2	3	6	2	15	1	3	2	2	6	4	25	6	5	4	2	1	4
6	6	3	6	4	2	4	16	6	4	6	3	3	4	26	3	5	4	6	4	7
7	5	3	6	3	4	3	17	5	3	6	3	3	4	27	4	4	7	2	2	5
8	6	4	7	4	1	4	18	7	3	7	4	1	4	28	3	7	2	6	4	3
9	3	4	2	3	6	3	19	2	4	3	3	6	3	29	4	6	3	7	2	7
10	2	6	2	6	7	6	20	3	5	3	6	4	6	30	2	3	2	4	7	2

解: 将数据通过 SPSS 进行因子分析,得到的相关结果如下。

Communalities

	Initial	Extraction
V1	1.000	.926
V2	1.000	.723
V3	1.000	.894
V4	1.000	.739
V5	1.000	.878
V6	1.000	.790

图 8.5.16　变量共同度

1. 变量共同度

如图 8.5.16 所示,所有变量的共同度都在 70%以上,尤其是第一变量(购买预防蛀牙的牙膏是重要的)的共同度达到 0.926,说明提取的因子已经包含了原始变量的大部分信息。

2. 特征根和累计贡献率

从图 8.5.17 可以看出,提取两个因子的累计方差贡献率就达到 82%,第三个特征根相比下降较快,因此我们选取两个公共因子。

Total Variance Explained

Component	Initial Eigenvalues			Rotation Sums of Squared Loadings		
	Total	% of Variance	Cumulative %	Total	% of Variance	Cumulative %
1	2.731	45.520	45.520	2.688	44.802	44.802
2	2.218	36.969	82.488	2.261	37.687	82.488
3	.442	7.360	89.848			
4	.341	5.688	95.536			
5	.183	3.044	98.580			
6	.085	1.420	100.000			

Extraction Method: Principal Component Analysis.

图 8.5.17　方差贡献率

3. 因子载荷

由主成分法给出因子载荷,为了得到意义明确的因子,我们将因子载荷阵进行方差最大法旋转,得到旋转后的因子载荷矩阵如图 8.5.18 所示。

根据图 8.5.18 可以写出每个原始变量的因子模型表达式

$$\text{标准化 } V_1 = 0.962F_1 - 0.027F_2 + \varepsilon_1$$

$$\text{标准化 } V_2 = -0.057F_1 + 0.848F_2 + \varepsilon_2$$

$$\cdots$$

从因子载荷阵可以看出:因子 F_1 与 V_1、V_3、V_5 相关性强,其中 V_5 的载荷是负数,是由于这个陈述是反向询问的；因子 F_2与 V_2、V_4、V_6的相关系数相对较高。因此，我们命名因子 F_1为"护牙因子"，是人们对牙齿的保健态度；因子 F_2是"美牙因子"，说明人们对"通过牙膏美化牙齿影响社交活动"的重视。这对牙膏生产企业开发新产品富有启发意义。

4. 因子得分

图 8.5.19 给出因子得分系数矩阵，本例中旋转后的因子得分函数可以写成

$$\text{标准化 } F_1^* = 0.358V_1^* - 0.001V_2^* + \cdots + 0.052V_6^*$$

$$\cdots$$

根据图 8.5.19 中的因子得分系数和原始变量的标准化值，可以计算每个被调查人的各因子的得分数，可对被调查人进行分类和评价分析。通常，针对研究问题的调查是要进行多次的，通过研究，还可以对调查问卷设计给出建议，例如，调查时可以添加年龄变量，就可以分析出不同年龄的人群是倾向于"护牙"还是"美牙"。

Rotated Component Matrix

	Component	
	1	2
V1	.962	–.027
V2	–.057	.848
V3	.934	–.146
V4	–.098	.854
V5	–.933	–.084
V6	.083	.885

图 8.5.18 旋转后因子载荷矩阵

Component Score Coefficient Matrix

	Component	
	1	2
V1	.358	.011
V2	–.001	.375
V3	.345	–.043
V4	–.017	.377
V5	–.350	–.059
V6	.052	.395

图 8.5.19 因子得分系数矩阵

因子分析的另一个作用是用于时空分解。

$$\text{时 } n \begin{pmatrix} x_{(1)}^{\mathrm{T}} \\ \vdots \\ x_{(n)}^{\mathrm{T}} \end{pmatrix}_{\text{空 } p} = \boldsymbol{A}_{n\times k}\boldsymbol{F}_{k\times p} + \boldsymbol{\varepsilon}$$

例如，研究 p 个不同观测地点的 n 个不同日期的气象状况。每一行是一个日期不同观测点的气象记录，所以行表示时间，列表示位置，空间的位置有 p 个。公因子体现了不同观测地点的特性，$\boldsymbol{A}$ 体现了时间变化对气象要素的影响，用因子分析将时间因素引起的变化和空间因素引起的变化分离开来，从而判断各自的影响和变化规律。

例如，研究 p 个不同股票的 n 个不同交易日的价格情况。股票价格虽然天天都在变，但是它背后有 k 个重要的公共因素，这 k 个因素体现在时间上的变化就是 $\boldsymbol{A}$，要看不同股票的特性就要看 $\boldsymbol{F}$，$\boldsymbol{F}$ 是随着股票的品种变化的，就是 k 个因素在 p 个股票上的反映。可见股票价格的变化，既要考虑股票自身的特性，又要考虑时间的特性。

例如，地质成因研究是地质学研究的根本问题之一。W. C. Krumbren(克伦宾)于 1957 年将因子分析最早引入地质领域，研究沉积学。沉积盆地蚀源区的研究，识别在同一时间点上不同空间过程的叠加过程，识别蚀源区的个数、岩石类型、分布。因子分析可以用最精练的形式描述地质对象，指示成因推理方向(探索潜在因素、进行成因分类、思考成因结论)，分解叠加的地质过程(例如，得到矿物共生组合变量→划分不同成矿阶段→不同地质过程分解、时空分解)。

例如,在某地成矿地段抽取 693 个岩石样品,分析 Ni、Co、Cu、Cr 等 12 个元素,通过因子分析,发现第一因子 F_1 由 Ni、Cr、Sn 组成,第二因子 F_2 由 Co、Cu、S 组成,是后期硫化物阶段产物,第三因子 F_3 由 As、Zn 等组成,是热液作用,可以找到该地段成矿地质作用过程,见图 8.5.20。

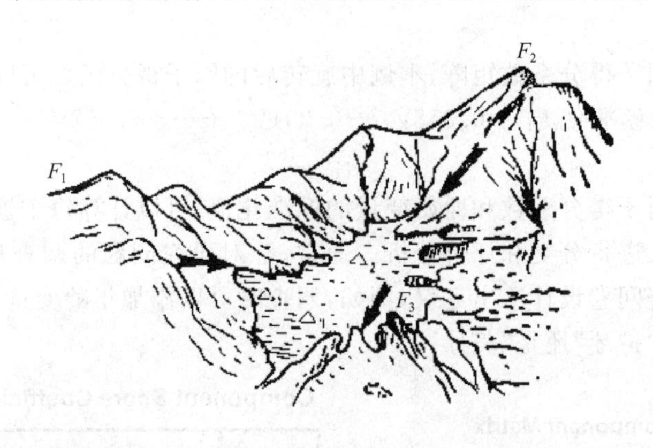

图 8.5.20　沉积盆地与剥蚀区示意图

例 8.4　为了了解河北省城市天气状况,抽样调查了 2012 年 1—12 月河北省 11 个主要城市的每个月晴天数目,数据见表 8.5.5。请做因子分析。

表 8.5.5　河北省 11 个主要城市的每个月晴天数

月　份	石家庄	邯　郸	邢　台	衡　水	保　定	沧　州	廊　坊	唐　山	秦皇岛	承　德	张家口
1	31	31	29	31	31	31	31	8	31	31	31
2	24	23	24	24	23	24	24	23	26	22	21
3	30	29	30	30	30	30	30	16	31	30	30
4	27	27	27	26	24	24	25	14	26	21	20
5	22	23	22	23	22	25	6	12	23	21	20
6	18	22	21	23	18	23	28	3	24	18	15
7	21	23	23	23	14	19	12	7	15	9	9
8	17	19	17	18	20	16	20	11	22	18	19
9	18	16	16	21	22	22	5	2	28	25	20
10	26	25	26	27	29	28	2	11	29	25	24
11	21	20	19	23	25	21	5	18	26	24	21
12	29	31	29	29	29	29	2	17	28	26	28

数据来源:河北省天气数据,http://lishi.tianqi.com/。

解: 将数据通过 SPSS 进行因子分析,变量是 11 个城市,样品是 12 个月份,结果如下。

(1) KMO 和 Bartlett 检验

从图 8.5.21 可见 KMO 值为 0.666, Bartlett 检验的 p 值很小,可见数据适合做因子分析。

(2) 变量共同度

如图 8.5.22 所示,所有变量的共同度都在 60%以上,说明提取的因子已经包含了原始变量的大部分信息,因子提取的效果比较理想。廊坊和唐山的公因子共同度略低。

Kaiser-Meyer-Olkin Measure of Sampling Adequacy.		.666
Bartlett's Test of Sphericity	Approx. Chi-Square	167.718
	df	55
	Sig.	.000

图 8.5.21 KMO 和 Bartlett 检验结果

Communalities

	Initial	Extraction
石家庄	1.000	.972
邯郸	1.000	.951
邢台	1.000	.981
衡水	1.000	.941
保定	1.000	.978
沧州	1.000	.888
廊坊	1.000	.635
唐山	1.000	.697
秦皇岛	1.000	.958
承德	1.000	.984
张家口	1.000	.946

图 8.5.22 变量共同度

(3) 方差贡献率

从图 8.5.23 可以看出,提取 3 个因子累计方差贡献率就达到 90%,因此我们选取 3 个公共因子。

Total Variance Explained

	Initial Eigenvalues			Rotation Sums of Squared Loadings		
Component	Total	% of Variance	Cumulative %	Total	% of Variance	Cumulative %
1	7.412	67.385	67.385	4.459	40.534	40.534
2	1.506	13.688	81.073	4.417	40.151	80.686
3	1.011	9.193	90.265	1.054	9.580	90.265
4	.806	7.329	97.594			
5	.127	1.156	98.750			
6	.059	.535	99.285			
7	.036	.328	99.613			
8	.021	.192	99.805			
9	.013	.116	99.921			
10	.007	.068	99.989			
11	.001	.011	100.000			

Extraction Method: Principal Component Analysis.

图 8.5.23 方差贡献率

(4) 因子载荷

从旋转后的因子载荷阵〔图 8.5.24(b)〕可以看出:因子 F_1 与保定、沧州、秦皇岛、承德、张家口相关性强;因子 F_2 与石家庄、邯郸、邢台、衡水的相关系数相对较高;因子 F_3 与廊坊、唐山相关性强,廊坊和唐山属于晴天较少、雨天较多的地区。由于城市有地域特点,因此因子 F_1 命名为环京津区域因子,因子 F_2 命名为冀南地区因子,因子 F_3 命名为环津地区因子。

Component Matrix

	Component		
	1	2	3
石家庄	.945	.260	-.105
邯郸	.853	.470	-.048
邢台	.861	.484	-.075
衡水	.938	.245	.039
保定	.931	-.325	-.073
沧州	.938	.015	.086
廊坊	.235	.446	.617
唐山	.389	.067	-.735
秦皇岛	.820	-.498	.193
承德	.840	-.509	.136
张家口	.916	-.327	.026

(a)

Rotated Component Matrix

	Component		
	1	2	3
石家庄	.473	.860	.094
邯郸	.278	.935	-.014
邢台	.268	.953	.010
衡水	.507	.826	-.044
保定	.866	.436	.192
沧州	.672	.660	-.038
廊坊	-.015	.401	-.688
唐山	.087	.411	.721
秦皇岛	.957	.204	-.033
承德	.967	.217	.026
张家口	.876	.411	.096

(b)

图 8.5.24 因子载荷

(5) 因子得分

因子得分系数矩阵如图 8.5.25 所示。样本因子得分结果如图 8.5.26 所示。

Component Score Coefficient Matrix

	Component		
	1	2	3
石家庄	-.047	.224	.069
邯郸	-.139	.305	-.018
邢台	-.150	.316	.006
衡水	-.013	.198	-.068
保定	.221	-.054	.125
沧州	.100	.085	-.078
廊坊	-.059	.154	-.659
唐山	-.134	.158	.700
秦皇岛	.340	-.177	-.105
承德	.336	-.174	-.049
张家口	.240	-.068	.030

图 8.5.25 因子得分系数矩阵

月份变量	FAC1_1	FAC2_1	FAC3_1
1	1.24040	1.04899	−1.41144
2	−.33973	.33570	.79612
3	.95302	1.11086	−.44499
4	−.45098	.84819	−.25017
5	−.27041	−.26895	.60170
6	−.59088	−.41003	−1.80157
7	−2.40774	.47075	−.16751
8	−.54850	−1.19175	−.13101
9	.93590	−2.04664	−.57113
10	.74072	.01652	.66075
11	.27694	−.89449	1.37644
12	.46126	.98084	1.34280

图 8.5.26 样本因子得分

(6) 时空分解

此例中时空分解的意思是指：天气情况(晴天数目)既受到不同月份(时间)的影响，又受到不同城市地点(空间)的影响。同时受到 3 个因子($k=3$)的影响。

$$\text{时}\ {}_{n}\boldsymbol{X}=\begin{bmatrix} x_{(1)}^{\mathrm{T}} \\ \vdots \\ x_{(n)}^{\mathrm{T}} \end{bmatrix}=\boldsymbol{A}_{n\times k}\boldsymbol{F}_{k\times p}+\boldsymbol{\varepsilon}$$

$$\text{空}\ p$$

原始数据标准化后的结果 $\boldsymbol{X}$ 如表 8.5.6 所示。

表 8.5.6　原始数据标准化结果 X

月　份	石家庄	邯　郸	邢　台	衡　水	保　定	沧　州	廊　坊	唐　山	秦皇岛	承　德	张家口
1	1.50	1.47	1.14	1.60	1.36	1.46	1.31	−0.62	1.18	1.44	1.53
2	0.07	−0.23	0.09	−0.22	−0.18	−0.07	0.71	1.80	0.06	−0.08	−0.08
3	1.29	1.04	1.35	1.34	1.17	1.24	1.22	0.67	1.18	1.27	1.37
4	0.68	0.62	0.72	0.30	0.02	−0.07	0.79	0.35	0.06	−0.25	−0.24
5	−0.34	−0.23	−0.33	−0.48	−0.37	0.15	−0.85	0.03	−0.62	−0.25	−0.24
6	−1.16	−0.44	−0.54	−0.48	−1.14	−0.29	1.05	−1.42	−0.39	−0.76	−1.05
7	−0.54	−0.23	−0.12	−0.48	−1.91	−1.17	−0.33	−0.78	−2.42	−2.29	−2.02
8	−1.36	−1.08	−1.38	−1.77	−0.75	−1.83	0.36	−0.13	−0.85	−0.76	−0.40
9	−1.16	−1.71	−1.59	−0.99	−0.37	−0.51	−0.94	−1.58	0.51	0.42	−0.24
10	0.48	0.19	0.51	0.56	0.98	0.80	−1.19	−0.13	0.73	0.42	0.40
11	−0.54	−0.87	−0.96	−0.48	0.21	−0.73	−0.94	0.99	0.06	0.25	−0.08
12	1.09	1.47	1.14	1.08	0.98	1.02	−1.19	0.83	0.51	0.59	1.05

可见,月份对天气的影响显著。从表 8.5.7 正负号的变化可见,主要看 F_1 和 F_2,总体上多数地区的 5 月至 9 月的晴天数较少,雨天较多;7 月、8 月为大雨多发季节,夏季易出现极端天气;其他月份的晴天数较多,1 月和 3 月绝大多数是晴天。结合原始数据表 8.5.5,可见晴天数分布在 18～20 天、23～25 天、28～30 天的月份数最多。这体现了河北的典型温带季风气候特征。

表 8.5.7　时空分解 A

月　份	F_1	F_2	F_3
1	1.24	1.05	−1.41
2	−0.34	0.34	0.80
3	0.95	1.11	−0.44
4	−0.45	0.85	−0.25
5	−0.27	−0.27	0.60
6	−0.59	−0.41	−1.80
7	−2.41	0.47	−0.17
8	−0.55	−1.19	−0.13
9	0.94	−2.05	−0.57
10	0.74	0.02	0.66
11	0.28	−0.89	1.38
12	0.46	0.98	1.34

可将 12 个月份分为两类,一类是 1 月、2 月、3 月、4 月、10 月、12 月,另一类是 5 月、6 月、7 月、8 月、9 月、11 月。结合上文中的分析,第一类为少雨的月份,第二类为多雨的月份。

从表 8.5.8 可见在地区分布上,不同地区的晴天数有显著不同。看 F_3,除唐山、廊坊外,其他地区的各个月份天气变化趋势近似,唐山、廊坊一年的各个月份天气状况变化较大,不稳定。

表 8.5.8 时空分解 F

城市	石家庄	邯郸	邢台	衡水	保定	沧州	廊坊	唐山	秦皇岛	承德	张家口
1	0.47	0.28	0.27	0.51	0.87	0.67	−0.02	0.09	0.96	0.97	0.88
2	0.86	0.93	0.95	0.83	0.44	0.66	0.40	0.41	0.20	0.22	0.41
3	0.09	−0.01	0.01	−0.04	0.19	−0.04	−0.69	0.72	−0.03	0.03	0.10

总体上表现在冀南地区晴天天数相对于北部地区要多。这可能与河北北部地区离海较近有关。关注一些典型的城市，例如，廊坊受到因子 F_2 和因子 F_3 的影响较大，尤其是受到因子 F_3 的影响更大，廊坊在一年内的天气变化情况最大，极不稳定，是极端天气容易出现的地区。秦皇岛、承德的晴天数多，衡水、邢台、邯郸等地的晴天数也较多。

若以受到 F_1 的影响将 11 个地区分为 4 类，可如此划分：第一类，邯郸、邢台、石家庄、保定、衡水、沧州；第二类，秦皇岛、承德、张家口；第三类，唐山；第四类，廊坊。若分为两类，可将廊坊和唐山划为一类，其余地区为第二类。廊坊和唐山属于雨天较多的地区，而另一类属于雨天较少的地区。

8.6 小贴士

斯皮尔曼(C. E. Spearman)，英国统计学家，1863 年 9 月 10 日—1945 年 9 月 17 日。

主要著作：*The Principle of the Nature of Intellectual And Cognitive*(《智力的性质和认知的原理》)，*The Abilities of Man*(《人的能力》)等。

主要经历：1906 年在德国莱比锡获博士学位，1911 年任伦敦大学心理学、逻辑学教授。

在多元统计学科上的贡献：斯皮尔曼对心理统计的发展做了大量的研究，他对相关系数概念进行了延伸，导出了等级相关的计算方法；1904 年提出了智力结构的“二因素说”，即斯皮尔曼 G 因素(一般因素)和 S 因素(特殊因素)，人的所有智力活动都依赖于 G 因素，谁的 G 因素数量高，他就聪明，如果一个人的 G 因素极少，则愚笨，他发现有 5 类特殊因素(口头能力、数算能力、机械能力、注意力、想象力)。

8.7 习题

1. 什么是因子分析？因子分析的基本思想是什么？
2. 为什么要作因子旋转？
3. 简述因子分析的基本步骤。
4. 已知 $\boldsymbol{X}=(X_1,\cdots,X_4)^{\mathrm{T}}$ 的协差阵

$$\boldsymbol{\Sigma}=\begin{pmatrix} 22 & 10 & -16 & 32 \\ 10 & 8 & -8 & 16 \\ -16 & -8 & 85 & 20 \\ 32 & 16 & 20 & 81 \end{pmatrix}$$

求满足 $\boldsymbol{\Sigma}=\boldsymbol{A}\boldsymbol{A}^{\mathrm{T}}+\boldsymbol{D}$ 的因子载荷阵 $\boldsymbol{A}(m=2)$ 和特殊因子的协差阵 $\boldsymbol{D}$。

5. 针对某实际问题作因子分析。

第9章 典型相关分析

"数据科学家只是'统计学家'一个性感一些的名字。"

——内特·西尔沃(N. Silver)

第6章曾经介绍过研究变量之间的相关关系的一些方法,研究两个随机变量之间的相关关系可用简单相关系数表示;研究一个随机变量与多个随机变量之间的相关关系可用复相关系数表示。那么如何研究多维变量和多维变量的关系呢?第6章没有给出。本章介绍的典型相关分析就是用来描述两组随机变量(两个多维随机变量)间关系的方法。

9.1 什么是典型相关分析

典型相关分析源于Hotelling于1936年在*Biometrika*(《生物统计》)期刊上发表的一篇论文"Relations Between Two Sets of Variates"(《两组变式之间的关系》)。他将相关分析推广到研究多个随机变量与多个随机变量之间的相关关系,给出典型相关分析的方法。在20世纪70年代Cooley和Lohnes(1971),Kshirsagar(1972),Mardia、Kent、Bibby(1979)推动了它的应用,使之趋于成熟,进而产生了广义相关系数等有用的方法。

在实际问题中,经常要研究一部分变量和另一部分变量之间的相关关系,例如:在工业中,考察原料的多个质量指标与产品的多个质量指标间的相关性;在教育学中,研究学生高考的各科成绩与高二年级各主科成绩间的相关性;在体育学中,研究人的生理指标与运动指标之间的相关性;在社会学中,进行KAP调查(关于知识、态度和实际行动的调查),将知识和态度变量作为一组,实际行动作为一组,研究两组变量的相关性等。可见两组变量的相关性有非常广泛的应用背景。

假设两组变量为$X_1,\cdots,X_p$与$Y_1,\cdots,Y_q$(也可以记为$X_{p+1},\cdots,X_{p+q}$)。我们要研究这两组变量的相关关系,虽然可以利用简单相关系数了解每对变量X_i和Y_j的相关性,但是这样不能全面反映两组变量间的整体相关性,尤其当变量的维数都很大时,孤立地研究每对变量X_i和Y_j的相关性,不利于问题的全面分析和解决。

那么怎么对两组变量之间的相关性给出数量描述?生活中的例子会给我们启发,例如,研究饲料价格与荤菜价格的关系,统计玉米、大豆、稻子、麦子、鱼粉以及猪肉、牛肉、羊肉、鸡肉、鸡蛋、鸭肉、鸭蛋的价格,分析发现单独的饲料和单独一种荤菜价格关系并不密切,但饲料的综合价格与荤菜综合价格的关系很密切。同时受主成分分析思想的启发,我们可以分别构造各组变量的适当线性组合,将研究多个变量与多个变量之间的相关,转化为研究综合变量之间的相关。

假设两组变量为 $X_1,\cdots,X_p$ 与 $Y_1,\cdots,Y_q$,为不失一般性,设 $p\leqslant q$,综合变量为

$$V=a_1X_1+a_2X_2+\cdots+a_pX_p=\boldsymbol{a}^{\mathrm{T}}\boldsymbol{X},\ W=b_1Y_1+b_2Y_2+\cdots+b_qY_q=\boldsymbol{b}^{\mathrm{T}}\boldsymbol{Y}$$

寻找 $\boldsymbol{a}=(a_1,a_2,\cdots,a_p)^{\mathrm{T}}$ 和 $\boldsymbol{b}=(b_1,b_2,\cdots,b_q)^{\mathrm{T}}$,使得综合变量 V 和 W 最大可能地提取 $X_1,\cdots,X_p$ 与 $Y_1,\cdots,Y_q$ 之间的相关性,换句话说,使 V 和 W 的相关系数 ρ_{VW} 达到最大,称得到的(V,W)为一对典型变量。

若一对典型变量还不足以提取所给的两组变量的相关性,再考虑构造第二对、第三对等,并使各对典型变量所提取的相关性不相重叠(即不同对典型变量之间互不相关)。这样,我们就把两组变量的相关性转化为研究少数几对典型变量间的相关性,各对典型变量之间的典型相关程度依次逐渐下降,基于这个思想就产生了典型相关分析(Canonical Correlation Analysis,CCA)。

9.2 总体的典型变量和典型相关

典型相关分析示意图如图 9.2.1 所示。

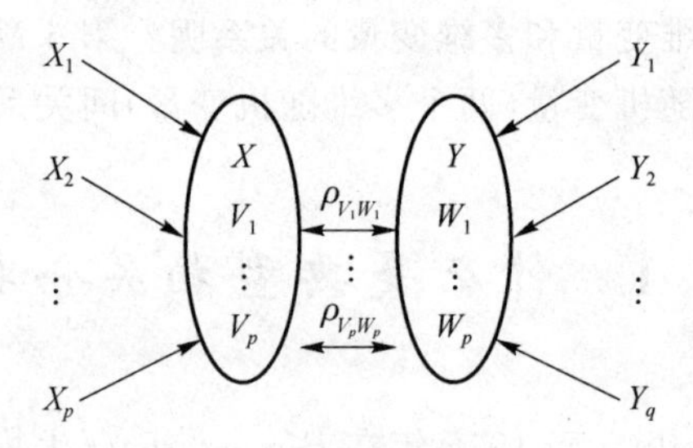

图 9.2.1 典型相关分析示意图

9.2.1 总体的典型变量和典型相关系数的定义

假设有两组随机向量 $\boldsymbol{X}=(X_1,\cdots,X_p)^{\mathrm{T}}$ 与 $\boldsymbol{Y}=(Y_1,\cdots,Y_q)^{\mathrm{T}}$,不妨设 $p\leqslant q$,假设$(\boldsymbol{X}^{\mathrm{T}},\boldsymbol{Y}^{\mathrm{T}})^{\mathrm{T}}=(X_1,\cdots,X_p,Y_1,\cdots,Y_q)^{\mathrm{T}}$ 的协方差阵 $\boldsymbol{\Sigma}$ 存在

$$\boldsymbol{\Sigma}=\begin{pmatrix}\boldsymbol{\Sigma}_{XX} & \boldsymbol{\Sigma}_{XY}\\ \boldsymbol{\Sigma}_{YX} & \boldsymbol{\Sigma}_{YY}\end{pmatrix}$$

其中

$$\boldsymbol{\Sigma}_{XX}=\mathrm{Cov}(\boldsymbol{X},\boldsymbol{X})=E\{[\boldsymbol{X}-E(\boldsymbol{X})][\boldsymbol{X}-E(\boldsymbol{X})]^{\mathrm{T}}\}$$
$$\boldsymbol{\Sigma}_{YY}=\mathrm{Cov}(\boldsymbol{Y},\boldsymbol{Y})=E\{[\boldsymbol{Y}-E(\boldsymbol{Y})][\boldsymbol{Y}-E(\boldsymbol{Y})]^{\mathrm{T}}\}$$
$$\boldsymbol{\Sigma}_{XY}=\mathrm{Cov}(\boldsymbol{X},\boldsymbol{Y})=E\{[\boldsymbol{X}-E(\boldsymbol{X})][\boldsymbol{Y}-E(\boldsymbol{Y})]^{\mathrm{T}}\}$$

假设 $\boldsymbol{\Sigma}_{XX}$ 和 $\boldsymbol{\Sigma}_{YY}$ 为满秩矩阵(因此也是正定矩阵)。

根据典型相关分析的思想,我们用 $\boldsymbol{X}$ 和 $\boldsymbol{Y}$ 的线性组合 $\boldsymbol{a}^{\mathrm{T}}\boldsymbol{X}$ 和 $\boldsymbol{b}^{\mathrm{T}}\boldsymbol{Y}$ 之间的相关性来研究 $\boldsymbol{X}$ 和 $\boldsymbol{Y}$ 之间的相关性,希望找到使 $\rho(\boldsymbol{a}^{\mathrm{T}}\boldsymbol{X},\boldsymbol{b}^{\mathrm{T}}\boldsymbol{Y})$最大的 $\boldsymbol{a}$ 和 $\boldsymbol{b}$。

易得出对任意常数 e,f,c,d,均有 $\rho(e(\boldsymbol{a}^{\mathrm{T}}\boldsymbol{X})+f,c(\boldsymbol{b}^{\mathrm{T}}\boldsymbol{Y})+d)=\rho(\boldsymbol{a}^{\mathrm{T}}\boldsymbol{X},\boldsymbol{b}^{\mathrm{T}}\boldsymbol{Y})$,这说明使得相关系数最大的 $\boldsymbol{a}^{\mathrm{T}}\boldsymbol{X}$ 和 $\boldsymbol{b}^{\mathrm{T}}\boldsymbol{Y}$ 并不唯一,故对综合变量,限定 $\mathrm{Var}(\boldsymbol{a}^{\mathrm{T}}\boldsymbol{X})=\mathrm{Var}(\boldsymbol{b}^{\mathrm{T}}\boldsymbol{Y})=1$。

若 $\boldsymbol{X}$ 和 $\boldsymbol{Y}$ 的线性组合为

$$\begin{cases} V_1=\boldsymbol{a}_1^{\mathrm{T}}\boldsymbol{X}=a_{11}X_1+a_{21}X_2+\cdots+a_{p1}X_p \\ W_1=\boldsymbol{b}_1^{\mathrm{T}}\boldsymbol{Y}=b_{11}Y_1+b_{21}Y_2+\cdots+b_{q1}Y_q \end{cases}$$

其中，$\boldsymbol{a}_1=(a_{11},a_{21},\cdots,a_{p1})^{\mathrm{T}}$，$\boldsymbol{b}_1=(b_{11},b_{21},\cdots,b_{q1})^{\mathrm{T}}$，可计算出

$$\begin{cases} \mathrm{Var}(V_1)=\mathrm{Var}(\boldsymbol{a}_1^{\mathrm{T}}\boldsymbol{X})=\boldsymbol{a}_1^{\mathrm{T}}\boldsymbol{\Sigma}_{XX}\boldsymbol{a}_1 \\ \mathrm{Var}(W_1)=\mathrm{Var}(\boldsymbol{b}_1^{\mathrm{T}}\boldsymbol{Y})=\boldsymbol{b}_1^{\mathrm{T}}\boldsymbol{\Sigma}_{YY}\boldsymbol{b}_1 \\ \mathrm{Cov}(V_1,W_1)=\mathrm{Cov}(\boldsymbol{a}_1^{\mathrm{T}}\boldsymbol{X},\boldsymbol{b}_1^{\mathrm{T}}\boldsymbol{Y})=\boldsymbol{a}_1^{\mathrm{T}}\boldsymbol{\Sigma}_{XY}\boldsymbol{b}_1 \end{cases}$$

则 V_1 和 W_1 的相关系数为

$$\rho_{V_1W_1}=\rho(\boldsymbol{a}_1^{\mathrm{T}}\boldsymbol{X},\boldsymbol{b}_1^{\mathrm{T}}\boldsymbol{Y})=\frac{\boldsymbol{a}_1^{\mathrm{T}}\boldsymbol{\Sigma}_{XY}\boldsymbol{b}_1}{\sqrt{\boldsymbol{a}_1^{\mathrm{T}}\boldsymbol{\Sigma}_{XX}\boldsymbol{a}_1}\sqrt{\boldsymbol{b}_1^{\mathrm{T}}\boldsymbol{\Sigma}_{YY}\boldsymbol{b}_1}}$$

定义 9.2.1　若存在 $\boldsymbol{a}_1$ 和 $\boldsymbol{b}_1$，满足条件

$$\mathrm{Var}(\boldsymbol{a}_1^{\mathrm{T}}\boldsymbol{X})=\boldsymbol{a}_1^{\mathrm{T}}\boldsymbol{\Sigma}_{XX}\boldsymbol{a}_1=1,\mathrm{Var}(\boldsymbol{b}_1^{\mathrm{T}}\boldsymbol{Y})=\boldsymbol{b}_1^{\mathrm{T}}\boldsymbol{\Sigma}_{YY}\boldsymbol{b}_1=1$$

使得 $\rho_{V_1W_1}=\rho(\boldsymbol{a}_1^{\mathrm{T}}\boldsymbol{X},\boldsymbol{b}_1^{\mathrm{T}}\boldsymbol{Y})=\max\limits_{\mathrm{Var}(\boldsymbol{a}^{\mathrm{T}}\boldsymbol{X})=1,\mathrm{Var}(\boldsymbol{b}^{\mathrm{T}}\boldsymbol{Y})=1}\rho(\boldsymbol{a}^{\mathrm{T}}\boldsymbol{X},\boldsymbol{b}^{\mathrm{T}}\boldsymbol{Y})$，则称$(V_1,W_1)$为 X 和 Y 的第一对典型变量，相应的相关系数 $\rho_{V_1W_1}$ 称为第一典型相关系数。

由定义 9.2.1 可见，(V_1,W_1)尽可能多地反映了原来随机变量相关的信息。

若第一对典型相关变量(V_1,W_1)还不足以反映原来随机向量间的关系，就需要构造第二对典型相关变量(V_2,W_2)

$$\begin{cases} V_2=\boldsymbol{a}_2^{\mathrm{T}}\boldsymbol{X}=a_{12}X_1+a_{22}X_2+\cdots+a_{p2}X_p \\ W_2=\boldsymbol{b}_2^{\mathrm{T}}\boldsymbol{Y}=b_{12}Y_1+b_{22}Y_2+\cdots+b_{q2}Y_q \end{cases}$$

其中，$\boldsymbol{a}_2=(a_{12},a_{22},\cdots,a_{p2})^{\mathrm{T}}$，$\boldsymbol{b}_2=(b_{12},b_{22},\cdots,b_{q2})^{\mathrm{T}}$。除了满足约束条件 $\mathrm{Var}(V_2)=\mathrm{Var}(W_2)=1$ 外，它应当与第一对典型相关变量(V_1,W_1)不相关（即不包含第一对典型相关变量的信息），即

$$\mathrm{Cov}(V_2,V_1)=\mathrm{Cov}(W_2,W_1)=\mathrm{Cov}(V_2,W_1)=\mathrm{Cov}(W_2,V_1)=0$$

或

$$\boldsymbol{a}_2^{\mathrm{T}}\boldsymbol{\Sigma}_{XX}\boldsymbol{a}_1=\boldsymbol{b}_2^{\mathrm{T}}\boldsymbol{\Sigma}_{YY}\boldsymbol{b}_1=\boldsymbol{a}_2^{\mathrm{T}}\boldsymbol{\Sigma}_{XY}\boldsymbol{b}_1=\boldsymbol{b}_2^{\mathrm{T}}\boldsymbol{\Sigma}_{YX}\boldsymbol{a}_1=0$$

在满足这些条件下，它应当最能反映随机向量间的关系，即 $\rho_{V_2W_2}$ 达到最大。

定义 9.2.2　若存在 $\boldsymbol{a}_2$，$\boldsymbol{b}_2$，满足条件

$$\mathrm{Var}(\boldsymbol{a}_2^{\mathrm{T}}\boldsymbol{X})=\boldsymbol{a}_2^{\mathrm{T}}\boldsymbol{\Sigma}_{XX}\boldsymbol{a}_2=1,\quad \mathrm{Var}(\boldsymbol{b}_2^{\mathrm{T}}\boldsymbol{Y})=\boldsymbol{b}_2^{\mathrm{T}}\boldsymbol{\Sigma}_{YY}\boldsymbol{b}_2=1$$

$$\boldsymbol{a}_2^{\mathrm{T}}\boldsymbol{\Sigma}_{XX}\boldsymbol{a}_1=\boldsymbol{b}_2^{\mathrm{T}}\boldsymbol{\Sigma}_{YY}\boldsymbol{b}_1=\boldsymbol{a}_2^{\mathrm{T}}\boldsymbol{\Sigma}_{XY}\boldsymbol{b}_1=\boldsymbol{b}_2^{\mathrm{T}}\boldsymbol{\Sigma}_{YX}\boldsymbol{a}_1=0$$

使得 $\rho_{V_2W_2}=\rho(\boldsymbol{a}_2^{\mathrm{T}}\boldsymbol{X},\boldsymbol{b}_2^{\mathrm{T}}\boldsymbol{Y})=\max\limits_{\text{上述条件}}\rho(\boldsymbol{a}^{\mathrm{T}}\boldsymbol{X},\boldsymbol{b}^{\mathrm{T}}\boldsymbol{Y})$，则称$(V_2,W_2)$为第二对典型相关变量，相应的相关系数 $\rho_{V_2W_2}$ 称为第二典型相关系数。

一般地，若前 $k-1$ 对典型变量还不足以反映 $\boldsymbol{X}$ 和 $\boldsymbol{Y}$ 的相关性信息，就构造第 k 对线性组合

$$\begin{cases} V_k=\boldsymbol{a}_k^{\mathrm{T}}\boldsymbol{X}=a_{1k}X_1+a_{2k}X_2+\cdots+a_{pk}X_p \\ W_k=\boldsymbol{b}_k^{\mathrm{T}}\boldsymbol{Y}=b_{1k}Y_1+b_{2k}Y_2+\cdots+b_{qk}Y_q \end{cases}$$

如果存在 $\boldsymbol{a}_k$，$\boldsymbol{b}_k$($k=2,\cdots,p$)，使得：① $\mathrm{Var}(V_k)=\mathrm{Var}(\boldsymbol{a}_k^{\mathrm{T}}\boldsymbol{X})=1$，$\mathrm{Var}(W_k)=\mathrm{Var}(\boldsymbol{b}_k^{\mathrm{T}}\boldsymbol{Y})=1$；② $\boldsymbol{a}_k^{\mathrm{T}}\boldsymbol{X}$，$\boldsymbol{b}_k^{\mathrm{T}}\boldsymbol{Y}$ 和前面 $k-1$ 对典型相关变量都不相关；③ $\boldsymbol{a}_k^{\mathrm{T}}\boldsymbol{X}$ 与 $\boldsymbol{b}_k^{\mathrm{T}}\boldsymbol{Y}$ 的相关系数最大。则称(V_k,W_k)为第 k 对典型相关变量，相应的相关系数 $\rho_{V_kW_k}$ 称为第 k 典型相关系数。称 $\boldsymbol{a}_k^{\mathrm{T}}\boldsymbol{X}$，$\boldsymbol{b}_k^{\mathrm{T}}\boldsymbol{Y}$ 为典型变式或组合（canonical variate or composite）。典型变式和典型变量是一个事物的两个

侧面，典型变式表达观测变量与典型变量之间的关系形式，典型变量更关注数值。后面讨论时将混合使用这两种称谓。称典型变量 $V_k=\boldsymbol{a}_k^{\mathrm{T}}\boldsymbol{X}, W_k=\boldsymbol{b}_k^{\mathrm{T}}\boldsymbol{Y}$ 的函数关系式为典型函数(canonical function)。

典型函数中的系数称为典型系数或权数(canonical coefficient or weight)，该系数可以用于比较原始变量对典型变量作用的相对大小。

9.2.2 总体的典型变量和典型相关系数的求法

利用推导主成分的类似方法，可以给出典型变量的具体表达式和相应的典型相关系数，由于证明过程冗长，我们把它放在本章的最后，读者可以参考。下面我们直接给出有关结果。

定理 9.2.1 设两组随机向量 $\boldsymbol{X}=(X_1,\cdots,X_p)^{\mathrm{T}}$ 与 $\boldsymbol{Y}=(Y_1,\cdots,Y_q)^{\mathrm{T}}, p\leqslant q, \mathrm{Cov}(\boldsymbol{X},\boldsymbol{X})=\boldsymbol{\Sigma}_{XX}, \mathrm{Cov}(\boldsymbol{Y},\boldsymbol{Y})=\boldsymbol{\Sigma}_{YY}, \mathrm{Cov}(\boldsymbol{X},\boldsymbol{Y})=\boldsymbol{\Sigma}_{XY}, \mathrm{Cov}(\boldsymbol{Y},\boldsymbol{X})=\boldsymbol{\Sigma}_{YX}$，其中 $\boldsymbol{\Sigma}_{XX}$ 和 $\boldsymbol{\Sigma}_{YY}$ 为满秩矩阵。令 $\boldsymbol{A}=\boldsymbol{\Sigma}_{XX}^{-1}\boldsymbol{\Sigma}_{XY}\boldsymbol{\Sigma}_{YY}^{-1}\boldsymbol{\Sigma}_{YX}, \boldsymbol{B}=\boldsymbol{\Sigma}_{YY}^{-1}\boldsymbol{\Sigma}_{YX}\boldsymbol{\Sigma}_{XX}^{-1}\boldsymbol{\Sigma}_{XY}$，设 $\rho_1^2\geqslant\rho_2^2\geqslant\cdots\geqslant\rho_p^2$ 为 p 阶矩阵 $\boldsymbol{A}$ 的特征值，$\boldsymbol{e}_1,\boldsymbol{e}_2,\cdots,\boldsymbol{e}_p$ 为相应的正交单位特征向量；$\boldsymbol{f}_1,\boldsymbol{f}_2,\cdots,\boldsymbol{f}_p$ 为 q 阶矩阵 $\boldsymbol{B}$ 的相应于前 p 个最大特征值(按由大到小的次序排列)的正交单位特征向量，则 $\boldsymbol{X}$ 和 $\boldsymbol{Y}$ 的第 k 对典型相关变量为

$$V_k=\boldsymbol{a}_k^{\mathrm{T}}\boldsymbol{X}=\boldsymbol{e}_k^{\mathrm{T}}\boldsymbol{\Sigma}_{XX}^{-\frac{1}{2}}\boldsymbol{X},\quad W_k=\boldsymbol{b}_k^{\mathrm{T}}\boldsymbol{Y}=\boldsymbol{f}_k^{\mathrm{T}}\boldsymbol{\Sigma}_{YY}^{-\frac{1}{2}}\boldsymbol{Y},\quad k=1,2,\cdots,p$$

其中 $\boldsymbol{\Sigma}_{XX}^{-\frac{1}{2}}$ 和 $\boldsymbol{\Sigma}_{YY}^{-\frac{1}{2}}$ 分别为 $\boldsymbol{\Sigma}_{XX}$ 和 $\boldsymbol{\Sigma}_{YY}$ 的平方根矩阵的逆矩阵。则 $\boldsymbol{X}$ 和 $\boldsymbol{Y}$ 的第 k 对典型相关变量的典型相关系数为 $\rho_{V_kW_k}=\rho_k$；ρ_k 为 ρ_k^2 的正平方根。

注意：定理 9.2.1 表明，求 $\boldsymbol{X}$ 和 $\boldsymbol{Y}$ 的典型相关变量和典型相关系数归结为，求矩阵 $\boldsymbol{A}$ 的特征值和矩阵 $\boldsymbol{A}$ 和 $\boldsymbol{B}$ 的对应于前 p 个最大特征值的正交单位特征向量。

由矩阵代数知识可知，矩阵 $\boldsymbol{A}$ 与矩阵 $\boldsymbol{\Sigma}_{XX}^{-\frac{1}{2}}\boldsymbol{\Sigma}_{XY}\boldsymbol{\Sigma}_{YY}^{-1}\boldsymbol{\Sigma}_{YX}\boldsymbol{\Sigma}_{XX}^{-\frac{1}{2}}$ 有相同的非零特征值，后者是半正定矩阵，特征值均非负，因此矩阵 $\boldsymbol{A}$ 的 p 个特征值均非负，故可设为 $\rho_1^2\geqslant\rho_2^2\geqslant\cdots\geqslant\rho_p^2$。同理矩阵 $\boldsymbol{A}$ 与 $\boldsymbol{B}$ 也有相同的非零特征值，因而 $\rho_1^2\geqslant\rho_2^2\geqslant\cdots\geqslant\rho_p^2$ 也是 $\boldsymbol{B}$ 的前 p 个最大特征值，而 $\boldsymbol{B}$ 的其余 $q-p$ 个特征值均为零。若 $\rho_1^2\geqslant\rho_2^2\geqslant\cdots\geqslant\rho_p^2$ 中有零值，则相应典型变量对的相关系数为零，该对典型变量则不能提取 $\boldsymbol{X}$ 和 $\boldsymbol{Y}$ 的相关性信息，因而在典型相关分析中可不予考虑。

定理 9.2.1 讨论的是从协方差矩阵出发求 $\boldsymbol{X}$ 和 $\boldsymbol{Y}$ 的典型相关变量和典型相关系数，这样求得的典型变量与变量的量纲有关。为了不受量纲影响，通常从标准化变量的协方差矩阵(即原变量的相关系数矩阵)出发作典型相关分析。

将 $\boldsymbol{X}$ 和 $\boldsymbol{Y}$ 的各分量标准化，得 $\boldsymbol{X}^*=(X_1^*,X_2^*,\cdots,X_p^*)^{\mathrm{T}}, \boldsymbol{Y}^*=(Y_1^*,Y_2^*,\cdots,Y_q^*)^{\mathrm{T}}, p\leqslant q$，其中

$$X_j^*=\frac{X_j-E(X_j)}{\sqrt{\mathrm{Var}(X_j)}},j=1,2,\cdots,p;\quad Y_k^*=\frac{Y_k-E(Y_k)}{\sqrt{\mathrm{Var}(Y_k)}},k=1,2,\cdots,q$$

则 $(X_1^*,X_2^*,\cdots,X_p^*,Y_1^*,Y_2^*,\cdots,Y_q^*)^{\mathrm{T}}$ 的协方差矩阵(即原变量 $(X_1,X_2,\cdots,X_p,Y_1,Y_2,\cdots,Y_q)^{\mathrm{T}}$ 的相关系数矩阵)为

$$\boldsymbol{\rho}=\begin{bmatrix}\boldsymbol{\rho}_{XX} & \boldsymbol{\rho}_{XY}\\ \boldsymbol{\rho}_{YX} & \boldsymbol{\rho}_{YY}\end{bmatrix}$$

其中，$\boldsymbol{\rho}_{XX}=\mathrm{Cov}(\boldsymbol{X}^*,\boldsymbol{X}^*), \boldsymbol{\rho}_{YY}=\mathrm{Cov}(\boldsymbol{Y}^*,\boldsymbol{Y}^*), \boldsymbol{\rho}_{YX}^{\mathrm{T}}=\boldsymbol{\rho}_{XY}=\mathrm{Cov}(\boldsymbol{X}^*,\boldsymbol{Y}^*)$，从 $\boldsymbol{\rho}$ 出发做典型相关分析，类似于前面的结果，即 $\boldsymbol{X}^*,\boldsymbol{Y}^*$ 的第 k 对典型变量为

$$V_k^* = (\boldsymbol{a}_k^*)^{\mathrm{T}} \boldsymbol{X}^* = (\boldsymbol{e}_k^*)^{\mathrm{T}} \boldsymbol{\rho}_{XX}^{-\frac{1}{2}} \boldsymbol{X}^*, W_k^* = (\boldsymbol{b}_k^*)^{\mathrm{T}} \boldsymbol{Y}^* = (\boldsymbol{f}_k^*)^{\mathrm{T}} \boldsymbol{\rho}_{YY}^{-\frac{1}{2}} \boldsymbol{Y}^*, k=1,2,\cdots,p$$

相应的典型相关系数为 $\rho_{V_k^* W_k^*} = \rho_k^*$，其中，$\rho_1^{*2} \geqslant \rho_2^{*2} \geqslant \cdots \geqslant \rho_p^{*2}$ 为矩阵 $\boldsymbol{A}^* = \boldsymbol{\rho}_{XX}^{-1} \boldsymbol{\rho}_{XY} \boldsymbol{\rho}_{YY}^{-1} \boldsymbol{\rho}_{YX}$ 的 p 个特征值(从而也是 $\boldsymbol{B}^* = \boldsymbol{\rho}_{YY}^{-1} \boldsymbol{\rho}_{YX} \boldsymbol{\rho}_{XX}^{-1} \boldsymbol{\rho}_{XY}$ 的前 p 个特征值)，$\boldsymbol{e}_k^*$，$\boldsymbol{f}_k^*$ 分别为 $\boldsymbol{A}^*$ 和 $\boldsymbol{B}^*$ 对应于特征值 ρ_k^{2*} 的正交单位特征向量；ρ_k^* 为 ρ_k^{*2} 的正平方根。

下面看看(V_k^*, W_k^*)和(V_k, W_k)的典型相关系数的关系。

如果令 $\boldsymbol{D}_X = \mathrm{diag}(\sqrt{\mathrm{Var}(\boldsymbol{X}_1)}, \cdots, \sqrt{\mathrm{Var}(\boldsymbol{X}_p)})$，$\boldsymbol{D}_Y = \mathrm{diag}(\sqrt{\mathrm{Var}(\boldsymbol{Y}_1)}, \cdots, \sqrt{\mathrm{Var}(\boldsymbol{Y}_q)})$，则 $\boldsymbol{\rho}_{XX} = \boldsymbol{D}_X^{-1} \boldsymbol{\Sigma}_{XX} \boldsymbol{D}_X^{-1}$，$\boldsymbol{\rho}_{YY} = \boldsymbol{D}_Y^{-1} \boldsymbol{\Sigma}_{YY} \boldsymbol{D}_Y^{-1}$，$\boldsymbol{\rho}_{YX}^{\mathrm{T}} = \boldsymbol{\rho}_{XY} = \boldsymbol{D}_X^{-1} \boldsymbol{\Sigma}_{XY} \boldsymbol{D}_Y^{-1}$，故有 $\boldsymbol{A}^* = \boldsymbol{\rho}_{XX}^{-1} \boldsymbol{\rho}_{XY} \boldsymbol{\rho}_{YY}^{-1} \boldsymbol{\rho}_{YX} = \boldsymbol{D}_X \boldsymbol{\Sigma}_{XX}^{-1} \boldsymbol{\Sigma}_{XY} \boldsymbol{\Sigma}_{YY}^{-1} \boldsymbol{\Sigma}_{YX} \boldsymbol{D}_X^{-1} = \boldsymbol{D}_X \boldsymbol{A} \boldsymbol{D}_X^{-1}$。

由矩阵代数知识可知，$\boldsymbol{A}^*$ 与 $\boldsymbol{A}$ 有相同的特征值，从而(V_k^*, W_k^*)和(V_k, W_k)的典型相关系数相同，即典型相关系数不会随着变量的标准化而改变。但是，典型变量中的系数(典型系数)会随变量的标准化而改变。

例 9.1　设两组随机向量 $\boldsymbol{X} = (X_1, X_2)^{\mathrm{T}}$ 和 $\boldsymbol{Y} = (Y_1, Y_2)^{\mathrm{T}}$，已知$(X_1, X_2, Y_1, Y_2)^{\mathrm{T}}$ 的相关系数矩阵为

$$\boldsymbol{\rho} = \begin{pmatrix} \boldsymbol{\rho}_{XX} & \boldsymbol{\rho}_{XY} \\ \boldsymbol{\rho}_{YX} & \boldsymbol{\rho}_{YY} \end{pmatrix} = \left(\begin{array}{cc:cc} 1 & \alpha & \beta & \beta \\ \alpha & 1 & \beta & \beta \\ \hdashline \beta & \beta & 1 & \gamma \\ \beta & \beta & \gamma & 1 \end{array}\right)$$

其中，$|\alpha| < 1$，$|\gamma| < 1$，$\beta > 0$，求标准化随机向量 $\boldsymbol{X}^*$，$\boldsymbol{Y}^*$ 的典型相关变量及典型相关系数。

解：①首先求 $\boldsymbol{A}^* = \boldsymbol{\rho}_{XX}^{-1} \boldsymbol{\rho}_{XY} \boldsymbol{\rho}_{YY}^{-1} \boldsymbol{\rho}_{YX}$ 和 $\boldsymbol{B}^* = \boldsymbol{\rho}_{YY}^{-1} \boldsymbol{\rho}_{YX} \boldsymbol{\rho}_{XX}^{-1} \boldsymbol{\rho}_{XY}$ 的特征值及特征向量。

注意到 $\boldsymbol{\rho}_{XY} = \boldsymbol{\rho}_{YX} = \beta \boldsymbol{1}\boldsymbol{1}^{\mathrm{T}}$，其中 $\boldsymbol{1} = (1,1)^{\mathrm{T}}$，故当$|\alpha| < 1$ 时，$\boldsymbol{\rho}_{XX}^{-1} \boldsymbol{\rho}_{XY} = \dfrac{\beta}{1-\alpha^2} \begin{pmatrix} 1 & -\alpha \\ -\alpha & 1 \end{pmatrix} \boldsymbol{1}\boldsymbol{1}^{\mathrm{T}} = \dfrac{\beta}{1+\alpha} \boldsymbol{1}\boldsymbol{1}^{\mathrm{T}}$，同理，当$|\gamma| < 1$ 时，$\boldsymbol{\rho}_{YY}^{-1} \boldsymbol{\rho}_{YX} = \dfrac{\beta}{1+\gamma} \boldsymbol{1}\boldsymbol{1}^{\mathrm{T}}$，所以 $\boldsymbol{A}^* = \boldsymbol{\rho}_{XX}^{-1} \boldsymbol{\rho}_{XY} \boldsymbol{\rho}_{YY}^{-1} \boldsymbol{\rho}_{YX} = \dfrac{2\beta^2}{(1+\alpha)(1+\gamma)} \boldsymbol{1}\boldsymbol{1}^{\mathrm{T}}$，由于 $\boldsymbol{1}\boldsymbol{1}^{\mathrm{T}}$ 的特征值为 2 和 0，故 $\boldsymbol{A}^*$ 只有一个非零特征值，为 $\rho_1^{*2} = \dfrac{4\beta^2}{(1+\alpha)(1+\gamma)}$，相应的正交单位化特征向量 $\boldsymbol{e}_1^* = \dfrac{1}{\sqrt{2}} \boldsymbol{1}$。

同理 $\boldsymbol{B}^* = \boldsymbol{\rho}_{YY}^{-1} \boldsymbol{\rho}_{YX} \boldsymbol{\rho}_{XX}^{-1} \boldsymbol{\rho}_{XY}$ 相应于 ρ_1^{*2} 的正交单位化特征向量 $\boldsymbol{f}_1^* = \dfrac{1}{\sqrt{2}} \boldsymbol{1}$。

② 求典型变量。

因为 $\boldsymbol{X}^*$，$\boldsymbol{Y}^*$ 的第一对典型变量为 $V_1^* = (\boldsymbol{a}_1^*)^{\mathrm{T}} \boldsymbol{X}^* = (\boldsymbol{e}_1^*)^{\mathrm{T}} \boldsymbol{\rho}_{XX}^{-\frac{1}{2}} \boldsymbol{X}^*$，$W_1^* = (\boldsymbol{b}_1^*)^{\mathrm{T}} \boldsymbol{Y}^* = (\boldsymbol{f}_1^*)^{\mathrm{T}} \boldsymbol{\rho}_{YY}^{-\frac{1}{2}} \boldsymbol{Y}^*$，可求得

$$\boldsymbol{\rho}_{XX}^{-\frac{1}{2}} = \frac{1}{2} \begin{pmatrix} \dfrac{1}{\sqrt{1+\alpha}} + \dfrac{1}{\sqrt{1-\alpha}} & \dfrac{1}{\sqrt{1+\alpha}} - \dfrac{1}{\sqrt{1-\alpha}} \\ \dfrac{1}{\sqrt{1+\alpha}} - \dfrac{1}{\sqrt{1-\alpha}} & \dfrac{1}{\sqrt{1+\alpha}} + \dfrac{1}{\sqrt{1-\alpha}} \end{pmatrix}$$

$$\boldsymbol{\rho}_{YY}^{-\frac{1}{2}} = \frac{1}{2} \begin{pmatrix} \dfrac{1}{\sqrt{1+\gamma}} + \dfrac{1}{\sqrt{1-\gamma}} & \dfrac{1}{\sqrt{1+\gamma}} - \dfrac{1}{\sqrt{1-\gamma}} \\ \dfrac{1}{\sqrt{1+\gamma}} - \dfrac{1}{\sqrt{1-\gamma}} & \dfrac{1}{\sqrt{1+\gamma}} + \dfrac{1}{\sqrt{1-\gamma}} \end{pmatrix}$$

所以 X^*,Y^* 的第一对典型相关变量为

$$V_1^*=\frac{1}{\sqrt{2(1+\alpha)}}(X_1^*+X_2^*),\quad W_1^*=\frac{1}{\sqrt{2(1+\gamma)}}(Y_1^*+Y_2^*)$$

第一对典型相关系数为 $\rho_{V_1^*W_1^*}=\rho_1^*=\dfrac{2\beta}{\sqrt{(1+\alpha)(1+\gamma)}}$，第二对典型变量的典型相关系数为零，无必要求出典型相关变量。

注意：由于 $|\alpha|<1,|\gamma|<1$，故 $\rho_{V_1^*W_1^*}>\beta$，而 β 是 $\boldsymbol{X}=(X_1,X_2)^{\mathrm{T}}$ 与 $\boldsymbol{Y}=(Y_1,Y_2)^{\mathrm{T}}$ 中任两个分量之间的相关系数，即第一对典型变量之间的相关性大于 $\boldsymbol{X}$ 和 $\boldsymbol{Y}$ 的任两个分量之间的相关性。可见典型变量 V_1^*,W_1^* 的确综合了 $\boldsymbol{X}$ 和 $\boldsymbol{Y}$ 之间的相关性。

9.2.3 典型变量的性质

性质 1 设 $V_k=\boldsymbol{a}_k^{\mathrm{T}}\boldsymbol{X},W_k=\boldsymbol{b}_k^{\mathrm{T}}\boldsymbol{Y}$ 为 $\boldsymbol{X}$ 和 $\boldsymbol{Y}$ 的第 k 对典型变量，$k=1,2,\cdots,p$，令 $\boldsymbol{V}=(V_1,\cdots,V_p)^{\mathrm{T}},\boldsymbol{W}=(W_1,\cdots,W_p)^{\mathrm{T}}$，则

$$D\begin{pmatrix}\boldsymbol{V}\\ \boldsymbol{W}\end{pmatrix}=\begin{pmatrix}\boldsymbol{I}_p & \boldsymbol{\Lambda}\\ \boldsymbol{\Lambda} & \boldsymbol{I}_p\end{pmatrix}$$

其中，$\boldsymbol{\Lambda}=\mathrm{diag}(\rho_1,\cdots,\rho_p)$，$\rho_k$ 是 $\boldsymbol{X}$ 和 $\boldsymbol{Y}$ 的第 k 对典型相关系数。

此性质说明 $V_i(i=1,\cdots,p)$ 互不相关，$W_j(j=1,\cdots,p)$ 互不相关，且不同对的典型变量 V_i 与 $W_j(i\neq j)$ 互不相关，同一对典型变量之间的相关系数 $\rho(V_k,W_k)=\rho_k$。

下面讨论原始变量与典型变量之间的相关性。求出典型变量后，进一步计算原始变量与典型变量之间的相关系数矩阵，称为典型结构。

性质 2 设典型随机变量 $\boldsymbol{V}=(V_1,\cdots,V_p)^{\mathrm{T}}=(\boldsymbol{a}_1^{\mathrm{T}}\boldsymbol{X},\cdots,\boldsymbol{a}_p^{\mathrm{T}}\boldsymbol{X})^{\mathrm{T}}=\boldsymbol{A}^{\mathrm{T}}\boldsymbol{X}$，记 $\boldsymbol{A}_{p\times p}=(\boldsymbol{a}_1,\cdots,\boldsymbol{a}_p)$，$\boldsymbol{W}=(W_1,\cdots,W_p)^{\mathrm{T}}=(\boldsymbol{b}_1^{\mathrm{T}}\boldsymbol{Y},\cdots,\boldsymbol{b}_p^{\mathrm{T}}\boldsymbol{Y})^{\mathrm{T}}=\boldsymbol{B}^{\mathrm{T}}Y$，记 $\boldsymbol{B}_{q\times p}=(\boldsymbol{b}_1,\cdots,\boldsymbol{b}_p)$，若 $(\boldsymbol{X}^{\mathrm{T}},\boldsymbol{Y}^{\mathrm{T}})^{\mathrm{T}}=(X_1,\cdots,X_p,Y_1,\cdots,Y_q)^{\mathrm{T}}$ 的协方差 $\boldsymbol{\Sigma}>0$，$\boldsymbol{\Sigma}=\begin{pmatrix}\boldsymbol{\Sigma}_{XX} & \boldsymbol{\Sigma}_{XY}\\ \boldsymbol{\Sigma}_{YX} & \boldsymbol{\Sigma}_{YY}\end{pmatrix}$，则

$$\mathrm{Cov}(\boldsymbol{X},\boldsymbol{V})=\mathrm{Cov}(\boldsymbol{X},\boldsymbol{A}^{\mathrm{T}}\boldsymbol{X})=\boldsymbol{\Sigma}_{XX}\boldsymbol{A},\quad \mathrm{Cov}(\boldsymbol{X},\boldsymbol{W})=\mathrm{Cov}(\boldsymbol{X},\boldsymbol{B}^{\mathrm{T}}\boldsymbol{Y})=\boldsymbol{\Sigma}_{XY}\boldsymbol{B}$$

$$\mathrm{Cov}(\boldsymbol{Y},\boldsymbol{V})=\mathrm{Cov}(\boldsymbol{Y},\boldsymbol{A}^{\mathrm{T}}X)=\boldsymbol{\Sigma}_{YX}\boldsymbol{A},\quad \mathrm{Cov}(\boldsymbol{Y},\boldsymbol{W})=\mathrm{Cov}(\boldsymbol{Y},\boldsymbol{B}^{\mathrm{T}}\boldsymbol{Y})=\boldsymbol{\Sigma}_{YY}\boldsymbol{B}$$

利用协方差阵可以进一步计算原始变量与典型变量之间的相关系数阵。

如果原始变量是标准化的变量，则上面计算的协方差阵就是相关系数阵。

若计算这 4 个相关系数矩阵各列(或各行)相关系数的平方和，还将给出冗余分析的概念。

称典型变量和本组的原始变量之间的相关系数为典型载荷系数(canonical loading)。可以把它看成是关于典型变量与本组的原始变量进行简单回归时，测量的散点和回归线之间拟合程度的指标。J. F. Hair(1995)认为在评价典型变量对原始变量的代表性时，它是典型系数的一个补充信息。

称典型变量和另一组的原始变量之间的相关系数为典型交叉载荷系数(cross loadings)。W. D. R. Dillon 和 M. Goldstein (1984)提议设立这个指标是为了将典型变量和原始变量在组间的交叉联系在一起。但是由于相关系数形式的缺陷，现在人们更愿意采用它的平方，即后面将要介绍的组间典型变量与原始变量交叉共享方差百分比的形式。

9.3　样本典型相关分析

通常在实际问题中，$\boldsymbol{Z}\triangleq(X_1,\cdots,X_p,Y_1,\cdots,Y_q)^{\mathrm{T}}$ 的协方差 $\boldsymbol{\Sigma}$(或相关系数阵)是未知的，需要根据观测到的样本资料阵进行估计。

9.3.1　样本典型相关变量和典型相关系数

设 $\boldsymbol{x}=(x_1,\cdots,x_p)^{\mathrm{T}},\boldsymbol{y}=(y_1,\cdots,y_q)^{\mathrm{T}}$ 分别代表 $\boldsymbol{X}$ 和 $\boldsymbol{Y}$ 的观测变量，样本资料为关于 $\boldsymbol{X}$ 和 $\boldsymbol{Y}$ 的 n 组观测数据

$$\boldsymbol{x}_{(i)}=(x_{i1},\cdots,x_{ip})^{\mathrm{T}},\quad \boldsymbol{y}_{(i)}=(y_{i1},\cdots,y_{iq})^{\mathrm{T}},\quad i=1,2,\cdots,n$$

$\boldsymbol{Z}$ 的 n 次观测数据为

$$\boldsymbol{z}_{(i)}=\begin{pmatrix} x_{(i)} \\ y_{(i)} \end{pmatrix}_{(p+q)\times 1}$$

于是样本数据阵为

$$\begin{pmatrix} x_{11} & x_{12} & \cdots & x_{1p} & y_{11} & y_{12} & \cdots & y_{1q} \\ x_{21} & x_{22} & \cdots & x_{2p} & y_{21} & y_{22} & \cdots & y_{2q} \\ \vdots & \vdots & & \vdots & \vdots & \vdots & & \vdots \\ x_{n1} & x_{n2} & \cdots & x_{np} & y_{n1} & y_{n2} & \cdots & y_{nq} \end{pmatrix}_{n\times(p+q)}$$

将这些观测数据的样本协方差矩阵 $\boldsymbol{S}=\begin{pmatrix} \boldsymbol{S}_{xx} & \boldsymbol{S}_{xy} \\ \boldsymbol{S}_{yx} & \boldsymbol{S}_{yy} \end{pmatrix}$ 作为 $\boldsymbol{\Sigma}$ 的估计，其中

$$\begin{cases} \boldsymbol{S}_{xx}=\dfrac{1}{n-1}\sum\limits_{i=1}^{n}(\boldsymbol{x}_{(i)}-\overline{\boldsymbol{x}})(\boldsymbol{x}_{(i)}-\overline{\boldsymbol{x}})^{\mathrm{T}} \\ \boldsymbol{S}_{yy}=\dfrac{1}{n-1}\sum\limits_{i=1}^{n}(\boldsymbol{y}_{(i)}-\overline{\boldsymbol{y}})(\boldsymbol{y}_{(i)}-\overline{\boldsymbol{y}})^{\mathrm{T}} \\ \boldsymbol{S}_{yx}^{\mathrm{T}}=\boldsymbol{S}_{xy}=\dfrac{1}{n-1}\sum\limits_{i=1}^{n}(\boldsymbol{x}_{(i)}-\overline{\boldsymbol{x}})(\boldsymbol{y}_{(i)}-\overline{\boldsymbol{y}})^{\mathrm{T}} \end{cases}$$

以 $\boldsymbol{S}$ 代替 $\boldsymbol{\Sigma}$ 所求得的典型变量和典型相关系数分别称为样本典型变量和样本典型相关系数。第 k 对样本典型相关变量为

$$v_k=\boldsymbol{a}_k^{\mathrm{T}}\boldsymbol{x}=\boldsymbol{e}_k^{\mathrm{T}}\boldsymbol{S}_{xx}^{-\frac{1}{2}}\boldsymbol{x},w_k=\boldsymbol{b}_k^{\mathrm{T}}\boldsymbol{y}=\boldsymbol{f}_k^{\mathrm{T}}\boldsymbol{S}_{yy}^{-\frac{1}{2}}\boldsymbol{y},\quad k=1,2,\cdots,p \tag{9.3.1}$$

其样本典型相关系数为

$$\rho_{V_kW_k}=\rho_k \tag{9.3.2}$$

设 $\rho_1^2\geqslant\rho_2^2\geqslant\cdots\geqslant\rho_p^2$ 为 $\boldsymbol{A}=\boldsymbol{S}_{xx}^{-1}\boldsymbol{S}_{xy}\boldsymbol{S}_{yy}^{-1}\boldsymbol{S}_{yx}$ 的特征值(从而也是 $\boldsymbol{B}=\boldsymbol{S}_{yy}^{-1}\boldsymbol{S}_{yx}\boldsymbol{S}_{xx}^{-1}\boldsymbol{S}_{xy}$ 的前 p 个最大特征值)，$\boldsymbol{e}_1,\boldsymbol{e}_2,\cdots,\boldsymbol{e}_p$ 和 $\boldsymbol{f}_1,\boldsymbol{f}_2,\cdots,\boldsymbol{f}_p$ 为 $\boldsymbol{A}$ 和 $\boldsymbol{B}$ 的相应正交单位特征向量，同样也可以从样本相关阵 $\boldsymbol{R}$ 出发来导出样本典型相关变量和样本典型相关系数。即我们可以求标准化样本的样本典型变量与样本典型相关系数，等价于从观测数据的样本相关系数矩阵

$$\boldsymbol{R}=\begin{pmatrix} \boldsymbol{R}_{xx} & \boldsymbol{R}_{xy} \\ \boldsymbol{R}_{yx} & \boldsymbol{R}_{yy} \end{pmatrix}$$

出发作典型相关分析。标准化样本的样本典型相关系数仍为式(9.3.2)中的 ρ_k。样本典型

变量 $v_k^* = \boldsymbol{a}_k^{\mathrm{T}} \boldsymbol{x}^* = \boldsymbol{e}_k^{\mathrm{T}} \boldsymbol{R}_{xx}^{-\frac{1}{2}} \boldsymbol{x}^*$，$w_k^* = \boldsymbol{b}_k^{\mathrm{T}} \boldsymbol{y}^* = \boldsymbol{f}_k^{\mathrm{T}} \boldsymbol{R}_{yy}^{-\frac{1}{2}} y^*$，$k=1,2,\cdots,p$，其中，$\boldsymbol{e}_k$ 和 $\boldsymbol{f}_k$ 分别是 $\boldsymbol{R}_{xx}^{-1}\boldsymbol{R}_{xy}\boldsymbol{R}_{yy}^{-1}\boldsymbol{R}_{yx}$ 和 $\boldsymbol{R}_{yy}^{-1}\boldsymbol{R}_{yx}\boldsymbol{R}_{xx}^{-1}\boldsymbol{R}_{xy}$ 的相应正交单位特征向量。

在实际应用中，通常选择样本典型相关系数较大的少数几对样本典型变量，以反映原来两组变量间的相关性。那么，样本典型相关系数多大时，才认为相应的典型变量对之间具有显著相关性呢？这就要对得到的典型相关系数做假设检验，下面详细介绍。

9.3.2 典型相关分析的检验

设总体 $\boldsymbol{Z}$ 的两组变量 $\boldsymbol{X}=(X_1,\cdots,X_p)^{\mathrm{T}}$ 与 $\boldsymbol{Y}=(Y_1,\cdots,Y_q)^{\mathrm{T}}$ 的典型相关系数已经排序为 $\rho_1 \geqslant \rho_2 \geqslant \cdots \geqslant \rho_p \geqslant 0$。

典型相关系数的显著性检验有两种：一种是整体检验；另一种是维度递减检验。

1. 整体检验

整体检验是同时检验所有的典型相关系数，看是否有一个是显著的。

$$H_0: \rho_1 = \rho_2 = \cdots = \rho_k = 0 \qquad H_1: \text{至少有一个 } \rho_k \neq 0$$

若不能拒绝 H_0，则认为所有的典型相关系数显著等于 0，说明对 $\boldsymbol{X}$ 和 $\boldsymbol{Y}$ 做典型相关分析是无意义的。若 H_0 被拒绝，说明起码第一对典型变量的相关是显著的，其他对的相关情况仍需做进一步检验。

设总体 $\boldsymbol{Z}=(\boldsymbol{X}^{\mathrm{T}},\boldsymbol{Y}^{\mathrm{T}})^{\mathrm{T}} \sim N_{p+q}(\boldsymbol{\mu},\boldsymbol{\Sigma})$。用似然比方法可导出检验 H_0 的似然比统计量

$$\Lambda = \frac{|\boldsymbol{S}|}{|\boldsymbol{S}_{xx}|\,|\boldsymbol{S}_{yy}|}$$

其中，$\boldsymbol{S}$ 是 $\boldsymbol{\Sigma}$ 的极大似然估计，$\boldsymbol{S}_{xx}$，$\boldsymbol{S}_{yy}$ 是 $\boldsymbol{\Sigma}_{XX}$，$\boldsymbol{\Sigma}_{YY}$ 的极大似然估计。

似然比统计量 Λ 的精确分布已由 Hotelling(1936)、Girshik(1939)和 Anderson(1958)给出，但表达式复杂。所以一般都是采用 Λ 的适当函数作为检验统计量，使之近似服从常见分布，导出检验 H_0 的近似检验方法。这样的整体检验统计量有很多种，此处不具体解释，只给出名字：Wilks' Lambda、Pillai's Trace、Hotelling-Lawley Trace、Roy's Greatest Root 等。

注意：上述检验的原假设，有的书中写成 $H_0: \boldsymbol{\Sigma}_{XY}=0$。事实上，如果 $\boldsymbol{X}$ 和 $\boldsymbol{Y}$ 不相关，$\mathrm{Cov}(\boldsymbol{X},\boldsymbol{Y})=\boldsymbol{\Sigma}_{XY}=0$，则典型相关系数 $\rho_k=\boldsymbol{a}_k^{\mathrm{T}}\boldsymbol{\Sigma}_{XY}\boldsymbol{b}_k$ 都变为零。

当拒绝 H_0 时，表明 $\boldsymbol{X}$ 和 $\boldsymbol{Y}$ 相关显著，可得出至少第一个典型相关系数 $\rho_1 \neq 0$，相应的第一对典型相关变量 V_1，W_1 提取了两组变量相关关系的绝大部分信息。

2. 维度递减检验

维度递减检验是一系列检验，k 维度指的是第 k 对典型变量，该检验用来看第 k 对及后面的典型变量是否有用。对 k 从 $1 \sim p$ 依次取值（假设 $p \leqslant q$，$1 \leqslant k \leqslant \min(p,q)$），进行检验，所以称为维度递减检验，思路如下。

首先检验假设

$$H_0^{(1)}: \rho_1 = 0 \quad H_1^{(1)}: \rho_1 \neq 0$$

若不能拒绝 $H_0^{(1)}$，则可认为 $\rho_1=0$，因为 $\rho_1 \geqslant \rho_2 \geqslant \cdots \geqslant \rho_p \geqslant 0$，进而 $\rho_1=\rho_2=\cdots=\rho_p=0$。这时所有的各对典型变量都不能提供 $\boldsymbol{X}$ 和 $\boldsymbol{Y}$ 的相关性信息，说明 $\boldsymbol{X}$ 和 $\boldsymbol{Y}$ 不适合做典型相关分析。故在讨论两组变量间相关关系之前，应首先对假设 $H_0^{(1)}$ 做统计检验，或者做整体检验。若 $H_0^{(1)}$ 被拒绝，可进一步检验假设

$$H_0^{(2)}: \rho_2 = 0 \quad H_1^{(2)}: \rho_2 \neq 0$$

若不能拒绝 $H_0^{(2)}$，则认为除第一对典型变量显著相关外，其余各对典型变量的相关性均不显著，因而在实际应用中，可只考虑第一对典型变量。若 $H_0^{(2)}$ 被拒绝，则需检验 ρ_3 是否为零。以此类推，若假设 $H_0^{(k-1)}: \rho_{k-1}=0$ 被拒绝，则进一步检验假设

$$H_0^{(k)}: \rho_k=0 \qquad H_1^{(k)}: \rho_k \neq 0 \tag{9.3.3}$$

若不能拒绝 $H_0^{(k)}$，则只需考虑前 $k-1$ 对典型相关变量。若 $H_0^{(k)}$ 被拒绝，则继续检验 ρ_{k+1} 是否为零，直到最终检验 ρ_p 是否为零。

维度递减检验的检验统计量构造如下。

设总体 $\boldsymbol{Z}=(\boldsymbol{X}^{\mathrm{T}},\boldsymbol{Y}^{\mathrm{T}})^{\mathrm{T}} \sim N_{p+q}(\boldsymbol{\mu},\boldsymbol{\Sigma})$。对第 k 个假设，可用似然比统计量进行检验，令

$$\Lambda_k = \prod_{j=k}^{p}(1-\rho_j^2)$$

$$T_k=-\left[n-\frac{1}{2}(p+q+3)\right]\ln \Lambda_k \tag{9.3.4}$$

其中，$\rho_1^2 \geqslant \rho_2^2 \geqslant \cdots \geqslant \rho_p^2$ 为各样本典型相关系数的平方，即矩阵 $\boldsymbol{S}_{xx}^{-1}\boldsymbol{S}_{xy}\boldsymbol{S}_{yy}^{-1}\boldsymbol{S}_{yx}$（或 $\boldsymbol{R}_{xx}^{-1}\boldsymbol{R}_{xy}\boldsymbol{R}_{yy}^{-1}\boldsymbol{R}_{yx}$）的特征值，$n$ 是样本容量。

可以证明，当 $H_0^{(k)}$ 为真时，T_k 渐近服从 $\chi^2((p-k+1)(q-k+1))$，当 $H_0^{(k)}$ 不真时，T_k 有偏大的趋势，因而检验 p 值为

$$p=P_{H_0^{(k)}}(T_k \geqslant t_k) \approx P(\chi^2 \geqslant t_k)$$

其中，t_k 是由式(9.3.4)求出的 T_k 的观测值。SPSS 软件操作会给出维度递减检验结果。SAS 软件中采用的是 n 较小时，渐进服从 F 分布的检验统计量，即

$$F_k=\frac{d_{2k}}{d_{1k}}\frac{1-\Lambda_k^{\frac{1}{t}}}{\Lambda_k^{\frac{1}{t}}} \tag{9.3.5}$$

$$d_{1k}=(p-k+1)(q-k+1), \quad d_{2k}=\omega t-\frac{1}{2}(p-k+1)(q-k+1)+1$$

$$\omega=n-\frac{1}{2}(p+q+3), \quad t=\sqrt{\frac{(p-k+1)^2(q-k+1)^2-4}{(p-k+1)^2+(q-k+1)^2-5}}$$

当某个 k 值使得 $(p-k+1)(q-k+1)=2$ 时，取 $t=1$。

当 $H_0^{(k)}$ 为真时，F_k 渐近服从 $F(d_{1k},d_{2k})$，当 $H_0^{(k)}$ 不真时，F_k 有偏大的趋势。因而检验 p 值为

$$p=P_{H_0^{(k)}}(F_k \geqslant f_k) \approx P(F \geqslant f_k)$$

其中 f_k 是由式(9.3.5)求出的 F_k 的观测值。维度递减检验对典型变量对的合理取舍提供了参考准则。

9.3.3　样本典型变量的得分值

假设经过检验，有 r 个典型相关系数显著不等于 0，这时可得 r 对典型相关变量 (V_k,W_k)，$k=1,\cdots,r$，将样品

$$\boldsymbol{z}_{(i)}=\begin{pmatrix}\boldsymbol{x}_{(i)}\\ \boldsymbol{y}_{(i)}\end{pmatrix}_{(p+q)\times 1}, \quad i=1,2,\cdots,n$$

代入第 k 对典型变量中，令

$$v_{ik}=\boldsymbol{a}_k^{\mathrm{T}}(\boldsymbol{x}_{(i)}-\overline{\boldsymbol{x}}), w_{ik}=\boldsymbol{b}_k^{\mathrm{T}}(\boldsymbol{y}_{(i)}-\overline{\boldsymbol{y}}), k=1,2,\cdots,r; i=1,2,\cdots,n$$

称(v_{ik},w_{ik})为第i个样品$\boldsymbol{z}_{(i)}$的第k对样本典型变量的得分值。

使用样本典型变量的得分值可以做后续的分类、评价等研究。

9.3.4 典型变量的冗余分析

典型变量的冗余分析(canonical redundancy analysis)是由 Stewart 和 Love(1968)、Cooley 和 Lohnes(1971)、Wollenberg(1977)等人给出并发展的。它是典型相关分析的重要内容。

由样本观测数据阵$\boldsymbol{z}$计算出样本协方差阵

$$\boldsymbol{S}=\begin{pmatrix}\boldsymbol{S}_{xx} & \boldsymbol{S}_{xy}\\ \boldsymbol{S}_{yx} & \boldsymbol{S}_{yy}\end{pmatrix}$$

由$\boldsymbol{S}$出发可以计算原始变量和典型变量之间的样本相关系数矩阵(或简称为典型结构)。

假定两组原始变量均标准化,则$\boldsymbol{S}=\boldsymbol{R}$,$\boldsymbol{R}=\begin{pmatrix}\boldsymbol{R}_{xx} & \boldsymbol{R}_{xy}\\ \boldsymbol{R}_{yx} & \boldsymbol{R}_{yy}\end{pmatrix}$,原始变量与典型变量的样本相关系数矩阵为

$$\text{典型载荷}\begin{cases}\boldsymbol{R}(x,v)=\boldsymbol{R}_{xx}\boldsymbol{A}=(\boldsymbol{R}_{xx}\boldsymbol{a}_1,\cdots,\boldsymbol{R}_{xx}\boldsymbol{a}_p)=\begin{pmatrix}r(x_1,v_1) & \cdots & r(x_1,v_p)\\ \vdots & & \vdots\\ r(x_p,v_1) & \cdots & r(x_p,v_p)\end{pmatrix}_{p\times p}\\ \boldsymbol{R}(y,w)=\boldsymbol{R}_{yy}\boldsymbol{B}=(\boldsymbol{R}_{yy}\boldsymbol{b}_1,\cdots,\boldsymbol{R}_{yy}\boldsymbol{b}_p)=\begin{pmatrix}r(y_1,w_1) & \cdots & r(y_1,w_p)\\ \vdots & & \vdots\\ r(y_q,w_1) & \cdots & r(y_q,w_p)\end{pmatrix}_{q\times p}\end{cases}$$

$$\text{典型交叉载荷}\begin{cases}\boldsymbol{R}(x,w)=\boldsymbol{R}_{xy}\boldsymbol{B}=(\boldsymbol{R}_{xy}\boldsymbol{b}_1,\cdots,\boldsymbol{R}_{xy}\boldsymbol{b}_p)=\begin{pmatrix}r(x_1,w_1) & \cdots & r(x_1,w_p)\\ \vdots & & \vdots\\ r(x_p,w_1) & \cdots & r(x_p,w_p)\end{pmatrix}_{p\times p}\\ \boldsymbol{R}(y,v)=\boldsymbol{R}_{yx}\boldsymbol{A}=(\boldsymbol{R}_{yx}\boldsymbol{a}_1,\cdots,\boldsymbol{R}_{yx}\boldsymbol{a}_p)=\begin{pmatrix}r(y_1,v_1) & \cdots & r(y_1,v_p)\\ \vdots & & \vdots\\ r(y_q,v_1) & \cdots & r(y_q,v_p)\end{pmatrix}_{q\times p}\end{cases}$$

对这 4 个相关系数矩阵分别计算各列相关系数的平方和,有下面几个概念。

1. 组内方差代表比例

设 $\text{rank}(\boldsymbol{S}_{xy})=r\leqslant\min(p,q)$,若选取$r$对典型变量,由相关阵$\boldsymbol{R}(x,v)=\boldsymbol{R}_{xx}\boldsymbol{A}=(r(x_j,v_k))_{p\times r}$和$\boldsymbol{R}(y,w)=\boldsymbol{R}_{yy}\boldsymbol{B}=(r(y_j,w_k))_{q\times r}$,$k=1,\cdots,r$,分别计算第$k$列平方和除以原变量组总方差$p$或$q$,记

$$R_d(x,v_k)=\frac{1}{p}\sum_{j=1}^{p}r^2(x_j,v_k),R_d(y,w_k)=\frac{1}{q}\sum_{j=1}^{q}r^2(y_j,w_k)$$

称$R_d(x,v_k)$为第k个典型变量v_k解释本组变量$\boldsymbol{X}$总方差的百分比(或称组内代表比例),称$R_d(y,w_k)$为第k个典型变量w_k解释本组变量$\boldsymbol{Y}$总方差的百分比(或称组内代表比例)。记

$$R_d(x,v_1,\cdots,v_m)=\frac{1}{p}\sum_{k=1}^{m}\sum_{j=1}^{p}r^2(x_j,v_k),R_d(y,w_1,\cdots,w_m)=\frac{1}{q}\sum_{k=1}^{m}\sum_{j=1}^{q}r^2(y_j,w_k)$$

称$R_d(x,v_1,\cdots,v_m)$或$R_d(y,w_1,\cdots,w_m)$为前m个典型变量$v_1,\cdots,v_m$或$w_1,\cdots,w_m$解释本组

变量 $\boldsymbol{X}$(或 $\boldsymbol{Y}$)总方差的累计百分比。

在典型相关分析中,除了希望典型变量对相关程度最大外,同时也希望每个典型变量解释各组变差的百分比尽可能的大。进一步讨论典型变量解释另一组变量总变差百分比的问题,给出冗余指数(redundency index)。

2. 冗余指数

在典型相关分析中,由于提取的每对典型变量保证其相关程度达到最大,所以每个典型变量不仅解释了本组变量的信息,还解释了另一组变量的信息。类似可以定义 $R_d(x,w_k)$(或 $R_d(y,v_k)$)为第 k 个典型变量 w_k(或 v_k)解释对组变量 $\boldsymbol{X}$(或 $\boldsymbol{Y}$)总方差的百分比(或称组间交叉代表比例),如下

$$R_d(x,w_k) = \frac{1}{p}\sum_{j=1}^{p} r^2(x_j,w_k) = \rho_k^2 R_d(x,v_k)$$

$$R_d(y,v_k) = \frac{1}{q}\sum_{j=1}^{q} r^2(y_j,v_k) = \rho_k^2 R_d(y,w_k)$$

$R_d(x,w_k)$表示第一组中典型变量解释原变量组 $\boldsymbol{X}$ 的变差被第二组中典型变量 w_k 重复解释的百分比,称为第一组典型变量的冗余测度(冗余指数)。$R_d(y,v_k)$表示第二组中典型变量解释原变量组 $\boldsymbol{Y}$ 的变差被第一组中典型变量 v_k 重复解释的百分比,称为第二组典型变量的冗余测度。

冗余指数、典型相关系数平方(也称为典型确定系数)、组内方差代表比例 3 个指标的联系($R_d(x,w_k)=\rho_k^2 R_d(x,v_k)$,$R_d(y,v_k)=\rho_k^2 R_d(y,w_k)$)如图 9.3.1 所示。冗余指数表达了一组典型变量与另一组所有原始变量之间的关系。在分析一组典型变量对另一组原始变量的解释能力时,不能只看典型相关系数及其平方的高低,还要分析另一组原始变量变化中能够由其对应典型变量的代表能力。

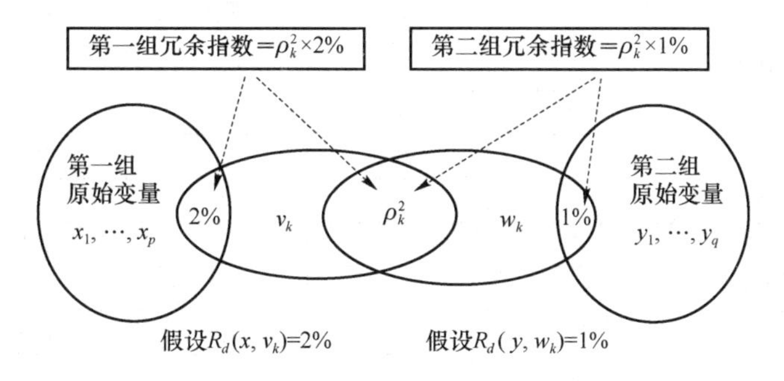

图 9.3.1　冗余指数示意图

冗余,就词意理解,就是"重复、重叠"的意思。在多元统计中,冗余主要是就方差而言的,冗余指数用来衡量重叠方差。如果一个变量中的部分方差可以由另一个变量的方差来解释或预测,就说这个方差部分与另一变量方差相冗余。若用相关来形容这一关系,不太确切,相关系数的平方作为冗余指标更合适,冗余比相关更具有现实意义。冗余测度的大小表示典型变量对另一组原始变量变差解释的程度大小,对进一步讨论多对建模提供有用的信息。这个比例在研究模型中有因果假设时尤其重要,因为它能够反映自变量组各典型变量对于因变量组所有观测变量的解释能力。Pedhasur(1982)指出,两个概念要注意区分,冗余是说变量之间的高度相关,而不管有多少个变量,重复是冗余变量的数目,而不管其相关或冗余程度如何。

关于典型相关分析,可以打个比喻,它好比是研究隔着大海的两个国家的贸易,典型变量

好比是两个国家各自的码头,典型相关系数的平方好比是两国码头之间运货的船只的运输能力。一个国家对另一个国家的贸易出口既受到该国码头对货物的吸纳能力约束,还受到对应码头的船只运输能力的影响,这就是冗余分析。典型权数、典型载荷可以看成各国内部码头与贸易厂商之间的生产运输机制。

9.3.5 案例分析及软件操作

通常先将数据标准化,标准化数据的协方差阵等价于原数据的相关系数矩阵。步骤如下。

第一步,计算样本相关矩阵。

$$\boldsymbol{R}=\begin{pmatrix}\boldsymbol{R}_{xx} & \boldsymbol{R}_{xy}\\ \boldsymbol{R}_{yx} & \boldsymbol{R}_{yy}\end{pmatrix}$$

其中 $\boldsymbol{R}_{xx}$,$\boldsymbol{R}_{yy}$ 分别为第一组变量 $\boldsymbol{x}$ 和第二组变量 $\boldsymbol{y}$ 的样本相关系数矩阵,$\boldsymbol{R}_{xy}=\boldsymbol{R}_{yx}^{\mathrm{T}}$ 为第一组与第二组变量之间的样本相关系数。

第二步,求典型相关系数及典型变量。求 $\boldsymbol{A}=\boldsymbol{R}_{xx}^{-1}\boldsymbol{R}_{xy}\boldsymbol{R}_{yy}^{-1}\boldsymbol{R}_{yx}$ 的特征根 ρ_k^2,正交单位特征向量 $\boldsymbol{e}_k$;$\boldsymbol{B}=\boldsymbol{R}_{yy}^{-1}\boldsymbol{R}_{yx}\boldsymbol{R}_{xx}^{-1}\boldsymbol{R}_{xy}$ 的特征根 ρ_k^2,特征向量 $\boldsymbol{f}_k$(可证得 $\boldsymbol{f}_k=\rho_k^{-1}\boldsymbol{R}_{yy}^{-1}\boldsymbol{R}_{yx}\boldsymbol{e}_k$)。样本的典型变量为 $v_k^*=\boldsymbol{a}_k^{\mathrm{T}}\boldsymbol{x}^*=\boldsymbol{e}_k^{\mathrm{T}}\boldsymbol{R}_{xx}^{-\frac{1}{2}}\boldsymbol{x}^*$,$w_k^*=\boldsymbol{b}_k^{\mathrm{T}}\boldsymbol{y}^*=\boldsymbol{f}_k^{\mathrm{T}}\boldsymbol{R}_{yy}^{-\frac{1}{2}}\boldsymbol{y}^*$,$k=1,2,\cdots,p$。

第三步,典型相关系数的显著性检验(参见 9.3.2 节的内容)。

例 9.2 某康复俱乐部对 20 名中年人测量了 3 个生理指标〔体重(x_1)、腰围(x_2)、脉搏(x_3)〕和 3 个训练指标〔引体向上次数(y_1)、仰卧起坐次数(y_2)、跳跃次数(y_3)〕,数据见表 9.3.1。

表 9.3.1 某康复俱乐部的生理指标和训练指标数据

编　号	x_1	x_2	x_3	y_1	y_2	y_3
1	191	36	50	5	162	60
2	189	37	52	2	110	60
3	193	38	58	12	101	101
4	162	35	62	12	105	37
5	189	35	46	13	155	58
6	182	36	56	4	101	42
7	211	38	56	8	101	38
8	167	34	60	6	125	40
9	176	31	74	15	200	40
10	154	33	56	17	251	250
11	169	34	50	17	120	38
12	166	33	52	13	210	115
13	154	34	64	14	215	105
14	247	46	50	1	50	50
15	193	36	46	6	70	31
16	202	37	62	12	210	120
17	176	37	54	4	60	25
18	157	32	52	11	230	80
19	156	33	54	15	225	73
20	138	33	68	2	110	43

1. 典型相关分析计算

解:记 $\boldsymbol{x}=(x_1,x_2,x_3)^{\mathrm{T}}$,$\boldsymbol{y}=(y_1,y_2,y_3)^{\mathrm{T}}$,样本容量 $n=20$。

(1) 计算样本相关矩阵 $\boldsymbol{R}$

样本相关矩阵为 $\boldsymbol{R}=\begin{pmatrix}\boldsymbol{R}_{xx} & \boldsymbol{R}_{xy}\\ \boldsymbol{R}_{yx} & \boldsymbol{R}_{yy}\end{pmatrix}$,其中

$$\boldsymbol{R}_{xx}=\begin{pmatrix}1 & & \\ 0.870 & 1 & \\ -0.366 & -0.353 & 1\end{pmatrix},\quad \boldsymbol{R}_{yy}=\begin{pmatrix}1 & & \\ 0.696 & 1 & \\ 0.496 & 0.669 & 1\end{pmatrix}$$

$$\boldsymbol{R}_{xy}=\boldsymbol{R}_{yx}^{\mathrm{T}}=\begin{pmatrix}-0.390 & -0.493 & -0.226\\ -0.552 & -0.646 & -0.192\\ 0.151 & 0.225 & 0.035\end{pmatrix}$$

(2) 求典型相关系数及典型变量

求 $\boldsymbol{A}=\boldsymbol{R}_{xx}^{-1}\boldsymbol{R}_{xy}\boldsymbol{R}_{yy}^{-1}\boldsymbol{R}_{yx}$ 的特征值 ρ_k^2,用 Matlab 软件求得矩阵 $\boldsymbol{R}_{xx}^{-1}\boldsymbol{R}_{xy}\boldsymbol{R}_{yy}^{-1}\boldsymbol{R}_{yx}$ 的特征值分别为 0.663 0,0.040 2 和 0.005 3,于是 $\rho_1=0.797$,$\rho_2=0.201$,$\rho_3=0.073$,可见第一对典型变量的相关系数为 $\rho_1=0.797$,反映两者的相关性较为密切。

求 $\boldsymbol{A}$ 的特征值对应的特征向量 $\boldsymbol{e}_k$,可证得 $\boldsymbol{f}_k=\rho_k^{-1}\boldsymbol{R}_{yy}^{-1}\boldsymbol{R}_{yx}\boldsymbol{e}_k$,由于样本典型变量 $v_k^*=\boldsymbol{a}_k^{\mathrm{T}}\boldsymbol{x}^*=\boldsymbol{e}_k^{\mathrm{T}}\boldsymbol{R}_{xx}^{-\frac{1}{2}}\boldsymbol{x}^*$,$w_k^*=\boldsymbol{b}_k^{\mathrm{T}}\boldsymbol{y}^*=\boldsymbol{f}_k^{\mathrm{T}}\boldsymbol{R}_{yy}^{-\frac{1}{2}}\boldsymbol{y}^*$,解得

$$\boldsymbol{a}_1=\begin{pmatrix}-0.775\\ 1.579\\ -0.059\end{pmatrix},\quad \boldsymbol{b}_1=\begin{pmatrix}-0.350\\ -1.054\\ 0.716\end{pmatrix}$$

因此,第一对样本典型变量为

$$v_1^*=-0.775x_1^*+1.579x_2^*-0.059x_3^*,\quad w_1^*=-0.350y_1^*-1.054y_2^*+0.716y_3^*$$

(3) 典型相关系数的显著性检验(维度递减检验)

先检验

$$H_0:\rho_1=0,\quad H_1:\rho_1\neq 0$$

似然比统计量为

$$\Lambda_1=(1-\rho_1^2)(1-\rho_2^2)(1-\rho_3^2)=(1-0.633\,0)(1-0.040\,2)(1-0.005\,3)=0.350\,4$$

$$T_1=-\left[n-\frac{1}{2}(p+q+3)\right]\ln\Lambda_1=-15.5\times\ln 0.350\,4=16.255$$

查 χ^2 分布表得,$\chi^2_{0.05}(9)=16.919$,因此在 $\alpha=0.05$ 的显著性水平下,$T_1\geqslant\chi^2_{0.05}(9)$,所以拒绝原假设 H_0,即认为第一对典型相关变量是显著相关的。

然后检验

$$H_0:\rho_2=0,\quad H_1:\rho_2\neq 0$$

似然比统计量为

$$\Lambda_2=(1-\rho_2^2)(1-\rho_3^2)=(1-0.040\,2)(1-0.005\,3)=0.954\,7$$

$$T_2=-\left[n-\frac{1}{2}(p+q+3)\right]\ln\Lambda_1=-15.5\times\ln\Lambda_2$$

$$=-15.5\times\ln 0.954\,7=0.718<9.488=\chi^2_{0.05}(4)$$

所以无法拒绝原假设 H_0,即认为第二对典型相关变量不是显著相关的。

综上检验,可知只需求第一对典型变量即可。

2. SPSS 软件操作

(1) 软件操作

在 SPSS 软件中没有提供菜单化命令来进行典型相关分析,可以通过两种方法进行分析。

第一种方法:调用 SPSS 程序命令文件中已经编好的命令程序 Canonical Correlation. sps,来实现典型相关分析。它可以提供主要的典型相关分析统计结果,所采取的典型相关检验是卡方检验,而不是像其他软件(如 SAS)那样提供近似 F 检验,后者的检验更为精确。

这种方法不提供典型相关系数的平方以及特征根等指标。其优点为:首先它能提供第一组内、第二组内以及第一组与第二组各观测变量之间的相关矩阵;其次它能够提供两组所形成的典型变量各自与另一组观测变量之间的交叉载荷;最后它能在原数据里生成样本典型相关变量值,可以为后续研究提供方便。

第二种方法:利用 MANOVA 菜单程序"Analyze"→"Genaral Linear Model"→"Multivariate…"实现典型相关分析。感兴趣的读者请参阅其他参考文献。

后面的例题,我们介绍第一种方法的 SPSS 操作。

还要提示一点,不同的统计软件(如 SAS)及不同的操作方法(以上两种方法)给出的典型系数、典型载荷经常出现数值相等而符号相反的情况。这种不一致并不是程序设计错误,而是因为对典型变式定义不同造成的。由于所得典型变式只是观测变量的线性组合,所以对变式乘以任意常数并不改变统计性质,也不会对典型相关分析的最终结论产生本质的影响。表面上的不一致中仍然存在着正负号变化的一致,所以在使用时要结合实际问题的情况进行结果解释。

SPSS 软件操作步骤:通过调用 Canonical Correlation. sps 实现典型相关分析。

首先查找一下 SPSS 中 Canonical Correlation. sps 的安装路径,假如安装路径为 d:\spss\Canonical correlation. sps,打开要分析的数据文件。

然后在"File"下建立新的 Syntex 文件,输入下面的程序:

```
INCLUDE 'd:\spss\Canonical correlation. sps'.
CANCORR SET1=x1 x2 x3 /
        SET2=y1 y2 y3 /.
```

单击"Run"菜单下的"ALL"运行上述程序,则完成了典型相关分析。

(2) 典型相关分析结果

典型相关分析结果主要包括三部分内容。第一部分:在 SPSS 结果窗口有基本结果输出表。第二部分:生成新的数据表,里面有原始数据和样本典型变量得分值。第三部分:生成扩展名是记事本的文件,里面给出典型函数表达式。

第一部分基本结果如下。

① 相关系数矩阵

图 9.3.2 给出原始变量的相关系数矩阵。生理指标和训练指标之间的相关性都为中等,其中腰围(x_2)和仰卧起坐(y_2)的相关系数最大,为−0.645 6。

② 典型相关系数

图 9.3.3 给出典型相关分析的典型相关系数结果。第一典型相关系数为 0.795 6。它比生理指标和训练指标两组间的任一个相关系数都大。注意，典型相关系数是典型相关变量之间的相关系数。由于推导过程中所作的先求最大相关的规定，典型相关系数有一个性质，序号越靠前的典型相关程度越高。

Correlations for Set-1

	x1	x2	x3
x1	1.000 0	0.870 2	−0.365 8
x2	0.870 2	1.000 0	−0.352 9
x3	−0.365 8	−0.352 9	1.000 0

Correlations for Set-2

	y1	y2	y3
y1	1.000 0	0.695 7	0.495 8
y2	0.695 7	1.000 0	0.669 2
y3	0.495 8	0.669 2	1.000 0

Correlations Between Set-1 and Set-2

	y1	y2	y3
x1	−0.389 7	−0.493 1	−0.226 3
x2	−0.552 2	−0.645 6	−0.191 5
x3	0.150 6	0.225 0	0.034 9

图 9.3.2　相关系数矩阵结果

Canonical Correlations

1	0.796
2	0.201
3	0.073

图 9.3.3　典型相关系数结果

典型相关系数的实际意义不如典型相关系数的平方(相当于回归分析中的确定系数)的实际意义，它是指一对典型变量之间的共享方差在两个典型变量各自方差中的比例。例如，典型相关系数为 0.9 时，实际上两个典型变量之间的共享方差只占 81%，典型相关系数的平方下降的速度要比典型相关系数快得多。相关系数容易夸大关联程度。

在 SAS 软件中的此图之后还会多出一个指标：特征值。特征值 λ_i 与典型相关系数 ρ_i 的数量关系为：$\lambda_i=\dfrac{\rho_i^2}{1-\rho_i^2}$或者 $\rho_i^2=\dfrac{\lambda_i}{1+\lambda_i}$，$i$ 是维度序号。特征值可以理解为衡量各维度对观测变量总方差代表作用的指标，值越大说明代表作用越大。特征值比例 $\lambda\%$的计算公式为

$$\lambda\% = \frac{\lambda_i}{\sum_i \lambda_i}$$

特征值比例表示的是在各维度对总方差的代表比例。

③ 检验典型相关系数

图 9.3.4 是维度递减检验的结果，可以用来判断各对典型变量相关是否显著。可见在 0.1 的显著性水平下，第一个典型相关系数是显著的(p 值为 0.062)，其他都不显著。因此，两组原始变量的相关性研究可转化为对第一对典型相关变量的相关性研究。

Test that remaining correlations are zero:

	Wilk's	Chi-SQ	DF	Sig.
1	0.350	16.255	9.000	0.062
2	0.955	0.718	4.000	0.949
3	0.995	0.082	1.000	0.775

图 9.3.4　维度递减检验的结果

要注意区分统计显著性和实际显著性的区别。一般来说,大样本时比较容易获得统计检验显著的结果,但是并不意味着这种相关有实际意义。所以即使统计检验显著,我们仍然应该检查有实际意义的有关指标,查看典型变量之间的共享方差比例有多大,以判断它是否有实际意义。若统计检验不显著,也要考虑一下是否是样品容量少所致,以判断是否值得收集更多样品来重新进行分析。

④ 典型系数(典型权重)

典型系数是原始变量转换为典型变量的权数,相当于回归系数,统称为典型权重。结果见图 9.3.5。

(标准化系数-第一组)Standardized Canonical Coefficients for Set-1

	1	2	3
x1	0 .775	−1.884	−0.191
x2	−1.579	1.181	0.506
x3	0.059	−0.231	1.051

(粗系数-第一组)Raw Canonical Coefficients for Set-1

	1	2	3
x1	0.031	−0.076	−0.008
x2	−0.493	0.369	0.158
x3	0.008	−0.032	0.146

(标准化系数-第二组)Standardized Canonical Coefficients for Set-2

	1	2	3
y1	0.349	−0.376	−1.297
y2	1.054	0.123	1.237
y3	−0.716	1.062	−0.419

(粗系数-第二组)Raw Canonical Coefficients for Set-2

	1	2	3
y1	0.066	−0.071	−0.245
y2	0.017	0.002	0.020
y3	−0.014	0.021	−0.008

图 9.3.5　典型系数

由于各原始变量经常是用不同单位测量的,因此粗典型系数(raw coefficient)之间没有可比性,见图 9.3.6。所以,如果希望进一步了解各组之内的原始变量在形成典型函数时的相对作用大小,通常使用标准化的典型系数(standardized coefficient)。粗系数和标准化系数的关系见图 9.3.7。

S		x1	x2	x3
N	Valid	20	20	20
Std. Deviation		24.69051	3.20197	7.21037

图 9.3.6　标准差

	标准化系数 a*	粗系数 a	S(S=a*/a)
x1	0.775	0.031	24.7
x2	−1.579	−0.493	3.2
x3	0.059	0.008	7.21

图 9.3.7　粗系数和标准化系数的关系

根据标准化的典型系数给出典型函数。

来自生理指标的第一典型变量为

$$v_1^* = 0.775x_1^* - 1.579x_2^* + 0.059x_3^* \tag{9.3.6}$$

可见它在 x_3^*（脉搏）上系数近似为零，所以近似地等于 x_1^*（体重）和 x_2^*（腰围）的加权差，在 x_2^* 上的权重更大一些。

来自训练指标的第一典型变量为

$$w_1^* = 0.350y_1^* + 1.054y_2^* - 0.716y_3^* \tag{9.3.7}$$

可见它在 y_2^*（仰卧起坐）上的系数最大。故这一对典型变量主要反映 x_2^*（腰围）和 y_2^*（仰卧起坐）的相关（负相关）关系。

由于 $x_j^* = \dfrac{x_j - \overline{x}_j}{\sqrt{s_{jj}}}, j=1,2,\cdots,p, y_k^* = \dfrac{y_k - \overline{y}_k}{\sqrt{s_{kk}}}, k=1,2,\cdots,q$，代入式(9.3.6)、式(9.3.7)中，得到

$$v_1 = 0.031x_1 - 0.493x_2 + 0.008x_3 \tag{9.3.8}$$

$$w_1 = 0.066y_1 + 0.017y_2 - 0.014y_3 \tag{9.3.9}$$

样本的典型变量得分值就是由式(9.3.8)、式(9.3.9)计算出来的。

例如，第 1 个人（第 1 个样品）的生理指标值 $(x_1, x_2, x_3) = (191, 36, 50)$，代入式(9.3.8)得到第 1 个样品典型变量 v_1 的得分值：$v_1 = 0.031 \times 191 - 0.493 \times 36 + 0.008 \times 50 \approx -11.35$。

其他类似，这会得到后面的第二部分结果，对样品的评价和聚类分析等研究很有帮助。

需要提示的是，不同的软件操作，或者同一软件的不同操作方法，都可能会得到典型系数、典型载荷数值相等而符号相反的情况。这是对典型变式定义不同造成的。产生这种现象的原因是，两组观测变量的最初典型变式之间实际存在着负相关，为了以正数形式提供典型相关，需要将其中一个变式改为反面描述，不同的软件操作改变变式定义不同，就会造成不同的软件操作下典型系数、载荷出现数值相等而符号相反的情况，但是正负号变化是一致的。由于典型变式是观测变量的线性组合，所以对变式乘以一个任意常数并不改变其统计性质，对典型相关分析的最终结果不会产生本质的影响。

⑤ 典型结构（典型载荷和交叉载荷）

典型载荷（canonical loadings）系数是典型变量（变式）与本组的观测变量之间的两两简单相关系数，在有些书中也称为结构相关（structure correlation）系数。J. F. Hair（1995）认为在评价典型变量对观测变量的代表性时，典型载荷是典型系数的一个补充信息[①]。

交叉载荷（cross loadings）即某一组中的典型变量与另外一组中的观测变量之间的两两简

① Hair J F. Multivariate Data Analysis with Readings[M]. 4th ed. [S. l.]: Prentice-Hall International, 1995: 337.

单相关。W. D. R. Dillon 和 M. Goldstein(1984)提议设立这个指标是为了将典型变量和观测变量在组间交叉联系在一起①。

图 9.3.8 的典型载荷结果表明，生理测量指标的第一典型变量 v_1 与腰围的负相关系数最大(−0.925)，说明这个典型变量主要反映人的体型程度，并且体重 x_1 在 v_1 表达式中的系数和体重与 v_1 的载荷符号反号，说明它是一个校正(抑制)变量；训练运动指标的第一典型变量 w_1 与仰卧起坐次数(y_2)和引体向上次数(y_1)有较大的相关关系，说明这一典型变量主要反映人适合运动的程度，并且跳高 y_3 是一个校正(抑制)变量。

(第一组 x,v 典型载荷系数)Canonical Loadings for Set-1

	1	2	3
x1	−0.621	−0.772	−0.135
x2	−0.925	−0.378	−0.031
x3	0.333	0.041	0.942

(x,w 典型交叉载荷系数)Cross Loadings for Set-1

	1	2	3
x1	−0.494	−0.155	−0.010
x2	−0.736	−0.076	−0.002
x3	0.265	0.008	0.068

(第二组 y,w 典型载荷系数)Canonical Loadings for Set-2

	1	2	3
y1	0.728	0.237	−0.644
y2	0.818	0.573	0.054
y3	0.162	0.959	−0.234

(y,v 典型交叉载荷系数)Cross Loadings for Set-2

	1	2	3
y1	0.579	0.048	−0.047
y2	0.651	0.115	0.004
y3	0.129	0.192	−0.017

图 9.3.8　典型结构结果

⑥ 冗余分析

组内代表比例和冗余指数(或称交叉解释比例)的分析统称为冗余分析，它是典型相关分析中很重要的一部分。组内代表比例反映了典型变量对本组所有原始变量的总方差的代表比例。冗余指数反映了典型变量对另一组所有原始变量的总方差的代表比例。

冗余分析结果(图 9.3.9)共 4 栏，依次是：第一组的组内代表比例(即第一组原始变量 x 总方差由本组典型变量 v_i 代表的比例)；第一组冗余指数(即第一组原始变量 x 总方差由第二组典型变量 w_i 所解释的比例)；第二组的组内代表比例(即第二组原始变量 y 总方差由本组

① Dillon W D R, Goldstein M. Multivariate Analysis: Methods and Applications[M]. [S. l.]: John Wiley &Sons, 1984: 352.

典型变量 w_i 代表的比例)；第二组冗余指数(即第二组原始变量 y 总方差由第一组典型变量 v_i 所解释的比例)。

```
Redundancy Analysis:
Proportion of Variance of Set-1 Explained by Its Own Can. Var.
                Prop Var
CV1-1             0.451
CV1-2             0.247
CV1-3             0.302
Proportion of Variance of Set-1 Explained by Opposite Can. Var.
                Prop Var
CV2-1             0.285
CV2-2             0.010
CV2-3             0.002
Proportion of Variance of Set-2 Explained by Its Own Can. Var.
                Prop Var
CV2-1             0.408
CV2-2             0.434
CV2-3             0.157
Proportion of Variance of Set-2 Explained by Opposite Can. Var.
                Prop Var
CV1-1             0.258
CV1-2             0.017
CV1-3             0.001
```

图 9.3.9　冗余分析结果

图 9.3.9 第一栏中的"CV1-1＝0.451"表示第一组(生理指标组)第一典型变量 v_1 代表了本组原始变量总方差的 45.1％；第四栏中的"CV1-1＝0.258"表示第一组第一典型变量 v_1 代表了另一组原始变量总方差的 25.8％。

可见第一典型变量 v_1 可以解释 45.1％组内变差，并解释 25.8％的另一组变差。类似可见第二组(训练指标组)第一典型变量 w_1 可以解释 40.8％组内变差，并解释 28.5％的另一组变差。从冗余指数可见，第一对典型变量 v_1 和 w_1 都没很好地全面解释另一组原始变量，第二和第三对典型变量实际上都没有给出什么信息；3 个典型变量解释另一组总方差的累积百分比分别为 0.297 和 0.276。

我们还可以做以下的计算，给出典型变量对各个原始变量具体的代表解释能力，见图 9.3.10。例如，利用交叉载荷的平方计算平均值，进一步说明冗余指数不仅是交叉的总方差共享比例，也体现了典型变量相对于另一组原始变量的平均解释能力。

第二组典型变量对第一组原始变量的平均解释比例：			
	交叉载荷	平方	
x1	−0.494	0.244	
x2	−0.736	0.542	
x3	0.265	0.07	
	合计：	0.856	
	平均值：	0.285	第一组冗余指数

图 9.3.10　解释比例

0.285 即第一组原始变量 $\boldsymbol{x}$ 总方差由第二组典型变量 w_1 所解释的比例，反映了典型变量 w_1 相对于另一组所有原始变量 $\boldsymbol{x}$ 的平均解释能力。还可以看到典型变量 w_1 对腰围 x_2(0.542)有比较好的解释能力，对体重 x_1(0.244)较差，对脉搏 x_3(0.07)几乎没有解释能力。

第二部分：生成新的数据表 cc_tmp1.sav，里面有原始数据和样本典型变量得分值，变量名分别是 S1_CV001，S2_CV001，S1_CV002，S2_CV002，S1_CV003，S2_CV003，其中 S*_CV00k 代表第 * 组第 k 个典型变量的样本得分变量，见图 9.3.11。

cc_tmp1.sav - SPSS Data Editor

File Edit View Data Transform Analyze Graphs Utilities Window Help

1 : 编号　1

	编号	x1	x2	x3	y1	y2	y3	S1_CV001	S2_CV001	S1_CV002	S2_CV002	S1_CV003	S2_CV003
1	1	191	36	50	5	162	60	-11.35	2.22	-2.91	1.21	11.50	1.49
2	2	193	38	58	12	101	101	-12.21	1.08	-2.58	1.44	12.96	-1.77
3	3	189	35	46	13	155	58	-10.95	2.66	-2.99	.58	10.77	-.60
4	4	211	38	56	8	101	38	-11.66	1.70	-3.89	.42	12.53	-.28
5	5	176	31	74	15	200	40	-9.16	3.80	-4.37	.16	14.32	-.05
6	6	169	34	50	17	120	38	-11.05	2.61	-1.96	-.18	11.35	-2.11
7	7	154	34	64	14	215	105	-11.41	3.08	-1.27	1.60	13.51	-.04
8	8	193	36	46	6	70	31	-11.32	1.14	-2.93	.35	10.90	-.34
9	9	176	37	54	4	60	25	-12.28	.93	-1.52	.35	12.36	.00
10	10	156	33	54	15	225	73	-10.94	3.76	-1.47	.89	11.88	.17
11	11	189	37	52	2	110	60	-11.89	1.15	-2.45	1.32	11.96	1.19
12	12	162	35	62	12	105	37	-11.67	2.05	-1.45	.12	13.31	-1.17
13	13	182	36	56	4	101	42	-11.58	1.38	-2.41	.79	12.44	.67
14	14	167	34	60	6	125	40	-11.03	1.94	-2.13	.65	12.83	.67
15	15	154	33	56	17	251	250	-10.98	1.86	-1.38	4.47	12.18	-1.25
16	16	166	33	52	13	210	115	-10.64	2.79	-2.17	1.87	11.51	.02
17	17	247	46	50	1	50	50	-14.52	.21	-3.49	1.06	12.65	.33
18	18	202	37	62	12	210	120	-11.40	2.65	-3.76	2.05	13.32	.23
19	19	157	32	52	11	230	80	-10.43	3.48	-1.85	1.33	11.42	1.20
20	20	138	33	68	2	110	43	-11.39	1.38	-.54	.97	14.06	1.33

图 9.3.11　新的数据表 cc_tmp1.sav

第三部分：生成 CC_.INC(扩展名是记事本)文件，里面给出典型函数表达式。

图 9.3.12 里 CC_.INC 给出典型变量和本组未标准化原始变量的关系式。这个结果的系数在第一部分基本结果中的典型系数部分有体现，只是第一部分的结果没有将其写成关系式。

第二部分的样本典型变量得分值就是由第三部分该关系式计算出来的。

例如，第一个样品的 S1_CV001 为－11.35(－11.35＝0.031 4×191－0.493×36＋0.008×50)。我们在第一部分做了该计算演示。

```
COMPUTE S1_CV001= 0
 + .0314046878555559 * x1
 +-.4932416755730910 * x2
 + .0081993154073573 * x3
COMPUTE S2_CV001= 0
 + .0661139864409488 * y1
 + .0168462308200690 * y2
 +-.0139715688803627 * y3
COMPUTE S1_CV002= 0
 +-.0763195062962413 * x1
 + .3687229894152347 * x2
 +-.0320519941673822 * x3
COMPUTE S2_CV002= 0
 +-.0710412110994129 * y1
 + .0019737453827743 * y2
 + .0207141062794760 * y3
COMPUTE S1_CV003= 0
 +-.0077350466859680 * x1
 + .1580336471190687 * x2
 + .1457322420650105 * x3
COMPUTE S2_CV003= 0
 +-.2452753472853563 * y1
 + .0197676372734460 * y2
 +-.0081674724200939 * y3
```

图 9.3.12　CC_.INC 里的内容

例 9.3　Fader 和 Lodish(1990)为了研究市场促销活动与所售商品的类别特征是否有关，从 IRI Marketing Factbook 收集了 1986 年一年中 331 种食品杂货的 10 项指标数据,其中 5 项是反映商品销售特征的指标,另 5 项是反映促销活动特点的指标,具体如下[①]。

x_1:每次至少购买该类商品的家庭所占百分比。

x_2: 一年中每户家庭平均购买次数。

x_3:该类商品的平均购买间隔。

x_4: 每次购买该类商品的平均支出。

x_5:该类商品自有品牌与非品牌产品的市场份额总和。

y_1:广告特征销售百分比。

y_2:展示销售百分比。

y_3:临时降价销售百分比。

y_4:使用零售商优惠券购买百分比。

y_5:使用制造商优惠券购买百分比。

请对上述两组变量进行典型相关分析。

解:SPSS 软件操作后可得到如下主要结果,如图 9.3.13 至图 9.3.18 所示。

由图 9.3.14 可见 5 对典型变量,第一典型相关系数为 0.642,第二典型相关系数为 0.483,第三典型相关系数为 0.265,第四典型相关系数为 0.114,第五典型相关系数为 0.032。

---

① M. James, J. Lattin, Douglas Carroll, Paul E. Green, *Analyzing Multivariate Data*(原版),机械工业出版社,2003 年,327 页。本例原始数据见注书。

销售指标间的相关系数

Correlations for Set-1

	x1	x2	x3	x4	x5
x1	1.000 0	0.617 5	−0.477 9	−0.221 8	0.409 1
x2	0.617 5	1.000 0	−0.718 9	0.068 0	0.246 3
x3	−0.477 9	−0.718 9	1.000 0	−0.145 7	−0.126 7
x4	−0.221 8	0.068 0	−0.145 7	1.000 0	−0.280 2
x5	0.409 1	0.246 3	−0.126 7	−0.280 2	1.000 0

促销指标间的相关系数

Correlations for Set-2

	y1	y2	y3	y4	y5
y1	1.000 0	0.535 1	0.917 5	0.673 9	−0.043 5
y2	0.535 1	1.000 0	0.515 2	0.374 6	−0.037 6
y3	0.917 5	0.515 2	1.000 0	0.588 4	−0.039 5
y4	0.673 9	0.374 6	0.588 4	1.000 0	−0.065 2
y5	−0.043 5	−0.037 6	−0.039 5	−0.065 2	1.000 0

销售与促销指标间的相关系数

Correlations Between Set-1 and Set-2

	y1	y2	y3	y4	y5
x1	0.579 9	0.460 7	0.569 5	0.388 7	0.052 6
x2	0.372 7	0.212 6	0.367 7	0.260 9	−0.026 3
x3	−0.379 0	−0.252 3	−0.394 5	−0.178 0	0.049 4
x4	−0.001 3	−0.110 7	−0.108 2	0.074 0	0.236 7
x5	0.269 7	0.131 8	0.295 3	0.222 8	−0.214 9

图 9.3.13 相关系数阵

由图 9.3.15 可见，典型相关系数维度递减检验结果表明，前 3 个典型相关变量相关性显著，所以后续的研究可以只选 3 个典型变量进行分析。

Canonical Correlations	
1	0.642
2	0.483
3	0.265
4	0.114
5	0.032

图 9.3.14 典型相关系数

Test that remaining correlations are zero:

	Wilk's	Chi-SQ	DF	Sig.
1	0.413	287.260	25.000	0.000
2	0.703	114.552	16.000	0.000
3	0.917	28.182	9.000	0.001
4	0.986	4.574	4.000	0.334
5	0.999	0.335	1.000	0.563

图 9.3.15 典型相关系数检验

由图 9.3.16 的输出结果可得典型函数。第一对典型变量为

$$v_1^* = 1.066x_1^* - 0.307x_2^* - 0.262x_3^* + 0.208x_4^* - 0.000x_5^*$$

$$w_1^* = -0.637y_1^* - 0.318y_2^* - 0.164y_3^* + 0.014y_4^* - 0.202y_5^*$$

第二对典型变量为

$$v_2^* = 0.527x_1^* + 0.055x_2^* + 0.695x_3^* + 0.883x_4^* - 0.359x_5^*$$

$$w_2^* = 1.160y_1^* - 0.077y_2^* - 1.530y_3^* + 0.362y_4^* + 0.728y_5^*$$

第三对典型变量为

$$v_3^* = -0.484x_1^* + 0.737x_2^* + 0.417x_3^* + 0.439x_4^* + 0.898x_5^*$$

$$w_3^* = 0.448y_1^* - 0.770y_2^* - 0.281y_3^* + 0.740y_4^* - 0.400y_5^*$$

其中，x_i^*，y_i^* 分别表示 x_i，y_i 的标准化变量。

销售特征指标标准化的典型变量系数

Standardized Canonical Coefficients for Set-1

	1	2	3	4	5
x1	1.066	0.527	−0.484	−0.483	0.326
x2	−0.307	0.055	0.737	−0.304	−1.382
x3	−0.262	0.695	0.417	−1.104	−0.455
x4	0.208	0.883	0.439	0.315	0.321
x5	−0.000	−0.359	0.898	−0.024	0.576

销售特征指标未标准化的典型变量系数

Raw Canonical Coefficients for Set-1

	1	2	3	4	5
x1	0.036	0.018	−0.016	−0.016	0.011
x2	−0.073	0.013	0.175	−0.072	−0.329
x3	−0.012	0.031	0.019	−0.049	−0.020
x4	0.198	0.838	0.417	0.299	0.305
x5	0.000	−0.024	0.061	−0.002	0.039

促销特点指标标准化的典型变量系数

Standardized Canonical Coefficients for Set-2

	1	2	3	4	5
y1	−0.637	1.160	0.448	1.780	1.649
y2	−0.318	−0.077	−0.770	−0.653	0.532
y3	−0.164	−1.530	−0.281	−0.611	−1.898
y4	0.014	0.362	0.740	−1.056	−0.252
y5	−0.202	0.728	−0.400	0.029	−0.523

促销特点指标未标准化的典型变量系数

Raw Canonical Coefficients for Set-2

	1	2	3	4	5
y1	−0.083	0.151	0.058	0.232	0.215
y2	−0.044	−0.011	−0.108	−0.091	0.074
y3	−0.021	−0.199	−0.037	−0.079	−0.247
y4	0.015	0.385	0.788	−1.124	−0.268
y5	−0.022	0.079	−0.043	0.003	−0.057

图 9.3.16　典型系数

从图 9.3.17 输出结果看，销售特征的第一对典型变量 v_1 与 x_1 的相关系数为 0.956，与 x_2 的相关系数为 0.555，与 x_3 的相关系数为 −0.582。由于购买间隔越短，购买次数就越多，所以，x_2 与 x_3 载荷的符号相反。从载荷可以看出 v_1 可以解释为“大多数家庭常购买的食品杂货”。对于促销活动特点的第一对典型变量 w_1，其载荷系数除 y_5 较低外其他都较高，4 种促销活动都需要零售商的配合，因此，可以将其解释为“零售促销”。第一对典型相关系数为0.642，说明第一对典型变量具有较高的相关性。结果表明，零售促销手段往往会用于“大多数家庭常购买的食品杂物”。同理可得，第二对典型变量可解释为相对高价格的商品主要与制造商优惠促销活动相关；而第三对典型变量则可解释为品牌产品与零售商优惠促销相关。

销售特征指标与其自身典型变量之间的相关系数

Canonical Loadings for Set-1

	1	2	3	4	5
x1	0.956	−0.114	0.042	−0.223	−0.145
x2	0.555	−0.148	0.389	0.207	−0.690
x3	−0.582	0.320	−0.060	−0.697	0.263
x4	−0.011	0.769	0.285	0.569	0.059
x5	0.336	−0.465	0.705	−0.245	0.337

促销特点指标的典型变量与销售特征指标之间的相关系数

Cross Loadings for Set-1

	1	2	3	4	5
x1	0.614	−0.055	0.011	−0.025	−0.005
x2	0.356	−0.071	0.103	0.024	−0.022
x3	−0.374	0.155	−0.016	−0.079	0.008
x4	−0.007	0.372	0.075	0.065	0.002
x5	0.216	−0.225	0.187	−0.028	0.011

促销特点指标与自身典型变量之间的相关系数

Canonical Loadings for Set-2

	1	2	3	4	5
y1	0.939	−0.073	0.293	0.157	0.046
y2	0.730	−0.136	−0.384	−0.412	0.362
y3	0.896	−0.321	0.184	0.063	−0.238
y4	0.617	0.167	0.614	−0.462	−0.024
y5	0.156	0.717	−0.427	0.069	−0.523

销售特征指标典型变量与促销特点指标之间的相关系数

Cross Loadings for Set-2

	1	2	3	4	5
y1	0.603	−0.035	0.078	0.018	0.001
y2	0.469	−0.066	−0.102	−0.047	0.012
y3	0.575	−0.155	0.049	0.007	−0.008
y4	0.397	0.081	0.163	−0.053	−0.001
y5	0.100	0.347	−0.113	0.008	−0.017

图 9.3.17 典型载荷

从图 9.3.18 的结果可以看出,销售特征指标样本方差由其第一典型变量解释的方差比例为 0.335,第二对典型变量解释的方差为 0.189,第三对典型变量解释的方差为 0.147,累计为 0.671。促销特点指标的样本方差由其第一对典型变量解释的比例为 0.525,第二对典型变量解释的方差为 0.134,第三对典型变量解释的方差为 0.165,累计为 0.824。

Redundancy Analysis:

Proportion of Variance of Set-1 Explained by Its Own Can. Var.

	Prop Var
CV1-1	0.335
CV1-2	0.189
CV1-3	0.147
CV1-4	0.193
CV1-5	0.137

Proportion of Variance of Set-1 Explained by Opposite Can. Var.

	Prop Var
CV2-1	0.138
CV2-2	0.044
CV2-3	0.010
CV2-4	0.003
CV2-5	0.000

Proportion of Variance of Set-2 Explained by Its Own Can. Var.

	Prop Var
CV2-1	0.525
CV2-2	0.134
CV2-3	0.165
CV2-4	0.083
CV2-5	0.093

Proportion of Variance of Set-2 Explained by Opposite Can. Var.

	Prop Var
CV1-1	0.217
CV1-2	0.031
CV1-3	0.012
CV1-4	0.001
CV1-5	0.000

图 9.3.18　典型相关冗余分析

9.4　小贴士

总体典型相关变量和典型相关系数的求法如下。

设两组随机向量 $\boldsymbol{X}=(X_1,\cdots,X_p)^{\mathrm{T}}$ 与 $\boldsymbol{Y}=(Y_1,\cdots,Y_q)^{\mathrm{T}}$，$\mathrm{Cov}(\boldsymbol{X},\boldsymbol{X})=\boldsymbol{\Sigma}_{XX}$，$\mathrm{Cov}(\boldsymbol{Y},\boldsymbol{Y})=\boldsymbol{\Sigma}_{YY}$，$\mathrm{Cov}(\boldsymbol{X},\boldsymbol{Y})=\boldsymbol{\Sigma}_{XY}$，$\mathrm{Cov}(\boldsymbol{Y},\boldsymbol{X})=\boldsymbol{\Sigma}_{YX}$，其中 $\boldsymbol{\Sigma}_{XX}$ 和 $\boldsymbol{\Sigma}_{YY}$ 为满秩矩阵，$p\leqslant q$。求第一对典型相关变量 $V=\boldsymbol{a}^{\mathrm{T}}\boldsymbol{X}$，$W=\boldsymbol{b}^{\mathrm{T}}\boldsymbol{Y}$，是在条件

$$\mathrm{Var}(\boldsymbol{a}^{\mathrm{T}}\boldsymbol{X})=\boldsymbol{a}^{\mathrm{T}}\boldsymbol{\Sigma}_{XX}\boldsymbol{a}=1,\quad \mathrm{Var}(\boldsymbol{b}^{\mathrm{T}}\boldsymbol{Y})=\boldsymbol{b}^{\mathrm{T}}\boldsymbol{\Sigma}_{YY}\boldsymbol{b}=1$$

下寻找 $\boldsymbol{a},\boldsymbol{b}$，使 $\rho(\boldsymbol{a}^{\mathrm{T}}\boldsymbol{X},\boldsymbol{b}^{\mathrm{T}}\boldsymbol{Y})=\mathrm{Cov}(\boldsymbol{a}^{\mathrm{T}}\boldsymbol{X},\boldsymbol{b}^{\mathrm{T}}\boldsymbol{Y})=\boldsymbol{a}^{\mathrm{T}}\boldsymbol{\Sigma}_{XY}\boldsymbol{b}$ 最大。这是条件极值问题。

由 Lagrange 乘数法可知，此问题等价于求 $\boldsymbol{a},\boldsymbol{b}$，使得 Lagrange 函数

$$L=\boldsymbol{a}^{\mathrm{T}}\boldsymbol{\Sigma}_{XY}\boldsymbol{b}-\frac{\lambda_1}{2}(\boldsymbol{a}^{\mathrm{T}}\boldsymbol{\Sigma}_{XX}\boldsymbol{a}-1)-\frac{\lambda_2}{2}(\boldsymbol{b}^{\mathrm{T}}\boldsymbol{\Sigma}_{YY}\boldsymbol{b}-1)$$

达到最大，其中 λ_1 和 λ_2 是拉格朗日乘数因子。

将 Lagrange 函数对 $\boldsymbol{a},\boldsymbol{b}$ 求偏导数并令其为 $\mathbf{0}$，得方程组

$$\begin{cases}\dfrac{\partial L}{\partial \boldsymbol{a}}=\boldsymbol{\Sigma}_{XY}\boldsymbol{b}-\lambda_1\boldsymbol{\Sigma}_{XX}\boldsymbol{a}=\mathbf{0}\\ \dfrac{\partial L}{\partial \boldsymbol{b}}=\boldsymbol{\Sigma}_{YX}\boldsymbol{a}-\lambda_2\boldsymbol{\Sigma}_{YY}\boldsymbol{b}=\mathbf{0}\end{cases} \tag{9.4.1}$$

将式(9.4.1)的第1式左乘 $\boldsymbol{a}^{\mathrm{T}}$；第2式左乘 $\boldsymbol{b}^{\mathrm{T}}$ 得 $\lambda_1=\boldsymbol{a}^{\mathrm{T}}\boldsymbol{\Sigma}_{XY}\boldsymbol{b},\lambda_2=\boldsymbol{b}^{\mathrm{T}}\boldsymbol{\Sigma}_{YX}\boldsymbol{a}$。又因 $(\boldsymbol{a}^{\mathrm{T}}\boldsymbol{\Sigma}_{XY}\boldsymbol{b})^{\mathrm{T}}=\boldsymbol{b}^{\mathrm{T}}\boldsymbol{\Sigma}_{YX}\boldsymbol{a}$，从而 $\lambda_1=\lambda_2=\lambda$，$\lambda$ 正好等于线性组合 V 和 W 之间的相关系数。则式(9.4.1)等价为

$$\begin{cases}\boldsymbol{\Sigma}_{XY}\boldsymbol{b}-\lambda\boldsymbol{\Sigma}_{XX}\boldsymbol{a}=\mathbf{0}\\ \boldsymbol{\Sigma}_{YX}\boldsymbol{a}-\lambda\boldsymbol{\Sigma}_{YY}\boldsymbol{b}=\mathbf{0}\end{cases} \tag{9.4.2}$$

方程组有非零解的充要条件是 $\begin{vmatrix}\boldsymbol{\Sigma}_{XY} & -\lambda\boldsymbol{\Sigma}_{XX}\\ \boldsymbol{\Sigma}_{YX} & -\lambda\boldsymbol{\Sigma}_{YY}\end{vmatrix}=0$，该方程左端是 λ 的 $p+q$ 次多项式，因此有 $p+q$ 个根。求解 λ 的高次方程，可以将求得的最大 λ 代入式(9.4.2)，再求 $\boldsymbol{a},\boldsymbol{b}$，从而得出第一对典型相关变量。

由于 λ 的高次方程不易解，将其代入方程组(9.4.2)后还需求解 $p+q$ 阶方程组。为了计算上的简便，常做如下变换来求解。

当 $\lambda\neq0$ 时，对式(9.4.2)的第一个式子左乘 $\boldsymbol{\Sigma}_{YX}\boldsymbol{\Sigma}_{XX}^{-1}$，结合第二个式子，可以消去 $\boldsymbol{a}$，得

$$\boldsymbol{\Sigma}_{YX}\boldsymbol{\Sigma}_{XX}^{-1}\boldsymbol{\Sigma}_{XY}\boldsymbol{b}-\lambda^2\boldsymbol{\Sigma}_{YY}\boldsymbol{b}=0 \tag{9.4.3}$$

将式(9.4.3)左乘 $\boldsymbol{\Sigma}_{YY}^{-1}$，得 $\boldsymbol{\Sigma}_{YY}^{-1}\boldsymbol{\Sigma}_{YX}\boldsymbol{\Sigma}_{XX}^{-1}\boldsymbol{\Sigma}_{XY}\boldsymbol{b}-\lambda^2\boldsymbol{b}=0$，从而 $\lambda^2,\boldsymbol{b}$ 分别是 $\boldsymbol{\Sigma}_{YY}^{-1}\boldsymbol{\Sigma}_{YX}\boldsymbol{\Sigma}_{XX}^{-1}\boldsymbol{\Sigma}_{XY}$ 的特征值、特征向量，类似地，将式(9.4.2)消去 $\boldsymbol{b}$，得

$$\boldsymbol{\Sigma}_{XY}\boldsymbol{\Sigma}_{YY}^{-1}\boldsymbol{\Sigma}_{YX}\boldsymbol{a}-\lambda^2\boldsymbol{\Sigma}_{XX}\boldsymbol{a}=0 \tag{9.4.4}$$

将式(9.4.4)左乘 $\boldsymbol{\Sigma}_{XX}^{-1}$，得 $\boldsymbol{\Sigma}_{XX}^{-1}\boldsymbol{\Sigma}_{XY}\boldsymbol{\Sigma}_{YY}^{-1}\boldsymbol{\Sigma}_{YX}\boldsymbol{a}-\lambda^2\boldsymbol{a}=0$，从而 $\lambda^2,\boldsymbol{a}$ 分别是 $\boldsymbol{\Sigma}_{XX}^{-1}\boldsymbol{\Sigma}_{XY}\boldsymbol{\Sigma}_{YY}^{-1}\boldsymbol{\Sigma}_{YX}$ 的特征值、特征向量，为了更好地描述结论，还可以做如下变化。

或者将式(9.4.3)化为 $\boldsymbol{\Sigma}_{YY}^{-1/2}\boldsymbol{\Sigma}_{YX}\boldsymbol{\Sigma}_{XX}^{-1}\boldsymbol{\Sigma}_{XY}\boldsymbol{\Sigma}_{YY}^{-1/2}\boldsymbol{\Sigma}_{YY}^{1/2}\boldsymbol{b}-\lambda^2\boldsymbol{\Sigma}_{YY}^{1/2}\boldsymbol{b}=0$，令 $\boldsymbol{f}=\boldsymbol{\Sigma}_{YY}^{1/2}\boldsymbol{b}$，则 $\lambda^2,\boldsymbol{f}$ 是 $\boldsymbol{\Sigma}_{YY}^{-1/2}\boldsymbol{\Sigma}_{YX}\boldsymbol{\Sigma}_{XX}^{-1}\boldsymbol{\Sigma}_{XY}\boldsymbol{\Sigma}_{YY}^{-1/2}$ 的特征值和单位特征向量。其中，$\boldsymbol{\Sigma}_{XX}^{-\frac{1}{2}}$ 和 $\boldsymbol{\Sigma}_{YY}^{-\frac{1}{2}}$ 分别为 $\boldsymbol{\Sigma}_{XX}$ 和 $\boldsymbol{\Sigma}_{YY}$ 的平方根矩阵的逆矩阵。

若记 $\boldsymbol{T}=\boldsymbol{\Sigma}_{XX}^{-1/2}\boldsymbol{\Sigma}_{XY}\boldsymbol{\Sigma}_{YY}^{-1/2}$，$\boldsymbol{\Sigma}_{YY}^{-1/2}\boldsymbol{\Sigma}_{YX}\boldsymbol{\Sigma}_{XX}^{-1}\boldsymbol{\Sigma}_{XY}\boldsymbol{\Sigma}_{YY}^{-1/2}=\boldsymbol{\Sigma}_{YY}^{-1/2}\boldsymbol{\Sigma}_{YX}\boldsymbol{\Sigma}_{XX}^{-1/2}\boldsymbol{\Sigma}_{XX}^{-1/2}\boldsymbol{\Sigma}_{XY}\boldsymbol{\Sigma}_{YY}^{-1/2}=\boldsymbol{T}^{\mathrm{T}}\boldsymbol{T}$，或者将式(9.4.4)化为 $\boldsymbol{\Sigma}_{XX}^{-1/2}\boldsymbol{\Sigma}_{XY}\boldsymbol{\Sigma}_{YY}^{-1}\boldsymbol{\Sigma}_{YX}\boldsymbol{\Sigma}_{XX}^{-1/2}\boldsymbol{\Sigma}_{XX}^{1/2}\boldsymbol{a}-\lambda^2\boldsymbol{\Sigma}_{XX}^{1/2}\boldsymbol{a}=\mathbf{0}$，令 $\boldsymbol{e}=\boldsymbol{\Sigma}_{XX}^{1/2}\boldsymbol{a}$，从而 $\lambda^2,\boldsymbol{e}$ 是 $\boldsymbol{\Sigma}_{XX}^{-1/2}\boldsymbol{\Sigma}_{XY}\boldsymbol{\Sigma}_{YY}^{-1}\boldsymbol{\Sigma}_{YX}\boldsymbol{\Sigma}_{XX}^{-1/2}$ 的特征值和单位特征向量，有 $\boldsymbol{\Sigma}_{XX}^{-1/2}\boldsymbol{\Sigma}_{XY}\boldsymbol{\Sigma}_{YY}^{-1}\boldsymbol{\Sigma}_{YX}\boldsymbol{\Sigma}_{XX}^{-1/2}=\boldsymbol{\Sigma}_{XX}^{-1/2}\boldsymbol{\Sigma}_{XY}\boldsymbol{\Sigma}_{YY}^{-1/2}\boldsymbol{\Sigma}_{YY}^{-1/2}\boldsymbol{\Sigma}_{YX}\boldsymbol{\Sigma}_{XX}^{-1/2}=\boldsymbol{T}\boldsymbol{T}^{\mathrm{T}}$，由线性代数知识可知：$\boldsymbol{AB}$ 与 $\boldsymbol{BA}$ 的非零特征值相同。可以证明 $\boldsymbol{\Sigma}_{YY}^{-1/2}\boldsymbol{\Sigma}_{YX}\boldsymbol{\Sigma}_{XX}^{-1}\boldsymbol{\Sigma}_{XY}\boldsymbol{\Sigma}_{YY}^{-1/2}(\boldsymbol{T}^{\mathrm{T}}\boldsymbol{T})$、$\boldsymbol{\Sigma}_{XX}^{-1/2}\boldsymbol{\Sigma}_{XY}\boldsymbol{\Sigma}_{YY}^{-1}\boldsymbol{\Sigma}_{YX}\boldsymbol{\Sigma}_{XX}^{-1/2}(\boldsymbol{T}\boldsymbol{T}^{\mathrm{T}})$、$\boldsymbol{\Sigma}_{YY}^{-1}\boldsymbol{\Sigma}_{YX}\boldsymbol{\Sigma}_{XX}^{-1}\boldsymbol{\Sigma}_{XY}$、$\boldsymbol{\Sigma}_{XX}^{-1}\boldsymbol{\Sigma}_{XY}\boldsymbol{\Sigma}_{YY}^{-1}\boldsymbol{\Sigma}_{YX}$ 的特征值都是一样的，则得到如下的结论。

结论　设 $\lambda^2,\boldsymbol{e}$ 分别是 $\boldsymbol{\Sigma}_{XX}^{-1}\boldsymbol{\Sigma}_{XY}\boldsymbol{\Sigma}_{YY}^{-1}\boldsymbol{\Sigma}_{YX}$ 的最大特征值及相应单位特征向量；$\lambda^2,\boldsymbol{f}$ 分别是 $\boldsymbol{\Sigma}_{YY}^{-1/2}\boldsymbol{\Sigma}_{YX}\boldsymbol{\Sigma}_{XX}^{-1}\boldsymbol{\Sigma}_{XY}\boldsymbol{\Sigma}_{YY}^{-1/2}$ 的最大特征值及相应单位特征向量；$\boldsymbol{a}_1=\boldsymbol{\Sigma}_{XX}^{-1/2}\boldsymbol{e}$，$\boldsymbol{b}_1=\boldsymbol{\Sigma}_{YY}^{-1/2}\boldsymbol{f}$ 满足条件 $\mathrm{Var}(\boldsymbol{a}_1^{\mathrm{T}}\boldsymbol{X})=1$，$\mathrm{Var}(\boldsymbol{b}^{\mathrm{T}}\boldsymbol{Y})=1$，则 $V_1={\boldsymbol{a}_1}^{\mathrm{T}}\boldsymbol{X}$，$W_1=\boldsymbol{b}_1^{\mathrm{T}}\boldsymbol{Y}$ 为第一对典型相关变量，λ 为第一典型相关系数。

更一般的结论（推导省略）如下。

令 $\boldsymbol{A}=\boldsymbol{\Sigma}_{XX}^{-1}\boldsymbol{\Sigma}_{XY}\boldsymbol{\Sigma}_{YY}^{-1}\boldsymbol{\Sigma}_{YX}$，$\boldsymbol{B}=\boldsymbol{\Sigma}_{YY}^{-1}\boldsymbol{\Sigma}_{YX}\boldsymbol{\Sigma}_{XX}^{-1}\boldsymbol{\Sigma}_{XY}$，设 $\rho_1^2\geqslant\rho_2^2\geqslant\cdots\geqslant\rho_p^2$ 为 p 阶矩阵 $\boldsymbol{A}$ 的特征值，$\boldsymbol{e}_1,\boldsymbol{e}_2,\cdots,\boldsymbol{e}_p$ 为相应的正交单位特征向量，$\boldsymbol{f}_1,\boldsymbol{f}_2,\cdots,\boldsymbol{f}_p$ 为 q 阶矩阵 $\boldsymbol{B}$ 的相应于前 p 个最大特征值（按由大到小的次序排列）的正交单位特征向量，则 $\boldsymbol{X}$ 和 $\boldsymbol{Y}$ 的第 k 对典型相关变量为

$$V_k = \boldsymbol{a}_k^{\mathrm{T}}\boldsymbol{X} = \boldsymbol{e}_k^{\mathrm{T}}\boldsymbol{\Sigma}_{XX}^{-\frac{1}{2}}\boldsymbol{X}, \quad W_k = \boldsymbol{b}_k^{\mathrm{T}}\boldsymbol{Y} = \boldsymbol{f}_k^{\mathrm{T}}\boldsymbol{\Sigma}_{YY}^{-\frac{1}{2}}\boldsymbol{Y}, \quad k=1,2,\cdots,p$$

其典型相关系数为 $\rho_{V_k W_k} = \rho_k, k=1,2,\cdots,p$。

9.5　习　　题

1. 典型相关分析的基本思想是什么？

2. 典型相关分析中的冗余指数有什么作用？

3. 为了研究环境问题，对武汉市 2005 年 5 月每天的各监测站平均的 SO_2(so2)、NO_2(no2)、PM10(pm10)监测值与每天早上 8 点钟的风力(wind)、气温(temp)、3 小时降水(rain)作典型相关分析，数据如表 9.5.1 所示。

表 9.5.1　数据

Date	so2	no2	pm10	wind	temp	rain	Date	so2	no2	pm10	wind	temp	rain
2005-05-01	22.43	25.43	65.71	1	23.00	18.00	2005-05-17	18.29	23.43	63.14	2	20.30	18.00
2005-05-02	45.57	26.14	94.71	2	20.40	0.00	2005-05-18	30.29	22.29	53.14	2	20.20	0.00
2005-05-03	70.14	26.86	79.43	1	22.30	0.00	2005-05-19	33.00	24.71	53.00	2	20.40	0.20
2005-05-04	47.14	27.14	76.86	2	22.90	7.00	2005-05-20	46.14	39.43	116.86	0	20.90	0.00
2005-05-05	42.29	27.00	69.00	1	23.00	0.10	2005-05-21	24.14	28.57	113.57	1	19.20	5.00
2005-05-06	34.57	18.86	53.71	1	17.80	0.00	2005-05-22	26.14	31.86	94.29	1	21.10	0.00
2005-05-07	46.14	29.71	63.14	1	20.00	0.00	2005-05-23	42.71	38.29	134.86	0	23.30	0.30
2005-05-08	27.86	21.14	60.43	1	21.60	0.00	2005-05-24	45.00	34.43	92.14	0	22.30	0.00
2005-05-09	45.57	24.43	109.71	1	21.90	0.00	2005-05-25	48.29	30.71	85.14	2	24.10	0.00
2005-05-10	53.57	27.00	98.00	1	24.20	0.00	2005-05-26	52.86	32.43	86.00	2	23.80	0.00
2005-05-11	43.29	28.43	81.71	2	24.10	0.00	2005-05-27	52.29	42.86	109.00	0	24.30	0.00
2005-05-12	54.71	34.86	93.71	2	25.20	0.00	2005-05-28	33.43	41.86	125.14	1	25.30	0.00
2005-05-13	49.29	25.00	76.86	0	23.80	0.70	2005-05-29	44.14	27.71	104.00	2	24.30	0.00
2005-05-14	26.57	22.43	68.43	2	20.70	0.00	2005-05-30	54.86	37.86	94.43	2	27.60	0.00
2005-05-15	20.71	23.57	50.43	2	20.00	0.00	2005-05-31	30.71	28.43	97.43	1	25.90	0.00
2005-05-16	26.14	29.29	75.43	1	22.00	13.00							

第10章 对应分析

"《区分:对趣味判断的社会批判》运用对应分析展示了趣味与经济资本、文化资本的相依关系。"

——皮埃尔·布尔迪厄(P. Bourdieu)

社会科学研究中,经常要对定性变量之间的关系进行分析,例如,研究婚姻状况(已婚、丧偶、离异、分居、未婚)和幸福状况(非常幸福、比较幸福、不幸福)的关系,我们不仅想研究婚姻状况和幸福状况的整体关系,还想研究已婚是否非常幸福这样具体的情况,并且希望能够直观地表达它们的相互关系。本章介绍的对应分析就能实现这一目的,它能够提供变量之间、变量的不同状态之间相互关系的信息,并把关系绘制在同一张图内。

10.1 什么是对应分析

10.1.1 对应分析的起源和概念

对应分析(Correspondence Analysis,CA)起源于20世纪三四十年代的一批互相独立的文献,研究该方法的作者有Richardson和Kuder(1933)、Hirshfeld(1935)、Horst(1935)、Fisher(1940)、Cuttman (1941)等,很难说哪位统计学家是该方法的最初作者,所有方法的基本原理是相同的。直到1973年法国统计学家本泽科瑞(Jean-Paul Benzécri)给予完满的解决,这里介绍的就是他提出的方法。

对应分析起初在法国和日本最为流行,在日本被称为数量化方法,然后引入美国、加拿大、以色列等国,在美国称为最优定标、相对平均、最佳得分等,在加拿大称为对偶定标,在以色列称为标图分析。在我国,对应分析又称相应分析、R-Q型因子分析,是一种揭示定性变量资料中变量与其类别之间的相互关系的多元统计分析方法。

根据分析变量个数的多少,定性资料的对应分析又分为简单对应分析和多元对应分析;对两个定性变量进行的对应分析称为简单对应分析,对两个以上的定性变量进行的对应分析称为多元对应分析。对应分析的基本形式是对定性变量进行相关性研究,有时也可以研究定量变量,根据分析资料的类型不同,对应分析分为定性资料(分类资料)的对应分析和连续性资料的对应分析(基于均数的对应分析)。

10.1.2 对应分析与因子分析

因子分析中,R 型因子分析是将变量转换为变量因子,对变量进行降维。Q 型因子分析是将样品转换为样品因子,对样品进行降维。因子分析有其局限性。

① R 型因子分析和 Q 型因子分析是分开进行的,这样会损失很多有用的信息。

对应分析将 R 型因子分析和 Q 型因子分析结合起来,它把对两个定性变量的研究看成因子分析中的变量和样品,同时对两者进行研究,反映到相同的因子轴上,这就便于我们对研究的对象进行解释和推断。

② 在处理实际问题时,样本的大小常比变量个数多,进行 Q 型因子分析困难。

对应分析由 R 型因子分析的结果,可以很容易地得到 Q 型因子分析的结果,克服样品量大时作 Q 型因子分析所带来的计算上的困难。

③ 在进行数据处理时,为了将数量级相差很大的变量进行比较,需要对变量进行标准化处理,然而这种只按照变量列进行的标准化处理对于变量和样品是非对等的。

对应分析对原始数据进行规格化处理,找出 R 型因子分析和 Q 型因子分析的内在联系,便于对问题进行分析和解释。

简单对应分析就是对两个定性变量进行分析。它将定性变量数据转变成可度量的分值,减少维度并给出分值可视化图。它把变量与样品同时反映到相同坐标轴(因子轴)的一张图形上,在图形上能够直观地观察变量之间的关系、样品之间的关系以及变量与样品之间的对应关系。本章主要给出简单对应分析的内容。

10.1.3 列联表分析

讨论对应分析之前,先介绍列联表。在实际研究工作中,常用列联表的形式来描述定性变量的各种状态及相关关系,对很多研究进行调查后,调查数据很自然地以列联表的形式提交。

1. 列联表的概念

通常,列联表(contingency table)是指两个定性变量的频数分布汇总表,又称交叉分组表(crosstabulation)、交互表。

例 10.1 某公司欲进行改革,调查分公司对该项改革的意见,调查结果如表 10.1.1 所示,这是两变量列联表的一般形式,横栏与纵栏交叉位置的数字是相应的频数。

表 10.1.1 某公司改革的列联表数据

意见	公司 1	公司 2	公司 3	公司 4	合计
赞成	68	75	57	79	279
反对	32	45	33	31	141
合计	100	120	90	110	420

从表 10.1.1 的数据可以看到不同分公司的人对该公司改革的评价情况,以及所有被调查者对该公司改革的整体评价、被调查者所在公司的构成情况等信息;可以看出分公司分布与各种评价之间的相关关系,如公司 4 与赞成的交叉单元格的数字相对较大,说明分公司中的公司 4 与评价栏的赞成有较强的相关性。可见,借助列联表,人们可以得到有价值的信息。如果变

量的状态很多,就不易观察,就要借助一些统计方法来研究。

列联表用符号表达,如表10.1.2所示,设A,B为两个定性变量,A有n个不同状态:A_1,A_2,…,A_n。B有p个不同状态:B_1,B_2,…,B_p。观测n次,各状态(A_i,B_j)的出现频数为n_{ij}。

表10.1.2　两个定性变量的列联表数据

因素 A	因素 B				合　计
	B_1	B_2	…	B_p	
A_1	n_{11}	n_{12}	…	n_{1p}	$n_{1\cdot}$
A_2	n_{21}	n_{22}	…	n_{2p}	$n_{2\cdot}$
⋮	⋮	⋮		⋮	⋮
A_n	n_{n1}	n_{n2}	…	n_{np}	$n_{n\cdot}$
合　计	$n_{\cdot 1}$	$n_{\cdot 2}$	…	$n_{\cdot p}$	n

其中$n_{i\cdot}=\sum\limits_{j=1}^{p}n_{ij}$为第$i$行的频数之和,$n_{\cdot j}=\sum\limits_{i=1}^{n}n_{ij}$为第$j$列的频数之和,$\sum\limits_{i=1}^{n}\sum\limits_{j=1}^{p}n_{ij}=n$为所有类别组合的频数总和。每个元素都除以总数,则得到频率(比率)表。

例10.1的频率表见表10.1.3,可见赞成的总比率大于反对的总比率。

表10.1.3　某公司改革的频率表

意　见		公司1	公司2	公司3	公司4	合　计
赞　成	频数	68	78	57	79	279
	比率/(%)	68.0	62.5	63.3	71.8	66.4
反　对	频数	32	45	33	31	141
	比率/(%)	32.0	37.5	36.7	28.2	33.6
合　计	频数	100	120	90	110	420
	比率/(%)	100	100	100	100	100

由于频率是概率的近似值,在没抽样之前,频率表可类比于离散型二维随机变量的联合分布率表。设A,B为随机变量,取值(A_i,B_j)的概率为p_{ij},见表10.1.4。

表10.1.4　两个定性变量的概率表

因素 A	因素 B				合　计
	B_1	B_2	…	B_p	
A_1	p_{11}	p_{12}	…	p_{1p}	$p_{1\cdot}$
A_2	p_{21}	p_{22}	…	p_{2p}	$p_{2\cdot}$
⋮	⋮	⋮		⋮	⋮
A_n	p_{n1}	p_{n2}	…	p_{np}	$p_{n\cdot}$
合　计	$p_{\cdot 1}$	$p_{\cdot 2}$	…	$p_{\cdot p}$	1

其中,$\sum\limits_{i=1}^{n}\sum\limits_{j=1}^{p}p_{ij}=1$,$p_{i\cdot}=\sum\limits_{j=1}^{p}p_{ij}$,$i=1,2,\cdots,n$,$p_{\cdot j}=\sum\limits_{i=1}^{n}p_{ij}$,$j=1,2,\cdots,p$,$p_{i\cdot}$,$p_{\cdot j}$为$A$,$B$的边缘分布。

2. 列联表的独立性检验

对列联表的统计分析，首先是判断这两个定性变量的联系，可以通过假设检验来判断。

设(A,B)的观测值列联表，n_{ij}为观测频数，n为观测次数，见表10.1.2。p_{ij}是A的第i个状态A_i与B的第j个状态B_j的概率，见表10.1.4。

考察两个定性变量的相关关系，可以从研究各状态出现的概率入手，由概率论知识可知：若A,B独立$\Leftrightarrow p_{ij}=p_{i.}\times p_{.j}, i=1,2\cdots n, j=1,2,\cdots,p$。故提出假设

$$H_0: A,B \text{ 独立，即 } p_{ij}=p_{i.}\times p_{.j}, i=1,2,\cdots,n, j=1,2,\cdots,p$$

$$H_1: A,B \text{ 不相互独立，即至少存在某}(i,j)\text{，使 } p_{ij}\neq p_{i.}\times p_{.j}$$

该假设检验的思想：若H_0成立，即理论上$n_{ij}=np_{ij}=np_{i.}\times p_{.j}$成立，称$np_{i.}p_{.j}$为理论(期望)频数。此时理论频数$np_{i.}p_{.j}$与相应的观测频数$n_{ij}$相差不应很大。

1900年Pearson根据上面的思想提出检验统计量

$$\chi^2=\sum_{i=1}^{n}\sum_{j=1}^{p}\frac{(\text{观测频数}-\text{理论频数})^2}{\text{理论频数}}$$

$$=\sum_{i=1}^{n}\sum_{j=1}^{p}\frac{(n_{ij}-np_{i.}p_{.j})^2}{np_{i.}p_{.j}}$$

$$=n\sum_{i=1}^{n}\sum_{j=1}^{p}\frac{(p_{ij}-p_{i.}p_{.j})^2}{p_{i.}p_{.j}}$$

该检验统计量反映了观测值与理论值(独立时)经过某种加权的总离差情况。可以证明，如果H_0成立，χ^2渐近服从自由度为$(n-1)(p-1)$的χ^2分布。如果H_0成立，χ^2的值应较小，所以拒绝域形式$\chi^2\geqslant c$。在显著性水平α下，拒绝域为$\chi^2\geqslant\chi^2_\alpha((n-1)(p-1))$。若拒绝$H_0$，两个定性变量显著不独立。通过该方法，可以判断两个定性变量是否独立。若两个定性变量显著不独立，则接着可以使用对应分析来研究各状态间的关系。

续例10.1 某公司改革的列联表数据如表10.1.1所示，判断一下公司情况与各种评价之间的相关关系。

解：

H_0：公司情况与评价情况无关　　H_1：公司情况与评价情况有关

$$\chi^2=\sum_{i=1}^{n}\sum_{j=1}^{p}\frac{\left(n_{ij}-\frac{n_{i.}n_{.j}}{n}\right)^2}{\frac{n_{i.}n_{.j}}{n}}$$

可计算出$\chi^2=2.761$，查χ^2表，$\chi^2_{0.05}(3)=7.815$，因此在0.05显著性水平下，没有理由拒绝两个变量独立的原假设，表示公司情况与评价意见这两个变量之间相互独立，没有显著的相关关联。上面的计算过程可以通过SPSS软件实现，如下。

(1) 列联表分析的SPSS软件操作

定义3个变量：gs(公司)、yj(意见)、c(人数)。前两个为定性变量，gs(公司)变量的取值为1,2,3,4，标签值定义为k，表示公司k，$k=1,2,3,4$，yj(意见)变量的取值为1,2，标签值定义为："1"表示赞成，"2"表示反对。数据如图10.1.1所示。

第一步：所有列联表资料均需经过频数加权，用"c"变量作为权重进行加权分析处理。从菜单上依次选"Data"→"Weight Cases"命令，选择"Weight Cases by"项，并将变量"c"移入

"Frequency Variable"栏下，单击"OK"按钮。此时数据窗口右下角会显示"Weight on"。若此题的数据为420(总人数)行原始数据，则第一步可以省略不做，直接进行第二步。

第二步：做gs、yj的二维列联表分析。从菜单上依次选"Analyze"→"Descriptive Statistics"→"Crosstabs"命令，打开列联分析对话框(Crosstabs)，请见图10.1.2。将意见变量yj从左侧的列表框内移入行变量"Row(s)"框内，并将公司变量gs移入列变量"Column(s)"框内。

注意：若要分析更多的定性变量，可将其他变量作为分层变量移入"Layer"框中；还可以勾选左下方的"Display clustered bar charts"项，输出条形图。"Suppress tables"是隐藏表格，如果选择此项，将不输出R×C列联表。

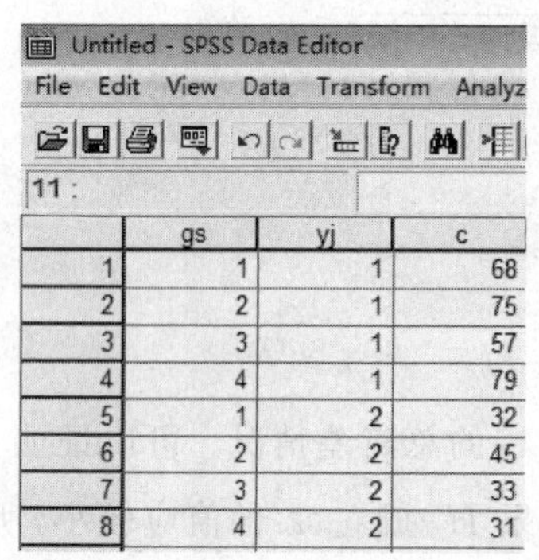

	gs	yj	c
1	1	1	68
2	2	1	75
3	3	1	57
4	4	1	79
5	1	2	32
6	2	2	45
7	3	2	33
8	4	2	31

图10.1.1　原始数据录入

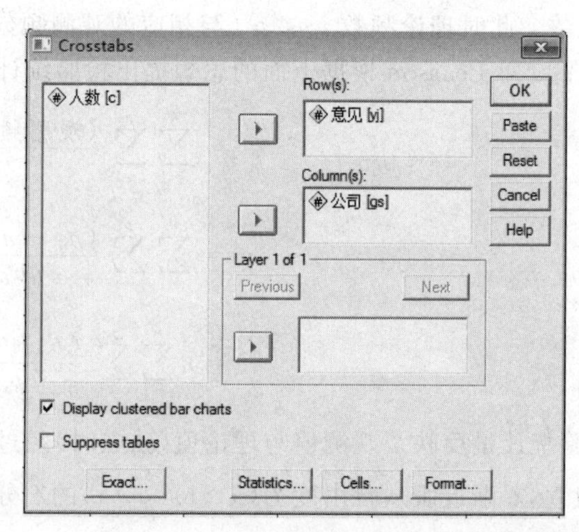

图10.1.2　列联分析对话框

第三步：勾选需要的内容。选择统计量，单击"Crosstabs"对话框下侧的"Statistics"按钮。系统默认不输出，如需要可自行选择。在"Statistics"对话框内，勾选"Chi-Square"项，进行独立性检验。

"Statistics"对话框内统计量的介绍如下。

① "Chi-Square"是卡方(χ^2)值选项，用以检验行变量和列变量之间是否独立，适用于定类(定性)变量和定序变量。

② "Correlations"是皮尔逊(Pearson)相关系数r的选项，用以测量变量之间的线性相关，适用于定序或数值变量(定距以上变量)。

③ "Nominal"是定类变量选项栏，选项栏中的各项是当分析的两个变量都为定类变量时可以选择的参数。

④ "Ordinal"是定序变量选项栏，选项栏中的各项是当分析的两个变量都为定序变量时可以选择的参数。

⑤ "Nominal by Interval"选项栏中的"Eta"是当一个变量为定类变量，另一个变量为数值变量时，测量两个变量之间关系的相关比率。

(2) SPSS操作结果表

图10.1.3给出例10.1列联表分析的软件操作结果，与前面的计算结果一致。

Chi-Square Tests

	Value	df	Asymp. Sig. (2-sided)
Pearson Chi-Square	2.761[a]	3	0.430
Likelihood Ratio	2.784	3	0.426
Linear-by-Linear Association	0.479	1	0.489
N of Valid Cases	420		

a. 0 cells(.0%)have expected count less than 5. The mininum expected count is 30.21.

图 10.1.3 卡方检验

在图 10.1.3 中：

① Pearson Chi-Square 表示皮尔逊卡方值，该题目值为 2.761；

② Likelihood Ratio 表示似然比卡方，该题目值为 2.784；

③ N of Valid Cases 表示有效 Cases 数；

④ Asymp. Sig. (2-sided)表示双尾的非对称显著性检验。

在列联表分析中，除了观察频数的分布外，还需观察百分比，它所包含的信息要比频数(或频率)分布包含的信息多。由于对比的基数不同，分为行百分比、列百分比和总百分比。

SPSS 软件操作步骤：单击“Crosstabs”对话框下侧的“Cells”按钮，确定列联表内单元格值的选项。“Cell Display”对话框包括如下 3 个选项栏。

① Counts 是单元格的频次选项栏。

a. Observed：观测值的频次。

b. Expected：期望频次。系统默认状态是输出观测值的频次。

② Percentages 是确定输出百分比的选项栏。该选项栏中的选项用于确定在输出文件中的列联表单元格中是否要输出百分比。

a. Row：单元格中个案的数目占行总数的百分比。

b. Column：单元格中个案的数目占列总数的百分比。

c. Total：单元格中个案的数目占个案总数的百分比。

③ Residuals 是确定残差的选项栏。

a. Unstandardized：非标准化残差。

b. Standardized：标准化残差。

c. Adj. Standardized：调整的标准化残差。

例 10.2 通过某项休闲调查研究夫妻共度闲暇时间状况，考察“性别”和“对闲暇生活的满意度”(夫妻共度闲暇时间状况)的关系，数据见表 10.1.5，请进行列联表分析。

表 10.1.5 “性别”与“对闲暇生活的满意度”的列联表数据

性　别	对闲暇生活的满意度					合　计
	很不满意	不大满意	基本满意	很满意	不好说	
男性人数	2	19	72	33	17	143
女性人数	5	25	68	14	28	140
合　计	7	44	140	47	45	283

解：列联表分析的主要结果如表 10.1.6 所示。

表 10.1.6　列联表

性别		对闲暇生活的满意度					合计
		很不满意	不大满意	基本满意	很满意	不好说	
男性	频数	2	19	72	33	17	143
	行百分比	1.4%	13.3%	50.3%	23.1%	11.9%	100.0%
女性	频数	5	25	68	14	28	140
	行百分比	3.6%	17.9%	48.6%	10.0%	20.0%	100.0%
合计	频数	7	44	44	47	45	283
	行百分比	2.5%	15.5%	49.5%	17.6%	15.9%	100.0%

表 10.1.6 给出列联表中的频数和行百分比，可以看出女性的满意度低于男性，而不满意度则高于男性。这说明女性更渴望夫妻共同度过闲暇时间。

卡方检验要求期望频数小于等于 5 的格值数目不应超过 25%，本例有两个格值（占总格值数的 20%）的期望频数小于等于 5，满足要求，卡方检验的结果是有效的。

图 10.1.4 的卡方检验结果表明，检验的 p 值为 0.014，小于 0.05，说明“性别”和“对闲暇生活的满意度”有关系，即说明男女两性对夫妻共度闲暇时间状况的满意度有显著差异。

	Value	df	Asymp. Sig. (2-sided)
Pearson Chi-Square	12.558[a]	4	0.014
Likelihood Ratio	12.853	4	0.012
N of Valid Cases	283		

a. 2 cells (20.0%) have expected count less than 5. Theminimum expected count is 3.47.

图 10.1.4　卡方检验

例 10.3　随机抽取某校男生 35 名，女生 31 名，进行体育达标考核，结果如表 10.1.7 所示，问体育达标情况是否与性别有关？

表 10.1.7　体育达标情况的列联表数据

性别	达标	未达标	合计
男	15	20	35
女	13	18	31
合计	28	38	66

解：

H_0：体育达标水平与性别无关　　H_1：体育达标水平与性别有关

检验统计量

$$\chi^2 = \sum_{i=1}^{n}\sum_{j=1}^{p}\frac{\left(n_{ij}-\dfrac{n_{i.}n_{.j}}{n}\right)^2}{\dfrac{n_{i.}n_{.j}}{n}}$$

可计算出

$$\chi^2=\frac{(15-14.85)^2}{14.85}+\frac{(20-20.15)^2}{20.15}+\frac{(13-13.15)^2}{13.15}+\frac{(18-17.85)^2}{17.85}=0.006$$

查 $\chi^2(1)$ 表，$\chi^2_{0.05}(1)=3.84$，因此在 0.05 显著性水平下，没有理由拒绝两个变量独立的原假设，说明体育达标水平与性别无关。

10.2 对应分析的方法和原理

当定性变量的状态较少时，根据列联表数据，容易对相关性做出判断。如果变量的状态很多，很难透过列联表得到变量之间的联系及各状态之间的联系。主要表现在：首先，变量的状态较多，使得列联表行列数剧增，列联表庞大，不易直观观察和揭示列联表中行列变量之间的联系；其次，在变量状态较多但样本量却不够大时，列联表中会出现数据“稀疏”现象，卡方检验效果不好，此时可以利用降维的思想来简化列联表的结构，我们知道因子分析是有效的降维方法，对应分析就是基于因子分析给出的。

10.2.1 对应分析的几个基本概念

为了论述方便，先对有关概念进行说明。设有 n 个样品，每个样品有 p 项指标，原始资料阵为

$$\boldsymbol{X}=\begin{pmatrix} x_{11} & x_{12} & \cdots & x_{1p} \\ x_{21} & x_{22} & \cdots & x_{2p} \\ \vdots & \vdots & & \vdots \\ x_{n1} & x_{n2} & \cdots & x_{np} \end{pmatrix}=(x_{ij})$$

可以将其看成是两个定性变量 A(n 个状态)、B(p 个状态)的 $n\times p$ 列联表资料阵。

假定矩阵 $\boldsymbol{X}$ 的元素 $x_{ij}>0$(否则可以对所有的数据同时加上一个适当的数，便可满足此要求，这不影响相关性研究)，然后写出 $\boldsymbol{X}$ 的行和、列和及总和，分别记为 $x_{i\cdot}$、$x_{\cdot j}$ 和 $x_{\cdot\cdot}$，如下

$$\begin{array}{cccc|c} x_{11} & x_{12} & \cdots & x_{1p} & x_{1\cdot} \\ x_{21} & x_{22} & \cdots & x_{2p} & x_{2\cdot} \\ \vdots & \vdots & \cdots & \vdots & \vdots \\ x_{n1} & x_{n2} & \cdots & x_{np} & x_{n\cdot} \\ \hline x_{\cdot 1} & x_{\cdot 2} & \cdots & x_{\cdot p} & x_{\cdot\cdot} \end{array}$$

其中，$x_{i\cdot}=\sum_{j=1}^{p}x_{ij}$，$x_{\cdot j}=\sum_{i=1}^{n}x_{ij}$，$T=x_{\cdot\cdot}=\sum_{i=1}^{n}\sum_{j=1}^{p}x_{ij}$。

这里把 $x_{\cdot\cdot}$ 记为 T，用它去除矩阵 $\boldsymbol{X}$ 的每一个元素，相当于改变了测度尺度，使变量与样品具有相同比例大小，即 $p_{ij}\triangleq\frac{x_{ij}}{x_{\cdot\cdot}}=\frac{x_{ij}}{T}$，显然 $0<p_{ij}<1$，且 $\sum_{i}\sum_{j}p_{ij}=1$，因而 p_{ij} 可解释为“概率”，这样得到一个规格化的“概率”矩阵 $\boldsymbol{P}=(p_{ij})_{n\times p}$，称矩阵 $\boldsymbol{P}$ 为**对应阵**。

类似地可写出 $\boldsymbol{P}$ 阵的行和、列和，分别记为 $p_{i\cdot}$，$p_{\cdot j}$，如下

$$\begin{array}{cccc|c} p_{11} & p_{12} & \cdots & p_{1p} & p_{1\cdot} \\ p_{21} & p_{22} & \cdots & p_{2p} & p_{2\cdot} \\ \vdots & \vdots & & \vdots & \vdots \\ p_{n1} & p_{n2} & \cdots & p_{np} & p_{n\cdot} \\ \hline p_{\cdot 1} & p_{\cdot 2} & \cdots & p_{\cdot p} & 1 \end{array}$$

其中，$p_{i\cdot}=\sum_{j=1}^{p}p_{ij}$，$p_{\cdot j}=\sum_{i=1}^{n}p_{ij}$。

如果将 n 个样品看成是 n 个 p 维空间的点，n 个点的坐标用 $\left(\frac{p_{i1}}{p_{i\cdot}},\frac{p_{i2}}{p_{i\cdot}},\cdots,\frac{p_{ip}}{p_{i\cdot}}\right)(i=1,\cdots,n)$

表示，称为 n 个样品点，或者称为**行剖面、行形象、行轮廓**，记为 $n(R)$。

对 n 个样品之间相互关系的研究就可转化为对 n 个样品点的相对关系的研究。如果要对样品进行分类，就可用样品点的距离远近来分类。若使用欧氏距离，则任两个样品点 k 与 l 之间的欧氏距离为

$$D^2(k,l)=\sum_{j=1}^{p}\left(\frac{p_{kj}}{p_{k\cdot}}-\frac{p_{lj}}{p_{l\cdot}}\right)^2$$

将 n 个样品点到重心（重心 c 中每个样品点以 $p_{i\cdot}$ 为权重）的加权平方距离的总和，称为行剖面点集 $n(R)$ 的总惯量 I_R

$$I_R=\sum_{i=1}^{n}p_{i\cdot}\times D^2(i,c)=\sum_{i=1}^{n}p_{i\cdot}\sum_{j=1}^{p}\left(\frac{p_{ij}}{p_{i\cdot}}-p_{\cdot j}\right)^2$$

$$=\sum_{i=1}^{n}\sum_{j=1}^{p}\left(\frac{p_{ij}-p_{i\cdot}p_{\cdot j}}{p_{i\cdot}p_{\cdot j}}\right)^2=\frac{\chi^2}{T}$$

为进一步消除各变量的数量级的不同，如第 k 个变量有较大的数量级，在计算距离时就会增加这个变量的作用，所以应该对每一项加一个权数 $1/p_{\cdot j}$，就得到加权的距离公式

$$D_*^2(k,l)=\sum_{j=1}^{p}\left(\frac{p_{kj}}{p_{k\cdot}}-\frac{p_{lj}}{p_{l\cdot}}\right)^2\Big/p_{\cdot j}=\sum_{j=1}^{p}\left(\frac{p_{kj}}{\sqrt{p_{\cdot j}}p_{k\cdot}}-\frac{p_{lj}}{\sqrt{p_{\cdot j}}p_{l\cdot}}\right)^2 \tag{10.2.1}$$

式(10.2.1)也可以说是坐标为

$$\left(\frac{p_{i1}}{\sqrt{p_{\cdot 1}}p_{i\cdot}},\frac{p_{i2}}{\sqrt{p_{\cdot 2}}p_{i\cdot}},\cdots,\frac{p_{ip}}{\sqrt{p_{\cdot p}}p_{i\cdot}}\right),i=1,\cdots,n \tag{10.2.2}$$

的 n 个样品点中两个样品点 k 与 l 之间的欧式距离。

把形如式(10.2.2)的各个样品点的坐标写出来

$$\begin{bmatrix}\frac{p_{11}}{p_{1\cdot}\sqrt{p_{\cdot 1}}} & \frac{p_{12}}{p_{1\cdot}\sqrt{p_{\cdot 2}}} & \cdots & \frac{p_{1p}}{p_{1\cdot}\sqrt{p_{\cdot p}}}\\ \frac{p_{21}}{p_{2\cdot}\sqrt{p_{\cdot 1}}} & \frac{p_{22}}{p_{2\cdot}\sqrt{p_{\cdot 2}}} & \cdots & \frac{p_{2p}}{p_{2\cdot}\sqrt{p_{\cdot p}}}\\ \vdots & \vdots & & \vdots\\ \frac{p_{n1}}{p_{p\cdot}\sqrt{p_{\cdot 1}}} & \frac{p_{n2}}{p_{p\cdot}\sqrt{p_{\cdot 2}}} & \cdots & \frac{p_{np}}{p_{p\cdot}\sqrt{p_{\cdot p}}}\end{bmatrix} \tag{10.2.3}$$

式(10.2.3)中第 j 个变量（第 j 列）的加权均值（重心）为

$$\sum_{i=1}^{n}\frac{p_{ij}}{\sqrt{p_{\cdot j}}p_{i\cdot}}p_{i\cdot}=\frac{1}{\sqrt{p_{\cdot j}}}\sum_{i=1}^{n}p_{ij}=\frac{p_{\cdot j}}{\sqrt{p_{\cdot j}}}=\sqrt{p_{\cdot j}},\quad j=1,\cdots,p \tag{10.2.4}$$

这里不是求算术平均，而是按概率 $p_{i\cdot}$ 进行加权平均。

类似地，可将 p 个变量看成是 p 个 n 维空间的点，用 $\left(\frac{p_{1j}}{p_{\cdot j}},\frac{p_{2j}}{p_{\cdot j}},\cdots,\frac{p_{nj}}{p_{\cdot j}}\right)$ 表示 p 个变量的坐标，称为 p 个变量点，或者称为**列剖面、列形象、列轮廓**，记为 $p(C)$。

这时两个变量 i 与 j 之间的加权距离为

$$D_*^2(i,j)=\sum_{k=1}^{n}\left(\frac{p_{ki}}{\sqrt{p_{k\cdot}}p_{\cdot i}}-\frac{p_{kj}}{\sqrt{p_{k\cdot}}p_{\cdot j}}\right)^2$$

列剖面点集 $p(C)$ 的总惯量 I_C 类似给出，可以证明 $I_R=I_C$。

10.2.2 对应分析的基本思想

虽然计算状态之间的距离，通过距离的大小能反映各状态之间的接近程度。但这样做不

能同时对两个定性变量进行分析,并且还不能用图直观表示。所以下面我们不计算距离,而是计算协方差阵,通过因子分析的方法,直观地表示两个定性变量不同状态之间的关系。

在前面学习因子分析时,通常只做 Q 型因子分析,或只做 R 型因子分析。我们现在的目标是同时对两个定性变量的各个状态进行研究,需要同时做 R 型因子分析和 Q 型因子分析,怎么办呢?为了实现这个目标,对应分析的关键是利用一种数据变换,使两个定性变量的列联表数据矩阵通过数据变换矩阵 $\boldsymbol{Z}$,将 R 型因子分析和 Q 型因子分析有机地结合起来。

1. R 型因子分析

从对应阵出发,根据式(10.2.3)及式(10.2.4),用加权方法给出变量间协方差阵$\boldsymbol{S}_{\mathrm{R}}=(a_{ij})_{p\times p}$。第 i 个变量与第 j 个变量的加权协方差 a_{ij} 为

$$\begin{aligned}a_{ij} &= \sum_{\alpha=1}^{n}\left(\frac{p_{\alpha i}}{\sqrt{p_{\cdot i}p_{\alpha\cdot}}}-\sqrt{p_{\cdot i}}\right)\left(\frac{p_{\alpha j}}{\sqrt{p_{\cdot j}p_{\alpha\cdot}}}-\sqrt{p_{\cdot j}}\right)p_{\alpha\cdot}\\ &= \sum_{\alpha=1}^{n}\left(\frac{p_{\alpha i}}{\sqrt{p_{\cdot i}p_{\alpha\cdot}}}-\sqrt{p_{\cdot i}}\sqrt{p_{\alpha\cdot}}\right)\left(\frac{p_{\alpha j}}{\sqrt{p_{\cdot j}p_{\alpha\cdot}}}-\sqrt{p_{\cdot j}}\sqrt{p_{\alpha\cdot}}\right)\\ &= \sum_{\alpha=1}^{n}\left(\frac{p_{\alpha i}-p_{\cdot i}p_{\alpha\cdot}}{\sqrt{p_{\cdot i}p_{\alpha\cdot}}}\right)\left(\frac{p_{\alpha j}-p_{\cdot j}p_{\alpha\cdot}}{\sqrt{p_{\cdot j}p_{\alpha\cdot}}}\right)\triangleq\sum_{\alpha=1}^{n}z_{\alpha i}z_{\alpha j}\end{aligned}\tag{10.2.5}$$

其中

$$z_{\alpha i}=\frac{p_{\alpha i}-p_{i\cdot}\,p_{\alpha\cdot}}{\sqrt{p_{i\cdot}\,p_{\alpha\cdot}}}=\frac{\dfrac{x_{\alpha i}}{x_{\cdot\cdot}}-\dfrac{x_{\cdot i}}{x_{\cdot\cdot}}\cdot\dfrac{x_{\alpha\cdot}}{x_{\cdot\cdot}}}{\sqrt{\dfrac{x_{\cdot i}}{x_{\cdot\cdot}}}}=\frac{x_{\alpha i}-\dfrac{x_{\cdot i}x_{\alpha\cdot}}{x_{\cdot\cdot}}}{\sqrt{x_{i\cdot}\,x_{\alpha\cdot}}},\alpha=1,\cdots,n;i=1,\cdots,p\tag{10.2.6}$$

令 $\boldsymbol{Z}=(z_{ij})$ 为 $n\times p$ 矩阵,其中 z_{ij} 由式(10.2.6)计算,称为**数据对应变换公式。**由式(10.2.5)可以发现,变量间的协方差矩阵 $\boldsymbol{S}_{\mathrm{R}}=\boldsymbol{Z}^{\mathrm{T}}\boldsymbol{Z}$。

我们从 $\boldsymbol{S}_{\mathrm{R}}$ 出发进行 R 型因子分析,若 $\boldsymbol{S}_{\mathrm{R}}$ 的非零特征值记为 $\lambda_1\geqslant\lambda_2\geqslant\cdots\geqslant\lambda_m$,$\boldsymbol{S}_{\mathrm{R}}$ 的特征根 λ_i 对应的特征向量为 $\boldsymbol{U}_i$,$\boldsymbol{U}_i=(u_{1i},u_{2i},\cdots,u_{pi})^{\mathrm{T}}$。

可以证得 $\boldsymbol{S}_{\mathrm{R}}\boldsymbol{P}_J^{1/2}=\boldsymbol{0}$,其中 $\boldsymbol{P}_J^{1/2}=(\sqrt{p_{\cdot 1}},\sqrt{p_{\cdot 2}},\cdots,\sqrt{p_{\cdot p}})^{\mathrm{T}}$,$\boldsymbol{P}_J^{1/2}$ 是重心向量。所以 $\boldsymbol{P}_J^{1/2}$ 是 $\boldsymbol{S}_{\mathrm{R}}$ 的一个特征向量,对应特征值为零,故 $0<m\leqslant\min(n,p)-1$。

由第 8 章知识可知因子载荷矩阵为

$$\boldsymbol{F}=\begin{pmatrix}u_{11}\sqrt{\lambda_1} & u_{12}\sqrt{\lambda_2} & \cdots & u_{1m}\sqrt{\lambda_m}\\ u_{21}\sqrt{\lambda_1} & u_{22}\sqrt{\lambda_2} & \cdots & u_{2m}\sqrt{\lambda_m}\\ \vdots & \vdots & & \vdots\\ u_{p1}\sqrt{\lambda_1} & u_{p2}\sqrt{\lambda_2} & \cdots & u_{pm}\sqrt{\lambda_m}\end{pmatrix}$$

2. Q 型因子分析

类似上面的方法,可写出样品空间中样品点的协差阵,即第 k 个样品与第 l 个样品的协方差阵为 $\boldsymbol{S}_{\mathrm{Q}}=(b_{kl})_{n\times n}$,其中

$$\begin{aligned}b_{kl} &= \sum_{i=1}^{p}\left(\frac{p_{ki}}{\sqrt{p_{k\cdot}\,p_{\cdot i}}}-\sqrt{p_{k\cdot}}\right)\left(\frac{p_{li}}{\sqrt{p_{l\cdot}\,p_{\cdot i}}}-\sqrt{p_{l\cdot}}\right)p_{\cdot i}\\ &= \sum_{i=1}^{p}\left(\frac{p_{ki}}{\sqrt{p_{k\cdot}\,p_{\cdot i}}}-\sqrt{p_{k\cdot}}\sqrt{p_{\cdot i}}\right)\left(\frac{p_{li}}{\sqrt{p_{l\cdot}\,p_{\cdot i}}}-\sqrt{p_{l\cdot}}\sqrt{p_{\cdot i}}\right)\\ &= \sum_{i=1}^{p}\left(\frac{p_{ki}-p_{\cdot i}p_{k\cdot}}{\sqrt{p_{k\cdot}\,p_{\cdot i}}}\right)\left(\frac{p_{li}-p_{\cdot i}p_{l\cdot}}{\sqrt{p_{l\cdot}\,p_{\cdot i}}}\right)\triangleq\sum_{i=1}^{p}z_{ki}z_{li}\end{aligned}$$

从而有 $\boldsymbol{S}_{\mathrm{Q}}=\boldsymbol{Z}\boldsymbol{Z}^{\mathrm{T}}$,即样品点的协方差阵可以表示成 $\boldsymbol{Z}\boldsymbol{Z}^{\mathrm{T}}$ 的形式。从 $\boldsymbol{S}_{\mathrm{Q}}$ 出发进行 Q 型因子

分析。

综上，将原始数据阵 $\boldsymbol{X}$ 变换成 $\boldsymbol{Z}$，则变量点和样品点的协方差阵分别为 $\boldsymbol{S}_R=\boldsymbol{Z}^T\boldsymbol{Z}$ 和 $\boldsymbol{S}_Q=\boldsymbol{Z}\boldsymbol{Z}^T$。$\boldsymbol{S}_R$ 与 $\boldsymbol{S}_Q$ 两矩阵明显存在着关系。

3. R型因子分析和Q型因子分析的对应关系

下面说明对应分析中R型因子分析和Q型因子分析的关系，根据矩阵代数的知识，有如下定理和推论。

定理 10.2.1 协方差矩阵 $\boldsymbol{S}_R$ 与 $\boldsymbol{S}_Q$ 的非零特征值相同。

如果 $\boldsymbol{U}$ 是 $\boldsymbol{Z}^T\boldsymbol{Z}$ 的特征向量，则 $\boldsymbol{ZU}$ 是 $\boldsymbol{ZZ}^T$ 的特征向量。

证明：由矩阵代数的结论可知，两个矩阵交换相乘后，它们的非零特征值相同。

若 $\boldsymbol{U}$ 是 $\boldsymbol{Z}^T\boldsymbol{Z}$ 的特征值 λ 的对应特征向量，则有 $\boldsymbol{Z}^T\boldsymbol{ZU}=\lambda\boldsymbol{U}$，两边左乘 $\boldsymbol{Z}$ 得，$\boldsymbol{ZZ}^T(\boldsymbol{ZU})=\lambda(\boldsymbol{ZU})$，即 $\boldsymbol{ZU}$ 是 $\boldsymbol{ZZ}^T$ 的特征向量。

借助这一定理，我们可以从R型因子分析出发而直接获得Q型因子分析的结果，而不用分别求解。进行R型因子分析时变量点的协方差阵 $\boldsymbol{S}_R=\boldsymbol{Z}^T\boldsymbol{Z}$ 和进行Q型因子分析时样品点的协方差阵 $\boldsymbol{S}_Q=\boldsymbol{ZZ}^T$，由于 $\boldsymbol{Z}^T\boldsymbol{Z}$ 和 $\boldsymbol{ZZ}^T$ 有相同的非零特征值，记为

$$\lambda_1\geqslant\lambda_2\geqslant\cdots\geqslant\lambda_m,\quad 0<m\leqslant\min(n,p)-1$$

如果 $\boldsymbol{S}_R$ 的特征根 λ_i 对应的特征向量为 $\boldsymbol{U}_i$，则 $\boldsymbol{S}_Q$ 的特征根 λ_i 对应的特征向量就是 $\boldsymbol{ZU}_i\triangleq\boldsymbol{V}_i$。求出 $\boldsymbol{S}_R$ 的特征根和特征向量后，可以写出变量点协方差阵对应的因子载荷矩阵，记为 $\boldsymbol{F}$，则

$$\boldsymbol{F}=\begin{pmatrix} u_{11}\sqrt{\lambda_1} & u_{12}\sqrt{\lambda_2} & \cdots & u_{1m}\sqrt{\lambda_m} \\ u_{21}\sqrt{\lambda_1} & u_{22}\sqrt{\lambda_2} & \cdots & u_{2m}\sqrt{\lambda_m} \\ \vdots & \vdots & & \vdots \\ u_{p1}\sqrt{\lambda_1} & u_{p2}\sqrt{\lambda_2} & \cdots & u_{pm}\sqrt{\lambda_m} \end{pmatrix} \tag{10.2.7}$$

其中，公因子个数 m 由累积方差贡献率大于80%（或70%，根据实际情况而定）确定。利用关系式 $\boldsymbol{ZU}_i\triangleq\boldsymbol{V}_i$ 可以给出样品点协方差阵 $\boldsymbol{S}_Q$ 对应的因子载荷阵，记为 $\boldsymbol{G}$，则

$$\boldsymbol{G}=\begin{pmatrix} v_{11}\sqrt{\lambda_1} & v_{12}\sqrt{\lambda_2} & \cdots & v_{1m}\sqrt{\lambda_m} \\ v_{21}\sqrt{\lambda_1} & v_{22}\sqrt{\lambda_2} & \cdots & v_{2m}\sqrt{\lambda_m} \\ \vdots & \vdots & & \vdots \\ v_{n1}\sqrt{\lambda_1} & v_{n2}\sqrt{\lambda_2} & \cdots & v_{nm}\sqrt{\lambda_m} \end{pmatrix} \tag{10.2.8}$$

我们知道因子载荷矩阵的含义是原始变量与公共因子之间的相关系数，构造平面直角坐标系，将第一个公共因子的载荷与第二个公共因子的载荷看成平面上的点，在坐标系中绘制散点图，就是对应分布图。也有学者建议采用下面的“因子载荷阵”〔即式(10.2.9)〕作为列轮廓坐标，与式(10.2.7)稍有差别，采用下面的“因子载荷阵”〔即式(10.2.10)〕作为行轮廓坐标，绘制图形。

$$\boldsymbol{F}=\begin{pmatrix} \frac{u_{11}\lambda_1}{\sqrt{p_{\cdot 1}}} & \frac{u_{12}\lambda_2}{\sqrt{p_{\cdot 1}}} & \cdots & \frac{u_{1m}\lambda_m}{\sqrt{p_{\cdot 1}}} \\ \frac{u_{21}\lambda_1}{\sqrt{p_{\cdot 2}}} & \frac{u_{22}\lambda_2}{\sqrt{p_{\cdot 2}}} & \cdots & \frac{u_{2m}\lambda_m}{\sqrt{p_{\cdot 2}}} \\ \vdots & \vdots & & \vdots \\ \frac{u_{p1}\lambda_1}{\sqrt{p_{\cdot p}}} & \frac{u_{p2}\lambda_2}{\sqrt{p_{\cdot p}}} & \cdots & \frac{u_{pm}\lambda_m}{\sqrt{p_{\cdot p}}} \end{pmatrix}=(F_1,F_2,\cdots,F_m) \tag{10.2.9}$$

$$
\boldsymbol{G}=\begin{pmatrix} \dfrac{v_{11}\lambda_1}{\sqrt{p_{1\cdot}}} & \dfrac{v_{12}\lambda_2}{\sqrt{p_{1\cdot}}} & \cdots & \dfrac{v_{1m}\lambda_m}{\sqrt{p_{1\cdot}}} \\ \dfrac{v_{21}\lambda_1}{\sqrt{p_{2\cdot}}} & \dfrac{v_{22}\lambda_2}{\sqrt{p_{2\cdot}}} & \cdots & \dfrac{v_{2m}\lambda_m}{\sqrt{p_{2\cdot}}} \\ \vdots & \vdots & & \vdots \\ \dfrac{v_{n1}\lambda_1}{\sqrt{p_{n\cdot}}} & \dfrac{v_{n2}\lambda_2}{\sqrt{p_{n\cdot}}} & \cdots & \dfrac{v_{nm}\lambda_m}{\sqrt{p_{n\cdot}}} \end{pmatrix}=(G_1,G_2,\cdots,G_m) \tag{10.2.10}
$$

例如，当 $m=2$ 时，按照式(10.2.9)、式(10.2.10)，对于每个变量 $\boldsymbol{x}_j$ 在因子平面 F_1-F_2 上，以 F_1,F_2 值作为坐标进行描点；同样，对于每个样品 $\boldsymbol{x}_{(\alpha)}$ 在因子平面 G_1-G_2 上，以 G_1,G_2 值作为坐标进行描点，得到对应分布图。通过观察对应分布图直观地把握变量类别之间的联系，联系密切的类别点较集中，联系疏远的类别点较分散。

这些点能绘制在一张图的原因是，$\boldsymbol{S}_{\mathrm{R}}$ 与 $\boldsymbol{S}_{\mathrm{Q}}$ 矩阵具有相同的特征值。由于特征值表示各个公因子所提供的方差贡献，因此在变量空间($\mathbb{R}^p$)中的公因子与样品空间($\mathbb{R}^n$)中相对应的公因子在总方差中所占的百分比完全相同，所以，我们可以用相同的因子轴同时表示变量和样品，即将 R 型因子分析和 Q 型因子分析的结果同时反映在具有相同坐标轴的因子平面上。

对应分析就是对原始数据进行规格变换，使 R 型和 Q 型因子分析有机结合。在以往的统计分析中，若变量值的量纲不同及数量级相差很大，通常对变量作标准化处理，然而这种处理是按列进行的，并没有考虑样品之间的差异，对于变量和样品而言是非对等的。为了使之具有对等性，以便将 R 型因子分析和 Q 型因子分析建立起联系，将原始数据阵 $\boldsymbol{X}=(x_{ij})$ 变换成过渡矩阵 $\boldsymbol{Z}=(z_{ij})$，即将 x_{ij} 变换成 z_{ij}，z_{ij} 使变量和样品具有对等性，并且通过 z_{ij} 把 R 型因子分析和 Q 型因子分析联系起来。这就是对应分析中关键的数据变换方法。

数据变换矩阵为

$$
\boldsymbol{Z}=(z_{ij}),\quad z_{ij}=\frac{x_{ij}-\dfrac{x_{\cdot j}x_{i\cdot}}{x_{\cdot\cdot}}}{\sqrt{x_{\cdot j}x_{i\cdot}}}
$$

其中，$x_{i\cdot}=\sum_{j=1}^{p}x_{ij}$，$x_{\cdot j}=\sum_{i=1}^{n}x_{ij}$，$T=x_{\cdot\cdot}=\sum_{i=1}^{n}\sum_{j=1}^{p}x_{ij}$。这一数据变换是受到列联表独立性检验时，计算 χ^2 统计量方法的启发得到的。χ^2 统计量的计算公式是

$$
\chi^2=\sum_i\sum_j\frac{\left(n_{ij}-\dfrac{n_{i\cdot}n_{\cdot j}}{n}\right)^2}{n_{i\cdot}n_{\cdot j}/n}
$$

关于总惯量，可得行剖面点集 $n(R)$ 的总惯量

$$
I_R=\frac{\chi^2}{T}=\sum_{i=1}^{n}\sum_{j=1}^{p}z_{ij}^2=\mathrm{tr}(\boldsymbol{Z}^{\mathrm{T}}\boldsymbol{Z})=\sum_{i=1}^{m}\lambda_i=\sum_{i=1}^{m}d_i^2
$$

其中，λ_i 是 $\boldsymbol{Z}^{\mathrm{T}}\boldsymbol{Z}$ 的特征值，$\sqrt{\lambda_i}\triangleq d_i$ 是 $\boldsymbol{Z}$ 的奇异值。

由于总惯量与 χ^2 相差常数倍，所以可以认为总惯量反映了两个变量联系的整体情况。由于 λ_i 在因子分析中的作用，总惯量的概念类似于方差总和的概念，可以把行总惯量看成是对变量的联系在行上的分解。列剖面点集的总惯量 I_C 有类似的含义。

10.2.3 对应分析的案例分析和软件操作

例 10.4 1992 年美国大选，其中，总统候选人有 3 个：Bush、Perot、Clinton，分别记为

1,2,3。选民最高学历有 5 个水平:lt high school、high school、junior college、Bachelor 和 graduate degree,分别记为 0,1,2,3,4。请对所支持的总统候选人变量(pres92)和选民的最高学历水平变量(degree)进行对应分析。数据来自 SPSS 软件自带数据集 voter. sav。

解:(1) 对应分析 SPSS 软件操作

① 在 SPSS 窗口中选择“Analyze”→“Data Reduction”→“Correspondence”,从左侧变量列表中选择变量作为对应分析的对象。此例选择“pres92”为行变量,“degree”为列变量,如图 10.2.1 所示。

② 选择变量“pres92”后,单击“Row”左侧的三角箭头就可以看到在“Row”项下出现了“pres92(? ?)”,这时用鼠标选中该变量,其下方的“Define Range”按钮被激活,单击后出现“Define Row Range”子对话框,如图 10.2.2 所示。

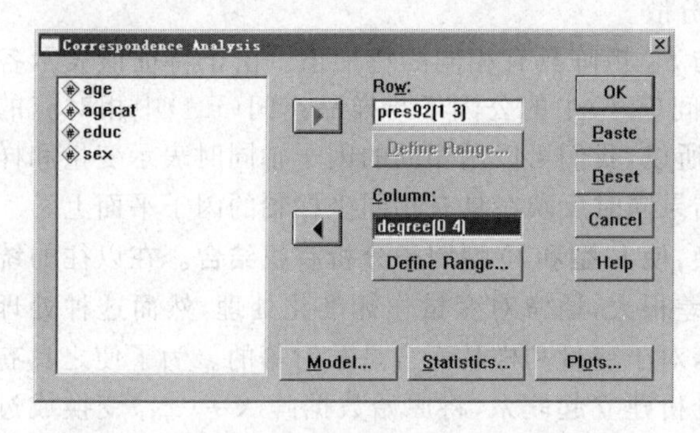

图 10.2.1 “Correspondence Analysis”对话框

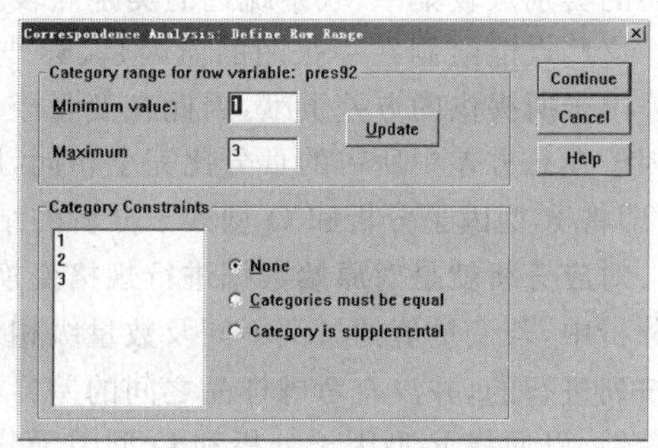

图 10.2.2 “Define Row Range”子对话框

该对话框分为上下两个部分:“Category range for row variable: pres92”和“Category Constraints”。上部分给出变量范围,下部分给出分析的约束条件。

这里要分析 3 位总统候选人,所以在“Minimum value”中填入“1”,在“Maximum value”中填入“3”,之后单击“Update”按钮,就可以在下方的“Category Constraints”栏中看到,后续分析中的行变量仅包含 3 个类目,分别是 1,2 和 3。

在“Category Constraints”栏右侧有 3 个单选项:“None”表示没有任何约束;“Categories must be equal”指定某些类目的得分相同,最多可以设置有效类目的个数减 1 个得分相等的类目;“Category is supplemental”表示某些类目不参加对应分析,但是会在图形中标示。这里我们不进行任何约束,单击“Continue”按钮后回到主对话框。

类似地,可以指定 degree 的有效类目最小值为 0,最大值为 4。

③ 单击“Model”按钮,打开“Model”子对话框,如图 10.2.3 所示,指定对应分析结果的维数。

“Dimensions in solution”输入框用于设置最终提取的因子个数,为了得到可视化的对应分析图,一般设置成 2 或者 3,最常用的设置是 2。

“Distance Measure”选项栏用于选择距离测度的方式,有卡方距离(Chi square)和欧氏距离(Euclidean)两种,定性变量应该用“Chi square”。

“Standardization Method”选项栏用于设置数据标准化方法。

“Normalization Method”选项栏用于设置正态化方法。需要比较行列变量的类目差异时选择“Symmetrical”,需要比较行列变量中任意两个类目的差异时选择“Principal”,比较行变量的类目差异时选择“Row principal”,而比较列变量的类目差异时选择“Column principal”,也可以在“Custom”中指定[−1,1]之间的任意实数，特别地，如果输入−1 则为“Column principal”，输入 1 为“Row principal”，输入 0 为“Symmetrical”。该对话框中的选项一般无须改动。

④ 单击“Statistics”按钮，打开“Statistics”子对话框，如图 10.2.4 所示，设定输出的对应分析统计量，各选项的含义如下。

“Correspondence table”：输出二维列联表。

“Overview of row points”：输出行点总览表，包括行分类变量的因子载荷以及方差贡献等。

“Overview of column points”：输出列点总览表，包括列分类变量的因子载荷及方差贡献等。

“Row profiles”：输出行轮廓矩阵。

“Column profiles”：输出列轮廓矩阵。

“Permutations of the correspondence table”：指定前 n 个维度的行列得分表，如果该项选中，下方的“Maximum dimension for permutations”被激活，用于指定维度 n。

“Confidence Statistics”：选择计算行点和列点在各维度的标准差以及相关系数。

这里我们选择前 5 个选项。

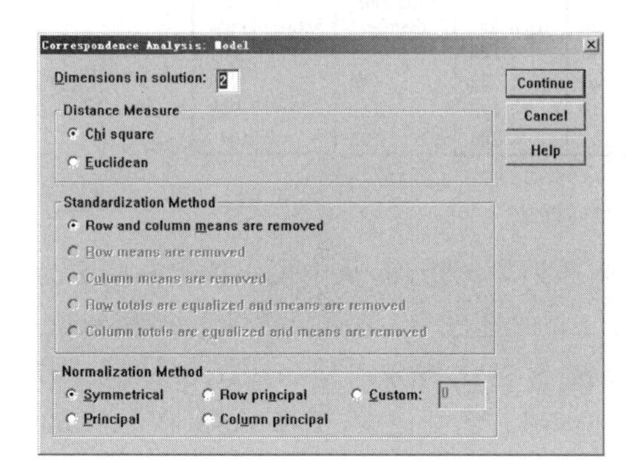

图 10.2.3　“Model”子对话框

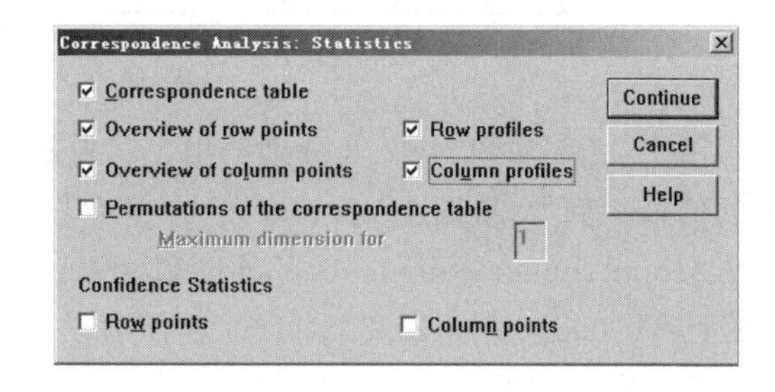

图 10.2.4　“Statistics”子对话框

⑤ 单击“Plots”按钮，打开“Plots”子对话框，如图 10.2.5 所示，设定输出的统计图。

“Scatterplots”选项栏用于指定输出对应分析的各种散点图，默认只输出包含行列变量的双变量因子载荷散点图(Biplot)，也就是所谓的对应分析图，也可指定输出只包含行变量的因子载荷散点图(Row points)和只包含列变量的因子载荷散点图(Column points)。而“ID label width for Scatterplots”输入框用于指定散点标签的长度，默认为 20。

“Line plots”选项栏用于指定输出行变量和列变量分别在各个公共因子上载荷的折线图。

这里我们选择子对话框中所有的复选项。

⑥ 在主对话框中单击“OK”按钮，执行对应分析命令。

(2) 结果分析

对应分析模块是荷兰莱顿大学 DTTS 课题组的研究成果。SPSS 套用了该模块，每次分析结果均显示版权信息。图 10.2.6 给出了总统候选人和选民学历层次之间的二维列联表，从中可以观察不同学历层次对总统选择的偏好。“Active Margin”为边际频数，大致可以看出 Clinton 在各个学历层次都有最高的票数。

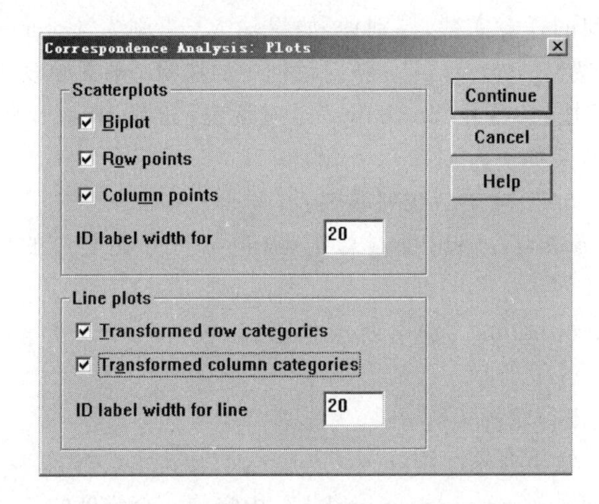

图 10.2.5 "Plots"子对话框

Correspondence Table

PRES92	DEGREE					
	lt high school	high school	junior college	bachelor	graduate degree	Active Margin
Bush	55	349	48	146	63	661
Perot	12	159	26	62	19	278
Clinton	122	439	58	178	111	908
Active Margin	189	947	132	386	193	1847

图 10.2.6 二维列联表

图 10.2.7 和图 10.2.8 分别给出了行轮廓矩阵和列轮廓矩阵，从中可以读出一些更为详尽的信息。例如，从图 10.2.7 可知，在所有选择 Bush 的选民中，学历层次为 lt high school、high school、junior college、bachelor 和 graduate degree 的比例分别是 0.083，0.528，0.073，0.221 和 0.095。从图 10.2.8 可知，在所有学历为 bachelor 的选民中，选择 Bush、Perot、Clinton 的比例分别是 0.378，0.161 和 0.461。

Row Profiles

PRES92	DEGREE					
	lt high school	high school	junior college	bachelor	graduate degree	Active Margin
Bush	.083	.528	.073	.221	.095	1.000
Perot	.043	.572	.094	.223	.068	1.000
Clinton	.134	.483	.064	.196	.122	1.000
Mass	.102	.513	.071	.209	.104	

图 10.2.7 行轮廓矩阵

Column Profiles

PRES92	DEGREE					
	lt high school	high school	junior college	bachelor	graduate degree	Mass
Bush	.291	.369	.364	.378	.326	.358
Perot	.063	.168	.197	.161	.098	.151
Clinton	.646	.464	.439	.461	.575	.492
Active Margin	1.000	1.000	1.000	1.000	1.000	

图 10.2.8 列轮廓矩阵

"Mass"为边际频率,从图 10.2.7 可以看出,所有选民的学历层次分布情况为 lt high school(0.102)、high school(0.513)、junior college(0.071)、bachelor(0.209)和 graduate degree(0.104)。从图 10.2.8 可以看出,3 位总统候选人的支持率分别为 Bush(0.358)、Perot (0.151)、Clinton(0.492)。

图 10.2.9 给出对应分析的总览。图中从左到右依次是维度编号、奇异值(等于特征根的平方根)、惯量(也就是特征根)、卡方统计量(原假设为行列变量相互独立)、卡方统计量对应的 p 值、惯量所占总惯量比例、每个维度的奇异值的标准差和相关系数。第一个维度惯量为 0.019,占总惯量的 98.7%,第二个维度惯量接近 0,仅占总惯量的 1.3%。因此可以认为只要用一个维度就可以解释行列变量之间所有的关系,但为了说明分析过程,仍然保留两个维度。卡方统计量等于 35.516,对应的 p 值接近于 0,说明有理由拒绝原假设,应该认为行列变量之间存在显著相关性,对应分析是有意义的。

Summary

Dimension	Singular Value	Inertia	Chi Square	Sig.	Proportion of Inertia		Confidence Singular Value	
					Accounted for	Cumulative	Standard Deviation	Correlation 2
1	.138	.019			.987	.987	.021	.061
2	.016	.000			.013	1.000	.024	
Total		.019	35.516	.000[a]	1.000	1.000		

a. 8 degrees of freedom

图 10.2.9　对应分析总览

图 10.2.10 和图 10.2.11 分别给出行点总览和列点总览。现以图 10.2.10 为例,"Mass"项表示行变量中每个类目的边际频率。"Score in Dimension"项是行点在两个维度的坐标(即行变量在两个公共因子上的载荷),即有坐标点 Bush(0.193,−0.157)、Perot(0.664,0.198)、Clinton(−0.344,0.053)。"Inertia"项为惯量,即每个行点与行重心的加权距离的平方。而总的行惯量为行点与行重心的加权距离平方和,即 0.019=0.002+0.009+0.008。比较图 10.2.10和图 10.2.11 的总惯量,可以发现总的行惯量与总的列惯量相等,都等于 0.019。"Contribution"项有两个部分,分别是行变量的每个类目对维度(公共因子)特征根的贡献和每一个维度对每个类目的特征根的贡献。

Overview Row Points[a]

PRES92	Mass	Score in Dimension		Inertia	Contribution				
					Of Point to Inertia of Dimension		Of Dimension to Inertia of Point		
		1	2		1	2	1	2	Total
Bush	.358	.193	-.157	.002	.097	.545	.929	.071	1.000
Perot	.151	.664	.198	.009	.481	.368	.990	.010	1.000
Clinton	.492	-.344	.053	.008	.422	.087	.997	.003	1.000
Active Total	1.000			.019	1.000	1.000			

a. Symmetrical normalization

图 10.2.10　行点总览

Overview Column Points[a]

DEGREE	Mass	Score in Dimension 1	Score in Dimension 2	Inertia	Contribution: Of Point to Inertia of Dimension 1	Of Point to Inertia of Dimension 2	Of Dimension to Inertia of Point 1	Of Dimension to Inertia of Point 2	Total
lt high school	.102	-.897	.087	.011	.598	.048	.999	.001	1.000
high school	.513	.169	.018	.002	.106	.010	.999	.001	1.000
junior college	.071	.362	.344	.001	.068	.525	.905	.095	1.000
bachelor	.209	.153	-.174	.001	.036	.394	.869	.131	1.000
graduate degree	.104	-.503	-.059	.004	.192	.023	.998	.002	1.000
Active Total	1.000			.019	1.000	1.000			

a. Symmetrical normalization

图 10.2.11　列点总览

图 10.2.12 和图 10.2.13 分别给出了行变量和列变量在两个公共因子上的载荷的折线图。其中,图 10.2.12(a)是行变量 pres92 在第一个因子上的载荷折线图,图 10.2.12(b)是行变量 pres92 在第二个因子上的载荷折线图,可见候选人 Perot 在两个公共因子上都有较大载荷。图 10.2.13(a)是列变量 degree 在第一个因子上的载荷折线图,图 10.2.13(b)是列变量 degree 在第二个因子上的载荷折线图,可见 high school、junior college、bachelor 在第一个因子上有较大载荷,而 lt high school 和 junior college 在第二个因子上有较大载荷。

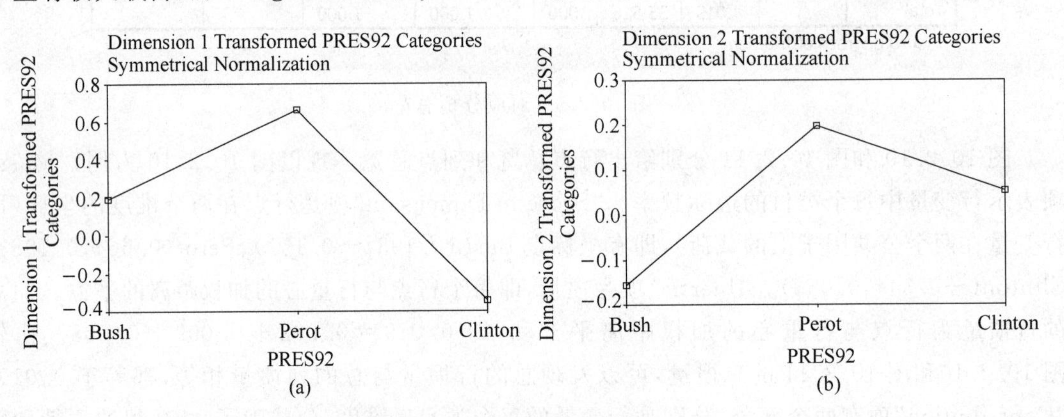

图 10.2.12　行变量的因子载荷折线图

图 10.2.14 给出行变量的因子载荷散点图,直观地体现出行变量各水平之间的相似程度,从图中可以看出,3 位候选人的选民支持状况比较分散。

图 10.2.15 给出列变量的因子载荷散点图,体现出不同学历水平的选民对候选人偏好的相似程度,从中可以看出,high school 和 bachelor 两种学历水平的选民具有比较相似的偏好。

图 10.2.16 给出对应分析的重要结果——对应分析图,该图直观地体现了选民的学历背景和对总统的选择之间的对应关系。从图中可以发现研究生层次的选民(graduate degree)倾向于具有实干精神的 Clinton,而较 Clinton 更为激进的 Bush 更受 high school 和 bachelor 层次选民的欢迎,Perot 仅和 junior college 层次的选民较近。

该例题的已知数据是原始数据,假如已知列联表数据,如图 10.2.17 所示,SPSS 软件也有读入列联表数据的功能。

首先需要整理列联表数据为表 10.2.1 的形式,在 SPSS 数据窗口输入表 10.2.1 的数据。

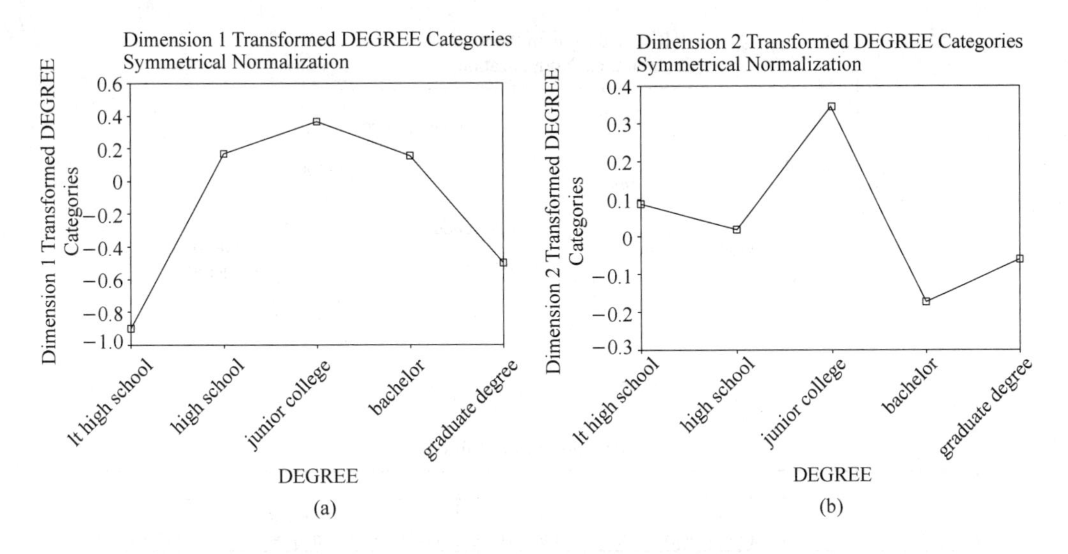

图 10.2.13　列变量的因子载荷折线图

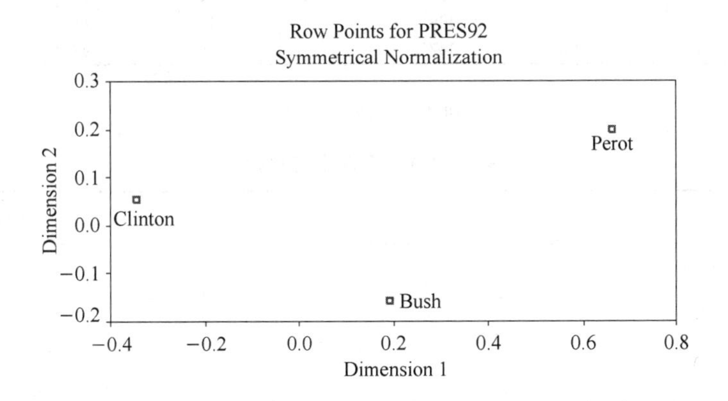

图 10.2.14　行变量的因子载荷散点图

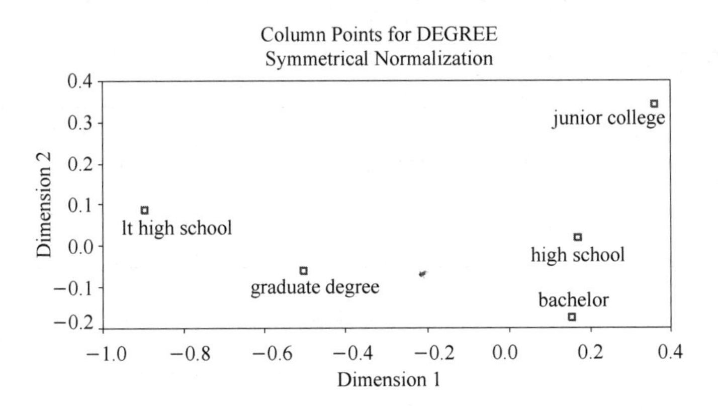

图 10.2.15　列变量的因子载荷散点图

然后依次选择“Data”→“Weight Cases…”进入“Weight Cases”对话框，进行加权（系统默认对观测不使用权重），选中“Weight Cases by”选项，此时下面的“Frequency variable”被激活，选中“freq”并单击向右的箭头，使变量 freq 充当权数的作用，单击“OK”。加权操作完成，才可以进行对应分析。

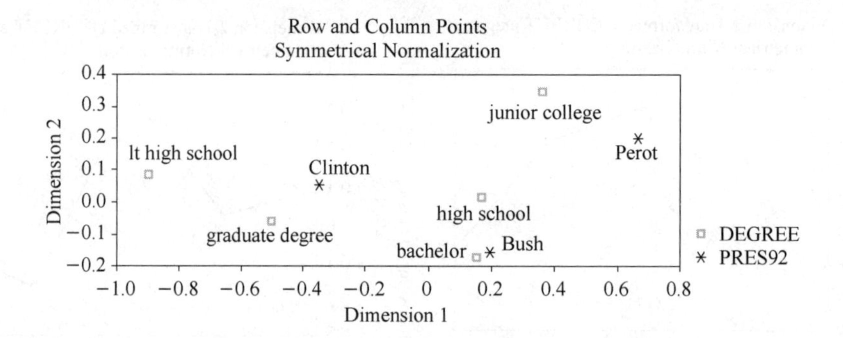

图 10.2.16　对应分析图

Correspondence Table

PRES92	DEGREE					
	lt high school	high school	junior college	bachelor	graduate degree	Active Margin
Bush	55	349	48	146	63	661
Perot	12	159	26	62	19	278
Clinton	122	439	58	178	111	908
Active Margin	189	947	132	386	193	1847

图 10.2.17　列联表

表 10.2.1　列联表变化数据

row	column	freq
1	0	55
1	1	349
1	2	48
1	3	146
1	4	63
2	0	12
2	1	159
2	2	26
2	3	62
2	4	19
3	0	122
3	1	439
3	2	58
3	3	178
3	4	111

进入对应分析对话框，按上面所述的方法选择变量，设定取值范围并进行分析，此处行变量“row”为总统候选人变量(pres92)，取值范围为 1～3；列变量“column”为选民的最高学历水平变量(degree)，取值范围为 0～4，可以得到与上面一致的结果。

对应分析还可以对分类汇总数据进行分析，分类汇总数据的单元格内不是频数，是相应的统计指标，如均值等。下面通过一个具体问题来说明该方法的应用。

例 10.5 某地环境检测部门对该地所属 8 个地区的大气污染状况进行了系统的检测，每天 4 次同时在各个地区抽取大气样品，测定其中的氯、硫化氢、二氧化硫、碳 4、环氧氯丙烷、环己烷 6 种气体的浓度(分别记为 $x_1 \sim x_6$)，得到均值数据资料见表 10.2.2，请做对应分析。

表 10.2.2 6 种气体的浓度均值数据

地 区	气体 1 的浓度/(%)	气体 2 的浓度/(%)	气体 3 的浓度/(%)	气体 4 的浓度/(%)	气体 5 的浓度/(%)	气体 6 的浓度/(%)
地区 1	0.056	0.084	0.031	0.038	0.0081	0.022
地区 2	0.049	0.055	0.1	0.11	0.022	0.0073
地区 3	0.038	0.13	0.079	0.17	0.058	0.043
地区 4	0.034	0.095	0.058	0.16	0.2	0.029
地区 5	0.084	0.066	0.029	0.32	0.012	0.041
地区 6	0.064	0.072	0.1	0.21	0.028	1.38
地区 7	0.048	0.089	0.062	0.26	0.038	0.036
地区 8	0.069	0.087	0.027	0.05	0.089	0.021

解：分类汇总数据的 SPSS 软件操作：数据录入方式和列联表情况一样。

不同之处是，由于单元格内不再是频数，不存在行、列合计频数，也就不能再像列联表一样基于无关联假设计算标准化残差，而是使用欧氏距离来代表相应单元格数值偏离无关联假设的程度，所以要在图 10.2.3 的“Model”子对话框中，在“Distance Measure”选项栏选择欧氏距离(Euclidean)。这时“Standardization Method”选项栏的一些设置数据标准化的方法被激活，可以选择适合的标准化方法。对应分析中对欧氏距离提供了 5 种标准化方法，含义如下。

① Row and Column Means Removed：为缺省设置，在数据标准化时将行合计均数以及列合计均数的影响都移去，这样行、列类别间均数的差异不再对结果产生影响，在结果中呈现的只是行、列变量类别间的交互作用。

② Row/Column Means Removed：在数据标准化时只移除行/列变量合计均数差异的影响，这样行/列均数的差异不再对结果产生影响，在结果中呈现的只是列/行变量类别间的差异。

③ Row/Column Totals are Equalized and Row：在数据标准化时首先将原始数据除以行/列合计，然后再移除行、列均数的影响。

剩余的步骤就与普通的对应分析完全相同。本例的对应分析图如图 10.2.18 所示。

从对应分析图 10.2.18 可见，地区及污染类型可以分为 3 类：第一类聚合了环氧氯丙烷 X_5 和地区 4，表明第四地区的主要大气污染物为环氧氯丙烷；第二类包含变量 X_1，X_2，X_3，X_4 和样品地区 1、地区 2、地区 3、地区 5、地区 7 和地区 8，这 6 个地区的主要污染物是氯、硫化氢、二氧化硫、碳 4；第三类包含 X_6 和地区 6，该地区的主要污染物是环乙烷。

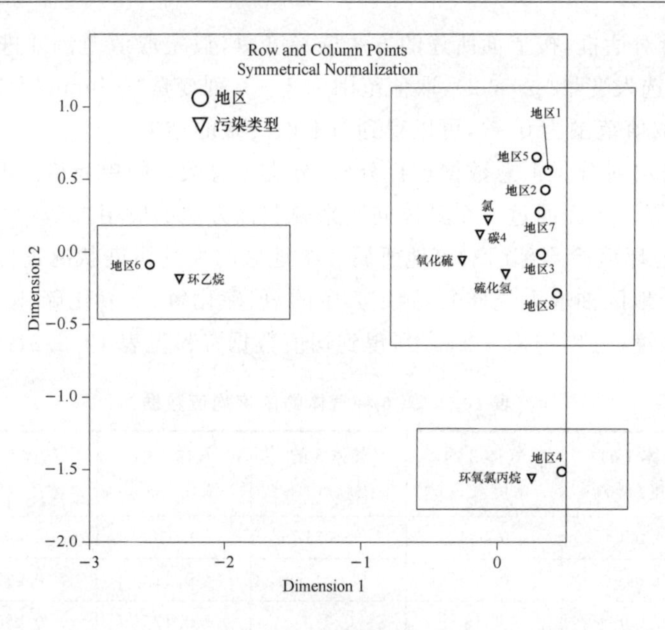

图 10.2.18 对应分析图

10.3 习 题

1. 简述对应分析方法的基本原理和步骤。

2. 某医师研究用兰芩口服液与银黄口服液治疗慢性咽炎疗效有无差别,将病情相似的 80 名患者随机分成两组,分别用两种药物治疗,列联表数据如表 10.3.1 所示,请进行对应分析。

表 10.3.1 列联表数据

药 物	疗 效		合 计
	有 效	无 效	
兰芩口服液	41	4	45
银黄口服液	24	11	35
合 计	65	15	80

3. 美国的 General Social Survey 研究婚姻状况和幸福状况的关系,调查数据如表 10.3.2 所示,请进行对应分析。

表 10.3.2 列联表数据

婚姻状况	幸福状况			
	非常幸福	比较幸福	不幸福	合 计
已 婚	574	726	82	1 382
丧 偶	70	149	59	278
离 异	83	292	79	454
分 居	14	73	30	117
未 婚	136	419	99	654
合 计	877	1 659	349	2 885

第11章 聚类分析

“现实是复杂的，是绝对不可能由一个有组织的科学模型完全描述出来的。”

——托马斯·库恩(T. Kuhn)

在实际问题中，经常要遇到分类的问题。例如，在考古学中，要将某些古生物化石进行科学的分类；在生物学中，要根据各生物体的综合特征进行分类；在经济学中，为了研究不同地区城镇居民的收入及消费情况，往往需要划分为不同的类型去研究；在产品质量管理中，要根据各产品的重要指标将其分为一等品、二等品等。“物以类聚，人以群分”，分类是人们认识事物的出发点和重要方法。分类学已成为人们认识世界的基础科学。

11.1 什么是聚类分析

科学的分类方法无论在自然科学，还是在社会科学中，都有着极其广泛的应用。在古老的分类学中，人们主要靠经验和专业知识，很少利用数学方法。随着技术和科学的发展，分类越来越细，以致有时仅凭经验和专业知识不能进行确切分类，于是数学这个有用的工具逐渐被引进到分类学中，形成了数值分类学。后来，随着多元分析方法的引进，从数值分析学中逐渐分离出了**聚类分析**(Cluster Analysis，CA)这个分支。

11.1.1 聚类分析的思想

什么是分类的根据呢？对于一个研究主题，有很多种分类法。例如，要想把中国的县分成若干类，可从指标选取上考虑。可以按照自然条件来分，如考虑降水、土地、日照、湿度等各方面；也可以考虑收入、教育水准、医疗条件、基础设施等指标。既可以用某一项来分类，也可以同时考虑多项指标来分类。还有，从不同的目标考虑，既可以按照观测值对变量(指标)进行分类(相当于对数据中的列进行分类)，也可以按照变量对观测值(事件，样品)进行分类(相当于对数据中的行进行分类)。例如，利用学生成绩数据既可以对学生进行分类，也可以对课程进行分类。

什么是类？通俗地讲，相似样品(或指标)的集合称为类。由于现实问题的复杂性，欲给类下一个严格的定义是困难的。什么是分类？就是将一个观测对象指定到某一类(组)。分成多少类是合适的呢？事先并不知道有多少类，完全可以按照数据来分类，做探索性分析。

聚类分析是一种分类方法，它将一批样品、变量，按照它们在性质上的相似、疏远程度进行科学的分类,使在同一类内的观测样品(或变量)是相似的,不同类间的观测样品(或变量)是不相似的。

聚类分析和第12章的判别分析都研究分类,但两者有本质的区别。聚类分析寻求客观分类的方法,事先对总体到底有几类无所知晓,而判别分析则是在总体分类已知,或已知各总体分布,或已知来自各总体训练样本的基础上,对新样品用统计的方法判定它们属于哪个总体。聚类分析和其他方法联合起来使用往往效果更好,例如,对一批观测对象先用聚类分析进行分类,然后用判别分析方法建立判别准则,可以对新观测对象判别归类。

11.1.2 聚类分析的方法

聚类分析的历史还很短,由于在其发展过程中首先着重于实用,因此相对而言在理论上还不够完善。无论是聚类统计量还是聚类的方法,都还未最终定型。目前,聚类统计量种类繁多,聚类方法也五花八门,但由于聚类分析方法能广泛地应用于解决实际问题,它和多元回归分析、判别分析一起被称为多元统计分析的三大实用方法。

聚类分析根据分类对象的不同分为R型聚类和Q型聚类。对样品的分类称为Q型聚类。Q型聚类分析的目的主要是对样品进行分类。分类的结果是直观的,且比传统分类方法更细致、全面、合理。对变量的分类称为R型聚类,R型聚类分析的目的主要有:了解变量间及变量组合间的亲疏关系;对变量进行分类;根据分类结果及它们之间的关系,在每一类中选择有代表性的变量作为典型变量,利用少数几个典型变量进一步作分析计算,如进行回归分析等。这两种聚类在数学上是对称的。

聚类分析根据聚类方法的不同分为快速聚类法、谱系聚类法、模糊聚类法、逐步聚类法、最优分割法(有序样品聚类法)、分解法、加入法等。

本章将介绍常见的聚类统计量以及使用最广泛的K均值快速聚类法、谱系聚类法。

11.2 聚类统计量

要对一组复杂数据进行聚类,就要研究它们的关系,即进行“相关性”或“相似性”度量。

例如,某班有n个学生(样品),根据每个学生的期末各科考试成绩将该班学生分类(如分为优、良、中、差4类)。这是对样品进行聚类,设有n个样品,每个样品$\boldsymbol{x}_i$均观测p个指标,要根据$\boldsymbol{x}_i$之间的某种**相似性**度量,对这n个样品进行分类。

例如,在服装设计中要测量很多的指标,如身高、上体长、臂长、肩宽、胸围、腰围等,为了服装定型设计方便,需要对这些指标进行分类。这是对变量(指标)进行聚类,设所考察的p个变量为$X_1,X_2,\cdots,X_p$,根据某些**相似性**原则,将变量$X_1,X_2,\cdots,X_p$进行分类。

无论是样品,还是变量的聚类,都要寻找“**相似性**”进行聚类。目前使用最多的是距离和相似系数。通常,当对样品进行聚类时,往往由某种距离来聚类;当对变量进行聚类时,经常根据相关系数或某种关联性度量来聚类。

11.2.1 样品间的相似性度量:距离

设有n个样品,每个样品$\boldsymbol{x}_i(i=1,2,\cdots,n)$有$p$个指标,它们的观测值可表示为$\boldsymbol{x}_i=(x_{i1},$

$x_{i2},\cdots,x_{ip})^{T}(i=1,2,\cdots,n)$。每个样品 $\boldsymbol{x}_i$ 可看成 p 维空间中的一个点，n 个样品就看成 n 个 p 维空间中的点。我们很自然地想到用各点之间的距离，来衡量各样品之间的靠近程度。

设 $d(\boldsymbol{x}_i,\boldsymbol{x}_j)$ 为样品 $\boldsymbol{x}_i$ 与 $\boldsymbol{x}_j$ 之间的距离，一般要求满足[①]：

① $d(\boldsymbol{x}_i,\boldsymbol{x}_j)\geqslant 0$，且 $d(\boldsymbol{x}_i,\boldsymbol{x}_j)=0$ 当且仅当 $\boldsymbol{x}_i=\boldsymbol{x}_j$；

② $d(\boldsymbol{x}_i,\boldsymbol{x}_j)=d(\boldsymbol{x}_j,\boldsymbol{x}_i)$；

③ $d(\boldsymbol{x}_i,\boldsymbol{x}_j)\leqslant d(\boldsymbol{x}_i,\boldsymbol{x}_k)+d(\boldsymbol{x}_k,\boldsymbol{x}_j)$（三角不等式）。

下面介绍常用距离，并举例说明。这部分内容在第6章涉及过，此处有重复及补充。

1. 闵氏(Minkowski)距离

$$d_{ij}(q)=\Big(\sum_{k=1}^{p}|x_{ik}-x_{jk}|^{q}\Big)^{1/q},\quad q>0 \tag{11.2.1}$$

① 当 $q=1$ 时，$d_{ij}(1)=\sum\limits_{k=1}^{p}|x_{ik}-x_{jk}|$ 为绝对距离。

② 当 $q=2$ 时，$d_{ij}(2)=\Big(\sum\limits_{k=1}^{p}|x_{ik}-x_{jk}|^{2}\Big)^{\frac{1}{2}}$ 为欧氏距离。

③ 当 $q=\infty$ 时，$d_{ij}(\infty)=\max\limits_{1\leqslant k\leqslant p}|x_{ik}-x_{jk}|$ 为切比雪夫距离[②]。

闵氏距离与各指标的量纲有关。它要求一个向量的各个分量是不相关的且具有相同的方差。若考虑 p 个指标的相关性和异方差等问题，我们可以采用方差加权距离或马氏距离。

2. 方差加权距离

$$d_{ij}=\Big(\sum_{k=1}^{p}\frac{(x_{ik}-x_{jk})^{2}}{\sigma_k^{2}}\Big)^{1/2} \tag{11.2.2}$$

其中，σ_k^2 为第 k 个指标的方差。

3. 马氏(Mahalanobis)距离

设 $\boldsymbol{x}_i$ 与 $\boldsymbol{x}_j$ 是从均值为 $\boldsymbol{\mu}$，协方差阵为 $\boldsymbol{\Sigma}$ 的总体 G 中抽取的样品，其中 $\boldsymbol{x}_i=(x_{i1},x_{i2},\cdots,x_{ip})^{T}$，$\boldsymbol{x}_j=(x_{j1},x_{j2},\cdots,x_{jp})^{T}$。如果逆矩阵 $\boldsymbol{\Sigma}^{-1}$ 存在，则两个样品 $\boldsymbol{x}_i$ 与 $\boldsymbol{x}_j$ 之间的马氏距离的平方为

$$d_{ij}^{2}=(\boldsymbol{x}_i-\boldsymbol{x}_j)^{T}\boldsymbol{\Sigma}^{-1}(\boldsymbol{x}_i-\boldsymbol{x}_j) \tag{11.2.3}$$

样本 $\boldsymbol{x}$ 到总体 G 的马氏距离的平方为

$$d_{(\boldsymbol{x},G)}^{2}=(\boldsymbol{x}-\boldsymbol{\mu})^{T}\boldsymbol{\Sigma}^{-1}(\boldsymbol{x}-\boldsymbol{\mu}) \tag{11.2.4}$$

注意：该距离在第6章的定义6.3.2中曾经给出过。在实际应用中，通常取样本均值和样本协方差阵 $\boldsymbol{S}$ 作为 $\boldsymbol{\mu}$ 和 $\boldsymbol{\Sigma}$ 的估计。此时，两个样品的马氏距离为

$$d_{ij}(M)=\sqrt{(\boldsymbol{x}_i-\boldsymbol{x}_j)^{T}\boldsymbol{S}^{-1}(\boldsymbol{x}_i-\boldsymbol{x}_j)}$$

4. 兰氏(Lance-Williams)距离

$$d_{ij}(L)=\frac{1}{p}\sum_{k=1}^{p}\frac{|x_{ik}-x_{jk}|}{x_{ik}+x_{jk}} \tag{11.2.5}$$

兰氏距离仅适用于一切 $x_{ij}>0$ 的情况，该距离有助于克服各指标之间量纲的影响，但没有考虑指标之间的相关性。

---

① 这种距离定义是矩阵代数中向量距离定义的特例。有时所用的距离并不满足第三条，广义上仍称为距离。

② 可以利用不等式的缩放技术进行证明。

为了对马氏距离和欧氏距离进行比较，更清楚地看清两者的区别和联系，考虑下面的例子。

例 11.1 假设二维正态总体 G 的分布为：$N_2\left(\begin{pmatrix}0\\0\end{pmatrix},\begin{pmatrix}1 & 0.9\\0.9 & 1\end{pmatrix}\right)$。计算 $A(1,1)$ 和 $B(1,-1)$ 两点到总体 G 的马氏距离和欧式距离。

解：由式(11.2.4)，计算样品到总体 G 的马氏距离的平方为

$$d^2_{(A,G)}=\begin{pmatrix}1-0\\1-0\end{pmatrix}^{\mathrm{T}}\begin{pmatrix}1 & 0.9\\0.9 & 1\end{pmatrix}^{-1}\begin{pmatrix}1-0\\1-0\end{pmatrix}=0.2/0.19\approx 1.05$$

$$d^2_{(B,G)}=3.8/0.19=20$$

由式(11.2.1)，计算样品到总体 G 的欧氏距离，即考虑样品到总体 G 的均值的欧氏距离。为了对比方便，计算欧式距离的平方为

$$d^2_{(A,G)}(2)=d^2_{(A,\mu)}(2)=2,\quad d^2_{(B,G)}(2)=d^2_{(B,\mu)}(2)=2$$

可见欧式距离相同，马氏距离相差 $\sqrt{20}$ 倍。这说明分析问题要选择合适的距离，否则结果会有很大区别。该总体的概率密度函数是

$$f(y_1,y_2)=\frac{1}{2\pi\sqrt{0.19}}\exp\left[-\frac{1}{0.38}(y_1^2-1.8y_1y_2+y_2^2)\right]$$

可计算 A 和 B 两点的密度函数值分别是：$f(1,1)=0.215\,7$，$f(1,-1)=0.000\,016\,58$。

正态分布越靠近均值中心，概率密集程度越大。上面两点的密度值说明 A 点离均值近，马氏距离反映了这一情况。

马氏距离虽然可以排除变量之间相关性的干扰，并且不受量纲的影响，但是在聚类分析处理之前，如果用全部数据计算均值和协差阵来求马氏距离，效果不是很好。比较合理的办法是用各个类的样本来计算各自的协差阵，同一类样品间的马氏距离应当用这一类的协差阵来计算，但类的形成都要依赖于样品间的距离，这就形成了一个循环，因此在实际聚类分析中，马氏距离也不是理想的距离。

5. 斜交空间距离

第 i 个样品 $\boldsymbol{x}_i$ 与第 j 个样品 $\boldsymbol{x}_j$ 间的斜交空间距离定义为

$$d_{ij}^*=\left[\frac{1}{p^2}\sum_{k=1}^{p}\sum_{l=1}^{p}(x_{ik}-x_{jk})(x_{il}-x_{jl})r_{kl}\right]^{\frac{1}{2}}\tag{11.2.6}$$

其中，$r_{kl}(k=1,\cdots,p;l=1,\cdots,p)$ 是变量 $\boldsymbol{X}_k$ 与变量 $\boldsymbol{X}_l$ 间的相关系数。

11.2.2 变量间的关联性度量：相似系数

当对 p 个变量(或指标)进行聚类时，用相似系数衡量变量间的关联程度。

定义 11.2.1 如果 C_{ij} 对一切的 $1\leqslant i,j\leqslant p$ 满足：① $|C_{ij}|\leqslant 1$；② $C_{ii}=1$；③ $C_{ij}=C_{ji}$。称 C_{ij} 为变量 $\boldsymbol{X}_i$ 和 $\boldsymbol{X}_j$ 之间的相关系数。

可见 C_{ij} 越接近于 1，变量 $\boldsymbol{X}_i$ 和 $\boldsymbol{X}_j$ 之间的关系越密切。

设 $(x_{1i},x_{2i},\cdots,x_{ni})^{\mathrm{T}}$ 表示对变量 $\boldsymbol{X}_i(i=1,\cdots,p)$ 的 n 个观测值，常用的相似系数有如下几种。

1. 夹角余弦(向量内积)

$$C_{ij}(1) = \cos\theta_{ij} = \frac{\sum_{k=1}^{n} x_{ki}x_{kj}}{\sqrt{\sum_{k=1}^{n} x_{ki}^2 \sum_{k=1}^{n} x_{kj}^2}}, \quad i,j = 1,2,\cdots,p \tag{11.2.7}$$

若将变量 $\boldsymbol{X}_i$ 的 n 个观测值 $(x_{1i},x_{2i},\cdots,x_{ni})^{\mathrm{T}}$ 和变量 $\boldsymbol{X}_j$ 的 n 个观测值 $(x_{1j},x_{2j},\cdots,x_{nj})^{\mathrm{T}}$ 看成 n 维空间中的两个向量，$C_{ij}(1)$ 正好是这两个向量夹角的余弦，这个统计量在图像识别中非常有用。当 $C_{ij}(1)=1$ 时，说明完全相似；当 $C_{ij}(1)=0$ 时，说明完全不一样。

2. 相关系数(相似系数)

两个随机变量的相关系数是描述这两个变量关联性(线性关系)强弱的特征数字。因此，用两个变量的样本皮尔逊相关系数作为两个变量关联性的一种度量。其定义为

$$C_{ij}(2) = r_{ij} = \frac{\sum_{k=1}^{n}(x_{ki}-\bar{x}_i)(x_{kj}-\bar{x}_j)}{\sqrt{\sum_{k=1}^{n}(x_{ki}-\bar{x}_i)^2 \sum_{k=1}^{n}(x_{kj}-\bar{x}_j)^2}}, \quad i,j = 1,2,\cdots,p \tag{11.2.8}$$

其中，$\bar{x}_i = \frac{1}{n}\sum_{k=1}^{n} x_{ki}$，$\bar{x}_j = \frac{1}{n}\sum_{k=1}^{n} x_{kj}$。

$r_{ij}(i,j=1,2,\cdots,p)$ 也是零均值化后向量的夹角余弦，如果将原始数据中心化，则 $\bar{x}_i=0$ 且 $\bar{x}_j=0$，这时有 $r_{ij}=\cos\theta_{ij}$。

3. 同号率

$$C_{ij}(3)=\frac{n_+ - n_-}{n_+ + n_-}, \quad i,j=1,2,\cdots,p \tag{11.2.9}$$

其中，n_+ 为变量 $\boldsymbol{X}_i$ 和 $\boldsymbol{X}_j$ 之间相应各分量取同号的个数；n_- 为变量 $\boldsymbol{X}_i$ 和 $\boldsymbol{X}_j$ 之间相应各分量取异号的个数。

11.2.3　关联测度

关联测度用来衡量定性变量的相似性，其中 4 种最常见，分别是简单匹配系数(the simple matching coefficient)、雅可比系数(Jaccard's coefficient)、果瓦系数(Gower's coefficient)、匹配系数(matching coefficient)，其中简单匹配系数、雅科比系数只适用于二分类变量。

1. 简单匹配系数

对于二分类变量，关联测度的出发点是要估计研究对象(样品)在回答问题时的一致程度。两个案例的回答结果，用“1”代表“是”，用“0”代表“否”，如下：

		案例 2	
		1	0
案例 1	1	a	b
	0	c	d

简单匹配系数是两个案例答案相同的情况出现的频率，定义为

$$S=\frac{a+d}{a+b+c+d} \tag{11.2.10}$$

可见 S 反映两个案例之间的相似性，变化范围为 0～1。

2. 雅可比系数

简单匹配系数的缺点是，两个案例相似可能是因为它们都共同拥有某些特征，也可能是因为它们都缺乏某些特征。雅可比系数做了改进，它把两个案例都回答“否”的部分去掉，只考虑回答“是”的部分，定义为

$$S=\frac{a}{a+b+c} \tag{11.2.11}$$

3. 果瓦系数

果瓦系数优于前两个关联测度之处是允许聚类变量是名义变量、序次变量、间距测度变量，定义为

$$S=\frac{\sum_{k=1}^{m}S_{ijk}}{\sum_{k=1}^{m}W_{ijk}} \tag{11.2.12}$$

其中，S_{ijk} 为案例 i 和案例 j 在变量 k 上的相似性得分，W_{ijk} 为加权变量。

对二分类变量 S_{ijk} 和 W_{ijk} 的计算规则如表 11.2.1 所示，此时果瓦系数等于雅可比系数。

表 11.2.1　果瓦系数计算规则(在变量 k 上的值)

案例 i	1	1	0	0
案例 j	1	0	1	0
S_{ijk}	1	0	0	0
W_{ijk}	1	1	1	0

4. 匹配系数

第 i 个样品与第 j 个样品的匹配系数定义为

$$S_{ij}=\sum_{k=1}^{p}Z_k \tag{11.2.13}$$

其中，当 $x_{ik}=x_{jk}$ 时，$Z_k=1$；当 $x_{ik}\neq x_{jk}$ 时，$Z_k=0$。匹配系数越大，说明两样品越相似。

例 11.2　对购买家具的顾客考虑 3 个变量，数据见表 11.2.2，请计算样品的匹配系数。

x_1：喜欢的式样。老式记为 1，新式记为 2。

x_2：喜欢的图案。素式记为 1，格子式记为 2，花式记为 3。

x_3：喜欢的颜色。蓝色记为 1，黄色记为 2，红色记为 3，绿色记为 4。

表 11.2.2　购买家具的顾客喜好数据

顾　客	x_1	x_2	x_3
1	1	3	1
2	1	2	2
3	2	3	3
4	2	2	3

解:由式(11.2.13)可得样品(顾客)的匹配系数

$$S_{11}=1+1+1=3, S_{12}=1+0+0=1, S_{13}=0+1+0=1, S_{14}=0+0+0=0$$

$$S_{22}=3, S_{23}=0, S_{24}=0+1+0=1, S_{33}=3, S_{34}=2, S_{44}=3$$

该例的样品为名义尺度变量,取值仅代表不同类别,无大小次序关系,故可以采用匹配系数作为聚类统计量。可见顾客 3 和顾客 4 为一类,其他顾客为一类。

用聚类分析解决实际问题时,选用何种距离是十分重要的,这通常要结合有关专业的实际背景而定。距离的定义有很大的灵活性,有时也可根据实际问题定义新的距离。

例 11.3 欧洲各国的语言有许多相似之处。表 11.2.3 列举了英语、挪威语、丹麦语、荷兰语、德语、法语、西班牙语、意大利语、波兰语、匈牙利语和芬兰语的 1,2,…,10 的拼法,计算这 11 种语言之间的距离。

表 11.2.3 11 种欧洲语言的数词

英 语	挪威语	丹麦语	荷兰语	德 语	法 语	西班牙语	意大利语	波兰语	匈牙利语	芬兰语
one	en	en	een	ein	un	uno	uno	jeden	egy	yksi
two	to	to	twee	zwei	deux	dos	due	dwa	ketto	kaksi
three	tre	tre	drie	drei	trois	tres	tre	trzy	harom	kolme
four	fire	fire	vier	vier	quatre	cuatro	quattro	cztery	negy	neua
five	fem	fem	vijf	funf	einq	cinco	cinque	piec	ot	viisi
six	seks	seks	zes	sechs	six	seix	sei	szesc	hat	kuusi
seven	sju	syv	zeven	siebcn	sept	siete	sette	siedem	het	seitseman
eight	ate	otte	acht	acht	huit	ocho	otto	osiem	nyolc	kahdeksau
nine	ni	ni	negen	neun	neuf	nueve	nove	dziewiec	kilenc	yhdeksan
ten	ti	ti	tien	zehn	dix	diez	dieci	dziesiec	tiz	kymmenen

此例是文本数据,无法直接用前面给出的公式来计算距离,观察表 11.2.3,发现前 3 种文字(英、挪、丹)很相似,尤其是每个单词的第一个字母,有学者认为两种语言中表达同一个数字的词,要是这两个词的首字母相同,就是和谐的,否则就说它们是不和谐的。图 11.2.1 就是数字 1~10 的和谐表(首字母配对的频数表),可以看到,英语和挪威语的 10 对词中有 8 对的首字母相同。其余用同样的方法计算。

	E	N	Da	Du	G	Fr	Sp	I	P	H	Fi
E	10										
N	8	10									
Da	8	9	10								
Du	3	5	4	10							
G	4	6	5	5	10						
Fr	4	4	4	1	3	10					
Sp	4	4	5	1	3	8	10				
I	4	4	5	1	3	9	9	10			
P	3	3	4	0	2	5	7	6	10		
H	1	2	2	2	1	0	0	0	0	10	
Fi	1	1	1	1	1	1	1	1	1	2	10

图 11.2.1 11 种欧洲语言的数词的首字母配对频数

于是产生一种定义距离的办法:用两种语言的 10 个数词中的第一个字母不相同的个数来

定义两种语言之间的距离，例如，英语和挪威语中只有1和8的第一个字母不同，故它们之间的距离为2。11种语言之间两两的距离列于图11.2.2。

	E	N	Da	Du	G	Fr	Sp	I	P	H	Fi
E	0										
N	2	0									
Da	2	1	0								
Du	7	5	6	0							
G	6	4	5	5	0						
Fr	6	6	6	9	7	0					
Sp	6	6	5	9	7	2	0				
I	6	6	5	9	7	1	1	0			
P	7	7	6	10	8	5	3	4	0		
H	9	8	8	8	9	10	10	10	10	0	
Fi	9	9	9	9	9	9	9	9	9	8	0

图11.2.2　11种欧洲语言之间的距离

可见，英语、挪威语、丹麦语、荷兰语、德语构成一组，法语、西班牙语、意大利语、波兰语构成一组，匈牙利语、芬兰语构成一组。

11.2.4　数据的变换方法

统计分析中所考察的不同变量，通常具有不同的单位（或称量纲），为了能放在一起比较，需要对原始数据进行标准化（或称为无量纲化）处理，以消除不同单位的影响，达到数据间可同度量的目的。常用的标准化变换方法有如下几种。

① 正态标准化公式为

$$x_{ij}^{*}=\frac{x_{ij}-\overline{x}_j}{s_j} \tag{11.2.14}$$

变换后的数据，每个变量的样本均值为0，标准差为1。

② 极差标准化公式为

$$x_{ij}^{*}=\frac{x_{ij}-\overline{x}_j}{R(x_{ij})}=\frac{x_{ij}-\overline{x}_j}{\max(x_j)-\min(x_j)} \tag{11.2.15}$$

变换后的数据，每个变量的样本均值为0，极差为1。

③ 极差正规化公式为

$$x_{ij}^{*}=\frac{x_{ij}-\min(x_j)}{R(x_{ij})}=\frac{x_{ij}-\min(x_j)}{\max(x_j)-\min(x_j)} \tag{11.2.16}$$

变换后的数据 $0\leqslant x_{ij}^{*}\leqslant 1$，极差为1。

④ 中心化变换公式为

$$x_{ij}^{*}=x_{ij}-\overline{x}_j \tag{11.2.17}$$

变换后数据的均值为0，标准差不变。

⑤ 对数变换公式为

$$x_{ij}^{*}=\ln(x_{ij}),x_{ij}>0 \tag{11.2.18}$$

可将具有指数特征的数据结构化为线性数据结构。有时根据需要，也可以取常用对数。

11.3 谱系聚类法

谱系聚类法也称为系统聚类、层次聚类。它是根据古老的植物分类学的思想进行分类的方法。在植物分类学中，分类的单位：门、纲、目、科、属、种，其中种是分类的基本单位。分类单位越小它所包含的植物种类就越少，植物间的共同特征就越多。利用这种分类思想，谱系聚类法(合并法)首先视各样品(或变量)自成一类，然后把最相似的样品(或变量)聚为小类，再将已聚合的小类按其相似性再聚合，随着相似性的减弱，最后将一切子类都聚合到一个大类，从而得到一个按相似性大小聚结起来的谱系关系。这一归类过程可以用一张聚类图(谱系图、树状图、冰柱图)形象地表示。

在谱系聚类法的合并过程中要涉及样品间距离和类之间的距离(或相似系数)。常见的样品间距离在聚类统计量那部分已经给出；类与类之间的距离有许多定义方式，不同的定义就产生了不同的谱系聚类法。下面介绍类与类之间的距离，然后再介绍谱系聚类法。

11.3.1 类间距离及递推公式

有样品 $\boldsymbol{x}_i,\boldsymbol{x}_j$，以 d_{ij} 简记样品 $\boldsymbol{x}_i$ 与 $\boldsymbol{x}_j$ 之间的距离 $d(\boldsymbol{x}_i,\boldsymbol{x}_j)$，用 G_p 和 G_q 表示两个类，它们所包含的样品个数分别记为 n_p 和 n_q，类 G_p 与 G_q 之间的距离用 D_{pq} 表示。下面给出8种定义。

1. 最短距离法(single linkage method)

① 定义类 G_p 与 G_q 之间的距离为两类中所有样品之间距离最小者

$$D_{pq}=\min_{\substack{x_i\in G_p\\ x_j\in G_q}} d_{ij}=\min\{d_{ij}\mid \boldsymbol{x}_i\in G_p,\boldsymbol{x}_j\in G_q\} \tag{11.3.1}$$

② 最短距离法就是以上述 D_{pq} 为准则进行聚类的方法，其示意图如图11.3.1所示。类与类之间的最短距离有如下递推公式。设 G_r 为 G_p 与 G_q 合并所得，则新类 G_r 与其他类 $G_k(k\neq p,q)$ 的最短距离为

$$\begin{aligned}D(G_r,G_k)&=D_{rk}=\min\{d_{ij}\mid \boldsymbol{x}_i\in G_r,\boldsymbol{x}_j\in G_k\}\\&=\min\{\min\{d_{ij}\mid \boldsymbol{x}_i\in G_p,\boldsymbol{x}_j\in G_k\},\min\{d_{ij}\mid \boldsymbol{x}_i\in G_q,\boldsymbol{x}_j\in G_k\}\}\\&=\min\{D(G_p,G_k),D(G_q,G_k)\}\end{aligned} \tag{11.3.2}$$

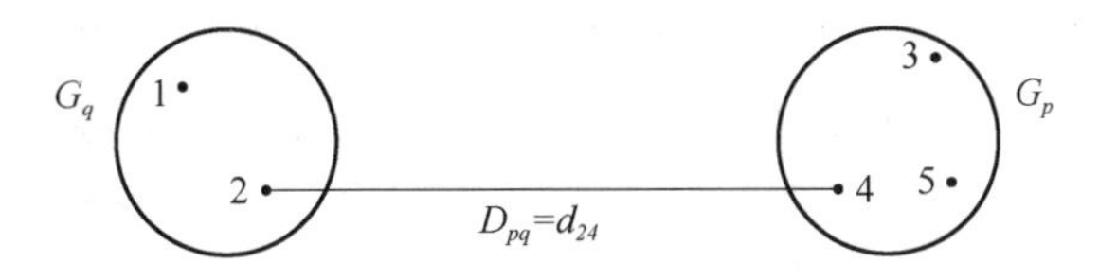

图11.3.1 最短距离法示意图

③ 基本步骤。

有了样品之间的距离(或变量之间的相似系数)以及类之间的距离定义后，便可以进行谱系聚类，步骤如下。

a. 定义样品之间的距离，计算样品两两之间的距离，得到样本距离矩阵 $\boldsymbol{D}(0)$。初始时，

每个样本点自成一类。

$$
\boldsymbol{D}(0)=\begin{pmatrix} 0 & & & & \\ d_{21} & 0 & & & \\ d_{31} & d_{32} & 0 & & \\ \vdots & \vdots & \vdots & \ddots & \\ d_{n1} & d_{n2} & d_{n3} & \cdots & 0 \end{pmatrix}
$$

b. 选择 $\boldsymbol{D}(0)$ 中非对角线距离数值最小的元素[①]，不妨设 $D_{pq}=d_{pq}$ 最小，于是将 G_p 与 G_q 类合并，记为 $G_{n+1}=G_p\cup G_q$。

c. 计算新类 G_{n+1} 与其他类 $G_k(k\neq l,m)$ 的距离，由式(11.3.2)可知

$$
\begin{aligned}
D_{n+1,k}&=\min\{d_{ij}\mid \boldsymbol{x}_i\in G_{n+1},\boldsymbol{x}_j\in G_k\}=\min\{\min\{d_{ij}\mid \boldsymbol{x}_i\in G_p,\boldsymbol{x}_j\in G_k\},\min\{d_{ij}\mid \boldsymbol{x}_i\in G_q,\boldsymbol{x}_j\in G_k\}\}\\
&=\min\{D(G_p,G_k),D(G_q,G_k)\}
\end{aligned}
$$

将 $\boldsymbol{D}(0)$ 中的第 p,q 行及 p,q 列并成一个新行新列，用递推公式，得到的距离矩阵记为 $\boldsymbol{D}(1)$。

d. 对 $\boldsymbol{D}(1)$，重复上述 b 和 c 两步得 $\boldsymbol{D}(2)$。如此下去，直到所有元素并成一类为止。

例 11.4 设抽取 5 个样品，每个样品只有一个变量，它们是 1,2,3.5,7,9，样品点间距取绝对距离，请用系统聚类法中的最短距离法对这 5 个样品进行分类，并画出聚类图。

解：用最短距离法对 5 个样品进行分类。首先采用绝对距离计算距离矩阵：

$\boldsymbol{D}(0)$	G_1	G_2	G_3	G_4	G_5
G_1	0	1	2.5	6	8
G_2	1	0	1.5	5	7
G_3	2.5	1.5	0	3.5	5.5
G_4	6	5	3.5	0	2
G_5	8	7	5.5	2	0

由于 G_1,G_2 距离(为 1)最小，所以合并 G_1,G_2 为 G_6 类，由式(11.3.2)，计算新类与其他类的距离矩阵：

$\boldsymbol{D}(1)$	G_6	G_3	G_4	G_5
G_6	0	1.5	5	7
G_3	1.5	0	3.5	5.5
G_4	5	3.5	0	2
G_5	7	5.5	2	0

由于 G_3,G_6 距离(为 1.5)最小，所以合并 G_3,G_6 为 G_7 类，由式(11.3.2)，计算新类与其他类的距离矩阵：

$\boldsymbol{D}(2)$	G_7	G_4	G_5
G_7	0	3.5	5.5
G_4	3.5	0	2
G_5	5.5	2	0

① 如果最小的非零元素不止一个，对应这些最小元素的类可以同时合并。

由于 G_4,G_5 距离(为 2)最小,所以合并 G_4,G_5 为 G_8 类,由式(11.3.2),计算新类与其他类的距离矩阵:

D(3)	G_7	G_8
G_7	0	3.5
G_8	3.5	0

合并 G_7,G_8 为 G_9 类。聚类谱系图(或称为树状图)为图 11.3.2。

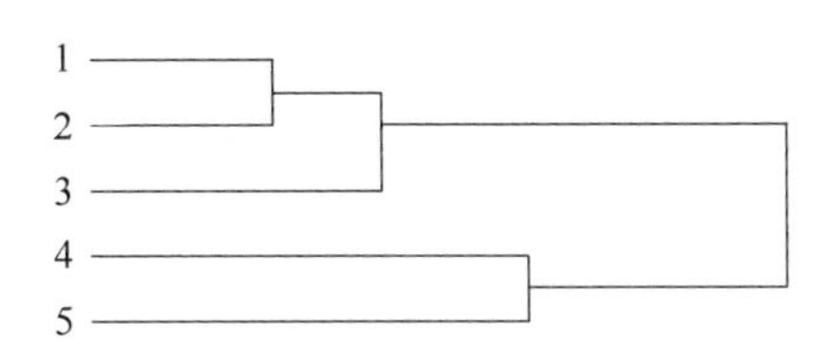

图 11.3.2 谱系图

根据图 11.3.2 可得到分类的结果。设 5 个样品分别记为 $X(1),\cdots,X(5)$。

若分为 3 类,则分为:$\{X(1), X(2), X(3)\}$,$\{X(4)\}$和$\{X(5)\}$。

若分为 4 类,则分为:$\{X(1), X(2)\}$,$\{X(3)\}$,$\{X(4)\}$和$\{X(5)\}$。

2. 最长距离法(complete linkage method)

① 定义类 G_p 与 G_q 之间的距离为两类最远样品点之间的距离

$$D_{pq}=\max_{\substack{x_i\in G_p\\ x_j\in G_q}} d_{ij}=\max\{d_{ij}\mid \boldsymbol{x}_i\in G_p,\boldsymbol{x}_j\in G_q\} \tag{11.3.3}$$

② 最长距离法示意图如图 11.3.3 所示。类与类之间的最长距离有如下递推公式。设 G_r 由 G_p 与 G_q 合并所得,则新类 G_r 与其他类 $G_k(k\neq p,q)$的最长距离递推公式为

$$\begin{aligned}D(G_r,G_k)=D_{rk}&=\max\{d_{ij}\mid \boldsymbol{x}_i\in G_r,\boldsymbol{x}_j\in G_k\}\\&=\max\{\max\{d_{ij}\mid \boldsymbol{x}_i\in G_p,\boldsymbol{x}_j\in G_k\},\max\{d_{ij}\mid \boldsymbol{x}_i\in G_q,\boldsymbol{x}_j\in G_k\}\}\\&=\max\{D(G_p,G_k),D(G_q,G_k)\}\end{aligned} \tag{11.3.4}$$

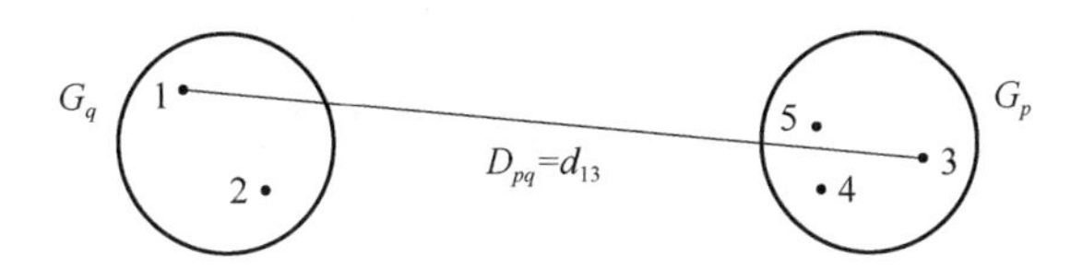

图 11.3.3 最长距离法示意图

③ 基本步骤除了类间距离按照最远样品点计算,其他与最短距离法一致。聚类规则仍然按照距离最小的并为一类。

续例 11.4 设抽取 5 个样品,每个样品只有一个变量,它们是 1,2,3.5,7,9,样品点间距取绝对距离,请用系统聚类法中的最长距离法对 5 个样品进行分类,并画出聚类图。

解:用最长距离法对 5 个样品进行分类。首先采用绝对距离计算距离矩阵:

$D(0)$	G_1	G_2	G_3	G_4	G_5
G_1	0	1	2.5	6	8
G_2	1	0	1.5	5	7
G_3	2.5	1.5	0	3.5	5.5
G_4	6	5	3.5	0	2
G_5	8	7	5.5	2	0

由于 G_1,G_2 距离最小,所以合并 G_1,G_2 为 G_6 类,由式(11.3.4),计算新类与其他类的距离矩阵:

$D(1)$	G_6	G_3	G_4	G_5
G_6	0	2.5	6	8
G_3	2.5	0	3.5	5.5
G_4	6	3.5	0	2
G_5	8	5.5	2	0

由于 G_4,G_5 距离最小,所以合并 G_4,G_5 为 G_7 类,由式(11.3.4),计算新类与其他类的距离矩阵:

$D(2)$	G_6	G_7	G_3
G_6	0	8	2.5
G_7	8	0	5.5
G_3	2.5	5.5	0

由于 G_3,G_6 距离最小,所以合并 G_3,G_6 为 G_8 类,由式(11.3.4),计算新类与其他类的距离矩阵:

$D(3)$	G_7	G_8
G_7	0	8
G_8	8	0

合并 G_7,G_8 为 G_9 类。聚类树状图如图 11.3.4 所示。

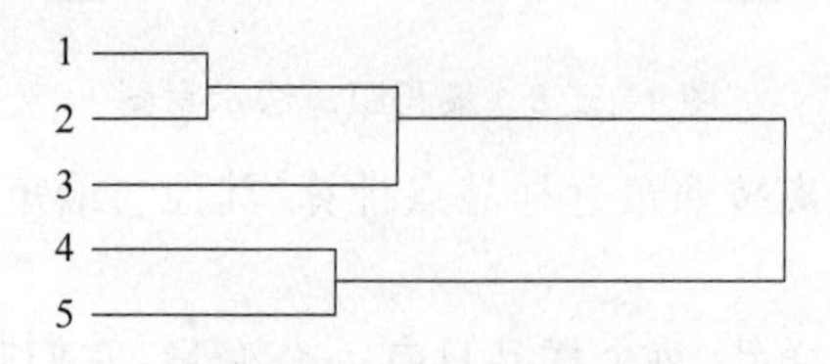

图 11.3.4　谱系图

3. 中间距离法(median method)

① 定义类与类之间的距离既不采用两类之间最近样品的距离,也不采用两类之间最远样品的距离,而是采用介于两者之间的距离,故称中间距离法,其示意图如图 11.3.5 所示。

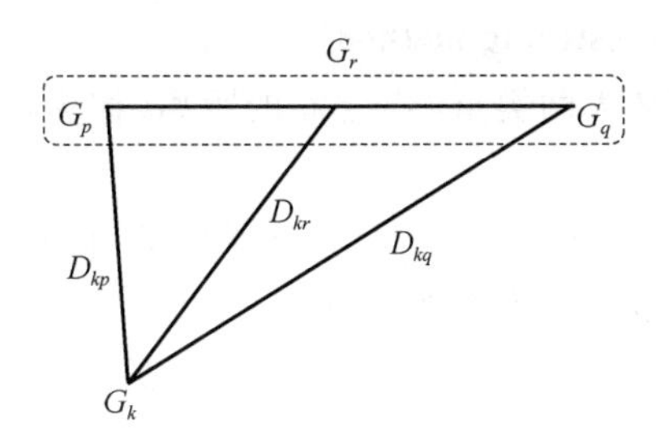

图 11.3.5　中间距离法示意图

② 类与类之间的中间距离法有如下递推公式。设 G_r 为由 G_p 与 G_q 合并所得，则新类 G_r 与其他类 $G_k(k\neq p,q)$ 的中间距离递推公式为

$$D_{kr}^2=\frac{1}{2}D_{kp}^2+\frac{1}{2}D_{kq}^2+\beta D_{pq}^2,-\frac{1}{4}\leqslant\beta\leqslant 0 \text{[1]} \tag{11.3.5}$$

注意:① 当 $\beta=-\frac{1}{4}$ 时，$D_{kr}=\sqrt{\frac{1}{2}D_{kp}^2+\frac{1}{2}D_{kp}^2-\frac{1}{4}D_{pq}^2}$，$D_{kr}$ 为三角形的中线；

②如果用最短距离法，则 $D_{kr}=D_{kp}$，如果用最长距离法，则 $D_{kr}=D_{kq}$。

续例 11.4　设抽取 5 个样品，每个样品只有一个变量，它们是 1,2,3.5,7,9，样品点间距取绝对距离，请用系统聚类法中的中间距离法对 5 个样品进行分类。

解:用中间距离法对 5 个样品进行分类。首先采用绝对距离计算距离矩阵 $\boldsymbol{D}(0)$：

$\boldsymbol{D}(0)$	G_1	G_2	G_3	G_4	G_5
G_1	0	1	2.5	6	8
G_2	1	0	1.5	5	7
G_3	2.5	1.5	0	3.5	5.5
G_4	6	5	3.5	0	2
G_5	8	7	5.5	2	0

由于 G_1,G_2 距离最小，合并 G_1,G_2 为 G_6，由式(11.3.5)，计算 G_6 与其他类距离。取 $\beta=-\frac{1}{4}$，递推公式为 $D_{kr}^2=\frac{1}{2}D_{kp}^2+\frac{1}{2}D_{kq}^2-\frac{1}{4}D_{pq}^2$，如 $D_{36}^2=\frac{D_{31}^2+D_{32}^2}{2}-\frac{1}{4}D_{12}^2=\frac{6.25+2.25}{2}-\frac{1}{4}\times 1=4$，可得平方距离矩阵 $\boldsymbol{D}(1)$ 如下：

$\boldsymbol{D}(1)$	G_6	G_3	G_4	G_5
G_6	0	4	30.25	56.25
G_3	4	0	12.25	30.25
G_4	30.25	12.25	0	4
G_5	56.25	30.25	4	0

后面的聚类过程请读者自行完成。

---

① 式中采用平方距离是为了上机的方便，也可以不采用平方距离。

4. 重心距离法(centroid clustering method)

① 将两类之间的距离定义为两类重心[①]之间的距离,称为重心法,它可以体现每类所包含的样品个数。

设 G_p 与 G_q 分别有样品 n_p 和 n_q 个,其重心分别为 $\bar{\boldsymbol{x}}_p$ 和 $\bar{\boldsymbol{x}}_q$,则 G_p 与 G_q 之间的距离定义为 $\bar{\boldsymbol{x}}_p$ 和 $\bar{\boldsymbol{x}}_q$ 之间的距离,这里我们用欧氏距离来表示,即

$$D_{pq}^2=(\bar{\boldsymbol{x}}_p-\bar{\boldsymbol{x}}_q)^{\mathrm{T}}(\bar{\boldsymbol{x}}_p-\bar{\boldsymbol{x}}_q)$$

设 G_p 和 G_q 合并成新类 G_r,则 G_r 内样品个数为 $n_r=n_p+n_q$,它的重心是 $\bar{\boldsymbol{x}}_r=\dfrac{1}{n_r}(n_p\bar{\boldsymbol{x}}_p+n_q\bar{\boldsymbol{x}}_q)$。

② 类与类之间的重心距离法有如下递推公式。设某一类 G_k 的重心为 $\bar{\boldsymbol{x}}_k$,则它与新类 G_r 的重心距离递推公式为

$$D_{kr}^2=\frac{n_p}{n_r}D_{kp}^2+\frac{n_q}{n_r}D_{kq}^2-\frac{n_pn_q}{n_r^2}D_{pq}^2 \tag{11.3.6}$$

当 $n_p=n_q$ 时,该方法即为中间距离法。

5. 类平均距离法

重心距离法虽然具有一定的代表性,但并未充分利用所有样品点所包括的距离信息,为此给出类平均距离法。

① 类平均法定义两类之间的距离平方为这两类元素两两之间距离平方的平均,即

$$D_{pq}^2=\frac{1}{n_pn_q}\sum_{x_i\in G_p}\sum_{x_j\in G_q}d_{ij}^2 \tag{11.3.7}$$

上述的类平均法也称为组间类平均法(between-groups linkage method),其示意图如图 11.3.6 所示。若同时还考虑组内的任意两点间距离,则称为组内类平均法。

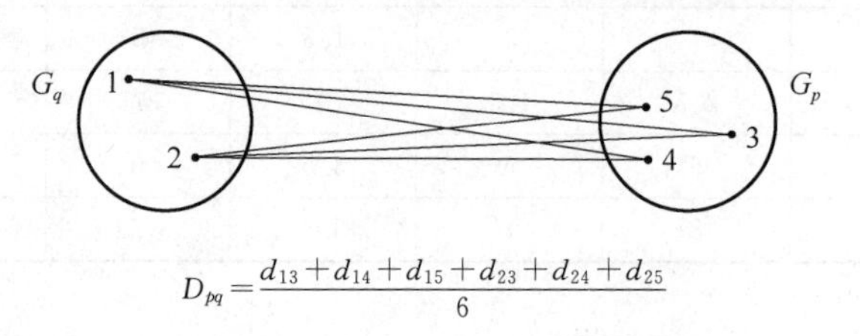

图 11.3.6 组间类平均距离法示意图

② 组间类平均距离有如下递推公式。设 G_r 由 G_p 与 G_q 合并所得,则 G_r 与其他类 $G_k(k\neq p,q)$的组间类距离递推公式为

$$D_{kr}^2=\frac{1}{n_kn_r}\sum_{x_i\in G_k}\sum_{x_j\in G_r}d_{ij}^2=\frac{1}{n_kn_r}\Big(\sum_{x_i\in G_k}\sum_{x_j\in G_p}d_{ij}^2+\sum_{x_i\in G_k}\sum_{x_j\in G_q}d_{ij}^2\Big)=\frac{n_p}{n_r}D_{kp}^2+\frac{n_q}{n_r}D_{kq}^2 \tag{11.3.8}$$

6. 可变类平均距离法(flexible-beta method)

由于类平均法递推公式中没有反映 G_p 与 G_q 之间距离 D_{pq} 的影响,所以给出可变类平均距离法。

① 定义距离:其距离的定义仍为 $D_{pq}^2=\dfrac{1}{n_pn_q}\sum\limits_{x_i\in G_p}\sum\limits_{x_j\in G_q}d_{ij}^2$。只是递推公式有所改变。

② 可变类平均距离有如下递推公式。设 G_r 由 G_p 与 G_q 合并所得,则 G_r 与其他类 $G_k(k\neq p,q)$的可变类平均距离递推公式为

---

① 每类的重心就是该类的样品点均值。单个样品点的重心是自身,两个样品点的重心就是两点边线中点。

$$D_{kr}^2=(1-\beta)\left(\frac{n_p}{n_r}D_{kp}^2+\frac{n_q}{n_r}D_{kq}^2\right)+\beta D_{pq}^2 \tag{11.3.9}$$

其中，β 是可变的，且 $\beta<1$。

7. 可变距离法

① 由可变类平均距离法可以得到一个特例，即令 $\frac{n_p}{n_r}=\frac{n_q}{n_r}=\frac{1}{2}$，得到

$$D_{kr}^2=\frac{1-\beta}{2}(D_{kp}^2+D_{kq}^2)+\beta D_{pq}^2 \tag{11.3.10}$$

其中，β 是可变的，且 $\beta<1$。

注意：可变类平均法与可变法的分类效果与 β 的选择关系极大，β 如果接近 1，一般分类效果不好，在实际应用中 β 常取负值。

② 在聚类过程中使用 $\beta=0$ 时的递推公式

$$D_{kr}^2=(D_{kp}^2+D_{kq}^2)/2,\quad k\neq p,q \tag{11.3.11}$$

并把此方法称为 McQuitty 相似分析法。

8. 离差平方和法(Ward's method)

该方法是统计学家 Ward 于 1936 年提出的，所以又称 Ward 方法。

(1) 基本思想

其基本思想来源于方差分析，如果分类合理，同类样品点的离差平方和应当较小，而类与类之间的样品点离差平方和应该较大。

不妨设将 n 个样品分成了 k 类：$G_1,G_2,\cdots,G_k$。用 $\boldsymbol{x}_i^{(t)}$ 表示 G_t 中的第 i 个样品（这里 $\boldsymbol{x}_i^{(t)}$ 是 p 维向量），n_t 表示 G_t 中的样品个数，$\overline{\boldsymbol{x}}^{(t)}$ 是 G_t 的重心，则 G_t 中样品的离差平方和为

$$W_t=\sum_{i=1}^{n_t}(\boldsymbol{x}_i^{(t)}-\overline{\boldsymbol{x}}^{(t)})^{\mathrm{T}}(\boldsymbol{x}_i^{(t)}-\overline{\boldsymbol{x}}^{(t)}) \tag{11.3.12}$$

k 个类的离差平方和为

$$W=\sum_{t=1}^{k}W_t=\sum_{t=1}^{k}\sum_{i=1}^{n_t}(\boldsymbol{x}_i^{(t)}-\overline{\boldsymbol{x}}^{(t)})^{\mathrm{T}}(\boldsymbol{x}_i^{(t)}-\overline{\boldsymbol{x}}^{(t)}) \tag{11.3.13}$$

当 k 固定时，要选择使 W 达到极小的分类。

(2) 基本做法

n 个样品分成 k 类，一切可能的分法总数为：$\frac{1}{k!}\sum_{i=0}^{k}(-1)^{k-i}\binom{k}{i}i^n$。当 n 和 k 很大时，分法总数会很大，于是放弃在一切分法中找 W 极小值的要求，从可操作角度，找局部最优解，采用如下做法。

Ward 方法的基本做法：将 n 个样品看成各自一类（此时 $W=0$），然后每次将其中某两类合并为一类，即缩小一类，每缩小一类，离差平方和就要增大，选择使得离差平方和 W 增加最小的两类进行合并，直到所有的样品归为一类①。

Ward 法把两类合并后增加的离差平方和看成类间的平方距离，即把类 G_p 和 G_q 的距离平方定义为

$$D_{pq}^2=W_r-W_p-W_q \tag{11.3.14}$$

① 这时所得到的结果可能只是一个局部极小值。

其中，$G_r = G_p \cup G_q$，W_r 为 G_r 的离差平方和。例如，当 $G_1=\{1,2\}$，$G_2=\{4.5,6\}$ 时，$W_1=(1-1.5)^2+(2-1.5)^2=0.25+0.25=0.5$，$W_2=(4.5-5.25)^2+(6-5.25)^2=0.5625+0.5625=1.125$，记 $G_3=\{G_1,G_2\}=\{1,2,4.5,6\}$（样本均值=3.375），$W_3=(1-3.375)^2+(2-3.375)^2+(4.5-3.375)^2+(6-3.375)^2=15.5865$，由式(11.3.14)，则 $D_{12}^2=W_3-(W_1+W_2)=15.5865-(0.5+1.125)=13.9615$，或 $D_{12}=3.7365$。利用 W_r 的定义式(11.3.12)，有 $W_r=\sum_{i=1}^{n_r}(\boldsymbol{x}_i^{(r)}-\overline{\boldsymbol{x}}^{(r)})^{\mathrm{T}}(\boldsymbol{x}_i^{(r)}-\overline{\boldsymbol{x}}^{(r)})$，把 $\overline{\boldsymbol{x}}^{(r)}=\frac{1}{n_r}(n_p\overline{\boldsymbol{x}}^{(p)}+n_q\overline{\boldsymbol{x}}^{(q)})$ 代入，则 D_{pq}^2 的公式还可以整理成如下形式

$$D_{pq}^2=\frac{n_q n_p}{n_r}(\overline{\boldsymbol{x}}^{(p)}-\overline{\boldsymbol{x}}^{(q)})^{\mathrm{T}}(\overline{\boldsymbol{x}}^{(p)}-\overline{\boldsymbol{x}}^{(q)})$$

当样品间距离采用欧氏距离时，上式为 $D_{pq}^2=\frac{n_p n_q}{n_r}d_{pq}^2$，这表明 Ward 法定义的类间距离与重心法只相差一个常数倍。

(3) 递推公式

可以证明，其计算距离的递推公式为

$$D_{kr}^2=\frac{n_k+n_p}{n_r+n_k}D_{kp}^2+\frac{n_k+n_q}{n_r+n_k}D_{kq}^2-\frac{n_k}{n_r+n_k}D_{pq}^2 \tag{11.3.15}$$

各种聚类方法具有共同步骤：首先定义样品间的距离和类之间的距离；其次找到类与新类之间距离的递推公式，进行谱系聚类。以上类之间的距离，不但适用于样品的聚类问题，也适用于变量的聚类问题，这只要将 d_{ij} 用变量间的相似系数 C_{ij} 代替①。R 型系统聚类与 Q 型系统聚类的原理和步骤类似，只是统计量的选取、各类中的元素构成不同。

例 11.5 为研究 1991 年五省份城镇居民生活消费的规律，调查变量为：人均粮食支出、人均衣着支出、人均副食支出、人均日用品支出、人均烟酒茶支出、人均燃料支出、人均其他副食支出、人均非商品支出，用变量 $X_1,\cdots,X_8$ 表示，调查资料如表 11.3.1 所示，若样品间距离采用欧氏距离，试分别用最短距离法、最长距离法、类平均法将它们分类。

表 11.3.1 1991 年辽宁等五省城镇居民月均消费数据

单位：元/人

省 份	变 量							
	X_1	X_2	X_3	X_4	X_5	X_6	X_7	X_8
辽 宁	7.90	39.77	8.49	12.94	19.27	11.05	2.04	13.29
浙 江	7.68	50.37	11.35	13.30	19.25	14.59	2.75	14.87
河 南	9.42	27.93	8.20	8.14	16.17	9.42	1.55	9.76
甘 肃	9.16	27.98	9.01	9.32	15.99	9.10	1.82	11.35
青 海	10.06	28.64	10.52	10.05	16.18	8.39	1.96	10.81

解：将各个省份看成样品，并以 1,2,3,4,5 分别表示辽宁、浙江、河南、甘肃、青海 5 个省，计算欧氏距离 $d_{ij}(i,j=1,2,3,4,5)$，如

① 也可将相似系数转化为距离，距离越小，关系越密切，如可取 $d_{ij}=1-|C_{ij}|$ 或 $d_{ij}^2=1-C_{ij}^2$ 来进行。

$$d_{12}=d_{21}=[(7.90-7.68)^2+(39.77-50.37)^2+\cdots+(13.29-14.87)^2]^{\frac{1}{2}}=11.67$$

得距离矩阵 $\boldsymbol{D}(0)$ 如下(由于距离矩阵对称,所以只写出对角线及下三角部分)

$$\begin{array}{c} \\ \{1\} \\ \{2\} \\ \{3\} \\ \{4\} \\ \{5\} \end{array}\begin{array}{c} \begin{array}{ccccc} \{1\} & \{2\} & \{3\} & \{4\} & \{5\} \end{array} \\ \begin{pmatrix} 0 & & & & \\ 11.67 & 0 & & & \\ 13.80 & 24.63 & 0 & & \\ 13.12 & 24.06 & 2.20 & 0 & \\ 12.80 & 23.54 & 3.51 & 2.21 & 0 \end{pmatrix} \end{array}$$

(1) 采用最短距离法

首先,从 $\boldsymbol{D}(0)$ 中看到,其中最小的为 $d_{43}=2.20$,故将 G_3 和 G_4 合并成一个新类 $G_6=\{3,4\}$,然后计算 G_6 与 G_1,G_2,G_5 之间的最短距离。

$$D(G_6,G_1)=D(\{3,4\},\{1\})=\min\{d_{31},d_{41}\}=\min\{13.80,13.12\}=13.12$$

$$D(G_6,G_2)=D(\{3,4\},\{2\})=\min\{d_{32},d_{42}\}=\min\{24.63,24.06\}=24.06$$

$$D(G_6,G_5)=D(\{3,4\},\{5\})=\min\{d_{35},d_{45}\}=\min\{3.51,2.21\}=2.21$$

在 $\boldsymbol{D}(0)$ 中划去{3}和{4}所对应的行和列,并加上新类{3,4}到其他各类之间的距离所组成的一行和一列,得到 $\boldsymbol{D}(1)$

$$\begin{array}{c} \\ \{3,4\} \\ \{1\} \\ \{2\} \\ \{5\} \end{array}\begin{array}{c} \begin{array}{cccc} \{3,4\} & \{1\} & \{2\} & \{5\} \end{array} \\ \begin{pmatrix} 0 & & & \\ 13.12 & 0 & & \\ 24.06 & 11.67 & 0 & \\ 2.21 & 12.80 & 23.54 & 0 \end{pmatrix} \end{array}$$

从 $\boldsymbol{D}(1)$ 可知,$G_6=\{3,4\}$ 到 $G_5=\{5\}$ 的距离 2.21 最小,因此将 G_6 和 G_5 合并得到一新类 $G_7=\{3,4,5\}$,再计算 G_7 与 G_1,G_2 之间的距离,可得

$$D(\{3,4,5\},\{1\})=\min\{D(\{3,4\},\{1\}),D(\{5\},\{1\})\}=\min\{13.12,12.80\}=12.80$$

$$D(\{3,4,5\},\{2\})=\min\{D(\{3,4\},\{2\}),D(\{5\},\{2\})\}=\min\{24.06,23.54\}=23.54$$

在 $\boldsymbol{D}(1)$ 中划去 $G_6=\{3,4\}$ 和 $G_5=\{5\}$ 所在的行和列,加上 $G_7=\{3,4,5\}$ 的相应行列得到 $\boldsymbol{D}(2)$ 为

$$\begin{array}{c} \\ \{3,4,5\} \\ \{1\} \\ \{2\} \end{array}\begin{array}{c} \begin{array}{ccc} \{3,4,5\} & \{1\} & \{2\} \end{array} \\ \begin{pmatrix} 0 & & \\ 12.80 & 0 & \\ 23.54 & 11.67 & 0 \end{pmatrix} \end{array}$$

$\boldsymbol{D}(2)$ 中最短距离为 $D(\{2\},\{1\})=11.67$,故合并 G_1 与 G_2 得新类 $G_8=\{1,2\}$。至此仅有两类 $G_7=\{3,4,5\}$ 和 $G_8=\{1,2\}$,其距离为

$$\begin{aligned} D(G_7,G_8)&=\min\{D(G_7,G_1),D(G_7,G_2)\} \\ &=\min\{D(\{3,4,5\},\{1\}),D(\{3,4,5\},\{2\})\}=\min\{12.80,23.54\}=12.80 \end{aligned}$$

从而得 $\boldsymbol{D}(3)$ 为

$$\begin{array}{c} \\ \{3,4,5\} \\ \{1,2\} \end{array}\begin{array}{c} \begin{array}{cc} \{3,4,5\} & \{1,2\} \end{array} \\ \begin{pmatrix} 0 & \\ 12.80 & 0 \end{pmatrix} \end{array}$$

最后将 G_7 和 G_8 合为一类。从聚类距离和实际情况来看，将这五省分为两类较合适，即河南、甘肃、青海为一类，辽宁和浙江为一类。若想要类中的个体更接近，可分为3类。

(2) 采用最长距离法

首先，从 $\boldsymbol{D}(0)$ 中看到，其中最小的为 $d_{43}=2.20$，故将 G_3 和 G_4 合并成一个新类 $G_6=\{3,4\}$，按照最长距离方法求 $G_6=\{3,4\}$ 与其余各类的距离

$$D(\{3,4\},\{1\})=\max\{d_{31},d_{41}\}=\max\{13.80,13.12\}=13.80$$

$$D(\{3,4\},\{2\})=\max\{d_{32},d_{42}\}=\max\{24.63,24.06\}=24.63$$

$$D(\{3,4\},\{5\})=\max\{d_{35},d_{45}\}=\max\{3.51,2.21\}=3.51$$

更新后的距离矩阵 $\boldsymbol{D}(1)$ 为

$$\begin{array}{c} \\ \{3,4\} \\ \{1\} \\ \{2\} \\ \{5\} \end{array} \begin{array}{c} \begin{array}{cccc} \{3,4\} & \{1\} & \{2\} & \{5\} \end{array} \\ \begin{bmatrix} 0 & & & \\ 13.80 & 0 & & \\ 24.63 & 11.67 & 0 & \\ 3.51 & 12.80 & 23.54 & 0 \end{bmatrix} \end{array}$$

从 $\boldsymbol{D}(1)$ 可知，$D(\{3,4\},\{5\})=3.51$ 最小，将类$\{3,4\}$与$\{5\}$合并得新类$\{3,4,5\}$。$\{3,4,5\}$到其他两类$\{1\}$和$\{2\}$的距离为

$$D(\{3,4,5\},\{1\})=\max\{D(\{3,4\},\{1\}),D(\{5\},\{1\})\}=\max\{13.80,12.80\}=13.80$$

$$D(\{3,4,5\},\{2\})=\max\{D(\{3,4\},\{2\}),D(\{5\},\{2\})\}=\max\{24.63,23.54\}=24.63$$

更新距离矩阵 $\boldsymbol{D}(2)$ 为

$$\begin{array}{c} \\ \{3,4,5\} \\ \{1\} \\ \{2\} \end{array} \begin{array}{c} \begin{array}{ccc} \{3,4,5\} & \{1\} & \{2\} \end{array} \\ \begin{bmatrix} 0 & & \\ 13.80 & 0 & \\ 24.63 & 11.67 & 0 \end{bmatrix} \end{array}$$

由 $\boldsymbol{D}(2)$ 可知，在距离水平 11.67 上合并$\{1\}$和$\{2\}$ 为一新类，且

$$D(\{1,2\},\{3,4,5\})=\max\{D(\{1\},\{3,4,5\}),D(\{2\},\{3,4,5\})\}=\max\{13.80,24.63\}=24.63$$

更新后的距离矩阵 $\boldsymbol{D}(3)$ 为

$$\begin{array}{c} \\ \{3,4,5\} \\ \{1,2\} \end{array} \begin{array}{c} \begin{array}{cc} \{3,4,5\} & \{1,2\} \end{array} \\ \begin{bmatrix} 0 & \\ 24.63 & 0 \end{bmatrix} \end{array}$$

最后将$\{1,2\}$与$\{3,4,5\}$在距离水平 24.63 上合并为一个大类$\{1,2,3,4,5\}$。

(3) 采用类平均法

首先合并$\{3\}$，$\{4\}$得新类$\{3,4\}$，计算$\{3,4\}$到其他类的类平均距离。由式(11.3.8)，此时 $n_p=n_q=1,n_r=2$，可得

$$D(\{3,4\},\{1\})=\left[\frac{1}{2}D(\{3\},\{1\})^2+\frac{1}{2}D(\{4\},\{1\})^2\right]^{\frac{1}{2}}=\left[\frac{1}{2}\times 13.80^2+\frac{1}{2}\times 13.12^2\right]^{\frac{1}{2}}=13.46$$

$$D(\{3,4\},\{2\})=\left[\frac{1}{2}D(\{3\},\{2\})^2+\frac{1}{2}D(\{4\},\{2\})^2\right]^{\frac{1}{2}}=\left[\frac{1}{2}\times 24.63^2+\frac{1}{2}\times 24.06^2\right]^{\frac{1}{2}}=24.35$$

$$D(\{3,4\},\{5\})=\left[\frac{1}{2}D(\{3\},\{5\})^2+\frac{1}{2}D(\{4\},\{5\})^2\right]^{\frac{1}{2}}=\left[\frac{1}{2}\times 3.51^2+\frac{1}{2}\times 2.21^2\right]^{\frac{1}{2}}=2.68$$

更新后的距离矩阵 $\boldsymbol{D}(1)$ 为

$$\begin{array}{c} \\ \{3,4\} \\ \{1\} \\ \{2\} \\ \{5\} \end{array}\begin{array}{c} \begin{array}{cccc} \{3,4\} & \{1\} & \{2\} & \{5\} \end{array} \\ \begin{pmatrix} 0 & & & \\ 13.46 & 0 & & \\ 24.35 & 11.67 & 0 & \\ 2.86 & 12.80 & 23.54 & 0 \end{pmatrix} \end{array}$$

由 $\boldsymbol{D}(1)$ 可知，合并{5}与{3,4}为新类{3,4,5}，且

$$D(\{3,4,5\},\{1\})=\left[\frac{2}{3}D(\{3,4\},\{1\})^2+\frac{1}{3}D(\{5\},\{1\})^2\right]^{\frac{1}{2}}=13.24$$

$$D(\{3,4,5\},\{2\})=\left[\frac{2}{3}D(\{3,4\},\{2\})^2+\frac{1}{3}D(\{5\},\{2\})^2\right]^{\frac{1}{2}}=24.08$$

更新后的距离矩阵 $\boldsymbol{D}(2)$ 为

$$\begin{array}{c} \\ \{3,4,5\} \\ \{1\} \\ \{2\} \end{array}\begin{array}{c} \begin{array}{ccc} \{3,4,5\} & \{1\} & \{2\} \end{array} \\ \begin{pmatrix} 0 & & \\ 13.24 & 0 & \\ 24.08 & 11.67 & 0 \end{pmatrix} \end{array}$$

从 $\boldsymbol{D}(2)$ 可知，合并{1}，{2}为新类，且

$$D(\{1,2\},\{3,4,5\})=\left[\frac{1}{2}D(\{1\},\{3,4,5\})^2+\frac{1}{2}D(\{2\},\{3,4,5\})^2\right]^{\frac{1}{2}}=18.66$$

更新后的距离 $\boldsymbol{D}(3)$ 为

$$\begin{array}{c} \\ \{3,4,5\} \\ \{1,2\} \end{array}\begin{array}{c} \begin{array}{cc} \{3,4,5\} & \{1,2\} \end{array} \\ \begin{pmatrix} 0 & \\ 18.66 & 0 \end{pmatrix} \end{array}$$

最后在距离水平 18.66 上合并{3,4,5}与{1,2}成一个大类。

如何看分类结果的好坏呢？一是可以从实际含义来看；二是可以做多种谱系聚类，找相同的分类结果，即“少数服从多数”；三是可以使用一些统计学家给出的统计量指标进行衡量；四是可以选择性质较好的谱系聚类法进行聚类。

谱系聚类法具有如下性质。

(1) 单调性

设 D_k 表示谱系聚类法中第 k 次并类时的距离。若能保证 $\{D_k, k=1,2,\cdots,n-1\}$ 是单调的，则称该谱系聚类法具有**单调性**。

并类距离最小的先聚一类，依次聚类，这种并类距离的单调性是符合聚类法的基本思想的。可以证明，最短距离法、最长距离法、类平均法、可变类平均法、离差平方和法都具有单调性，只有重心法和中间距离法不具有单调性。

(2) 空间的浓缩与扩张

从例 11.4 比较最短距离法和最长距离法的并类过程及距离阵，可以看出每一步都有

$$D_{ij}(\text{短})\leqslant D_{ij}(\text{长}),\quad \text{对一切 } i,j$$

这种性质称为最长距离法比最短距离法**扩张**，或称为最短距离法比最长距离法**浓缩**。

前面介绍的谱系聚类方法，可证得：类平均法、中间距离法比最短距离法扩张，比最长距离法浓缩；类平均法比重心法扩张，比离差平方和法浓缩。

注意:太浓缩的方法不够灵敏,太扩张的方法当样品容量大时容易失真,所以类平均法比较适中,相对于其他方法既不太浓缩,也不太扩张,而且具有单调性。因而类平均法是一种应用广泛、聚类效果较好的方法。

11.3.2 系统聚类方法的统一

以上介绍的8种方法聚类的步骤完全一样,不同的是类之间的距离有不同的定义方法,因而得到不同的递推公式。其实它们之间是有一定关系的,Lance 和 Williams 于1967年给出了统一公式。

当采用欧氏距离,G_p和G_q合并为G_r时,新类G_r与其他类G_k的平方距离为

$$D_{kr}^2=\alpha_p D_{kp}^2+\alpha_q D_{kq}^2+\beta D_{pq}^2+\gamma\left|D_{kp}^2-D_{kq}^2\right| \tag{11.3.16}$$

其中,α_p,α_q,β和γ是参数,不同的系统聚类方法有不同的取值,详见表11.3.2。

如果不采用欧氏距离,除重心距离法、中间距离法、离差平方和法之外,统一形式的递推公式仍成立。

表11.3.2 系统聚类方法的统一

方法	α_p	α_q	β	γ
最短距离法	1/2	1/2	0	−1/2
最长距离法	1/2	1/2	0	1/2
中间距离法	1/2	1/2	−1/4	0
重心距离法	n_p/n_r	n_q/n_r	$-\alpha_p\alpha_q$	0
类平均距离法	n_p/n_r	n_q/n_r	0	0
可变类平均距离法	$(1-\beta)n_p/n_r$	$(1-\beta)n_q/n_r$	$\beta(<1)$	0
可变距离法	$(1-\beta)/2$	$(1-\beta)/2$	$\beta(<1)$	0
离差平方和法	$(n_p+n_k)/(n_r+n_k)$	$(n_q+n_k)/(n_r+n_k)$	$-n_k/(n_k+n_r)$	0

聚类分析是一种探索性的数据分析方法。在实际应用中,常采用不同的分类方法尝试,得到的分类结果不尽相同,从中寻找共同的类。对任何观测数据都没有唯一"正确"的分类方法,也就是分类的结果没有对错之分,只是分类标准不同。

确定分类数的问题是聚类分析中迄今为止尚未完全解决的问题之一,从谱系聚类法(系统聚类法)中我们得到树状图,从中可以看出存在很多类,如何确定类的最佳个数?主要的障碍是对类的结构和内容很难给出一个统一的定义,这样就给不出从理论上和实践中都可行的假设。在实际应用中人们主要根据研究的目的,从实用的角度出发,选择合适的分类数。

例11.6 为了研究亚洲国家的经济发展水平和文化教育水平,以便于对亚洲国家进行分类研究,请进行谱系聚类分析。(SPSS软件自带数据文件World95.sav。)

解:

(1) SPSS软件操作

第一步,数据预处理。制订挑选规则,若研究者希望对所有采样数据进行分析,则此步骤可省略。本例在World95.sav数据中筛选出亚洲国家的数据,选择菜单项"Data"→"Select Case",打开"Select Cases"对话框,如图11.3.7所示。选择"If condition satisfied",并单击"If"按钮,如图11.3.8所示。

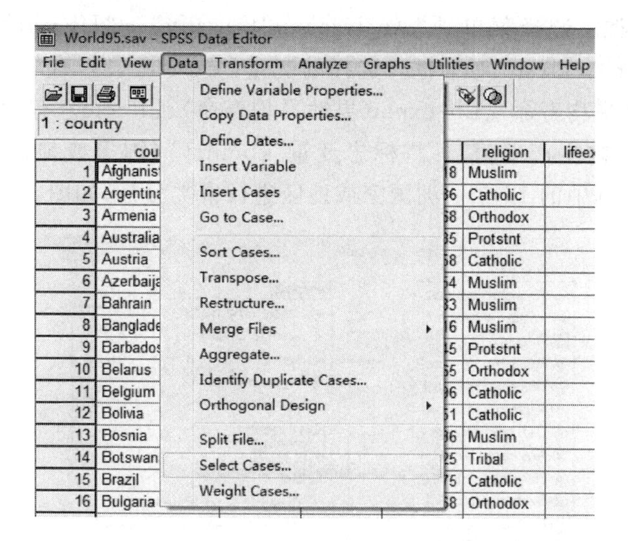

图 11.3.7　制订挑选规则 SPSS 软件操作

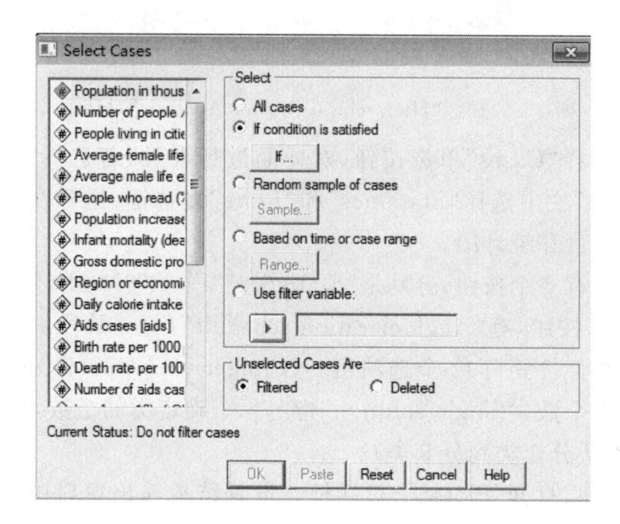

图 11.3.8　"Select Cases"对话框

在打开的对话框中输入如图 11.3.9 所示的内容。

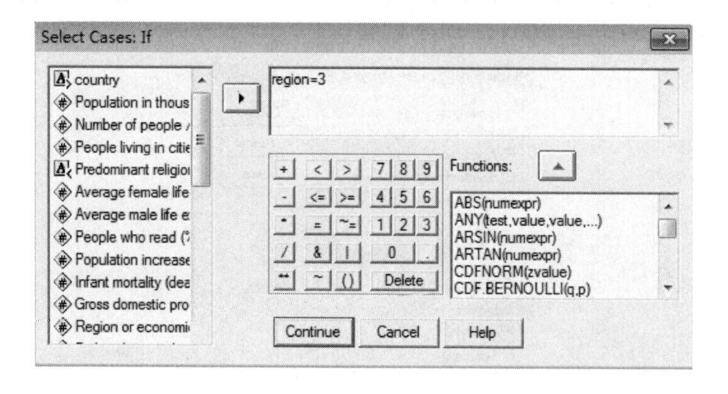

图 11.3.9　制订挑选规则

第二步,谱系聚类。选择菜单项"Analyze"→"Classify"→"Hierarchical Cluster",打开"Hierarchical Cluster Analysis"对话框。选择的变量(Variable(s))有5个:Urban(城市人口比例)、Lifeexpf(女性平均寿命)、Lifeexpm(男性平均寿命)、Literacy(有读写能力的人所占比例)、Gdp_cap(人均国内生产总值)。将标志变量"country"(国家或地区)移入"Label Cases by"列表框中,即对本例中的17个亚洲国家或地区进行聚类分析,如图11.3.10所示。

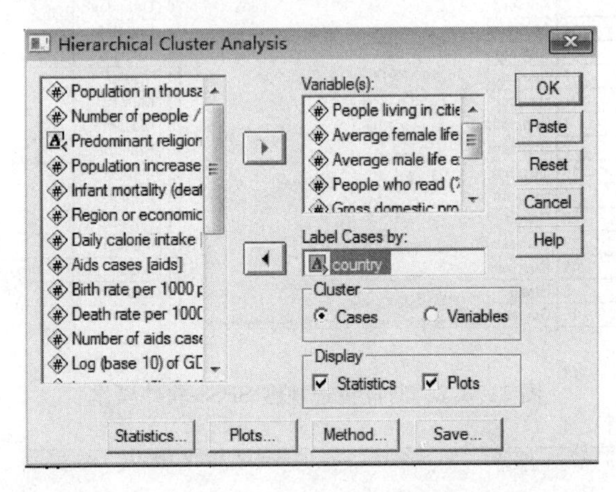

图11.3.10 "Hierarchical Cluster Analysis"对话框

在"Cluster"栏中选择"Cases"单选按钮,对样品进行聚类(若选择"Variables",则对变量进行聚类)。在"Display"栏中选择"Statistics"和"Plots"复选框,这样在结果输出窗口中可以同时得到聚类结果统计量和统计图。

在谱系聚类法底下有4个按钮,分别是"Statistics""Plots""Method""Save"。

① 单击"Statistics"按钮,有"Agglomeration schedule"(每一阶段聚类的结果)、"Proximity matrix"(样品间的相似性矩阵)2个选项组。"Cluster membership"可以指定聚类的个数,"none"选项不指定聚类个数,"Single solution"指定一个确定类的个数,"Range of solution"指定类的个数的范围(如从分3类到分5类)。

② 单击"Plots"按钮,打开"Plots"子对话框。设置结果输出窗口中给出的聚类分析统计图。有"Dendrogram"(谱系聚类图,也称树状图)、"Icicle"(冰柱图)、"Orientation"(指冰柱图的方向,"Horizontal"指水平方向,"Vertical"指垂直方向)3个选项组。选择"Dendrogram""Icicle"(默认输出,若不想输出,则在"Icicle"栏中选择"None"单选按钮,只输出比较常用的聚类树形图,而不给出冰柱图),如图11.3.11所示。

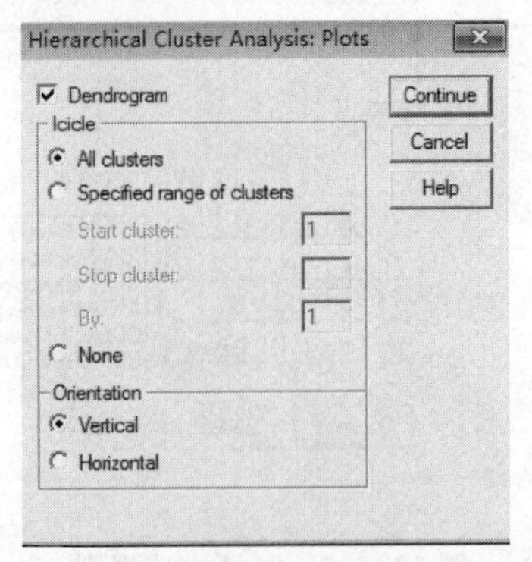

图11.3.11 "Plots"子对话框

③ 单击“Method”按钮，设置谱系聚类的方法选项，在“Cluster Method”中可以选择聚类方法(类间距离)，在“Measure”中可以选择样品计算的距离(样品距离)，如图 11.3.12 所示。

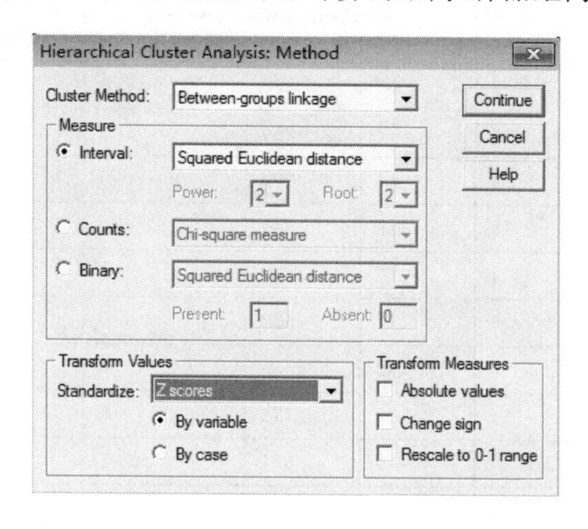

图 11.3.12 “Method”子对话框

“Cluster Method”下拉列表用于指定类与类之间距离的测度方法，默认为组间类平均方法。

“Measure”栏用于设置不同数据类型下的个体与个体之间距离的测度方法，其中，“Interval”中的方法适用于连续型变量，“Counts”中的方法适用于计数变量，“Binary”中的方法适用于二值变量。

“Transform Values”选项栏用于当原始数据不是同一数量级别时，选择对原始数据进行标准化的方法。单选按钮“By variable”表示针对变量进行标准化，适用于 Q 型聚类；“By case”表示针对观测进行标准化，适用于 R 型聚类。

我们选择最为常用的 Z 分数标准化法对原始数据进行标准化，其余选项均保持默认。

④ 单击“Save”按钮，指定保存在数据文件中的用于表明聚类结果的新变量。“None”表示不保存任何新变量；“Single solution”表示生成一个分类变量，在其后的矩形框中输入要分成的类数；“Range of solutions”表示生成多个分类变量。这里我们选择“Range of solutions”，并在后面的两个矩形框中分别输入 2 和 4，即生成 3 个新的分类变量，分别表明将样品分为 2 类、3 类和 4 类时的聚类结果。

(2) 主要结果

图 13.3.13 是反映每一阶段聚类的结果，也称为凝聚状态表。“Stage”表示聚类分析步数；第 2 列和第 3 列表示本步中有谁和谁聚类；“Coefficients”表示聚合系数；第 5 列和第 6 列标识第 2 列和第 3 列参与聚类的是样品还是小类，“0”表示样品，非“0”(如 k)表示由第 k 步聚类生成的小类参与本步聚类；“Next Stage”表示本步聚类结果将在以下第几步使用。例如，在第一阶段时(Stage=1)第 2 个样品(Bangladesh，孟加拉国)与第 3 个样品(Cambodia，柬埔寨)聚为一类，第 5 列和第 6 列标识“0”，它们都是样品，该步聚类结果将会在第 10 步使用。注意“Stage”共有 16 步(17－1=16)，17 个样品在最后一步(第 16 步)全部聚为一类。

Agglomeration Schedule

Stage	Cluster Combined		Coefficients	Stage Cluster First Appears		Next Stage
	Cluster 1	Cluster 2		Cluster 1	Cluster 2	
1	2	3	.146	0	0	10
2	16	17	.294	0	0	5
3	5	14	.299	0	0	12
4	13	15	.390	0	0	11
5	4	16	.488	0	2	8
6	6	11	.522	0	0	13
7	9	12	.595	0	0	9
8	4	7	.722	5	0	9
9	4	9	.851	8	7	14
10	1	2	1.278	0	1	13
11	10	13	1.364	0	4	14
12	5	8	1.743	3	0	15
13	1	6	2.369	10	6	16
14	4	10	3.507	9	11	15
15	4	5	10.924	14	12	16
16	1	4	16.112	13	15	0

图 13.3.13 聚类过程表

图 11.3.14 是树状图,可得到分类。如果选择分 3 类,就从距离为 10 的地方往下切,分类结果:{1 类:孟加拉国、柬埔寨、阿富汗、印度、巴基斯坦};{2 类:中国香港、新加坡、日本};{3 类:泰国、越南、中国、印度尼西亚、马来西亚、菲律宾、韩国、中国台湾和朝鲜}。我们从经济发展和文化教育水平来理解所作的分类。第 2 类是亚洲经济发达程度最高的国家或地区,第 1 类国家或地区经济水平和文教水平都比较低,第 3 类国家或地区的经济水平和文教水平居中。

将图 11.3.13 的聚合系数及分类数利用 Excel 作出聚合系数随分类数变化的曲线,如图 13.3.15 所示。其类似于因子分析的碎石图,可见分成 3 类比较合适。

图 11.3.16 是冰柱图,形状类似于冬天屋檐上垂下的冰柱,因此得名。它也是反映样品聚类情况的图,从下往上看,最开始各自一类,符号"×"相连的样品,最先被聚为一类,依次往上看,最后所有样品聚为一类。冰柱图的缺点是不能表现出聚类过程中距离的大小。

有时聚类分析可以和其他方法结合在一起去研究问题,下面举例 11.7 进行说明,当然此例可以直接进行聚类分析,但是,有时为了分析更多结果,就需要多种方法综合使用。

例 11.7 为了了解英格兰足球超级联赛各队情况,用因子分析和聚类分析进行研究。2016—2017 赛季英超联赛的 20 支参赛队有:AFC Bournemouth、Arsenal、Burnley、Chelsea、Crystal Palace、Everton、Hull City、Leicester City、Liverpool、Manchester City、Manchester United、Middlesbrough、Southampton、Stoke City、Sunderland、Swansea City、Tottenham Hotspur、Watford、West Bromwich Albion、West Ham United。数据见表 11.3.3。

```
* * * * * * H I E R A R C H I C A L   C L U S T E R   A N A L Y S I S * * * * * *

Dendrogram using Average Linkage (Between Groups)

                        Rescaled Distance Cluster Combine
```

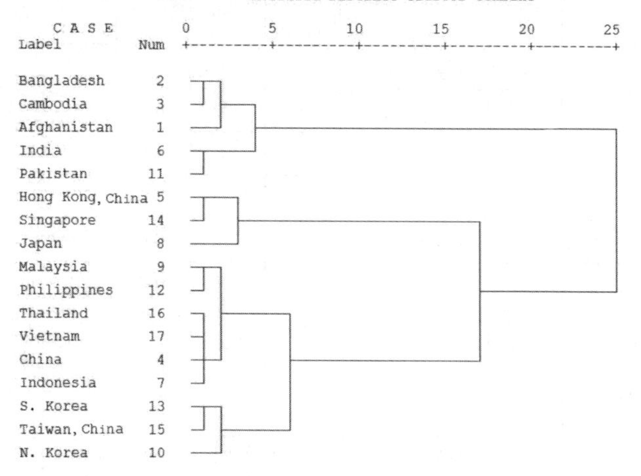

图 11.3.14　树状图

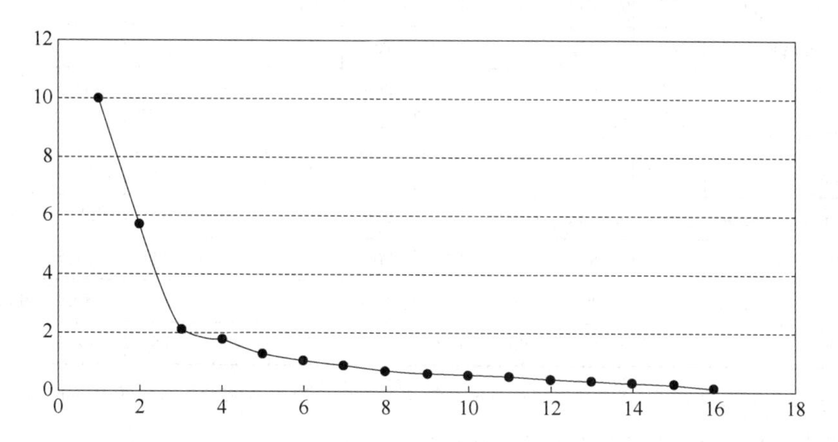

图 11.3.15　聚合系数随分类数变化曲线

Vertical Icicle

	Case																																
Number of clusters	8:Japan		14:Singapore		5:Hong Kong,China		15:Taiwan,China		13:S. Korea		10:N. Korea		12:Philippines		9:Malaysia		7:Indonesia		17:Vietnam		16:Thailand		4:China		11:Pakistan		6:India		3:Cambodia		2:Bangladesh		1:Afghanistan
1	X	X	X	X	X	X	X	X	X	X	X	X	X	X	X	X	X	X	X	X	X	X	X	X	X	X	X	X	X	X	X	X	X
2	X	X	X	X	X	X	X	X	X	X	X	X	X	X	X	X	X	X	X	X	X	X	X		X	X	X	X	X	X	X	X	X
3	X	X	X	X	X		X	X	X	X	X	X	X	X	X	X	X	X	X	X	X	X	X		X	X	X	X	X	X	X	X	X
4	X	X	X	X	X		X	X	X	X	X		X	X	X	X	X	X	X	X	X	X	X		X	X	X	X	X	X	X	X	X
5	X	X	X	X	X		X	X	X	X	X		X	X	X	X	X	X	X	X	X	X	X		X	X	X		X	X	X	X	X
6	X		X	X	X		X	X	X	X	X		X	X	X	X	X	X	X	X	X	X	X		X	X	X		X	X	X	X	X
7	X		X	X	X		X	X	X		X		X	X	X	X	X	X	X	X	X	X	X		X	X	X		X	X	X	X	X
8	X		X	X	X		X	X	X		X		X	X	X	X	X	X	X	X	X	X	X		X	X	X		X	X	X		X
9	X		X	X	X		X	X	X		X		X	X	X		X	X	X	X	X	X	X		X	X	X		X	X	X		X
10	X		X	X	X		X	X	X		X		X	X	X		X		X	X	X	X	X		X	X	X		X	X	X		X
11	X		X	X	X		X	X	X		X		X		X		X		X	X	X	X	X		X	X	X		X	X	X		X
12	X		X	X	X		X	X	X		X		X		X		X		X	X	X	X	X		X		X		X	X	X		X
13	X		X	X	X		X	X	X		X		X		X		X		X	X	X		X		X		X		X	X	X		X
14	X		X	X	X		X		X		X		X		X		X		X	X	X		X		X		X		X	X	X		X
15	X		X		X		X		X		X		X		X		X		X	X	X		X		X		X		X	X	X		X
16	X		X		X		X		X		X		X		X		X		X		X		X		X		X		X	X	X		X

图 11.3.16　冰柱图

表 11.3.3　2016—2017 赛季英超联赛的 20 支参赛队数据

序号	球队名	进球数	场均控球率	射门数	角球数	前场 30 m 任意球数	界外球数	犯规数	黄牌数	前场 30 m 区传球数	传球成功率	抢断数
1	AFC Bournemouth	55	0.522 0	452	193	233	51	370	52	122.7	0.790 0	719
2	Arsenal	77	0.554 0	566	227	198	129	400	68	174.1	0.819 0	693
3	Burnley	39	0.422 0	391	149	174	21	430	65	72.4	0.660 0	677
4	Chelsea	85	0.539 0	580	218	273	103	401	72	150.4	0.814 0	687
5	Crystal Palace	50	0.468 0	439	203	207	20	470	77	92.9	0.703 0	723
6	Everton	62	0.515 0	502	196	176	38	463	72	114	0.765 0	774
7	Hull City	37	0.456 0	397	179	165	41	403	67	87	0.752 0	677
8	Leicester City	48	0.431 0	433	197	164	25	452	72	88.1	0.684 0	721
9	Liverpool	78	0.590 0	640	249	204	57	400	54	159.7	0.803 0	792
10	Manchester City	80	0.619 0	633	280	229	124	398	71	172.2	0.831 0	711
11	Manchester United	54	0.547 0	591	217	217	99	498	78	151	0.806 0	708
12	Middlesbrough	27	0.476 0	351	141	182	37	488	77	77.5	0.746 0	780
13	Southampton	41	0.525 0	550	198	197	57	432	59	125.1	0.777 0	689
14	Stoke City	41	0.462 0	425	188	205	54	434	70	92.8	0.728 0	698
15	Sunderland	29	0.434 0	387	159	220	38	438	78	77.3	0.696 0	673
16	Swansea City	45	0.447 0	405	196	206	15	401	56	97.8	0.762 0	657
17	Tottenham Hotspur	86	0.588 0	669	273	246	45	434	62	144.4	0.800 0	732
18	Watford	40	0.480 0	422	164	208	22	519	84	81.5	0.711 0	701
19	West Bromwich Albion	43	0.414 0	399	159	155	37	450	80	80.2	0.684 0	646
20	West Ham United	47	0.484 0	499	172	237	37	408	78	88.1	0.747 0	638

数据来源：创冰 DATA(英超板块)，http://data.champdas.com/team/rank-14-2016.html；Premier League Official Stats centre，Website：https://www.premierleague.com/stats。

针对足球运动的特点，对可能影响足球比赛结果的指标特征进行分析，收集 20 支参赛队的 11 项指标：进球数(X_1)、场均控球率(X_2)、射门数(X_3)、角球数(X_4)、前场 30m 任意球数(X_5)、界外球数(X_6)、犯规数(X_7)、黄牌数(X_8)、前场 30m 区传球数(X_9)、传球成功率(X_{10})、抢断数(X_{11})。

解：

(1) 因子分析

因子分析具体的过程和软件操作请见第 8 章。此处只给出后面聚类分析要用到的结果。得出的结论是影响 2016—2017 赛季英超 20 支参赛队成绩的 3 个因子的含义为英超各队进攻的流畅性和有效性、在比赛中的被动性和受迫性情况以及攻守转换的效率。

表 11.3.4 给出因子得分及评价，2016—2017 赛季英超的实际排名并非是各队真实实力的体现，可能是由于各种各样的非场内因素导致的，从另一个角度来看，因子总得分的排名与各队在赛季前的投入呈现出高度相关，曼城(Manchester City)以 1.74 亿英镑成为 2016 年投

入最高的英超球队，曼联(Manchester United)以 1.49 亿英镑紧随其后，排在第三位的则是 1.22 亿英镑的切尔西(Chelsea)，3 支球队的投入在数据上得到了很好的体现，实力得到了很大的提升，但是足球比赛的结果有时数据上的优势并不总是能转化为最后的胜利。

表 11.3.4　因子得分及评价

球队名	第一因子	第二因子	第三因子	因子得分	得分名次	实际排名
Manchester City	1.971 01	0.034 34	−0.235 07	1.377 919 229	1	3
Manchester United	1.209 43	1.674 51	0.134 9	1.143 778 639	2	6
Chelsea	1.566 39	0.158 85	−1.354 21	0.964 493 09	3	1
Tottenham Hotspur	1.273 58	−0.395 86	0.771 25	0.943 821 559	4	2
Arsenal	1.329 55	−0.200 07	−0.473 66	0.853 228 893	5	5
Liverpool	0.771 27	−1.389 31	2.016 97	0.590 385 36	6	4
Everton	−0.097 02	0.398 14	1.756 79	0.221 902 017	7	7
Watford	−0.429 04	1.912 37	0.157 33	0.018 125 674	8	17
Southampton	0.016 05	−0.688 32	0.072 51	−0.088 269 783	9	8
Crystal Palace	−0.419 82	0.782 98	0.466 63	−0.114 203 635	10	14
West Ham United	−0.005 65	0.230 79	−1.852 82	−0.207 752 209	11	11
Middlesbrough	−0.942 5	1.037 07	1.476 42	−0.315 004 231	12	19
Stoke City	−0.441 4	0.006 74	−0.314 14	−0.353 864 188	13	13
AFC Bournemouth	−0.096 97	−1.945 73	−0.100 22	−0.390 419 985	14	9
Leicester City	−0.932 02	0.130 46	0.737 89	−0.547 029 593	15	12
Sunderland	−0.750 66	0.558 76	−1.123 46	−0.591 469 09	16	20
West Bromwich Albion	−0.986 3	0.653 91	−0.842 28	−0.707 647 321	17	10
Hull City	−0.886 1	−0.798 56	−0.364 63	−0.804 590 251	18	18
Swansea City	−0.720 83	−1.578 49	−0.649 65	−0.847 537 064	19	15
Burnley	−1.428 97	−0.582 57	−0.280 56	−1.145 866 823	20	16

(2) 聚类分析

根据 3 个因子的得分对 20 个球队做谱系聚类，结果见表 11.3.5，其中变量 CLU2、CLU3、CLU4 代表聚类成 2,3,4 类的情况。其中利物浦(Liverpool)队的结果很有特点，利物浦本赛季的表现依旧不够稳定，面对强队时能有出色表现，面对弱队时常常莫名输球，被球迷戏称为"劫富济贫"，实际排名第四，有资格参加下赛季的欧冠联赛。图 11.3.17 为树状图。

表 11.3.5　谱系聚类结果

球队名	得分名次	实际排名	CLU4	CLU3	CLU2
Manchester City	1	3	1	1	1
Manchester United	2	6	2	2	1
Chelsea	3	1	1	1	1
Tottenham Hotspur	4	2	1	1	1

续表

球队名	得分名次	实际排名	CLU4	CLU3	CLU2
Arsenal	5	5	1	1	1
Liverpool	6	4	3	3	2
Everton	7	7	2	2	1
Watford	8	17	2	2	1
Southampton	9	8	4	1	1
Crystal Palace	10	14	2	2	1
West Ham United	11	11	4	1	1
Middlesbrough	12	19	2	2	1
Stoke City	13	13	4	1	1
AFC Bournemouth	14	9	4	1	1
Leicester City	15	12	2	2	1
Sunderland	16	20	4	1	1
West Bromwich Albion	17	10	4	1	1
Hull City	18	18	4	1	1
Swansea City	19	15	4	1	1
Burnley	20	16	4	1	1

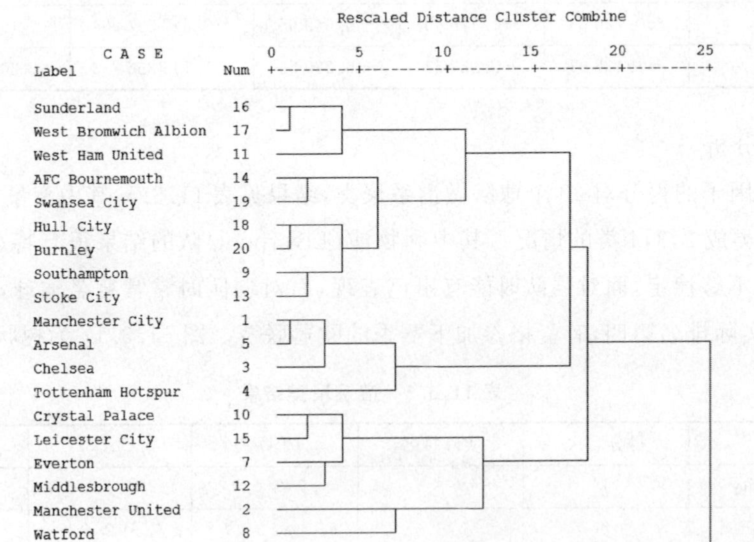

图 11.3.17　树状图

11.4　快速聚类法

谱系聚类法是在样品间距离矩阵的基础上进行的，当样品的个数 n 很大时，计算量非常大，并且在谱系聚类法中，样品一旦被归到某个类后就不变了，所以要求分类方法比较准确。当样品数目很多时，树状图十分复杂，不便于分析。例如，在市场抽样调查中，有4万人对衣着的偏好作了回答，希望能迅速将他们分为几类。这时，采用谱系聚类法就很困难，为了弥补谱系聚类法的不足，产生了快速聚类法，又称动态聚类法。

快速聚类法的基本思想是：先将样品随机分一下类，然后再按照某种原则进行修正，直至分类比较合理或迭代稳定为止。快速聚类的基本思想可以用图11.4.1表示，其中的每部分均有很多方法，经过各种组合就得到不同的快速聚类方法。

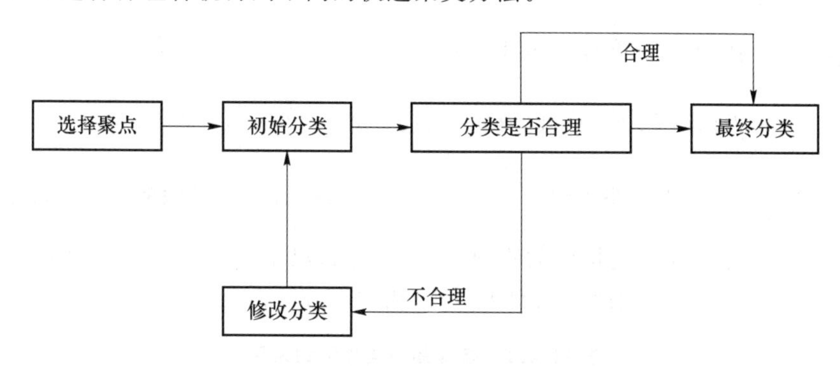

图11.4.1　快速聚类示意图

此处我们将讨论一种比较流行的快速聚类法——K 均值法（K-Means），是由麦奎因(MacQueen)于1967年提出并命名的，其基本步骤如下。

① 先选择 k 个样品作为初始凝聚点，或者将所有样品分成 k 个初始类，然后将这 k 个类的重心（均值）作为初始凝聚点。

② 对除凝聚点之外的所有样品逐个进行归类，将每个样品归入凝聚点离它最近的那个类（通常采用欧氏距离），直至所有样品都归了类。

③ 该类的凝聚点更新为这一类目前的均值，重复步骤②，直至所有的样品都不能再分配为止。

需要注意的是，在快速聚类前，要先确定分类数 k。最终的聚类结果在一定程度上依赖于初始凝聚点或初始分类的选择。通常，选择初始凝聚点有下列几种方法。

① 经验选择。如果对研究对象比较了解，根据以往的经验定下 k 个样品作为凝聚点。

② 将 n 个样品人为地（或随机地）分成 k 类，以每类的重心作为凝聚点。

③ 最小最大原则。设要分成 k 类，先选择所有样品中距离最远的两个样品 $\boldsymbol{x}_{i_1},\boldsymbol{x}_{i_2}$ 为前两个聚点，即选择 $\boldsymbol{x}_{i_1},\boldsymbol{x}_{i_2}$ 使 $d(\boldsymbol{x}_{i_1},\boldsymbol{x}_{i_2})=d_{i_1i_2}=\max\{d_{ij}\}$，然后选择第3个聚点 $\boldsymbol{x}_{i_3}$，使其与前两个聚点的距离最小者等于所有其余的与 $\boldsymbol{x}_{i_1},\boldsymbol{x}_{i_2}$ 的较小距离中最大的，即 $\min\{d(\boldsymbol{x}_{i_3},\boldsymbol{x}_{i_r}),r=1,2\}=\max\{\min[d(\boldsymbol{x}_j,\boldsymbol{x}_{i_r}),r=1,2],j\neq i_1,i_2\}$，同法，直至选定 k 个点。

例11.8　设有5个样品，每个只测量一个指标：1,2,6,8,11。试用 K-Means 法分两类。

解：① 首先将这些样品随机分成 $G_1^{(0)}=\{1,6,8\}$ 和 $G_2^{(0)}=\{2,11\}$ 两个初始类，则这两个初

始类的均值分别是 5 和 $6\frac{1}{2}$。

② 计算 1 到两个类(均值)的欧氏距离

$$d(1,G_1^{(0)})=|1-5|=4,\quad d(1,G_2^{(0)})=\left|1-6\frac{1}{2}\right|=5\frac{1}{2}$$

由于 1 到 $G_1^{(0)}$ 的距离小于到 $G_2^{(0)}$ 的距离,因此 1 不用重新分配,计算 6 到两个类的距离

$$d(6,G_1^{(0)})=|6-5|=1,\quad d(6,G_2^{(0)})=\left|6-6\frac{1}{2}\right|=\frac{1}{2}$$

故 6 应重新分配到 $G_2^{(0)}$ 中,修正后的两个类为 $G_1^{(1)}=\{1,8\}$,$G_2^{(1)}=\{2,6,11\}$,新的类均值分别为 $4\frac{1}{2}$和 $6\frac{1}{3}$,且

$$d(8,G_1^{(1)})=\left|8-4\frac{1}{2}\right|=3\frac{1}{2},\quad d(8,G_2^{(1)})=\left|8-6\frac{1}{3}\right|=1\frac{2}{3}$$

8 重新分配到 $G_2^{(1)}$ 中,两个新类 $G_1^{(2)}=\{1\}$,$G_2^{(2)}=\{2,6,8,11\}$,其类均值为 1 和 $6\frac{3}{4}$,再计算

$$d(2,G_1^{(2)})=|2-1|=1,\quad d(2,G_2^{(2)})=\left|2-6\frac{3}{4}\right|=4\frac{3}{4}$$

重新分配 2 到 $G_1^{(2)}$ 中,两个新类 $G_1^{(3)}=\{1,2\}$,$G_2^{(3)}=\{6,8,11\}$,其类均值为 $1\frac{1}{2}$和 $8\frac{1}{3}$。

③ 再次计算每个样品与类均值的距离,每个样品都已被分给了类均值离它更近的类,结果如表 11.4.1 所示,最终得到的两个类为{1,2}和{6,8,11}。

表 11.4.1　各样品与类均值的距离

类	样品				
	1	2	6	8	11
$G_1^{(3)}=\{1,2\}$	$\frac{1}{2}$	$\frac{1}{2}$	$4\frac{1}{2}$	$6\frac{1}{2}$	$9\frac{1}{2}$
$G_2^{(3)}=\{6,8,11\}$	$7\frac{1}{3}$	$6\frac{1}{3}$	$2\frac{1}{3}$	$\frac{1}{3}$	$2\frac{2}{3}$

例 11.9　假定我们对 A,B,C,D 4 个样品分别测量两个变量,结果见表 11.4.2,试将样品聚成两类。

表 11.4.2　样品测量结果

样　品	变　量	
	X_1	X_2
A	5	3
B	−1	1
C	1	−2
D	−3	−2

解:第一步,按要求取 $k=2$,先将这些样品随意分成两类,如(A,B)和(C,D),然后计算这两个聚类的中心坐标,见表 11.4.3。

表 11.4.3　中心坐标

聚　类	中心坐标	
	$\overline{X}_1$	$\overline{X}_2$
(A,B)	2	2
(C,D)	-1	-2

表 11.4.3 中的中心坐标是通过原始数据计算得来的，比如(A,B)类

$$\overline{X}_1=\frac{5+(-1)}{2}=2$$

第二步，计算某个样品到各类中心的欧氏距离平方，然后将该样品分配给最近的一类。对于样品有变动的类，重新计算它们的中心坐标，为下一步聚类做准备。先计算 A 到两个类的欧氏距离平方

$$d^2(A,(A,B))=(5-2)^2+(3-2)^2=10$$
$$d^2(A,(C,D))=(5+1)^2+(3+2)^2=61$$

由于 A 到(A,B)的距离小于到(C,D)的距离，因此 A 不用重新分配。计算 B 到两类的欧氏距离平方

$$d^2(B,(A,B))=(-1-2)^2+(1-2)^2=10$$
$$d^2(B,(C,D))=(-1+1)^2+(1+2)^2=9$$

由于 B 到(A,B)的距离大于到(C,D)的距离，故 B 分配到(C,D)类里。

第三步，再次检查每个样品，以决定是否需要重新分类。计算各样品到各中心的欧氏距离平方，结果见表 14.4.4。

表 14.4.4　样品聚类结果

聚　类	样　品			
	A	B	C	D
(A)	0	40	41	89
(B,C,D)	52	4	5	5

此时，每个样品都已经分配给距离中心最近的类，因此聚类过程到此结束。最终得到$k=2$的聚类结果是，A 独自成一类，B,C,D 聚成一类。

例 11.10　为了研究电信营销商对客户的分类分析，请做 K-Means 聚类分析，$K=3$。

数据是 SPSS 自带的数据集(telco_extra. sav)，为某电信公司在减少客户群中的客户流失方面的举措。每个个案对应一个单独的客户，分析的 14 个变量记为 $x_1,\cdots,x_{14}$，如下：

① Standardized log-lgng distance，长途通话时长。

② Standardized log-toll free，免服务费时长。

③ Standardized log-equipment，设备消费。

④ Standardized log-calling card，电话卡通话时长。

⑤ Standardized log-wireless，无线使用时长。

⑥ Standardized multiple lines，是否使用多线程。

⑦ Standardized voice mail，是否使用语音信箱。

⑧ Standardized paging，是否使用调页。

⑨ Standardized internet，是否使用网络。

⑩ Standardized caller id,是否使用来电显示。

⑪ Standardized call waiting,是否使用呼叫等待。

⑫ Standardized call forwarding,是否使用呼叫转移。

⑬ Standardized 3-way calling,是否使用 3 路电话。

⑭ Standardized electronic billing,是否使用电子账单。

解:

(1) *K*-Means 聚类的 SPSS 操作

① 依次选择“Analyze”→“Classify”→“K-Means Cluster”,打开“K-Means Cluster Analysis”对话框。将原始变量 $x_1,\cdots,x_{14}$ 移入“Variables”列表框,将标志变量“Region”移入“Label Cases by”列表框,如图 11.4.2 所示。

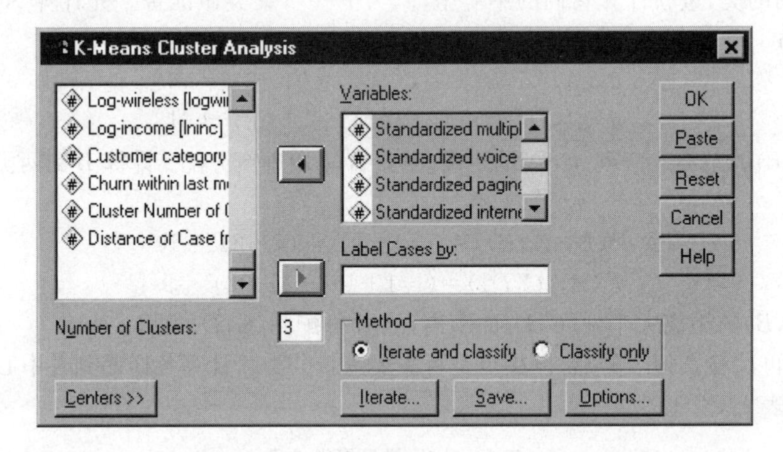

图 11.4.2 “K-Means Cluster Analysis”对话框

在“Method”选项栏中选择“Iterate and classify”单选项,使用 *K*-Means 算法不断计算新的类中心,并替换旧的类中心;若选择“Classify only”,则根据初始类中心进行聚类,在聚类过程中不改变类中心。

在“Number of Clusters”后面的输入框中输入想要把样品聚成的类数,这里我们输入“3”,即将电信客户分为 3 类。单击“Centers”按钮,用于设置迭代的初始类中心。

② 单击“Iterate”按钮,打开“Iterate”子对话框,对迭代参数进行设置,如图 11.4.3 所示。

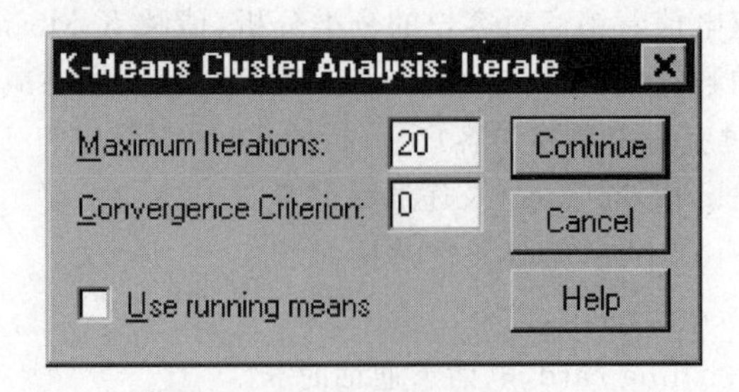

图 11.4.3 “Iterate”子对话框

“Maximum Iterations”输入框用于设定 *K*-Means 算法迭代的最大次数;“Convergence Criterion”输入框用于设定算法的收敛判据,其值应该介于 0 和 1 之间,指新确定的类中心点距上一个类中心点的最大偏移量小于指定的量(默认为 0.02),则迭代停止。设置完这两个参数之后，只要在迭代的过程中先满足了其中的某一个条件，则迭代过程就停止。

另外，如果选择了“Use running means”复选框，则每当一个样品被分配到一类时便要立即重新计算新的类中心；如果不选该选项，则完成了所有样品的重新分配之后才计算新的类中心，不选该选项会比较节省时间。这里我们保持该对话框的系统默认选项。

③ 单击“Options”按钮，打开“Options”子对话框，如图11.4.4所示。对话框中“Statistics”选项栏中各选项的含义如下。

Initial cluster centers：在结果输出窗口中给出聚类的初始类中心。

ANOVA table：给出以聚类结果为控制变量的每个原始变量的单因素方差分析表。

Cluster information for each case：在结果输出窗口中给出每个样品的分类信息，包括分配到哪一类以及该观测量距所属类中心的距离。

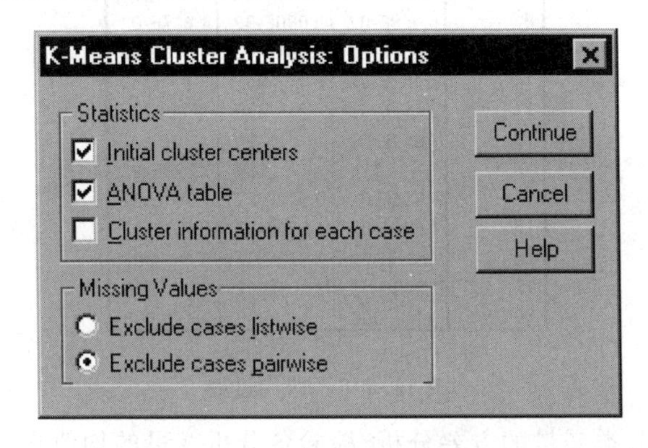

图11.4.4　“Options”子对话框

(2) 结果解释

图11.4.5给出了K-Means迭代的初始类中心坐标，由SPSS软件随机自动给定。

	Cluster		
	1	2	3
Standardized log-long distance	2.48	-1.70	.12
Standardized log-toll free	2.34	-.20	-.39
Standardized log-equipment	1.34	-.65	.59
Standardized log-calling card	2.49	-.86	-1.28
Standardized log-wireless	1.14	-1.75	1.42
Standardized multiple lines	1.05	-.95	1.05
Standardized voice mail	1.51	1.51	1.51
Standardized paging	1.68	1.68	1.68
Standardized internet	1.31	-.76	1.31
Standardized caller id	1.04	1.04	-.96
Standardized call waiting	1.03	-.97	1.03
Standardized call forwarding	1.01	1.01	-.99
Standardized 3-way calling	1.00	1.00	-1.00
Standardized electronic billing	-.77	-.77	1.30

图11.4.5　初始类中心

图 11.4.6 给出了 K-Means 迭代的过程，图中每一行代表每次迭代导致的类中心的变化量。从图中可看出，每次迭代导致的类中心变化量在逐渐减少，第 18 次迭代导致的类中心的变化量已经为 0，达到了收敛（我们在“Iterate”子对话框中设置的收敛条件为“最大迭代次数为 20 和收敛判据为 0”）。

	Change in Cluster Centers		
Iteration	1	2	3
1	3.298	3.590	3.491
2	1.016	.427	.931
3	.577	.320	.420
4	.240	.180	.195
5	.119	.125	.108
6	9.282E-02	8.262E-02	2.654E-02
7	6.882E-02	9.375E-02	3.196E-02
8	5.858E-02	5.080E-02	1.817E-02
9	3.461E-02	8.501E-02	6.318E-02
10	2.489E-02	.359	.333
11	6.757E-02	.439	.287
12	7.852E-02	.368	.177
13	.125	.139	7.828E-02
14	7.665E-02	9.578E-02	1.983E-02
15	4.090E-02	4.699E-02	1.502E-02
16	1.375E-02	2.672E-02	.000
17	1.943E-02	3.805E-02	.000
18	.000	.000	.000

图 11.4.6　迭代过程

图 11.4.7 给出了分类变量的方差分析，检验各分析变量的均值在不同类中是否存在显著差异，这也是对我们的分类效果是否显著的检验，检验的原假设是分析变量在不同类中不存在显著差异。从图中的结果来看，针对分析变量的方差分析的 p 值均小于 0.05，需要拒绝原假设，说明所选的聚类变量对于分类具有显著作用。

	Cluster		Error			
	Mean Square	df	Mean Square	df	F	Sig.
Standardized log-long distance	13.063	2	.976	997	13.387	.000
Standardized log-toll free	43.418	2	.820	472	52.932	.000
Standardized log-equipment	99.056	2	.488	383	202.999	.000
Standardized log-calling card	6.301	2	.984	675	6.402	.002
Standardized log-wireless	52.879	2	.646	293	81.873	.000
Standardized multiple lines	38.032	2	.926	997	41.084	.000
Standardized voice mail	236.301	2	.528	997	447.554	.000
Standardized paging	298.992	2	.402	997	743.348	.000
Standardized internet	123.447	2	.754	997	163.642	.000
Standardized caller id	308.104	2	.384	997	802.474	.000
Standardized call waiting	294.674	2	.411	997	717.172	.000
Standardized call forwarding	288.343	2	.424	997	680.718	.000
Standardized 3-way calling	262.397	2	.476	997	551.678	.000
Standardized electronic billing	112.782	2	.776	997	145.381	.000

图 11.4.7　ANOVA

图 11.4.8 给出了最终的聚类中心结果。

	Cluster		
	1	2	3
Standardized log-long distance	.05	.22	-.16
Standardized log-toll free	.24	.12	-1.05
Standardized log-equipment	.81	-.19	-.69
Standardized log-calling card	.17	.02	-.17
Standardized log-wireless	.42	-.75	-1.00
Standardized multiple lines	.48	-.29	-.05
Standardized voice mail	1.26	-.24	-.44
Standardized paging	1.43	-.38	-.44
Standardized internet	.81	-.59	-.02
Standardized caller id	.82	.71	-.81
Standardized call waiting	.76	.72	-.80
Standardized call forwarding	.78	.69	-.79
Standardized 3-way calling	.74	.67	-.75
Standardized electronic billing	.70	-.63	.05

图 11.4.8　最终的类中心

图 11.4.9 给出了最终类中心之间相互的欧氏距离。可以看出，第一类客户与第三类客户的欧氏距离为 4.863，第一类客户与第二类客户的距离为 3.500，表明第一类客户与第三类客户之间的差异大于第一类与第二类之间的差异。

Cluster	1	2	3
1		3.500	4.863
2	3.500		3.396
3	4.863	3.396	

图 11.4.9　类中心之间的距离矩阵

图 11.4.10 给出了每一类中的样品个数。可以看出，1 000 个客户被分成 3 类。第一类包括 226 个客户，创利最大；第二类包括 292 个客户；第三类包括 482 个客户。第三类客户人数最多，是创利最小的客户。

Cluster	1	226.000
	2	292.000
	3	482.000
Valid		1000.000
Missing		.000

图 11.4.10　每一类中的样品个数

11.5　习　　题

1. 常见的聚类分析有哪些？它们分别使用什么统计量？它们之间有什么联系与区别？
2. 谱系聚类分析法有哪些？其共同特征是什么？阐述谱系聚类法的基本步骤。

3. 对某案例进行聚类，数据如表 11.5.1 所示。

表 11.5.1　案例数据

案　例	变　量				
	x_1	x_2	x_3	x_4	x_5
1	2	5	3	6	4
2	8	7	7	8	8
3	6	8	6	9	7
4	3	2	3	4	4
5	2	3	2	3	2

请分别用相关系数和距离方法对该案例进行聚类，并结合图 11.5.1（表 11.5.1 这 5 个案例的曲线变化图），分析哪种方法更适合该案例，阐述理由。

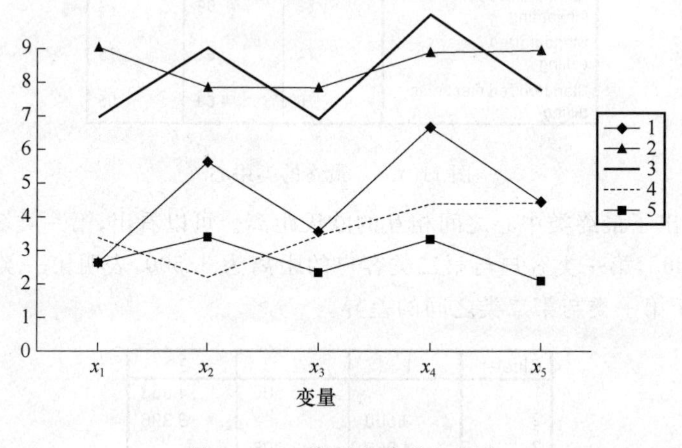

图 11.5.1　案例的曲线变化图

4. 今有 6 个铅弹头 7 种微量元素的含量数据，如表 11.5.2 所示，试用多种系统聚类法对 6 个弹头进行分类，并比较分类结果；试用多种方法对 7 种微量元素进行分类。

表 11.5.2　微量元素含量数据

样品号	元　素						
	Ag(银) X_1	Al(铝) X_2	Cu(铜) X_3	Ca(钙) X_4	Sb(锑) X_5	Bi(铋) X_6	Sn(锡) X_7
1	0.057 98	5.515 0	347.10	21.910	8 586	1 742	61.69
2	0.084 41	3.970 0	347.20	19.710	7 947	2 000	2 440
3	0.072 17	1.153 0	54.85	3.052	3 860	1 445	9 497
4	0.150 10	1.702 0	307.50	15.030	12 290	1 461	6 380
5	5.744 00	2.854 0	229.60	9.657	8 099	1 266	12 520
6	0.213 00	0.705 8	240.30	13.910	8 980	2 820	4 135

第12章　判别分析

“统计学是对令人困惑费解的问题做出数字设想的艺术。”

——戴维·弗里曼(D. Freedman)

在生产、科研和日常生活中经常遇到，根据观测到的数据资料对所研究的对象进行判别归类的问题。在气象学中，由以往气象资料判断明天是阴天、晴天，有雨还是无雨；在市场预测中，由调查资料判断下季度(或下个月)产品是畅销、平常还是滞销；在地质勘探中，由岩石标本的多种特征判断地层的地质年代，是有矿还是无矿，是富矿还是贫矿；在体育运动中，由运动员的多项运动指标来判定游泳运动员的“苗子”是适合练蛙泳、仰泳还是自由泳等。判别分析就是判别样品所属类型的一种多元统计方法。

12.1　什么是判别分析

判别分析(Discriminate Analysis，DA)又称“分辨法”，是在分类确定的条件下，根据某一研究对象的各种特征值判别其类型归属问题的一种多元统计分析方法。

例如，在医学诊断中，一个病人肺部有阴影，医生要判断他是肺结核、肺部良性肿瘤还是肺癌。医院根据记录了病人症状指标数据(阴影的大小，边缘是否光滑，体温多少等)的已有资料，发现各类病人的区别，把这种区别表示为一个判别公式，在测得一个新病人的数据时，就可以根据其数据用判别公式诊断，判定他患的是哪种病。

例如，有一些昆虫的性别很难看出，只有通过解剖才能够判别。但是雄性和雌性昆虫在若干体表度量上有些综合的差异，于是统计学家就根据已知雌雄的昆虫体表度量(这些用作度量的变量亦称为预测变量)得到一个标准，并且利用这个标准来判别其他未知性别的昆虫。这样的判别虽然不能保证百分之百准确，但至少大部分判别都是对的，而且用不着杀死昆虫来进行判别了。

判别分析与聚类分析不同。判别分析是在已知研究对象分成若干类型，并已取得一批已知各种类型的样品的数据的基础上，根据某些准则建立判别式，然后对未知类型的样品进行判别分类。对于聚类分析来说，一批给定样品要划分的类型事先并不知道，需要通过聚类分析来确定类型。判别分析和聚类分析往往联合使用，例如，当总体分类不清楚时，可先用聚类分析对原来的一批样品进行分类，然后用判别分析建立判别式以对新样品进行判别。

最早提出合理解决办法的首推 Fisher(1936)，他提出线性判别函数用于鸢尾花卉(IRIS

数据集)的分类。后来判别分析内容发展得很丰富,方法很多:若按判别的组数来区分,有两组判别分析和多组判别分析;按判别函数的形式(区分不同总体所用的数学模型)来区分,有线性判别和非线性判别;按判别时所处理的变量方法不同,有逐步判别和序贯判别等;按照不同的判别准则,有马氏距离最小准则、Fisher 准则、平均损失最小准则、最小平方准则、最大似然准则、最大概率准则等判别方法;根据资料的性质,分为定性资料的判别分析和定量资料的判别分析。

本章介绍常用的判别方法:距离判别法、Fisher 判别法、Bayes 判别法。

判别分析问题都可以这样描述:设有 k 个 p 维总体 $G_1,G_2,\cdots,G_k$,其分布特征已知(或已知总体分布为 $F_1(x),\cdots,F_k(x)$,或已知来自各总体的训练样本)。根据样本建立判别法则,对给定的一个新样品 x,我们要判断它应该属于哪个总体。新样品判别的基本方法是把它归入与它性质最相近的类。为了方便表达"性质最相近",通常用某种判别函数度量,有时候用距离远近衡量,有时候用损失的大小表示。

12.2 距离判别法

距离判别法按就近原则归类,样品与哪类距离最近,就判它属于哪类,即通过构造恰当的距离函数,计算样品与某类别之间距离的大小,判别其所属类别。距离判别法直观、简单,也称为直观判别法。

用统计语言表述:已知总体 $G_1,\cdots,G_k$,从每个总体中分别抽取 $n_1,\cdots,n_k$ 个样品,每个样品皆测量 p 个指标,对新样品 $\boldsymbol{x}=(x_1,\cdots,x_p)^{\mathrm{T}}$,计算 $\boldsymbol{x}$ 到 $G_1,\cdots,G_k$ 的距离,记为 $D(\boldsymbol{x},G_1),\cdots,D(\boldsymbol{x},G_k)$,按距离最近准则,判别归类。

1. 两个总体的距离判别法

设有两个总体(或称两类)G_1,G_2,从第一个总体中抽取 n_1 个样品,从第二个总体中抽取 n_2 个样品,每个样品测量 p 个指标,如下。

G_1 总体

样品	变量			
	x_1	x_2	…	x_p
$\boldsymbol{x}_1^{(1)}$	$x_{11}^{(1)}$	$x_{12}^{(1)}$	…	$x_{1p}^{(1)}$
$\boldsymbol{x}_2^{(1)}$	$x_{21}^{(1)}$	$x_{22}^{(1)}$	…	$x_{2p}^{(1)}$
⋮	⋮	⋮		⋮
$\boldsymbol{x}_{n_1}^{(1)}$	$x_{n_1 1}^{(1)}$	$x_{n_1 2}^{(1)}$	…	$x_{n_1 p}^{(1)}$
均值	$\overline{x}_1^{(1)}$	$\overline{x}_2^{(1)}$	…	$\overline{x}_p^{(1)}$

G_2 总体

样品	变量			
	x_1	x_2	…	x_p
$\boldsymbol{x}_1^{(2)}$	$x_{11}^{(2)}$	$x_{12}^{(2)}$	…	$x_{1p}^{(2)}$
$\boldsymbol{x}_2^{(2)}$	$x_{21}^{(2)}$	$x_{22}^{(2)}$	…	$x_{2p}^{(2)}$
⋮	⋮	⋮		⋮
$\boldsymbol{x}_{n_2}^{(2)}$	$x_{n_2 1}^{(2)}$	$x_{n_2 2}^{(2)}$	…	$x_{n_2 p}^{(2)}$
均值	$\overline{x}_1^{(2)}$	$\overline{x}_2^{(2)}$	…	$\overline{x}_p^{(2)}$

今有一个样品,测得指标值为 $\boldsymbol{x}=(x_1,\cdots,x_p)^{\mathrm{T}}$,问 $\boldsymbol{x}$ 应判归为哪一类?

首先计算 $\boldsymbol{x}$ 到 G_1,G_2 总体的距离,分别记为 $D(\boldsymbol{x},G_1)$ 和 $D(\boldsymbol{x},G_2)$,按距离最近准则判别归

类，则可写成

$$\begin{cases} \boldsymbol{x}\in G_1, \text{当 } D(\boldsymbol{x},G_1)<D(\boldsymbol{x},G_2) \\ \boldsymbol{x}\in G_2, \text{当 } D(\boldsymbol{x},G_1)>D(\boldsymbol{x},G_2) \\ \text{待判}, \text{当 } D(\boldsymbol{x},G_1)=D(\boldsymbol{x},G_2) \end{cases}$$

最常见的距离是欧式距离，如果采用欧氏距离，根据已知分类的数据，分别计算各类的重心（即各类的均值），记为$\overline{\boldsymbol{x}}^{(i)}=(\overline{x}_1^{(i)},\cdots,\overline{x}_p^{(i)})^{\mathrm{T}}$，$i=1,2$，为第 i 类的重心（均值）。

判别准则是对任给的一次观测，若它与第 i 类的重心距离最近，就判别它属于第 i 类。则可计算出

$$D(\boldsymbol{x},G_1)=\sqrt{(\boldsymbol{x}-\overline{\boldsymbol{x}}^{(1)})^{\mathrm{T}}(\boldsymbol{x}-\overline{\boldsymbol{x}}^{(1)})}=\sqrt{\sum_{a=1}^{p}(x_a-\overline{x}_a^{(1)})^2}$$

$$D(\boldsymbol{x},G_2)=\sqrt{(\boldsymbol{x}-\overline{\boldsymbol{x}}^{(2)})^{\mathrm{T}}(\boldsymbol{x}-\overline{\boldsymbol{x}}^{(2)})}=\sqrt{\sum_{a=1}^{p}(x_a-\overline{x}_a^{(2)})^2}$$

然后比较 $D(\boldsymbol{x},G_1)$和 $D(\boldsymbol{x},G_2)$的大小，按距离最近准则判别归类。

但是，在判别分析中直接采用欧式距离是不太合适的，因为没有考虑总体分布的分散性信息。基于此，经常用到马氏距离，下面讨论采用马氏距离的情况。

设 $\boldsymbol{\mu}^{(1)},\boldsymbol{\mu}^{(2)},\boldsymbol{\Sigma}^{(1)},\boldsymbol{\Sigma}^{(2)}$ 分别为 G_1,G_2 的均值向量和协方差矩阵。采用马氏距离

$$D^2(\boldsymbol{x},G_i)=(\boldsymbol{x}-\boldsymbol{\mu}^{(i)})^{\mathrm{T}}(\boldsymbol{\Sigma}^{(i)})^{-1}(\boldsymbol{x}-\boldsymbol{\mu}^{(i)}),\quad i=1,2$$

这时判别准则可分为以下两种情况。

（1）当 $\boldsymbol{\Sigma}^{(1)}=\boldsymbol{\Sigma}^{(2)}=\boldsymbol{\Sigma}$ 时

考察 $D^2(\boldsymbol{x},G_2)$及 $D^2(\boldsymbol{x},G_1)$的差，有

$$\begin{aligned} D^2(\boldsymbol{x},G_2)-D^2(\boldsymbol{x},G_1)&=(\boldsymbol{x}-\boldsymbol{\mu}^{(2)})^{\mathrm{T}}(\boldsymbol{\Sigma}^{(2)})^{-1}(\boldsymbol{x}-\boldsymbol{\mu}^{(2)})-(\boldsymbol{x}-\boldsymbol{\mu}^{(1)})^{\mathrm{T}}(\boldsymbol{\Sigma}^{(1)})^{-1}(\boldsymbol{x}-\boldsymbol{\mu}^{(1)}) \\ &=\boldsymbol{x}^{\mathrm{T}}\boldsymbol{\Sigma}^{-1}\boldsymbol{x}-\boldsymbol{x}^{\mathrm{T}}\boldsymbol{\Sigma}^{-1}\boldsymbol{\mu}^{(2)}-(\boldsymbol{\mu}^{(2)})^{\mathrm{T}}\boldsymbol{\Sigma}^{-1}\boldsymbol{x}+(\boldsymbol{\mu}^{(2)})^{\mathrm{T}}\boldsymbol{\Sigma}^{-1}\boldsymbol{\mu}^{(2)}- \\ &\quad[\boldsymbol{x}^{\mathrm{T}}\boldsymbol{\Sigma}^{-1}\boldsymbol{x}-\boldsymbol{x}^{\mathrm{T}}\boldsymbol{\Sigma}^{-1}\boldsymbol{\mu}^{(1)}-(\boldsymbol{\mu}^{(1)})^{\mathrm{T}}\boldsymbol{\Sigma}^{-1}\boldsymbol{x}+(\boldsymbol{\mu}^{(1)})^{\mathrm{T}}\boldsymbol{\Sigma}^{-1}\boldsymbol{\mu}^{(1)}] \\ &=2\left[\boldsymbol{x}-\frac{1}{2}(\boldsymbol{\mu}^{(1)}+\boldsymbol{\mu}^{(2)})\right]^{\mathrm{T}}\boldsymbol{\Sigma}^{-1}(\boldsymbol{\mu}^{(1)}-\boldsymbol{\mu}^{(2)}) \end{aligned}$$

令 $\overline{\boldsymbol{\mu}}=\frac{1}{2}(\boldsymbol{\mu}^{(1)}+\boldsymbol{\mu}^{(2)})$，记 $W(\boldsymbol{x})=(\boldsymbol{x}-\overline{\boldsymbol{\mu}})^{\mathrm{T}}\boldsymbol{\Sigma}^{-1}(\boldsymbol{\mu}^{(1)}-\boldsymbol{\mu}^{(2)})$，则判别准则可写成

$$\begin{cases} \boldsymbol{x}\in G_1, \text{当 } W(\boldsymbol{x})>0 \text{ 即 } D^2(\boldsymbol{x},G_2)>D^2(\boldsymbol{x},G_1) \\ \boldsymbol{x}\in G_2, \text{当 } W(\boldsymbol{x})<0 \text{ 即 } D^2(\boldsymbol{x},G_2)<D^2(\boldsymbol{x},G_1) \\ \text{待判}, \text{当 } W(\boldsymbol{x})=0 \text{ 即 } D^2(\boldsymbol{x},G_2)=D^2(\boldsymbol{x},G_1) \end{cases}$$

当 $\boldsymbol{\Sigma},\boldsymbol{\mu}^{(1)},\boldsymbol{\mu}^{(2)}$已知时，令 $\boldsymbol{a}=\boldsymbol{\Sigma}^{-1}(\boldsymbol{\mu}^{(1)}-\boldsymbol{\mu}^{(2)})\triangleq(a_1,\cdots,a_p)^{\mathrm{T}}$，则

$$\begin{aligned} W(\boldsymbol{x})&=(\boldsymbol{x}-\overline{\boldsymbol{\mu}})^{\mathrm{T}}\boldsymbol{a}=\boldsymbol{a}^{\mathrm{T}}(\boldsymbol{x}-\overline{\boldsymbol{\mu}})=(a_1,\cdots,a_p)\begin{pmatrix} x_1-\overline{\mu}_1 \\ \vdots \\ x_p-\overline{\mu}_p \end{pmatrix} \\ &=a_1(x_1-\overline{\mu}_1)+\cdots+a_p(x_p-\overline{\mu}_p) \end{aligned} \tag{12.2.1}$$

显然，$W(\boldsymbol{x})$是 $x_1,\cdots,x_p$ 的线性函数，称 $W(\boldsymbol{x})$为线性判别函数，$\boldsymbol{a}$ 为判别系数。

在实际问题中，通常 $\boldsymbol{\Sigma},\boldsymbol{\mu}^{(1)},\boldsymbol{\mu}^{(2)}$ 未知，可通过样本来估计它们。

设 $\boldsymbol{x}_1^{(i)},\boldsymbol{x}_2^{(i)},\cdots,\boldsymbol{x}_{n_i}^{(i)}$ 为来自 G_i 的样本，$i=1,2$，则

$$\hat{\boldsymbol{\mu}}^{(1)}=\overline{\boldsymbol{x}}^{(1)}=\frac{1}{n_1}\sum_{i=1}^{n_1}\boldsymbol{x}_i^{(1)},\quad \hat{\boldsymbol{\mu}}^{(2)}=\overline{\boldsymbol{x}}^{(2)}=\frac{1}{n_2}\sum_{i=1}^{n_2}\boldsymbol{x}_i^{(2)},\quad \hat{\boldsymbol{\Sigma}}=\frac{1}{n_1+n_2-2}(\boldsymbol{A}_1+\boldsymbol{A}_2)$$

其中样本离差阵

$$\boldsymbol{A}_i=\sum_{t=1}^{n_i}(\boldsymbol{x}_t^{(i)}-\overline{\boldsymbol{x}}^{(i)})(\boldsymbol{x}_t^{(i)}-\overline{\boldsymbol{x}}^{(i)})^{\mathrm{T}}$$

线性判别函数为

$$W(\boldsymbol{x})=(\boldsymbol{x}-\overline{\boldsymbol{x}})^{\mathrm{T}}\hat{\boldsymbol{\Sigma}}^{-1}(\overline{\boldsymbol{x}}^{(1)}-\overline{\boldsymbol{x}}^{(2)})$$

其中，$\overline{\boldsymbol{x}}=\frac{1}{2}(\overline{\boldsymbol{x}}^{(1)}+\overline{\boldsymbol{x}}^{(2)})$。

可见距离判别法对各类(或总体)的分布，无特定的要求。

下面，我们在正态总体情况下对马氏距离判别准则的合理性给予解释。

例 12.1 若两个一维正态总体的分布分别为 $N(\mu_1,\sigma^2)$ 和 $N(\mu_2,\sigma^2)$，不妨设 $\mu_1<\mu_2$，请给出马氏距离判别准则。

解：可以计算出判别函数

$$W(x)=\left[x-\left(\frac{\mu_1+\mu_2}{2}\right)\right]\frac{1}{\sigma^2}(\mu_1-\mu_2)$$

已知 $\mu_1<\mu_2$，可见这时 $W(x)$ 的符号取决于 $x>\overline{\mu}$ 或 $x<\overline{\mu}$。所以，判别准则：当 $x<\overline{\mu}$ 时，判 $x\in G_1$；当 $x>\overline{\mu}$ 时，判 $x\in G_2$。

从图 12.2.1 我们看到用距离判别所得到的准则是颇为合理的。

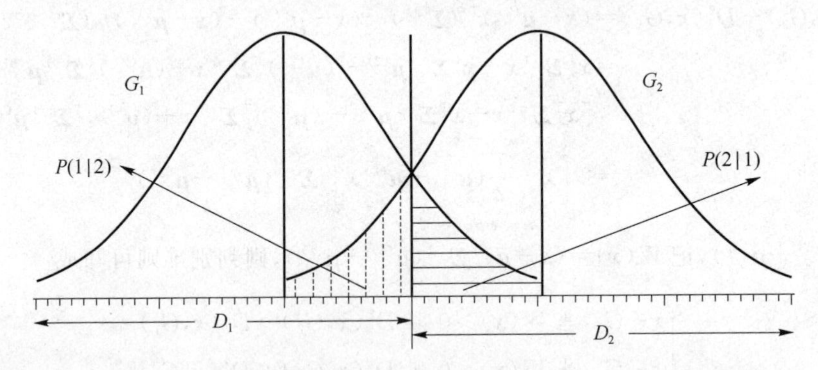

图 12.2.1 错判概率示意图

还需要注意，对于一个判别准则，一般都会产生误判(错判)，即将本属于某总体的样品错误地判归另一个总体。

以两个一维正态总体的距离判别为例，我们来计算错判率。假如 $\boldsymbol{x}$ 明明来自 G_1，但却落入 D_2，就被判为属于 G_2，这就发生了错判，从图 12.2.1 可以看出，错判的概率为图中阴影的面积，记为 $P(2|1)$，类似有错判概率 $P(1|2)$。

可以计算出

$$
\begin{aligned}
P(2|1) &= P(x>\bar{\mu}|G_1)=P(x-\mu_1>\frac{\mu_1+\mu_2}{2}-\mu_1)\\
&= P(x-\mu_1>\frac{\mu_2-\mu_1}{2})\\
&= P(\frac{x-\mu_1}{\sigma}>\frac{\mu_2-\mu_1}{2\sigma})\\
&= 1-\Phi(\frac{\mu_2-\mu_1}{2\sigma})
\end{aligned}
$$

同法可得 $P(2|1)=P(1|2)$。

当两总体靠得很近(即$|\mu_1-\mu_2|$小)时,无论用何种办法,错判概率都很大,这时做判别分析是没有意义的。因此只有当两个总体的均值有显著差异时,判别分析才有意义。

(2) 当 $\boldsymbol{\Sigma}^{(1)}\neq\boldsymbol{\Sigma}^{(2)}$ 时

按距离最近准则,类似地有

$$
\begin{cases}
\boldsymbol{x}\in G_1, \text{当 } D(\boldsymbol{x},G_1)<D(\boldsymbol{x},G_2)\\
\boldsymbol{x}\in G_2, \text{当 } D(\boldsymbol{x},G_1)>D(\boldsymbol{x},G_2)\\
\text{待判}, \text{当 } D(\boldsymbol{x},G_1)=D(\boldsymbol{x},G_2)
\end{cases}
$$

仍然用

$$
\begin{aligned}
W(\boldsymbol{x}) &= D^2(\boldsymbol{x},G_2)-D^2(\boldsymbol{x},G_1)\\
&= (\boldsymbol{x}-\boldsymbol{\mu}^{(2)})^{\mathrm{T}}(\boldsymbol{\Sigma}^{(2)})^{-1}(\boldsymbol{x}-\boldsymbol{\mu}^{(2)})-(\boldsymbol{x}-\boldsymbol{\mu}^{(1)})^{\mathrm{T}}(\boldsymbol{\Sigma}^{(1)})^{-1}(\boldsymbol{x}-\boldsymbol{\mu}^{(1)})
\end{aligned}
$$

作为判别函数,它是 $\boldsymbol{x}$ 的二次判别函数。

2. 多个总体的距离判别法

将两个总体的讨论推广到多个总体。

设有 k 个总体 $G_1,\cdots,G_k$,它们的均值和协方差阵分别为 $\boldsymbol{\mu}^{(i)},\boldsymbol{\Sigma}^{(i)},i=1,\cdots,k$,从每个总体 G_i 中抽取 n_i 个样品,$i=1,\cdots,k$,每个样品测 p 个指标。今任取一个样品,实测指标值为 $\boldsymbol{x}=(x_1,\cdots,x_p)^{\mathrm{T}}$,问 $\boldsymbol{x}$ 应判归为哪一类?

G_1总体

样　品	变　量			
	x_1	x_2	…	x_p
$\boldsymbol{x}_1^{(1)}$	$x_{11}^{(1)}$	$x_{12}^{(1)}$	…	$x_{1p}^{(1)}$
$\boldsymbol{x}_2^{(1)}$	$x_{21}^{(1)}$	$x_{22}^{(1)}$	…	$x_{2p}^{(1)}$
⋮	⋮	⋮		⋮
$\boldsymbol{x}_{n_1}^{(1)}$	$x_{n_1 1}^{(1)}$	$x_{n_1 2}^{(1)}$	…	$x_{n_1 p}^{(1)}$
均　值	$\bar{x}_1^{(1)}$	$\bar{x}_2^{(1)}$	…	$\bar{x}_p^{(1)}$

…

G_k总体

样　品	变　量			
	x_1	x_2	…	x_p
$\boldsymbol{x}_1^{(k)}$	$x_{11}^{(k)}$	$x_{12}^{(k)}$	…	$x_{1p}^{(k)}$
$\boldsymbol{x}_2^{(k)}$	$x_{21}^{(k)}$	$x_{22}^{(k)}$	…	$x_{2p}^{(k)}$
⋮	⋮	⋮		⋮
$\boldsymbol{x}_{n_k}^{(k)}$	$x_{n_k 1}^{(k)}$	$x_{n_k 2}^{(k)}$	…	$x_{n_k p}^{(k)}$
均　值	$\bar{x}_1^{(k)}$	$\bar{x}_2^{(k)}$	…	$\bar{x}_p^{(k)}$

(1) 当 $\boldsymbol{\Sigma}^{(1)}=\cdots=\boldsymbol{\Sigma}^{(k)}=\boldsymbol{\Sigma}$ 时

此时 $D^2(\boldsymbol{x},G_i)=(\boldsymbol{x}-\boldsymbol{\mu}^{(i)})^{\mathrm{T}}\boldsymbol{\Sigma}^{-1}(\boldsymbol{x}-\boldsymbol{\mu}^{(i)}),i=1,\cdots,k$,两两判别函数为

$$
\begin{aligned}
W_{ij}(\boldsymbol{x}) &= \frac{1}{2}[D^2(\boldsymbol{x},G_j)-D^2(\boldsymbol{x},G_i)]\\
&= \left[\boldsymbol{x}-\frac{1}{2}(\boldsymbol{\mu}^{(i)}+\boldsymbol{\mu}^{(j)})\right]^{\mathrm{T}}\boldsymbol{\Sigma}^{-1}(\boldsymbol{\mu}^{(i)}-\boldsymbol{\mu}^{(j)}),\quad i,j=1,\cdots,k
\end{aligned}
$$

相应的判别准则为

$$\begin{cases} \boldsymbol{x}\in G_i, \text{当 } W_{ij}(\boldsymbol{x})>0, \text{对一切 } j\neq i \\ \text{待判,若有某一个 } W_{ij}(\boldsymbol{x})=0 \end{cases}$$

当 $\boldsymbol{\mu}^{(1)},\cdots,\boldsymbol{\mu}^{(k)},\boldsymbol{\Sigma}$ 未知时可用其样本估计量代替。

设从 G_i 中抽取的样本为 $\boldsymbol{x}_1^{(i)},\cdots,\boldsymbol{x}_{n_i}^{(i)},i=1,\cdots,k$,则 $\hat{\boldsymbol{\mu}}^{(i)},\hat{\boldsymbol{\Sigma}}$ 的估计分别为

$$\hat{\boldsymbol{\mu}}^{(i)}=\overline{\boldsymbol{x}}^{(i)}=\frac{1}{n_i}\sum_{\alpha=1}^{n_i}\boldsymbol{x}_\alpha^{(i)},i=1,\cdots,k$$

$$\hat{\boldsymbol{\Sigma}}=\frac{1}{n-k}\sum_{i=1}^{k}\boldsymbol{A}_i$$

其中,$\boldsymbol{A}_i=\sum_{\alpha=1}^{n_i}(\boldsymbol{x}_\alpha^{(i)}-\overline{\boldsymbol{x}}^{(i)})(\boldsymbol{x}_\alpha^{(i)}-\overline{\boldsymbol{x}}^{(i)})^{\mathrm{T}}$ 为 G_i 的样本离差阵,$\overline{\boldsymbol{x}}^{(i)}=(\overline{x}_1^{(i)},\cdots,\overline{x}_p^{(i)})^{\mathrm{T}},i=1,\cdots,k$。

(2) 当 $\boldsymbol{\Sigma}^{(1)},\cdots,\boldsymbol{\Sigma}^{(k)}$ 不全相等时

此时判别函数为

$$W_{ij}(\boldsymbol{x})=(\boldsymbol{x}-\boldsymbol{\mu}^{(j)})^{\mathrm{T}}[\boldsymbol{\Sigma}^{(j)}]^{-1}(\boldsymbol{x}-\boldsymbol{\mu}^{(j)})-(\boldsymbol{x}-\boldsymbol{\mu}^{(i)})^{\mathrm{T}}[\boldsymbol{\Sigma}^{(i)}]^{-1}(\boldsymbol{x}-\boldsymbol{\mu}^{(i)})$$

相应的判别准则为

$$\begin{cases} \boldsymbol{x}\in G_i, \text{当 } W_{ij}(\boldsymbol{x})>0, \text{对一切 } j\neq i \\ \text{待判,若某一个 } W_{ij}(\boldsymbol{x})=0 \end{cases}$$

当 $\boldsymbol{\mu}^{(i)},\boldsymbol{\Sigma}^{(i)}(i=1,\cdots,k)$ 未知时,可用样本估计量代替,即

$$\hat{\boldsymbol{\mu}}^{(i)}=\overline{\boldsymbol{x}}^{(i)},\quad \hat{\boldsymbol{\Sigma}}^{(i)}=\frac{1}{n_i-1}\boldsymbol{A}_i,\quad i=1,\cdots,k$$

例 12.2 人文发展指数是在联合国开发计划署于 1990 年 5 月发表的第一份《人类发展报告》中公布的。该报告建议,对人文发展的衡量应当以人生的三大要素为重点,衡量人生三大要素的指示指标分别为:出生时的预期寿命、成人识字率和实际人均 GDP。将以上 3 个指示指标的数值合成为一个复合指数,即为人文发展指数。

从 1995 年世界各国人文发展指数的排序中,选取高等及中等发展水平的国家各 5 个作为两组样品,另选 4 个国家作为待判样品,如表 12.2.1 所示。假定两总体协差阵相等,请做距离判别分析。

表 12.2.1 1995 年世界各国人文发展指数

类别	序号	国家名称	出生时的预期寿命/岁 x_1	成人识字率/(%) x_2	实际人均 GDP/美元 x_3
第一类(高发展水平国家)	1	美国	76	99	5 374
	2	日本	79.5	99	5 359
	3	瑞士	78	99	5 372
	4	阿根廷	72.1	95.9	5 242
	5	阿联酋	73.8	77.7	5 370
第二类(中等发展水平国家)	6	保加利亚	71.2	93	4 250
	7	古巴	75.3	94.9	3 412
	8	巴拉圭	70	91.2	3 390
	9	格鲁吉亚	72.8	99	2 300
	10	南非	62.9	80.6	3 799

续表

类　别	序　号	国家名称	出生时的预期寿命/岁 x_1	成人识字率/(%) x_2	实际人均 GDP/美元 x_3
待判样品	11	中国	68.5	79.3	1 950
	12	罗马尼亚	69.9	96.9	2 840
	13	希腊	77.6	93.8	5 233
	14	哥伦比亚	69.3	90.3	5 158

注：数据选自《世界经济统计研究》，1996 年第 1 期，UNDP《人类发展报告》，1995 年。

解：本例中变量个数 $p=3$，两类总体各有 5 个样品，即 $n_1=n_2=5$，有 4 个待判样品，假定两总体协差阵相等。

两组距离判别分析的计算过程如下。

(1) 计算样本均值

$$\bar{\boldsymbol{x}}^{(1)}=\begin{pmatrix}75.88\\94.08\\5\,343.4\end{pmatrix},\quad \bar{\boldsymbol{x}}^{(2)}=\begin{pmatrix}70.44\\91.74\\3\,430.2\end{pmatrix}$$

计算样本离差阵，从而求出 $\hat{\boldsymbol{\Sigma}}$，则

$$\boldsymbol{A}_1=\sum_{\alpha=1}^{n_1}(\boldsymbol{x}_\alpha^{(1)}-\bar{\boldsymbol{x}}^{(1)})(\boldsymbol{x}_\alpha^{(1)}-\bar{\boldsymbol{x}}^{(1)})^{\mathrm{T}}=\begin{bmatrix}36.228 & 56.022 & 448.74\\56.022 & 344.228 & -252.24\\448.74 & -252.24 & 12\,987.2\end{bmatrix}$$

类似地

$$\boldsymbol{A}_2=\sum_{\alpha=1}^{n_2}(\boldsymbol{x}_\alpha^{(2)}-\bar{\boldsymbol{x}}^{(2)})(\boldsymbol{x}_\alpha^{(2)}-\bar{\boldsymbol{x}}^{(2)})^{\mathrm{T}}=\begin{bmatrix}86.812 & 117.682 & -4\,895.74\\117.682 & 188.672 & -11\,316.54\\-4\,895.74 & -11\,316.54 & 2\,087\,384.8\end{bmatrix}$$

经计算

$$\boldsymbol{A}=\boldsymbol{A}_1+\boldsymbol{A}_2=\begin{bmatrix}123.04 & 173.704 & -4\,447\\173.704 & 532.9 & -11\,568.78\\-4\,447 & -11\,568.78 & 2\,100\,372\end{bmatrix}$$

$$\hat{\boldsymbol{\Sigma}}=\frac{1}{n_1+n_2-2}(\boldsymbol{A}_1+\boldsymbol{A}_2)=\frac{1}{8}\boldsymbol{A}=\begin{bmatrix}15.38 & 21.713 & -555.875\\21.713 & 66.612\,5 & -1\,446.097\,5\\-555.875 & -1\,446.097\,5 & 262\,546.5\end{bmatrix}$$

$$\hat{\boldsymbol{\Sigma}}^{-1}=\begin{bmatrix}0.120\,896 & -0.038\,45 & 0.000\,044\,2\\-0.038\,45 & 0.029\,278 & 0.000\,079\,9\\0.000\,044\,2 & 0.000\,079\,9 & 0.000\,004\,34\end{bmatrix}$$

(2) 求线性判别函数 $W(\boldsymbol{x})$

由式(12.2.1)得

$$\boldsymbol{\alpha}=\hat{\boldsymbol{\Sigma}}^{-1}(\bar{\boldsymbol{x}}^{(1)}-\bar{\boldsymbol{x}}^{(2)})=(0.652\,3,0.012\,2,0.008\,73)^{\mathrm{T}}$$

$$W(\boldsymbol{x})=\boldsymbol{\alpha}^{\mathrm{T}}(\boldsymbol{x}-\bar{\boldsymbol{x}})=\boldsymbol{\alpha}^{\mathrm{T}}\left[\boldsymbol{x}-\frac{1}{2}(\bar{\boldsymbol{x}}^{(1)}+\bar{\boldsymbol{x}}^{(2)})\right]$$
$$=0.652\,3x_1+0.012\,2x_2+0.008\,73x_3-87.152\,5$$

(3) 判别准则的评价

在例 12.1 中，由于知道总体分布，所以我们能够计算出错判率，可以通过错判率对判别准则进行评价。但是，在很多实际问题中总体分布是不知道的，如本题只有来自各总体的已知类别的样品(通常称为训练样品)数据，所以对判别准则评价的可行做法是，基于训练样本数据对错判率进行估计。

常见的估计方法有两种：回代估计法和交叉核实法。

① 回代估计法

设 G_i 的样品总数是 n_i，以全体训练样本($\sum\limits_i n_i$ 个)作为新样品，逐个代入已建立的判别准则中，判别其归属，这个过程称为回判。错判率的回代估计为

$$\hat{p} = \frac{\sum\limits_{i \neq j} n_{ij}}{\sum\limits_i n_i}$$

其中，n_{ij} 是将属于 G_i 的样品误判为属于 G_j 的个数。本题目对已知类别的样品用线性判别函数进行判别归类，结果如表 12.2.2 所示，错判率的回代估计为 0，全部判对。

表 12.2.2　错判情况

样品号	判别函数 $W(\boldsymbol{x})$ 的值	原类号	判归类别
1	10.545 1	1	1
2	12.697 2	1	1
3	11.832 3	1	1
4	6.811	1	1
5	8.815 3	1	1
6	−2.471 6	2	2
7	−7.089 8	2	2
8	−10.784 2	2	2
9	−18.378 8	2	2
10	−11.974 2	2	2

错判率的回代估计易于计算，但是该估计的获得是由建立判别函数的数据反过来作评估准则数据得到的，因此该估计往往比真实错判率小。

② 交叉核实法(舍一法)

每次剔除训练样本中的一个样品，利用其余的训练样本建立相应判别准则，然后用此判别准则对剔除的那个样品做判别。对训练样本中的每一个样品都这样进行判别，最后以误判的总比例作为错判率的估计。交叉核实法比回代估计法更合理，但计算量较大。

(4) 对判别效果的检验

判别分析假设两组样品取自不同总体，如果两个总体的均值向量在统计上差异不显著，作判别分析的意义就不大。所谓判别效果的检验就是检验两个总体的均值向量是否相等。

由前面第 5 章的知识可知，当总体服从正态分布，且两个总体协差阵相同时，有

$$H_0:\boldsymbol{\mu}_1 = \boldsymbol{\mu}_2 \quad H_1:\boldsymbol{\mu}_1 \neq \boldsymbol{\mu}_2$$

检验统计量为

$$F = \frac{(n_1+n_2-2)-p+1}{(n_1+n_2-2)p}T^2 \sim F(p, n_1+n_2-p-1)\text{（在 } H_0 \text{ 成立时）}$$

其中 $T^2=(n_1+n_2-2)\left[\sqrt{\frac{n_1 n_2}{n_1+n_2}}(\overline{\boldsymbol{x}}^{(1)}-\overline{\boldsymbol{x}}^{(2)})^{\mathrm{T}}\boldsymbol{A}^{-1}\cdot\sqrt{\frac{n_1 n_2}{n_1+n_2}}(\overline{\boldsymbol{x}}^{(1)}-\overline{\boldsymbol{x}}^{(2)})\right]$，$\boldsymbol{A}=\boldsymbol{A}_1+\boldsymbol{A}_2$，$\boldsymbol{A}_i=\sum_{\alpha=1}^{n_i}(\boldsymbol{x}_\alpha^{(i)}-\overline{\boldsymbol{x}}^{(i)})(\boldsymbol{x}_\alpha^{(i)}-\overline{\boldsymbol{x}}^{(i)})^{\mathrm{T}}$ 为 G_i 的样本离差阵，$\overline{\boldsymbol{x}}^{(i)}=(\overline{x}_1^{(i)},\cdots,\overline{x}_p^{(i)})^{\mathrm{T}}$，或者 $\boldsymbol{A}=(\alpha_{ij})_{p\times p}$，$\alpha_{ij}=\sum_{\alpha=1}^{n_1}(x_{\alpha i}^{(1)}-\overline{x}_i^{(1)})(x_{\alpha j}^{(1)}-\overline{x}_j^{(1)})+\sum_{\alpha=1}^{n_2}(x_{\alpha i}^{(2)}-\overline{x}_i^{(2)})(x_{\alpha j}^{(2)}-\overline{x}_j^{(2)})$。给定检验水平 α，查 F 分布表，确定临界值 F_α，若 $F>F_\alpha$，则 H_0 被否定，认为判别有效。否则认为判别无效。

将上边的计算结果代入统计量后可得 $F=12.674\ 6>F_{0.05}(3,6)=4.76$，故在 $\alpha=0.05$ 检验水平下，两总体间均值差异显著，即判别函数有效果。

(5) 对待判样品进行判别归类

判别归类结果如表 12.2.3 所示。

表 12.2.3　错判情况

样品号	国　家	判别函数 $W(\boldsymbol{x})$的值	判别类别
11	中国	−24.478 99	2
12	罗马尼亚	−15.581 35	2
13	希腊	10.294 43	1
14	哥伦比亚	4.182 89	1

判别结果表明：中国、罗马尼亚为中等发展水平国家(即第二类)，希腊、哥伦比亚为高发展水平国家(即第一类)，这是符合当时实际的，即与当时世界各国人文发展指数的水平相吻合。事实上这 4 个国家的实际分类是有的，我们将判别分析的结果与实际结果进行比较，结果相符。

12.3　费歇判别法

Fisher 判别法是 Fisher 在 1936 年提出的，基本思想是投影。它是将多维数据投影到某个方向，投影的原则是将总体与总体之间尽可能分开，然后再选择合适的判别准则，将待判的样品进行分类判别。Fisher 判别法也称为典型判别法。

Fisher 判别法的几何解释：在多元分析中有一个非常重要的思想——降维，把 p 维空间中的点通过适当方式投影到低维空间，即用低维向量近似地替代 p 维向量，然后在低维空间上进行判别。

假如考虑只有两类(每类只有两个变量)的判别分析问题。即数据中的每个观测值是二维空间的一个点，只有两种已知类型的样本。其中一类有 38 个点(用“o”表示)，另一类有 44 个点(用“*”表示)，见图 12.3.1。按照原来的变量空间，很难将这两种点分开。

于是寻找一个方向，也就是图 12.3.1 上的虚线方向，把所有的点朝和这个虚线垂直的一条直线进行投影，会使得这两类分得最清楚。可以看出，如果向其他方向投影，分类效果不会比这个好。

有了投影之后，再用前面讲到的距离远近的方法来得到判别准则。这种首先进行投影的判别方法就是 **Fisher 判别法**。

Fisher 判别要选择一个最佳的投影方向，使同类样品点沿该方向在直线上的投影点尽可能集中，不同类样品点尽可能分开，这就是 Fisher 提出的关于未知样品归属于两类总体的模型形成思想。图 12.3.2 表示某问题 Fisher 判别的最佳投影为 L 方向。

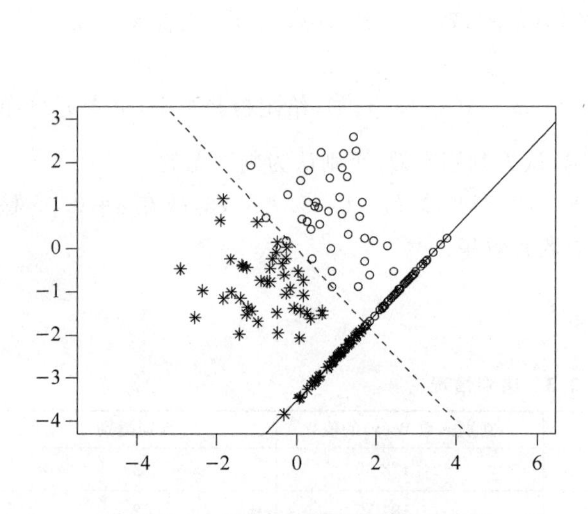

图 12.3.1　Fisher 判别法的投影示意图

图 12.3.2　Fisher 判别的最佳投影

衡量最佳投影方向的方法可以借助于方差分析的思想。利用方差分析的思想来导出判别函数，这个函数可以是线性的，也可以是一般的函数。因为线性判别函数在实际应用中最方便，本节仅讨论线性判别函数的导出。该法对总体的分布没有特定的要求。

1. 两总体 Fisher 判别法

(1) 基本思想

从两个总体中抽取具有 p 个指标的样品观测数据，$\boldsymbol{c}=(c_1,c_2,\cdots,c_p)^{\mathrm{T}}$ 为 p 维空间的任一单位向量，由向量几何知识可知，向量 $\boldsymbol{x}=(x_1,x_2,\cdots,x_p)^{\mathrm{T}}$ 往向量 $\boldsymbol{c}$ 的投影为 $\boldsymbol{c}^{\mathrm{T}}\boldsymbol{x}$，记为 $y(\boldsymbol{x})=c_1x_1+c_2x_2+\cdots+c_px_p\triangleq\boldsymbol{c}^{\mathrm{T}}\boldsymbol{x}$，可以把它看成判别函数或判别式：$y=c_1x_1+c_2x_2+\cdots+c_px_p$。借助方差分析的思想，其中系数 $c_1,c_2,\cdots,c_p$ 确定的原则是使两组间的 $\boldsymbol{c}^{\mathrm{T}}\boldsymbol{x}$ 离差最大，而使每个组内部的 $\boldsymbol{c}^{\mathrm{T}}\boldsymbol{x}$ 离差最小。

有了判别式后，对于一个新的样品，将它的 p 个指标值代入判别式中求出 y 值，然后与判别临界值(或称分界点，后面给出)进行比较，就可以判别它应属于哪一个总体。

(2)判别函数的导出

假设有两个总体 G_1,G_2，从第一个总体中抽取 n_1 个样品，从第二个总体中抽取 n_2 个样品，每个样品观测 p 个指标，列表如下。

G_1总体

样　品	变　量			
	x_1	x_2	$\cdots$	x_p
$\boldsymbol{x}_1^{(1)}$	$x_{11}^{(1)}$	$x_{12}^{(1)}$	$\cdots$	$x_{1p}^{(1)}$
$\boldsymbol{x}_2^{(1)}$	$x_{21}^{(1)}$	$x_{22}^{(1)}$	$\cdots$	$x_{2p}^{(1)}$
$\vdots$	$\vdots$	$\vdots$		$\vdots$
$\boldsymbol{x}_{n_1}^{(1)}$	$x_{n_11}^{(1)}$	$x_{n_12}^{(1)}$	$\cdots$	$x_{n_1p}^{(1)}$
均　值	$\overline{x}_1^{(1)}$	$\overline{x}_2^{(1)}$	$\cdots$	$\overline{x}_p^{(1)}$

G_2总体

样　品	变　量			
	x_1	x_2	$\cdots$	x_p
$\boldsymbol{x}_1^{(2)}$	$x_{11}^{(2)}$	$x_{12}^{(2)}$	$\cdots$	$x_{1p}^{(2)}$
$\boldsymbol{x}_2^{(2)}$	$x_{21}^{(2)}$	$x_{22}^{(2)}$	$\cdots$	$x_{2p}^{(2)}$
$\vdots$	$\vdots$	$\vdots$		$\vdots$
$\boldsymbol{x}_{n_2}^{(2)}$	$x_{n_21}^{(2)}$	$x_{n_22}^{(2)}$	$\cdots$	$x_{n_2p}^{(2)}$
均　值	$\overline{x}_1^{(2)}$	$\overline{x}_2^{(2)}$	$\cdots$	$\overline{x}_p^{(2)}$

假设新建立的判别式为 $y=c_1x_1+c_2x_2+\cdots+c_px_p$，将属于两个不同总体的样品观测值代入判别式中，则得

$$y_i^{(1)}=c_1x_{i1}^{(1)}+c_2x_{i2}^{(1)}+\cdots+c_px_{ip}^{(1)},\quad i=1,\cdots,n_1$$

$$y_i^{(2)}=c_1x_{i1}^{(2)}+c_2x_{i2}^{(2)}+\cdots+c_px_{ip}^{(2)},\quad i=1,\cdots,n_2$$

对上边式子分别左右相加，再除以相应的样品个数，则有

$$\overline{y}^{(1)}=\sum_{k=1}^{p}c_k\overline{x}_k^{(1)}\text{，第一组样品投影的“重心”}$$

$$\overline{y}^{(2)}=\sum_{k=1}^{p}c_k\overline{x}_k^{(2)}\text{，第二组样品投影的“重心”}$$

为了使判别函数能够很好地区别来自不同总体的样品，希望：

① 来自不同总体的两个平均值 $\overline{y}^{(1)}$，$\overline{y}^{(2)}$ 相差愈大愈好；

② 对于来自第一个总体的 $y_i^{(1)}(i=1,\cdots,n_1)$，要求它们的离差平方和 $\sum_{i=1}^{n_1}(y_i^{(1)}-\overline{y}^{(1)})^2$ 愈小愈好，同样也要求 $\sum_{i=1}^{n_2}(y_i^{(2)}-\overline{y}^{(2)})^2$ 愈小愈好。综合以上两点，就是要求

$$I=\frac{(\overline{y}^{(1)}-\overline{y}^{(2)})^2}{\sum_{i=1}^{n_1}(y_i^{(1)}-\overline{y}^{(1)})^2+\sum_{i=1}^{n_2}(y_i^{(2)}-\overline{y}^{(2)})^2}$$

愈大愈好。

记 $Q=Q(c_1,c_2,\cdots,c_p)=(\overline{y}^{(1)}-\overline{y}^{(2)})^2$ 为两组间的离差，$F=F(c_1,c_2,\cdots,c_p)=\sum_{i=1}^{n_1}(y_i^{(1)}-\overline{y}^{(1)})^2+\sum_{i=1}^{n_2}(y_i^{(2)}-\overline{y}^{(2)})^2$ 为两组内的离差，则

$$I=Q/F \tag{12.3.1}$$

利用微积分极值原理知识，可求出使 I 达到最大值的 $c_1,c_2,\cdots,c_p$。

为了方便，将式(12.3.1)两边取对数，令

$$\frac{\partial\ln I}{\partial c_k}=\frac{\partial\ln Q}{\partial c_k}-\frac{\partial\ln F}{\partial c_k}=0,\quad k=1,\cdots,p$$

则 $\frac{1}{Q}\cdot\frac{\partial Q}{\partial c_k}=\frac{1}{F}\cdot\frac{\partial F}{\partial c_k}$，即 $\frac{1}{I}\cdot\frac{\partial Q}{\partial c_k}=\frac{\partial F}{\partial c_k}$，而

$$\begin{aligned}Q&=(\overline{y}^{(1)}-\overline{y}^{(2)})^2=\left(\sum_{k=1}^{p}c_k\overline{x}_k^{(1)}-\sum_{k=1}^{p}c_k\overline{x}_k^{(2)}\right)^2\\&=\left[\sum_{k=1}^{p}c_k(\overline{x}_k^{(1)}-\overline{x}_k^{(2)})\right]^2\triangleq\left[\sum_{k=1}^{p}c_kd_k\right]^2\end{aligned} \tag{12.3.2}$$

其中

$$d_k=\overline{x}_k^{(1)}-\overline{x}_k^{(2)}$$

所以

$$\frac{\partial Q}{\partial c_k}=2\left(\sum_{l=1}^{p}c_ld_l\right)d_k$$

而

$$\begin{aligned}F&=\sum_{i=1}^{n_1}(y_i^{(1)}-\overline{y}^{(1)})^2+\sum_{i=1}^{n_2}(y_i^{(2)}-\overline{y}^{(2)})^2\\&=\sum_{i=1}^{n_1}\left[\sum_{k=1}^{p}c_k(x_{ik}^{(1)}-\overline{x}_k^{(1)})\right]^2+\sum_{i=1}^{n_2}\left[\sum_{k=1}^{p}c_k(x_{ik}^{(2)}-\overline{x}_k^{(2)})\right]^2\end{aligned}$$

$$= \sum_{i=1}^{n_1}\Big[\sum_{k=1}^{p}c_k(x_{ik}^{(1)}-\overline{x}_k^{(1)})\sum_{l=1}^{p}c_l(x_{il}^{(1)}-\overline{x}_l^{(1)})\Big]+\sum_{i=1}^{n_2}\Big[\sum_{k=1}^{p}c_k(x_{ik}^{(2)}-\overline{x}_k^{(2)})\cdot\sum_{l=1}^{p}c_l(x_{il}^{(2)}-\overline{x}_l^{(2)})\Big]$$

$$= \sum_{k=1}^{p}\sum_{l=1}^{p}c_kc_l\Big[\sum_{i=1}^{n_1}(x_{ik}^{(1)}-\overline{x}_k^{(1)})(x_{il}^{(1)}-\overline{x}_l^{(1)})+\sum_{i=1}^{n_2}(x_{ik}^{(2)}-\overline{x}_k^{(2)})(x_{il}^{(2)}-\overline{x}_l^{(2)})\Big]$$

$$= \sum_{k=1}^{p}\sum_{l=1}^{p}c_kc_la_{kl}$$

其中

$$a_{kl}\triangleq\sum_{i=1}^{n_1}(x_{ik}^{(1)}-\overline{x}_k^{(1)})(x_{il}^{(1)}-\overline{x}_l^{(1)})+\sum_{i=1}^{n_2}(x_{ik}^{(2)}-\overline{x}_k^{(2)})(x_{il}^{(2)}-\overline{x}_l^{(2)})$$

所以

$$\frac{\partial F}{\partial c_k}=2\sum_{l=1}^{p}c_la_{kl}$$

从而 $\frac{2}{I}(\sum_{l=1}^{p}c_ld_l)d_k=2\sum_{l=1}^{p}c_la_{kl}$，即$\frac{1}{I}(\sum_{l=1}^{p}c_ld_l)d_k=\sum_{l=1}^{p}c_la_{kl}$，$k=1,\cdots,p$，令

$$\beta=\frac{1}{I}\sum_{l=1}^{p}c_ld_l$$

β是常数因子，不依赖于 k，它对方程组的解只起到共同扩大 β 倍的作用，不影响它的解 $c_1,\cdots,c_p$ 之间的相对比例关系。对判别结果来说没有影响，所以取 $\beta=1$，于是方程组

$$\sum_{l=1}^{p}c_la_{kl}=d_k,\quad k=1,\cdots,p$$

即

$$\begin{cases}a_{11}c_1+a_{12}c_2+\cdots+a_{1p}c_p=d_1\\a_{21}c_1+a_{22}c_2+\cdots+a_{2p}c_p=d_2\\\qquad\vdots\\a_{p1}c_1+a_{p2}c_2+\cdots+a_{pp}c_p=d_p\end{cases}$$

写成矩阵形式为

$$\begin{pmatrix}a_{11}&a_{12}&\cdots&a_{1p}\\a_{21}&a_{22}&\cdots&a_{2p}\\\vdots&\vdots&&\vdots\\a_{p1}&a_{p2}&\cdots&a_{pp}\end{pmatrix}\begin{pmatrix}c_1\\c_2\\\vdots\\c_p\end{pmatrix}=\begin{pmatrix}d_1\\d_2\\\vdots\\d_p\end{pmatrix}$$

所以

$$\begin{pmatrix}c_1\\c_2\\\vdots\\c_p\end{pmatrix}=\begin{pmatrix}a_{11}&a_{12}&\cdots&a_{1p}\\a_{21}&a_{22}&\cdots&a_{2p}\\\vdots&\vdots&&\vdots\\a_{p1}&a_{p2}&\cdots&a_{pp}\end{pmatrix}^{-1}\begin{pmatrix}d_1\\d_2\\\vdots\\d_p\end{pmatrix}=\mathbf{A}^{-1}\begin{pmatrix}d_1\\d_2\\\vdots\\d_p\end{pmatrix}\qquad(12.3.3)$$

由式(12.3.3)，判别函数为

$$y=c_1x_1+c_2x_2+\cdots+c_px_p\qquad(12.3.4)$$

有了判别函数之后，欲建立判别准则还要确定判别临界值(分界点)y_0，在两总体先验概率相等的假设下，一般常取 y_0 为$\overline{y}^{(1)}$与$\overline{y}^{(2)}$的加权平均值，即

$$y_0=\frac{n_1\overline{y}^{(1)}+n_2\overline{y}^{(2)}}{n_1+n_2}\qquad(12.3.5)$$

则建立判别准则。

对一个新样品 $\boldsymbol{x}=(x_1,\cdots,x_p)^{\mathrm{T}}$ 代入判别式(12.3.4)中得到的值记为 y，当$\overline{y}^{(1)}>\overline{y}^{(2)}$时，若 $y>y_0$，则判定 $\boldsymbol{x}\in G_1$；若 $y<y_0$，则判定 $\boldsymbol{x}\in G_2$〔见图 12.3.3(a)〕。当$\overline{y}^{(1)}<\overline{y}^{(2)}$时，若 $y>y_0$，则判定 $\boldsymbol{x}\in G_2$；若 $y<y_0$，则判定 $\boldsymbol{x}\in G_1$〔见图 12.3.3(b)〕。

注意：为直观起见，图 12.3.3 给出两个正态总体等方差情况下的示意图。

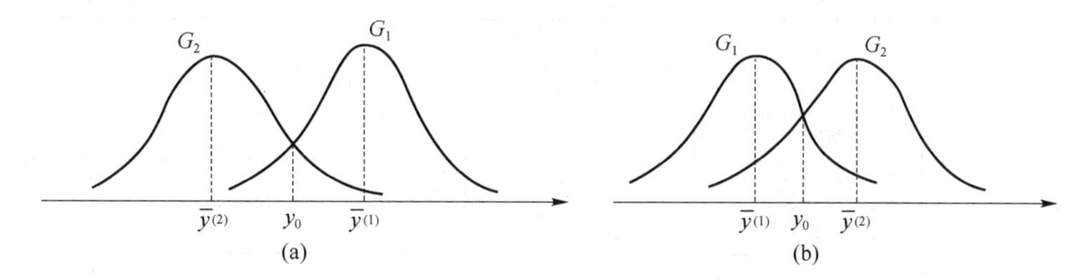

图 12.3.3 Fisher 判别法示意图

所以判别步骤为：首先建立判别函数 $y=c_1x_1+c_2x_2+\cdots+c_px_p$，根据极值原理求 $I=\dfrac{Q(c_1,\cdots,c_p)}{F(c_1,\cdots,c_p)}$的最大值点 $c_1,\cdots,c_p$，参见式(12.3.3)。然后计算判别临界值 y_0，参见式(12.3.5)，根据判别准则对新样品判别分类。最后检验判别效果。

值得指出的是：首先参与构造判别函数的样品个数不宜太少，否则会影响判别函数的优良性；其次判别函数选用的指标不宜过多，指标过多不仅使用不方便，而且影响预报的稳定性。所以建立判别函数之前应仔细挑选出几个对分类特别有关系的指标，要使两类平均值之间的差异尽量大些。

续例 12.2 利用人文发展指数的数据作 Fisher 判别分析。

解：(1) 建立判别函数

利用前面推导的结果，可得 Fisher 判别函数的系数 c_1,c_2,c_3 为

$$\begin{pmatrix}c_1\\c_2\\c_3\end{pmatrix}=\boldsymbol{A}^{-1}\begin{pmatrix}d_1\\d_2\\d_3\end{pmatrix}=\frac{1}{8}\hat{\boldsymbol{\Sigma}}^{-1}(\overline{\boldsymbol{x}}^{(1)}-\overline{\boldsymbol{x}}^{(2)})=\frac{1}{8}\times\boldsymbol{a}=\begin{pmatrix}0.081\,537\,5\\0.001\,525\\0.001\,091\,25\end{pmatrix}$$

所以判别函数为 $y=0.081\,537\,5x_1+0.001\,525x_2+0.001\,091\,25x_3$。

(2) 计算判别临界值 y_0

由于

$$\overline{y}^{(1)}=\sum_{k=1}^{3}c_k\,\overline{x}_k^{(1)}=12.161\,5,\overline{y}^{(2)}=\sum_{k=1}^{3}c_k\,\overline{x}_k^{(2)}=9.626\,6$$

所以

$$y_0=\frac{n_1\,\overline{y}^{(1)}+n_2\,\overline{y}^{(2)}}{n_1+n_2}=10.894\,1$$

(3) 判别准则

因为$\overline{y}^{(1)}>\overline{y}^{(2)}$，所以判别准则为

$$\begin{cases}\text{当 } y>y_0 \text{ 时，判 } \boldsymbol{x}\in G_1\\\text{当 } y<y_0 \text{ 时，判 } \boldsymbol{x}\in G_2\\\text{当 } y=y_0 \text{ 时，待判}\end{cases}$$

(4) 对已知类别的样品判别归类

表 12.3.1 的回判结果表明:总的回代判对率为 100%,错判率的回代估计为 0。

表 12.3.1 判别归类

序 号	国 家	判别函数 y 的值	原类号	判归类别
1	美国	12.212 2	1	1
2	日本	12.481 2	1	1
3	瑞士	12.373 1	1	1
4	阿根廷	11.745 0	1	1
5	阿联酋	11.996 0	1	1
6	保加利亚	10.585 1	2	2
7	古巴	10.007 8	2	2
8	巴拉圭	9.546 0	2	2
9	格鲁吉亚	8.596 8	2	2
10	南非	9.397 3	2	2

(5) 对判别效果作检验

由于 $F=12.674\,6>F_{0.05}(3,6)=4.76$,所以在 $\alpha=0.05$ 检验水平下判别有效。

(6) 待判样品判别结果

待判样品判别结果如表 12.3.2 所示,可见判别结果与实际情况吻合。

表 12.3.2 判别结果

序 号	国 家	判别函数 y 的值	判属类别
11	中国	7.834 2	2
12	罗马尼亚	8.946 4	2
13	希腊	12.180 9	1
14	哥伦比亚	11.416 9	1

2. 多总体 Fisher 判别法

根据两总体 Fisher 判别法可给出多总体 Fisher 判别法。

设有 k 个总体 $G_1,\cdots,G_k$,抽取样品数分别为 $n_1,n_2,\cdots,n_k$,令 $n=n_1+n_2+\cdots+n_k$。$\boldsymbol{x}_a^{(i)}=(x_{a1}^{(i)},\cdots,x_{ap}^{(i)})$为第 i 个总体的第 a 个样品的观测向量。

假定所建立的判别函数为

$$y(\boldsymbol{x})=c_1x_1+\cdots+c_px_p\triangleq\boldsymbol{c}^{\mathrm{T}}\boldsymbol{x}$$

其中,$\boldsymbol{c}=(c_1,\cdots,c_p)^{\mathrm{T}}$,$\boldsymbol{x}=(x_1,\cdots,x_p)^{\mathrm{T}}$。

记$\overline{\boldsymbol{x}}^{(i)}$和 $\boldsymbol{s}^{(i)}$ 分别是总体 G_i 内 $\boldsymbol{x}$ 的样本均值向量和样本协差阵,根据随机变量线性组合的均值和方差的性质可知,$y(\boldsymbol{x})$在 G_i 上的样本均值和样本方差为

$$\overline{y}^{(i)}=\boldsymbol{c}^{\mathrm{T}}\,\overline{\boldsymbol{x}}^{(i)},\quad \sigma_i^2=\boldsymbol{c}^{\mathrm{T}}\boldsymbol{s}^{(i)}\boldsymbol{c}$$

记 $\overline{\boldsymbol{x}}$ 为总的均值向量,则 $\overline{y}=\boldsymbol{c}^{\mathrm{T}}\overline{\boldsymbol{x}}$。

在多总体情况下,Fisher 准则就是要选取系数向量 $\boldsymbol{c}$,使

$$\lambda=\frac{\sum_{i=1}^{k}n_i\ (\overline{y}^{(i)}-\overline{y})^2}{\sum_{i=1}^{k}q_i\sigma_i^2}$$

达到最大,其中 q_i 是正的加权系数(先验比例)。如果取 $q_i=n_i-1$,并将$\overline{y}^{(i)}=\boldsymbol{c}^{\mathrm{T}}\ \overline{\boldsymbol{x}}^{(i)}$,$\overline{y}=\boldsymbol{c}^{\mathrm{T}}\overline{\boldsymbol{x}}$,$\sigma_i^2=\boldsymbol{c}^{\mathrm{T}}\boldsymbol{s}^{(i)}\boldsymbol{c}$ 代入上式,可化为

$$\lambda=\frac{\boldsymbol{c}^{\mathrm{T}}\boldsymbol{A}\boldsymbol{c}}{\boldsymbol{c}^{\mathrm{T}}\boldsymbol{E}\boldsymbol{c}}$$

其中 $\boldsymbol{E}$ 为合并的组内离差阵,$\boldsymbol{A}$ 为组间离差阵,即

$$\boldsymbol{E}=\sum_{i=1}^{k}q_i\cdot\boldsymbol{s}^{(i)},\quad \boldsymbol{A}=\sum_{i=1}^{k}n_i(\overline{\boldsymbol{x}}^{(i)}-\overline{\boldsymbol{x}})(\overline{\boldsymbol{x}}^{(i)}-\overline{\boldsymbol{x}})^{\mathrm{T}}$$

为求 λ 的最大值,令$\frac{\partial\lambda}{\partial c}=0$,利用对向量求导的公式

$$\frac{\partial\lambda}{\partial c}=\frac{2\boldsymbol{A}\boldsymbol{c}}{(\boldsymbol{c}^{\mathrm{T}}\boldsymbol{E}\boldsymbol{c})^2}\cdot(\boldsymbol{c}^{\mathrm{T}}\boldsymbol{E}\boldsymbol{c})-\frac{2\boldsymbol{E}\boldsymbol{c}}{(\boldsymbol{c}^{\mathrm{T}}\boldsymbol{E}\boldsymbol{c})^2}\cdot(\boldsymbol{c}^{\mathrm{T}}\boldsymbol{A}\boldsymbol{c})=\frac{2\boldsymbol{A}\boldsymbol{c}}{\boldsymbol{c}^{\mathrm{T}}\boldsymbol{E}\boldsymbol{c}}-\frac{2\boldsymbol{E}\boldsymbol{c}}{\boldsymbol{c}^{\mathrm{T}}\boldsymbol{E}\boldsymbol{c}}\cdot\frac{\boldsymbol{c}^{\mathrm{T}}\boldsymbol{A}\boldsymbol{c}}{\boldsymbol{c}^{\mathrm{T}}\boldsymbol{E}\boldsymbol{c}}=\frac{2\boldsymbol{A}\boldsymbol{c}}{\boldsymbol{c}^{\mathrm{T}}\boldsymbol{E}\boldsymbol{c}}-\frac{2\boldsymbol{E}\boldsymbol{c}}{\boldsymbol{c}^{\mathrm{T}}\boldsymbol{E}\boldsymbol{c}}\cdot\lambda$$

因此

$$\frac{\partial\lambda}{\partial c}=0\Rightarrow\frac{2\boldsymbol{A}\boldsymbol{c}}{\boldsymbol{c}^{\mathrm{T}}\boldsymbol{E}\boldsymbol{c}}-\frac{2\lambda\boldsymbol{E}\boldsymbol{c}}{\boldsymbol{c}^{\mathrm{T}}\boldsymbol{E}\boldsymbol{c}}=0\Rightarrow\boldsymbol{A}\boldsymbol{c}=\lambda\boldsymbol{E}\boldsymbol{c}$$

根据矩阵代数知识,λ 及 $\boldsymbol{c}$ 恰好是 $\boldsymbol{E}^{-1}\boldsymbol{A}$ 矩阵的广义特征根及其对应的特征向量。设 $\boldsymbol{E}^{-1}\boldsymbol{A}$ 的非零特征根为 $\lambda_1\geqslant\lambda_2\geqslant\cdots\geqslant\lambda_m>0$,对应特征向量为 $\boldsymbol{c}^{(1)},\cdots,\boldsymbol{c}^{(m)}$,于是可构造 m 个判别函数

$$y_l(\boldsymbol{x})=\boldsymbol{c}^{(l)^{\mathrm{T}}}\boldsymbol{x},\quad l=1,\cdots,m$$

衡量判别函数的判别能力的指标 p_l 为

$$p_l=\frac{\lambda_l}{\sum_{i=1}^{m}\lambda_i},\quad l=1,\cdots,m$$

m_0个判别函数 $y_1,\cdots,y_{m_0}$ 的累积判别能力为

$$sp_{m_0}\triangleq\sum_{l=1}^{m_0}p_l=\frac{\sum_{l=1}^{m_0}\lambda_l}{\sum_{i=1}^{m}\lambda_i}$$

如果 sp_{m_0} 达到了研究者的设定要求(如 85%),则就认为 m_0个判别函数就够了。

有了判别函数之后,如何对待判的样品进行分类? Fisher 判别法本身并未给出最合适的分类法,除了临界值法,在实际工作中可以选用下列方法之一进行分类。

① 当 $m_0=1$ 时(即只取一个判别函数),此时有两种可供选用的方法。

a. 不加权法

若$|y(\boldsymbol{x})-\overline{y}^{(i)}|=\min_{1\leqslant j\leqslant k}|y(\boldsymbol{x})-\overline{y}^{(j)}|$,则判 $\boldsymbol{x}\in G_i$。

b. 加权法

将$\overline{y}^{(1)},\overline{y}^{(2)},\cdots,\overline{y}^{(k)}$按大小次序排列,记为$\overline{y}_{(1)}\leqslant\overline{y}_{(2)}\leqslant\cdots\leqslant\overline{y}_{(k)}$,相应判别函数的标准差为 $\sigma_{(i)}$。令

$$d_{i,i+1}=\frac{\sigma_{(i+1)}\overline{y}_{(i)}+\sigma_{(i)}\overline{y}_{(i+1)}}{(\sigma_{(i+1)}+\sigma_{(i)})},\quad i=1,\cdots,k-1$$

则 $d_{i,i+1}$可作为 G_i 与 G_{i+1}之间的分界点。如果 $\boldsymbol{x}$ 使得 $d_{i-1,i}\leqslant y(\boldsymbol{x})\leqslant d_{i,i+1}$,则判 $\boldsymbol{x}\in G_i$。

② 当 $m_0>1$ 时,也有类似两种供选用的方法。

a. 不加权法

记 $\overline{y}_l^{(i)}=\boldsymbol{c}^{(l)^{\mathrm{T}}}\overline{\boldsymbol{x}}^{(i)},l=1,\cdots,m_0,i=1,\cdots,k$,对待判样品 $\boldsymbol{x}=(x_1,\cdots,x_p)^{\mathrm{T}}$,计算

$$y_l(\boldsymbol{x})=\boldsymbol{c}^{(l)^{\mathrm{T}}}\boldsymbol{x}$$

$$D_i^2=\sum_{l=1}^{m_0}[y_l(\boldsymbol{x})-\overline{y}_l^{(i)}]^2,\quad i=1,\cdots,k$$

若 $D_r^2=\min\limits_{1\leqslant i\leqslant k}D_i^2$,则判 $\boldsymbol{x}\in G_r$。

b. 加权法

考虑每个判别函数的判别能力不同,记

$$D_i^2=\sum_{l=1}^{m_0}[y_l(\boldsymbol{x})-\overline{y}_l^{(i)}]^2\lambda_l$$

其中 λ_l 是由 $\boldsymbol{Ac}=\lambda\boldsymbol{Ec}$ 求出的特征根。若 $D_r^2=\min\limits_{1\leqslant i\leqslant k}D_i^2$,则判 $\boldsymbol{x}\in G_r$。

12.4 贝叶斯判别法

前面学习的距离判别法虽然方便,但是该判别法与各总体出现的机会大小(先验概率)无关,现实中这是不合理的。例如,某工厂生产产品,一般正品总是比次品多,即样品属于正品总体的可能性(先验概率)要比属于次品总体(先验概率)的可能性大。例如,研究人群中得癌和没有得癌两类群体的问题,由长期经验知道,得癌的先验概率远小于没得癌的先验概率。

还有,决策者在使用推断结果时,会有得失,度量得失的尺度就是损失函数,著名的统计学家 A. Wald(1902—1950 年)在 20 世纪 40 年代引入损失函数。距离判别法没有考虑错判造成的损失,在现实问题中,这是不合理的。例如,地震预报中,误判有两种:"有震"报为"无震"是"漏报","无震"报为"有震"是"虚报","漏报"会造成生命伤亡及财产损失,"虚报"则造成生产停顿、人心不安。相比之下"漏报"比"虚报"的损失大,因此,对于造成不同损失的误报要加以区别,这样更为合理。贝叶斯(Bayes)判别法可以解决上面提到的两方面问题。

前面学习的 Fisher 判别法随着总体个数的增加,建立的判别式也增加,因而计算比较麻烦。如果对多个总体的判别考虑的不只是建立判别式,而是计算新样品属于各总体的条件概率 $P(l|\boldsymbol{x}),l=1,\cdots,k$。将新样品 $\boldsymbol{x}$ 判归为来自概率最大的总体,这种判别法会比较方便。贝叶斯判别法还可以提供多种方式,给出判别结果。

1. 贝叶斯判别的基本思想

贝叶斯统计的思想:假定对所研究的对象已有一定的认识,常用先验概率分布来描述这种认识;然后抽取样本,用样本来修正已有的认识,得到后验概率(一种条件概率);各种统计推断都通过后验概率分布来进行。将贝叶斯思想用于判别分析就得到贝叶斯判别法。

例如,办公室新来了一个雇员小王,小王是好人还是坏人大家都在猜测。按人们的主观意识,一个人是好人或坏人的概率均为 0.5(先验概率)。坏人总是要做坏事,好人总是做好事,偶尔也会做一件坏事,一般好人做好事的概率为 0.9,坏人做好事的概率为 0.2,一天,小王做了一件好事,小王是好人的概率有多大,你现在把小王判为何种人?

由贝叶斯公式,后验概率为

$$P(\text{好人}|\text{做好事})=\frac{P(\text{好人})P(\text{做好事}|\text{好人})}{P(\text{好人})P(\text{做好事}|\text{好人})+P(\text{坏人})P(\text{做好事}|\text{坏人})}$$
$$=\frac{0.5\times0.9}{0.5\times0.9+0.5\times0.2}=0.82$$
$$P(\text{坏人}|\text{做好事})=\frac{P(\text{坏人})P(\text{做好事}|\text{坏人})}{P(\text{好人})P(\text{做好事}|\text{好人})+P(\text{坏人})P(\text{做好事}|\text{坏人})}$$
$$=\frac{0.5\times0.2}{0.5\times0.9+0.5\times0.2}=0.18$$

所以根据后验概率的大小,判断小王是好人比较合理。

当然如果再有新的附加信息,前面得到的后验概率又变成新的先验概率,又会产生新的后验概率。贝叶斯统计体现了动态的认识。

2. 贝叶斯判别准则

我们根据后验概率最大准则,给出标准贝叶斯判别准则,然后给出一般贝叶斯判别准则。

(1) 最大后验概率准则

设有 k 个总体 $G_1, G_2, \cdots, G_k$,它们的先验概率分别为 $q_1, q_2, \cdots, q_k$(可以由经验给出,也可以估出)。假设总体为连续型总体,各总体的密度函数分别为:$f_1(\boldsymbol{x}), f_2(\boldsymbol{x}), \cdots, f_k(\boldsymbol{x})$(在离散情形是概率函数)。在观测到一个样品 $\boldsymbol{x}_0$ 的情况下,用贝叶斯公式计算它来自第 G_i 总体的后验概率(相对于先验概率来说,将它称为后验概率)

$$P(G_i \mid \boldsymbol{x}_0)=\frac{q_i f_i(\boldsymbol{x}_0)}{\sum_{j=1}^{k} q_j f_j(\boldsymbol{x}_0)}, i=1,2,\cdots,k \tag{12.4.1}$$

标准 Bayes 判别准则:若 $P(G_l|\boldsymbol{x}_0)=\max\limits_{1\leqslant i\leqslant k} P(G_i|\boldsymbol{x})$,则判 $\boldsymbol{x}_0$ 来自第 G_l 总体。

贝叶斯判别法需要已知各总体的分布,连续型总体需要知道总体的密度函数,通常假设总体是正态总体。在这种条件下可以精确计算分组归属的后验概率。当违背该假设时,计算的概率将不准确。

贝叶斯判别法需要知道总体 G_g 的先验概率 q_g,通常有下面几种方法。

① 如果没有更好的办法确定,可用样品频率代替,即令 $q_g=\frac{n_g}{n}$,其中 n_g 为用于建立判别函数的已知分类数据中来自第 G_g 总体样品的数目,且 $n_1+\cdots+n_g+\cdots n_k=n$,这时要求训练样本是通过随机抽样得到的,各类样品被抽到的机会大小就是先验概率。

② 令先验概率相等,即 $q_g=\frac{1}{k}$,这时可以认为先验概率不起作用。

③ 利用历史资料及经验进行估计。例如,某地区成年人中得癌症的概率为 $P(\text{癌})=0.001=q_1$,而 $P(\text{无癌})=0.999=q_2$。

例 12.3 在实际问题中遇到的许多总体往往服从正态分布,请推导 k 个 p 元正态总体 $G_g\sim N(\boldsymbol{\mu}^{(g)},\boldsymbol{\Sigma}^{(g)})$下的贝叶斯判别法,$g=1,2,\cdots,k$。

解:① 判别函数的导出。p 元正态分布密度函数为

$$f_g(\boldsymbol{x})=(2\pi)^{-p/2}\left|\boldsymbol{\Sigma}^{(g)}\right|^{-1/2}\cdot\exp\left\{-\frac{1}{2}(\boldsymbol{x}-\boldsymbol{\mu}^{(g)})^{\mathrm{T}}(\boldsymbol{\Sigma}^{(g)})^{-1}(\boldsymbol{x}-\boldsymbol{\mu}^{(g)})\right\}$$

式中,$\boldsymbol{\mu}^{(g)}$ 和 $\boldsymbol{\Sigma}^{(g)}$ 分别是第 g 总体的均值向量(p 维)和协差阵(p 阶)。简记 $P(G_g|\boldsymbol{x})$为 $P(g|\boldsymbol{x})$,由式(12.4.1),把 $f_g(\boldsymbol{x})$代入 $P(g|\boldsymbol{x})$的表达式中,因为我们只关心寻找使 $P(g|\boldsymbol{x})$最大的 g,而分式中的分母无论 g 为何值都是常数,故可令

$$q_g f_g(x) \xrightarrow{g} \max$$

取对数并去掉与 g 无关的项，记为

$$Z(g|\boldsymbol{x})=\ln q_g-\frac{1}{2}\ln|\boldsymbol{\Sigma}^{(g)}|-\frac{1}{2}(\boldsymbol{x}-\boldsymbol{\mu}^{(g)})^{\mathrm{T}}(\boldsymbol{\Sigma}^{(g)})^{-1}(\boldsymbol{x}-\boldsymbol{\mu}^{(g)})$$

$$=\ln q_g-\frac{1}{2}\ln|\boldsymbol{\Sigma}^{(g)}|-\frac{1}{2}\boldsymbol{x}^{\mathrm{T}}(\boldsymbol{\Sigma}^{(g)})^{-1}\boldsymbol{x}-\frac{1}{2}\boldsymbol{\mu}^{(g)\mathrm{T}}(\boldsymbol{\Sigma}^{(g)})^{-1}\boldsymbol{\mu}^{(g)}+\boldsymbol{x}^{\mathrm{T}}(\boldsymbol{\Sigma}^{(g)})^{-1}\boldsymbol{\mu}^{(g)}$$

则问题化为

$$Z(g|\boldsymbol{x}) \xrightarrow{g} \max$$

② 假设协方差阵相等。$Z(g|\boldsymbol{x})$中含有 k 个总体的协方差阵(逆阵及行列式值)，而且对于 $\boldsymbol{x}$ 还是二次函数，实际计算时工作量很大。如果进一步假定 k 个总体协方差阵相同，即 $\boldsymbol{\Sigma}^{(1)}=\boldsymbol{\Sigma}^{(2)}=\cdots=\boldsymbol{\Sigma}^{(k)}=\boldsymbol{\Sigma}$，这时 $Z(g|\boldsymbol{x})$中$\frac{1}{2}\ln|\boldsymbol{\Sigma}^{(g)}|$和$\frac{1}{2}\boldsymbol{x}^{\mathrm{T}}(\boldsymbol{\Sigma}^{(g)})^{-1}\boldsymbol{x}$ 两项与 g 无关，求最大时可以去掉，最终得到式(12.4.2)的判别函数与判别准则(如果协方差阵不等，则有非线性判别函数)

$$\begin{cases} y(g|\boldsymbol{x})=\ln q_g-\frac{1}{2}\boldsymbol{\mu}^{(g)\mathrm{T}}\boldsymbol{\Sigma}^{-1}\boldsymbol{\mu}^{(g)}+\boldsymbol{x}^{\mathrm{T}}\boldsymbol{\Sigma}^{-1}\boldsymbol{\mu}^{(g)} \\ y(g|\boldsymbol{x})\xrightarrow{g}\max \end{cases} \tag{12.4.2}$$

式(12.4.2)的判别函数也可以写成多项式形式

$$y(g \mid \boldsymbol{x})=\ln q_g+C_0^{(g)}+\sum_{i=1}^{p}C_i^{(g)}x_i \tag{12.4.3}$$

此处

$$C_i^{(g)}=\sum_{j=1}^{p}v^{ij}\mu_j^{(g)},\quad i=1,\cdots,p$$

$$C_0^{(g)}=-\frac{1}{2}\boldsymbol{\mu}^{(g)\mathrm{T}}\boldsymbol{\Sigma}^{-1}\boldsymbol{\mu}^{(g)}=-\frac{1}{2}\sum_{i=1}^{p}\sum_{j=1}^{p}v^{ij}\mu_i^{(g)}\mu_j^{(g)}=-\frac{1}{2}\sum_{i=1}^{p}C_i^{(g)}\mu_i^{(g)}$$

其中，$\boldsymbol{x}=(x_1,x_2,\cdots,x_p)^{\mathrm{T}}$，$\boldsymbol{\mu}^{(g)}=(\mu_1^{(g)},\mu_2^{(g)},\cdots,\mu_p^{(g)})^{\mathrm{T}}$，$\boldsymbol{\Sigma}^{-1}=(v_{ij})_{p\times p}$。

③ 计算后验概率。作计算分类时，主要根据判别式 $y(g|\boldsymbol{x})$的大小，而不是后验概率 $P(g|\boldsymbol{x})$，但是有了 $y(g|\boldsymbol{x})$之后，就可以根据式(12.4.4)算出 $P(g|\boldsymbol{x})$

$$P(g \mid \boldsymbol{x})=\frac{\exp\{y(g \mid \boldsymbol{x})\}}{\sum_{i=1}^{k}\exp\{y(i \mid \boldsymbol{x})\}} \tag{12.4.4}$$

因为

$$y(g|\boldsymbol{x})=\ln(q_g f_g(x))-\Delta(x)$$

其中，$\Delta(x)$是 $\ln(q_g f_g(x))$中与 g 无关的部分。所以

$$P(g \mid \boldsymbol{x})=\frac{q_g f_g(x)}{\sum_{i=1}^{k}q_i f_i(x)}=\frac{\exp\{y(g \mid \boldsymbol{x})+\Delta(x)\}}{\sum_{i=1}^{k}\exp\{y(i \mid \boldsymbol{x})+\Delta(x)\}}$$

$$=\frac{\exp\{y(g \mid \boldsymbol{x})+\Delta(x)\}}{\sum_{i=1}^{k}\exp\{y(i \mid \boldsymbol{x})+\Delta(x)\}} \tag{12.4.5}$$

$$=\frac{\exp\{y(g \mid \boldsymbol{x})\}}{\sum_{i=1}^{k}\exp\{y(i \mid \boldsymbol{x})\}}$$

由式(12.4.5)可知：使 $y(g|\boldsymbol{x})$ 最大，其 $P(g|\boldsymbol{x})$ 必为最大，因此我们只需计算 $y(g|\boldsymbol{x})$，$g=1,\cdots,k$。若 $y(h|\boldsymbol{x})=\max\limits_{1\leqslant g\leqslant k}\{y(g|\boldsymbol{x})\}$，则把样品 $\boldsymbol{x}$ 归入第 h 总体。

(2) 损失最小准则

当考虑错判造成的损失时，使用错判造成的损失最小的规则作为判决准则。

关于判别规则的理解：若对 k 个 p 维总体进行判别分析，取值空间是 p 维欧式空间$\mathbb{R}^p$。判别法实质上就是在某规则下，以最优的性质对 p 维欧式空间构造一个"划分"，这个"划分"就构成了一个判别规则。用符号表示，假如按某规则，给出 p 维欧式空间的一个划分 $R_1,R_2,\cdots,R_k$，则得到一个判别规则 $R(R_1,R_2,\cdots,R_k)$，简记为 R。

一般 Bayes 判别法考虑通过某判别规则 $R(R_1,R_2,\cdots,R_k)$ 判别归类时，所带来的平均损失达到最小。

设有 k 个总体 $G_1,G_2,\cdots,G_k$，密度函数分别为 $f_1(\boldsymbol{x}),f_2(\boldsymbol{x}),\cdots,f_k(\boldsymbol{x})$，假设 k 个总体出现的概率分别为 $q_1,q_2,\cdots,q_k$(先验概率)，$q_i\geqslant 0$，$\sum\limits_{i=1}^{k}q_i=1$。

如果原来属于总体 G_i 且分布密度为 $f_i(\boldsymbol{x})$ 的样品，正好取值落入了 R_j，我们就会错判为属于 G_j。故在判别规则 R 下，将属于 G_i 的样品错判为 G_j 的概率为

$$P(j\mid i,R)=\int_{R_j}f_i(\boldsymbol{x})\mathrm{d}\boldsymbol{x},\quad i,j=1,2,\cdots,k,i\neq j$$

记本来属于 G_i 总体的样品错判到总体 G_j 时造成的损失为 $L(j|i)$，$L(i|i)=0$，$L(j|i)\geqslant 0$，$i,j=1,2,\cdots,k$。则本来属于 G_i 的样品，错判到其他总体 $G_1,\cdots,G_{i-1},G_{i+1},\cdots,G_k$所造成的损失为 $L(1|i),\cdots,L(i-1|i),L(i+1|i),\cdots,L(k|i)$。

则判别规则 R 对总体 G_i 而言，样品错判后所造成的平均损失为

$$r(i,R)=\sum_{j=1}^{k}[L(j\mid i)P(j\mid i,R)],\quad i=1,2,\cdots,k$$

由于 k 个总体 $G_1,G_2,\cdots,G_k$ 出现的先验概率分别为 $q_1,q_2,\cdots,q_k$，则用判别规则 R 进行判别，所造成的总平均损失 ECM(Expected Cost of Misclassification)为

$$\mathrm{ECM}(R)=\sum_{i=1}^{k}q_i r(i,R)=\sum_{i=1}^{k}q_i\sum_{j=1}^{k}L(j\mid i)P(j\mid i,R)\tag{12.4.6}$$

一般的 Bayes 判别法则：如果有判别法 $R(R_1,R_2,\cdots,R_k)$，使得总平均损失 $\mathrm{ECM}(R)$达到极小，称该判别法 R 为一般贝叶斯判别的解。

找到了一般 Bayes 判别法 R 后，对于新的样品 x，怎么判别归类呢？下面给出具体做法，先来分析错判总损失等价于什么。

由式(12.4.6)可知错判的总平均损失为

$$\begin{aligned}\mathrm{ECM}(R)&=\sum_{i=1}^{k}q_i\sum_{j=1}^{k}L(j\mid i)P(j\mid i,R)=\sum_{i=1}^{k}q_i\sum_{j=1}^{k}L(j\mid i)\int_{R_j}f_i(\boldsymbol{x})\mathrm{d}\boldsymbol{x}\\&=\sum_{j=1}^{k}\int_{R_j}(\sum_{i=1}^{k}q_iL(j\mid i)f_i(\boldsymbol{x}))\mathrm{d}\boldsymbol{x}\end{aligned}\tag{12.4.7}$$

令 $\sum\limits_{i=1}^{k}q_iL(j\mid i)f_i(\boldsymbol{x})=h_j(\boldsymbol{x})$，则式(12.4.7)为 $\mathrm{ECM}(R)=\sum\limits_{j=1}^{k}\int_{R_j}h_j(\boldsymbol{x})\mathrm{d}\boldsymbol{x}$。

如果空间$\mathbb{R}^p$有另一种划分 $R^*(R_1^*,R_2^*,\cdots,R_k^*)$，则它的总平均损失为

$$\mathrm{ECM}(R^*)=\sum_{j=1}^{k}\int_{R_j^*}h_j(\boldsymbol{x})\mathrm{d}\boldsymbol{x}$$

那么，在两种划分下的总平均损失之差为

$$\mathrm{ECM}(R)-\mathrm{ECM}(R^*)=\sum_{i=1}^{k}\sum_{j=1}^{k}\int_{R_i\cap R_j^*}[h_i(\boldsymbol{x})-h_j(\boldsymbol{x})]\mathrm{d}\boldsymbol{x}$$

由 R_i 的定义可知，在 R_i 上 $h_i(\boldsymbol{x})\leqslant h_j(\boldsymbol{x})$ 对一切 j 成立，故上式小于或等于零，这说明 R_1，R_2，…，R_k 能使总平均损失达到极小，它是 Bayes 判别的解。

这样，我们以贝叶斯判别的思想得到的判别规则 $R(R_1,R_2,\cdots,R_k)$ 为

$$R_i=\{\boldsymbol{x}|h_i(\boldsymbol{x})=\min_{1\leqslant j\leqslant k}h_j(\boldsymbol{x})\},\quad i=1,2,\cdots,k \tag{12.4.8}$$

当抽取了一个未知总体的样本值 $\boldsymbol{x}$ 时，要判断它属于哪个总体，只要先计算出 k 个按先验分布加权的误判平均损失

$$h_j(\boldsymbol{x})=\sum_{i=1}^{k}q_iL(j\mid i)f_i(\boldsymbol{x}),\quad j=1,2,\cdots,k \tag{12.4.9}$$

然后再比较这 k 个误判平均损失 $h_1(\boldsymbol{x}),h_2(\boldsymbol{x}),\cdots,h_k(\boldsymbol{x})$ 的大小，选取其中最小的，则判定样品 $\boldsymbol{x}$ 来自该总体。

例 12.4 ① 试导出 $k=2$ 时的一般贝叶斯判别的解，并且分析损失函数相等时的情况。② $k=2$ 时，若总体为正态总体 $N(\boldsymbol{\mu}_1,\boldsymbol{\Sigma})$ 和 $N(\boldsymbol{\mu}_2,\boldsymbol{\Sigma})$，它们的概率密度函数记为 $f_1(\boldsymbol{x})$ 和 $f_2(\boldsymbol{x})$，试导出一般贝叶斯判别的解，并且分析贝叶斯判别的解与距离判别法的异同。

解:① 当 $k=2$ 时，由式(12.4.9)得

$$h_1(\boldsymbol{x})=q_2L(1|2)f_2(\boldsymbol{x}),\quad h_2(\boldsymbol{x})=q_1L(2|1)f_1(\boldsymbol{x})$$

由式(12.4.8)，从而判别规则 $R(R_1,R_2)$ 为

$$R_1=\{\boldsymbol{x}|q_2L(1|2)f_2(\boldsymbol{x})\leqslant q_1L(2|1)f_1(\boldsymbol{x})\}$$

$$R_2=\{\boldsymbol{x}|q_2L(1|2)f_2(\boldsymbol{x})>q_1L(2|1)f_1(\boldsymbol{x})\}$$

若令

$$V(\boldsymbol{x})=\frac{f_1(\boldsymbol{x})}{f_2(\boldsymbol{x})},\quad d=\frac{q_2L(1|2)}{q_1L(2|1)}$$

则 $k=2$ 时的一般贝叶斯判别规则可表示为

$$\begin{cases}\boldsymbol{x}\in G_1,\text{当 } V(\boldsymbol{x})\geqslant d \text{ 时}\\ \boldsymbol{x}\in G_2,\text{当 } V(\boldsymbol{x})<d \text{ 时}\end{cases}$$

若损失函数相等

$$L(j|i)=\begin{cases}1, & i\neq j\\ 0, & i=j\end{cases}$$

$$h_j(\boldsymbol{x})=\sum_{i=1}^{k}q_iL(j\mid i)f_i(\boldsymbol{x})=\sum_{i\neq j}^{k}q_if_i(\boldsymbol{x})=\sum_{i=1}^{k}q_if_i(\boldsymbol{x})-q_jf_j(\boldsymbol{x})$$

$$h_j(\boldsymbol{x})=\sum_{i=1}^{k}q_if_i(\boldsymbol{x})-q_jf_j(\boldsymbol{x})\text{ 越小}\Leftrightarrow q_jf_j(\boldsymbol{x})\text{ 越大}$$

则 $k=2$ 时，损失函数相等时的贝叶斯判别规则可表示为：当 $q_lf_l(\boldsymbol{x})=\max_{1\leqslant i\leqslant k}q_if_i(\boldsymbol{x})$时，判 $\boldsymbol{x}\in G_l$，此时与标准 Bayes 判别等价。

② $f_1(\boldsymbol{x})$与 $f_2(\boldsymbol{x})$分别为 $N(\boldsymbol{\mu}_1,\boldsymbol{\Sigma})$和 $N(\boldsymbol{\mu}_2,\boldsymbol{\Sigma})$的概率密度函数，由①的结果，那么

$$V(\boldsymbol{x})=\frac{f_1(\boldsymbol{x})}{f_2(\boldsymbol{x})}=\exp\left\{-\frac{1}{2}(\boldsymbol{x}-\boldsymbol{\mu}_1)^{\mathrm{T}}\boldsymbol{\Sigma}^{-1}(\boldsymbol{x}-\boldsymbol{\mu}_1)+\frac{1}{2}(\boldsymbol{x}-\boldsymbol{\mu}_2)^{\mathrm{T}}\boldsymbol{\Sigma}^{-1}(\boldsymbol{x}-\boldsymbol{\mu}_2)\right\}$$

$$=\exp\{[\boldsymbol{x}-(\boldsymbol{\mu}_1+\boldsymbol{\mu}_2)/2]^{\mathrm{T}}\boldsymbol{\Sigma}^{-1}(\boldsymbol{\mu}_1-\boldsymbol{\mu}_2)\}=\exp(W(\boldsymbol{x}))$$

于是,判别规则为

$$\begin{cases}\boldsymbol{x}\in G_1, & 当\ W(\boldsymbol{x})\geqslant \ln d\ 时\\ \boldsymbol{x}\in G_2, & 当\ W(\boldsymbol{x})<\ln d\ 时\end{cases}$$

对比两个正态总体下的距离判别规则,唯一的差别仅在于阈值点,距离判别规则用 0 作为阈值点,而这里用 $\ln d$。当 $q_1=q_2$,$L(1|2)=L(2|1)$时,$d=1$,$\ln d=0$,则两者完全一致。

注意:① 关于错判概率 $P(j|i,R)$。已知总体分布时可以计算错判概率精确值,但实际应用中常使用估计的方法。当样品 $\boldsymbol{x}\in G_i$,用判别法 R 判别时,把 $\boldsymbol{x}$ 判归 G_j,这时错判概率为 $P(j|i,R)$,估计方法有:a. 利用训练样本作为检验集;b. 可留出一些已知类别的样品不参加建立判别准则,而是作为检验集;c. 舍一法(或称交叉确认法),每次留出一个已知类别的样品,而用其余 $n-1$ 个样品建立判别准则,然后对留出的这一个已知类别的样品进行判别归类,对训练样本中 n 个样品按此法逐个归类后,最后把错判的比率作为错判率的估计。②关于损失函数 $L(j|i)$。原则上,考虑损失函数更合理,但在实际应用中不容易确定,在应用一般贝叶斯判别准则时,要求定量地给出 $L(j|i)$,常用的赋值法有:a. 由经验人为赋值,如 L(判癌|得肺结核)=10,L(判肺结核|得癌症)=1 000;b. 假定各种错判损失都相等,$L(j|i)=\begin{cases}1, & i\neq j\\ 0, & i=j\end{cases}$。

续例 12.2　对人文发展指数的数据作标准 Bayes 判别分析,先验概率 $q_1=q_2=\frac{5}{10}=0.5$。

解:假设总体为正态分布总体。这里组数 $k=2$,指标数 $p=3$,$n_1=n_2=5$。先验概率 $q_1=q_2=\frac{5}{10}=0.5$,则 $\ln q_1=\ln q_2=-0.693\,147$。在距离判别法中已经计算过 $\overline{\boldsymbol{x}}^{(1)}$,$\overline{\boldsymbol{x}}^{(2)}$,$\boldsymbol{\Sigma}^{-1}$,如下

$$\overline{\boldsymbol{x}}^{(1)}=(75.88,94.08,5\,343.4)^{\mathrm{T}}$$

$$\overline{\boldsymbol{x}}^{(2)}=(70.44,91.74,3\,430.4)^{\mathrm{T}}$$

$$\boldsymbol{\Sigma}^{-1}=\begin{pmatrix}0.120\,896 & -0.038\,45 & 0.000\,044\,2\\ -0.038\,45 & 0.029\,278 & 0.000\,079\,9\\ 0.000\,044\,2 & 0.000\,079\,9 & 0.000\,004\,34\end{pmatrix}$$

代入判别函数式(12.4.2)

$$y(g|\boldsymbol{x})=\ln q_g-\frac{1}{2}\boldsymbol{\mu}^{(g)\mathrm{T}}\boldsymbol{\Sigma}^{-1}\boldsymbol{\mu}^{(g)}+\boldsymbol{x}^{\mathrm{T}}\boldsymbol{\Sigma}^{-1}\boldsymbol{\mu}^{(g)},\quad g=1,2$$

得两组的判别函数分别为

$$f_1=-323.171\,94+5.792\,39x_1+0.263\,83x_2+0.034\,06x_3$$

$$f_2=-236.020\,67+5.140\,13x_1+0.251\,62x_2+0.025\,33x_3$$

将原各组样品进行回判,结果如表 12.4.1 所示。

表 12.4.1　判别情况

样品序号	原类号	判别函数 f_1 的值	判别函数 f_2 的值	回判类别	归入该类的后验概率
1	1	326.207 3	315.663 0	1	1.000 0
2	1	345.969 8	333.273 5	1	1.000 0

续表

样品序号	原类号	判别函数 f_1 的值	判别函数 f_2 的值	回判类别	归入该类的后验概率
3	1	337.724 0	325.892 6	1	1.000 0
4	1	298.303 2	291.492 9	1	0.998 9
5	1	307.708 2	298.893 9	1	0.999 9
6	2	258.537 4	261.009 7	2	0.922 2
7	2	254.245 2	261.335 8	2	0.999 2
8	2	221.820 1	232.604 9	2	1.000 0
9	2	202.971 2	221.350 2	2	1.000 0
10	2	191.828 0	203.802 7	2	1.000 0

从表 12.4.1 的第 2、第 5 列可见，回判结果表明，总的回代判对率为 100%，这与统计资料的结果相符，并与前面的距离判别法、Fisher 判别法的结果也相同。

待判样品判别结果如表 12.4.2 所示，这表明标准 Bayes 判属类别与前面的距离、Fisher 判属类别完全相同，即中国、罗马尼亚属于第二类，希腊、哥伦比亚属于第一类。

表 12.4.2　判别结果

样品序号	国　家	判别函数 f_1 的值	判别函数 f_2 的值	归入该类的后验概率	判属类号
11	中国	160.945 5	185.425 2	1.000 0	2
12	罗马尼亚	202.273 9	219.593 9	1.000 0	2
13	希腊	329.300 8	319.007 3	0.999 97	1
14	哥伦比亚	277.746 0	273.563 8	0.985 0	1

例 12.5　为研究某地区人口死亡状况，已按某种方法将 15 个已知地区的样品分为 3 类，指标含义（X_1：0 岁组死亡概率。X_2：1 岁组死亡概率。X_3：10 岁组死亡概率。X_4：55 岁组死亡概率。X_5：80 岁组死亡概率。X_6：平均预期寿命）及原始数据如表 12.4.3 所示。试建立判别函数，并判定另外 4 个待判地区属于哪类。

表 12.4.3　某地区人口死亡状况数据

样　品	指　标						组别(group)
	X_1	X_2	X_3	X_4	X_5	X_6	
1	34.16	7.44	1.12	7.87	95.19	69.3	1
2	33.06	6.34	1.08	6.77	94.08	69.7	1
3	36.26	9.24	1.04	8.97	97.3	68.8	1
4	40.17	13.45	1.43	13.88	101.2	66.2	1
5	50.06	23.03	2.83	23.74	112.52	63.3	1
6	33.24	6.24	1.18	22.9	160.01	65.4	2
7	32.22	4.22	1.06	20.7	124.7	68.7	2
8	41.15	10.08	2.32	32.84	172.06	65.85	2

续表

样 品	指 标						组别(group)
	X_1	X_2	X_3	X_4	X_5	X_6	
9	53.04	25.74	4.06	34.87	152.03	63.5	2
10	38.03	11.2	6.07	27.84	146.32	66.8	2
11	34.03	5.41	0.07	5.2	90.1	69.5	3
12	32.11	3.02	0.09	3.14	85.15	70.8	3
13	44.12	15.02	1.08	15.15	103.12	64.8	3
14	54.17	25.03	2.11	25.15	110.14	63.7	3
15	28.07	2.01	0.07	3.02	81.22	68.3	3
待判	50.22	6.66	1.08	22.54	170.6	65.2	
待判	34.64	7.33	1.11	7.78	95.16	69.3	
待判	33.42	6.22	1.12	22.95	160.31	68.3	
待判	44.02	15.36	1.07	16.45	105.3	64.2	

解:(1) 判别分析 SPSS 软件操作

① 在 SPSS 窗口中选择“Analyze”→“Classify”→“Discriminate”,调出判别分析主界面,如图 12.4.1 所示。将左边的变量列表中的“组别”变量“group”选入“Grouping Variable”框中,将 $X_1,\cdots,X_6$ 选入“Independents”框中。“组别”变量到“Grouping Variable”框中时,“Define Range”按钮变为可用,单击此按钮,定义分组变量的取值范围。本例中分类变量的范围为 1～3,所以在最小值和最大值中分别输入 1 和 3。单击“Continue”按钮,返回主界面。

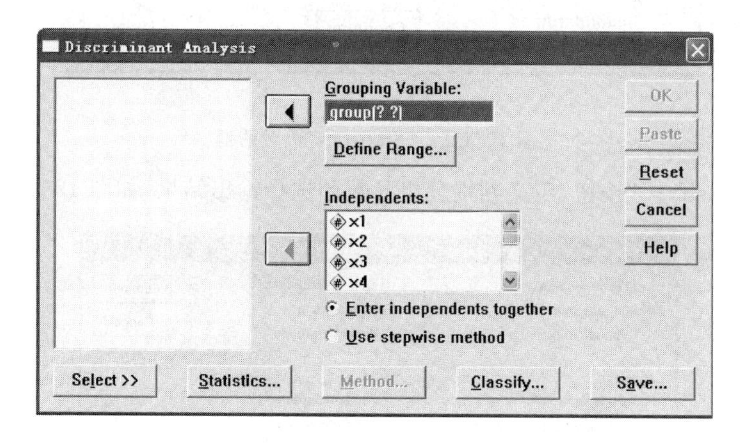

图 12.4.1 判别分析主界面

“Enter independents together”按钮,即使用所有自变量进行判别分析。

“Use stepwise method”按钮,当认为不是所有自变量都能对观测量特性提供丰富的信息时,使用该选择项。根据变量对判别贡献的大小进行选择。当鼠标单击该项时,“Method”按钮变亮,可以进行逐步判别法。

如果希望使用一部分观测量进行判别函数的推导,而且有一个变量的某个值可以作为某些观测量的标识,则用“Select”功能进行选择。操作方法是:单击“Select”按钮展开小选择框,在“Variable:”后面的矩形框中输入该变量的变量名,在“Value:”后面输入标识参与分析的观测量所具有的该变量值。一般均使用数据文件中的所有合法观测量。此步骤可以省略。

② 单击“Statistics…”按钮,出现“Statistics”子对话框,如图 12.4.2 所示,该对话框指定输出的描述统计量和判别函数系数。“Function Coefficients”栏中的“Fisher’s”和“Unstandardized”的含义如下。

Fisher’s:给出 Bayes 判别函数的系数。

注意:这个选项不是要给出 Fisher 判别函数的系数。这个复选框的名字之所以为“Fisher’s”,是因为按判别函数值最大的一组进行归类这种思想是由 Fisher 提出来的。这里极易混淆,请注意辨别。

Unstandardized:给出未标准化的 Fisher 判别函数(即典型判别函数)的系数(SPSS 默认给出标准化的 Fisher 判别函数系数)。

注意:SPSS 中的判别分析没有距离判别这一方法,因此距离判别法无法在 SPSS 中直接实现,但可以通过 Excel 等软件进行手工计算。

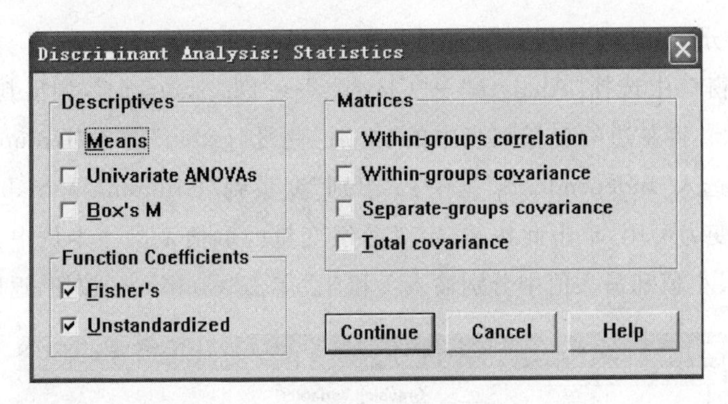

图 12.4.2 “Statistics”子对话框

③ 单击“Classify…”按钮,定义判别分组参数和选择输出结果,如图 12.4.3 所示。

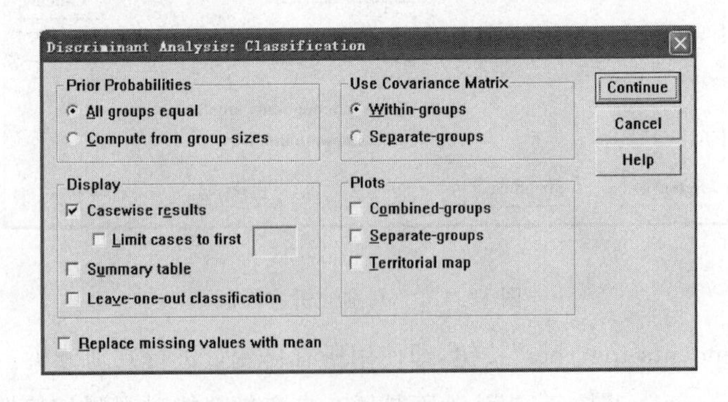

图 12.4.3 “Classification”子对话框

在“Prior Probabilities”组的矩形框中选择先验概率,两者选其一。

a. All groups equal:各类先验概率相等。若分为 m 类,则各类的先验概率均为 $1/m$。

b. Compute from group sizes:由各类的样本量计算各类的先验概率。

“Display”栏中的“Casewise results”输出一个判别结果表,包括每个样品的判别分数、后验概率、实际组和预测组编号等。"Summary table"输出分类的小结，给出错分率。"Leave-one-out classification"输出交互验证结果。

若想输出图形，在"Plots"组的矩形框中选择，可以并列选择。

a. Combined-groups：所有类放在一张散点图中，便于比较。根据判别函数对样品做判别分数，如果每个样品有两个以上判别分数，则用头两个判别分数作图。

b. Separate-groups：对每一类生成一张散点图。共分为几类就生成几张散点图。

c. Territorial map：此种统计图把一张图的平面划分出与类数相同的区域。每一类占据一个区。

④ 单击"Save"按钮，指定在数据文件中生成代表判别分组结果和判别得分的新变量，如图 12.4.4 所示，生成的新变量的含义如下。

a. Predicted group membership：存放判别样品所属组别的值。

b. Discriminant scores：存放 Fisher 判别得分的值，有几个典型判别函数就有几个判别得分变量。

c. Probabilities of group membership：存放样品属于各组的 Bayes 后验概率值。

将对话框中的 3 个复选框均选中，单击"Continue"按钮返回。返回判别分析主界面，单击"OK"按钮，运行判别分析过程。

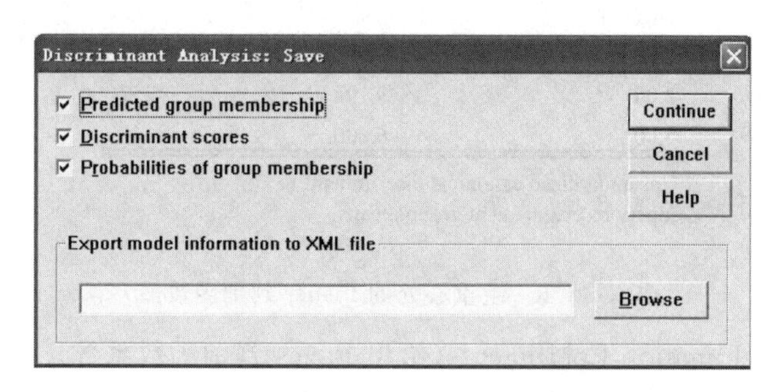

图 12.4.4　"Save"子对话框

(2) 主要运行结果解释

① Standardized Canonical Discriminant Function Coefficients(标准化的典型判别函数系数)

标准化的典型判别函数是由标准化的自变量通过 Fisher 判别法得到的，所以要得到标准化的典型判别得分，代入该函数的自变量必须是经过标准化的。

② Canonical Discriminant Function Coefficients(未标准化的典型判别函数系数)

未标准化的典型判别函数系数由于可以将实测的样品观测值直接代入求出判别得分，所以该系数使用起来比标准化的系数要方便一些，见图 12.4.5。

由图 12.4.5 可知，两个 Fisher 判别函数分别为

$$y_1=-74.99-1.861X_1+1.656X_2-0.877X_3+0.798X_4+0.098X_5+1.579X_6$$

$$y_2=-29.482-0.867X_1+1.155X_2-0.356X_3-0.089X_4+0.054X_5+0.69X_6$$

实际上两个函数式计算的是各观测值在各个维度上的坐标，这样就可以通过这两个函数式计算出各样品观测值的具体空间位置。

Canonical Discriminant Function Coefficients

	Function	
	1	2
X1	−1.861	−.867
X2	1.656	1.155
X3	−.877	−.356
X4	.798	−.089
X5	.098	.054
X6	1.579	.690
(Constant)	−74.990	−29.482

Unstandardized coefficients

图 12.4.5　未标准化的典型判别函数系数

③ Functions at Group Centroids(给出组重心处的 Fisher 判别函数值)

图 12.4.6 所示为各类别重心在空间中的坐标位置。这样,只要在前面计算出各观测值的具体坐标位置,再计算出它们分别离各重心的距离,就可以得知它们的分类了。

Functions at Group Centroids

	Function	
GROUP	1	2
1.00	−2.594	1.013
2.00	9.194	−.257
3.00	−6.600	−.756

Unstandardized canonical discriminant functions evaluated at group means

图 12.4.6　组重心处的 Fisher 判别函数值

④ Classification Function Coefficients(给出 Bayes 判别函数系数)

如图 12.4.7 所示,"Group"栏中的每一列表示样品判入相应列的 Bayes 判别函数系数。在本例中,各类的 Bayes 判别函数如下。

第一组:$F_1=-5\,317.2-143.9X_1+153.1X_2-90.1X_3+53.0X_4+11.0X_5+189.3X_6$。

第二组:$F_2=-6\,202.2-164.7X_1+171.2X_2-100.0X_3+62.5X_4+12.1X_5+207.0X_6$。

第三组:$F_3=4\,982.9-134.9X_1+144.5X_2-85.9X_3+50.0X_4+10.5X_5+181.7X_6$。

将各样品的自变量值代入上述 3 个 Bayes 判别函数,得到 3 个函数值。比较这 3 个函数值,哪个函数值比较大就可以判断该样品判入哪一类。

例如,将第一个待判样品的自变量值分别代入函数,得到

$$F_1=3\,793.77,\quad F_2=3\,528.32,\quad F_3=3\,882.48$$

比较 3 个值的大小,可以看出 F_3 最大,所以第一个待判样品应该属于第三组。

⑤ Casewise Statistics(给出个案观察结果)

图 12.4.8 针对每个样品给出了大部分的判别结果。

其中包括实际类(Actual Group)、预测类(Predicted Group)、Bayes 判别法的后验概率、与组重心的马氏距离(Squared Mahalanobis Distance to Centroid)以及 Fisher 判别法的每个典型判别函数的判别得分(Discriminant Scores)。可以看出 4 个待判样本依次被判别为第三组、第一组、第二组和第三组。这里给出的结果是经过加工的,隐藏了一些内容。

Classification Function Coefficients

	Group		
	1.00	2.00	3.00
X1	−143.851	−164.691	−134.862
X2	153.137	171.185	144.462
X3	−90.088	−99.976	−85.945
X4	53.009	62.525	49.972
X5	11.008	12.094	10.520
X6	189.261	207.003	181.714
(Constant)	−5317.234	−6202.158	−4982.880

Fisher's linear discriminant functions

图 12.4.7 Bayes 判别法的输出结果

Casewise Statistics

		Highest Group			Discriminant Scores	
Case Number	Actual Group	Predicted Group	P(G=g | D=d)	Squared Mahalanobis Distance to Centroid	Function 1	Function 2
1	1	1	1.000	.297	−2.177	1.364
2	1	1	1.000	.236	−2.270	1.375
3	1	1	1.000	.117	−2.741	1.323
4	1	1	.998	.507	−3.199	.638
5	1	1	1.000	.418	−2.582	.366
6	2	2	1.000	.469	9.674	.231
7	2	2	1.000	.868	8.332	−.613
8	2	2	1.000	5.985	10.128	−2.518
9	2	2	1.000	4.793	8.342	1.760
10	2	2	1.000	.101	9.491	−.145
11	3	3	1.000	.139	−6.687	−.394
12	3	3	1.000	.322	−7.163	−.685
13	3	3	1.000	5.365	−8.655	−1.823
14	3	3	.879	3.384	−4.766	−.608
15	3	3	.995	.998	−5.727	−.270
16	ungrouped	3	1.000	361.567	−20.714	−13.498
17	ungrouped	1	.998	.558	−3.319	.831
18	ungrouped	2	1.000	28.668	14.008	2.086
19	ungrouped	3	1.000	1.982	−7.595	−1.752

图 12.4.8 个案观察结果

⑥ 图形

图 12.4.9 是本例题勾选“Combined-groups”按钮后的散点图。未标准化 Fisher(典型)判别函数做的所有组的散点图,比较直观地反映了各组观测的分类情况和各组的重心。从图中可以看出 3 个组的区分还是比较明显的,未标准化 Fisher 判别函数 y_1 的区分作用明显优于 y_2。从中还可以看到 4 个待判样品的情况。

图 12.4.10 是本例题勾选“Territoral map”按钮后的领域图(或称为区域图)。用数字作为各类边界线。图中显示:未标准化 Fisher 判别函数 y_1 的区分作用大。第一类 y_1,y_2 的值都不大,第二类 y_1 的值偏大,第三类 y_1 的值偏小。

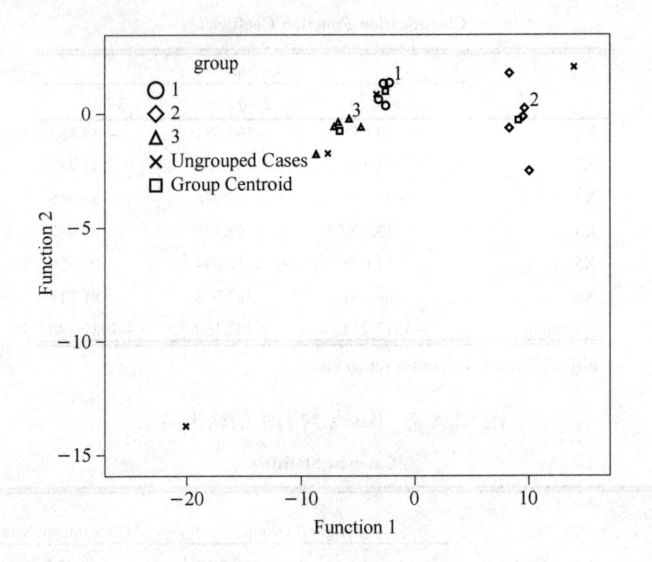

图 12.4.9　未标准化 Fisher(典型)判别分数的散点图

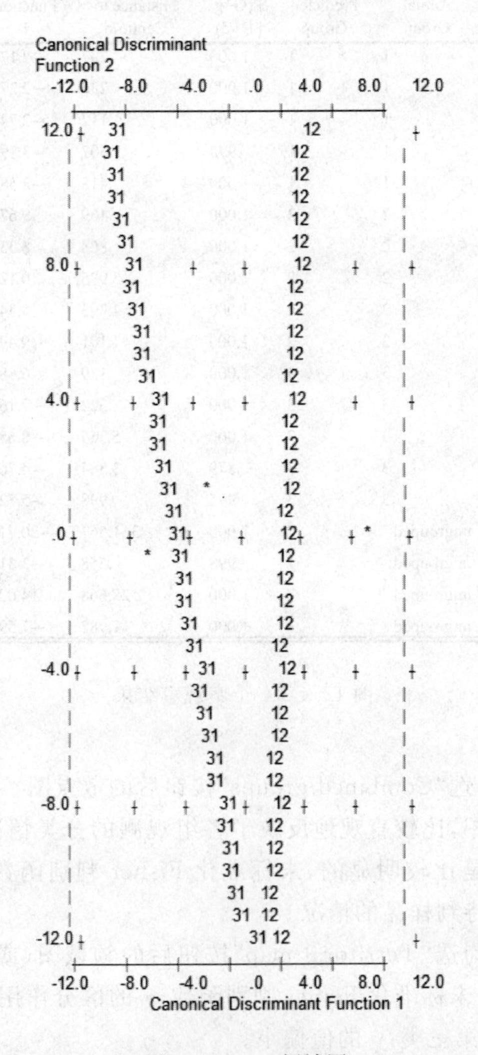

图 12.4.10　领域图

图 12.4.10 中没有给出待判样品的情况，需要根据未标准化 Fisher 判别函数

$$y_1 = -74.99 - 1.861X_1 + 1.656X_2 - 0.877X_3 + 0.798X_4 + 0.098X_5 + 1.579X_6$$

$$y_2 = -29.482 - 0.867X_1 + 1.155X_2 - 0.356X_3 - 0.089X_4 + 0.054X_3 + 0.69X_6$$

计算出待判样品的第一和第二判别分数，由领域图目测其位置后判类。

⑦ 判别结果的新变量

由于我们在“Save”子对话框中选择了生成表示判别结果的新变量，所以在数据编辑窗口中，可以观察到产生的新变量，见图 12.4.11。其中，变量 Dis_1 存放判别样品所属组别的值，变量 Dis1_1 和 Dis2_1 分别代表将样品各变量值代入第一个和第二个未标准化 Fisher 判别函数所得的判别分数，变量 Dis1_2、Dis2_2 和 Dis3_2 代表样品分别属于第 1 组、第 2 组和第 3 组的 Bayes 后验概率值。

	group	Dis_1	Dis1_1	Dis2_1	Dis1_2	Dis2_2	Dis3_2
1	1.00	1.00	-2.17708	1.36390	.99999	.00000	.00001
2	1.00	1.00	-2.27004	1.37487	.99999	.00000	.00001
3	1.00	1.00	-2.74127	1.32251	.99993	.00000	.00007
4	1.00	1.00	-3.19932	.63754	.99850	.00000	.00150
5	1.00	1.00	-2.58222	.36643	.99979	.00000	.00021
6	2.00	2.00	9.67386	.23106	.00000	1.00000	.00000
7	2.00	2.00	8.33240	-.61285	.00000	1.00000	.00000
8	2.00	2.00	10.12816	-2.51783	.00000	1.00000	.00000
9	2.00	2.00	8.34249	1.76025	.00000	1.00000	.00000
10	2.00	2.00	9.49101	-.14532	.00000	1.00000	.00000
11	3.00	3.00	-6.68721	-.39427	.00009	.00000	.99991
12	3.00	3.00	-7.16253	-.68523	.00001	.00000	.99999
13	3.00	3.00	-8.65537	-1.82324	.00000	.00000	1.00000
14	3.00	3.00	-4.76603	-.60804	.12122	.00000	.87878
15	3.00	3.00	-5.72685	-.26979	.00532	.00000	.99468
16	.	3.00	-20.71365	-13.49821	.00000	.00000	1.00000
17	.	1.00	-3.31857	.83077	.99828	.00000	.00172
18	.	2.00	14.00814	2.08575	.00000	1.00000	.00000
19	.	3.00	-7.59478	-1.75210	.00000	.00000	1.00000

图 12.4.11　判别结果

⑧ 错判情况

错判情况见图 12.4.12 所示的交互验证结果，上半部分为原始分类的结果，下半部分为交互验证的结果，可见错判率的估计值为 0.2(3/15)，即正确率为 0.8。

例 12.6　安德森鸢尾花卉数据集(Anderson's Iris data set)也称鸢尾花卉数据集(Iris flower data set)或费雪鸢尾花卉数据集(Fisher's Iris data set)，是一类多重变量分析的数据集。它最初是埃德加·安德森从加拿大加斯帕半岛上的鸢尾属花朵中提取的地理变异数据，后由 Fisher 作为判别分析的一个例子，运用到统计学中。

数据集包含了 150 个样品，4 个特征被用作样本的定量分析，它们分别是花萼和花瓣的长度和宽度：花瓣长(slen)、花瓣宽(swid)、花萼长(plen)、花萼宽(pwid)，分别记为 x_1, x_2, x_3, x_4。鸢尾花卉数据都属于鸢尾属下的 3 个亚属，分别是山鸢尾、变色鸢尾和维吉尼亚鸢尾，分类号：1，Setosa，刚毛；2，Versicolor，变色；3，Virginica，佛吉尼亚。原始数据较长，篇幅有限，部分数据见表 12.4.4。请针对该数据给出判别分析的判别准则。

Classification Results[b,c]

		group	Predicted Group Membership 1.00	2.00	3.00	Total
Original	Count	1.00	5	0	0	5
		2.00	0	5	0	5
		3.00	0	0	5	5
		Ungrouped cases	1	1	2	4
	%	1.00	100.0	.0	.0	100.0
		2.00	.0	100.0	.0	100.0
		3.00	.0	.0	100.0	100.0
		Ungrouped cases	25.0	25.0	50.0	100.0
Cross-validated[a]	Count	1.00	5	0	0	5
		2.00	1	4	0	5
		3.00	2	0	3	5
	%	1.00	100.0	.0	.0	100.0
		2.00	20.0	80.0	.0	100.0
		3.00	40.0	.0	60.0	100.0

a. Cross validation is done only for those cases in the analysis. In cross validation, each case is classified by the functions derived from all cases other than that case.

b. 100.0% of original grouped cases correctly classified.

c. 80.0% of cross-validated grouped cases correctly classified.

图 12.4.12 交互验证结果

表 12.4.4 鸢尾花数据集(部分数据)

花萼长度	花萼宽度	花瓣长度	花瓣宽度	类别编号	属 种
5.1	3.5	1.4	0.2	1	setosa
4.9	3.0	1.4	0.2	1	setosa
4.7	3.2	1.3	0.2	1	setosa
4.6	3.1	1.5	0.2	1	setosa
5.0	3.6	1.4	0.2	1	setosa
5.4	3.9	1.7	0.4	1	setosa
4.6	3.4	1.4	0.3	1	setosa
5.0	3.4	1.5	0.2	1	setosa
4.4	2.9	1.4	0.2	1	setosa
4.9	3.1	1.5	0.1	1	setosa
5.4	3.7	1.5	0.2	1	setosa
4.8	3.4	1.6	0.2	1	setosa
4.8	3.0	1.4	0.1	1	setosa

解:运用 SPSS 软件进行判别分析,主要运行结果的解释如下。

(1) 基本描述结果

基本描述结果如图 12.4.13、图 12.4.14、图 12.4.15 所示。

Group Statistics

分类		Mean	Std. Deviation	Valid N (listwise)	
				Unweighted	Weighted
刚毛鸢尾花	花萼长	50.06	3.525	50	50.000
	花萼宽	34.28	3.791	50	50.000
	花瓣长	14.62	1.737	50	50.000
	花瓣宽	2.46	1.054	50	50.000
变色鸢尾花	花萼长	59.36	5.162	50	50.000
	花萼宽	27.66	3.147	50	50.000
	花瓣长	42.60	4.699	50	50.000
	花瓣宽	13.26	1.978	50	50.000
佛吉尼亚鸢尾花	花萼长	66.38	7.128	50	50.000
	花萼宽	29.82	3.218	50	50.000
	花瓣长	55.60	5.540	50	50.000
	花瓣宽	20.26	2.747	50	50.000
Total	花萼长	58.60	8.633	150	150.000
	花萼宽	30.59	4.363	150	150.000
	花瓣长	37.61	17.682	150	150.000
	花瓣宽	11.99	7.622	150	150.000

图 12.4.13　原始数据的描述统计结果

Pooled Within-Groups Matrices [a]

		花萼长	花萼宽	花瓣长	花瓣宽
Covariance	花萼长	29.960	8.767	16.129	4.340
	花萼宽	8.767	11.542	5.033	3.145
	花瓣长	16.129	5.033	18.597	4.287
	花瓣宽	4.340	3.145	4.287	4.188
Correlation	花萼长	1.000	.471	.683	.387
	花萼宽	.471	1.000	.344	.452
	花瓣长	.683	.344	1.000	.486
	花瓣宽	.387	.452	.486	1.000

a. The covariance matrix has 147 degrees of freedom.

图 12.4.14　合并类内相关阵和协方差阵

Covariance Matrices [a]

分类		花萼长	花萼宽	花瓣长	花瓣宽
刚毛鸢尾花	花萼长	12.425	9.922	1.636	1.033
	花萼宽	9.922	14.369	1.170	.930
	花瓣长	1.636	1.170	3.016	.607
	花瓣宽	1.033	.930	.607	1.111
变色鸢尾花	花萼长	26.643	8.288	18.290	5.578
	花萼宽	8.288	9.902	8.127	4.049
	花瓣长	18.290	8.127	22.082	7.310
	花瓣宽	5.578	4.049	7.310	3.911
佛吉尼亚鸢尾花	花萼长	50.812	8.090	28.461	6.409
	花萼宽	8.090	10.355	5.804	4.456
	花瓣长	28.461	5.804	30.694	4.943
	花瓣宽	6.409	4.456	4.943	7.543
Total	花萼长	74.537	-4.683	130.036	53.507
	花萼宽	-4.683	19.036	-33.056	-12.083
	花瓣长	130.036	-33.056	312.670	129.803
	花瓣宽	53.507	-12.083	129.803	58.101

a. The total covariance matrix has 149 degrees of freedom.

图 12.4.15　总协方差阵

直方图可以展示变量的分布情况,分类别的直方图可以帮助我们查看类别的区分情况。选取变量花瓣宽度做 3 类直方图,如图 12.4.16 所示,可见该变量在 3 类的区别较大,说明它是判别能力较强的变量。

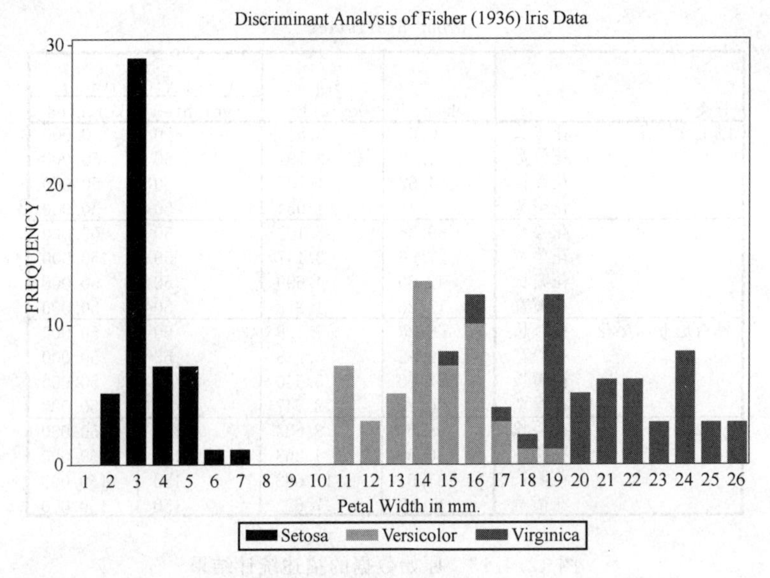

图 12.4.16　直方图

(2) 判别函数的判别能力与显著性检验

Fisher 判别函数的特征值如图 12.4.17 所示。"Eigenvalues"为相应 Fisher 判别函数的特征值,等于判别函数值组间平方和与组内平方和之比,该值越大表明判别函数效果越好。特征值的个数与 Fisher 判别函数的个数相等,由于本例中总体只有 3 类,所以至多有两个 Fisher 判别函数。最大特征值与组均值最大的向量对应，第二大特征值对应着次大的组均值向量。

典型相关(canonical correlation)系数是组间平方和与总平方和之比的平方根。

Eigenvalues

Function	Eigenvalue	% of Variance	Cumulative %	Canonical Correlation
1	30.419[a]	99.0	99.0	.984
2	.293[a]	1.0	100.0	.476

a. First 2 canonical discriminant functions were used in the analysis.

图 12.4.17　Fisher 判别函数特征值

从图 12.4.17 可见,判别函数 y_1 的特征值为 30.419,y_2 的特征值为 0.293。所以判别函数 y_1 的判别能力大于 y_2。

方差百分比(% of Variance)的算法为

$$99\%=\frac{30.419}{30.419+0.293},\quad 1\%=\frac{0.293}{30.419+0.293}$$

可见,判别函数 y_1 能够解释绝大部分方差。典型相关系数显示第一对典型变量的相关系数是 0.984,第二对典型变量的相关系数是 0.476。

图 12.4.18 给出了 Fisher 判别函数有效性检验结果。Wilks'Lambda 统计检验的原假设是各组变量均值相等,即不同组的 Fisher 判别函数平均值不存在显著差异。Wilks'Lambda 接近 0 表示组均值不同,接近 1 表示组均值没有不同。Chi-square 是 Wilks'Lambda 的卡方转

换，用于确定其显著性。从图12.4.18的第2行可见，在0.05的显著性水平下，用y_1，y_2两个函数判别，Sig. = 0.000，判别效果显著；从图12.4.18的第3行可见，单用y_2判别，Sig. =0.000，判别效果显著。

Wilks' Lambda

Test of Function(s)	Wilks' Lambda	Chi-square	df	Sig.
1 through 2	.025	538.950	8	.000
2	.774	37.351	3	.000

图12.4.18 Fisher判别函数有效性检验

(3) Fisher判别函数的输出

标准化的典型判别函数系数(使用时必须用标准化的自变量)如图12.4.19所示。

Standardized Canonical Discriminant Function Coefficients

	Function	
	1	2
花萼长	-.346	.039
花萼宽	-.525	.742
花瓣长	.846	-.386
花瓣宽	.613	.555

图12.4.19 标准化的Fisher判别函数系数

$$y_1 = -0.346x_1 - 0.525x_2 + 0.846x_3 + 0.613x_4$$

$$y_2 = 0.039x_1 + 0.742x_2 - 0.386x_3 + 0.555x_4$$

图12.4.20是未标准化Fisher判别函数的系数，可以将实测的样品观测值直接代入求出判别得分。该系数使用起来比标准化的系数要方便一些。

Canonical Discriminant Function Coefficients

	Function	
	1	2
花萼长	-.063	.007
花萼宽	-.155	.218
花瓣长	.196	-.089
花瓣宽	.299	.271
(Constant)	-2.526	-6.987

Unstandardized coefficients

图12.4.20 未标准化Fisher判别函数的系数

$$y_1 = -0.063x_1 - 0.155x_2 + 0.196x_3 + 0.299x_4 - 2.526$$

$$y_2 = 0.007x_1 + 0.218x_2 - 0.089x_3 + 0.271x_4 - 6.948$$

图12.4.21给出了类中心处的Fisher判别函数值，该函数值是根据未标准化的Fisher判别函数计算的。这样，只要根据Fisher判别函数计算出各样品的函数值后，再比较它们分别离各类中心的距离，就可以得知它们的分类了。

(4) Bayes判别法的相关输出结果

由于在"Classification"子对话框的"Prior Probabilities"栏中选择了默认的"All groups equal"选项，所以系统自动给每类分配的先验概率为0.5。先验概率结果省略。图12.4.22是各类Bayes判别函数的系数，每一列表示样品判入相应类的Bayes判别函数系数。

Functions at Group Centroids

分类	Function 1	Function 2
刚毛鸢尾花	-7.392	.219
变色鸢尾花	1.763	-.737
佛吉尼亚鸢尾花	5.629	.518

Unstandardized canonical discriminant functions evaluated at group means

图 12.4.21　类中心处的 Fisher 判别函数值

Classification Function Coefficients

	分类		
	刚毛鸢尾花	变色鸢尾花	佛吉尼亚鸢尾花
花萼长	1.687	1.101	.865
花萼宽	2.695	1.070	.747
花瓣长	-.880	1.001	1.647
花瓣宽	-2.284	.197	1.695
(Constant)	-80.268	-71.196	-103.890

Fisher's linear discriminant functions

图 12.4.22　Bayes 判别函数的系数

本例中，3 类的 Bayes 判别函数如下。

第一组：$y_1=-80.268+1.687x_1+2.695x_2-0.88x_3-2.284x_4$。其他类似。

将新样品的自变量值代入 3 个 Bayes 判别函数，得到 3 个函数值。比较这 3 个函数值，哪个函数值比较大就可以判断该样品判入哪一类。

(5) 散点图

从图 12.4.23 可见 3 类区分比较明显。两个函数 y_1,y_2 的判别效果都明显。还可见 IRIS 数据，刚毛(setosa)类和另两类是线性可分的，变色类和佛吉尼亚类是线性不可分的。

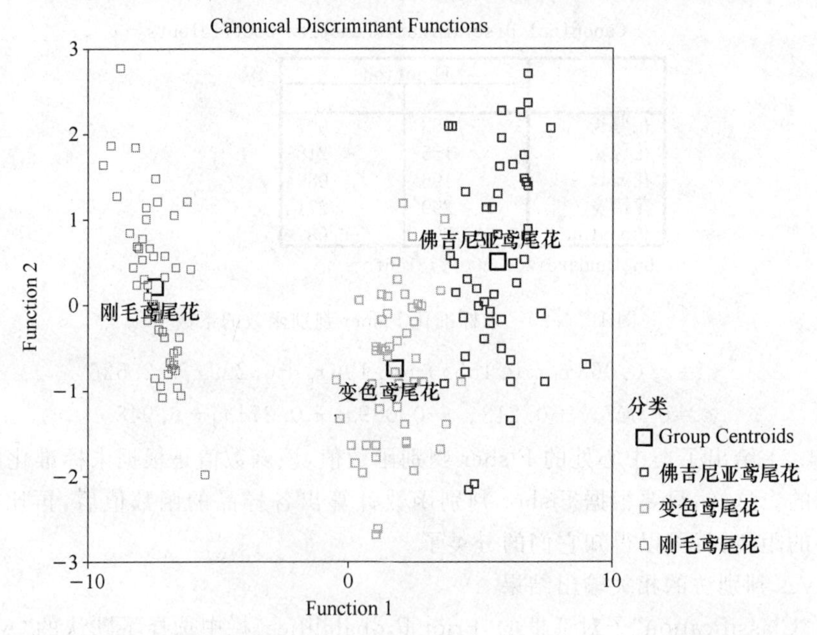

图 12.4.23　判别函数散点图

（6）错判情况

预测分类结果小结如图 12.4.24 所示。可见总错判率的估计值为 0.02(3/150)，即正确率为 0.98，说明模型的判别效果理想。

Classification Results [a]

		分类	Predicted Group Membership 刚毛鸢尾花	变色鸢尾花	佛吉尼亚鸢尾花	Total
Original	Count	刚毛鸢尾花	50	0	0	50
		变色鸢尾花	0	48	2	50
		佛吉尼亚鸢尾花	0	1	49	50
	%	刚毛鸢尾花	100.0	.0	.0	100.0
		变色鸢尾花	.0	96.0	4.0	100.0
		佛吉尼亚鸢尾花	.0	2.0	98.0	100.0

a. 98.0% of original grouped cases correctly classified.

图 12.4.24　错判率

最后，我们比较一下各判别法。至今还难以评价哪一种判别方法最好，下面对 Bayes 判别法与 Fisher 判别法作比较。

① 当 k 个总体的均值向量共线性程度较高时，Fisher 判别法可用较少的判别函数进行判别，因而比 Bayes 判别法简单。另外，Fisher 判别法对总体分布没要求。

② Fisher 判别法的不足是没考虑各总体出现概率的大小，也给不出预报的后验概率、错判率的估计以及错判之后造成的损失。而这些不足恰是 Bayes 判别法的优点，当然，如果给定的先验概率不符合客观实际，Bayes 判别法可能会导致错误的结论。

只要满足一些条件，有些判别法之间是等价的。例如，在正态总体协差阵相等的条件下，Bayes 线性判别函数(不考虑先验概率 $q_1, q_2, \cdots, q_k$ 的影响)等价于距离判别准则。

12.5　习　　题

1. 在某销售企业的人员考核中把人员分为优秀和一般两个等级。考核人员的指标有：销售率、劳动生产率、出勤率。3 个指标的均值向量和协方差矩阵的逆矩阵如表 12.5.1 所示。请采用两个总体方差相等时的马氏距离判别法：现有一个人员，指标值为(4,3,2)，问这个人员应该属于哪一类？

表 12.5.1　均值向量和协方差矩阵的逆矩阵

指　标	均值向量 优秀 $\boldsymbol{\mu}_1$	均值向量 一般 $\boldsymbol{\mu}_2$	协方差矩阵的逆矩阵 $\boldsymbol{\Sigma}^{-1}$		
销售率	7	3	1	−1	−2
劳动生产率	4	2	−1	3	2
出勤率	3	1	−2	2	4

2. 已知两个一维正态总体如图 12.5.1 所示，请计算错判率 $P(2|1)$ 和 $P(1|2)$。

3. 记二维正态总体 $N_2(\boldsymbol{\mu}^{(i)}, \boldsymbol{\Sigma})$ 为 $G_i(i=1,2)$(两总体协差阵相同)，已知来自 $G_i(i=1,2)$ 的数据阵为

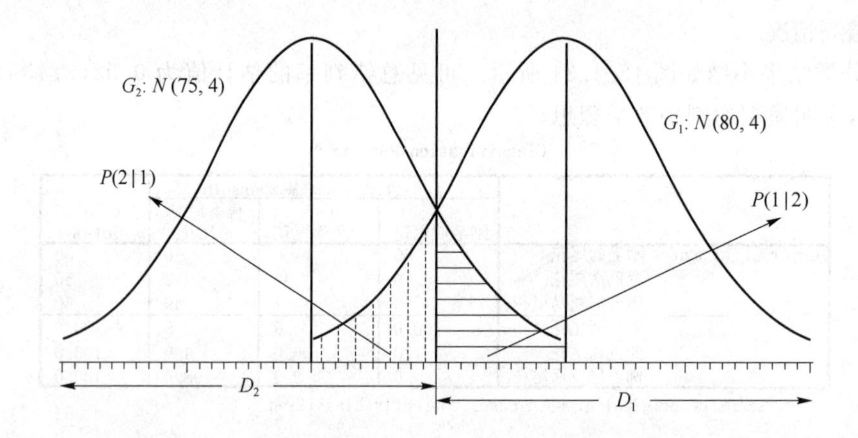

图 12.5.1 两正态总体示意图

$$\underset{4\times2}{\boldsymbol{X}^{(1)}}=\begin{bmatrix}2 & 12\\4 & 10\\3 & 8\\3 & 10\end{bmatrix},\quad \underset{3\times2}{\boldsymbol{X}^{(2)}}=\begin{bmatrix}5 & 7\\3 & 9\\4 & 5\end{bmatrix},\quad \begin{pmatrix}k=2 & m=2\\n_1=4 & n_2=3\end{pmatrix}$$

① 试求两总体的样本组内离差阵 $\boldsymbol{A}_1$,$\boldsymbol{A}_2$和合并样本协差阵 $\boldsymbol{S}$。

② 今有样品 $\boldsymbol{x}_0=(2,8)^{\mathrm{T}}$,试问按马氏距离准则样品 $\boldsymbol{x}_0$应判归哪一类。

③ 若已知先验概率 $q_1=0.4$, $q_2=0.6$,且 $L(2|1)=L(1|2)=1$。试用 Bayes 准则对样品 $\boldsymbol{x}_0=(2,8)^{\mathrm{T}}$ 进行判别归类。

④ 试求组间离差阵 $\boldsymbol{B}$,用 Fisher 准则对样品 $\boldsymbol{x}_0=(2,8)^{\mathrm{T}}$ 进行判别归类。

4. 现有 14 个国家的关于出生时预期寿命和成人识字率的数据,如表 12.5.2 所示,请用所学的判别法判别此例。

表 12.5.2 出生时预期寿命和成人识字率

类 别	序 号	国家名称	出生时预期寿命/岁	成人识字率/(%)
第一类（发达国家）	1	美国	76.0	99.0
	2	日本	79.5	99.0
	3	瑞士	78.0	99.0
	4	阿根廷	72.1	95.9
	5	阿联酋	73.8	77.7
第二类（发展中国家）	6	保加利亚	71.2	93.0
	7	古巴	75.3	94.9
	8	巴拉圭	70.0	91.2
	9	格鲁吉亚	72.8	99.0
	10	南非	62.9	80.6
待判样品	11	中国	68.5	79.3
	12	罗马尼亚	69.9	96.9
	13	希腊	77.6	93.8
	14	哥伦比亚	69.3	90.3

第13章　定性数据的建模方法

"1975年美国进行的总体社会调查(general social survey)中一共有310个变量,其中有107个二分类定性变量和148个多分类定性变量,定性变量数目占所有变量的82%,定性变量的研究是社会研究的重要部分。"

——W. R. Dillon 和 M. Goldstein

在实际应用中,往往不可避免地涉及定性变量,如人的性别、职业、天气状态等。定性数据不同于定量数据,观测值仅表示结果所属的类别,前面学习的对应分析方法,可以研究定性变量之间的关系。如果我们还希望用其他变量来预测定性变量的取值,就要学习定性数据的建模方法:对数线性模型、逻辑斯蒂回归模型。定性资料本质是多元的,这方面的研究称为离散(discrete)多元分析、分类(categorial)数据的处理、属性数据分析等。

13.1　什么是定性数据分析

定性数据的分析起源于20世纪初的英国,最初的研究集中于定性变量间的关联性,1900年Pearson引入研究独立性的卡方拟合检验。随后,Yule提出了定性变量关联性的优势比度量。1934年Fisher给出定性数据的Fisher精确检验。针对定性数据的模型研究最早出现在20世纪30年代,Gaddum(1933)和Bliss(1934)提出probit方法,probit模型的转换方法建立了离散数据与连续的正态分布之间的关系,实现了非线性到线性的转化,其在处理毒理学中二分响应的应用中流行起来。1938年Fisher和Frank Yates提出了$\log[\pi/(1-\pi)]$变换。1944年Joseph Berkson为该变换引入了术语"logit"变换。1951年,Jerome Cornfield通过"logit"变换建立定性数据模型,在案例对照研究中使用优势比去近似相对风险,logistic模型逐步流行起来。20世纪50年代和20世纪60年代早期,出现了大量有关多向列联表关联性和交互结构的工作,这激起了人们对对数线性模型的研究热情。

定性数据分析的有关书籍:Alan Agresti所著的*An Introduction to Categorical Data Analysis*(《属性数据分析引论》),张尧庭等编著的《定性资料的统计分析》,张尧庭翻译的《离散多元分析:理论与实践》,王静龙等编著的《定性数据统计分析》。

数理统计中经常遇到的资料可分为以下4类。

① 计量数据(continuous data):身高、体重等,取值为任意实数。它的统计分析与具有密度的连续随机变量的分布有关。在一般的统计教科书中,这是主要的,甚至是全部的论述

对象。

② 计数数据(counts data)：职工人数、成交股票数等，取值范围为整数，大部分在非负整数范围内取值。它的统计分析与离散的随机变量的分布有关。

上面的两类资料原则上是可以分清楚的，但实际上有时也困难。如人的年龄，按理可以认为是连续的，然而实际上只能按年或月或日计算，是计数的。可见有时为了方便，连续的资料是可以离散化的。

③ 有序数据(ordinal data)：有些资料既不能计量，也不能计数。例如，这块布的颜色比那一块深，但无法量化；评定茶的好坏时，只能评出一个顺序，即取值为可排序的属性编码。人们为了标记方便，往往把有序的量用等级 1,2,3 等表示，如患病的程度原始数据用“＋”“＋＋”等表示，为了方便，可用 1,2 等表示，这里的 1,2 实际是患病的深浅程度，已不是计数的意义，因而这两类资料不能混淆。

④ 名义数据(nominal data)：有些资料不是计量的、计数的，也不是有序的，仅是名义值。如性别、婚姻状况、颜色等，给颜色赋以代码，这些赋值只起名义的作用，它的值的顺序和大小并无统计意义。

以上这 4 类资料，也可以粗分为两类：通常把①、②类型的数据统称为定量数据，③、④类型的数据统称为定性数据。本章主要的内容是对名义资料的统计分析，然而这一方法也可以用来处理有序资料。前面学习对应分析方法时，我们对定性数据有所了解，下面再进一步去了解定性数据数量化、描述统计分析、建模分析等内容。

定性数据分析之前需要将资料数量化，这会让人产生疑虑，得到的结论是否与数量化的方法有关，因此，寻求与数量化的方法无关的定性数据分析方法至关重要，受到统计学家的关注。在实际问题中，经常分析变量之间是否独立，不独立时有什么形式的函数关系，如何估计函数的形式和函数中的参数……为了便于说明，我们把一部分变量称为因变量，另一部分变量称为自变量，于是按变量是定性或定量的情况来分类，可得到如下的大致统计问题归类，如表 13.1.1 所示。其中④类问题在前面章节已经讨论过，本章重点是⑥这类问题。

表 13.1.1　统计问题归类表

因变量	自变量	统计问题归类
①定量	定量	回归(或线性模型)
②定量	定性	方差分析
③定量	定性、定量	协方差分析(或线性模型)
④定性	定性	列联表、对应分析
⑤定性	定量	判别分析、聚类分析
⑥定性	定性、定量	对数线性模型、逻辑斯蒂回归等
⑦定性、定量	定性、定量	?

1. 定性变量数量化

20 世纪 50 年代起开始发展了数量化理论。在实际问题中，往往是定量和定性的资料同时出现，为了便于研究，需要把定性资料数量化，对定性变量给以相应的数值描述，就可以全部作为定量的资料来统一处理。

由于定性资料的数值是没有意义的，如某产品有上海产的、北京产的、天津产的，可以把上海产的记为“1”，北京产的记为“2”，天津产的记为“3”，这里“1”“2”“3”没有数目值的意义，用“100”“200”“300”表示也可以。所以为了简单方便，定性资料主要看它有几类，就用几个数目字表示，若 X 有 r 类，就用整数 $1\sim r$ 表示，仅用来说明特征或属性，不同类别取不同的值，即 $X=i, i=1,2,\cdots,r$。例如，调查 5 种饮料的喜好情况，共 5 类，见表 13.1.2。

表 13.1.2　饮料情况

饮料名称	X
可口可乐	1
苹果汁	2
橘子汁	3
百事可乐	4
杏仁露	5

所以可以把定性变量看成是离散变量，记为 X，进一步就可以考察定性变量的分布（离散型变量分布律），例如，有时根据实际情况，假设 X 服从二项分布、多项分布、泊松分布。

还有学者认为可以将它变成向量，如下面的处理方式，这样就可以运用多元统计的一些现成方法去研究，从后面的一些讨论会看到这一点。

将定性变量 X（有 r 类）看成 r 维向量 $\boldsymbol{X}=\begin{pmatrix}X_1\\ \vdots\\ X_r\end{pmatrix}$，其中 X_i 只取 0 或者 1，$\sum_{i=1}^{r}X_i=1$。X_i 为数学上的示性函数，$X_i=1$ 代表有这个性质，$X_i=0$ 代表没有这个性质，即 $X=i\Leftrightarrow\boldsymbol{X}$ 中 $X_i=1$，其余为 0。

从这个角度可见，定性数据本质就是多元数据。上面的数量化方法称为 0-1 赋值向量法，后面我们会运用这种方法探讨定性数据的一些理论问题。

还有学者采用的 0-1 赋值法与上面略有差别。若某定性变量可取 K 类，则用 $K-1$ 个变量表示。例如，天气取晴、阴、雨 3 类，用两个变量 (X_1,X_2) 表示天气，如此赋值

$$(X_1,X_2)=\begin{cases}(0,0),\text{天气晴}\\(1,0),\text{天气阴}\\(0,1),\text{天气雨}\end{cases}$$

这些方法都正确，读者可能已体会到，“统计方法无对错之分，有好坏之分”，至于说哪个方法更好，要具体问题具体分析，最常见的判断规则是看哪个方法使用方便。

2. 定性数据的描述性统计方法

当得到一批定性数据后，我们要从中提取有用的统计信息。整理定性数据最常用的方法有表格法、图示法、数值法。

（1）表格法

例 13.1　Cornfield 于 1956 年对 106 名肺癌患者与未患癌（对照组）的居民，分别调查吸烟与不吸烟的人数，想要研究患肺癌是否与吸烟有关，得到的结果如表 13.1.3 所示。

表 13.1.3　被访者患癌和吸烟情况

居民编号	患癌情况	吸烟情况
1	肺癌患者	吸烟
2	肺癌患者	不吸烟
3	未患癌	吸烟
⋮	⋮	⋮
106	未患癌	不吸烟

表 13.1.3 中的数据是原始数据，使人眼花缭乱，不得要领。如果统计一下肺癌患者与对照组的吸烟和不吸烟的人数，将原始数据变为频数分布表，就会看出数据呈现的一些规律。将不相重叠的类的频数列成表格，见表 13.1.4，称这种交叉分组列表为列联表。

表 13.1.4　肺癌患者与对照组的吸烟情况

患癌情况	吸烟/人	不吸烟/人
肺癌患者	60	3
未患癌	32	11

在第 10 章我们已经学习过这种表格。列联表并不是原始数据的简单罗列，而是原始数据经过初步汇总加工的结果，只对一个定性变量列出各类的频数，还不是列联表，它只反映单变量频数的分布，对两个及以上的定性变量之间的频数交互列表，才形成列联表，所以列联表反映了变量之间的关联。

表 13.1.4 中的定性变量都是两个属性，构成四格，故该列联表也称为四格表，我们主要讨论的是四格表的数据分析，二维多格列联表、三维以上的列联表（高维表）原则上是一样的，只不过符号更复杂，分析的难度增加些。用表格描述定性资料的数据结构的表示方法称为表格法，表格里通常是频数、频率等。

若用 0-1 赋值法：$X=\begin{cases}1,\text{该人吸烟}\\0,\text{该人不吸烟}\end{cases}$，$Y=\begin{cases}1,\text{该人患肺癌}\\0,\text{该人没患癌}\end{cases}$，表 13.1.4 则为表 13.1.5。

表 13.1.5　变量 0-1 赋值后的列联表

Y	X	
	1	0
1	60	3
0	32	11

例 13.2　Agresti 在 1984 年对 1976—1977 年佛罗里达州 20 个地区杀人案件中被告和被判处死刑与否的 326 个对象进行调查，得到表 13.1.6，研究法院判处死刑是否与被告的肤色有关。

表 13.1.6　判死刑与被告肤色的列联表

被　告	判　刑	
	死	否
白　人	19	141
黑　人	17	149

上面例13.1和例13.2的两个问题是相似的：一个是医学上回顾性的调查资料；另一个是社会法律制度的综合性调查资料。用0-1赋值法后，它们有类似结构，所以从统计分析来看，它们可以概括为同一个类型的统计问题。

(2) 图示法

定性数据图示法包括条形图、圆形图、排列图等。排列图又称为帕累托图(Pareto chart)，1897年由意大利经济学家帕累托给出，是按照发生频率大小顺序绘制的条形图。

通过实践发现，大部分的质量问题往往只是由少数几个原因引起的，找出这几个原因，是解决质量问题的关键。通常有二八原则：80%的问题仅来源于20%的主要原因。

例13.3 关于冲压车间某制件的问题分析。如果不良原因只有2～3个项目，一眼即可看出哪个重要，就不需要制作帕累托图，当项目多时需要绘图。已知冲压车间某制件的问题分析中包含的项目大于6个，见表13.1.7，请绘制帕累托图。

表13.1.7　制件的不良原因问题分析

分　析	不良原因						
	毛　刺	缺　边	磕　碰	起　皱	开　裂	划　伤	其　他
数　量	50	40	30	20	10	5	2
百分比	31.8%	25.5%	19.1%	12.7%	6.4%	3.2%	1.3%
累计百分比	31.8%	57.3%	76.4%	89.1%	95.5%	98.7%	100.0%

解：可以用Excel软件的作图命令绘制，或用SPSS软件"Graphs"中的"Pareto…"绘图。

帕累托图用双坐标系表示，左边纵坐标表示频数，右边纵坐标表示频率，分析线表示累积频率；横坐标表示影响质量的各项因素，按影响程度的大小(即出现频数多少)从左到右排列。通常将累积频率在0～80%之间的因素认为是影响质量的主要因素。本例的帕累托图(图13.1.1)，依据二八原则，识别出主要问题为毛刺、缺边、磕碰。

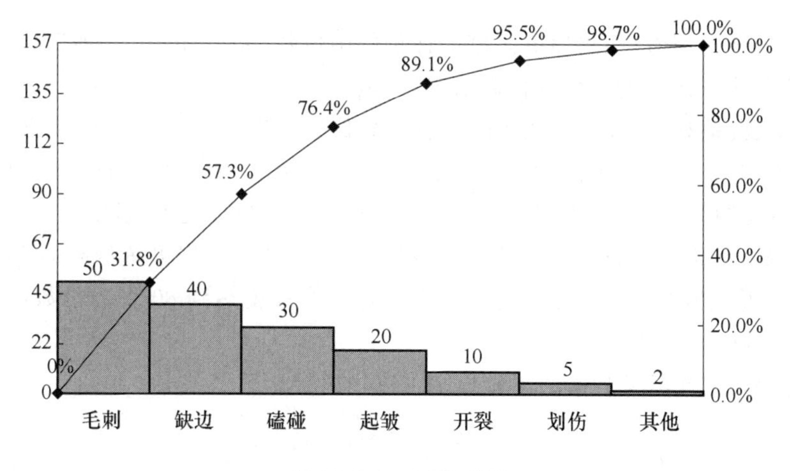

图13.1.1　帕累托图

(3) 数值法

数值法是对原始数据或者列联表的数值进行数值分析和更深入的加工。用代表性的数值描述定性数据的重要特征，重要特征有两类：中心位置、离散程度。反映中心位置的有：众数、中位数、百分位数等。反映离散程度的有：离异比率、G-S指数、熵等。

① 众数(mode):数据中频数最高的数据值,记为 m_o。例如,菜市场的小贩关心今天哪种蔬菜卖得最多,那种蔬菜就是众数。

例 13.4 向 50 个被访者调查“你最喜欢喝的饮料”,得到的数据如表 13.1.8 所示。

表 13.1.8 饮料的频数和频率分布表

饮料名称	频　数	频率/(%)
可口可乐	17	34
苹果汁	8	16
橘子汁	7	14
百事可乐	7	14
杏仁露	11	22
合计	50	100

可见,可口可乐的频数最高,所以“可口可乐”是众数。在这里,众数提供了被调查者偏好的信息。读者可能会有疑问,众数应该是个“数”吧?其实,数据有广泛的含义,饮料的名称等也可以看成是数据。众数不唯一,在多众数情况下,意义不大。

② 中位数(median):是将数据按递增或递减的顺序排列后位于中间的数值,记为 Me。对定性有序数据来说,中位数是描述中心位置的度量。

例 13.5 某儿童中心对游客进行问卷调查,调查服务态度,结果如表 13.1.9 所示。

表 13.1.9 游客对活动中心的服务态度的评价

指　标	很满意/(%)	满意/(%)	一般/(%)	不满意/(%)	很不满意/(%)
服务态度	8.4	36.5	42.2	11.7	1.2
累积百分比	8.4	44.9	87.1	98.8	100

从累积百分比可以看出:对服务态度的评价的中位数(50%)位于“一般”这一类,也就是游客对活动中心的服务态度的评价的代表值为“一般”。

③ 百分位数:是对数据位置的度量,第 p 百分位数是指,至少有 p%的数据项小于等于这个值,且至少有$(100-p)$%的数据项大于等于这个值,第 25 百分位数称为下四分位数,记为 QL,第 50 百分位数是中位数,第 75 百分位数称为上四分位数,记为 QU。

儿童的身高、体重常以百分位数的形式报告。例如,某个 5 岁男童身高为 114 cm,单凭这个数字,还不能说该男童身高究竟如何。如果报告这个高度达到 80 百分位数,就可以说至少有 80%的同龄男孩比他身高矮。

④ 离异比率:定性名义数据的离散程度可以用离异比率 V 度量

$$V=\frac{n-n_{\mathrm{mo}}}{n}=1-f_{\mathrm{mo}}$$

其中,n 是样本量,n_{mo} 和 f_{mo} 分别为众数 m_o 出现的频数和频率。众数出现的频数越大,离异比率越小,说明数据越集中,离散程度比较小。

此外,还可以从随机变量的角度刻画离散程度。假设随机变量 ξ 描述定性变量,设 ξ 取 $a_1,a_2,\cdots,a_k$ 等值,相应概率为 $p_1,p_2,\cdots,p_k$,即 $p_i=P(\xi=a_i)$。怎么刻画 ξ 取值的离散程度?用方差来刻画 ξ 取值的离散程度是不行的。因为对定性数据而言,其值只是代码,不同的代码可以导致不同的方差，所以计算定性数据的方差没有意义，要用特殊的方法。刻画 ξ 离散程度的量必须与取值 $a_1, a_2, \cdots, a_k$ 无关，只能与 $p_1, p_2, \cdots, p_k$ 有关，如下。

⑤ Gini-Simpson（基尼-辛卜生，G-S）指数：随机变量 ξ 的 G-S 指数为

$$\text{G-S}(\xi) = 1 - \sum_{i=1}^{k} p_i^2$$

我们可以用数量化方法（0-1 赋值向量法），从向量角度来考虑 G-S 指数。

假设定性变量 X（有 r 类），把 X 变成 r 维向量 $\boldsymbol{X}$，则有

$$\boldsymbol{X} = \begin{pmatrix} X_1 \\ \vdots \\ X_r \end{pmatrix}, X_i \text{ 只取 0 或者 } 1, \sum_{i=1}^{r} X_i = 1$$

衡量 X 的变异就是衡量向量 $\boldsymbol{X}$ 的变异，可以用 $\text{Var}(\boldsymbol{X})$ 衡量，由第 3 章知识，假设 $P(X=i)=p_i$，$i=1,2,\cdots,r$，由于 $X_i=1 \Leftrightarrow X=i$，所以 $E(X_i)=p_i$，可得

$$\text{Cov}(X_i, X_j) = E(X_i X_j) - E(X_i)E(X_j) = \begin{cases} -p_i p_j, i \neq j \\ p_i - p_i^2, i = j \end{cases}$$

$$\text{Var}(\boldsymbol{X}) = \begin{pmatrix} p_1 & & \\ & \ddots & \\ & & p_r \end{pmatrix} - \begin{pmatrix} p_1 \\ \vdots \\ p_r \end{pmatrix} (p_1 \quad \cdots \quad p_r) = D(\boldsymbol{P}) - \boldsymbol{P}\boldsymbol{P}^{\mathrm{T}}$$

矩阵使用不方便，所以用 $\text{Var}(\boldsymbol{X})$ 矩阵的迹来衡量向量 $\boldsymbol{X}$ 的变异。可计算出 $\text{tr}(\text{Var}(\boldsymbol{X})) = 1 - \sum_{i=1}^{r} p_i^2$，这就是 G-S 指数（也称为多样性指数）。

最初辛卜生是怎么想的呢？如果第一次抽到第 i 个东西，第二次重新抽又抽到第 i 个东西，那么抽到相同第 i 个东西的概率是 p_i^2，这个概率越大，就表示对象越简单，越小表示对象越复杂，用 1 去减就表示了复杂性（变异性）。即对 ξ 进行两次独立抽样，抽到相同值的概率是 $\sum_{i=1}^{k} p_i^2$。如果 ξ 的分布较集中，这个概率较大，$1 - \sum_{i=1}^{k} p_i^2$ 就较小；反之，如果 ξ 的分布较分散，$1 - \sum_{i=1}^{k} p_i^2$ 就较大。若 $k = 2$，当 $p_1 = p_2 = 0.5$ 时，达到最大值 $1 - 1/k$，分布最分散。

⑥ 熵（entropy）：随机变量 ξ 的熵记为 $H(\xi)$：$H(\xi) = -\sum_{i=1}^{k} p_i \ln p_i$。

第 6 章曾讨论过熵。熵的概念来自物理学，它是描述系统是否处于平衡状态的一种度量。从概率分布的角度看，它衡量给定分布与等可能（离散均匀）分布接近的程度，越接近于等可能（离散均匀）分布，越处于平衡状态，即离散程度越大，熵的取值越大，最大值为 $\ln k$。

续例 13.4　调查“你最喜欢喝的饮料”（表 13.1.8），计算饮料数据的离散程度。

解： ① 离异比率：$V=(50-17)/50=66\%$。

② G-S 指数：$\text{G-S} = 1 - \sum_{i=1}^{5} p_i^2 = 1 - (0.34^2 + 0.16^2 + 0.14^2 + 0.14^2 + 0.22^2) = 0.77$。

③ 熵：$H = -\sum_{i=1}^{5} p_i \ln p_i = -(0.34 \times \ln 0.34 + 0.16 \times \ln 0.16 + \cdots) = 1.54$。

3. 定性变量的相关性

定性资料分析的主要问题是研究相关性。如牛黄解毒丸，北京生产，上海也生产，江西也生产，将其产地记为 X，该药吃了以后，有的效果好，有的没用，将其疗效记为 Y，我们想研究不

同产地的牛黄解毒丸疗效是不是一样,有没有相关性,类似问题很多。

第10章曾经研究过,两个定性变量A和B的列联表的相关性,它与相互独立有什么关系。我们用数量化方法(0-1赋值向量法)探讨定性变量X(r类)和Y(s类)的相关性。

把X变成r维向量$\boldsymbol{X}=\begin{pmatrix}X_1\\ \vdots\\ X_r\end{pmatrix}$,$X_i$只取0或者1,$\sum_{i=1}^{r}X_i=1$。此处讨论两个变量,为了区分,假设$P(X=i)=p_{i\cdot}$,$i=1,2,\cdots,r$,$Y$变为$s$维向量$\boldsymbol{Y}=\begin{pmatrix}Y_1\\ \vdots\\ Y_s\end{pmatrix}$,假设$P(Y=j)=p_{\cdot j}$,$j=1,2,\cdots,s$,$P(X=i,Y=j)=p_{ij}$。讨论$X$和$Y$的相关性就是讨论$\boldsymbol{X}$与$\boldsymbol{Y}$的相关性。

由于$X_i=1\Leftrightarrow X=i$,所以$E(X_i)=p_{i\cdot}$。由于X_i,Y_j当$X=i$,$Y=j$时取1,所以$E(X_iY_j)=p_{ij}$。可得$\text{Cov}(X_i,Y_j)=E(X_iY_j)-E(X_i)E(Y_j)=p_ip_j-p_{i\cdot}\,p_{\cdot j}$,则$\text{Cov}(\boldsymbol{X},\boldsymbol{Y})=(\text{Cov}(X_i,Y_j))_{r\times s}=(p_ip_j-p_{i\cdot}\,p_{\cdot j})_{r\times s}$。可见$\boldsymbol{X}$与$\boldsymbol{Y}$不相关时,$\text{Cov}(\boldsymbol{X},\boldsymbol{Y})=0$,即有$p_ip_j-p_{i\cdot}\,p_{\cdot j}=0$,$\forall i,j$,$X$和$Y$独立,即$\boldsymbol{X}$与$\boldsymbol{Y}$独立。可见对四格列联表,定性变量$A$和$B$相互独立等价于不相关。

续例13.1 1927年英国医生泰勒歌德说,他看到的肺癌患者几乎都吸烟。人们越来越感到研讨吸烟与患肺癌的关系很有必要。用A表示一个人是否患肺癌,用B表示一个人是否吸烟,从一批被调查的对象中得到的数据如表13.1.4所示,请研讨患肺癌是否与吸烟有关。

由表13.1.4的数据可得肺癌患者中吸烟的比例为60/63=95.2%,未患肺癌的对照组中吸烟的比例为74.4%。可见,肺癌患者吸烟的比例比健康人吸烟的比例高。这是对个案的讨论,那么在总体中,患肺癌是否与吸烟有关?这就要用到统计中的假设检验。前面第10章曾讨论过,下面复习一下。

如果两个定性变量分别考察r和c类,相应的列联表为$r\times c$表,见表13.1.10,其中n_{ij}表示第i行A_i和第j列B_j的样品出现的频数。

表13.1.10 两个定性变量的$r\times c$列联表

A	B				$\sum_j$
	B_1	B_2	…	B_c	
A_1	n_{11}	n_{12}	…	n_{1c}	$n_{1\cdot}$
A_2	n_{21}	n_{22}	…	n_{2c}	$n_{2\cdot}$
⋮	⋮	⋮		⋮	
A_r	n_{r1}	n_{r2}	…	n_{rc}	$n_{r\cdot}$
$\sum_i$	$n_{\cdot 1}$	$n_{\cdot 2}$	…	$n_{\cdot c}$	n

用p_{ij}表示A为i、B为j的样品概率,$p_{i\cdot}$和$p_{\cdot j}$是相应的边缘概率,$\frac{n_{ij}}{n}$,$\frac{n_{i\cdot}}{n}$,$\frac{n_{\cdot j}}{n}$可以分别作为p_{ij},$p_{i\cdot}$,$p_{\cdot j}$的估计。

探讨患肺癌是否与吸烟有关,就是探讨患肺癌与吸烟是否独立,就是看"是否有$p_{ij}=p_{i\cdot}\times p_{\cdot j}$"。检验$A$与$B$是否独立,等价于检验:$H_0$:$p_{ij}=p_{i\cdot}\,p_{\cdot j}$。

当H_0成立时,理论频数为$np_{ij}=np_{i\cdot}\cdot p_{\cdot j}$,其中$n=\sum_{i=1}^{r}\sum_{j=1}^{c}n_{ij}$,实际频数为$n_{ij}$。

皮尔逊的拟合优度χ^2统计量

$$\chi^2=\sum_{i=1}^{r}\sum_{j=1}^{c}\frac{\left(n_{ij}-n\frac{n_{i\cdot}}{n}\frac{n_{\cdot j}}{n}\right)^2}{n\frac{n_{i\cdot}}{n}\frac{n_{\cdot j}}{n}}\xlongequal{\text{此题}}\sum_{i=1}^{2}\sum_{j=1}^{2}\frac{(nn_{ij}-n_{i\cdot}n_{\cdot j})^2}{nn_{i\cdot}n_{\cdot j}}$$

它的极限分布是自由度为1的χ^2分布($r\times c$列联表时,自由度是$(r-1)(c-1)$),根据给定的显著性水平α,查临界值λ_α。若$\chi^2\geqslant\lambda_\alpha$则拒绝$H_0$,表示$A$与$B$之间不独立,存在关联;若$\chi^2<\lambda_\alpha$,则不能拒绝$H_0$,表明$A$与$B$之间独立。

续例 13.1　对例 13.1 进行皮尔逊拟合优度χ^2检验。

解: 可以计算出

$$\chi^2=\frac{(106\times60-63\times92)^2}{106\times63\times92}+\frac{(106\times32-43\times92)^2}{106\times43\times92}+\frac{(106\times3-63\times14)^2}{106\times63\times14}+\frac{(106\times11-43\times14)^2}{106\times43\times14}$$
$$=0.758\,57+0.577\,5+4.984\,89+3.402\,39=9.663\,60$$

取显著性水平$\alpha=0.05$,查自由度为1的χ^2分布表,临界值$\lambda_\alpha=3.84$。显然$\chi^2=9.663\,6>3.84$,拒绝H_0。这说明吸烟与肺癌不独立,而是存在相关的。

注意: 检验统计量有很多,上面给出的是最常用的皮尔逊χ^2统计量($\sum_{i=1}^{n}\frac{(O_i-E_i)^2}{E_i}$),还有似然比(likelihood ratio)χ^2统计量($2\sum_{i=1}^{n}O_i\ln\frac{O_i}{E_i}$),它们都采用近似抽样分布$\chi^2$分布。如果样本量不大,近似效果就不太好。那么有没有精确的统计量抽样分布呢?当然有,如Fisher精确检验,它不是χ^2分布,而是超几何分布。有人会问,既然有精确检验为什么还要用近似的χ^2检验呢?这是因为当数目很大时,超几何分布计算相当缓慢。因此人们多用大样本近似的统计量。还有其他的检验方法,如优比检验法等。

列联表独立性检验能够反映定性变量之间的关系,但是它不能定量描述一个变量对另一个变量的作用幅度。能否像定量变量那样建立起数学模型,描述定性变量之间的复杂关系呢?对数线性模型和 Logistic 回归模型就是从不同角度出发解决这一问题的方法。

13.2　对数线性模型

如果定性变量之间相关,就意味着一个变量的某类别与另一个变量的某类别之间有紧密联系,表现为这个交互组的频数会明显不同于其他交互组,所以变量的作用体现在对频数分布的影响上。频数分布可以分解为两种效应:一种反映变量自身的频数分布影响(主效应);另一种反映变量之间关联产生的效应(交互效应)。对数线性模型(log-linear model) 就是基于这个想法给出的。

常用的对数线性模型有饱和模型(变量间相互不独立)、非饱和模型(变量间相互独立)、谱系模型(包含高阶效应) 等。对数线性模型能够估计模型中各个参数,这些参数值使各个变量的效应和变量间的交互效应得以数量化。

1. 四格表的对数线性模型

假设列联表单元格的观测频数服从 Poisson 分布，和方差分析中对变异的分解类似，假设造成频数变异的原因也是各变量及其交互效应的作用。对数线性模型的优点是把方差分析、线性模型的一些方法系统地移植过来。

先复习双因素 A,B 的方差分析模型

$$X_{ijk} = \mu + \alpha_i + \beta_j + \alpha_i\beta_j + \varepsilon_{ijk}$$

其中，α_i,β_j 分别是 A 因素 i 水平和 B 因素 j 水平的效应，$\alpha_i\beta_j$ 是两者的交互效应，ε_{ijk} 是随机误差，服从正态分布 $N(0,\sigma^2)$。

2×2 维列联表的频数表和概率表分别如表 13.2.1 和表 13.2.2 所示，为了使处理后的变量有较好的数学、统计的性质，我们从概率表出发，推导四格表的对数线性模型。

表 13.2.1 频数表

A	B		$\sum_j$
	有 B	无 B	
有 A	n_{11}	n_{12}	$n_{1\cdot}$
无 A	n_{21}	n_{22}	$n_{2\cdot}$
$\sum_i$	$n_{\cdot1}$	$n_{\cdot2}$	n

表 13.2.2 概率表

A	B		$\sum_j$
	有 B	无 B	
有 A	p_{11}	p_{12}	$p_{1\cdot}$
无 A	p_{21}	p_{22}	$p_{2\cdot}$
$\sum_i$	$p_{\cdot1}$	$p_{\cdot2}$	1

将概率取对数后进行数据的分解处理，用符号来表示这一分解过程

$$\mu_{ij} = \ln p_{ij} = \ln\left(p_{i\cdot}p_{\cdot j}\frac{p_{ij}}{p_{i\cdot}p_{\cdot j}}\right) = \ln p_{i\cdot} + \ln p_{\cdot j} + \ln\frac{p_{ij}}{p_{i\cdot}p_{\cdot j}}$$

记 $A_i = \ln p_{i\cdot}, B_j = \ln p_{\cdot j}, (AB)_{ij} = \ln\dfrac{p_{ij}}{p_{i\cdot}p_{\cdot j}}$ 上式就可写成 $\mu_{ij} = A_i + B_j + (AB)_{ij}$，$i,j=1,2$。

可见列联表资料的单元格频数的对数表示为各变量及其交互效应的线性模型，故称为对数线性模型。

模仿方差分析，令

$$\mu_{i\cdot} = \sum_{j=1}^{2}\mu_{ij}, \mu_{\cdot j} = \sum_{i=1}^{2}\mu_{ij}, \mu_{\cdot\cdot} = \sum_{i=1}^{2}\sum_{j=1}^{2}\mu_{ij}$$

然后再进行平均，对 $i,j=1,2$，$\bar{\mu}_{i\cdot} = \dfrac{1}{2}\mu_{i\cdot}, \bar{\mu}_{\cdot j} = \dfrac{1}{2}\mu_{\cdot j}, \bar{\mu}_{\cdot\cdot} = \dfrac{1}{4}\mu_{\cdot\cdot}$，记 $\alpha_i = \bar{\mu}_{i\cdot} - \bar{\mu}_{\cdot\cdot}, \beta_j = \bar{\mu}_{\cdot j} - \bar{\mu}_{\cdot\cdot}, \lambda_{ij} = \mu_{ij} - \bar{\mu}_{i\cdot} - \bar{\mu}_{\cdot j} + \bar{\mu}_{\cdot\cdot}$，则有关系式

$$\begin{cases}\mu_{ij} = \bar{\mu}_{\cdot\cdot} + \alpha_i + \beta_j + \lambda_{ij} \\ \sum_{i=1}^{2}\alpha_i = 0, \sum_{j=1}^{2}\beta_j = 0, i,j=1,2 \\ \sum_{i=1}^{2}\lambda_{ij} = \sum_{j=1}^{2}\lambda_{ij} = 0\end{cases} \tag{13.2.1}$$

可见通过分解处理，可以化成与方差分析模型同样的结构，借助于方差分析的术语，$\bar{\mu}_{\cdot\cdot}$ 表示“总平均效益”，α_i 表示 A 属性的“主效应”，β_j 表示 B 属性的“主效应”，λ_{ij} 表示 A，B 的“交互作用效应”，直观可以理解当交互作用效应为 0 时，即等价于 A,B 独立（读者可以理论证明）。模型(13.2.1)称为对数线性模型的饱和模型，当 $\lambda_{ij}=0$ 时，称为非饱和模型。

对数线性模型(13.2.1)中，假定了约束条件 $\sum_{i=1}^{2}\alpha_i = 0$ 等，即模型中每一项效应中的各类

参数之和等于0。这是因为一个变量的各个水平的影响是相对的，只有事先固定一个参数值，或者设定类似于$\sum_{i=1}^{2}\alpha_i = 0$这样的约束，才能估计出各个参数的值。若没有约束，这些参数是估计不出来的。

对于更复杂的交互表所建立的对数线性模型，无非是方程中再多一些因素效应项、交互效应项。例如，对2因素情况，因素效应有2项，2阶交互效应项有1项；若是3因素，则有3个因素效应项，2阶交互项有$C_3^2 = 3$项，3阶交互项有$C_3^3 = 1$项。对数线性模型的优点之一是它具有综合分析多元列联表的功效，它能用一个通用的数学方程来表达列联表的任一交互单元的频数。

2. 模型的参数估计

对数线性模型是将列联表上每个单元的频数作为因变量，所有变量作为自变量。它把列联表资料的网格频数的对数表示为各变量及其交互效应的线性模型。

与方差分析类似，它可以分析列联表上的各个变量的关系。

A因素的主效应α_i是A变量的第i个水平对总平均效应$\bar{\mu}_{..}$的增减量。B因素的主效应β_j是B变量的第j个水平对总平均效应$\bar{\mu}_{..}$的增减量。若主效应α_i或β_j大于0，表明效应为正；若小于0，表明效应为负。

变量A和变量B在各自的第i个水平和第j个水平之间交互作用效应为λ_{ij}，是其交互作用对总平均效应的增减量。若$\lambda_{ij} < 0$，表明效应为负。

在实际应用时，概率表中的各项概率值可用其估计量代替，即

$$\hat{p}_{ij} = \frac{n_{ij}}{n},\hat{p}_{i\cdot} = \frac{n_{i\cdot}}{n},\hat{p}_{\cdot j} = \frac{n_{\cdot j}}{n}$$

第i行频数对数的平均为

$$\bar{\mu}_{i\cdot} = \frac{1}{2}\sum_{j=1}^{2}\mu_{ij} = \frac{1}{2}\sum_{j=1}^{2}(\ln\frac{n_{ij}}{n})$$

第j列频数对数的平均为

$$\bar{\mu}_{\cdot j} = \frac{1}{2}\sum_{i=1}^{2}\mu_{ij} = \frac{1}{2}\sum_{i=1}^{2}(\ln\frac{n_{ij}}{n})$$

各个观测值对数的总平均(即总平均效应)为

$$\bar{\mu}_{..} = \frac{1}{4}\mu_{..} = \frac{1}{4}\sum_{i=1}^{2}\sum_{j=1}^{2}\mu_{ij} = \frac{1}{4}\sum_{i=1}^{2}\sum_{j=1}^{2}(\ln\frac{n_{ij}}{n})$$

将上面的3个估计代入$\lambda_{ij} = \mu_{ij} - \bar{\mu}_{i\cdot} - \bar{\mu}_{\cdot j} + \bar{\mu}_{..}$，就可以得到$\lambda_{ij}$的估计。

在实际分析中，二维列联表并不都是四格表，即定性变量并不都是两个属性，只需在上面的分析中，调整i,j的取值上限即可。

3. 模型的假设检验

对样本数据进行统计检验很重要。因为不经过统计检验，就不能肯定所得到的参数估计在总体是否存在同样情况，是不是只限于这个样本。对数线性模型的统计检验包括4种。

(1) 对于假设模型的整体检验

整体检验是考虑列联表各频数的估计$\hat{n}_{ij}$与实际观测频数n_{ij}的拟合程度。

检验的原假设H_0是：检验模型的频数估计与观察频数无差异，可以理解为检验模型与饱和模型无差异，意味着模型对数据的拟合效果甚佳。

采用皮尔逊卡方检验(χ^2)或者似然比卡方检验(L^2)，两种卡方检验的计算公式是

$$\chi^2 = \sum_i \sum_j \frac{(n_{ij} - \hat{n}_{ij})^2}{\hat{n}_{ij}}, L^2 = 2\sum_i \sum_j n_{ij} \ln \frac{n_{ij}}{\hat{n}_{ij}}$$

其中，$\hat{n}_{ij}$ 为交互频数估计，或称期望频数。

似然比检验中期望频数是使用似然方法计算的，因此更为稳健，并且似然比卡方(L^2) 可以被分解成若干部分，即各项效应都有对应的似然比卡方值，并且它们的似然比卡方值(L^2)之和等于整个模型的似然比卡方值，这一特性在比较不同简略模型时尤其重要。

(2) 分层效应的检验

在实际研究中，一般涉及的因素较多，因此不仅主效应项会增加，而且交互项也很多。例如，一个涉及4个因素的模型，就有4个主效应、6个二阶交互效应、4个三阶交互效应、1个四阶交互效应。从这么多的效应中通过一项一项检验筛选出重要的项，太烦琐。并且在一般情况下，高阶交互效应不太容易显著。所以在对数线性模型分析中，采用按阶次集体检验交互效应项的方法来精简不必要的效应，会很方便。

分层效应检验有两种。

一种是某一阶以及更高阶所有交互效应项的集体检验。检验的原假设 H_0 是：K 阶及更高阶交互效应与 0 无显著差异。检验结果显著，则表明这一阶及以上各阶中至少有一项是重要的。

另一种是某一阶所有交互效应项的集体检验。检验的原假设 H_0 是：K 阶交互效应与 0 无显著差异。检验结果显著，则表明这一阶的所有交互效应中至少有一项是重要的。

(3) 单项效应的检验

整体检验或分层检验的结果只能说明所有效应中或某一组效应中至少有一项效应具有显著重要影响，并不能得到究竟是哪一项显著，需要采用单项效应的单独检验。

SPSS 中的单项效应检验在分层模型中是对饱和模型进行分析给出的。它反映的是从模型中撤销一个效应以后对 L^2 变化的检验，称为偏关联检验(tests of partial associations)。

(4) 单个参数估计的检验

对数线性模型中，一个因素可能不止两个类别，因此，对于单项效应的检验只是肯定这项效应中起码有一类与其他类存在明显差异，但不能提供究竟是哪一类存在差别。单个参数估计的检验能解决这个问题。

检验的原假设 H_0 是：某类别效应与 0 无显著差异。可以证明某因素某类别效应的均值抽样分布近似服从正态分布。于是可构造 Z 统计量，它近似服从标准正态分布，即

$$Z = \frac{\lambda - 0}{\text{Std. Err.}}$$

λ 是效应值，在软件操作时，记为 Coeff. 。如果 Z 统计量观测值的绝对值较大，大于临界值，则拒绝原假设，认为该类别的效应是显著的。还可以从另一个角度看，假设检验和置信区间是对偶的(一一对应)，可以通过它判断检验值(这里是 0) 是否落在置信度 95% 的双侧置信区间内。

4. 案例分析

对数线性模型既可以将多元频数分布分解成各项主效应和交互效应，又可以在控制其他定性变量的条件下研究两个定性变量之间的关联。这种方法还能够以发生比的形式来表示，自变量的类型不同反映在因变量频数分布上的差异，因而具有定量测量自变量作用幅度的能力。它还具有强大的统计检验能力，不仅能够对所有参数估计进行检验，而且能够通过不同模型的统计检验结果，对备选模型进行筛选和评价，以确定最大解释能力且最简单的模型。

续例 13.1　继续进行吸烟和肺癌的关系研究，列联表数据如表 13.2.3 所示。请按模型(13.2.1)估计各效应参数。

解：各单元的频数对数表如表 13.2.4 所示。计算

$$\alpha_1 = \bar{\mu}_{1\cdot} - \bar{\mu}_{\cdot\cdot} = 2.5964 - 2.5141 = 0.0823$$

$$\alpha_2 = \bar{\mu}_{2\cdot} - \bar{\mu}_{\cdot\cdot} = 2.4318 - 2.5141 = -0.0823$$

$$\beta_1 = \bar{\mu}_{\cdot 1} - \bar{\mu}_{\cdot\cdot} = 3.2800 - 2.5141 = 0.7659$$

$$\beta_2 = \bar{\mu}_{\cdot 2} - \bar{\mu}_{\cdot\cdot} = 1.7482 - 2.5141 = -0.7659$$

主效应估计值如表 13.2.5 所示。计算

$$\begin{aligned}\lambda_{12} &= \mu_{12} - \bar{\mu}_{1\cdot} - \bar{\mu}_{\cdot 2} + \bar{\mu}_{\cdot\cdot} = 1.0986 - 2.5964 - 1.7482 + 2.5141 \\ &= 3.6127 - 4.3446 = -0.7319\end{aligned}$$

$$\begin{aligned}\lambda_{21} &= \mu_{21} - \bar{\mu}_{2\cdot} - \bar{\mu}_{\cdot 1} + \bar{\mu}_{\cdot\cdot} = 2.4657 - 2.4318 - 3.2800 + 2.5141 \\ &= 4.9798 - 5.7188 = -0.7390\end{aligned}$$

$$\begin{aligned}\lambda_{11} &= \mu_{11} - \bar{\mu}_{1\cdot} - \bar{\mu}_{\cdot 1} + \bar{\mu}_{\cdot\cdot} = 4.0943 - 2.5964 - 3.2800 + 2.5141 \\ &= 6.6083 - 0.8319 = 0.8319\end{aligned}$$

$$\begin{aligned}\lambda_{22} &= \mu_{22} - \bar{\mu}_{2\cdot} - \bar{\mu}_{\cdot 2} + \bar{\mu}_{\cdot\cdot} = 2.3979 - 2.4318 - 1.7482 + 2.5141 \\ &= 4.9120 - 4.1800 = 0.7320\end{aligned}$$

变量间交互作用效应估计值

$$\lambda_{11} = 0.8319,\ \lambda_{12} = -0.7319,\ \lambda_{21} = -0.7390,\ \lambda_{22} = 0.7320$$

主效应大于 0，表明效应为正，如 $\alpha_1 = 0.0832 > 0$，是因为患肺癌比未患肺癌的人多；主效应小于 0，表明效应为负，如 $\beta_2 = -0.7659 < 0$，是因为不吸烟的比吸烟的人少。交互作用大于 0，表明交互作用效应为正，如 $\lambda_{11} = 0.8319 \geqslant 0$，表明患肺癌与吸烟之间存在着相关；交互效应小于 0，表明交互作用效应为负，如 $\lambda_{12} = -0.7319 < 0$，表明患肺癌与不吸烟之间存在负相关。

表 13.2.3　患癌情况和吸烟情况列联表

患癌情况	吸烟情况		$\sum_j$
	吸　烟	不吸烟	
患肺癌	60	3	63
未患肺癌	32	11	43
$\sum_i$	92	14	106

表 13.2.4　频数对数表

患癌情况	吸烟情况		均　值
	吸　烟	不吸烟	
患肺癌	4.0943	1.0986	2.5964
未患肺癌	2.4657	2.3979	2.4318
均　值	3.2800	1.7482	2.5141

表 13.2.5　主效应估计值

水　平	变　量	
	变量 1(是否患肺癌)	变量 2(是否吸烟)
1	$\alpha_1 = 0.0823$	$\beta_1 = 0.7659$
2	$\alpha_2 = -0.0823$	$\beta_2 = -0.7659$

例 13.6　请运用对数线性模型分析育龄夫妇是否领独生子女证与所生育的第一个孩子性别的关系，并定量描述第一个孩子的性别对后续生育决策的影响。数据见表 13.2.6。

表 13.2.6　初育孩子性别的列联表数据

领证情况	性　别		合　计
	男孩(sex = 1)	女孩(sex = 2)	
领证(take = 1)	212	153	365
未领证(take = 2)	186	214	400
合　计	398	367	765

解：根据对数线性模型是否有交互项，分为饱和模型和不饱和模型；若根据拟合方法的不同，可以分为一般(general) 模型、分层(hierarchical) 模型、Logit 模型。下面针对此例给出两种模型(一般和分层模型) 的软件操作。

SPSS 软件操作步骤：定义变量名，实际观察频数的变量名为 freq，初育孩子性别(男孩记为 1，女孩记为 2) 和是否领证(领证记为 1，未领证记为 2) 作为行、列分类变量，变量名分别为 sex、take，见图 13.2.1。若为原始数据则直接操作，但是，此例是列联表频数数据，需要加权才能分析，参见第 10 章列联表分析中的数据预处理。

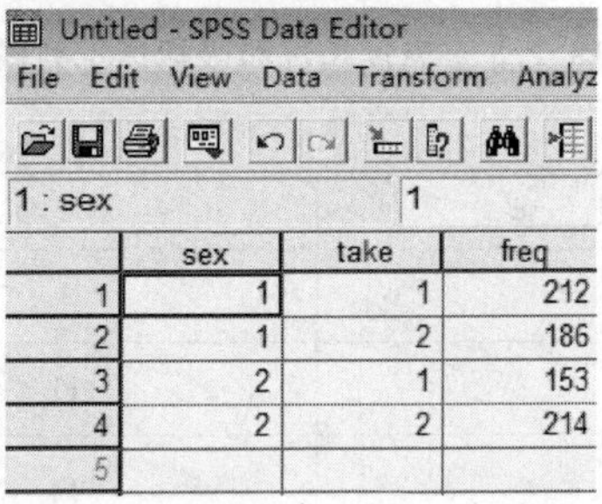

Untitled - SPSS Data Editor

File　Edit　View　Data　Transform　Analyz

1 : sex　1

	sex	take	freq
1	1	1	212
2	1	2	186
3	2	1	153
4	2	2	214
5			

图 13.2.1　数据录入

(1) 对数线性模型的一般模型

对数线性模型的一般模型，主要用于验证性研究，此时研究人员对某些效应感兴趣，心中有关于模型的假设，可以用一般模型(一般模型可以是饱和模型，也可以是非饱和模型) 来检验假设的正确性和充分性。

① SPSS 软件操作

在 SPSS 软件窗口中选择“Analyze” → “Loglinear” → “General”，把变量(sex，take) 选入“Factor(s)” 因子，如图 13.2.2 所示。

“Distribution of Cell Counts” 框：选择单元格频数的分布类型，有两个选项。多项

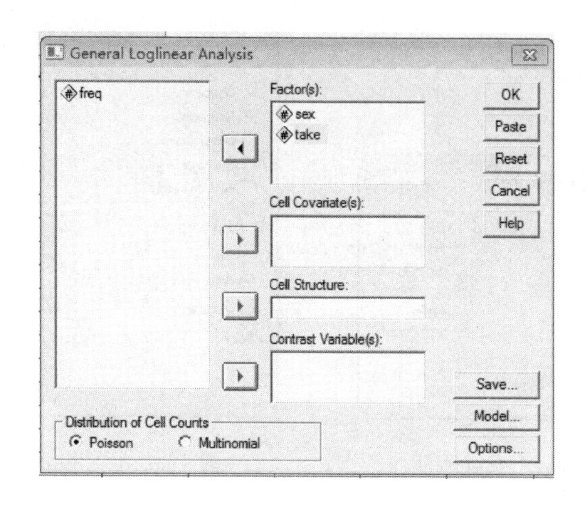

图 13.2.2　对数线性模型的一般模型的主对话框

(Multinomial) 分布,假定格子里面的频数满足多项分布。泊松(Poisson) 分布,假定格子里面的频数满足 Poisson 分布。SPSS 默认值是 Poisson 对数线性模型。

例如,考虑收入(低、中、高 3 个水平) 与观点(不赞成和赞成两个水平) 及性别(男、女) 的分析,当总样本量固定,且各格频数不独立时,采用多项分布对数线性模型比较合适。例如,关于哮喘病人个数和空气污染程度,当总样本量不固定,且各格频数独立时,采用 Poisson 对数线性模型更合适,数据为某地在一段时间内记录下来的在不同空气污染状态下,不同年龄及不同性别的人发生哮喘的人数。此例我们选择多项分布。

"Cell Covariate(s)" 框:选入模型中需要引入(控制) 的连续性变量,如果选入,则模型在拟合时按照该变量的平均水平估计。

"Cell Structure" 框:选入一个权重变量,默认情况下所有单元格的权重是相等的,如果希望对重要的单元格给予较高的权重,则可以在此处选入权重变量。

"Contrast Variables(s)" 框:选入一个或多个对照变量,它们将被用于计算广义对数比数比(广义对数 OR 值),其取值将成为计算单元格期望频数对数值的线性组合的系数。

"Model" 框:和方差分析的对话框类似,如果选"Saturated"(饱和模型),那就是所有交互效应都要放入模型;但如果不想这样,可以选"Custom"(自定义),在"Building Terms"(构造模型的项) 选"Main effect"(主效应),再把变量一个一个地选进来,如果两个或多个一同选入,等于选入交互效应。这样有选择地选取效应,可以帮我们建构更简略的模型。

"Save" 子对话框:用于选择可保存在数据文件中的一些拟合指标,有"Residuals"(每个单元的残差)、Std. Resid(标准化残差)、校正残差(残差除以标准误,检查残差分布的正态性时优于标准化残差)、偏差残差(带正负号的该记录对对数似然比卡方贡献量的平方根)、预测值,见图 13.2.3。

残差反映模型拟合的程度,残差 = 该单元的观察值 − 其期望值。当残差很小时,模型拟合数据的程度很高。饱和模型的残差等于 0。

"Options" 子对话框:"Display" 复选框,输出频数表、残差、设计矩阵、模型中各个系数的估计值;"Plot" 复选框,给出校正残差图、校正残差的正态概率图、偏差残差图、偏差残差的正态概率图;"Confidence Interval" 框,用于设置可信区间的大小,默认为 95%;"Criteria" 框,用于设置迭代时的参数。我们想要知道模型的参数估计,在"Options" 中选择"Estimates",见图 13.2.4。

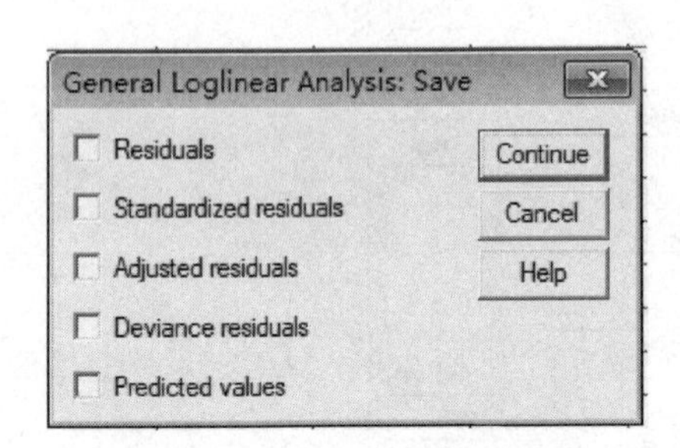

图 13.2.3 “Save”子对话框

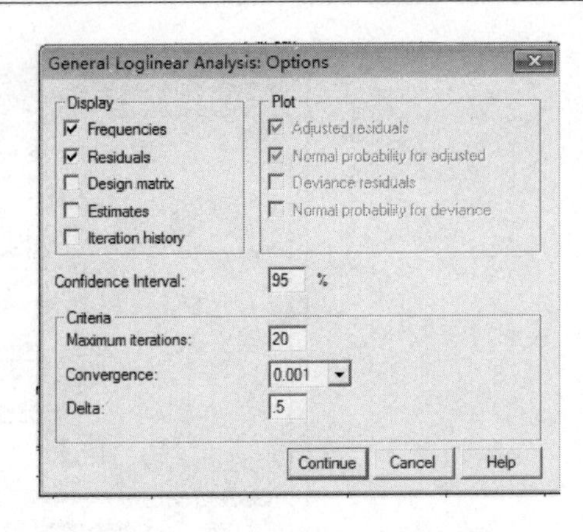

图 13.2.4 “Options”子对话框

② 主要结果分析

图 13.2.5 给出数据基本信息，可见有 4 条原始记录，共 765 条权重记录被纳入模型，它们构成 2×2 四格列联表。

图 13.2.6 给出迭代的基本情况，可见允许最大迭代次数为 20 次，用于判断收敛的相对容忍度为 0.001，本模型迭代 3 次后收敛。从图 13.2.6 的 a 脚注可见，假设单元格内频数服从多项分布，模型为

$$\mu_{ij}=A_i+B_j+(AB)_{ij},i,j=1,2$$

或者

$$\mu_{ij}=\bar{\mu}_{\cdot\cdot}+\alpha_i+\beta_j+\lambda_{ij}$$

Data Information

		N
Cases	Valid	4
	Missing	0
	Weighted Valid	765
Cells	Defined Cells	4
	Structural Zeros	0
	Sampling Zeros	0
Categories	sex	2
	take	2

图 13.2.5 数据基本信息

Convergence Information[a,b]

Maximum Number of Iterations	20
Converge Tolerence	.00100
Final Maximum Absolute Difference	.00014[c]
Final Maximum Relative Difference	.00033
Number of Iterations	3

a. Model: Multinomial

b. Design: Constant + sex + take + sex * take

c. The iteration converged because the maximum absolute changes of parameter estimates is less than the specified convergence criterion.

图 13.2.6 迭代情况

图 13.2.7 给出模型的拟合优度检验，无论是似然比卡方，还是 Pearson 卡方值都为 0，说明饱和模型的估计频数完全等于观测频数。注意上面检验的自由度(df) 等于 0，意味着所检验的模型与饱和模型之间的效应没有差别，对饱和模型的检验是以自己为标准检验自己。

Goodness-of-Fit Tests[a,b]

	Value	df	Sig.
Likelihood Ratio	.000	0	.
Pearson Chi-Square	.000	0	.

a. Model: Multinomial

b. Design: Constant + sex + take + sex * take

图 13.2.7 模型的拟合优度检验

真正有意义的是检验非饱和模型(称为简约模型,简约是指简单又充分有效),即在饱和模型中剔除某些效应项以后形成的模型。如果简约模型可以比较准确地拟合观测数据,或者说与饱和模型无显著差别,说明剔除的效应对拟合意义不大,则得到有效的简约模型。

例如,我们从该例中将交互效应项删除,只保留主效应,形成一个简约模型。

在“Model”中选“Custom”,在“Building Terms”(构造模型的项)中选“Main effect”(主效应)。那么其整体检验结果如图 13.2.8 所示。此简约模型是去掉一个交互项形成的,使简约模型整体检验的自由度变成 1。简约模型的 L^2 从 0 增加到 10.284,Sig. 值为 0.001,检验结果说明简约模型与饱和模型有显著差别,简约模型拟合程度差,说明简约模型中去掉的交互项对估计频数的作用较大,也可以理解为两个变量是有关系的。

Goodness-of-Fit Tests[a,b]

	Value	df	Sig.
Likelihood Ratio	10.284	1	.001
Pearson Chi-Square	10.258	1	.001

a. Model: Multinomial

b. Design: Constant + sex + take

图 13.2.8　整体检验结果

图 13.2.9 是饱和模型的参数估计值。第二列是效应参数估计值,会自动生成所有的交互项,交互项的名称自动按原变量名相乘形式给出,并且各项效应只按照自由度提供必要的参数估计。效应估计值大于 0 时,为正效应,其作用为使对应的频数增加;效应估计值小于 0 时,为负效应,其作用为使频数减少。

例如,此例有 4 个交互单元,应有 4 个对应的交互效应估计,但是因为该项效应的自由度为 1,故只提供了其中的 1 项。这里给出了因素 sex 中第一类与因素 take 中第一类的交互效应,即 $\mu_{AB(11)} = 0.465$,由于交互效应满足约束 $\sum_{i=1}^{2}\lambda_{ij} = \sum_{j=1}^{2}\lambda_{ij} = 0$,所以 $\mu_{AB(12)} = -0.465$,$\mu_{AB(21)} = -0.465$,$\mu_{AB(22)} = 0.465$。

我们研究列联表主要不是关心频数本身,而是关心变量之间的关系,变量之间的关系可以从交互效应上反映出来。在该例的模型估计中,由于 $\mu_{AB(11)}$,$\mu_{AB(22)}$ 都是正值,表明:

a. 领独生子女证($i = 1$)与生男孩($j = 1$)正相关,按照隐喻的因果假设,说明生男孩的人更倾向于领取独生子女证,更有可能停止生育;

b. 未领证($i = 2$)与生女孩($j = 2$)正相关,说明生女孩会在平均水平上减少领证。

交互参数 $\mu_{AB(12)}$,$\mu_{AB(21)}$ 都是负值,表明:

a. 领证与生了女孩负相关,表明生了女孩的人更倾向于不领取独生子女证,即更有可能通过继续生育得到儿子;

b. 未领证与生男孩负相关,表明生男孩这一事件会在平均水平上减少不领证的概率。

我们发现,这些交互效应说的是同样的意思,只不过是从不同方面说的。所以,有了 $\mu_{AB(11)}$ 实际上已经得到了所有交互效应的结论,因为其他交互参数是依赖于它而定的,不会出现矛盾。

是否领证这个因素,第一类领证的参数 $\mu_{A(1)} = -0.14$,第二类未领证的参数则等于 0.14,参数表明,样本案例中领证的夫妇较少,未领证的夫妇较多。

Parameter Estimates[c,d]

Parameter	Estimate	Std. Error	Z	Sig.	95% Confidence Interval	
					Lower Bound	Upper Bound
Constant	5.368[a]					
[sex = 1]	-.140	.100	-1.397	.162	-.336	.056
[sex = 2]	0[b]	.	.	.	.	.
[take = 1]	-.335	.106	-3.165	.002	-.542	-.127
[take = 2]	0[b]	.	.	.	.	.
[sex = 1] * [take = 1]	.465	.146	3.191	.001	.179	.751
[sex = 1] * [take = 2]	0[b]	.	.	.	.	.
[sex = 2] * [take = 1]	0[b]	.	.	.	.	.
[sex = 2] * [take = 2]	0[b]	.	.	.	.	.

a. Constants are not parameters under the multinomial assumption. Therefore, their standard errors are not calculated.

b. This parameter is set to zero because it is redundant.

c. Model: Multinomial

d. Design: Constant + sex + take + sex * take

图 13.2.9　饱和模型的参数估计值

(2) 对数线性模型的分层模型

如果一个高阶效应出现在模型中,那么组成这个高阶效应的所有低阶效应也必须出现在模型中。Model Selection 过程拟合的是分层对数线性模型。前面的一般对数线性模型可以对每个系数及模型给出详细的信息,但它要求研究者心中已有一定的思路或线索,或只对某些特定效应项感兴趣。如果在探索性分析中研究人员只是设想若干分类变量之间可能有关系,但是并没明确分出哪些是因变量,哪些是自变量,这时适合采用分层对数线性模型。通常,高阶效应不太容易显著,该模型从饱和模型入手,从高阶交互项开始,逐步排除无意义的参数,直至形成一个最佳的简约模型。这个模型对使用者的价值是最高的,因为它可以进行自动筛选,类似于多元回归中的逐步回归。此处我们仍然用该例说明软件操作。

① SPSS 软件操作

在 SPSS 窗口中选择"Analyze" → "Loglinear" → "Model Selection",然后把两个变量(sex,take) 选入"Factors"; 单击"Define Range…" 钮, 弹出"General Loglinear Analysis: Define Range" 对话框,定义分类变量(sex) 的范围,它的范围为 1,2,故可在"Minimum" 处键入"1",在"Maximum" 处键入"2",单击"Continue" 钮返回,另一个分类变量(take) 同法处理,见图 13.2.10。

"Model Building" 框:用于设置模型拟合的参数,默认为向后剔除法,剔除规则是,当所有的 $K+1$ 阶交互项均无统计意义,全部已被剔除出模型后,才考虑是否剔除 K 阶交互项。排除标准为,最大迭代次数为 10, p 值小于 0.05。也可以更改为进入法。

"Model" 框:该对话框与前面一般模型的一样。

"Options" 框:"Display" 框输出频数表和残差,"Display for Saturated Model" 框可以为饱和模型输出一些统计量,有参数的估计值(及置信区间) 和偏相关分析表。分层模型不输出简约模型的参数估计,在用它得到最佳简约模型后,还可采用一般模型得到具体的参数估计。

② 主要结果分析

图 13.2.11 列出了初始模型的一些信息,由于采用的是饱和模型,一开始模型中最高阶交互项为 sex * take,下方提示在饱和模型中采用的 Delta 校正值为 0.5,该数值在对话框中可更改。在模型分析时自动在各交互单元的观测频数值的基础上加 0.5,目的是避免当交互单元观测频数等于 0 时可能引起的计算问题。按软件默认状态分析,L^2 与 χ^2 统计检验不受影响,但参数估计及有关其他统计会有微小变化,如果经过预分析确定无空单元存在,可以在以后的分析

中将 Delta 值改为 0，以得到更准确的参数估计。

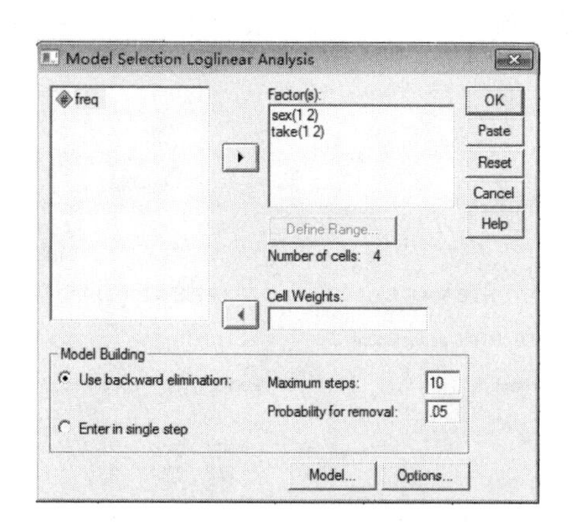

图 13.2.10　对数线性模型的 Model Selection 过程

```
******** HIERARCHICAL LOG LINEAR ********

DESIGN 1 has generating class

  sex*take

Note: For saturated models  .500 has been added to all observed cells.
This value may be changed by using the CRITERIA = DELTA subcommand.

The Iterative Proportional Fit algorithm converged at iteration 1.
The maximum difference between observed and fitted marginal totals is   .000
and the convergence criterion is   .250

-------------------------------------

Observed, Expected Frequencies and Residuals.

    Factor      Code      OBS count  EXP count  Residual  Std Resid

sex             1
 take           1           212.5      212.5      .00       .00
 take           2           186.5      186.5      .00       .00

sex             2
 take           1           153.5      153.5      .00       .00
 take           2           214.5      214.5      .00       .00
```

图 13.2.11　初始模型信息

图 13.2.11 第二部分给出频数的观测值（OBS count）、期望值（EXP count）、残差（Residual）、标准化残差（Std Resid）。其中标准化残差为

$$s_{ij}=\frac{n_{ij}-\hat{n}_{ij}}{\sqrt{\hat{n}_{ij}}}$$

如果模型的拟合效果较为理想，标准化残差应近似服从标准正态分布。标准化残差能够帮助人们从另一个角度评价模型的拟合效果。如果大部分残差的值都在正负 2 个标准差的范围内，也可以认为模型的拟合效果较理想。

图 13.2.12 是对饱和模型的分层效应检验结果，包括两部分：第一部分为某阶及以上各阶所有效应项的检验；第二部分为某阶所有交互项的检验。这两种检验实际上都相当于将所涉及的交互项删除后形成的简约模型的整体检验。

第一部分分层检验结果说明，二阶（$K=2$）及以上所有交互项效应的 L^2 值和 χ^2 值约等于 10.3，相应的显著水平为 0.001 3 和 0.001 4，说明二阶及以上效应非常显著。这里二阶及以上效应只有一项（$\mathrm{df}=1$），所以这一检验实际上等价于前面对简约模型的检验，也等价于第二部分分层检验中的二阶检验。一阶及以上的检验说明，饱和模型的 3 个效应项（两个一阶主效应和一个二阶交互效应）的集体检验显著，L^2 值检验显著水平为 0.004 3。注意一阶及以上分层检验的显著水平值（0.004 3）大于二阶及以上分层检验的显著水平值（0.001 3），这说明一阶效应不如二阶效应显著，所以这两层效应集中在一起时检验显著性水平下降（p 值增大），但是一阶效应到底多大，第一部分分层检验并没给出。

第二部分分层检验给出单独的各阶效应检验，其中一阶的 L^2 检验是不显著的（p 值为 0.239 5），说明两个主效应都不显著。这反映了就因素 A（是否领证）和因素 B（初育孩子性别）来看频数分布比较均匀，从原始数据中可见行比例和列比例都接近 50%。也就是就 765 容量的样本来说，两个因素在分类比例上的差别幅度不足以肯定总体中这种差别存在。二阶的 L^2 检验是显著的，交互效应显著。

分层检验提供了模型 L^2 的分解。饱和模型整体的 L^2 等于 0，第一部分分层检验中，一阶及以上效应删除，会使简略模型的 L^2 增加到 13.142，第二部分分层检验说明，这个 L^2 的增量是一阶效应 L^2 与二阶效应 L^2 之和($2.858 + 10.284 = 13.142$)。

图 13.2.13 是单项效应的检验。整体检验或分层检验只能说明全部效应或某一组效应中至少有一项效应具有显著重要影响，并不知道究竟哪一项显著，所以需要采用单项效应检验。

```
******** HIERARCHICAL LOG LINEAR *******

Tests that K-way and higher order effects are zero.

 K   DF  L.R. Chisq  Prob  Pearson Chisq  Prob  Iteration

 2   1    10.284   .0013    10.258   .0014      2
 1   3    13.142   .0043    12.752   .0052      0

-----------------------------------------------

Tests that K-way effects are zero.

 K   DF  L.R. Chisq  Prob  Pearson Chisq  Prob  Iteration

 1   2     2.858   .2395     2.494   .2874      0
 2   1    10.284   .0013    10.258   .0014      0
```

图 13.2.12 饱和模型的分层效应检验结果

```
******** HIERARCHICAL LOG LINEAR ********

Tests of PARTIAL associations.

Effect Name                 DF  Partial Chisq  Prob  Iter

sex                          1     1.257    .2623   2
take                         1     1.602    .2056   2

-----------------------------------------------
```

图 13.2.13 单项效应检验

SPSS 的单项效应检验只在分层模型中对饱和模型分析时给出。它反映的是从模型中撤销一个效应后对 L^2 变化的检验，称为偏关联检验。偏关联检验没有最高阶项，此例中饱和模型则没有交互项。对于 sex 和 take 两个主效应的显著概率都大于 0.05，所以都不显著。它可以视为对分层检验的进一步分解，该例饱和模型的单阶检验(第二部分分层检验)结果，一阶 L^2 值为 2.858，单项检验进一步将其分解为 take(1.602) 和 sex(1.257) 两部分。

图 13.2.14 是单个参数估计检验。一个因素中可能不止两个类别，前面的单项效应检验只是肯定这项效应中起码有一类与其他类存在明显差别，但并不能提供究竟是哪一类。因此，需要利用单个参数估计的检验来解决这个问题。图 13.2.14 显示了各因素各类别效应的估计值和检验情况。各列数据项的含义依次是参数估计(也称为效应值)、效应值的标准误差、Z 检验值(Z 值 = 参数估计 / 标准误差，对双侧检验，若 Z 检验值的绝对值大于临界值 1.96 或 2.58，说明检验在 0.05 或 0.01 水平上显著)、置信度为 95% 置信区间的下限和上限。可以看到各因素的主效应只输出了前(类别数 − 1) 个效应值，因为有约束条件，效应总和为 0。

```
Estimates for Parameters.

sex*take

 Parameter    Coeff.      Std. Err.   Z-Value   Lower 95 CI  Upper 95 CI

    1   .1162799802     .03644     3.19111     .04486      .18770

sex

 Parameter    Coeff.      Std. Err.   Z-Value   Lower 95 CI  Upper 95 CI

    1   .0463407305     .03644     1.27174    -.02508      .11776

take

 Parameter    Coeff.      Std. Err.   Z-Value   Lower 95 CI  Upper 95 CI

    1  -.0510246055     .03644    -1.40029    -.12244      .02040
```

图 13.2.14 单个参数估计检验

例如，对交互效应项 sex＊take，其参数估计约为 0.116 3，标准误差约为 0.036，Z 检验值约为 3.19（在 0.01 水平上显著），0 没落入置信区间里，说明该效应显著。对 take 这个主效应，其第一类别的效应在 0.05 水平上不显著，由 Z 检验值的符号（负）可知，第一类别效应是负向的，另外 0 落在了置信区间内，说明该类别效应不显著。

图 13.2.15 给出分析的步骤，首先是初始模型的拟合优度检验。然后分析如果删除模型中最高阶交互项则拟合优度的改变是否显著，此例可见 p 值为 0.001 3，说明删除二阶交互项对模型有显著影响。接着是拟合的第一步，显示出当前模型中的最高阶交互项为一个二阶交互项 sex＊take。

```
******** HIERARCHICAL LOG LINEAR ********

Backward Elimination (p = .050) for DESIGN 1 with generating class

  sex*take

 Likelihood ratio chi square =      .00000    DF = 0  P = .

---------------------------------------

If Deleted Simple Effect is              DF   L.R. Chisq Change   Prob  Iter

 sex*take                                 1          10.284   .0013    2

Step 1

  The best model has generating class

     sex*take

  Likelihood ratio chi square =      .00000    DF = 0  P = .
```

图 13.2.15　分析步骤

图 13.2.16 给出最终模型的信息，是以列出最高阶交互项的方式来表示的。

```
******** HIERARCHICAL LOG LINEAR ********

The final model has generating class

   sex*take

The Iterative Proportional Fit algorithm converged at iteration 0.
The maximum difference between observed and fitted marginal totals is    .000
and the convergence criterion is    .250
```

图 13.2.16　最终模型信息

图 13.2.17 是最终模型的拟合优度检验结果，可见拟合效果很好。

```
Goodness-of-fit test statistics

  Likelihood ratio chi square =    .00000    DF = 0  P = .
          Pearson chi square =    .00000    DF = 0  P = .
```

图 13.2.17　拟合优度检验

例 13.7　为了研究 Colles 骨折在不同性别中的年龄分布情况，以说明不同性别者骨折的年龄差异及其年度变化，某地收集了 1978—1981 年的骨折资料，数据见表 13.2.7。请进行对数线性模型的分层模型分析。

表 13.2.7　骨折资料数据

年龄 / 岁	1978 年		1979 年		1980 年		1981 年	
	男	女	男	女	男	女	男	女
0 ～ 19	55	17	43	9	89	20	140	41
20 ～ 59	165	260	101	233	104	202	137	278
60 ～ 89	50	94	29	115	56	95	54	153

解：(1) 数据准备

定义变量名。频数的变量名为 freq；年份、性别和年龄为分类变量，变量名分别为 YEAR、SEX 和 AGE，年份 1978 至 1981 依次为 1 ～ 4，性别男为 1，女为 2，年龄分组依次为 1,2,3。共有 2 540 个观察对象，分类变量 AGE 为 3 水平，SEX 为 2 水平，YEAR 为 4 水平。

(2) SPSS 软件操作

数据加权后，在 SPSS 窗口中依次选择"Analyze" → "Loglinear" → "Model Selection"。选"AGE" 进入"factor(s)" 框，定义范围为 1 ～ 3；同法将变量"SEX" 选入"factor(s)" 框，定义其范围为 1 ～ 2；将变量"YEAR" 选入"factor(s)" 框，定义其范围为 1 ～ 4。为了使模型更好地拟合数据，本例选择向后剔除法(在"Model Building" 栏中默认选"Use backward elimination" 项) 建立模型，即所有效应均在模型中开始，然后消除不显著的效应。本例欲做参数估计，故单击"Options…" 钮，在"Display for Saturated Model" 栏中选"Parameter estimates" 项。

(3) 主要结果解释

从图 13.2.18 中可以看出，第一部分给出 K 阶及以上效应检验。显示检验某一阶及其更高阶交互效应为 0 时的似然比卡方检验概率值(L^2)。在显著性水平为 0.05 时，如果剔除最高阶(3 阶) 效应，似然比卡方值增加不显著(似然比卡方值为 8.615，概率 $p = 0.1964 > 0.05$)，表明 3 阶效应不显著，故认为年龄、性别、年份三者的交互作用为 0。如果剔除 2 阶及以上效应，似然比卡方值增加显著(似然比卡方值为 404.424，概率 $p = 0 < 0.05$)。如果剔除 1 阶及以上效应，似然比卡方值增加显著(似然比卡方值为 1 279.591，概率 $p = 0 < 0.05$)。即 1 阶(单一变量主效应) 及 2 阶(变量两两交互效应) 的效应总体上是显著的，其模型能恰当地表述数据。

第二部分给出 K 阶效应检验。显示检验某一特定阶交互效应为 0 时的似然比卡方检验概率值(L^2)，表明单纯含 1 阶或单纯含 2 阶的模型也能恰当地表述数据。

```
Tests that K-way and higher order effects are zero.
          K     DF   L.R. Chisq      Prob   Pearson Chisq      Prob   Iteration
          3      6        8.615     .1964           8.547     .2007           4
          2     17      404.424     .0000         425.168     .0000           2
          1     23     1279.591     .0000        1293.594     .0000           0
-----------------------------------------------------
Tests that K-way effects are zero.
          K     DF   L.R. Chisq      Prob   Pearson Chisq      Prob   Iteration
          1      6      875.167     .0000         868.426     .0000           0
          2     11      395.809     .0000         416.621     .0000           0
          3      6        8.615     .1964           8.547     .2007           0
-----------------------------------------------------
Note: For saturated models    .500 has been added to all observed cells.
This value may be changed by using the CRITERIA = DELTA subcommand.
```

图 13.2.18　模型检验

图 13.2.19 是主要结果，反映系统对饱和模型进行从高阶到低阶的效应项剔除的过程。从 3 阶效应开始剔除模型中不显著的效应项，共经过了 2 步。

由于 3 阶交互效应项(AGE * SEX * YEAR) 导致似然比卡方值为 8.615，概率 p 值为 0.196 4(大于 0.05，显著性水平取 0.05)，说明删除该交互效应项对模型没有显著影响，故应剔除。

第一步，剔除 3 阶交互效应项(AGE * SEX * YEAR)。由于 2 阶交互效应项，概率 p 值均小于 0.05，故 2 阶交互效应项都不能剔除。

第二步，没有剔除任何效应，得到了最终的非饱和层次模型(分层模型)。该模型包括所有的 2 阶交互效应项(AGE * SEX，AGE * YEAR，SEX * YEAR)，同时含 1 阶主效应项(AGE，SEX，YEAR)，模型已为最佳。最终的非饱和层次模型(分层模型) 的拟合效果检验，似然比卡方值为 8.615 46，概率 p 值为 0.196(检验原假设是观测值与预测值无差异)，说明模型拟合效果较好。

```
- - - - - - - - - - - - - - - - - - - - - - - - - - - - - - - - - - - -
Backward Elimination (p = .050) for DESIGN 1 with generating class
  AGE * SEX * YEAR
Likelihood ratio chi square =        .00000     DF = 0  P =    .
- - - - - - - - - - - - - - - - - - - - - - - - - - - - - - - - - - - -
If Deleted Simple Effect is                  DF   L.R. Chisq Change    Prob   Iter
AGE * SEX * YEAR                              6              8.615   .1964     4
Step 1
  The best model has generating class
      AGE * SEX
      AGE * YEAR
      SEX * YEAR
  Likelihood ratio chi square =       8.61546     DF = 6  P =    .196
- - - - - - - - - - - - - - - - - - - - - - - - - - - - - - - - - - - -
If Deleted Simple Effect is              DF   L.R. Chisq Change   Prob     Iter
  AGE * SEX                               2   310.816             .0000       2
  AGE * YEAR                              6   62.829              .0000       2
  SEX * YEAR                              3   13.024              .0046       2
Step 2
  The best model has generating class
      AGE * SEX
      AGE * YEAR
      SEX * YEAR
  Likelihood ratio chi square =       8.61546     DF = 6  P =    .196
- - - - - - - - - - - - - - - - - - - - - - - - - - - - - - - - - - - -
The final model has generating class
    AGE * SEX
    AGE * YEAR
    SEX * YEAR
The Iterative Proportional Fit algorithm converged at iteration 0.
The maximum difference between observed and fitted marginal totals is      .131
and the convergence criterion is       .278
- - - - - - - - - - - - - - - - - - - - - - - - - - - - - - - - - - - -
```

图 13.2.19　对饱和模型进行效应项剔除

对数线性模型本身实际上并不是对变量值的分析，而是对交互频数的分析，没有因变量、自变量之分，故模型中所有变量都可以称为因素。当然，这不妨碍某些研究中有隐含的因果假设，有时根据需要将因素区别为因变量和自变量(或反应变量和解释变量)。在实际问题中，明确因果假设以后，模型更明确化。如例13.6关心孩子的性别是不是对其父母领取独生子女证有影响作用，即因果关系研究，sex是自变量，take是因变量。将模型以因果关系形式来定义，得到的模型称为Logit模型。

建立Logit模型的条件是：涉及的变量都是分类变量，变量之间有因果关系的假设，只有一个因变量(反应变量)且它只包含两个分类。Logit模型只输出与因变量(反应变量)相联系的各效应参数估计。Logit模型是通过建立对数发生比效应(log odds effect)给出的。对数发生比能使我们更好地理解各自变量(解释变量)是如何影响因变量(反应变量)的。Logit模型和后面给出的Logistic模型的分析结果类似。

Logit模型的SPSS软件操作选项为"Analyze"→"Loglinear"→"Logit"。

在变量较多或变量水平较多的情况下，可以采用研究步骤：第一步，采用分层模型进行分层检验，分析主效应和交互效应，给出简约模型；第二步，采用一般模型方法验证简约模型，给出参数估计(因为分层模型不提供非饱和模型的参数估计)；第三步，若有因果假设，采用Logit模型分析自变量对因变量的作用，或使用Logistic回归分析拟和模型。

13.3 Logistic 回归

当因变量为二分类定性变量时(即因变量 y 的取值为0和1)，传统的线性回归(Ordinary Least Square，OLS)会遇到障碍。有人提出线性概率模型(Linear Probability Model，LPM)。"线性"指假设自变量对因变量的作用是线性的；"概率"指将模型的因变量理解为概率。由于因变量 y 取0和1，此时模型就是分析当自变量变化时，因变量 $P(y=1)$ 的概率是如何变化的。

由于概率 $P(y=1)$ 的范围在 $0\sim1$ 之间，然而一般线性回归方程的因变量取值范围是 $-\infty\sim+\infty$，所以线性概率模型要硬性规定，凡是大于1的 y 估计值都作为1来理解，小于0的 y 估计值都要作为0来理解。还有，模型的线性假设往往与实际情况不符，在现实中存在收益递减规律(非线性)，即事物变化经常在初期阶段缓慢发展，然后逐渐加速，至发展速度到达极限后，又逐渐减速。所以既要考虑模型因变量的变化范围在 $0\sim1$ 之间，又要将现实中收益递减规律纳入模型，是否有这样的函数满足要求呢?实际上，这样的函数不止一种，最常用的就是Logistic函数。Logistic函数是由比利时学者P.E.Verhulst(1838)给出的，后来美国学者R.B.Pearl和L.J.Reed(1920)在果蝇繁殖、人口统计研究中推广，引起广泛关注。

1. Logit 变换

为了给出Logistic回归模型，先介绍Logit变换和Logistic函数。在现实问题中，人们常常要研究某一事件 A 发生的概率 p，以及 p 值的大小与某些因素的关系，但由于 p 对 x 的变化在 $p=0$ 或 $p=1$ 附近是很缓慢的，如可靠系统，可靠度 p 已经是0.988了，即使再改善条件，它的可靠度增长只能在小数点后面的第三位，于是希望寻找一个 p 的函数 $\theta(p)$，使它在 $p=0$ 或 $p=1$ 附近变化幅度较大，这样 $\theta(p)$ 才能近似表达成自变量的线性函数。而且希望 $\theta(p)$ 函数的形式不要太复杂，根据数学上导数的意义，提出用$\frac{d\theta(p)}{dp}$来反映$\theta(p)$在p附近的变化是很合适的，同时希望$p=0$或$p=1$，$\frac{d\theta(p)}{dp}$有较大的值，因此取

$$\frac{d\theta(p)}{dp}=\frac{1}{p(1-p)}=\frac{1}{p}+\frac{1}{1-p}$$

则$\theta(p)=\ln\frac{p}{1-p}$，称该式为 Logit 变换，通常记为 Logit p(罗吉特 p)。由于$\theta(p)=\ln\frac{p}{1-p}$，因此$p$也可用$\theta$表示

$$p=\frac{e^{\theta}}{1+e^{\theta}},\quad p=\frac{\exp(\theta)}{1+\exp(\theta)}$$

$p=\frac{e^{\theta}}{1+e^{\theta}}$称为 Logistic 函数(或称为 Sigmoid 函数)，它也是最常用的增长函数。

如果θ是某些自变量$x_1,\cdots,x_k$的线性函数，记为$\theta=\sum a_i x_i=a_0+\sum_{i=1}^{k}a_i x_i$，则

$$p=\frac{e^{\sum a_i x_i}}{1+e^{\sum a_i x_i}}$$

显然，θ对x_i是线性关系，p对x_i不是线性关系，Logistic 函数是典型的增长函数，$p=\frac{e^{\sum a_i x_i}}{1+e^{\sum a_i x_i}}$体现了概率$p$与自变量之间的非线性关系，这是 Logit 变换带来的方便。

为了将自变量线性组合单独挪到等式一边，对$p[1+\exp(\theta)]=\exp(\theta)$进行等价变化，有

$$\frac{p}{1-p}=\exp(\theta)=\exp(\sum a_i x_i)\tag{13.3.1}$$

对式(13.3.1)两边取对数，得到概率p的函数(Logit p)与自变量之间的线性表达式

$$\ln(\frac{p}{1-p})=\sum a_i x_i$$

可见事件概率p与自变量的非线性表达可以转换为 Logit p 与自变量的线性表达。其中，$\frac{p}{1-p}$是事件$P(y=1)$发生的概率p与不发生的概率$1-p$之比，称为发生比(odds)，又称为概率比、相对风险(relative risk)，通常记为符号Ω。

所以 Logit p，$\ln(\frac{p}{1-p})$也称为对数发生比(log odds)，它们的取值范围是$-\infty\sim+\infty$。

注意： Logit p 是不能直接观察的，而且它的测量单位在实际中也无法确定，有学者采用统计方法确定它的测量标准，以 Logistic 随机变量的分布函数的标准差 1.813 8($\pi/\sqrt{3}$)作为测量单位。

2. Logistic 回归模型

设因变量y为二值定性变量，用 0,1 表示取两个不同的状态，可以当成事件发生和不发生两种情况理解。$y=1$的概率$P(y=1)=p$是我们要研究的对象。如果有很多因素影响y的取值，这些因素就是自变量，记为$x_1,\cdots,x_k$，这其中既有定性变量，也有定量变量。

若

$$\ln\frac{p}{1-p}=a_0+a_1x_1+\cdots+a_kx_k\tag{13.3.2}$$

称为 Logistic 线性回归模型。

如果有已知函数 $g(x_1,\cdots,x_k)$，其中含有若干待定的参数，且 $\ln\dfrac{p}{1-p}=g(x_1,\cdots,x_k)$，则称其为非线性 Logistic 回归模型。

对数线性模型是将列联表中每格的概率（或理论频数）取对数后分解参数获得的，Logistic 回归模型是将发生比（概率比、相对风险）取对数后，再进行参数化而获得的。研究发生比这样的量在不少问题中是常常遇到的，它代表一种相对风险，在博弈时使用较多。

(1) 回归系数的解释

Logistic 线性回归模型与一般的多元线性回归方程在形式上相同。方程右端各项自变量的作用体现在回归系数 a_i 上，即每个自变量 x_i 对 Logit p 的作用方向可以通过偏回归系数 a_i 值的正负符号得以体现。当 a_i 为正值时，说明 x_i 值增加一个单位的变化可使 Logit p 值产生变化量为 a_i 的提高；当 a_i 为负值时，说明 x_i 值增加一个单位的变化可使 Logit p 值产生变化量为 a_i 的降低。

但是，我们真正感兴趣的是 x_i 对 p 的作用，想看 x_i 值一个单位的变化对事件发生概率有什么作用。这就需要从 Logistic 线性回归模型的转换方程来分析，有

$$p=\frac{e^{\sum a_ix_i}}{1+e^{\sum a_ix_i}}=\frac{1}{1+e^{-\sum a_ix_i}}=\frac{1}{1+e^{-\theta}} \tag{13.3.3}$$

式(13.3.3)中，a_i 值越大，θ 值越大，$e^{-\theta}$ 越小，p 值越接近 1。因为在这个 Logistic 函数中，1 是最大值。所以 a_i 值越大，概率 p 越大。反之，当 a_i 值都很小（指很大负值）时，有 p 值趋于 0。当 a_i 值都等于 0（表示自变量和因变量无关），且 a_0 值也等于 0（a_0 可以视为决定概率 p 的先决倾向），θ 值等于 0 时，p 值等于 1/2，概率处于不偏不倚位置。

这说明，通过 Logistic 回归系数，可以得出自变量对事件概率作用的笼统认识。但是遗憾的是，Logistic 回归系数无法一般性表示，x_i 值一个单位的变化导致事件发生概率 p 发生多大的变化，因为 θ 值一个单位的变化导致 p 的变化幅度是有差别的（收益递减假设），并且 θ 值是由多个自变量及其系数共同决定的，某一个自变量 x_i 的回归系数 a_i 的影响幅度还要受到其他自变量的回归系数及自变量具体值的影响。

与 Logit p 不同，发生比 Ω 具有一定的现实意义，有

$$\Omega=e^{\sum a_ix_i}=\exp(a_0+\sum_{i=1}^{k}a_ix_i) \tag{13.3.4}$$

如果要分析 x_1 变化一个单位对于 Ω 的影响幅度，可以用 x_1+1 表示，将其代入式(13.3.4)，将新的发生比用 Ω^* 表示，则

$$\begin{aligned}\Omega^* &= \exp[a_0+a_1(x_1+1)+a_2x_2+\cdots+a_kx_k]\\ &= \exp(a_0+a_1x_1+a_2x_2+\cdots+a_kx_k+a_1)=\Omega\exp(a_1)\end{aligned}$$

于是有 $\Omega^*/\Omega=\exp(a_1)$。它可以测量自变量 x_1 一个单位的增加给原来的发生比带来的变化。这说明在其他情况不变的条件下，x_1 一个单位的增加使原来的发生比扩大 $\exp(a_1)$ 倍。更一般的表达式为

$$\Omega^*/\Omega=\exp(a_i) \tag{13.3.5}$$

称这一变化前后的两个发生比之比 Ω^*/Ω 为发生比率(odds ratio)，或称相对风险比(relative risk ratio)。式(13.3.5) 反映在其他情况不变的条件下 x_i 一个单位的增加使原来的发生比扩大 $\exp(a_i)$ 倍。当回归系数 a_i 为负时，发生比缩小。

注意：前面我们看到 x_i 值增加一个单位给 Logit p 带来加数影响，即 Logit p 值要加上一

个 a_i。用发生比率指标时，x_i 值增加一个单位的变化给 Ω 带来乘数影响。例如，原来的 Ω 为 6：4(比值 1.5)，如果自变量变化一个单位导致的发生比率为 $\exp(0.693)=2$，新的发生比 Ω^* 将是 12：4(比值是 3)，表示这一变化将导致新发生比 Ω^* 为原来的 2 倍。

理解和解释 Logistic 线性回归系数时，既可以从加法模型出发，也可以从乘法模型出发，主要看因变量，Logit p 做因变量，模型是加法模型，Ω 做因变量，模型是乘法模型。

(2) Logistic 回归模型的参数估计

Logistic 线性回归模型相当于广义线性模型，因此可以用线性模型的方法类似处理。

如果某一事件 A 发生的概率 p 依赖于一些自变量 $x_1,\cdots,x_k$(定性、定量均可)，对 $\boldsymbol{x}=(x_1,\cdots,x_k)^{\mathrm{T}}$ 观测了 m 组结果，在第 a 组中，共试验了 n_a 次，A 发生了 r_a 次，于是 A 发生的概率 p_a 可用 $\hat{p}_a=\dfrac{r_a}{n_a}$ 来估计。假定 p_a 适合于 Logistic 线性回归模型(式(13.3.2))，即

$$\ln\frac{p_a}{1-p_a}=\beta_0+\beta_1x_{a1}+\cdots+\beta_kx_{ak},\ a=1,\cdots,m$$

其中，x_{ai} 表示 x_i 在第 a 组所取的值。用 $\hat{p}_a$ 代入上式中 p_a 就有关系式

$$\ln\frac{\hat{p}_a}{1-\hat{p}_a}=\beta_0+\beta_1x_{a1}+\cdots+\beta_kx_{ak}+\varepsilon_a,\ a=1,\cdots,m$$

其中，ε_a 是随机误差项，记

$$\boldsymbol{X}_{m\times(k+1)}=\begin{pmatrix}1 & x_{11} & \cdots & x_{1k}\\ 1 & x_{21} & \cdots & x_{2k}\\ \vdots & \vdots & & \vdots\\ 1 & x_{m1} & \cdots & x_{mk}\end{pmatrix},y_a=\ln\frac{\hat{p}_a}{1-\hat{p}_a},a=1,\cdots,m,\boldsymbol{y}=(y_1,\cdots,y_m)^{\mathrm{T}}$$

假定 $E(\varepsilon_a)=0,\mathrm{Var}(\varepsilon_a)=v_a,\varepsilon_1,\cdots,\varepsilon_m$ 相互独立，于是就有

$$E(\boldsymbol{y})=\boldsymbol{X}\begin{pmatrix}\beta_0\\ \beta_1\\ \vdots\\ \beta_k\end{pmatrix}\triangleq\boldsymbol{X\beta},\ \mathrm{Var}(\boldsymbol{y})\triangleq\boldsymbol{V}=\begin{pmatrix}v_1 & & 0\\ & \ddots & \\ 0 & & v_m\end{pmatrix}$$

这就是典型的线性模型，因此 $\boldsymbol{\beta}$ 的最小二乘估计(因 $\boldsymbol{V}$ 不是单位阵，应该相应地加权) $\hat{\boldsymbol{\beta}}$ 有公式

$$\hat{\boldsymbol{\beta}}=(\boldsymbol{X}^{\mathrm{T}}\boldsymbol{V}^{-1}\boldsymbol{X})^{-1}\boldsymbol{X}^{\mathrm{T}}\boldsymbol{V}^{-1}\boldsymbol{y}$$

这样就求得了 $\boldsymbol{\beta}$ 的估计值。

要讨论某些 x_i 是否对 A 发生的概率有影响，即要检验 x_i 相应的回归系数 $\beta_i=0$ 这一假设是否成立，这时要搬用线性模型中已知的结论，必须知道 $\boldsymbol{y}$ 是否服从正态分布以及 $\boldsymbol{V}$ 的估计，数学上可以证明：$\ln\dfrac{\hat{p}_a}{1-\hat{p}_a}$ 的渐近分布为正态分布 $N\left(\ln\dfrac{p_a}{1-p_a},\dfrac{1}{n_ap_a(1-p_a)}\right)$；$\boldsymbol{V}$ 中的 v_a 的估计值为 $\hat{v}_a=\dfrac{1}{n_a}\dfrac{1}{\hat{p}_a(1-\hat{p}_a)}$。如果在 m 组试验结果中，有 $r_a=0$ 或 $r_a=n_a$，此时

$$\ln\frac{\hat{p}_a}{1-\hat{p}_a}=\ln\frac{r_a}{n_a-r_a}$$

会取 $-\infty$ 或 ∞ 的值，y_a 就不是一个有限的值，上述方法就会行不通，于是要进行修正，修正的目的是使 $\ln\dfrac{r_a}{n_a-r_a}$ 尽可能接近 $\ln\dfrac{p_a}{1-p_a}$，可以证明下面的修正是合理的。

$$Z_a = \ln\frac{r_a + 0.5}{n_a - r_a + 0.5},\ a = 1,\cdots,m \tag{13.3.6}$$

$$\hat{v}_a = \frac{(n_a + 1)(n_a + 2)}{n_a(r_a + 1)(n_a - r_a + 1)},\ a = 1,\cdots,m$$

式(13.3.6)的 Z_a 称为经验 Logistic 变换，相应的线性模型称为经验 Logistic 回归模型，且

$$E(\boldsymbol{Z}) = \begin{bmatrix} E(Z_1) \\ \vdots \\ E(Z_m) \end{bmatrix} = \boldsymbol{X\beta},\mathrm{Var}(\boldsymbol{Z}) \triangleq \boldsymbol{V} = \begin{bmatrix} \hat{v}_1 & & 0 \\ & \ddots & \\ 0 & & \hat{v}_m \end{bmatrix}$$

其中，$\boldsymbol{Z} = (Z_1,\cdots,Z_m)^{\mathrm{T}}$，$Z_a = \ln\dfrac{r_a + 0.5}{n_a - r_a + 0.5}$，$\hat{v}_a = \dfrac{(n_a + 1)(n_a + 2)}{n_a(r_a + 1)(n_a - r_a + 1)}$，$a = 1,\cdots,m$ 为修正后的表达式，$\hat{\boldsymbol{\beta}}$ 的估计值如下

$$\hat{\boldsymbol{\beta}} = (\boldsymbol{X}^{\mathrm{T}}\boldsymbol{V}^{-1}\boldsymbol{X})^{-1}\boldsymbol{X}^{\mathrm{T}}\boldsymbol{V}^{-1}\boldsymbol{Z}$$

用加权最小二乘估计回归系数时，第 a 组的权系数是 $\hat{v}_a^{-\frac{1}{2}}$。

3. 案例分析

续例 13.1　继续讨论吸烟与肺癌，作经验的 Logistic 变换，并检验吸烟与肺癌是否相关。

解：将吸烟人作为一类，不吸烟人作为一类，此时 $m = 2$，$n_1 = 92$，$n_2 = 14$，$r_1 = 60$，$r_2 = 3$。作经验 Logistic 变换

$$Z_1 = \ln\frac{r_1 + 0.5}{n_1 - r_1 + 0.5} = \ln\frac{60.5}{32.5} = 0.621\,4$$

$$Z_2 = \ln\frac{r_2 + 0.5}{n_2 - r_2 + 0.5} = \ln\frac{3.5}{11.5} = -1.189\,6$$

$$\hat{v}_1 = \frac{(n_1 + 1)(n_1 + 2)}{n_1(r_1 + 1)(n_1 - r_1 + 1)} = \frac{(92 + 1)0(92 + 2)}{92 \times 61 \times 33} = \frac{8\,742}{185\,196} = 0.047\,204$$

$$\hat{v}_2 = \frac{(n_2 + 1)(n_2 + 2)}{n_2(r_2 + 1)(n_2 - r_2 + 1)} = \frac{(14 + 1)(14 + 2)}{14 \times 4 \times 12} = \frac{240}{672} = 0.357\,142\,8$$

为了做假设检验，设吸烟人患肺癌的概率是 p_1，未患肺癌的概率就是 $1 - p_1$；不吸烟的人患肺癌的概率是 p_2，未患肺癌的概率就是 $1 - p_2$，作 Logit 变换

$$\theta_1 = \ln\frac{p_1}{1 - p_1},\ \theta_2 = \ln\frac{p_2}{1 - p_2}$$

设 $\theta_2 = \theta$，则 $\theta_1 = \theta_2 + (\theta_1 - \theta_2) = \theta + \Delta$，因此患肺癌是否与吸烟有关，就归结为检验 $H_0:\Delta = 0$ 是否成立。由于 Z_1, Z_2 可以看成是相互独立的正态变量。因此，H_0 成立时，$Z_1 - Z_2 \sim N(0, \hat{v}_1 + \hat{v}_2)$，即

$$\frac{Z_1 - Z_2}{\sqrt{\hat{v}_1 + \hat{v}_2}} \sim N(0,1)$$

计算

$$\frac{|Z_1 - Z_2|}{\sqrt{\hat{v}_1 + \hat{v}_2}} = \frac{1.811\,0}{\sqrt{0.047\,2 + 0.357}} = \frac{1.811\,0}{\sqrt{0.404\,3}} = \frac{1.811\,0}{0.635\,8} = 2.848\,3$$

取显著性水平 $\alpha = 0.05$，查 $N(0,1)$ 表，得临界值 $Z_{\frac{\alpha}{2}} = Z_{0.025} = 1.96$。由于 $2.848\,3 > 0.834$，拒绝 H_0，即认为吸烟与不吸烟对于患肺癌是有影响的。

Logistic 回归分为二值 Logistic 回归和多值 Logistic 回归两类。下面举例说明二值 Logistic

回归的软件操作和结果分析。多值 Logistic 回归是类似的。

例 13.8　研究影响中国各地区城市化水平的经济地理因素。城市化水平用城镇人口比重表征，国家统计局在每年的统计年鉴中都会发布年末城镇人口比重，2005—2013 年数据见表 13.3.1，可见在 2011 年年末我国城镇人口占总人口比重达到了 51.27%，首次超过 50%，这标志着我国进入以城市社会为主的新成长阶段，意味着人们的生产方式、消费行为等都将发生变化。

表 13.3.1　2005—2013 年我国城镇人口占总人口比重

年份	2005	2006	2007	2008	2009	2010	2011	2012	2013
比重 /(%)	42.99	44.34	45.89	46.99	48.34	49.95	51.27	52.57	53.73

由于 2011 年是反映城镇人口比重的标志性年度，所以请根据 2011 年的数据表 13.3.2，分析中国各地区城市化水平的经济地理因素。

表 13.3.2　2011 年年末我国 31 个地区城市化水平的经济地理因素数据

地　区	人均可支配收入 / 元	东　部	中　部	西　部	城镇人口比重 /(%)	城市化
北　京	32 903.0	1	0	0	86.2	Yes
天　津	26 920.9	1	0	0	80.5	Yes
河　北	18 292.2	1	0	0	45.6	No
山　西	18 123.9	0	1	0	49.68	No
内蒙古	20 407.6	0	1	0	56.62	Yes
辽　宁	20 466.8	1	0	0	64.05	Yes
吉　林	17 796.6	0	1	0	53.4	Yes
黑龙江	15 696.2	0	1	0	56.5	Yes
上　海	36 230.5	1	0	0	89.3	Yes
江　苏	26 340.7	1	0	0	61.9	Yes
浙　江	30 970.7	1	0	0	62.3	Yes
安　徽	18 606.1	0	1	0	44.8	No
福　建	24 907.4	1	0	0	58.1	Yes
江　西	17 494.9	0	1	0	45.7	No
山　东	22 791.8	1	0	0	50.95	No
河　南	18 194.8	0	1	0	40.57	No
湖　北	18 373.9	0	1	0	51.83	Yes
湖　南	18 844.1	0	1	0	45.1	No
广　东	26 897.5	1	0	0	66.5	Yes
广　西	18 854.1	1	0	0	41.8	No
海　南	18 369.0	1	0	0	50.5	No
重　庆	20 249.7	0	0	1	55.02	Yes
四　川	17 899.1	0	0	1	41.83	No
贵　州	16 495.0	0	0	1	34.96	No

续表

地　区	人均可支配收入/元	东　部	中　部	西　部	城镇人口比重/(%)	城市化
云　南	18 575.6	0	0	1	36.8	No
西　藏	16 195.6	0	0	1	22.71	No
陕　西	18 245.2	0	0	1	47.3	No
甘　肃	14 988.7	0	0	1	37.15	No
青　海	15 603.3	0	0	1	46.22	No
宁　夏	17 578.9	0	0	1	49.82	No
新　疆	15 513.6	0	0	1	43.54	No

数据来源:《中国统计年鉴(2012)》。

解:1. 整理原始数据

原始数据如表13.3.2所示,因变量为城市化变量。为了进行定性分析,将城镇人口比重转换成逻辑值,变量名称为"城市化",它是我们要分析的因变量,由于中国2011年年末城镇人口占总人口比重(城镇化率)的平均值为51.27%,以该平均值为临界值,凡是城镇人口比重大于等于51.27%的地区,逻辑值用"Yes"表示,否则用"No"表示。它是一个定性变量,为了软件操作方便,我们把"Yes"用"1"表示,"No"用"0"表示,"1"代表城市化水平高于平均值的状态,"0"代表城市化水平低于平均值的状态。

我们考虑两个自变量。第一个是地理位置变量,用各地区的地带分类代表地理位置。地理位置为名义变量,中国31个地区按经济带被划分为三大地带:东部地带(北京、天津等12个)、中部地带(山西、内蒙古等9个)和西部地带(四川、贵州等10个)。对各地区按照三大地带的分类结果赋值,用"0"(否)和"1"(是)表示。第二个是变量"人均可支配收入",用它反映地区经济状况,是一个连续型变量。

对数据先进行多次拟合,结果表明反映地区位置的分类变量,不宜全部引入,发现引入中部地带为自变量比较合适。因此,我们采用如下两个变量作为自变量:一是数值变量"人均可支配收入",二是分类变量"中部"地带。分类变量"城市化"作为因变量。

2. 二值Logistic回归的SPSS操作

在SPSS窗口中依次选择"Analyze"→"Regression"→"Binary Logistick",打开二值Logistic回归分析选项框,见图13.3.1。

"Dependent"框:因变量框,选入二分类的因变量,只能选入一个。本例中,将名义变量"城市化"调入"Dependent"列表框。

"Block"按钮组:由"Previous"和"Next"两个按钮组成。下方的"Covariates"(协变量)框选入自变量,按国外的习惯被称为协变量。将"人均可支配收入"和"中部"调入"Covariates"列表框中。左侧的"＞a＊b＞"钮用于选择交互作用项,即先在变量候选框中同时选中多个变量,然后单击该钮,相应变量的交互作用就被纳入协变量框。

"Method"(方法):用于选择变量的进入方式。有进入法(Enter,变量全部进入)、逐步法(Forward,变量按一定标准进入方程,又按一定检验结果移出方程)、后退法(Backward,变量按一定检验结果移出方程)三大类,在逐步法和后退法中,变量移出方程采用的检验法有:条件参数似然比检验(Conditional)、偏似然比检验(LR)、Walds检验(Wald)。此例采用系统默认的进入法，强迫所有变量全部进入回归方程。

“Selection Variable” 钮：用于限定筛选条件，只有满足该条件的变量才会被纳入分析。

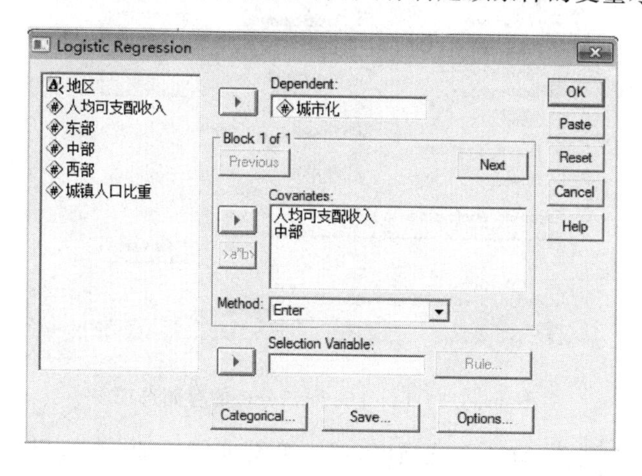

图 13.3.1　Logistic 回归分析的初步设置

接下来进行如下 3 项设置。

① 设置“Define Categorical Variables” 选项：自变量中有分类变量时，通过“Categorical Covariates” 选项定义分类变量。此例将“中部” 调入“Categorical Covariates” 列表框，其余选项取默认值，见图 13.3.2。

如果自变量是多分类的(如血型等)，要将它用哑变量(或称虚拟变量)的方式来分析，用该按钮将该变量指定为分类变量，系统会自动产生 $K-1$ 个哑变量(K 为该变量的水平数)。如果有必要，可用里面的选择按钮进行详细的定义，如以哪个取值作为基础水平，各水平间比较的方法是什么等。“Contrast” 用于选择哑变量取值情况，系统默认值为“Indicator”。

Indicator：例如，定性变量 A 有 3 类，若以最后一个类为对照，则哑变量赋值为 $\begin{matrix} 1 & 0 \\ 0 & 1 \\ 0 & 0 \end{matrix}$，这是最常用的方法。其他方法请参见 SPSS 手册。

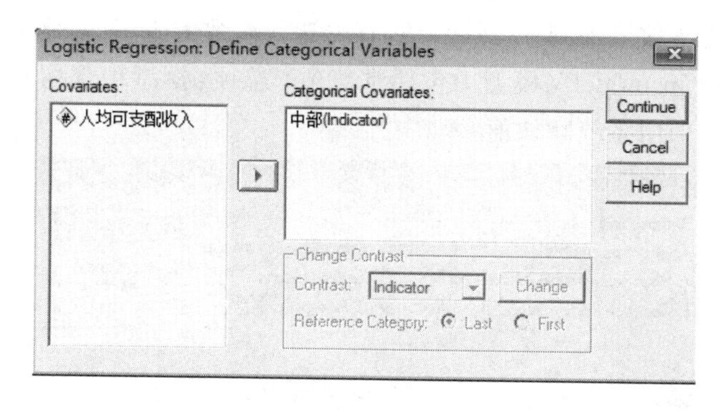

图 13.3.2　定义分类变量选项

② 设置“Save”(保存)选项：决定保存到“Data View” 的计算结果。将中间结果存储起来供以后分析，有预测值(Predicted Values)、影响强度因子(Influence)和残差(Residuals)三大类。此例选中预测值的两个选项和杠杆值(Leverage values)、剔除某观察单位后 Beta 系数的变化值(DfBeta(s))、标准化残差(Standardized)和偏差残差(Deviance)6 项，见图 13.3.3。

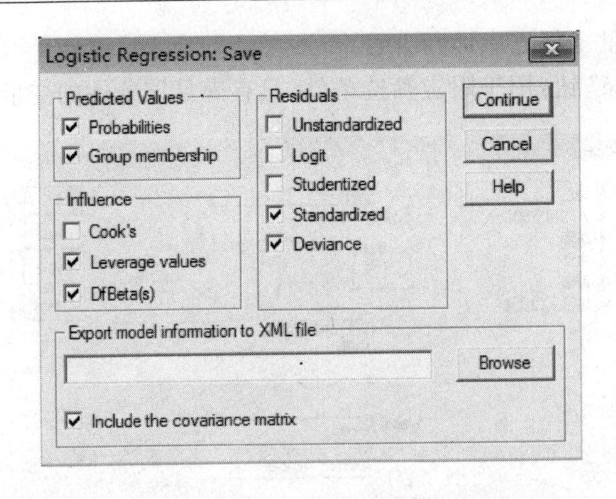

图 13.3.3　Logistic 回归分析的存储选项

③ 设置“Options” 选项：有 3 个选项区，这一部分非常重要，在这里可以对模型作精确定义，还可以选择模型预测情况的描述方式，见图 13.3.4。

“Statistics and Plots”（统计和画图）选项：包括 6 种可以兼容的选择（复选项），“Classification plots” 是非常重要的模型预测工具，“Iteration history” 可以看到迭代的具体情况，从而得知模型是否在迭代时存在病态。此例选中“Classification plots” “Hosmer-Lemeshow goodness-of-fit” 和 “CI for exp(B)”3 个选项。

“Display”（显示）选项：选择“At last step”（最后一步），这样输出结果将仅给出最终结果，省略每一步的计算过程。

“Probability for Stepwise”（逐步回归概率）选项：可以确定进入和排除的概率标准，这在逐步回归中是非常有用的。由于我们采用强迫回归，可以不管此选项。

“Classification cutoff”（分类临界值）选项：默认值为 0.5，即按四舍五入的原则将概率预测值化为 0 或者 1。如果将数值改为 0.6，则大于等于 0.6 的概率值才表示为 1，否则为 0。其余情况依次类推。

“Maximum Iterations”（最大迭代值）选项：规定系统运算的迭代次数，默认值为 20 次，为安全起见，我们将迭代次数增加到 50，原因是，有时迭代次数太少，计算结果不能真正收敛。

“Include constant in model”（模型中包括常数项）选项：模型中保留截距，除了迭代次数之外，其余两个选项均采用系统默认值。

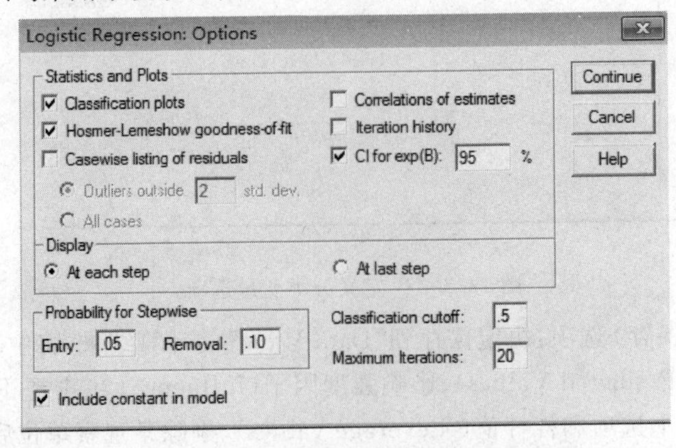

图 13.3.4　Logistic 回归分析的选项设置

全部选项设置完毕以后，单击“OK”按钮确定，即可得到 Logistic 回归分析结果。

3. 结果分析

① Case Processing Summary(样品处理摘要)

在输出结果中，首先给出样品处理摘要报告，包括如下信息：选择了多少样品，没有选择的样品有多少；在选择的样品里，分析了多少样品，缺失了多少样品 —— 缺失样品一般是因为数据中存在缺失值；选择的样品总数以及全体样品总数，如图 13.3.5 所示。用“N”表示各类样品数目，用“Percent”表示各类样品的百分比。在正常情况下，这些信息对我们的分析没有什么用处。但是，如果样本很大并且构成很复杂，涉及样品的取舍或者数据缺失的时候，这些信息就很重要，会为后面的分析提供很大方便。

Case Processing Summary

Unweighted Cases[a]		N	Percent
Selected Cases	Included in Analysis	31	100.0
	Missing Cases	0	.0
	Total	31	100.0
Unselected Cases		0	.0
Total		31	100.0

a. If weight is in effect, see classification table for the total number of cases.

图 13.3.5　样品处理摘要

② Dependent Variable Encoding(因变量编码)

给出不同城市化水平地区的分类编码结果。在原始数据中，我们根据 2011 年全国各地区的平均结果 51.27% 分为两类：大于等于 51.27% 的地区用“Yes”表示，否则用“No”表示。图 13.3.6 显示，“Yes”用“1”表示，“No”用“0”表示，“1”代表城市化水平高于平均值的状态，“0”代表城市化水平低于平均值的状态。SPSS 以因变量较大取值的概率 $P(Y=1)$ 建立模型，所以要看清因变量的赋值情况，确保分析结果的解释是正确的。

③ Categorical Variables Codings(分类变量编码)

我们的自变量中涉及代表不同地域类型的分类变量，如图 13.3.7 所示。原始数据属于中部的地区用“1”表示，共有 9 个，不是中部的地区用“0”表示，共有 22 个。但是 SPSS 软件默认以最高取值为对照，因为属于中部地区的代码取值“1”大于不是中部地区的代码取值“0”，所以 SPSS 软件将属于中部的地区变为对照组(记为“0”)，软件改变了编码，在这次 SPSS 分析过程中，“0”代表属于中部的地区，“1”代表不属于中部的地区。记住这个分类对后面的预测分析非常重要。

Dependent Variable Encoding

Original Value	Internal Value
No	0
Yes	1

图 13.3.6　因变量编码

Categorical Variables Codings

		Frequency	Paramete (1)
中部	0	22	1.000
	1	9	.000

图 13.3.7　分类变量编码

开始模型拟合，首先是初值模型的分析(Block0：Beginning Block)。

④ Classification Table(初始分类表)。

Logistic 建模如同其他很多种建模方式一样，首先对模型参数赋予初始值，然后借助迭代计算寻找最佳值。以误差最小为原则，或者以最大似然为原则，促使迭代过程收敛。当参数收敛到稳定值之后，就给出了我们需要的比较理想的参数值。下面是用初始值给出的预测和分类结果，如图 13.3.8 所示。这个结果主要用于对比，比较模型参数收敛前后的效果。该图也可以看成是不含任何自变量，只有常数项（称为无效模型或截距模型）的模型输出结果，可见当模型不含任何自变量时，所有省区都被预测为城市化程度低，总预测准确率为 58.1%。

Classification Table[a,b]

Observed			Predicted		
			城市化		Percentage Correct
			No	Yes	
Step 0	城市化	No	18	0	100.0
		Yes	13	0	.0
	Overall Percentage				58.1

a. Constant is included in the model.

b. The cut value is .500

图 13.3.8　初始预测分类表

⑤ Variables in the Equation（初始模型方程中的变量）

可以看到系统对模型的最初赋值方式，如图 13.3.9 所示。最开始仅仅对常数项赋值，结果为 $B=-0.325$，标准误差为 S.E. $=0.364$，于是 Wald 值为

$$\text{Wald}=\left(\frac{B}{\text{S.E.}}\right)^2=\left(\frac{-0.325}{0.364}\right)^2\approx 0.799$$

后面的 df 为自由度，即 df $=1$；Sig. 为 p 值，Sig. $=0.371$。

注意：Sig. 值越低越好，一般要求小于 0.05。当然，对于 Sig. 值，我们关注的是最终模型的显示结果，由于此处是只有常数项的初始模型，也可以不用关注是否统计显著。Exp(B) 是对 B 进行指数运算的结果，有

$$\text{Exp}(B)=e^B=e^{-0.325}\approx 0.722$$

Variables in the Equation

		B	S.E.	Wald	df	Sig.	Exp(B)
Step 0	Constant	-.325	.364	.799	1	.371	.722

图 13.3.9　初始方程中的变量

⑥ Variables not in the Equation（不在初始方程中的变量）

图 13.3.10 反映了如果初始模型外的自变量纳入模型，则整个模型的拟合优度改变是否统计显著。在初始模型中不考虑人均可支配收入和代表地理位置的中部这两个变量。图 13.3.10 给出了 Score 检验值及其对应的自由度 df 和 Sig. 值。

Score 检验值的计算公式为

$$\text{Score}_x=\frac{\left[\sum_{i=1}^{n}x_i(y_i-\overline{y})\right]^2}{\overline{y}(1-\overline{y})\sum_{i=1}^{n}(x_i-\overline{x})^2}$$

其中，y 是因变量，取值为 0，1，x 是自变量，可得

$$\text{Score}_{\text{人均可支配收入}}=12.027,\ \text{Score}_{\text{中部}}=0.033$$

人均可支配收入的 Score 检验值满足一般的要求，说明引入人均可支配收入变量，模型比初始模型的改变有统计显著作用。中部变量的 Score 检验值偏低，在模型中引入该变量，模型比初

始模型的改变没有统计显著作用。

Variables not in the Equation[a]

			Score	df	Sig.
Step 0	Variables	中部(1)	.033	1	.856
		人均可支配收入	12.027	1	.001

a. Residual Chi-Squares are not computed because of redundancies.

图 13.3.10 不在初始方程中的变量

接下来的结果是模型引入自变量后的输出结果(Block1:Method = Enter)。Method = Enter 是默认的变量进入方法(Enter 法),所有自变量都进入模型。

⑦ Omnibus Tests of Model Coefficients(模型系数的混合检验)

主要是针对步骤(Step)、模块(Block) 和模型(Model) 开展模型系数的综合性全局检验,如图 13.3.11 所示,用来说明模型中的自变量是否有显著解释作用。图中给出似然比检验的卡方值及其相应的自由度、p 值。查卡方表,自由度为 2 的卡方临界值为 5.991(显著性水平为 0.05)。本例选取了默认的变量进入方法(Enter 法),所以 3 个统计量及检验结果都一致。本例的卡方值为 18.864,大于临界值,相应的 Sig. 值为 0.000,因此在显著性水平为 0.05 的情况下,说明模型整体检验十分显著,两个自变量至少有一个有显著解释作用。

Omnibus Tests of Model Coefficients

		Chi-square	df	Sig.
Step 1	Step	18.864	2	.000
	Block	18.864	2	.000
	Model	18.864	2	.000

图 13.3.11 模型系数的混合检验

⑧ Model Summary(模型摘要)

模型摘要中给出最大似然平方的对数、Cox-Snell 拟合优度以及 Nagelkerke 拟合优度值。

在图 13.3.12(a) 中,最大似然平方的对数值(−2Loglikelihood) 为 23.301,它用于检验模型的整体拟合效果,该值在理论上服从卡方分布,卡方临界值为 5.991(显著性水平为 0.05),该值越大,拟合程度越差。在模型完全拟合观测值时,该值为 0,此例图 13.3.12(a) 所示的模型拟合程度不太好。

我们在评价回归模型时,经常将其与截距模型相比较。截距模型就是只有截距的模型(Logit $p = a_0$),以截距模型为标准,比较加入其他自变量后的新模型与数据的拟合水平是否有显著提高,看这些自变量是否提供了对因变量变化的解释。下面给出截距模型,同时解释一下 Cox-Snell 拟合优度以及 Nagelkerke 拟合优度值与最大似然平方对数值的关系。

我们做一次特殊的 Logistic 回归(截距模型)。在图 13.3.1 所示的选项中,从协变量(Covariates) 列表框中剔除“人均可支配收入”和“中部”两个选项,选中并引入常数项 —— 对应于常系数、所有数值均为 1 的变量,以常数项为唯一的自变量,其他选项不变,开展 Logistic 回归,结果将会给出特别的模型摘要,如图 13.3.12(b) 所示,−2Loglikelihood = 42.165 为未引入任何真正自变量的最大似然对数平方值。

图 13.3.11 假设模型的卡方检验值是图 13.3.12(a) 和图 13.3.12(b) 所示的两个模型的检验值之差(42.165 − 23.301 = 18.864),体现图 13.3.12(a) 所示的模型与图 13.3.12(b) 所示的截距模型的拟合差异。

Model Summary

Step	-2 Log likelihood	Cox & Snell R Square	Nagelkerke R Square
1	23.301[a]	.456	.613

a. Estimation terminated at iteration number 7 because parameter estimates changed by less than .001.

(a) 以人均可支配收入和中部为自变量的回归模型摘要

Model Summary

Step	-2 Log likelihood	Cox & Snell R Square	Nagelkerke R Square
1	42.165[a]	.000	.000

a. Estimation terminated at iteration number 3 because parameter estimates changed by less than .001.

(b) 以常数项（数值为1）为自变量的回归模型摘要

图 13.3.12　回归模型摘要

Cox-Snell 拟合优度计算公式为

$$R_{\mathrm{CS}}^2 = 1 - \mathrm{e}^{\frac{-2}{n}[\ln L(B) - \ln L(0)]} = 1 - \mathrm{e}^{\frac{1}{n}[\chi(B)^2 - \chi(0)^2]}$$

可见，R_{CS}^2 值越接近 0，模型与截距模型的拟合越好。

Nagelkerke 拟合优度相当于校正后的 Cox-Snell 拟合优度，计算公式为

$$R_N^2 = \frac{R_{\mathrm{CS}}^2}{R_{\max}^2} = \frac{R_{\mathrm{CS}}^2}{1 - \mathrm{e}^{\frac{2}{n}\ln L(0)}} = \frac{R_{\mathrm{CS}}^2}{1 - \mathrm{e}^{-\frac{1}{n}\chi(0)^2}}$$

本例中，$R_{\mathrm{CS}}^2 = 1 - \mathrm{e}^{\frac{1}{31}(23.301 - 42.165)} \approx 0.456$，$R_N^2 = \dfrac{R_{\mathrm{CS}}^2}{1 - \mathrm{e}^{\frac{2}{n}\ln L(0)}} = \dfrac{0.456}{1 - \mathrm{e}^{-\frac{1}{31}\times 42.165}} \approx 0.613$。

⑨ Hosmer and Lemeshow Test（Hosmer 和 Lemeshow 检验）

由于似然比函数的对数值对样品数目很敏感，作为补充和参照，需要 Hosmer 和 Lemeshow 检验，如图 13.3.13 所示。该检验是看因变量实际观测值与模型预测值的分布是否有差异，H_0 表示没有差异，拒绝 H_0，表示模型拟合差。依然以卡方分布为标准，但检验的方向与常规检验不同：我们要求其卡方值低于临界值，而不是高于临界值。取显著性水平 0.05，考虑自由度数目 df = 8，卡方临界值为 15.507。Hosmer 和 Lemeshow 检验的卡方值 $6.056 < 15.507$，Sig. 值 0.641 大于 0.05，可以判知模型拟合较好。

Hosmer and Lemeshow Test

Step	Chi-square	df	Sig.
1	6.056	8	.641

图 13.3.13　Hosmer 和 Lemeshow 检验

⑩ Contingency Table for Hosmer and Lemeshow Test（对应于 Hosmer 和 Lemeshow 检验的列联表）

因变量有两类数值，即 0 和 1。在正常情况下，对迭代最后得到的模型，我们要求观测值（Observed）与期望值（Expected）逐渐趋于接近，如图 13.3.14 所示。我们的计算结果表明，相应于“城市化 = No”，期望值逐渐减少到 0.042，与观测值趋于接近；相应于“城市化 = Yes”，期望值逐渐增加到 4，与观测值也趋于接近。这种结果是比较理想的，否则，模型的 Hosmer 和 Lemeshow 检验就不太理想，从而模型的整体拟合效果不是很好。

⑪ Classification Table（最终预测分类表）

利用最终的 Logistic 模型，可以对因变量进行预测，预测结果和案例观测值的交互如图 13.3.15 所示。可以看出，观测值（城市化 = Yes）有 13 个，相应的预测值（城市化 = Yes）有 8 个，预测正确率为 $(8/13)\times 100\% = 61.5\%$；观测值（城市化 = No）有 18 个，相应的预测值（城市化 = No）有 15 个，预测正确率为 $(15/18)\times 100\% = 83.3\%$。所以，全部 31 个样品有 23 个预测正确，8 个判错，总的预测正确率为 $[(8+15)/(13+18)]\times 100\% = 74.2\%$，模型效果较好。初始模型预测准确率为 58.1%，新自变量引入后提高到 74.2%，说明新自变量的引入对改善预测效果有意义。

Contingency Table for Hosmer and Lemeshow Test

		城市化 = No		城市化 = Yes		Total
		Observed	Expected	Observed	Expected	
Step 1	1	3	2.935	0	.065	3
	2	3	2.846	0	.154	3
	3	3	2.679	0	.321	3
	4	2	2.600	1	.400	3
	5	1	2.213	2	.787	3
	6	2	1.849	1	1.151	3
	7	2	1.589	1	1.411	3
	8	2	1.037	1	1.963	3
	9	0	.210	3	2.790	3
	10	0	.042	4	3.958	4

图 13.3.14　对应于 Hosmer 和 Lemeshow 检验的列联表

Classification Table[a]

Observed			Predicted		
			城市化		Percentage Correct
			No	Yes	
Step 1	城市化	No	15	3	83.3
		Yes	5	8	61.5
	Overall Percentage				74.2

a. The cut value is .500

图 13.3.15　最终预测分类

⑫ Variables in the Equation(最终模型中的变量)

图 13.3.16 给出各自变量的回归系数和检验情况，本例最终模型参数估计值：常系数为 -11.363，中部的回归系数为 -1.858，人均可支配收入的回归系数为 0.001。S. E. 为相应的标准误差。和图 13.3.9 的含义类似，Wald 值是用来检验偏回归系数显著程度的，Wald 值越大表明该自变量的作用越显著。Wald 值为回归系数与标准误差比值的平方，例如

$$\text{Wald}_{\text{中部(1)}} = \left(\frac{B}{\text{S. E.}}\right)^2 = \left(\frac{-1.858}{1.144}\right)^2 \approx 2.639$$

其余依次类推。由于不知道 Wald 的临界值，我们可以考察后面的 Sig. 值。从显著性水平(Sig. 值) 可以看出，常系数和人均可支配收入回归系数的 Sig. 值小于 0.02，Wald 检验在 0.05 显著性水平上是显著的，而中部的回归系数 Sig. 值接近 0.1，一般显著，这个结果可以与前面的 Score 检验形成对照。

Exp(B) 是对回归系数 B 值进行指数运算的结果，例如

$$\text{Exp}(B_{\text{中部}}) = e^{-1.858} = 0.156$$

B 是负值时，Exp(B) 小于 1，中部系数的指数值 Exp(B) 小于 1，反映中部对城市化因变量的影响是反向的，原因是中部省区的城市化程度不太高。B 是正值时，Exp(B) 大于 1，人均可支配收入系数的指数值 Exp(B) 大于 1，反映人均可支配收入对城市化因变量的影响是正向的，人均可支配收入高的省区城市化程度高。

Exp(B) 提供了发生比率，表示人均可支配收入每增加 1 元，城市化程度高的发生比将是原来的 1.001 倍，即比原来提高 0.001 倍。中部的发生比率表示中部省区城市化程度高的发生比是非中部省区的 0.156，即非中部省区的城市化程度高于中部省区，注意这是偏回归系数，即一个自变量在控制其他自变量的情况下单独作用，所以指的是在人均可支配收入相同的省区有非中部省区的城市化程度高于中部省区。

Variables in the Equation

		B	S.E.	Wald	df	Sig.	Exp(B)	95.0% C.I.for EXP(B)	
								Lower	Upper
Step 1[a]	中部(1)	-1.858	1.144	2.639	1	.104	.156	.017	1.467
	人均可支配收入	.001	.000	6.240	1	.012	1.001	1.000	1.001
	Constant	-11.363	4.525	6.305	1	.012	.000		

a. Variable(s) entered on step 1: 中部, 人均可支配收入.

图 13.3.16　最终模型中的变量

我们关心的建模与预测,从图 13.3.16 所示的结果可以建立如下线性关系

$$\theta = -11.363 - 1.858 \times (\text{中部}(1)) + 0.001 \times \text{人均可支配收入} \qquad (13.3.7)$$

为了代入原始数据方便,并且考虑 SPSS 改变了“中部”变量的编码,式(13.3.7)可以改写为

$$\theta = -11.363 - 1.858 \times (1 - \text{中部}) + 0.001 \times \text{人均可支配收入} \qquad (13.3.8)$$

将关系式(13.3.8)代入 Logistic 函数($p = \frac{1}{1+e^{-\theta}}$)中,得到 Logistic 线性回归模型

$$p(y=1) = p = \frac{1}{1+e^{-(-11.363-1.858\times(1-\text{中部})+0.001\times\text{人均可支配收入})}} \qquad (13.3.9)$$

根据式(13.3.9),就可以对因变量的发生概率进行预测。

当自变量为分类变量时有两种情况。

第一种情况是只有两个分类,如本例“中部”变量只有“是”和“否”,值只有“1”和“0”两个,自变量一个单位的变化就代表着两种类型之间的差异在因变量上形成的变化,这种情况与一般自变量相同,是否设置虚拟变量都行。

若设置虚拟变量,可以在“Define Categorical Variables”子对话框进行虚拟变量设置。要注意,“中部”变量在原始数据中:属于中部地区取值为“1”,属于非中部地区取值为“0”。SPSS 软件默认以最高取值为对照,“1”高于“0”,所以属于中部变为基础对照水平,即软件里“中部”变量变为:属于中部地区代码为“0”,属于非中部地区代码为“1”。软件分析的结果是中部(1)的情况。结果见图 13.3.17。

Variables in the Equation

		B	S.E.	Wald	df	Sig.	Exp(B)	95.0% C.I.for EXP(B)	
								Lower	Upper
Step 1[a]	中部(1)	-1.858	1.144	2.639	1	.104	.156	.017	1.467
	人均可支配收入	.001	.000	6.240	1	.012	1.001	1.000	1.001
	Constant	-11.363	4.525	6.305	1	.012	.000		

a. Variable(s) entered on step 1: 中部, 人均可支配收入.

图 13.3.17　虚拟变量设置后模型结果一

此例也可以将“中部”变量当成一般自变量,无须在“Define Categorical Variables”框进行虚拟变量设置,直接分析,模型结果见图 13.3.18。

Variables in the Equation

		B	S.E.	Wald	df	Sig.	Exp(B)	95.0% C.I.for EXP(B)	
								Lower	Upper
Step 1[a]	中部	1.858	1.144	2.639	1	.104	6.411	.681	60.308
	人均可支配收入	.001	.000	6.240	1	.012	1.001	1.000	1.001
	Constant	-13.221	5.011	6.961	1	.008	.000		

a. Variable(s) entered on step 1: 中部, 人均可支配收入.

图 13.3.18　虚拟变量未设置后模型结果二

可见，是否进行分类自变量的虚拟变量设置，带来的结果大部分是相同的，只是由于对照组的不同，模型的分类自变量系数符号方向相反，还有基础水平改变了，所以常数项不同。

第二种情况，若分类自变量有 $m(m>2)$ 种分类，就必须要设立 $m-1$ 个虚拟变量。

例如，有 3 种类型的定性变量，虚拟变量设置的系统默认值为“Indicator”，以最后一个类为对照，则虚拟变量赋值为$\begin{matrix} 1 & 0 \\ 0 & 1 \\ 0 & 0 \end{matrix}$，即设两个虚拟变量 d_1，d_2，虚拟变量赋值为$\begin{matrix} d_1 & d_2 \\ 1 & 0 \\ 0 & 1 \\ 0 & 0 \end{matrix}$，此时 logit p 方程为

$$\text{logit } p = \ln \Omega = a_0 + a_1 d_1 + a_2 d_2 + a_3 x_3$$

其中，d_i 是虚拟变量，x_3 是自变量。将虚拟变量对不同类型的编码代入方程，可得方程

	虚拟变量编码	每一类型的回归方程
第一类：	1　0	logit $p = a_0 + a_1 + a_3 x_3$，$d_1 = 1$，$d_2 = 0$
第二类：	0　1	logit $p = a_0 + a_2 + a_3 x_3$，$d_1 = 0$，$d_2 = 1$
第三类：	0　0	logit $p = a_0 + a_3 x_3$，$d_1 = 0$，$d_2 = 0$

⑬ 预测

我们在“Save”子对话框中，选中预测值的全部选项，会在原始数据窗口给出预测概率值（变量名为 PRE_1）和根据预测概率值判断所属类别（变量名为 PGE_1），判类是根据预测概率数值四舍五入（按照 0.5 为分界点）进行的，所有的预测值都变成“0”或者“1”。SPSS 结果见表 13.3.3，其中有 8 个判错。表 13.3.3 的预测分类判错结果与图 13.3.15 所示的一样。

表 13.3.3　城市判类结果

地　区	人均可支配收入	中　部	城市化	预测概率值	城市化判类	地　区	人均可支配收入	中　部	城市化	预测概率值	城市化判类
北京	32 903.0	0	1	0.998 99	1	湖北	18 373.9	1	1	0.467 63	0
天津	26 920.9	0	1	0.962 23	1	湖南	18 844.1	1	0	0.539 37	1
河北	18 292.2	0	0	0.115 31	0	广东	26 897.5	0	1	0.961 71	1
山西	18 123.9	1	0	0.429 84	0	广西	18 854.1	0	0	0.155 25	0
内蒙古	20 407.6	1	1	0.752 82	1	海南	18 369.0	0	0	0.120 19	0
辽宁	20 466.8	0	1	0.330 02	0	重庆	20 249.7	0	1	0.301 36	0
吉林	17 796.6	1	1	0.381 64	0	四川	17 899.1	0	0	0.092 97	0
黑龙江	15 696.2	1	1	0.145 95	0	贵州	16 495.0	0	0	0.041 63	0
上海	36 230.5	0	1	0.999 87	1	云南	18 575.6	0	0	0.134 20	0
江苏	26 340.7	0	1	0.947 00	1	西藏	16 195.6	0	0	0.034 91	0
浙江	30 970.7	0	1	0.996 71	1	陕西	18 245.2	0	0	0.112 42	0
安徽	18 606.1	1	0	0.503 08	1	甘肃	14 988.7	0	0	0.017 00	0
福建	24 907.4	0	1	0.881 50	1	青海	15 603.3	0	0	0.024 57	0
江西	17 494.9	1	0	0.339 16	0	宁夏	17 578.9	0	0	0.077 73	0
山东	22 791.8	0	0	0.671 14	1	新疆	15 513.6	0	0	0.023 29	0
河南	18 194.8	1	0	0.440 50	0						

13.4 习　　题

1. 表 13.4.1 为某抽样研究资料，试填补空白处数据，并根据最后 3 栏结果作简要分析。

表 13.4.1　某地各年龄组恶性肿瘤死亡情况

年龄／岁	人口数／人	死亡总数／人	恶性肿瘤死亡数／人	恶性肿瘤死亡占总死亡的百分比	恶性肿瘤年龄别死亡率(1/10 万)	年龄别死亡率(‰)
0～19	82 920		4	2.90		
20～39		63		19.05	25.73	
40～59	28 161	172	42			
60 及以上			32			
合　计	167 090	715	90	12.59		

2. 对数线性模型分析的优缺点是什么？

3. 在住院病人中，研究其受教育程度与对保健服务满意程度的关系，资料列联表如表 13.4.2 所示。请对该数据进行对数线性模型分析。

表 13.4.2　列联表数据

对保健服务满意程度	受教育程度		
	高	中	低
满意／(%)	65	272	41
不满意／(%)	6	18	1

4. 试用 SPSS 软件分析某个实际问题的 Logistic 回归模型。

第14章　多维标度分析

“学者不能离开统计而研究，政治家不能离开统计而施政，实业家不能离开统计而执业。”

——马寅初

生活中，给你一组城市，你总能从地图上测出任何城市间的距离。但若给你若干城市的距离，你能否确定这些城市的相对位置?假如你只知道哪两个城市最近，哪两个城市次近等，你是否还能确定它们之间的相对位置?假如知道10种饮料在消费者心中的相似程度，你能否确定这些产品在消费者心理空间中的相对位置?实际中常遇到类似问题。多维标度法就是解决这类问题的方法，它是将高维空间中的研究对象简化到低维空间中进行定位、归类和分析，且有效保留研究对象间原始关系的多元数据分析技术的总称。在前面的章节中曾讨论过类似问题，在主成分分析中，用主成分得分对样品作图；在判别分析中，对前两个线性判别量的得分作图，等等。本章中讨论的多维标度分析将原始数据“拟合”到一个低维坐标系中，使得由降维所引起的任何变形达到最小。

14.1　什么是多维标度分析

多维标度分析(Multidimensional Scaling，MDS)最早产生于20世纪三四十年代Richardson及Klingberg等人在心理测度学的研究，用于理解人们判断的相似性。1958年Torgerson在其博士论文中首次正式提出多维标度法，他为经典多维标度法提供了一个基于特征值分解的解。事实上，MDS是一类统计分析方法的统称，著名计量心理学家Shephard和Kruskal分别于1962年和1964年对该方法进一步发展完善，他们对Torgerson的工作在计算上和概念上进行了实质性的改进，另外Kruskal(1964)还提出了最小二乘多维标度法，并且还提供了一种最小化算法，即Kruskal算法。1966年Gower为经典多维标度法提供了另一种解，并且给出了其与主成分分析的联系。1970—1972年Green及其同事将它应用于市场研究方面，主要研究消费者的态度，衡量消费者的知觉。之后很多学者在最优化算法、针对特定问题的多维标度分析、多维标度法的应用等方面做出贡献。

关于软件操作上，Heiser和Meulman(1999)为SPSS开发了Proxscal模块，利用SPSS软件分析多维标度问题；Tenenbaum(2002)提出了动态多维标度法的相关理论，利用软件GGvis处理动态多维标度法；De Leeuw和Mmr(2008)为R软件编写了多维标度法最优化算法的程序包。多维标度法已经成为广泛用于心理学、市场调查、社会学及生物学等领域的数据分析方法，经常被用于探索性数据分析、信息可视化和心理学数据分析。

在聚类分析中,对于给定坐标的一组样品,容易计算它们两两之间的距离或相似系数。多维标度法是逆问题,即给定样品两两之间的距离或相似度的排序,反求各样品点的坐标。

有 n 个由高维指标反映的样品,反映这些样品的指标的具体个数是不清楚的,甚至连指标本身也是模糊的,更谈不上直接观测它,所知道的仅仅是这些样品之间的某种距离(既可以是实际距离,不一定是通常的欧氏距离,也可以是某种主观判断的相似性),有学者称之为接近性(proximity)信息。我们希望由这种距离或者相似性给出的信息出发,在较低维(r 维)的空间对这 n 个样品进行解释,并绘制这 n 个样品的低维空间图形(感知图,perceptual mapping,也称为定位图),从而尽可能地反映这些样品之间的结构关系,这就是多维标度法所要研究的问题。

多维标度法的基本思想:用低维(r 维)空间中的 n 个点去重新标度和展示高维(p 维)空间中的 n 个点($r < p$),使其尽可能与原先的相似性(或距离)"大体匹配",使得由降维所引起的任何变形达到最小。

多维标度法内容丰富、方法较多。广义的MDS可以将聚类分析和对应分析也包括进来。它将涵盖任何从多变量数据中产生观测对象的图像化技术。此处,我们介绍的是狭义的多维标度法,根据它所利用的信息来看,常见分类如下。

按相似性(或距离)数据测量尺度的不同,可分为度量 MDS(metric MDS)和非度量 MDS(nonmetric MDS)。当利用原始相似性(距离)的实际数值为间隔尺度和比率尺度时称为度量 MDS;当利用原始相似性(距离)的等级顺序(即有序尺度)而非实际数值时称为非度量 MDS。

按相似性(或距离)矩阵的个数和MDS模型的性质,可分为古典多维标度(classical MDS,一个矩阵,无权重模型)、重复多维标度(replicated MDS,几个矩阵,无权重模型)、权重多维标度(WMDS,几个矩阵,权重模型)。

按相似性(或距离)矩阵是否对称,可分为对称多维标度分析和非对称多维标度分析。如国家间的移民问题、贸易不平衡问题、城市间电话呼叫问题、消费者消费品牌的转换问题、心理学中的混淆矩阵问题及社会交往问题等,都可以通过非对称多维标度分析得到很好的解决。本章介绍常用的古典多维标度法和非度量多维标度法。

14.2 古典多维标度分析

相似数据:如果用较大的数据表示非常相似,用较小的数据表示非常不相似,则数据为相似数据。例如,用"10"表示两种饮料非常相似,用"1"表示两种饮料非常不相似。

相异数据(不相似数据):如果用较大的数值表示非常不相似,用较小的数值表示非常相似,则数据为不相似数据,也称距离数据。例如,用"10"表示两种饮料非常不相似,用"1"表示两种饮料非常相似。通常这种情况较多,请读者根据具体情况去辨别。

例 14.1 表 14.2.1 是美国 10 个城市之间的飞行距离(航线距离),据此我们如何在平面坐标上标出这 10 个城市之间的相对位置,使之尽可能接近表中的距离数据呢?

表 14.2.1 美国 10 个城市间的飞行距离

城市代号	城市代号									
	1	2	3	4	5	6	7	8	9	10
1	0	587	1 212	701	1 936	604	748	2 139	2 182	543
2	587	0	920	940	1 745	1 188	713	1 858	1 737	597

续表

城市代号	城市代号									
	1	2	3	4	5	6	7	8	9	10
3	1 212	920	0	879	831	1 726	1 631	949	1 021	1 494
4	701	940	879	0	1 374	968	1 420	1 645	1 891	1 220
5	1 936	1 745	831	1 374	0	2 339	2 451	347	959	2 300
6	604	1 188	1 726	968	2 339	0	1 092	2 594	2 734	923
7	748	713	1 631	1 420	2 451	1 092	0	2 571	2 408	205
8	2 139	1 858	949	1 645	347	2 594	2 571	0	678	2 442
9	2 182	1 737	1 021	1 891	959	2 734	2 408	678	0	2 329
10	543	597	1 494	1 220	2 300	923	205	2 442	2 329	0

注："1"表示 Atlanta，"2"表示 Chicago，"3"表示 Denver，"4"表示 Houston，"5"表示 Los Angeles，"6"表示 Miami，"7"表示 New York，"8"表示 San Francisco，"9"表示 Seattle，"10"表示 Washington，DC。

在解决上述问题之前，我们首先明确与多维标度法相关的概念。

若用 $\boldsymbol{D}=(d_{ij})$ 表示表 14.2.1 的矩阵，名义上虽是飞行距离矩阵，但并不一定是通常所理解的距离阵，我们首先把距离矩阵的概念加以推广。

定义 14.2.1　一个 $n\times n$ 阶的矩阵 $\boldsymbol{D}=(d_{ij})_{n\times n}$，如果满足条件

$$\boldsymbol{D}=\boldsymbol{D}^{\mathrm{T}}$$

$$d_{ij}\geqslant 0,\ d_{ii}=0,\ i,j=1,2,\cdots,n$$

则矩阵 $\boldsymbol{D}$ 称为广义距离阵，d_{ij} 称为第 i 点与第 j 点间的距离。

广义距离是通常理解的距离的扩展，广义距离并不一定满足通常距离的三角不等式。

定义 14.2.2　若 $\boldsymbol{S}=(s_{ij})_{n\times n}$，其中 $s_{ij}=d_{ij}^2$，则 $\boldsymbol{S}$ 称为平方广义距离矩阵。

定义 14.2.3　对于一个 $n\times n$ 的距离阵 $\boldsymbol{D}=(d_{ij})_{n\times n}$，如果存在某个正整数 r 和 $\mathbb{R}^r$ 中的 n 个点 $\boldsymbol{X}_1,\boldsymbol{X}_2,\cdots,\boldsymbol{X}_n$，使得

$$d_{ij}^2=(\boldsymbol{X}_i-\boldsymbol{X}_j)^{\mathrm{T}}(\boldsymbol{X}_i-\boldsymbol{X}_j),i,j=1,2,\cdots,n$$

则称 $\boldsymbol{D}$ 为欧氏距离阵。

古典多维标度分析(CMDS)是最简单的多维标度法。如果数据是广义距离阵，则使用下面给出的基于距离矩阵的 CMDS 法；如果数据不是广义距离阵，要通过一定的方法将其转换成广义距离阵，才能进行多维标度分析；如果数据是多个分析变量的原始数据，则要根据聚类分析中介绍的方法，计算分析对象间的相似测度，再将其转换成广义距离阵，进行多维标度分析。下面介绍已知距离矩阵时 CMDS 解。为了叙述方便，给出下面的定义。

定义 14.2.4　已知 n 个点的距离阵 $\boldsymbol{D}$，设 r 维空间中的 n 个点为 $\boldsymbol{X}_1,\boldsymbol{X}_2,\cdots,\boldsymbol{X}_n$，用矩阵表示为 $\boldsymbol{X}=(\boldsymbol{X}_1,\boldsymbol{X}_2,\cdots,\boldsymbol{X}_n)^{\mathrm{T}}$，求得 r 维空间中的 n 个点之间的距离阵 $\hat{\boldsymbol{D}}$，如果 $\hat{\boldsymbol{D}}$ 和 $\boldsymbol{D}$ 尽可能接近，称 $\boldsymbol{X}$ 为距离阵 $\boldsymbol{D}$ 的一个拟合构图，称 $\boldsymbol{X}_i$ 为距离阵 $\boldsymbol{D}$ 的一个拟合构造点，称距离阵 $\hat{\boldsymbol{D}}$ 为 $\boldsymbol{D}$ 的拟合距离阵。

特别地，当 $\hat{\boldsymbol{D}}=\boldsymbol{D}$ 时，称 $\boldsymbol{X}$ 为 $\boldsymbol{D}$ 的一个构图(多维标度解)，称 $\boldsymbol{X}_i$ 为 $\boldsymbol{D}$ 的一个构造点。

所以多维标度法的目标为：对于 n 个点之间的广义距离阵 $\boldsymbol{D}=(d_{ij})_{n\times n}$，寻找 r 和 $\mathbb{R}^r$ 中的 n 个点 $\boldsymbol{X}_1,\boldsymbol{X}_2,\cdots,\boldsymbol{X}_n$，用 $\hat{d}_{ij}$ 表示 $\boldsymbol{X}_i$ 与 $\boldsymbol{X}_j$ 的欧式距离，$\hat{\boldsymbol{D}}=(\hat{d}_{ij})_{n\times n}$，使得 $\hat{\boldsymbol{D}}$ 与 $\boldsymbol{D}$ 在某种意义下相近(拟合程度强)。

需要指出，多维标度法的解不唯一，即 $\boldsymbol{D}$ 的构图不唯一。

14.2.1 已知距离矩阵时 CMDS 解

通过研究发现:当距离阵 $\boldsymbol{D}$ 为欧氏距离阵时,可求得一个 $\boldsymbol{D}$ 的构图 $\boldsymbol{X}$,当距离阵 $\boldsymbol{D}$ 不是欧氏距离阵时,只能求得 $\boldsymbol{D}$ 的拟合构图。在实际应用中,即使 $\boldsymbol{D}$ 为欧氏距离阵,为了绘图方便,一般也只求 $r=2$ 或 $r=3$ 的低维拟合构图。

1. 欧式距离阵的判断

如何判断一个距离阵 $\boldsymbol{D}$ 是否为欧式距离阵?如何在距离阵 $\boldsymbol{D}$ 为欧氏距离阵时,求得 $\boldsymbol{D}$ 的一个构图 $\boldsymbol{X}$?下面的定理会给出解答,先给出两个构造矩阵 $\boldsymbol{A}$ 和 $\boldsymbol{B}$,令

$$\boldsymbol{A}=(a_{ij}),a_{ij}=-\frac{1}{2}d_{ij}^2 \tag{14.2.1}$$

$$\boldsymbol{B}=\boldsymbol{HAH},\boldsymbol{H}=\boldsymbol{I}_n-\frac{1}{n}\boldsymbol{1}_n\boldsymbol{1}_n^{\mathrm{T}} \tag{14.2.2}$$

其中,$\boldsymbol{I}_n$ 为 $n\times n$ 阶单位阵,$\boldsymbol{1}_n$ 为分量都是 1 的 n 维列向量。

定理 14.2.1 设广义距离阵 $\boldsymbol{D}=(d_{ij})_{n\times n}$,$\boldsymbol{B}$ 由式(14.2.2)定义,则距离阵 $\boldsymbol{D}$ 是欧式距离阵的充要条件为 $\boldsymbol{B}\geqslant 0$。

证明: 首先考虑必要性,设 $\boldsymbol{D}=(d_{ij})_{n\times n}$ 是广义距离阵,$\boldsymbol{B}$ 由式(14.2.2)定义,$\boldsymbol{B}=\boldsymbol{HAH}$,$\boldsymbol{H}=\boldsymbol{I}_n-\frac{1}{n}\boldsymbol{1}_n\boldsymbol{1}_n^{\mathrm{T}}$,可得

$$\boldsymbol{B}=\boldsymbol{HAH}=\boldsymbol{A}-\frac{1}{n}\boldsymbol{AJ}-\frac{1}{n}\boldsymbol{JA}+\frac{1}{n^2}\boldsymbol{JAJ}$$

其中,$\boldsymbol{J}=\boldsymbol{1}_n\boldsymbol{1}_n^{\mathrm{T}}$,$\boldsymbol{A}=(a_{ij})$。设 $\boldsymbol{B}=(b_{ij})_{n\times n}$,经过计算可得

$$b_{ij}=a_{ij}-\frac{1}{n}\sum_{j=1}^{n}a_{ij}-\frac{1}{n}\sum_{i=1}^{n}a_{ij}+\frac{1}{n^2}\sum_{i=1}^{n}\sum_{j=1}^{n}a_{ij} \tag{14.2.3}$$

因为 $a_{ij}=-\frac{1}{2}d_{ij}^2$,所以

$$b_{ij}=\frac{1}{2}(-d_{ij}^2+\frac{1}{n}\sum_{j=1}^{n}d_{ij}^2+\frac{1}{n}\sum_{i=1}^{n}d_{ij}^2-\frac{1}{n^2}\sum_{i=1}^{n}\sum_{j=1}^{n}d_{ij}^2) \tag{14.2.4}$$

因为 $\boldsymbol{D}=(d_{ij})_{n\times n}$ 是欧氏距离阵,由定义 14.2.3,则存在 $\boldsymbol{X}_1,\boldsymbol{X}_2,\cdots,\boldsymbol{X}_n\in\mathbb{R}^r$,使得

$$d_{ij}^2=(\boldsymbol{X}_i-\boldsymbol{X}_j)^{\mathrm{T}}(\boldsymbol{X}_i-\boldsymbol{X}_j) \tag{14.2.5}$$

所以

$$\begin{aligned}d_{ij}^2&=(\boldsymbol{X}_i-\boldsymbol{X}_j)^{\mathrm{T}}(\boldsymbol{X}_i-\boldsymbol{X}_j)=\boldsymbol{X}_i^{\mathrm{T}}\boldsymbol{X}_i+\boldsymbol{X}_j^{\mathrm{T}}\boldsymbol{X}_j-\boldsymbol{X}_j^{\mathrm{T}}\boldsymbol{X}_i-\boldsymbol{X}_i^{\mathrm{T}}\boldsymbol{X}_j\\&=\boldsymbol{X}_i^{\mathrm{T}}\boldsymbol{X}_i+\boldsymbol{X}_j^{\mathrm{T}}\boldsymbol{X}_j-2\boldsymbol{X}_i^{\mathrm{T}}\boldsymbol{X}_j\end{aligned} \tag{14.2.6}$$

$$\frac{1}{n}\sum_{i=1}^{n}d_{ij}^2=\boldsymbol{X}_j^{\mathrm{T}}\boldsymbol{X}_j+\frac{1}{n}\sum_{i=1}^{n}\boldsymbol{X}_i^{\mathrm{T}}\boldsymbol{X}_i-\frac{2}{n}\sum_{i=1}^{n}\boldsymbol{X}_i^{\mathrm{T}}\boldsymbol{X}_j \tag{14.2.7}$$

$$\frac{1}{n}\sum_{j=1}^{n}d_{ij}^2=\boldsymbol{X}_i^{\mathrm{T}}\boldsymbol{X}_i+\frac{1}{n}\sum_{j=1}^{n}\boldsymbol{X}_j^{\mathrm{T}}\boldsymbol{X}_j-\frac{2}{n}\sum_{j=1}^{n}\boldsymbol{X}_i^{\mathrm{T}}\boldsymbol{X}_j \tag{14.2.8}$$

$$\frac{1}{n}\sum_{j=1}^{n}(\frac{1}{n}\sum_{i=1}^{n}d_{ij}^2)=\frac{1}{n^2}\sum_{i=1}^{n}\sum_{j=1}^{n}d_{ij}^2=\frac{1}{n}\sum_{i=1}^{n}\boldsymbol{X}_i^{\mathrm{T}}\boldsymbol{X}_i+\frac{1}{n}\sum_{j=1}^{n}\boldsymbol{X}_j^{\mathrm{T}}\boldsymbol{X}_j-\frac{2}{n}\sum_{i=1}^{n}\sum_{j=1}^{n}\boldsymbol{X}_i^{\mathrm{T}}\boldsymbol{X}_j \tag{14.2.9}$$

由式(14.2.6)至式(14.2.9),得知

$$
\begin{aligned}
b_{ij} &= \frac{1}{2}(-d_{ij}^2 + \frac{1}{n}\sum_{j=1}^{n} d_{ij}^2 + \frac{1}{n}\sum_{i=1}^{n} d_{ij}^2 - \frac{1}{n^2}\sum_{i=1}^{n}\sum_{j=1}^{n} d_{ij}^2) \\
&= \frac{1}{2}(2\boldsymbol{X}_i^{\mathrm{T}}\boldsymbol{X}_j - \frac{2}{n}\sum_{j=1}^{n}\boldsymbol{X}_i^{\mathrm{T}}\boldsymbol{X}_j - \frac{2}{n}\sum_{i=1}^{n}\boldsymbol{X}_i^{\mathrm{T}}\boldsymbol{X}_j + \frac{2}{n}\sum_{i=1}^{n}\sum_{j=1}^{n}\boldsymbol{X}_i^{\mathrm{T}}\boldsymbol{X}_j) \\
&= (\boldsymbol{X}_i^{\mathrm{T}}\boldsymbol{X}_j - \boldsymbol{X}_i^{\mathrm{T}}\overline{\boldsymbol{X}} - \overline{\boldsymbol{X}}^{\mathrm{T}}\boldsymbol{X}_j + \overline{\boldsymbol{X}}^{\mathrm{T}}\overline{\boldsymbol{X}}) = (\boldsymbol{X}_i - \overline{\boldsymbol{X}})^{\mathrm{T}}(\boldsymbol{X}_j - \overline{\boldsymbol{X}})
\end{aligned}
\tag{14.2.10}
$$

其中，$\overline{\boldsymbol{X}} = \frac{1}{n}\sum_{i=1}^{n}\boldsymbol{X}_i$。用矩阵表示为

$$
\boldsymbol{B}=(b_{ij})_{n\times n}=\begin{bmatrix}(\boldsymbol{X}_1-\overline{\boldsymbol{X}})^{\mathrm{T}}\\ \vdots \\ (\boldsymbol{X}_n-\overline{\boldsymbol{X}})^{\mathrm{T}}\end{bmatrix}(\boldsymbol{X}_1-\overline{\boldsymbol{X}},\cdots,\boldsymbol{X}_n-\overline{\boldsymbol{X}})=(\boldsymbol{HX})(\boldsymbol{HX})^{\mathrm{T}}\geqslant 0
$$

再来考虑充分性，如果 $\boldsymbol{B}\geqslant 0$，我们欲证 $\boldsymbol{D}$ 是欧氏型的。

记 $\lambda_1\geqslant\lambda_2\geqslant\cdots\geqslant\lambda_r$ 为 $\boldsymbol{B}$ 的正特征根，$\lambda_1,\lambda_2,\cdots,\lambda_r$ 对应的单位正交特征向量为 $\boldsymbol{e}_1,\boldsymbol{e}_2,\cdots,\boldsymbol{e}_r$，$\boldsymbol{\Gamma}=(\boldsymbol{e}_1,\boldsymbol{e}_2,\cdots,\boldsymbol{e}_r)$ 是单位正交特征向量为列组成的矩阵，令

$$
\boldsymbol{X}=(\sqrt{\lambda_1}\boldsymbol{e}_1,\sqrt{\lambda_2}\boldsymbol{e}_2,\cdots,\sqrt{\lambda_r}\boldsymbol{e}_r)=(x_{ij})_{n\times r} \tag{14.2.11}
$$

下面我们欲指出 $\boldsymbol{X}$ 正好为 $\boldsymbol{D}$ 的一个构图。

$\boldsymbol{X}$ 矩阵中每一行对应 r 维空间中的一个点，第 i 行用 $\boldsymbol{X}_i$ 表示，$\boldsymbol{X}_i$ 都为 r 维向量。

令 $\boldsymbol{\Lambda}=\mathrm{diag}(\lambda_1,\lambda_2,\cdots,\lambda_r)$，$\boldsymbol{\Gamma}=\boldsymbol{X}\boldsymbol{\Lambda}^{-\frac{1}{2}}$，所以 $\boldsymbol{\Gamma}$ 的列为 $\boldsymbol{B}$ 的标准正交化的特征向量，则

$$
\boldsymbol{B}=\boldsymbol{\Gamma}\boldsymbol{\Lambda}\boldsymbol{\Gamma}^{\mathrm{T}}=\boldsymbol{X}\boldsymbol{X}^{\mathrm{T}}
$$

即 $b_{ij}=\boldsymbol{X}_i^{\mathrm{T}}\boldsymbol{X}_j$。由于 $b_{ij}=\frac{1}{2}(-d_{ij}^2+\frac{1}{n}\sum_{j=1}^{n}d_{ij}^2+\frac{1}{n}\sum_{i=1}^{n}d_{ij}^2-\frac{1}{n^2}\sum_{i=1}^{n}\sum_{j=1}^{n}d_{ij}^2)$，因此，$(\boldsymbol{X}_i-\boldsymbol{X}_j)^{\mathrm{T}}(\boldsymbol{X}_i-\boldsymbol{X}_j)=\boldsymbol{X}_i^{\mathrm{T}}\boldsymbol{X}_i+\boldsymbol{X}_j^{\mathrm{T}}\boldsymbol{X}_j-2\boldsymbol{X}_i^{\mathrm{T}}\boldsymbol{X}_j=b_{ii}+b_{jj}-2b_{ij}=d_{ij}^2$，这样说明 $\boldsymbol{X}$ 正好为 $\boldsymbol{D}$ 的一个构图，且 $\boldsymbol{D}$ 是欧氏型的。

从定理的证明过程中，我们得到一些有用的结论。

① 在定理必要性证明中，若 $\boldsymbol{D}$ 是欧氏型的，则由式(14.2.2)定义的 $\boldsymbol{B}=(b_{ij})_{n\times n}$，可表示为式(14.2.10)，$b_{ij}=(\boldsymbol{X}_i-\overline{\boldsymbol{X}})^{\mathrm{T}}(\boldsymbol{X}_j-\overline{\boldsymbol{X}})$，说明 b_{ij} 是 $\boldsymbol{X}_i$ 和 $\boldsymbol{X}_j$ 中心化后的内积，称 $\boldsymbol{B}$ 为 $\boldsymbol{X}$ 的中心化内积阵。

② 在定理充分性证明中，给出从欧氏距离阵 $\boldsymbol{D}$ 出发得到构图 $\boldsymbol{X}$ 的步骤

$$
\boldsymbol{D}\xrightarrow{\text{式(14.2.1)}}\boldsymbol{A}\xrightarrow{\text{式(14.2.2)}}\boldsymbol{B}\xrightarrow{\text{充分性证明}}\boldsymbol{X}
$$

即只要按式(14.2.1)和式(14.2.2)求出内积矩阵 $\boldsymbol{B}$，求 $\boldsymbol{B}$ 的 r 个正特征值及所对应的单位正交特征向量，据式(14.2.11)即可求出 $\boldsymbol{X}$，取其行向量，可得 n 个 r 维向量，就得到低维(r 维)空间中 $\boldsymbol{D}$ 的一个构图。

2. CMDS 解

注意：并不是所有的距离阵都是欧氏距离阵，还存在非欧氏距离阵。当距离阵 $\boldsymbol{D}$ 为欧氏型时，定理 14.2.1 给出了求得一个 $\boldsymbol{D}$ 的构图 $\boldsymbol{X}$ 的方法。当距离阵 $\boldsymbol{D}$ 不是欧氏型时，不存在 $\boldsymbol{D}$ 的构图，只能求得 $\boldsymbol{D}$ 的拟合构图。在实际应用中，即使 $\boldsymbol{D}$ 为欧氏型，一般也只求 $r=2$ 或 $r=3$ 的低维拟合构图。

拟合构图怎么找呢？由刚才 $\boldsymbol{D}$ 获得 $\boldsymbol{X}$ 的方法给我们启示，下面利用主成分分析的思想给出求(非欧)距离阵的拟合构图 $\hat{\boldsymbol{X}}$ 的方法，得到的拟合构图称为多维标度法的古典解，该方法

称为古典多维标度法。

古典多维标度法的求解步骤如下。

① 根据距离阵 $\boldsymbol{D}=(d_{ij})_{n\times n}$ 的数据，按照式(14.2.1)构造 $\boldsymbol{A}$，$\boldsymbol{A}=(a_{ij})$，$a_{ij}=-\frac{1}{2}d_{ij}{}^{2}$。

② 根据 b_{ij} 得到 $\boldsymbol{B}$，$\boldsymbol{B}=(b_{ij})_{n\times n}$，$b_{ij}=a_{ij}-\frac{1}{n}\sum_{j=1}^{n}a_{ij}-\frac{1}{n}\sum_{i=1}^{n}a_{ij}+\frac{1}{n^2}\sum_{i=1}^{n}\sum_{j=1}^{n}a_{ij}$。

注意：或把①和②步骤合并，由式(14.2.4)，直接由 d_{ij} 求 b_{ij}，得到 $\boldsymbol{B}$

$$b_{ij}=\frac{1}{2}\left(-d_{ij}^2+\frac{1}{n}\sum_{j=1}^{n}d_{ij}^2+\frac{1}{n}\sum_{i=1}^{n}d_{ij}^2-\frac{1}{n^2}\sum_{i=1}^{n}\sum_{j=1}^{n}d_{ij}^2\right)$$

③ 计算内积矩阵 $\boldsymbol{B}$ 的特征值 $\lambda_1\geqslant\lambda_2\geqslant\cdots\geqslant\lambda_n$，若无负特征根，表明 $\boldsymbol{B}\geqslant0$，从而 $\boldsymbol{D}$ 是欧氏型的；若有负特征根，$\boldsymbol{D}$ 不一定是欧氏型的。取 $\boldsymbol{B}$ 的前 r 个最大特征值 $\lambda_1\geqslant\lambda_2\geqslant\cdots\geqslant\lambda_r>0$，计算前 r 个最大特征值对应的正交单位特征向量 $\boldsymbol{e}_1,\boldsymbol{e}_2,\cdots,\boldsymbol{e}_r$。其中，$r$ 的确定有两种方法：一是事先确定 $r=1,2$ 或 3；二是通过计算前 r 个大于零的特征值占全体特征值的比例 κ 确定，即

$$\kappa_1=\frac{\lambda_1+\lambda_2+\cdots+\lambda_r}{|\lambda_1|+|\lambda_2|+\cdots+|\lambda_n|}\geqslant\kappa_0$$

或者

$$\kappa_2=\frac{\lambda_1^2+\lambda_2^2+\cdots+\lambda_r^2}{\lambda_1^2+\lambda_2^2+\cdots+\lambda_n^2}\geqslant\kappa_0$$

κ_0 为预先给定的变差贡献比例。这两个量相当于主成分分析中的累积贡献率。

④ 令 $\hat{\boldsymbol{X}}=(\sqrt{\lambda_1}\boldsymbol{e}_1,\sqrt{\lambda_2}\boldsymbol{e}_2,\cdots,\sqrt{\lambda_r}\boldsymbol{e}_r)=(x_{ij})_{n\times r}$，则 $\hat{\boldsymbol{X}}$ 的行向量即为欲求的 r 维拟合构图(简称古典解)。

值得注意的是，由于多维标度法求解的 n 个点仅仅要求它们的相对欧氏距离与 $\boldsymbol{D}$ 相近，也就是说，只与相对位置相近而与绝对位置无关，根据欧氏距离在正交变换和平移变换下的不变性，显然所求的解并不唯一。

例 14.2 已知距离阵 $\boldsymbol{D}$ 如下，由于 $\boldsymbol{D}$ 为对称阵，此处仅给出一半数据

$$\boldsymbol{D}=\begin{pmatrix}0 & 1 & \sqrt{3} & 2 & \sqrt{3} & 1 & 1\\ & 0 & 1 & \sqrt{3} & 2 & \sqrt{3} & 1\\ & & 0 & 1 & \sqrt{3} & 2 & 1\\ & & & 0 & 1 & \sqrt{3} & 1\\ & & & & 0 & 1 & 1\\ & & & & & 0 & 1\\ & & & & & & 0\end{pmatrix}$$

求 $\boldsymbol{D}$ 的构图。

解：由 $a_{ij}=-d_{ij}^2/2$ 得到 $\boldsymbol{A}$，由 $b_{ij}=a_{ij}-\frac{1}{n}\sum_{j=1}^{n}a_{ij}-\frac{1}{n}\sum_{i=1}^{n}a_{ij}+\frac{1}{n^2}\sum_{i=1}^{n}\sum_{j=1}^{n}a_{ij}\triangleq a_{ij}-\bar{a}_{i\cdot}-\bar{a}_{\cdot j}+\bar{a}_{\cdot\cdot}$ 得到内积矩阵

$$\boldsymbol{B}=\frac{1}{2}\begin{pmatrix}2 & 1 & -1 & -2 & -1 & 1 & 0\\ & 2 & 1 & -1 & -2 & -1 & 0\\ & & 2 & 1 & -1 & -2 & 0\\ & & & 2 & 1 & -1 & 0\\ & & & & 2 & 1 & 0\\ & & & & & 2 & 0\\ & & & & & & 0\end{pmatrix}$$

可得 $\boldsymbol{B}$ 的秩为 2，$\boldsymbol{B}$ 的特征值为 $\lambda_1=\lambda_2=3$，$\lambda_3=\lambda_4=\cdots=\lambda_7=0$。$\lambda_1,\lambda_2$ 对应的正交单位特征向量为

$$\boldsymbol{e}_{(1)}=(1/2,\ 1/2,\ 0,\ -1/2,\ -1/2,\ 0,\ 0)^{\mathrm{T}}$$

$$\boldsymbol{e}_{(2)}=(1/(2\sqrt{3}),\ -1/(2\sqrt{3}),\ -1/\sqrt{3},\ -1/(2\sqrt{3}),\ 1/(2\sqrt{3},1/\sqrt{3},0)^{\mathrm{T}}$$

取 $\boldsymbol{X}=(\boldsymbol{x}_{(1)},\boldsymbol{x}_{(2)})=(\sqrt{\lambda_1}\boldsymbol{e}_{(1)},\sqrt{\lambda_2}\boldsymbol{e}_{(2)})$，$\lambda_1=\lambda_2=3$，其中

$$\boldsymbol{x}_{(1)}=(\sqrt{3}/2,\sqrt{3}/2,0,-\sqrt{3}/2,-\sqrt{3}/2,0,0)^{\mathrm{T}}$$

$$\boldsymbol{x}_{(2)}=(1/2,-1/2,-1,-1/2,1/2,1,0)^{\mathrm{T}}$$

7 个构造点为 $(\sqrt{3}/2,1/2)$，$(\sqrt{3}/2,-1/2)$，$(0,-1)$，$(-\sqrt{3}/2,-1/2)$，$(-\sqrt{3}/2,1/2)$，$(0,1)$，$(0,0)$。可以计算，由 $\boldsymbol{x}_{(1)}$ 和 $\boldsymbol{x}_{(2)}$ 所得的 7 个构造点在 $\boldsymbol{R}^2$ 中的欧氏距离阵 $\hat{\boldsymbol{D}}$ 和 $\boldsymbol{D}$ 相等，则 $\boldsymbol{X}$ 为 $\boldsymbol{D}$ 的一个构图。欧式距离阵如表 14.2.2 所示。

表 14.2.2　欧氏距离阵

$\hat{D}$	$\hat{D}$						
	$(\frac{\sqrt{3}}{2},\frac{1}{2})$	$(\frac{\sqrt{3}}{2},-\frac{1}{2})$	$(0,-1)$	$(-\frac{\sqrt{3}}{2},-\frac{1}{2})$	$(-\frac{\sqrt{3}}{2},\frac{1}{2})$	$(0,1)$	$(0,0)$
$(\sqrt{3}/2,1/2)$	0	1	$\sqrt{3}$	2	$\sqrt{3}$	1	1
$(\sqrt{3}/2,-1/2)$		0	1	$\sqrt{3}$	2	$\sqrt{3}$	1
$(0,-1)$			0	1	$\sqrt{3}$	2	1
$(-\sqrt{3}/2,-1/2)$				0	1	$\sqrt{3}$	1
$(-\sqrt{3}/2,1/2)$					0	1	1
$(0,1)$						0	1
$(0,0)$							0

注意：可见 $\boldsymbol{B}$ 的特征值都非负，所以距离阵 $\boldsymbol{D}$ 是欧式型的，得到的 $\boldsymbol{X}$ 一定是 $\boldsymbol{D}$ 的一个构图。

续例 14.1　用前述例 14.1 美国 10 个城市间的飞行距离数据，说明古典度量多维标度法的计算过程。表 14.2.1 中的飞行距离，数值越大表明距离越远，数值越小表明距离越短，符合广义距离阵的定义，又只涉及一个距离阵，因此可采用度量 CMDS 方法进行分析。

解：假设 10 个城市的飞行距离阵为 $\boldsymbol{D}=(d_{ij})$，如表 14.2.1 所示，d_{ij} 为 i 城市与 j 城市之间的飞行距离。根据上述度量 CMDS 的计算方法，首先可求得内积矩阵 $\boldsymbol{B}$。

设 $\boldsymbol{B}=(b_{ij})_{n\times n}$，由式(14.2.4)可知

$$b_{ij}=\frac{1}{2}\left(-d_{ij}^2+\frac{1}{n}\sum_{j=1}^{n}d_{ij}^2+\frac{1}{n}\sum_{i=1}^{n}d_{ij}^2-\frac{1}{n^2}\sum_{i=1}^{n}\sum_{j=1}^{n}d_{ij}^2\right)$$

内积矩阵 $\boldsymbol{B}$ 如下

$$\boldsymbol{B}=\begin{pmatrix}
537\,138 & 227\,674.7 & -348\,122 & 198\,968.7 & -808\,343 & 894\,857.1 & 696\,696.2 & -1\,005\,131 & -1\,050\,183 & 656\,444.9\\
227\,674.7 & 262\,780.5 & -174\,029 & -134\,310 & -593\,986 & 234\,414.3 & 585\,085 & -580\,732 & -315\,384 & 488\,486.2\\
-348\,122 & -174\,029 & 235\,561.7 & -92\,439.5 & 569\,636.6 & -563\,061 & -504\,420 & 681\,440.4 & 658\,370.2 & -462\,937\\
198\,968.7 & -134\,310 & -92\,439.5 & 352\,200.4 & 29\,298.47 & 516\,284.3 & -124\,221 & -162\,952 & -550\,030 & -32\,799.4\\
-808\,343 & -593\,986 & 569\,636.6 & 29\,298.47 & 1\,594\,273 & -1\,129\,628 & -1\,498\,685 & 1\,750\,892 & 1\,399\,106 & -1\,312\,563\\
894\,857.1 & 234\,414.3 & -563\,061 & 516\,284.3 & -1\,129\,628 & 1\,617\,392 & 920\,343.3 & -1\,541\,762 & 1\,866\,872 & 918\,032\\
696\,696.2 & 585\,085 & -504\,420 & -124\,221 & -1\,498\,685 & 920\,343.3 & 1\,415\,758 & -1\,583\,181 & -1\,129\,543 & 1\,222\,167\\
-1\,005\,131 & -580\,732 & 681\,440.4 & -162\,952 & 1\,750\,892 & -1\,541\,762 & -1\,583\,181 & 2\,027\,920 & 1\,845\,928 & -1\,432\,422\\
-1\,050\,183 & -315\,384 & 658\,370.2 & -550\,030 & 1\,399\,106 & -1\,866\,872 & -1\,129\,543 & 1\,845\,928 & 2\,123\,620 & -1\,115\,010\\
656\,444.9 & 488\,486.2 & -462\,937 & -32\,799.4 & -1\,312\,563 & 918\,032 & 1\,222\,167 & -1\,432\,422 & -1\,115\,010 & 1\,070\,601
\end{pmatrix}$$

可以计算出，$\boldsymbol{B}$ 的特征值：$\lambda_1=9\,582\,144$，$\lambda_2=1\,686\,820$，$\lambda_3=8\,157$，$\lambda_4=1\,433$，$\lambda_5=509$，$\lambda_6=26$，$\lambda_7=0.35$，$\lambda_8=-898$，$\lambda_9=-5\,468$，$\lambda_{10}=-35\,479$。可见 $\boldsymbol{B}$ 的特征值有 3 个是负的，所以距离阵 $\boldsymbol{D}$ 不是欧式型的。下面来求拟合构图。

当 $r=2$ 时

$$\kappa_1=\frac{\lambda_1+\lambda_2}{|\lambda_1|+|\lambda_2|+\cdots+|\lambda_{10}|}$$

$$=\frac{9\,582\,144+1\,686\,820}{9\,582\,144+1\,686\,820+8\,157+1\,433+509+26+0.35+898+5\,468+35\,479}$$

$$=0.995\,969$$

因此取 $r=2$。计算前两个特征值 $\lambda_1\geqslant\lambda_2$ 对应的正交单位特征向量为 $\boldsymbol{e}_1,\boldsymbol{e}_2$，令 $\hat{\boldsymbol{X}}=(\sqrt{\lambda_1}\boldsymbol{e}_1,\sqrt{\lambda_2}\boldsymbol{e}_2)=(x_{ij})_{10\times 2}$，得到如表 14.2.3 所示的结果。

表 14.2.3　特征向量及古典拟合解

$\boldsymbol{e}_1$	$\boldsymbol{e}_2$	$\sqrt{\lambda_1}\boldsymbol{e}_1$	$\sqrt{\lambda_2}\boldsymbol{e}_2$
−0.232 19	0.110 099	−718.759	142.994
−0.123 42	−0.262 43	−382.056	−340.84
0.155 581	−0.019 47	481.602	−25.285
−0.052 16	0.441 007	−161.466	572.77
0.388 867	0.300 36	1 203.738	390.100
−0.366 18	0.448 043	−1 133.53	581.907
−0.346 38	−0.399 63	−1 072.24	−519.024
0.458 925	0.086 689	1 420.603	112.589
0.433 442	−0.446 37	1 341.723	−579.739
−0.316 47	−0.258 3	−979.622	−335.473

由表 14.2.3 的第 3、第 4 列，得到 10 个城市的坐标分别为：(−718.759，142.994)，(−382.056，−340.84)，(481.602，−25.285)，(−161.466，572.77)，(1 203.738，390.100)，(−1 133.53，581.907)，(−1 072.24，−519.024)，(1 420.603，112.589)，(1 341.723，−579.739)，(−979.622，−335.473)。

结果表明，较大的特征值有两个，说明在 2 维平面上表示 10 个城市间的相对位置是合适的。由于有特征值小于零，这表明距离阵不是欧氏型的，故结果为拟合构图。在此，城市是“对象”，飞行里程是“相似性”。

将 10 个城市的 2 维坐标画在平面图上，可以看到由古典解确定的 10 个城市的位置。图 14.2.1 给出了 MDS 反映美国 10 个城市相对位置的感知图。图中的 10 个点，每个点代表一个城市，相距较近的点代表飞行距离短的城市，相距较远的点代表飞行距离远的城市。

例 14.3　已知在中国的 4 个城市〔楚雄（云南）、重庆、兰州（甘肃）、福州（福建）〕的某距离矩阵如表 14.2.4 所示。

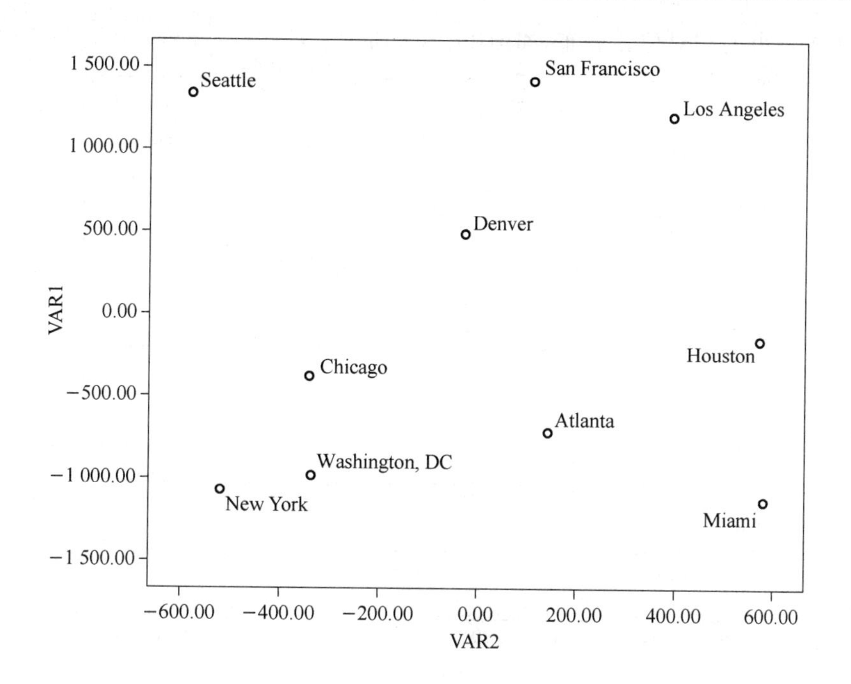

图 14.2.1　10 个城市坐标感知图

表 14.2.4　城市之间距离矩阵 *D*

城　市	城　市			
	楚　雄	重　庆	兰　州	福　州
楚　雄	0	93	82	133
重　庆	93	0	52	60
兰　州	82	52	0	111
福　州	133	60	111	0

数据来源：武江. 基于多维标度的无线传感器网络定位算法研究[D]. 重庆：重庆大学，2015.

解： 按照古典度量多维标度求解过程，由式(14.2.4)可得内积矩阵 $\boldsymbol{B}$ 为

$$\begin{pmatrix} 5\,035.062\,5 & -1\,553.062\,5 & 258.937\,5 & -3\,740.938 \\ -1\,553.062\,5 & 507.812\,5 & 5.312\,5 & 1\,039.938 \\ 258.937\,5 & 5.312\,5 & 2\,206.812\,5 & -2\,471.062 \\ -3\,740.937\,5 & 139.937\,5 & -2\,471.062\,5 & 5\,172.062 \end{pmatrix}$$

求解 $\boldsymbol{B}$ 的最大两个特征值和对应的单位化特征向量为

$$\lambda_1=9\,724.168,\lambda_2=3\,160.986,\boldsymbol{e}_1=\begin{pmatrix} -0.637 \\ 0.187 \\ -0.253 \\ 0.704 \end{pmatrix},\boldsymbol{e}_2=\begin{pmatrix} -0.586 \\ 0.214 \\ 0.706 \\ -0.334 \end{pmatrix}$$

最后得到 4 个城市的坐标为

$$X=\begin{pmatrix} -0.637 & -0.586 \\ 0.187 & 0.214 \\ -0.235 & 0.706 \\ 0.704 & 0.334 \end{pmatrix}\begin{pmatrix} \sqrt{9\,724.168} & 0 \\ 0 & \sqrt{3\,160.986} \end{pmatrix}=\begin{pmatrix} -62.831 & -32.974\,48 \\ 18.403 & 12.026\,97 \\ -24.960 & 39.710\,91 \\ 69.388 & -18.763\,40 \end{pmatrix}$$

由此，得到 4 个城市的相对位置分布，如图 14.2.2 所示。

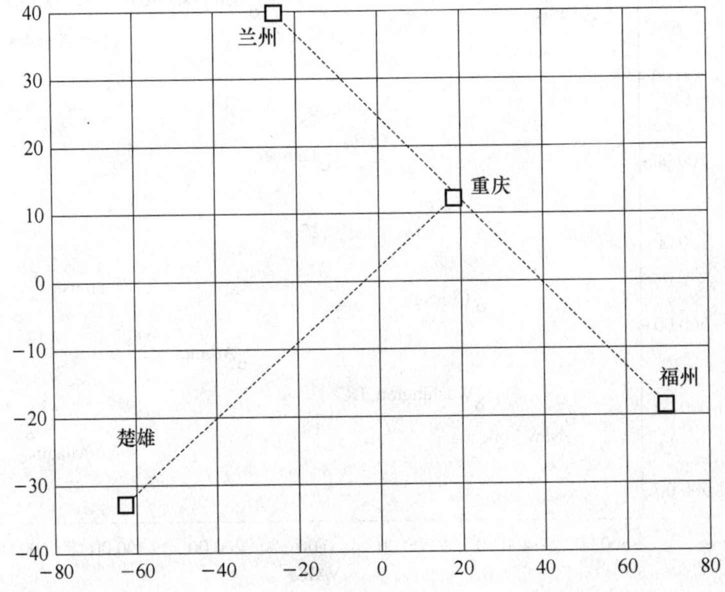

图 14.2.2　城市感知图(相对分布图)

4 个城市在地图上的实际情况如图 14.2.3 所示。因为城市自然位于一个 2 维空间之中(地球曲面一个接近平面的部分)，所以，多维标度分析取 $r=2$，将这些城市表示为平面上的点，感知图中它们的相对位置大体与它们在地图上的相对位置一致。

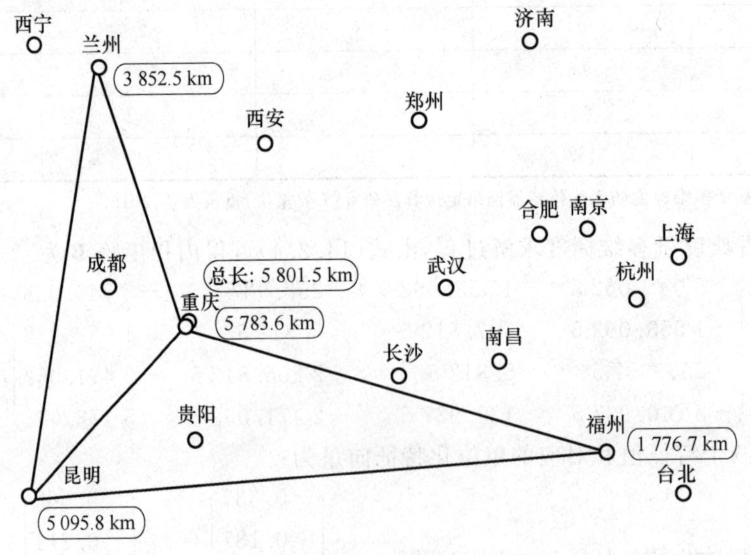

图 14.2.3　城市实际分布地图

14.2.2　已知相似系数矩阵时 CMDS 解

如果已知的数据不是 n 个对象之间的某种距离，而是 n 个对象间的某种相似性测度，即已知的是 n 个对象的相似系数矩阵 $\boldsymbol{C}$，而不是距离阵。

定义 14.2.5　一个 $n\times n$ 阶的矩阵 $\boldsymbol{C}=(c_{ij})_{n\times n}$，如果满足条件

$$\boldsymbol{C}=\boldsymbol{C}^{\mathrm{T}}$$

$$c_{ij}\leqslant c_{ii}, i,j=1,2,\cdots,n$$

则矩阵 $\boldsymbol{C}$ 为相似系数阵，c_{ij} 称为第 i 点与第 j 点间的相似系数。

注意： 定义 14.2.5 的相似系数阵并不一定满足 $c_{ii}=1$。

由于相似系数和距离之间有一定联系，我们只需将相似系数阵转换为广义距离阵，然后其他计算与前面的距离阵情况 CMDS 解方法相同。

通常采用如下方法从相似系数阵 $\boldsymbol{C}$ 来产生一个广义距离阵 $\boldsymbol{D}=(d_{ij})$，令

$$d_{ij}=(c_{ii}+c_{jj}-2c_{ij})^{1/2} \tag{14.2.12}$$

由相似系数矩阵 $\boldsymbol{C}$ 的定义可知 $c_{ij}\leqslant c_{ii}$，所以 $c_{ii}+c_{jj}-2c_{ij}\geqslant 0$，故 d_{ij} 有意义，并且可以得到 $d_{ii}=0$ 及 $d_{ij}=d_{ji}$，故 $\boldsymbol{D}$ 是广义距离阵。

特别地，当相似系数矩阵 $\boldsymbol{C}$ 为非负定阵时，可以得出如下结论。

定理 14.2.2　当 $\boldsymbol{C}\geqslant 0$ 时，式(14.2.12)给出的 $\boldsymbol{D}=(d_{ij})$ 为欧式距离阵。(证明过程略。)

例 14.4　为了分析下列 6 门课程之间的结构关系，根据劳雷和马克斯维尔得到的相关系数矩阵 $\boldsymbol{C}$(它也为相似系数矩阵)，见表 14.2.5，相关系数的值越大，表示课程越相似，相关系数的值越小，表明课程越不相似。求相关系数矩阵 $\boldsymbol{C}$ 的 CMDS 解，并给出拟合构图及拟合构造点，也就是使用多维标度法，用图形直观地反映这 6 门课之间的相似性。

表 14.2.5　6 门课程相关系数阵

课　程	课　程					
	盖尔语	英　语	历　史	算　术	代　数	几　何
盖尔语	1	0.439	0.41	0.288	0.329	0.248
英　语	0.439	1	0.351	0.354	0.32	0.329
历　史	0.41	0.351	1	0.164	0.19	0.181
算　术	0.288	0.354	0.164	1	0.595	0.47
代　数	0.329	0.32	0.19	0.595	1	0.464
几　何	0.248	0.329	0.181	0.47	0.464	1

解： 相关系数矩阵 $\boldsymbol{C}=(c_{ij})_{6\times 6}$，令 $d_{ij}=(c_{ii}+c_{jj}-2c_{ij})^{1/2}=\sqrt{2-2c_{ij}}, i,j=1,\cdots,6$，可得到 6 门课程的距离阵

$$\boldsymbol{D}=\begin{pmatrix} 0 & 1.059\,245 & 1.086\,278 & 1.193\,315 & 1.158\,447 & 1.226\,376\,8 \\ 1.059\,245 & 0 & 1.139\,298 & 1.136\,662 & 1.166\,19 & 1.158\,447\,2 \\ 1.086\,278 & 1.139\,298 & 0 & 1.293\,058 & 1.272\,792 & 1.279\,843\,7 \\ 1.193\,315 & 1.136\,662 & 1.293\,058 & 0 & 0.9 & 1.029\,563 \\ 1.158\,447 & 1.166\,19 & 1.272\,792 & 0.9 & 0 & 1.035\,374\,3 \\ 1.226\,377 & 1.158\,447 & 1.279\,844 & 1.029\,563 & 1.035\,374 & 0 \end{pmatrix}$$

余下工作和前面的例题一样。在此基础上，根据式(14.2.4)得到内积矩阵

$$\boldsymbol{B}=\begin{pmatrix} 0.547\,111 & -0.027\,06 & 0.026\,778 & -0.191\,06 & -0.154\,56 & -0.201\,222 \\ -0.027\,06 & 0.520\,778 & -0.045\,39 & -0.138\,22 & -0.176\,72 & -0.133\,389 \\ 0.026\,778 & -0.045\,39 & 0.686\,444 & -0.245\,39 & -0.223\,89 & -0.198\,556 \\ -0.191\,06 & -0.138\,22 & -0.245\,39 & 0.494\,778 & 0.085\,278 & -0.005\,389 \\ -0.154\,56 & -0.176\,72 & -0.223\,89 & 0.085\,278 & 0.485\,778 & -0.015\,889 \\ -0.201\,22 & -0.133\,39 & -0.198\,56 & -0.005\,39 & -0.015\,89 & 0.554\,444\,4 \end{pmatrix}$$

计算 $\boldsymbol{B}$ 的特征值，结果如下

$\lambda_1=1.142\ 875$，$\lambda_2=0.623\ 283\ 6$，$\lambda_3=0.602$，$\lambda_4=0.525$，$\lambda_5=0.396$，$\lambda_6=-0.000\ 005$

从结果知距离阵 $\boldsymbol{D}$ 不是欧氏型，我们取 $r=2$，求得 $\boldsymbol{D}$ 的古典解，结果如表 14.2.6 所示。

表 14.2.6　特征向量及古典拟合解

$\boldsymbol{e}_1$	$\boldsymbol{e}_2$	$\sqrt{\lambda_1}\boldsymbol{e}_1$	$\sqrt{\lambda_2}\boldsymbol{e}_2$
0.377 535 7	0.337 679 4	0.403 606	0.266 592
0.225 856 6	0.610 664 4	0.241 453	0.482 109
0.580 531 2	−0.643 831	0.620 619	−0.508 29
−0.428 132	0.050 656 9	−0.457 7	0.039 993
−0.394 165	−0.049 315	−0.421 38	−0.038 93
−0.361 63	−0.305 851	−0.386 6	−0.241 46

由表 14.2.6 的第 3、第 4 列给出的坐标，绘出 6 门课程的感知图，如图 14.2.4 所示，大体反映了这 6 门课程的基本结构，从图中可以直观地看出，算术、代数、几何较为相近，英语和盖尔语较为相近，而历史课程与其他课程的差异性较大。

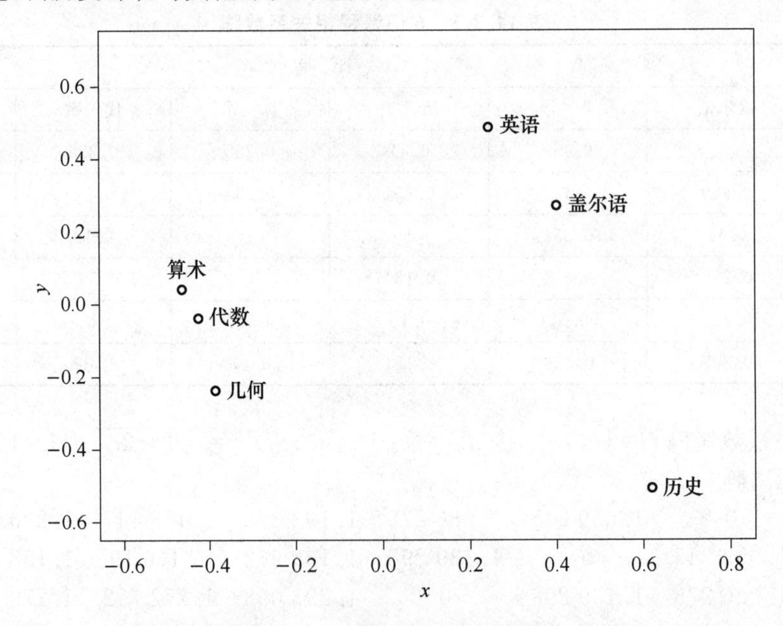

图 14.2.4　6 门课程的古典解感知图

以上我们的讨论都是以单个"距离"阵数据出发进行的，但在实践中，往往需要确定多个距离阵数据的感知图，例如，由 10 个人分别对 5 种饮料进行两两相似评测，结果就会得到 10 个相似性矩阵，那么，我们如何根据这 10 个人的评测结构得出 5 种饮料的相似性感知图呢？显然，按照古典解的方法，我们只能是每一个相似性矩阵确定一个感知图，10 个人确定 10 个感知图。但是，往往我们想要得到的是这 10 个人共同的一个感知图，而非 10 个。由 Carroll 和 Chang 提出解决这类问题的多维标度方法——权重多维标度法(WMDS)，也称权重个体差异欧氏距离模型。

14.3 非度量多维标度法

在实际问题中，如果相似性不易量化，我们涉及更多的是相似性程度，这些相似性程度构成基本数据。如两种颜色的相似性，虽然我们可以用“1”表示颜色非常相似，用“10”表示颜色非常不相似，但是这里的数字只表示颜色之间的相似或不相似程度，并不表示实际的数值大小，这些相似性的定级顺序（定序尺度）就是基本数据，即由两两颜色间的相似程度数据形成“距离”矩阵，这种情况称为非度量方法。那么，如何进行多维标度分析呢？

14.3.1 非度量方法的思想

古典解是基于主成分分析的思想，这时 $d_{ij}=\hat{d}_{ij}+e_{ij}$，$\hat{d}_{ij}$ 是拟合 d_{ij} 的值，e_{ij} 是误差。但有时 d_{ij} 和 $\hat{d}_{ij}$ 之间的拟合关系可以表示为 $d_{ij}=f(\hat{d}_{ij}+e_{ij})$，$f$ 为一个未知的单调增加函数。

已知 n 个对象的相似程度数据 d_{ij}，共有 m 个相似性程度，我们用来构造 $\hat{d}_{ij}$ 的唯一信息是利用 $\{d_{ij}\}$ 的次序（d_{ij} 的次序也称为 d_{ij} 的秩），将 d_{ij} 从小到大排列为

$$d_{i_1j_1}\leqslant d_{i_2j_2}\leqslant\cdots\leqslant d_{i_mj_m},\ m=\frac{1}{2}n(n-1)$$

想在 r 维空间寻找一个拟合构造点，使其相互之间的距离 $\hat{d}_{ij}$ 与上式匹配，即有次序

$$\hat{d}_{i_1j_1}\leqslant \hat{d}_{i_2j_2}\leqslant\cdots\leqslant \hat{d}_{i_mj_m}$$

即 r 维空间中距离的顺序与原始相似性的递增顺序完全类似，若满足，则记为：$\hat{d}_{ij}\xrightarrow{\text{单调}}d_{ij}$。这里重要的是排序，距离的大小是无关紧要的。

显然，定量测度 $\hat{d}_{ij}$ 与 d_{ij} 间的匹配性是问题的难点，是解决问题的关键。克鲁斯克（Kruskal）、塔卡杨（Takane）等人提出了测量偏离完美匹配的指标（S 应力法）来度量 $\hat{d}_{ij}$ 与 d_{ij} 之间的拟合程度，有以下两个衡量指标。

① 克鲁斯克提出了用以测度偏离完美匹配程度的度量 STRESS，也称为应力、压力指数、Stress 指标，软件中通常记为 S-stress，此处为了方便，记为符号 S，则

$$S=\sqrt{\sum_i\sum_j(d_{ij}-\hat{d}_{ij})^2\Big/\sum_i\sum_j d_{ij}^2} \tag{14.3.1}$$

由式(14.3.1)可见，d_{ij} 与 $\hat{d}_{ij}$ 之间差异越大，S 值越大，匹配性也就越差。

② 塔卡杨等人提出，对给定维数 r，将这个度量记为 S 应力，则

$$S\text{应力}=\left(\sum_i\sum_j(d_{ij}^2-\hat{d}_{ij}^2)^2\Big/\sum_i\sum_j d_{ij}^4\right)^{1/2} \tag{14.3.2}$$

式(14.3.2)中，S 应力是将式(14.3.1)中的 d_{ij} 和 $\hat{d}_{ij}$ 用它们的平方代表后所得到的量度。S 应力的值介于 0～1 之间。典型的情况是：若此值小于 0.1，则意味着感知图是 n 个对象的一个好的几何表示。

所以多维标度分析的非度量方法的基本做法为：已知 n 个对象的相似度（或距离），要寻找一个低维空间表示，使物品间的亲近（proximity）关系能和原来的相似度有一个近似的匹配，匹配的程度可以用克鲁斯克系数来衡量。

为了寻找一个较好的拟合构造点，我们可以从某一个初始解开始，借助匹配程度指标(S)，逐步迭代，给出最优解。这样的算法有很多，Kruskal 提出了用最小平方单调回归的方法，将其思想编成的算法是著名的 Shephard-Kruskal 算法。下面介绍。

14.3.2 非度量方法的做法

非度量方法可采用如下两步做法。

第一步：先从某一个随机拟合构造点开始，即先将 n 个对象随意放置在 r 维空间，形成一个感知图(可称为初步图形结构)，用 $\boldsymbol{X}_i=(X_{i1},X_{i2},\cdots,X_{ir})^{\mathrm{T}}$ 表示 i 对象在 r 维空间的坐标，对象 i 与 j 在 r 维空间的距离为

$$\hat{d}_{ij}=\sqrt{(X_{i1}-X_{j1})^2+(X_{i2}-X_{j2})^2+\cdots+(X_{ir}-X_{jr})^2}$$

第二步：为了寻找一个较好的拟合构造点，微调 n 个对象在空间的位置，改进空间距离 $\hat{d}_{ij}$ 与相似数据 d_{ij} 间的匹配程度，直到无法改进为止(通过 S 的值控制改进)。

可见，非度量方法采用迭代方法，找到 r 维空间中 n 个对象的坐标，使 S 尽可能地小，使 S 最小的 d_{ij}^* 称为 $\hat{d}_{ij}$ 对 d_{ij} 的最小二乘单调回归，得到拟合构造点，具体操作如下。

设 $\hat{\boldsymbol{X}}$ 是某 r 维拟合构造点，相应距离阵 $\hat{\boldsymbol{D}}=(\hat{d}_{ij})$，令

$$S(\hat{\boldsymbol{X}})=\min_{d_{ij}^*\ (d_{ij}^*\xrightarrow{\text{单调}}d_{ij})}\left[\sqrt{\sum_i\sum_j(d_{ij}^*-\hat{d}_{ij})^2\Big/\sum_i\sum_j\hat{d}_{ij}^2}\right] \tag{14.3.3}$$

使式(14.3.3)达到极小的 d_{ij}^* 就是 $\hat{d}_{ij}$ 对 d_{ij} 的最小二乘单调回归。

若 $\hat{d}_{ij}\xrightarrow{\text{单调}}d_{ij}$，在式(14.3.3)中取 $d_{ij}^*=\hat{d}_{ij}$，此时 $S(\hat{\boldsymbol{X}})=0$，则相应的 $\hat{\boldsymbol{X}}$ 就是 D 的 r 维构造点。

若存在某个 $\hat{\boldsymbol{X}}_0$，使得 $S(\hat{\boldsymbol{X}}_0)=\min\limits_{\hat{\boldsymbol{X}}_{n\times r}}S(\hat{\boldsymbol{X}})\triangleq S_r$，则称 $\hat{\boldsymbol{X}}_0$ 为 r 维最佳拟合构造点。

对于找到的拟合构造点，当 $S_r=0$ 时，表示拟合完美；当 $0<S_r\leqslant 2.5\%$ 时，表示拟合非常好；当 $2.5\%<S_r\leqslant 5\%$ 时，表示拟合好；当 $5\%<S_r\leqslant 10\%$ 时，表示拟合一般；当 $10\%<S_r\leqslant 20\%$ 时，表示拟合差。下面我们从一个例子来说明做法。

例 14.5 假设消费者对 A，B，C 3 种品牌的药物牙膏的相似程度的评定次序列于表 14.3.1 中，其中“1”表示两种品牌最相似，“3”表示两种品牌最不相似(差异最大)。从表 14.3.1 中可知，A 牌和 B 牌牙膏最相似，C 牌和 B 牌的相似次之，A 牌和 C 牌的相似性最差。我们将表 14.3.1 称为 3 种牙膏的相似次序矩阵，它是非度量多维标度法的原始数据。

表 14.3.1 3 种牙膏的相似次序矩阵

品 牌	品 牌		
	A 牌	B 牌	C 牌
A 牌	0	1	3
B 牌	1	0	2
C 牌	3	2	0

解：为叙述方便，我们将 A，B，C 3 种品牌分别称为第一、第二、第三品牌。由表 14.3.1 可见原始相似程度 $d_{AB}=d_{12}=1$，$d_{BC}=d_{23}=2$，$d_{AC}=d_{13}=3$，次序为 $d_{12}<d_{23}<d_{13}$。

我们想用 r 维空间(r 待定)中的点分别表示各样品，使得各样品间距离的次序能完全反

映原始输入的相似次序(两样品间的距离越小,则越相似)。

通常要通过两步来完成。首先构造一个 r 维坐标空间,并用该空间中的点分别表示各样品,此时点间距离的次序未必和原始输入次序相同,通常把这一步称为构造初步图形结构。其次是逐步修改初步图形结构,以得到一个新图形结构,使得在新结构中,各样品的点间距离次序和原始输入次序尽量一致。下面我们来具体说明其构造步骤。

第一步,构造初步图形结构。

我们以构造 2 维($r=2$)坐标空间为例,先随机拟合,设 A,B,C 3 种牙膏在该 2 维空间的坐标列于表 14.3.2 中。

表 14.3.2　牙膏坐标

牙膏品牌	x 坐标	y 坐标
A	10	5
B	1	5
C	10	17

3 种牙膏分别用 A,B,C 3 点表示,根据坐标绘图,得到初步图形结构,见图 14.3.1。

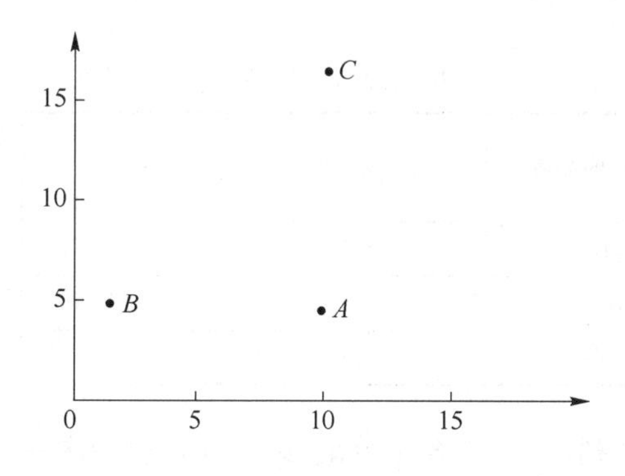

图 14.3.1　初步图形结构

构造初步图形结构,要注意的问题如下。

第一个问题是选择多少维坐标空间的点来表示各品牌产品。此处我们以 $r=2$ 为例。

第二个问题是如何确定不同品牌的产品在坐标空间中的坐标。我们可以随机地给出,当然这样做会增加后续工作量,即增加逐步修改初步图形结构的工作量。还有人提出可行的方法是将表 14.3.1 的原始数据进行因子分析,选择和坐标维数(2 维)相同的公共因子数,将各品牌的因子载荷值分别作为它的坐标,我们尝试了用因子分析对该例确定出不同品牌的产品在 2 维空间中的坐标,得到的图形结构的点间距离和原始输入次序相同,不用再修改图形结构。但是,为了说明后续工作,给出修改初步图形结构的步骤和方法,本例题我们随机给出初步图形结构(表 14.3.2)。

第二步,检验是否需要修改初步图形结构。

(1) 计算初步图形结构中各点之间的距离

用欧氏距离计算初步图形结构 A 品牌和 B 品牌(第一品牌和第二品牌)的距离,记为 $\hat{d}_{12}$,则

$$\hat{d}_{12}=\sqrt{(10-1)^2+(5-5)^2}=9$$

同样计算$\hat{d}_{13}$，$\hat{d}_{23}$，排成矩阵（$\hat{d}_{ij}=\hat{d}_{ji}$），称为初步图形结构的距离矩阵，如表 14.3.3 所示。

表 14.3.3　初步图形结构的距离矩阵

品　牌	品　牌		
	A	B	C
A	0	9	12
B	9	0	15
C	12	15	0

(2) 检验初步图形结构是否需要修改

如果初步图形结构的距离矩阵所确定的相似次序（距离越小越相似）与原始相似次序矩阵的次序完全一致，则认为初步图形结构在所选定维数（本例是 2 维）空间中是最有代表性的。但一般来说，两者次序是很难一致的。

如果用所有$\hat{d}_{ij}$确定的相似次序和原始相似次序矩阵的次序不一致，就要将$\hat{d}_{ij}$进行逐步调整，使得第 k 步调整后 i 品牌和 j 品牌间的距离$\hat{d}_{ij}^{(k)}$确定的相似次序和原始次序完全一致，调整过程见表 14.3.4。

表 14.3.4　调整过程

原始次序 d_{ij}	原始资料的品牌	初始距离 $\hat{d}_{ij}$	$\hat{d}_{ij}^{(k)}$		
			$k=1$	$k=2$	$k=3$
1	A,B	9	9	9	9
2	B,C	15	15	15	13.5
3	A,C	12		12	13.5

表 14.3.4 的第 1、第 2 列由表 14.3.1 得出，第 1 列是原始次序，第 2 列是原始资料对应的品牌，第 3 列为初步图形结构中和第二列对应的品牌间的距离（表 14.3.3），第 4 至第 6 列中列出了$\hat{d}_{ij}$调整为$\hat{d}_{ij}^{(k)}$的过程。

表 14.3.4 第 3 列的第二个距离大于第一个距离，与原始次序一致，可不必调整。但第 3 列的第三个距离则比第二个距离小，与原始次序不一致，故需作调整。调整的方法是将它们求平均，得 13.5。这个平均值大于第一个距离值 9，故可用它作为新的第二、第三个距离。得到第三次调整值$\hat{d}_{ij}^{(3)}$，如表中第 6 列所示。这时，调整值的次序 $9<13.5\leqslant13.5$ 与原始次序 d_{ij} 已完全一致，无须再作调整了。若仍不一致，则应继续调整，直至调整后的$\hat{d}_{ij}^{(k)}$的次序与原始次序 d_{ij} 完全一致为止。

由于调整值$\hat{d}_{ij}^{(k)}$是根据原始次序 d_{ij} 对$\hat{d}_{ij}$进行调整，所以衡量给出的图形结构是否拟合得好，只需看$\hat{d}_{ij}^{(k)}$与$\hat{d}_{ij}$的拟合程度，即用$\hat{d}_{ij}^{(k)}$与$\hat{d}_{ij}$的 S 值作为给出的图形结构与原始数据的拟合指标。

克鲁斯克系数如下

$$S=\sqrt{\sum_{i=1}^{n-1}\sum_{j=i+1}^{n}(\hat{d}_{ij}-\hat{d}_{ij}^{(k)})^{2}/\sum_{i=1}^{n-1}\sum_{j=i+1}^{n}\hat{d}_{ij}^{2}} \tag{14.3.4}$$

其中，n 为品牌数，$\hat{d}_{ij}$为初步图形结构中 i 品牌与 j 品牌间的距离，$\hat{d}_{ij}^{(k)}$为根据原始次序 d_{ij} 进

行第 k 步调整后 i 品牌与 j 品牌间的距离。

由式(14.3.4)可知，此例我们可以算出 $\hat{d}_{ij}$ 与第三次调整值 $\hat{d}_{ij}^{(3)}$ $(9<13.5\leqslant13.5)$ 的克鲁斯克系数

$$S=\sqrt{[(9-9)^2+(15-13.5)^2+(12-13.5)^2]/(9^2+15^2+12^2)}=\sqrt{4.5/450}=0.1$$

用克鲁斯克系数检验配合程度，有临界值如表 14.3.5 所示。

表 14.3.5　克鲁斯克系数判断配合程度

克鲁斯克系数	配合程度
0.2	不良
0.1	尚可
0.05	良
0.025	非常良好
0	完全配合

若一图形结构有 $\hat{d}_{ij}^{(k)}=\hat{d}_{ij}$，$i=1,2,\cdots,n-1$，$j=i+1,\cdots,n$，这时克鲁斯克系数的分子为 0，则 $S=0$，表示该图形结构十分理想，不需要再修改。

如果用临界值法判断，如选用 $S=0.025$ 作为判别图形结构是否需要修改的临界值，现因 $S=0.1$，故需要对初步图形结构进行修改。

(3) 修改初始图形结构，得出一个新图形结构

若 S 大于规定的临界值，则要移动初始图形结构中各点的位置，使得点际间的距离次序较前一图形结构的距离次序更接近初始输入资料的次序。用 (x_i,y_i) 表示品牌 i 的旧坐标，(x_i',y_i') 表示品牌 i 的新坐标，有学者建议移动坐标采用下式

$$\begin{cases} x_i'=x_i+\dfrac{\alpha}{n-1}\sum\limits_{\substack{j=1\\ j\neq i}}^{n}\left(1-\dfrac{\hat{d}_{ij}^{(k)}}{\hat{d}_{ij}}\right)(x_j-x_i) \\ y_i'=y_i+\dfrac{\alpha}{n-1}\sum\limits_{\substack{j=1\\ j\neq i}}^{n}\left(1-\dfrac{\hat{d}_{ij}^{(k)}}{\hat{d}_{ij}}\right)(y_j-y_i) \end{cases} \tag{14.3.5}$$

其中，$\alpha(0<\alpha<1)$ 是比例系数，n 为品牌个数。(如果初始图形结构在 r 维坐标空间上建立，则应有 r 组公式，其表达式和式(14.3.5)类似。)

本例中，若取 $\alpha=0.618$，由式(14.3.5)，那么 A 牌牙膏的新 x 坐标为

$$x_1'=10+\frac{0.618}{3-1}\left[\left(1-\frac{9}{9}\right)(1-10)+\left(1-\frac{13.5}{12}\right)(10-10)\right]=10+0=10$$

B 牌牙膏的新 x 坐标为

$$x_2'=1+\frac{0.618}{3-1}\left[\left(1-\frac{9}{9}\right)(10-1)+\left(1-\frac{13.5}{15}\right)(10-1)\right]=1+0.278=1.278$$

C 牌牙膏的新 x 坐标为

$$x_3'=10+\frac{0.618}{3-2}\left[\left(1-\frac{13.5}{12}\right)(10-10)+\left(1-\frac{13.5}{15}\right)(1-10)\right]=10-0.278=9.722$$

A 牌牙膏的新 y 坐标为

$$y_1'=5+\frac{0.618}{3-1}\left[\left(1-\frac{9}{9}\right)(5-5)+\left(1-\frac{13.5}{12}\right)(17-5)\right]=5-0.464=4.536$$

B 牌牙膏的新 y 坐标为

$$y_2'=5+\frac{0.618}{3-1}\left[\left(1-\frac{9}{9}\right)(5-5)+\left(1-\frac{13.5}{15}\right)(17-5)\right]=5+0.371=5.371$$

C 牌牙膏的新 y 坐标为

$$y_3'=17+\frac{0.618}{3-2}\left[\left(1-\frac{13.5}{12}\right)(5-17)+\left(1-\frac{13.5}{15}\right)(5-17)\right]=17+0.093=17.093$$

得到的第一次修改后的新图形结构列于表 14.3.6 中。

表 14.3.6　修改后的新图形结构

牙膏品牌	x 坐标	y 坐标
A	10	4.536
B	1.278	5.371
C	9.722	17.093

重复第二步的(2)和(3)步骤，直至克鲁斯克系数 S 达到预先规定的数值。本例经过 22 次重复计算后，S 降至 0.02，得到的图形结构（满足临界值要求，称为最后图形结构）列于表 14.3.7。

表 14.3.7　最后的图形结构

牙膏品牌	x 坐标	y 坐标
A	6.061	−4.226
B	12.964	2.463
C	1.739	29.855

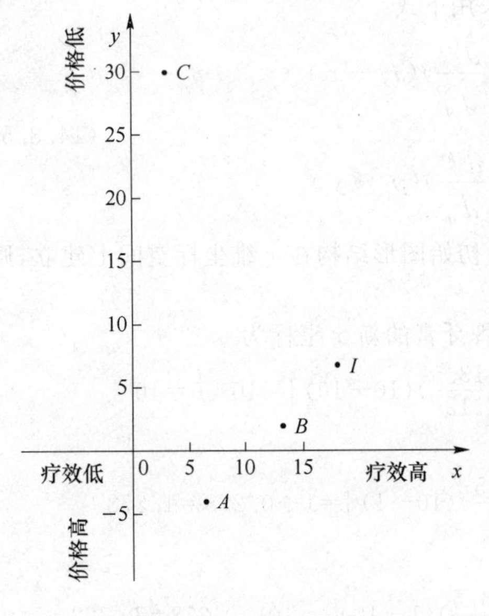

图 14.3.2　感知图

表 14.3.7 最后的图形结构的 2 维图形见图 14.3.2，图中的 A,B,C 3 点代表 A，B，C 3 种牙膏在消费者心目中的位置。A 牌和 B 牌牙膏的疗效较好，但价格偏高。C 牌牙膏的价格低廉，但疗效不理想。如果有一消费者心目中理想的品牌（图中位置 I），那么我们可以从图中发现现有 A，B，C 品牌与理想品牌的差异，提供给生产者以使其在生产时加以考虑，以便使现有的产品更接近理想产品。

在非度量 MDS 分析过程中，另一个需要解决的问题是感知图空间维数 r 的确定。对给定的 r，可能找不到这样一种 r 维空间的点结构，使点间距离与原始相似性之间有单调关系；若能找到，什么样的 r 是最好的？我们可以制作 S 应力-r 折线图确定感知图的维数 r。对每一个 r，可以找到使应力达到最小的点结构。随着 r 的增加，最小应力将在运算误差的范围内逐渐下降，且当 $r=n-1$ 时达到零。从 $r=1$ 开始，可将应力 $S(r)$ 对 r 作图。这些点随 r 的增加而呈下降排列。若找到一个 r，上述下降趋势到这一点开始接近水平状态，即形成一个“肘”形曲线，这个 r 便是“最佳”维数。后面还会在 14.3.4 节给出其他方法。

非度量 MDS 虽然是基于非度量尺度数据的分析方法，但是，当定量尺度的距离阵中的数据不可靠，而距离大小的顺序可靠时，非度量 MDS 比度量 MDS 得到的结果更接近实际。

14.3.3　多维标度法在 SPSS 中的实现

例 14.6　分析亚洲国家和地区的经济发展水平和文教卫生水平。以 SPSS 自带文件 World95.sav 为例，对亚洲 17 个国家和地区（即“region=3”）的人口寿命情况进行多维标度分析。选择以下 7 个变量衡量：urban（城市人口比例）、lifeexpf（女性平均寿命）、lifeexpm（男性平均寿命）、gdp_cap（人均 GDP）、death_rt（千人死亡率）、birth_rt（千人出生率）、literacy（受教育人口比例）。

（1）SPSS 操作步骤

① 在“Data”→“Select case”对话框的“If”过滤条件中输入过滤条件“region=3”，则不参与分析的样品被打上斜线，见图 14.3.3。得到 17 个国家和地区，后面只对这些国家进行分析。

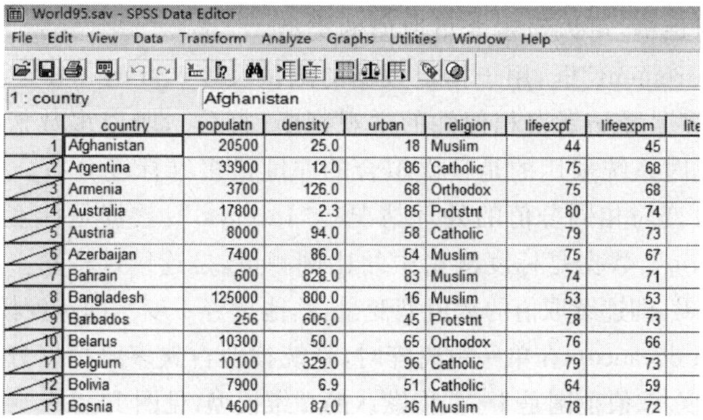

World95.sav - SPSS Data Editor

File　Edit　View　Data　Transform　Analyze　Graphs　Utilities　Window　Help

1 : country　　Afghanistan

	country	populatn	density	urban	religion	lifeexpf	lifeexpm	lite
1	Afghanistan	20500	25.0	18	Muslim	44	45	
2	Argentina	33900	12.0	86	Catholic	75	68	
3	Armenia	3700	126.0	68	Orthodox	75	68	
4	Australia	17800	2.3	85	Protstnt	80	74	
5	Austria	8000	94.0	58	Catholic	79	73	
6	Azerbaijan	7400	86.0	54	Muslim	75	67	
7	Bahrain	600	828.0	83	Muslim	74	71	
8	Bangladesh	125000	800.0	16	Muslim	53	53	
9	Barbados	256	605.0	45	Protstnt	78	73	
10	Belarus	10300	50.0	65	Orthodox	76	66	
11	Belgium	10100	329.0	96	Catholic	79	73	
12	Bolivia	7900	6.9	51	Catholic	64	59	
13	Bosnia	4600	87.0	36	Muslim	78	72	

图 14.3.3　“region=3”的数据（部分）

② 在主菜单中选择“Analyze”→“Scale”→“Multidimensional Scaling”，就进入多维标度法的主对话框。Scale 菜单下有 3 个分析：Reliability Analysis（信度分析）、Multidimensional Scaling（ALSCAL，多维标度分析）、Multidimensional Scaling（PROXSCAL，多维标度分析的扩展）。ALSCAL 提供的是比较经典的 5 个分析模型。PROXSCAL 使用了 DTSS 的最优化数据转换方法，提供了 4 个更高级的模型。ALSCAL 只能分析不相似性数据，即大的数值表示不相似的数据。PROXSCAL 可以对相似的数据或不相似的数据进行分析。

图 14.3.4 左上方是数据所有变量列表，选择其中的 7 个变量（urban、lifeexpf、lifeexpm、gdp_cap、death_rt、birth_rt、literacy）到 Variables 框参与分析。

“Individual Matrices for”框：如果数据文件有多个受访者的资料，就在该框中选入代表不同受访者的变量（即用来分割样品的属性分类变量）。

“Distances”框：如果输入的是样品间的距离阵，就选择“Data are distances”，如果输入的是原始变量，样品间的距离阵需要通过原始变量进行计算，就选择“Create distances from data”，本例由于是原始数据而不是距离阵，因此在“Distances”单选项中选择“Create distances from data”，这时“Measure”子对话框被激活，默认计算“Euclidean distance”，即欧氏距离。

③ 进入“Measure”子对话框，对距离阵进行设定。“Measure”子对话框可使用户自行控制相似性的计算方法，当数据比较复杂，不太好直接用作距离测量，或者希望进行更精细分析时，就可以选择里面的距离产生方式，该子对话框和系统聚类分析中的“Method”子对话框基本相同。

由于我们的变量都是连续数值型的，所以应在“Measure”单选项中选择“Interval”。并在其下方的“Transform Values”栏中选择变量标准化变换的方式，这里我们选择“Z scores”和“By variable”，表示对变量进行正态标准化。然后在“Create Distance Matrix”单选项中选择“Between cases”，表示计算样品之间的距离阵。设置完毕后，单击“Continue”回到主对话框，见图 14.3.5。

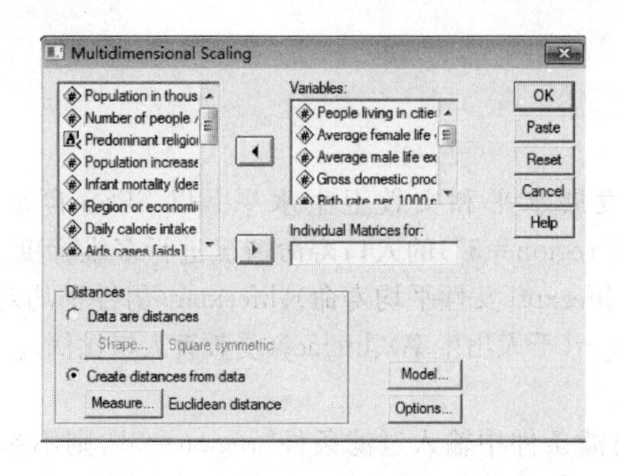

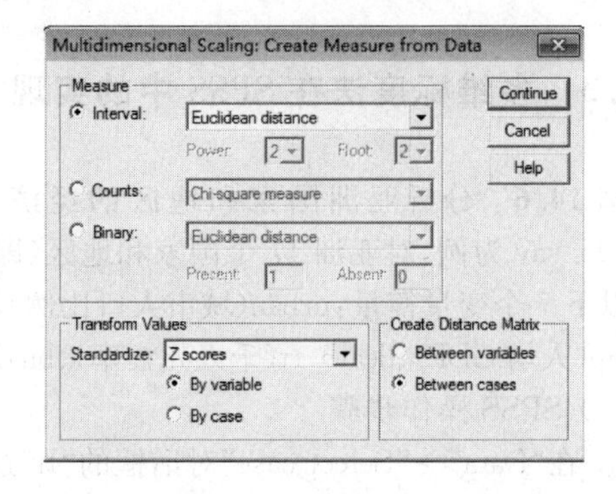

图 14.3.4　多维标度法的主对话框　　　　图 14.3.5　"Measure"子对话框

④ "Model"子对话框：可以设定变量取值的类型。

"Level of Measurement"框：用于指定数据的测量尺度。"Ordinal"：数据是有序分类测量资料，由于调查数据多是受访者对相似性的主观判断(打分)，所以多数情况下数据为该类型，为软件默认选项。此时系统采用的是秩次拟合的非度量多维标度分析。"Untie tied observations"复选框：用于改变对相同分值的处理情况。"Interval"：数据是标度测量中的区间测量，是连续性资料。"Ratio"：数据是标度测量中的比例测量，是连续性资料。

本例选择"Interval"，即连续取值的数值型变量，其他设置不变。即标度模型(Scaling Model)选择欧式距离(Euclidean distance)，在单一距离阵时，系统拟合古典多维标度分析，"Dimensions"框给出模型的最小最大维度，取值范围是1～6，取默认的2维模型，见图14.3.6。

⑤ "Options"子对话框(图 14.3.7)，该对话框中提供了一些结果显示的选择。

"Display"框：给出一些图形和分析结果，该栏中默认不输出任何图表。选择"Group plots"项可得到多维标度图(或称为感知图、空间图、匹配刺激图等，是多维标度分析中最重要的结果)，这里图表的维度由"Model"中的"Dimensions"中填入的最小维度"Minimum"和最大维度"Maximum"决定。"Individual subject plots"为每个个体的数据显示单独的分析图形。选择"Data matrix"项可得到距离阵和拟合构造点的坐标。"Model and options summary"显示出多维标度法中的参数设置、模型、计算方法等。

"Criteria"框：设置收敛准则。"S-stress convergence"当两次迭代间S-stress的增量小于等于设定值时停止迭代。

我们选择"Group plots"和"Data matrix"项后，单击"Continue"返回主对话框，最后单击"OK"运行。

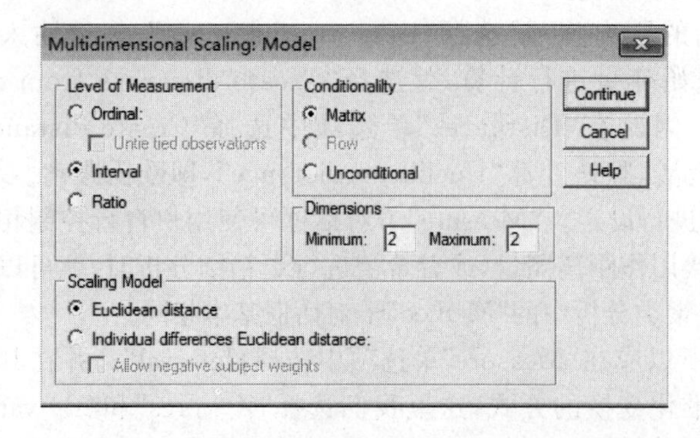

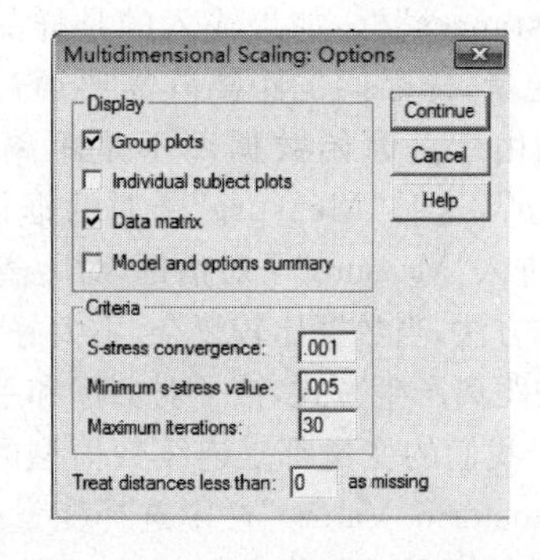

图 14.3.6　"Model"子对话框　　　　图 14.3.7　"Options"子对话框

(2) 结果分析

① 样品验证如图 14.3.8 所示,发现有一个样品存在缺失值。

Case Processing Summary[a]

Cases					
Valid		Missing		Total	
N	Percent	N	Percent	N	Percent
16	94.1%	1	5.9%	17	100.0%

a. Euclidean Distance used

图 14.3.8　样品验证

查数据后发现 Taiwan,China 缺少千人死亡率,样品被去除。16 个国家和地区的编号如表 14.3.8 所示。

表 14.3.8　国家和地区的编号

国家和地区	编　号	国家和地区	编　号	国家和地区	编　号
Afghanistan	VAR1	Indonesia	VAR7	S. Korea	VAR13
Bangladesh	VAR2	Japan	VAR8	Singapore	VAR14
Cambodia	VAR3	Malaysia	VAR9	Taiwan,China	*
China	VAR4	N. Korea	VAR10	Thailand	VAR15
Hong Kong,China	VAR5	Pakistan	VAR11	Vietnam	VAR16
India	VAR6	Philippines	VAR12		

② 图 14.3.9 是原始距离阵,由于采用的是欧式距离,所以距离阵为欧式距离阵。

图 14.3.10 给出古典解的迭代过程和有关压力指标值,列出了在规定的 2 维空间中的迭代记录,可见在 4 次迭代后 Young 氏压力指标值为 0.022 89,S-stress 值的变化为 0.000 49,小于默认的 0.001,达到收敛标准。还给出了指标说明:RSQ 是总变异中能够被相对空间距离所揭示的比例;Stress 值是根据 Kruskal's 压力公式计算而来的。K 压力指标 Stress 值为 0.038 80,小于 0.05。RSQ 达到了 0.994 85。这些都说明模型拟合效果很好。

Raw(unscaled)Data for Subject1

	1	2	3	4	5
1	.000				
2	3.150	.000			
3	1.794	1.451	.000		
4	5.822	3.144	4.177	.000	
5	7.905	5.685	6.554	3.590	.000
6	4.036	1.226	2.356	1.962	4.657
7	5.018	2.456	3.414	.942	3.951
8	8.343	6.248	7.028	4.020	1.368
9	5.962	3.351	4.333	1.123	3.147
10	6.534	4.120	5.025	1.551	2.957
11	3.447	1.064	1.815	2.966	5.232
12	5.623	3.162	4.067	1.026	3.540
13	6.962	4.583	5.511	2.113	1.923
14	7.869	5.738	6.559	3.673	.598
15	6.263	3.643	4.633	.787	3.574
16	5.389	2.906	3.776	.850	4.067

	6	7	8	9	10
6	.000				
7	1.274	.000			
8	5.219	4.379	.000		
9	2.254	1.445	3.684	.000	
10	2.952	1.881	3.457	1.156	.000
11	1.308	2.386	5.892	2.883	3.711
12	2.016	.944	3.986	.900	1.036
13	3.424	2.426	2.420	1.782	1.199
14	4.710	3.961	1.349	3.142	2.842
15	2.496	1.316	3.809	1.300	1.442
16	1.808	.729	4.375	1.308	1.716

	11	12	13	14	15
11	.000				
12	2.856	.000			
13	4.235	1.849	.000		
14	5.266	3.464	1.809	.000	
15	3.518	1.125	1.958	3.598	.000
16	2.756	.843	2.463	4.052	.972

	16
16	.000

图 14.3.9　原始距离阵

(标准化变量的样品距离阵)

Iteration history for the 2 dimensional solution (in squared distances)

Young's S-stress formula 1 is used.

Iteration	S-stress	Improvement
1	.03057	
2	.02463	.00594
3	.02338	.00124
4	.02289	.00049

Iterations stopped because
S-stress improvement is less than .001000

Stress and squared correlation (RSQ) in distances

RSQ values are the proportion of variance of the scaled data (disparities)
in the partition (row, matrix, or entire data) which
is accounted for by their corresponding distances.
Stress values are Kruskal's stress formula 1.

For matrix
Stress = .03880　　RSQ = .99485

图 14.3.10　压力指标检验

图 14.3.11 给出拟合构造点在 2 维空间中的坐标，给出了 16 个国家和地区的反映人口寿命情况的 7 维变量在 2 维空间中的坐标值。

图 14.3.12 给出最优标度的距离阵。

Stimulus Coordinates

Stimulus Number	Stimulus Name	Dimension 1	Dimension 2
1	VAR1	2.8077	-.7825
2	VAR2	1.4351	.0200
3	VAR3	1.9799	-.2425
4	VAR4	-.1950	.5249
5	VAR5	-1.7190	-.7151
6	VAR6	.7661	.1003
7	VAR7	.1866	.2884
8	VAR8	-2.0244	-.7460
9	VAR9	-.3584	.2959
10	VAR10	-.7252	.4752
11	VAR11	1.2038	-.1742
12	VAR12	-.1720	.3727
13	VAR13	-1.1006	.0261
14	VAR14	-1.7209	-.7193
15	VAR15	-.4282	.7000
16	VAR16	.0644	.5760

图 14.3.11　拟合点在 2 维标度中的坐标

	1	2	3	4	5
1	.000				
2	1.676	.000			
3	.856	.648	.000		
4	3.293	1.673	2.298	.000	
5	4.553	3.210	3.736	1.942	.000
6	2.212	.512	1.196	.957	2.588
7	2.807	1.256	1.836	.340	2.161
8	4.819	3.551	4.023	2.202	.598
9	3.378	1.798	2.392	.449	1.674
10	3.724	2.263	2.811	.708	1.559
11	1.856	.414	.868	1.565	2.936
12	3.173	1.684	2.231	.391	1.912
13	3.983	2.544	3.105	1.048	.933
14	4.532	3.242	3.739	1.993	.132
15	3.560	1.974	2.573	.246	1.933
16	3.031	1.528	2.055	.284	2.231

	6	7	8	9	10
6	.000				
7	.541	.000			
8	2.928	2.420	.000		
9	1.134	.644	1.999	.000	
10	1.556	.908	1.862	.469	.000
11	.561	1.214	3.336	1.514	2.015
12	.990	.341	2.182	.315	.397
13	1.842	1.238	1.234	.848	.496
14	2.620	2.167	.587	1.671	1.490
15	1.281	.566	2.075	.557	.643
16	.864	.211	2.417	.562	.808

	11	12	13	14	15
11	.000				
12	1.498	.000			
13	2.333	.889	.000		
14	2.957	1.866	.864	.000	
15	1.899	.450	.955	1.947	.000
16	1.438	.280	1.260	2.222	.358

	16
16	.000

图 14.3.12　最优标度的距离阵

③ 给出欧氏距离下的 16 个国家和地区的拟合构造点的 2 维图(感知图、概念空间图、空间图、匹配刺激图等)，见图 14.3.13，通常可从图上得到：哪些散点比较接近(相似)；所有的散点大致被分了几类；如果有可能，为每个维度找到一个合理的解释；寻找图形散点间相关性的合理解释。

可以看出亚洲 16 个国家和地区被分为 3 类：比较发达的国家和地区基本都在第三象限，如中国香港、日本、新加坡，它们在经济和文教卫生水平方面相似；阿富汗、柬埔寨、巴基斯坦为一类，在第四象限；其余为一类，其中中国和泰国、菲律宾等较为接近。

线性拟合散点图是说明欧式距离模型线性拟合的散点图(图 14.3.14)，它提供的是原始数据的不一致程度和用线性模型计算出来的欧式距离间的散点图。若模型拟合程度好，则所有散点在一条直线上。从图形上可以看出采用欧氏距离来拟合原始数据的距离阵是非常合适的。

续例 14.1　利用 SPSS 对美国 10 个城市进行多维标度分析(距离阵数据见图 14.3.15)。

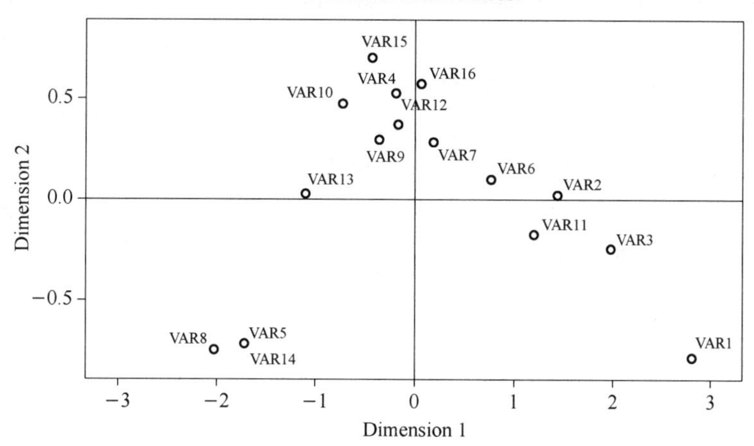

图 14.3.13　拟合构造点的 2 维坐标图

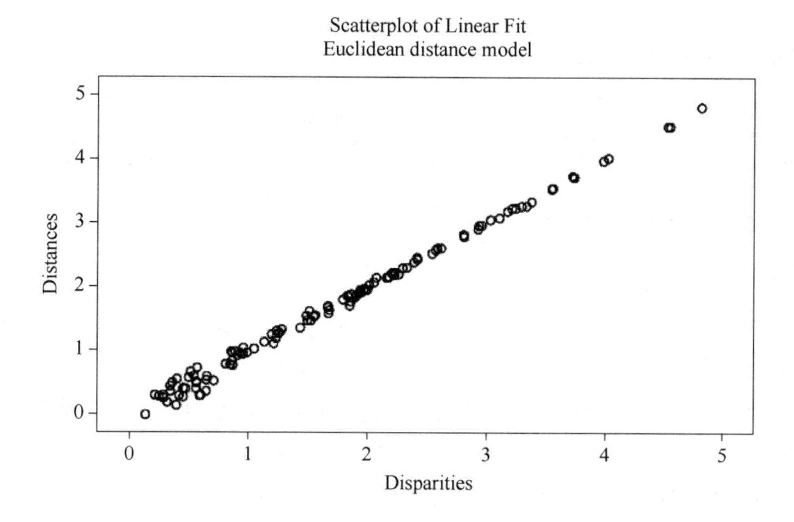

图 14.3.14　欧氏距离下的线性拟合散点图

Untitled - SPSS Data Editor

File Edit View Data Transform Analyze Graphs Utilities Window Help

23 :

	Atlanta	Chicago	Denver	Houston	LosAngele	Miami	NewYork	SanFrancis	Seattle	Washingto
1	.00	587.00	1212.00	701.00	1936.00	604.00	748.00	2139.00	2182.00	543.00
2	587.00	.00	920.00	940.00	1745.00	1188.00	713.00	1858.00	1737.00	597.00
3	1212.00	920.00	.00	879.00	831.00	1726.00	1631.00	949.00	1021.00	1494.00
4	701.00	940.00	879.00	.00	1374.00	968.00	1420.00	1645.00	1891.00	1220.00
5	1936.00	1745.00	831.00	1374.00	.00	2339.00	2451.00	347.00	959.00	2300.00
6	604.00	1188.00	1726.00	968.00	2339.00	.00	1092.00	2594.00	2734.00	923.00
7	748.00	713.00	1631.00	1420.00	2451.00	1092.00	.00	2571.00	2408.00	205.00
8	2139.00	1858.00	949.00	1645.00	347.00	2594.00	2571.00	.00	678.00	2442.00
9	2182.00	1737.00	1021.00	1891.00	959.00	2734.00	2408.00	678.00	.00	2329.00
10	543.00	597.00	1494.00	1220.00	2300.00	923.00	205.00	2442.00	2329.00	.00

注："1"表示 Atlanta，"2"表示 Chicago，"3"表示 Denver，"4"表示 Houston，"5"表示 Los Angeles，"6"表示 Miami，"7"表示 New York，"8"表示 San Francisco，"9"表示 Seattle，"10"表示 Washington,DC。

图 14.3.15　美国 10 个城市飞行距离阵

解：(1) SPSS操作步骤

在主菜单中选择“Analyze”→“Scale”→“Multidimensional Scaling”，由于原始数据是距离阵，所以在主对话框的“Distances”单选项中选择“Data are distances”，此时“Shape”子对话框被激活(图 14.3.16)，默认距离形式为“Square symmetric”。

Square symmetric：距离阵是完全对称形式，行列表示相同的项目，本例即为这种情况。若原始数据的距离是对称的，则只需要输入三角阵即可，运算中 SPSS 会自动填充。Square asymmetric：距离阵为不完全对称形式，行列表示相同的项目。Rectangular：距离阵为长方形完全不对称形式，行列表示不相同的项目，即距离阵不是方阵，这时需要指定矩阵使用的行数“Number of rows”，该数值必须大于等于 4。本例中选择“Square symmetric”，单击“Continue”返回主对话框。

在“Options”子对话框中选中“Group plots”，其他都选默认选项，单击“OK”运行。

(2) 结果分析

图 14.3.17 所示的警告通知我们在模型中一共需要拟合 20 个参数，但只提供了 45 个数据，因此可能拟合结果会有误。可以忽略该警告。

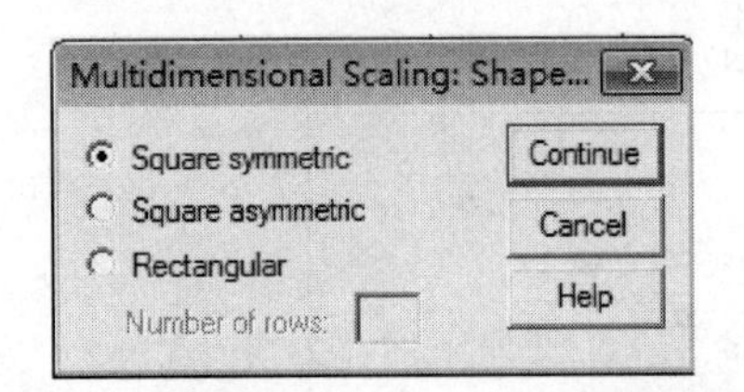

图 14.3.16　“Shape”子对话框

>Warning # 14654
>The total number of parameters being estimated (the number of stimulus
>coordinates plus the number of weights, if any) is large relative to the
>number of data values in your data matrix. The results may not be reliable
>since there may not be enough data to precisely estimate the values of the
>parameters. You should reduce the number of parameters (e.g. request
>fewer dimensions) or increase the number of observations.

>Number of parameters is 20. Number of data values is 45

图 14.3.17　警告

得到迭代过程和距离阵的古典解(图 14.3.18)。观察压力指标，Young 氏指标值为 0.000 47。RSQ(即决定系数)表示总变异中能够被空间距离解释的比例。S-stress 是压力指数。K 氏 S-stress 指标值为 0.000 50，RSQ=1，当其值非常接近 1 时，说明欧氏距离模型拟合效果很好。

给出拟合点的坐标(图 14.3.19)。根据多维标度法解的概念和有关性质，它的解不是唯一的。输出 2 维坐标图(图 14.3.20)以及线性拟合散点图(图 14.3.21)。

Iteration history for the 2 dimensional solution (in squared distances)

Young's S-stress formula 1 is used.

Iteration	S-stress	Improvement
1	.00047	

Iterations stopped because
S-stress is less than .005000

Stress and squared correlation (RSQ) in distances

RSQ values are the proportion of variance of the scaled data (disparities)
in the partition (row, matrix, or entire data) which
is accounted for by their corresponding distances.
Stress values are Kruskal's stress formula 1.

For matrix
Stress = .00050　　RSQ = 1.00000

图 14.3.18　迭代过程和压力指标检验

Configuration derived in 2 dimensions

Stimulus Coordinates

Stimulus Number	Stimulus Name	Dimension 1	Dimension 2
1	Atlanta	.9575	-.1905
2	Chicago	.5090	.4541
3	Denver	-.6416	.0337
4	Houston	.2151	-.7631
5	LosAngel	-1.6036	-.5197
6	Miami	1.5101	-.7752
7	NewYork	1.4284	.6914
8	SanFrancisco	-1.8925	-.1500
9	Seattle	-1.7875	.7723
10	Washington.DC	1.3051	.4469

图 14.3.19　拟合点坐标

图 14.3.20 是多维标度分析中输出的美国 10 个城市的 2 维空间匹配图,它是系统通过计算样本间的距离阵而得到的各个样品的古典解(2 维坐标)。各个城市之间的距离可以非常好地用图 14.3.20 中的散点来表示。从图 14.3.21 可以看出各点基本处在一条直线上,因此采用欧氏距离的拟合标度非常符合原始距离阵,模型的拟合效果是比较好的。

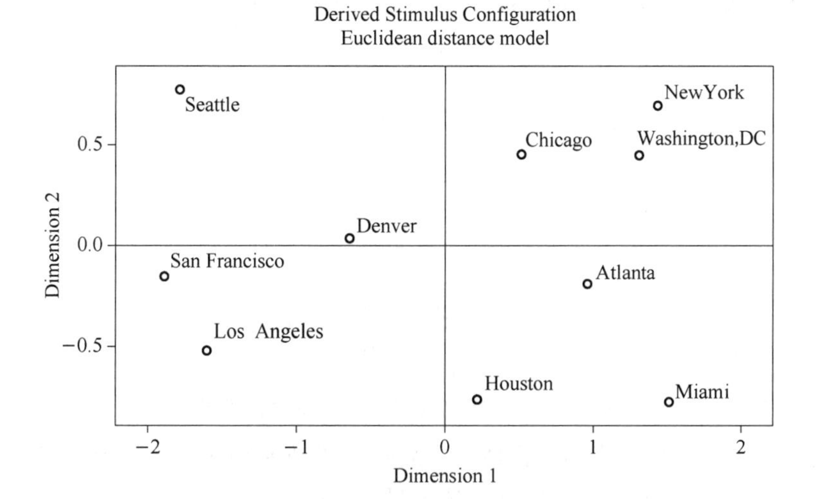

图 14.3.20　欧氏距离模型下的 2 维散点图

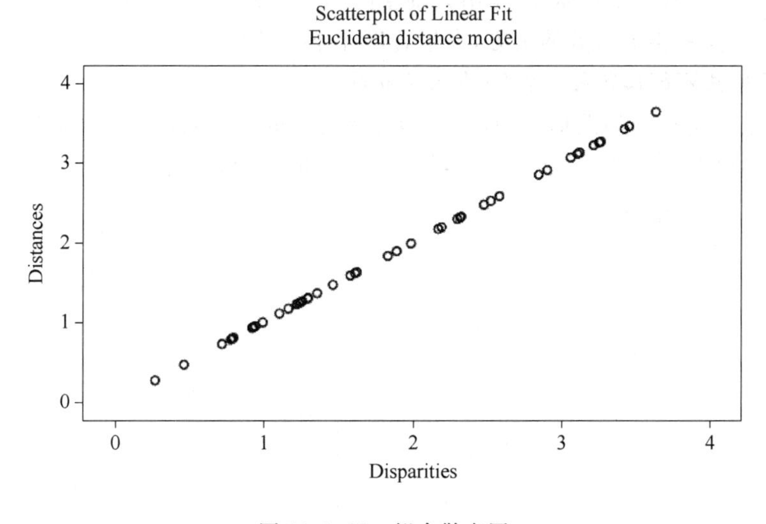

图 14.3.21　拟合散点图

14.3.4　多维标度法值得注意的几个问题

1. 坐标空间维数的确定

多维标度法是以空间图的方式用最少的维数去拟合数据。理论上,如果有 n 个不同品牌,用 $n-1$ 维空间的点表示,就能完全拟合。然而用高维的空间,就失去了形象直观的特点。

常用维数确定方法。

① 前期知识、调研理论或以往的调研经验和结论将有助于确定维数。

② 空间图的解释能力，一般来说，要想解释 2 维以上的空间图是很困难的。

③ 考察克鲁斯克系数对维数折线图，当合适的维数出现时，往往伴随着很急的转弯。分别对 2,3,…维空间图形结构求出其最小的克鲁斯克系数，然后用空间维数作为横坐标，对应的克鲁斯克系数作为纵坐标，在坐标系中描图。观察图 14.3.22，在 3 维处出现折点，形成了凹状(肘状)图案，故应选择的维数是 3，可取 3 维空间来构图。

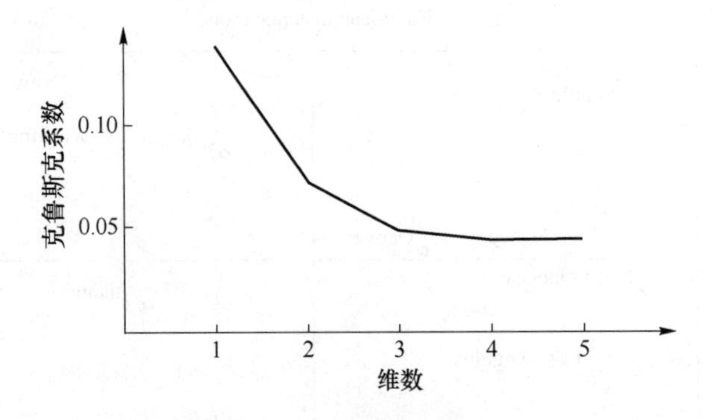

图 14.3.22　克鲁斯克系数对维数折线图

④ 在选择维数时还应考虑易操作性。一般来说，2 维平面图较之多维空间图简单得多。

⑤ 用 2,3,4 维空间的点去试算，从中选出“最好”的空间。“最好”可以通过规定克鲁斯克系数的一个临界值确定，当一个图形结构的克鲁斯克系数小于这个临界值时，就认为好。如果 2 维空间图形结构达不到好的标准，就用 3 维空间图形结构，以此类推。

⑥ 定义拟合度为相关系数的平方，在拟合度差不多的情况下，选低维。

2. 多维标度法不能确定图形结构的绝对位置

用多维标度法构造出的图形结构，只能确定品牌之间的相对位置，但其绝对位置则不能完全确定。例如，在图 14.3.23 中各种图形结构都是等价的，都可以作为多维标度法的结果。

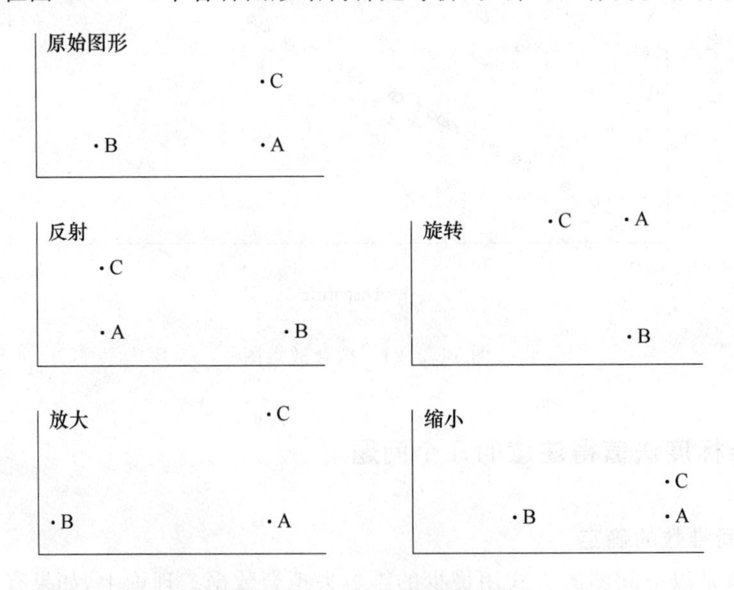

图 14.3.23　等价的图形结构

3. 多维标度法的结果是试探性的，而不是结论性的

多维标度法的结果依赖于品牌的选择。用多维标度法得出的图形结构，其品牌特性是由市场研究者凭经验给出的，因此不能把它作为市场的一个最后模型，应把它作为一个待检验的假设。得出的图形结构的维数与品牌有关。如果遗漏重要品牌，则某些关键坐标就不会出现。

4. 收集资料的方法

多维标度法输入资料是各种品牌之间的相似或差异资料。这类资料的收集方法有以下几种。

① 配对比较法。研究者将 n 种品牌每两种配成一对，进行相似性判断，得到直接数据。在收集直接数据时，要判别不同品牌相似与否：a. 可采用李塞图七点标尺或其他度量进行配对品牌评估，称为相似性判别数据；b. 可要求调查对象将所有的品牌配对按相似性强弱由大到小排序；c. 可要求调查对象对所有品牌与固定对照品牌(基础品牌)进行相似性排序，每个品牌可轮流作为基础品牌。

② 诱导法。研究者先找出品牌的某些属性，然后将每一种属性配成评分表，得到的数据为推断数据。这种方法的优点：其一，由于我们是依据态度或其他相关指标的评估值将调查对象进行分类，所以较容易区分有相同感觉的调查对象；其二，方便命名坐标轴。

③ 分组法。当品牌的数目太多时，需要调查对象回答的内容太多，容易引起调查对象不耐烦。可以采取主观分组法，主观分组法有固定组数分组法和变动组数分组法两种。

固定组数分组法：预先设想将所有品牌分成不同种类的 k 组，并将每一种品牌写在一张卡片上，然后要求调查对象根据自己的意见将品牌卡片分成 k 个他认为是不同种类的组。因此每组内的品牌十分相似，而不同组的品牌则有差异。每个应答者的资料排列成一个以 1 和 0 构成的品牌矩阵。该矩阵的对角线元素为 1，若行品牌 i 与列品牌 j 属于同一组，则该品牌矩阵的 i 行 j 列元素为 1；若两者不属于同一组，则 i 行 j 列元素为 0(考虑 $i>j$ 的情形)。

例如，A，B，C，D，E 5 种品牌分成两组，某调查对象的意见是 A，B，D 为一组，C 和 E 为一组，则品牌矩阵的形式为

$$
\begin{array}{cc}
 & \begin{array}{ccccc} A & B & C & D & E \end{array} \\
\begin{array}{c} A \\ B \\ C \\ D \\ E \end{array} &
\begin{pmatrix}
1 & & & & \\
1 & 1 & & & \\
0 & 0 & 1 & & \\
1 & 1 & 0 & 1 & \\
0 & 0 & 1 & 0 & 1
\end{pmatrix}
\end{array}
$$

将所有调查对象的品牌矩阵的对应元素相加，便可得到品牌频数和频率矩阵。显然，该矩阵元素的值越大，则对应的品牌间的相似程度越大。这样便可得到品牌间的相似次序矩阵。

变动组数分组法：这种方法基本上和固定组数分组法相同，不同的是调查对象将各种品牌分成的组数可以少于预先给定的组数 k。

5. 命名坐标轴并解释空间图

可以综合考察那些最接近坐标轴的属性，以实现对坐标轴的命名或标注。

6. 评估有效性和可靠性

一般采用以下方法进行评估。首先，可计算拟合优度 R^2，即相关系数的平方。R^2 越大，说明多维标度过程对数据的拟合程度越好。一般地，当 R^2 大于或等于 0.6 时，被认为是可接受的。另外，紧缩值也能反映多维标度法的拟合优度。R^2 是拟合良好程度的度量，而紧缩值是拟合劣质程度的度量，两个度量的角度完全相反，但目的相同。紧缩值随多维标度过程以及被分析资料的不同而变化。

14.4 习　　题

1. 已知我国8个城市的距离阵(对称阵,如表14.4.1所示),请用多维标度分析给出2维空间图。

表 14.4.1　8个城市的距离阵

城　市	城　市							
	北　京	天　津	济　南	青　岛	郑　州	上　海	杭　州	南　京
北　京	0							
天　津	118	0						
济　南	439	363	0					
青　岛	668	571	362	0				
郑　州	714	729	443	772	0			
上　海	1 259	1 145	886	776	984	0		
杭　州	1 328	1 191	872	828	962	203	0	
南　京	1 065	936	626	617	710	322	305	0

2. 对上海市常见方便面的品牌喜好情况进行调查,从800个被访者对6个品牌的18个属性(有营养、购买方便、品牌知名等)的评分(5分制,5分表示形容得非常贴切,1分表示该品牌完全没有达到形容的那样)结果,得到6个品牌评分的相似性矩阵,如表14.4.2所示。试用多维标度法对其进行统计分析,并对分析结果的实际意义进行解释。

表 14.4.2　方便面6个品牌评分的相似性矩阵

品　牌	品　牌					
	康师傅	统　一	美　厨	营　多	皇　品	中　萃
康师傅	0	6.22	5.2	5.49	7.02	6.48
统　一		0	4.11	5.94	4.58	5.07
美　厨			0	6.52	6.34	4.78
营　多				0	5.84	5.36
皇　品					0	7.03
中　萃						0

3. 简述多维标度法的基本思想和步骤。

附录　SPSS 软件入门知识

“工欲善其事，必先利其器。”

——孔子，《论语》

现代生活越来越离不开计算机。统计软件的发展使得很多统计理论得到数据检验和支撑，从而促使统计学理论迅速发展。通过前面的学习，我们应该清楚地认识到，多元统计分析的数学计算比较复杂，如果不借助于计算机统计软件，许多问题根本无法解决。统计软件的种类很多，有些功能齐全，有些价格便宜，有些容易操作，有些需要更多的实践才能掌握，还有些是专门的统计软件，只处理某一类统计问题。

1. 常见统计软件

面对太多的选择往往给决策者带来困难，所以有必要了解各种统计软件的特点，常见的统计软件的图标如图 1 所示。

图 1　常见统计软件的图标

① SPSS：这是一个很受欢迎的统计软件，它容易操作，输出漂亮，功能齐全，价格合理。它有自己的程序语言，对于非专业统计工作者是很好的选择。

② SAS：这是功能非常齐全的软件，价格不菲，许多公司（特别是美国制药公司）使用，因为其功能众多，被政府机构认可而使用。可以对它进行编程，需要一定的训练才可以掌握。

③ Statistica：功能强大而齐全的统计软件，在我国的使用不如 SAS 与 SPSS 那么普遍。

④ Excel：它严格来说并不是统计软件，但作为数据表格软件，必然有一定的统计计算功能。而且凡是有 Microsoft Office 的计算机，基本上都装有 Excel。但要注意，有时在装 Office 时没有装数据分析功能，那就必须装了才行。它可进行简单的统计分析和画图，随着问题的深入，有时需要使用宏命令来编程。

⑤ S-Plus：统计学家喜爱的软件，功能齐全，具有强大而又方便的编程功能，使得研究人员可以编制自己的程序来实现自己的理论和方法。它以编程方便为顾客所青睐。

⑥ R：免费软件，是由统计志愿者管理的软件。其编程语言与 S-Plus 所基于的 S 语言一样，很方便，还有不断加入的从事各个方向研究的统计学家编写的统计软件包，同时从网上可以不断更新和增加有关的软件包和程序。这是发展最快的软件，受到世界上统计学师生的欢迎，是用户量增加最快的统计软件。它的语言结构和 C＋＋、Fortran、Matlab、Pascal、BASIC

等很相似,容易举一反三。

⑦ Matlab:这也是应用于各个领域的以编程为主的软件,在工程上应用广泛。编程类似于S和R,但是统计函数不多。

⑧ EViews:这是一个处理回归和时间序列等问题很方便的软件。

还有很多其他的软件,如 Minitab 、GAUSS、Fortran 等,读者只要学会使用一种软件,使用其他的软件也将不会困难,看软件操作手册的帮助和说明即可。学习软件的最好方式是在使用中学。

所有统计软件进行数据分析的基本过程如下。

① 数据的组织:数据的组织实际上就是数据库的建立。数据的组织有两步:第一步是编码,即用数字代表分类数据(有时也可以是区间数据或比率数据);第二步是给变量赋值,即设置变量并根据研究结果给予其数字代码。

② 数据的录入:数据的录入就是将编码数据输入计算机,即输入已经建立的数据库结构,形成数据库。数据录入的关键是保证录入的正确性。录入错误主要有认读错误和按键错误。在数据录入后还应进行检验,检验可采取计算机核对和人工核对两种方法。

③ 统计分析:首先根据研究目的和需要确定统计方法,然后确定与选定的统计方法相应的运行程序,既可以用计算机存储的统计分析程序,也可以用其他的统计软件包中的程序。

④ 结果输出:经过统计分析,计算结果可用计算机打印出来,输出的形式有列表、图形等。

2. SPSS 软件入门知识

本书在实例分析中,采用国际上流行的通用统计软件包 SPSS 来实现,下面我们简单介绍一下该软件。

SPSS(Statistics Package for Social Science,社会科学统计软件包)于20世纪60年代由美国斯坦福大学的3位研究生研制开发。20世纪80年代以前,SPSS软件主要应用于企事业单位。1984年,SPSS中心推出了基于DOS系统的微机版本。20世纪90年代以后,随着Windows系统的逐渐盛行,SPSS也适时地推出了基于Windows操作平台的新版本。如今,SPSS软件已经作为国际上最有影响力的统计软件之一,广泛应用于社会学、经济学、生物学、教育学、心理学等各个领域。随着 SPSS 产品服务领域的扩大和服务深度的增加,SPSS 公司于2000年正式将英文全称更改为 Statistical Product and Service Solutions,意为“统计产品与服务解决方案”。

(1) SPSS 软件的3个常用窗口

① 数据编辑窗口

启动 SPSS 后看到的第一个窗口是数据编辑窗口,如图2所示。在数据编辑窗口中可以进行数据的录入、编辑以及变量属性的定义和编辑,数据编辑窗口是 SPSS 的基本界面。窗口最上方是主菜单栏,包含了SPSS从文件管理到数据整理、分析的几乎所有功能。窗口第二行是工具栏,提供一些常用的 SPSS 功能,使某些操作更为快捷。第三行是当前数据栏,左边部分显示了当前活动单元格对应的变量名和观测序号,右边部分显示了当前活动单元格中的数据值。再往下则是数据显示区域,是一个2维表格,也是编辑窗口的主体部分。

在数据编辑窗口的左下角有两个重要的转换标签,即“Data View”标签和“Variable View”标签,用于数据编辑窗口在数据视图和变量视图两种界面之间的切换。单击“Variable View”标签,则数据编辑窗口进入变量视图界面,如图3所示。在变量视图界面中可以进行SPSS变量属性的定义和编辑。

图 2　数据编辑窗口(数据视图)　　　　图 3　数据编辑窗口(变量视图)

② 结果观察窗口

在 SPSS 中大多数的统计分析结果都将以表或者图的形式在结果观察窗口中显示。结果输出窗口如图 4 所示。窗口的右边部分显示 SPSS 统计分析结果,左边部分是导航窗口,用来显示输出结果的目录,可以通过单击目录来展开右边窗口中的统计分析结果。当用户对数据进行某项统计分析时,则结果输出窗口将被自动调出。当然,用户也可以通过双击后缀名为“.spo”的 SPSS 输出结果文件来打开该窗口。

③ 语句窗口

用户可以在语句窗口中直接编写 SPSS 命令程序,也可以使用“Paste”按钮把菜单运行方式下的各种命令和选项粘贴到命令窗口中,再进行进一步的修改,然后通过运行主菜单的“Run”命令将编写好的程序一次性地提交给计算机执行。用户也可以将编写好的 SPSS 程序保存为一个后缀名为“.sps”的文件供以后需要的时候调用。SPSS 语句窗口如图 5 所示。

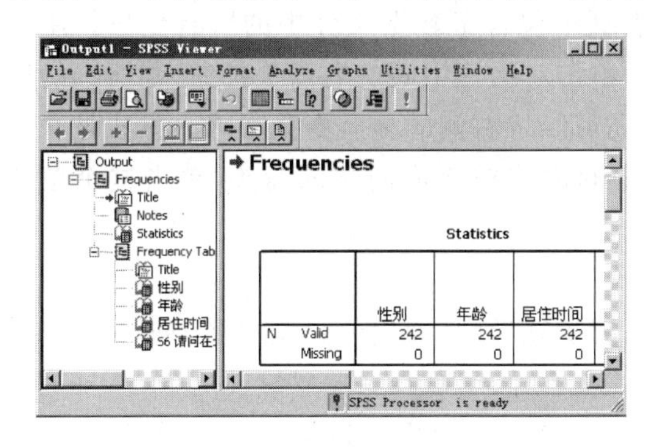

图 4　结果输出窗口　　　　图 5　语句窗口

(2) SPSS 菜单和工具栏

在数据编辑窗口的最上方,文件名的下面排列着 SPSS 的 10 个主菜单。通过单击这些菜单,用户可以进行几乎所有的 SPSS 操作。

表 1 对这些菜单的主要功能做了简要介绍,关于这些菜单的详细操作步骤详见各个章节。

表 1　SPSS 菜单功能简介

菜单项	功能简介
File	文件的存取及打印,外部数据的读取
Edit	数据的复制、剪切、粘贴等基本的数据编辑功能

续 表

菜单项	功能简介
View	数据窗口外观设置
Data	数据整理的部分功能，包括插入新观测和新变量、数据排序、选取、合并、拆分等
Transform	数据整理及数据转换功能，包括计算新变量、重新编码等
Analyze	SPSS 统计分析程序汇总，包括所有的统计分析功能
Graphs	SPSS 图表绘制程序汇总，包括所有的 SPSS 绘图功能
Utilities	包含变量信息、文件信息、定义和使用集合、菜单编辑器等
Window	SPSS 主窗口的呈现方式设定及窗口的转换
Help	提供各种类型的 SPSS 帮助

为了方便用户操作，SPSS 软件把菜单项中常用的命令放到了工具栏里。当鼠标停留在某个工具栏按钮上时，会自动跳出一个文本框，提示当前按钮的功能。另外，如果用户不满意系统预设的工具栏设置，也可以用“View”→“Toolbars”菜单命令对工具栏按钮进行自定义。

(3) SPSS 对话框的基本操作方式

多数的 SPSS 菜单命令只是指出了统计功能实现的路径，大量的具体操作是在对话框中设置完成的，因此，熟悉 SPSS 对话框的基本构成和基本操作方式是非常重要的。

图 6 与图 7 是典型的 SPSS 对话框。现以这个对话框为基础来介绍 SPSS 对话框的基本操作方式。

① 对变量的操作方式

SPSS 软件的操作大都是基于变量的，所以，在很多对话框中都会要求用户选择需要进行分析的变量。在图 6 所示的对话框中，左侧的列表框中包含了数据文件中的所有变量。用户先在这个列表框中选中本次需要分析的变量，然后单击对话框中间的右箭头按钮，则所选的变量就被移入右边的待分析变量的列表框中。用户还可以将右侧的多余变量移除。方法是在右侧的列表框中选择需要移除的变量，这时对话框中间的按钮变成向左的箭头，单击这个按钮即可。

② SPSS 对话框中的常用控件

单选按钮(图 6 左下角的圆形按钮)：各选项之间是互斥的，即用户只能在多个这样的选项之间选择一个。

复选框(图 6 右下角的小方框)：各选项之间相互独立，用户可以同时选择多个这样的选项。

下拉列表(如图 7 所示)：用户可以通过单击列表旁边的下拉箭头来展开所有选项。

输入框(如图 7 所示)：需要用户输入某个数值作为 SPSS 命令的参数。

③ SPSS 对话框中的 5 个基本按钮

在所有的对话框中，SPSS 各项功能的最终实现是通过按钮操作来完成的。在几乎所有的 SPSS 对话框中都有如下所述的 5 个基本按钮。

a. OK：下达最终执行指令。用户选择了符合要求的选项后，单击“OK”按钮才能被激活。单击该按钮即可完成选定的统计分析功能。

b. Paste：用于把当前窗口中所选择的选项作为 SPSS 程序语句粘贴到语句窗口中。单击该按钮后，自动调出 SPSS 语句窗口。此时可以在窗口中对程序语句进行进一步编辑，之后单击“Run”菜单，完成统计分析功能。

c. Reset：将对话框中重设为系统默认值。

d. Cancel：撤销对对话框的操作，退出当前对话框。

e. Help：用于调出关于当前对话框的 SPSS 帮助文档。此按钮非常有用，当用户对当前对话框的功能或对话框中的某些选项的意义不是很清楚时，可以单击这个按钮，调出相关帮助文档，文档一般会对当前对话框的功能和选项作出详细解释。

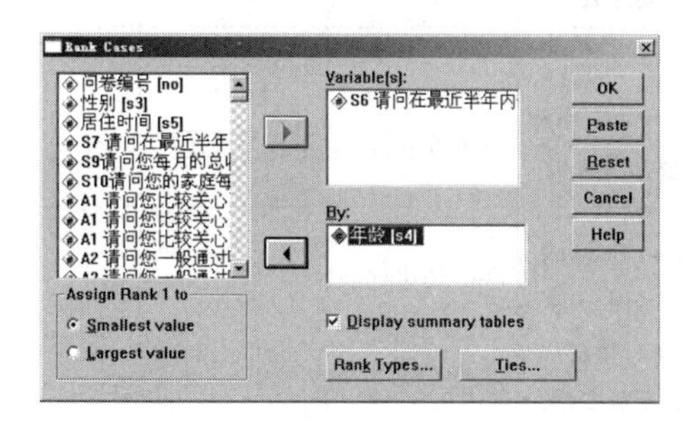

图 6 一个典型的 SPSS 对话框

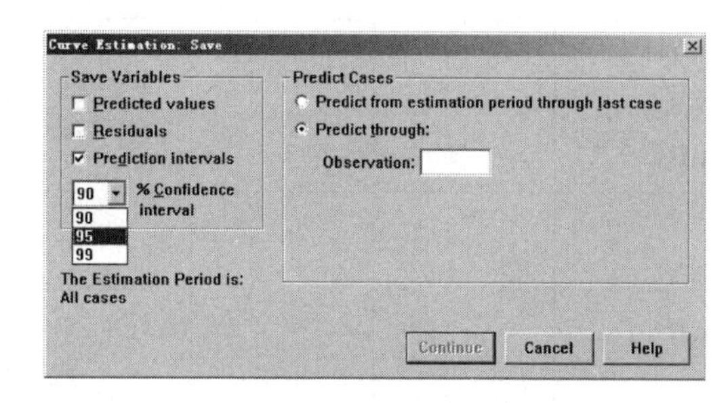

图 7 对话框中的下拉列表与输入框

表 2 是为了方便读者进行软件操作的中英文对照，对不同版本的软件略有不同。

表 2 SPSS 统计软件的主菜单及子菜单(部分)

File（文件管理）	Edit（编辑）	View（视图）	Data（数据管理）	Transform（变量转换）	Analyze（统计分析）	Graphs（统计图）	Utilities（实用程序）
New（新文件）	Undo/ Redo（撤销/重复）	Status Bar（状态条）	Define Variables（定义变量）	Compute（通过计算建立新变量）	Summarize（综合分析）	Gallery（图形特性描述）	Variables（变量）
Open（打开）	Cut（剪切）	Toolbars（工具条）	Define Dates（定义日期）	Random Number Seed（产生随机数）	Custom Tables（定制表格）	Interactive（交互图）	File Info（文件信息）
Data Capture（获取数据）	Copy（复制）	Fonts（字体）	Templates（变量定义模板）	Count（计数）	Compare Means（均值比较）	Bar（条形图）	Define Sets（定义变量集）
Read ASCII Data（读取 ASCII 数据）	Paste（粘贴）	Grid Lines（格线）	Insert Variable（插入变量）	Recode（重新编码）	General Linear Model（一般线性模型）	Line（线图）	Use Sets（使用变量集）
Save（保存）	Clear（清除）	Value Labels（值标签）	Insert Case（插入样本）	Rank Cases（求样本的秩）	Correlate（相关分析）	Area（面积图）	Auto New Case（自动新样品）
Save As（另存为）	Find（寻找）		Go to Case（转到指定样本）	Automatic Recode（自动重置编码）	Regression（回归分析）	Pie（饼图）	Run Script（运行脚本）

续 表

File（文件管理）	Edit（编辑）	View（视图）	Data（数据管理）	Transform（变量转换）	Analyze（统计分析）	Graphs（统计图）	Utilities（实用程序）
Display Data Info（显示数据信息）	Option（选项）		Sort Cases（样本排序）	Create Time Series（创建时间序列）	Loglinear（对数线性模型）	High-Low（高低图）	Menu Editor（菜单编辑器）
Apply Data Dictionary（应用数据字典）			Transpose（行列转置）	Replace Missing Values（替换缺失值）	Classify（聚类分析）	Pareto（帕累托图）	
Print（打印）			Merge Files（合并文件）	Run Pending Transforms（运行待解决的变量变换）	Data Reduction（数据简化分析）	Control（控制图）	
Stop Processor（停止 SPSS 处理过程）			Aggregate（数据综合）		Scale（尺度分析）	Box Plot（箱图）	
Exit（退出）			Orthogonal Design（正交设计）		Nonparametric Tests（非参数检验）	Error Bar（误差条图）	
			Split File（分割文件）		Time Series（时间序列分析）	Scatter（散点图）	
			Select Cases（选择样本）		Survival（生存分析）	Histogram（直方图）	
			Weight Cases（给样本加权）		Multiple Response（多重响应分析）	P-P（P-P 图）	

参考文献

[1] Agresti A . An Introduction to Categorical Data Analysis [M]. New York: John Wiley & Sons ,1996.

[2] Agresti A. Categorical Data Analysis[M]. 2nd ed. New York: John Wiley & Sons,2002.

[3] Rencher A C. Methods of Multivariate Analysis[M]. New York: John Wiley & Sons, 1995.

[4] Anderson T W. An Introduction to Multivariate Statistical Analysis [M]. 2nd ed. New York:John Wiley & Sons,1984.

[5] Freedman D, Pisanl R,Purves R. 统计学[M]. 魏宗舒,施锡铨,林举干,等,译. 北京:中国统计出版社,1997.

[6] Eaton M L. Multivariate Statistics:A Vector Space Approach[M]. New York: John Wiley & Sons,1983.

[7] Johnson R A, Wichern D W. Applied Multivariate Statistical Analysis[M]. New York: Prentice Hall,1982.

[8] 肯德尔. 多元分析[M]. 北京:科学出版社,1983.

[9] Eaton M L. Multivariate Statistics: A Vactor Space Approach[M]. New York: John Wiley & Sons,1983.

[10] Johnson R A, Wichern D W. 实用多元统计分析[M]. 陆璇,译. 北京:清华大学出版社,2001.

[11] 陈希孺,王松桂. 近代回归分析——原理方法及应用[M]. 合肥:安徽教育出版社, 1987.

[12] 方开泰. 实用多元统计分析[M]. 上海:华东师范大学出版社,1989.

[13] 方开泰,陈敏. 统计学中的矩阵代数[M]. 北京:高等教育出版社,2013.

[14] 方开泰,潘恩沛. 聚类分析[M]. 北京:地质出版社,1982.

[15] 高惠璇. 实用统计分析[M]. 北京:北京大学出版社,2001.

[16] 高惠璇. 应用多元统计分析[M]. 北京:北京大学出版社,2005.

[17] 郭志刚. 社会统计分析方法——SPSS 软件应用[M]. 北京:中国人民大学出版社,1999.

[18] 何晓群. 应用回归分析[M]. 北京:中国人民大学出版社,2001.

[19] 何晓群. 多元统计分析[M]. 北京:中国人民大学出版社,2004.

[20] 胡国定,张润楚. 多元数据分析方法[M]. 天津:南开大学出版社,1990.

[21] 卢纹岱,朱一力,沙捷,等. SPSS for Windows:从入门到精通[M]. 北京:电子工业出版

社,1997.
[22] 罗积玉,邢英.经济统计分析方法及预测——附实用计算机程序[M].北京:清华大学出版社,1987.
[23] 任若恩.多元统计数据分析——理论、方法、实例[M].北京:国防工业出版社,1997.
[24] 孙慧钧.多元统计分析方法与应用[M].呼和浩特:内蒙古大学出版社,1997.
[25] 孙尚拱.实用多变量统计方法与计算程序[M].北京:北京医科大学出版社,1990.
[26] 孙尚拱,潘恩沛.实用判别分析[M].北京:科学出版社,1990.
[27] 王国梁,何晓群.多变量经济数据统计分析[M].西安:陕西科学技术出版社,1993.
[28] 王济川,郭志刚. Logistic 回归模型——方法与应用[M].北京:高等教育出版社,2001.
[29] 王静龙,梁小筠.定性数据统计分析[M].北京:中国统计出版社,2008.
[30] 王学仁.地质数据的多变量统计分析[M].北京:科学出版社,1982.
[31] 王学仁,王松桂.实用多元统计分析[M].上海:上海科学出版社,1990.
[32] 易丹辉.Statistica 6.0 应用指南[M].北京:中国统计出版社,2002.
[33] 于秀林.多元统计分析及程序[M].北京:中国统计出版社,1993.
[34] 于秀林,任雪松.多元统计分析[M]. 北京:中国统计出版社,1999.
[35] 余金生,李裕伟.地质因子分析[M].北京:地质出版社,1985.
[36] 张明立,于秀林.多元统计分析方法及程序——在体育科学中的应用[M].北京:北京体育学院出版社,1991.
[37] Agresti A.属性数据分析引论[M]. 张淑梅,王蕊,曾莉,译.2 版.北京:高等教育出版社,2008.
[38] 张尧庭,方开泰.多元统计分析引论[M].北京:科学出版社,1982.
[39] 张尧庭.定性资料的统计分析[M].桂林:广西师范大学出版社,1991.
[40] Bishop Y M M.离散多元分析:理论与实践[M]. 张尧庭,译.北京:中国统计出版社,1998.
[41] 周光亚.多元统计分析[M].长春:吉林大学出版社,1988.
[42] 朱建平.应用多元统计分析[M].北京:科学出版社,2016.